Andreas Blank, Heinz Hagel, Dr. Hans Hahn, Helge Meyer, Helmut Müller, Peter Pade

BWL mit Rechnungswesen und Controlling für Berufliche Gymnasien

Für Bildungsgänge, die berufliche Kenntnisse vermitteln und zur allgemeinen Hochschulreife führen

Band 2

5. Auflage

Bestellnummer 31115

Bildungsverlag EINS

Die in diesem Produkt gemachten Angaben zu Unternehmen (Namen, Internet- und E-Mail-Adressen, Handelsregistereintragungen, Bankverbindungen, Steuer-, Telefon- und Faxnummern und alle weiteren Angaben) sind i. d. R. fiktiv, d. h., sie stehen in keinem Zusammenhang mit einem real existierenden Unternehmen in der dargestellten oder einer ähnlichen Form. Dies gilt auch für alle Kunden, Lieferanten und sonstigen Geschäftspartner der Unternehmen wie z. B. Kreditinstitute, Versicherungsunternehmen und andere Dienstleistungsunternehmen. Ausschließlich zum Zwecke der Authentizität werden die Namen real existierender Unternehmen und z. B. im Fall von Kreditinstituten auch deren IBANs und BICs verwendet.

Die in diesem Werk aufgeführten Internetadressen sind auf dem Stand zum Zeitpunkt der Drucklegung. Die ständige Aktualität der Adressen kann vonseiten des Verlages nicht gewährleistet werden. Darüber hinaus übernimmt der Verlag keine Verantwortung für die Inhalte dieser Seiten.

Legende der verwendeten Verweis-Symbole

Volkswirtschaftslehre	VWL	Mathematik	MATH
Wirtschaftsinformatik	INFO	Fremdsprachen	SPRA
Politik/Geschichte	POL	Band 1	Bd. 1

Unter BuchPlusWeb bieten die Autoren eine Fülle von Materialien für Lehrer und Schüler an:

- Belegmasken zum Modellunternehmen
- Excel-Tabellen zu zahlreichen Beispielen und Aufgaben des Lehrbuchs
- Bausteine für Übungen, Klausuren und Prüfungsvorbereitungen

service@bv-1.de
www.bildungsverlag1.de

Bildungsverlag EINS GmbH
Ettore-Bugatti-Straße 6-14, 51149 Köln

ISBN 978-3-427-**31115**-7

Vorwort

Die Inhalte der beiden Bände „BWL mit Rechnungswesen und Controlling" orientieren sich an den fachlichen Vorgaben für die schriftliche Abiturprüfung in den entsprechenden Bildungsgängen des Berufskollegs mit allgemeiner Hochschulreife.

Die beiden Bände beinhalten folgende Kursthemen:

Band 1	
Kurshalbjahr	Kursthema
11.1	Unternehmen als komplexes wirtschaftliches und soziales System
11.2	Abwicklung eines Kundenauftrages
12.1	Prozess der Leistungserstellung, Kosten- und Leistungsrechnung

Band 2	
Kurshalbjahr	Kursthema
12.2	Prozess der Leistungsverwertung, Investition
13.1	Finanzierung, Jahresabschluss, Bilanzanalyse, Bilanzkritik
13.2	Veränderungsprozesse im Unternehmen

Alle Themengebiete orientieren sich an den Praxisabläufen innerhalb eines **Modellunternehmens, der Bürodesign GmbH**. Dies unterstützt die Anschauung und bietet einen Fundus an konkreten betrieblichen Situationen und Handlungsfeldern, mit denen sich die Schüler/-innen identifizieren sollen. **Die Konzeption**

Handlungssituation → Arbeitsauftrag → Sachinhalt → Zusammenfassung → Aufgaben

motiviert zur selbstständigen handlungs- und entscheidungsorientierten Bearbeitung betrieblicher Situationen und Handlungsfelder. Jedes Kapitel wird mit einer unternehmens- und fachtypischen Handlungssituation eingeleitet. Über abschließende Arbeitsaufträge werden die Schüler/-innen zu eigenständigen Lösungen aufgefordert.

Mit der verständlichen und illustrierten Darstellung und Erläuterung der Inhalte an Beispielen werden Hilfen zur Entwicklung von eigenen Lösungsvorschlägen und damit zu einer identifizierenden Handlungsorientierung angeboten. Die Darstellung der Sachinhalte ist auf die Vermittlung von Grundstrukturen des Faches in starker Einbindung in betriebswirtschaftliche Zusammenhänge gerichtet. In vielen Abschnitten werden computergestützte Lösungen aufgezeigt bzw. gefordert.

Jedes Kapitel schließt mit einer Zusammenfassung der Lernstruktur und einem umfangreichen Aufgabenteil zur Wiederholung, Vertiefung und Anwendung des Gelernten. Insbesondere werden Aufgaben angeboten, die geeignet sind, die im Lehrplan geforderte Fach-, Methoden-, Sozial- und Humankompetenz zu fördern, indem Referate, Materialsammlungen, Fallstudien, kleine Projekte, Rollenspiele, kritische Reflexion, Präsentationen u. a. gefordert werden. Zudem werden zahlreiche Aufgaben angeboten, die mithilfe des PC fächerübergreifend zu lösen sind. Sie sind mit dem Symbol gekennzeichnet. EDV

Ein Verzeichnis der Gesetzesabkürzungen sowie ein ausführliches Sachwortverzeichnis erleichtern ein selbstständiges wissenschaftliches Arbeiten mit den beiden Bänden. Das Lehrerhandbuch (Bestellnummer 31116) wird unter BuchPlusWeb mit weiteren Aufgaben, Klausuren, Belegmasken zum Modellunternehmen, zu den Kunden und Lieferern sowie Excel-Tabellen zu den im Lehrbuch gestellten Aufgaben ergänzt.

Die Verfasser

Inhaltsverzeichnis

Vorwort 3

Inhaltsverzeichnis 4

Gesetzesabkürzungen 6

Einleitung 7

Kurshalbjahr 12.2
Kursthema: Prozess der Leistungsverwertung 12

1 Marktsituation 13
1.1 Marketing als Unternehmenskonzeption auf Käufermärkten 13
1.2 Kundenerwartungen 21
1.3 Wettbewerbssituation 29
1.4 Marktforschung und Marktentwicklung 36

2 Marketinginstrumente und Marketing-Mix 43
2.1 Produktpolitik 44
2.2 Preispolitik 56
2.3 Konditionen- und Servicepolitik 75
2.4 Distributionspolitik 80
2.5 Kommunikationspolitik 85
2.6 After-Sales-Prozesse 100
2.7 Absatzcontrolling 107

Kursthema: Investition 122

1 Ziele und Arten von Investitionen 123

2 Anregung und Vorbereitung der Investitionsentscheidung 130
2.1 Investitionsplanung der Datenproblematik bei Investitionsentscheidungen 130
2.2 Investitionsrechnung als Entscheidungsinstrument 136

Kurshalbjahr 13.1
Kursthema: Finanzierung 156

1 Langfristige Fremdfinanzierung von Investitionen 157

2 Kurzfristige Finanzierung bei Beschaffungs- und/oder Absatzanlässen 165

3 Sicherheiten im Rahmen der Fremdfinanzierung 169

4 Leasing als Sonderform der Finanzierung 179

5 Beteiligungsfinanzierung bei der AG 185

6 Innenfinanzierung 201

7 Finanzcontrolling 209

Kursthema: Jahresabschluss, Bilanzanalyse und Bilanzkritik 226

1 Aufgaben und Ziele des Jahresabschlusses und rechtliche Vorgaben nach Handelsrecht 227

2 Bewertung nach Handelsrecht 253
2.1 Bewertungsprobleme und Bewertungsgrundsätze 253
2.2 Bedeutung, Gliederung und Bewertung des Anlagevermögens 258
2.3 Bedeutung, Gliederung und Bewertung des Umlaufvermögens 273
2.4 Bedeutung und Gliederung des Eigenkapitals 284
2.5 Rückstellungen – Bildung, Gliederung, Auflösung, Bewertung und buchhalterische Erfassung 291
2.6 Verbindlichkeiten, ihre Gliederung und Bewertung sowie ihre Abgrenzung zu den Rückstellungen und Eventualverbindlichkeiten 299
2.7 Posten der Rechnungsabgrenzung 303
2.8 Sonstige Verbindlichkeiten und sonstige Forderungen 309

3 Analyse und Kritik des Jahresabschlusses 313
3.1 Auswertung der Bilanz 313
3.2 Auswertung der Gewinn- und Verlustrechnung 327
3.3 Erfassung vergangener Zahlungsströme 346

Kurshalbjahr 13.2
Kursthema: Veränderungsprozesse im Unternehmen 355

1 Beeinflussung der Unternehmensplanung durch außerbetriebliche Faktoren 356
1.1 Unternehmensplanung im Konjunkturaufschwung oder Konjunkturabschwung und Planungsprobleme multinationaler Konzerne 356
1.2 Unternehmensplanung und technologischer Fortschritt 361
1.3 Möglichkeiten und Grenzen staatlicher Einflussnahme auf die Unternehmensplanung 368

2 Konsequenzen für die Unternehmensplanung und -steuerung 374
2.1 Globalisierung – Ursachen und Phänomene des wirtschaftlichen und sozialen Wandels 374
2.2 Unternehmensplanung und -steuerung im „alternativen“ Unternehmen 389
2.3 Konzentrationsprozesse 401
2.4 Antizipation zukünftiger gesetzlicher und technologischer Bedingungen 409

Bildquellenverzeichnis 414

Sachwortverzeichnis 415

Gesetzesabkürzungen

Abfallgesetz	AbfG
Aktiengesetz	AktG
Abgabenordnung	AO
Betriebsverfassungsgesetz	BetrVerfG
Bürgerliches Gesetzbuch	BGB
Bundes-Immissionsschutzgesetz	BImSchG
Einkommensteuergesetz	EStG
Gebrauchsmustergesetz	GebrMG
Gefahrgutverordnung	GGV
Geräte- und Produktsicherheitsgesetz	GPSG
Geschmackmustergesetz	GeschmMG
Gesetz gegen den unlauteren Wettbewerb	UWG
Gesetz gegen Wettbewerbsbeschränkungen	GWB
Gewerbeordnung	GewO
Grundgesetz	GG
GmbH-Gesetz	GmbHG
Handelsgesetzbuch	HGB
Kreislaufwirtschaftsgesetz	KrWG
Markengesetz	MarkenG
Patentgesetz	PatG
Produkthaftungsgesetz	ProdHaftG
Signaturgesetz	SigG
Strafgesetzbuch	StGB
Umweltverträglichkeitsprüfungsgesetz	UVPG
Verpackungsverordnung	VerpackV
Zivilprozessordnung	ZPO

Einleitung

Erinnern Sie sich an die Bürodesign GmbH?

Im ersten Jahr des „BWL mit Rechnungswesen und Controlling"-Unterrichts haben Sie die Bürodesign GmbH als Ihren „Modellbetrieb" kennen gelernt. Sie haben erfahren, wo sich der Standort des Betriebes befindet und welche Produkte hergestellt und vertrieben werden. Während Sie sich in Band 1 mit typischen Problemen des Absatz-, Beschaffungsmarketings und den Grundlagen der Buchführung sowie den Besonderheiten der Buchführung in den Grundfunktionsbereichen auseinandergesetzt haben, werden Sie die Bürodesign GmbH in Band 2 bei ihren Entscheidungen insbesondere über Produktionsverfahren sowie Investitionen und Finanzierungen begleiten. Zudem erfahren Sie, welche Probleme beim Jahresabschluss auftauchen und bewältigt werden und wie die Unternehmensziele mithilfe der Kostenrechnung verfolgt werden. Um Ihnen die Arbeit mit diesem Lehrbuch zu erleichtern, haben wir auf den nachfolgenden Seiten die Ihnen bereits bekannten Abteilungen der Bürodesign GmbH in einem Organigramm, einen Auszug aus dem Produktprogramm und einen Auszug aus der Kunden- und Liefererdatei aufgeführt.

Die Abteilungen

Bürodesign GmbH

Botsch
Sekretariat

Stein
Geschäftsführer

Friedrich
Geschäftsführerin

Braun[1]
Assistent der Geschäftsleitung
Controlling

Beschaffung
Kaya AL[3]

- **Holz** Sammer GL
- **Metall** Miebach GL
- **Zubehör** Schorn GLn
- **Büro** Schmitz SBn

Produktion
Müller AL

- **Prod. Steuerung**
- **Logistik** Messerschmidt GL[2]
- **Holz** Schauff GL
- **Konstruktion**
- **Design** Kempf GL
- **Lager** Holtermüller GL
- **Lackiererei** Zahl Gln
- **Metallbau** Wilke GL
- **Polsterei** Duman GLn
- **Montage** Melcik GL
- **Verpackung** Pretz GL

Absatz
Stam AL

- **Außendienst** Dohm GL
- **Auftragsbearbeitung** Grell GLn
- **Techn. Service**
- **Auslieferung** Sali GL
- **Marketing** Freund GLn
- **Verkaufsstudio** Schmitz GLn

Verwaltung
Jäger Aln

- **Rechnungswesen** König GLn
- **Organisation**
- **Datenverarbeitung** Heise GL[4]
- **Personal** Geissler GLn
- **Zentrale Korrespondenz** Fink GLn
- **Finanzen und Betriebswirtschaft** Möller GL

[1] Umweltbeauftragter [2] Sicherheitsbeauftragter
[3] Qualitätsbeauftragter [4] Datenschutzbeauftragter

Al/n = Abteilungsleiter/-in Gl/n = Gruppenleiter/-in SB/n = Sachbearbeiter/-in

Auszubildende zur/zum Industriekauffrau/-mann: Renate Becker; Elke Grau; Silvia Land; Jutta Meier; Torsten Menne

Auszubildende zur/zum Kauffrau/-mann für Büromanagement: Caroline Baum; Heinz Becker; Hark Blech

Das Produktionsprogramm (Auszug)

Katalogseite	Produktionsbezeichnung	Produkt-Nr.	Listenverkaufspreis, netto/€[1]
Produktgruppe: Arbeiten am Schreibtisch			
17	Chef 2000 Schreibtisch	211/44	625,00
18	Stardesign Schreibtisch	211/64	416,50
19	Container-Serie Volumen	212/55	460,40
20	Integra Stellwand	203/3	403,00
21	ergo-design-natur Arbeitssessel	205/3	443,00
23	Xama 2000 Bürotisch	206/8	638,00
24	Modulo Kombinationsschreibtisch	207/3	937,50
25	Bürotisch Xama	208/16	300,00
Produktgruppe: Konferenzen und Schulung			
32	Logo Konferenztisch	444/4	316,00
33	Stapler Stapelstuhl	444/1	234,50
34	Konzentra Konferenzstühle	442/1	589,00
35	Wikinger Regalsystem	443/1	645,50
Produktgruppe: Warten und Empfang			
3	INTRO Empfangstheke	764/10	1 200,00
4	Waiter Sessel	763/62	195,00
6	Stand Ablagetisch	768/11	225,60
Produktgruppe: Handelswaren			
8	Regalsystem Danebro	811/12	1 200,00
9	Schreibtischlampe Luna	812/13	195,00
10	Papierkorb Sonja	814/11	89,00

[1] *Verkaufspreise in der Grundversion für den Fachhandel, gültig ab 1. Januar, unverbindlich empfohlene Einzelverkaufspreise ohne Umsatzsteuer*

Die Produkte (Auszug aus der Produktliste und Produktbeschreibung):

Produktgruppe „Arbeiten am Schreibtisch"

Produkt	Beschreibung	Maße in cm	Material, Farbe
– **Chef 2000**	Schreibtisch mit Winkelkombination, Oberfläche versiegelt, auf Wunsch mit Glas, Sicherheitsschlösser	Standard: 120 x 80 Höhe: regulierbar von 68–75 Sondermaße auf Wunsch	Eiche, Birke, Esche (furniert)
– **Stardesign**	Schreibtisch Stahlrohrrahmen mit wahlweise Glas-, Holz- oder Kunststoffplatte	Standard: 180 x 95 Höhe: regulierbar von 68–76 Sondermaße auf Wunsch	Rahmen in Chrom, Platte nach Wunsch
– **Container-Serie Volumen**	Unterbau mit Rollen für alle Modelle, mit Schubladen, Hängeregistratur, Aktenablage, Sicherheitsschlösser	135 x 42 x 164	passend zu Schreibtischen
– **Integra**	Stellwand zur Gestaltung von Bürolandschaften	80 x 80 x 122	passend zu Schreibtischen
– **Ergo-design-natur**	Arbeitssessel, höhen- und neigungs-verstellbar, mit Rollen		Leder, Textil (nach Farbmuster)
– **Xama 2000**	Bürotisch	Standard: 150 x 70 Höhe: regulierbar von 68–75 Sondermaße auf Wunsch	Esche, Birke, Kiefer (furniert)
– **Modulo**	Kombinationsschreibtisch, erweiterbar zu Arbeitsinseln, Ergänzungsmodul	160 x 80 x 68–75 120 x 80 x 68–75	Eiche, Birke, Esche (furniert)

Produktgruppe „Konferenzen und Schulung"

Produkt	Beschreibung	Maße in cm	Material, Farbe
– **Logo**	Konferenztisch, kombinierbar mit Eckstücken, Rahmen aus Holz oder Stahlrohr	180 x 95 x 68–75	Eiche, Birke, Esche (furniert)
– **Stapler**	Stapelstuhl klappbar		Kunststoff auf Stahlrohr
– **Konzentra**	Konferenzstuhl mit Armlehnen		Leder, Textil (nach Farbmuster)
– **Wikinger**	Regalsystem	180 x 90 x 30	Eiche, Birke, Esche (furniert), Kiefer (massiv)

Produktgruppe „Warten und Empfang"

Produkt	Beschreibung	Maße in cm	Material, Farbe
– **INTRO**	Empfangstheke, kombinierbar mit Eckteilen	160 x 80 x 220 Thekenbreite 35	Eiche, Birke, Esche
– **Waiter**	Sessel für den Warteraum, kom-binierbar zu Sofa		Leder, Textil (nach Farbmuster)
– **Stand**	Ablagetisch für Warteraum, Stahlrohr mit Glasplatte	80 x 80 x 50	Rahmen in Chrom, Platte aus Glas

▲ Die Hauptlieferer

Lieferer-/ Kreditoren-Nr.	Name	Anschrift	Tel./ Fax	Bank IBAN BIC	Produkte	Lieferbedingungen	Zahlungsbedingungen	Umsatz lfd. Jahr in €
H-0082 K 70007	Vereinigte Spanplatten AG	Ulmer Str. 12 86154 Augsburg	0821 34785 0821 34679	Commerzbank Augsburg DE15720400460000127890 COBADEFF720	Spanplatten, Sperrholz, Furnierholz, Kunststoffplatten, alle Sondermaße	ab Werk zzgl. Fracht	30 Tage netto, 12 Tage 3 % Skonto	862 000,00
H-0345 K 70010	Furnierwerk GmbH	Grenzstr. 16 41515 Grevenbroich	02181 56781 02181 56788	Raiffeisenbank Grevenbroich DE72370693060047162896 GENODED1GRB	Furniere, Umleimer, Kantenschoner	nur Selbstabholung möglich	40 Tage netto, 10 Tage 2 % Skonto	126 000,00
M-0126 K 70005	Stammes Stahlrohr GmbH	Neptunstr. 46 45277 Essen	0201 89451 0201 75689	SEB Essen DE41422600010000758493 GENODEM1GBU	Stahlrohre roh, verzinkt, verchromt; alle Maße, beliebiger Querschnitt	frei vereinbar bisher frachtfrei	36 Tage netto, 15 Tage 2 % Skonto, Mindestbestellwert 25 000,00 €	476 850,00
Z-0012 K 70012	Abels, Wirtz & Co. KG	Industriestr. 124 42653 Solingen	0212 72114 0212 72119	Stadt-Sparkasse Solingen DE80342500000123452234 SOLSDE33XXX	Schlösser, Schlüssel, Schließanlagen, Beschläge	Selbstabholung Post, UPS unfrei	10 Tage 2 % Skonto oder in 30 Tagen netto Kasse	168 900,00
B-00126 K 70013	Hanckel & Cie GmbH	Augustastr. 8 40477 Düsseldorf	0211 345234 0211 345100	Commerzbank Düsseldorf DE91300400000001340000 COBADEDDXXX	Klebstoffe, Leime, Lasuren, Lacke, Farben, Beize, Polsterstoffe	ab Lager	10 Tage netto	287 560,00
B-44008 K70008	Wollux GmbH Peter Findeisen	Zinckestr. 19 39122 Magdeburg	0391 334231 0391 334232 info@wolluxfindeisen.de www.wolluxfindeisen.de	Commerzbank Magdeburg DE54810400000674563870 COBADEFF810	Bezugs- und Polstermaterialien und Zubehör für Möbel	frei Haus	Ziel: 30 Tage Skonto: 10 Tage/3 %	800 000,00

Die Hauptkunden

Auszug aus der Kundendatei der Bürodesign GmbH:

Kunden-/ Debito-ren-Nr.	Name	Anschrift	Tel./Fax	Bank IBAN BIC	Umsatz lfd. Jahr in €	Offene Posten	Mah-nun-gen
L-5681 D 24009	Bürobedarfs-großhandel Schneider & Co. OHG	Laarstraße 19 58636 Iserlohn	02371 342311 02371 342315	Commerzbank Hagen DE08450400420045623468 COBADEFF450	160 000,00	1	0
L-5677 D 24012	Klassik 2000 GmbH	Hagenstr. 130 59075 Hamm	02381 98546 02381 98541	Postbank Dortmund DE98440100460000342176 PBNKDEFF440	320 000,00	2	1
L-5621 D 24011	Bodo Lukas KG Fachgeschäft für Büroein-richtungen	Ohmstraße 16 76229 Karls-ruhe	0721 4511 22 0721 451128	Postbank Ludwigshafen DE275451006700991723146 PBNKDEFF545	185 000,00	1	2
L-5641 D 24010	Büromöbel GmbH Europa	Lahnstr. 168 28199 Bremen	0421 886635 0421 886640	Sparkasse Bremen DE78290501010554436278 SBREDE22XXX	95 000,00	0	0
L-5610 D 24008	Klaus Oswald e. K. Büromöbel-großhandel	Magazinstr. 98 01099 Dresden	0351 763400 0351 763434	Deutsche Bank Dresden DE69870700000097683214 DEUTDE8CXXX	70 000,00	0	0

Niederlassungen

Die Bürodesign GmbH unterhält Zweigniederlassungen in 26607 Aurich, Dieselstraße 10, und in 04347 Leipzig, Brahestraße 30–32.

Das Firmenlogo der Bürodesign GmbH

BÜRODESIGN GMBH
Stolberger Straße 188 · 50933 Köln · Tel.: 0221 6683550 · Fax: 0221 668357
Internet: www.buerodesign-online.de

USt-IdNr. und Steuernummer

USt-IdNr.: DE135795835

Steuernummer: 223/8425/8844

Die Bankverbindungen

Die Bürodesign GmbH unterhält Konten bei folgenden Kreditinstituten:

Kreditinstitut	IBAN	BIC
Deutsche Bank Köln	DE33 3707 0060 0025 2034 88	DEUTDEDKXXX
Sparkasse KölnBonn	DE11 3705 0198 0085 3139 48	COLSDE33XXX
Postbank Köln	DE13 3701 0050 0324 0665 06	PBNKDEFF370

12.2

Kursthema: Prozess der Leistungsverwertung

1 Marktsituation
2 Marketinginstrumente und Marketing-Mix

1 Marktsituation

1.1 Marketing als Unternehmenskonzeption auf Käufermärkten

Die Geschäftsleitung der Bürodesign GmbH wünscht eine Aufstellung über alle Informationen, die vom Unternehmen nach außen gehen, und alle Informationen, die das Unternehmen von außen erhält. Man verspricht sich mit dieser Übersicht, Ansatzpunkte zu finden, der zunehmenden Informationsflut Herr zu werden. Folgendes Ergebnis liegt nach einem Monat der Untersuchung vor:

Informationskanal	Monatlich in Stück	Jährlich in Stück
Briefe (ein- und ausgehend)	550	6600
Faxe (ein- und ausgehend)	420	5040
Telefonate (ein- und ausgehend)	1200	14400
E-Mails (ein- und ausgehend)	600	7200
Kundengespräche Außendienst	60	720
Gespräche mit Lieferern	45	540
Pressekonferenz	1	12
Kataloge, Broschüren	400	4800
Inserate, Anzeigen	10	120

Herr Stam, der Abteilungsleiter Absatz, kommentiert diese Aufstellung: „Die Kommunikation kostet immens viel Geld, wir müssen sie einschränken, um Kosten zu sparen!" Frau König, die Abteilungsleiterin des Rechnungswesens, hält dagegen: „Investitionen in Marktkommunikation sind gut angelegtes Geld, wir müssen das Budget für Kommunikation deshalb ausweiten!"

- Nehmen Sie kritisch Stellung zu beiden Aussagen.
- Erstellen Sie eine ausführliche Liste aller Kommunikationspartner der Bürodesign GmbH.
- Erläutern Sie, nach welchen Kriterien ein Markt kategorisiert werden kann, und erstellen Sie eine Checkliste.
- Ordnen Sie die Bürodesign GmbH diesen Kriterien zu und erstellen Sie eine Situationsbeschreibung des Absatzmarktes für die Bürodesign GmbH.

Die Kommunikation eines Unternehmens mit seiner Umwelt, dem Markt, ist eine Grundvoraussetzung zur Erreichung betrieblicher Ziele, insbesondere der Leistungsverwertung.

Kommunikation und **Informationsverarbeitung** sind Bestandteile jeder betrieblichen Aufgabenerfüllung. Somit ist die **Informationswirtschaft** eines Unternehmens Bestandteil des betrieblichen Leistungsprozesses.

Die Prozesse der Informationsverarbeitung, insbesondere der Marktkommunikation, gehen über die Grenzen eines Unternehmens hinaus und beziehen sich auf den gesamten Markt. Sie sind eingebettet in ein Unternehmenskonzept, das eine spezielle Marktorientierung beinhaltet und sich in einer **Marketingkonzeption** realisiert.

▲ Marketing und Marktkommunikation

Unter Marketing versteht man eine Konzeption der Unternehmensführung, bei der alle Aktivitäten auf die gegenwärtigen und künftigen Erfordernisse der Märkte ausgerichtet werden. Dabei sind systematisch gewonnene Informationen über die Märkte die Grundlagen aller Entscheidungen.

Das **Marketing** eines Unternehmens bestimmt die **strategische Ausrichtung eines Unternehmens** und ist somit die Basis für die Gestaltung aller betriebsinternen und -externen Beziehungen, also auch der Kommunikationsbeziehungen. Marketingarbeit orientiert sich an den Marktverhältnissen, insbesondere an Verhaltensweisen, Ansprüchen und Erwartungen von Kunden **(Kundenorientierung)**. Aber auch das Verhalten der Mitbewerber **(Konkurrenzorientierung)** im Markt muss einbezogen werden, um eigene Wettbewerbsvorteile auszubauen.

Die Vermarktung (Verkauf) der Waren und Dienstleistungen steht im Mittelpunkt der Bemühungen im Industrieunternehmen. Daher wird der Begriff **„Marketing"** im Allgemeinen mit **Absatzmarketing** gleichgesetzt. Entsprechend stehen bei der **Marktorientierung** die Kunden und die Konkurrenz (Wettbewerber) im Mittelpunkt.

Kundenorientierung	Wettbewerbsorientierung
Gezielte Analyse der Wünsche, Bedürfnisse und Ansprüche der Kunden.	Analyse der jeweiligen Wettbewerbssituation und Vergleich eigener Leistungen mit denen der Konkurrenten.
Ziel: Optimale Befriedigung der sich wandelnden Kundenansprüche.	Ziel: Eigene Wettbewerbsvorteile erkennen, pflegen und ausbauen.

▲ Beteiligte in der Marktkommunikation eines Unternehmens:

Die Marktkommunikation beinhaltet sämtliche Kommunikationsformen und -richtungen eines Unternehmens mit seiner Umwelt, insbesondere Kunden, Lieferer, Kapitalgeber, Mitbewerber, externe Dienstleister (Banken, Berater usw.), Behörden und Gesellschaft. Es ergeben sich zwei **Schwerpunkte** innerhalb der Marktkommunikation:

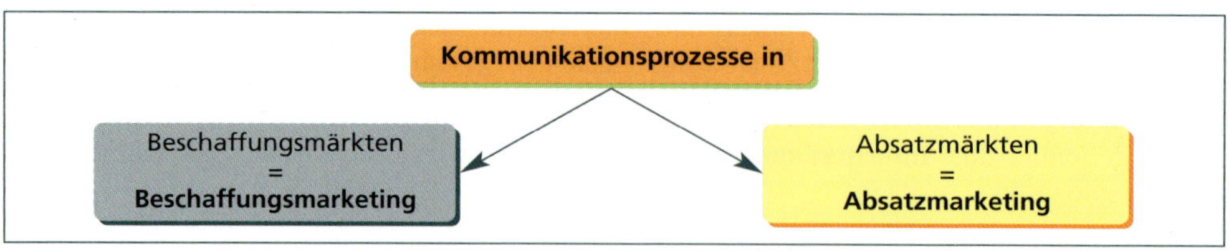

Sie sind jeweils mit den internen Kommunikationsprozessen eines Unternehmens abzustimmen. **Beteiligte** bei diesen Kommunikationen können u. a. sein:

- Kunden und Lieferer (potenzielle und vorhandene),
- Logistikunternehmen für den Transport,
- Telekommunikationsunternehmen,

  Beispiele Fest- und Mobilnetz, Internetprovider für die Abwicklung der Kommunikation

- Banken für die Abwicklung des Zahlungsverkehrs,
- Marktforschungsunternehmen,
- Werbeagenturen,
- Information-Broker,
- Messe- und Kongressveranstalter.

Bd. 1

Die Gestaltung dieser Kommunikationsbeziehungen orientiert sich an der Erreichung des **betrieblichen Zielsystems**. Da jedes Unternehmen in reale Märkte integriert ist (z. B. Absatz-, Beschaffungs-, Kapital-, Personalmärkte) und diese Märkte bestimmte Merkmale und Eigenschaften aufweisen (vgl. S. 17), ergeben sich unterschiedliche Ziele, Aufgaben und Prozesse der Marktkommunikation.

Beispiel

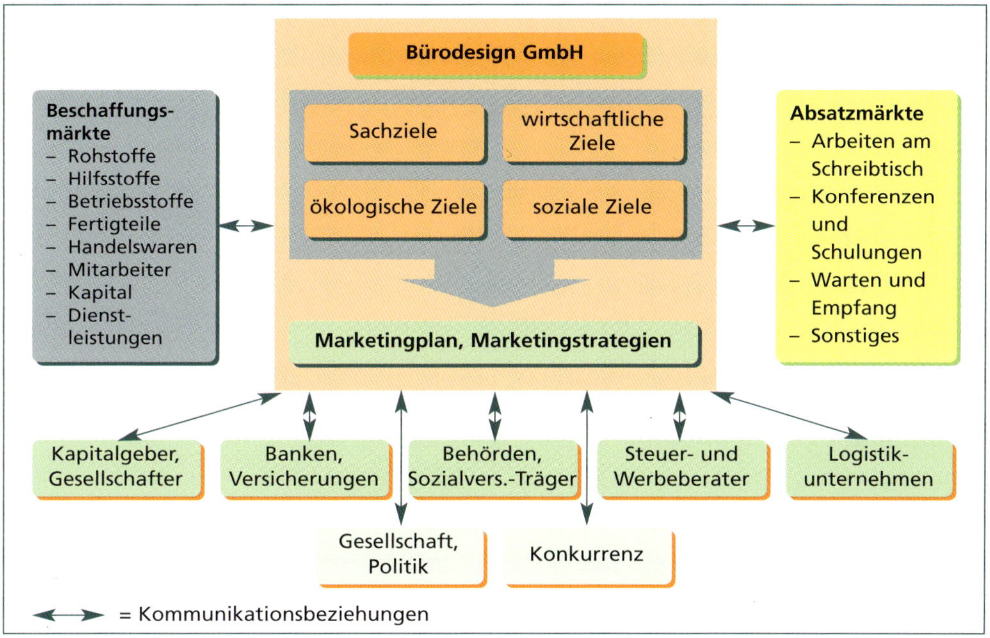

▲ Ziele der Marktkommunikation:

Das Ziel der Marktkommunikation eines Unternehmens besteht allgemein darin, **Informationen** mit Marktteilnehmern (Kommunikationspartner) **auszutauschen**, um eigene betriebliche Ziele zu erreichen und Geschäftsprozesse zu gestalten und zu steuern. Einerseits gibt das Unternehmen gezielt Informationen an seine Umwelt ab, andererseits nimmt das Unternehmen Informationen aus der Umwelt auf und verarbeitet sie.

Beispiele

Abgabe von Informationen	Aufnahme von Informationen
an Lieferer – Anfragen – Bestellungen – Mängelrügen	**von Lieferern** – Angebote – Auftragsbestätigungen – Rechnungen
an Kunden – Angebote – Auftragsbestätigungen – Rechnungen	**von Kunden** – Anfragen – Bestellungen – Mängelrügen

Informationen …

… lösen bei den Kommunikationspartnern **Informationsverarbeitungsprozesse** aus.

… steuern somit **Geschäftsprozesse**.

… sind Basis für die Gestaltung von **Wertschöpfungsprozessen**.

Aufgaben der Marktkommunikation:

Aus den Zielen der Marktkommunikation lassen sich konkrete Aufgaben ableiten, die jeweils im Zusammenhang mit der Gestaltung von Geschäftsprozessen und Marketingentscheidungen stehen.

Beispiele

Aufgaben	Fragen	Beispiele aus der Bürodesign GmbH	
		Absatzmarketing	Beschaffungsmarketing
Bestimmung der notwendigen Informationen für Geschäftsprozesse	Welche Informationen werden benötigt?	ABC-Kunden, Preislisten, Kataloge, Werbebroschüren	Liefererliste, Liefertermine und -konditionen, Lieferermerkmale
Auswahl der betriebsinternen Kommunikationspartner	Wer führt Kommunikation durch?	verantwortliche Abteilung, Arbeitsgruppe, Mitarbeiter	
Bestimmung der betriebsexternen Kommunikationspartner	Mit wem wird kommuniziert?	Kunde, konkrete Ansprechpartner	Lieferer, konkrete Ansprechpartner
Bestimmung der Kommunikationsmedien	Wie wird die Kommunikation durchgeführt?	Brief, Telefonat, Fax, E-Mail, Datenbankaustausch, EDI	
Sicherung der Informationen	Wie werden die Informationen gespeichert bzw. transportiert?	Ablage, Archiv, Aktennotiz, Eintrag in Datenbank, Speichermedien	
Bestimmung der Kosten für Kommunikation	Welche Kosten entstehen, welches Budget steht zur Verfügung?	Kosten einer Verkaufspreiskalkulation, Budget für Werbeausgaben = 5 % vom Umsatz	Kosten einer Beschaffung, Preisobergrenzen für Produkte
Bestimmung des Zeitpunktes und des Zeitrahmens der Kommunikation	Wann erfolgt Kommunikation, wie lange soll sie dauern?	Werbeaktion ab 10. KW, Mailaktion für 6 Wochen	Lieferantenauswahl bis Ende 25. KW

Bd. 1

Prozesse der Marktkommunikation:

Analog zu den Beteiligten an der Marktkommunikation eines Unternehmens ergeben sich zwei große Schwerpunkte von Prozessen der Marktkommunikation.

Beispiele

Kommunikationsprozesse im Beschaffungsmarketing	Kommunikationsprozesse im Absatzmarketing
Beschaffung von Bezugsquellen	Einführung von neuen Produkten im Markt
Auswahl von Lieferanten	Präsentation von Produkten bei Kunden
Aushandeln von Konditionen	Akquisition von Kunden
Bestellung von Produkten	Durchführung von Werbemaßnahmen
Abwickeln von Zahlungsverkehr	Maßnahmen zur Kundenbindung
Abwickeln von Reklamationen	Öffentlichkeitsarbeit
Angebotsvergleiche	Bearbeitung von Anfragen

Diese Prozesse verursachen Kosten und binden Mitarbeiter, Kapital und sonstige betriebliche Ressourcen. Insofern sind sie vom Unternehmen so zu gestalten, dass sie einen möglichst großen Beitrag zur Zielerreichung erbringen. Sie sind zu analysieren hinsichtlich ihrer Bedeutung für das gesamte Unternehmen, der Beteiligten, der zeitlichen und räumlichen Organisation sowie bezüglich des Einsatzes von Kommunikationsmedien, insbesondere der Telekommunikationsmedien. Dabei ist auf einen reibungslosen kundenorientierten Ablauf zu achten.

Marktsituation und -entwicklung

Ein Industrieunternehmen befindet sich im Spannungsfeld verschiedener Märkte, die unterschiedliche Merkmale aufweisen können. Ein **Markt ist der Ort der Regulierung von Angebot und Nachfrage** von Gütern und Dienstleistungen, unabhängig von Ort, Zeit und Umständen. Eine genaue Analyse der Marktsituation und -entwicklung ist Voraussetzung für marketingpolitische Entscheidungen.

Verkäufer-, Käufermarkt:

Je nach der Marktposition von Anbietern und Nachfragern unterscheidet man Verkäufer- oder Käufermärkte.

Merkmale	
Verkäufermarkt	**Käufermarkt**
– Nachfrage ist größer als das Angebot – geringe Konkurrenz – wenig Kundenorientierung erforderlich – geringe Werbeaufwendungen – niedrige Lagerbestände	– Nachfrage ist geringer als das Angebot – große Konkurrenz, Preiskämpfe – hohe Aufwendungen zur Kundengewinnung und -bindung – erhebliche Werbeaufwendungen

Beispiel In der Nachkriegszeit herrschte bei der Bevölkerung ein großer Nachholbedarf, insofern hatten die Anbieter (Unternehmen) nur geringe Anstrengungen zu unternehmen, ihre Produkte zu vermarkten. Ebenso wurden Investitionsgüter erheblich nachgefragt, um weitere Produktionsstätten errichten zu können. Es kam z. T. zu Versorgungsengpässen (Verkäufermarkt). Heute ist der Markt weitgehend zu einem Käufermarkt geworden, in dem die Nachfrager zwischen vielen alternativen Anbietern wählen können.

Marktformen:

VWL

Die **Anzahl von Anbietern und Nachfragern** sowie deren relative Größe auf einem Markt sind von zentraler Bedeutung für ihre Marktmacht und ihr Entscheidungsverhalten. Insbesondere sind je nach Marktform die Barrieren für einen Marktzutritt verschieden. Es lassen sich verschiedene Marktformen unterscheiden: Polypol, Oligopol, Monopol (vgl. S. 64).

Marktkräfte

Auf Märkten wirken unterschiedliche Faktoren ein. Die **Analyse und permanente Beobachtung** dieser Marktkräfte ist ein Kernprozess des Marketings, der vorwiegend durch Marktforschung (vgl. S. 36) betrieben wird.

Beispiele

Marktkräfte	Erläuterungen, Kommentare, Beispiele
Marktmacht der Kunden	Je mehr Kunden am Markt aktiv sind, desto größer ist für einen Anbieter die Chance der erfolgreichen Kundenakquisition und desto geringer das Risiko, dass Kunden sich zusammenschließen und konzentriert ihre Marktmacht ausüben.
Marktmacht der Lieferer	Je eher Lieferer austauschbar sind, desto größer ist die Marktmacht der Nachfrager. Probleme entstehen, wenn Lieferer sich zusammenschließen und Preis- bzw. Konditionen-Diktate ausüben.

Marktkräfte	Erläuterungen, Kommentare, Beispiele
Bedrohung durch Ersatzprodukte	Je eher ein Produkt oder eine Dienstleistung durch eine Alternative ersetzt werden kann, desto geringer sind die langfristigen Marktchancen.
Wettbewerbsintensität	Je mehr Mitbewerber, desto stärker ist der Wettbewerb und desto höher sind die Aufwendungen, im Markt zu bestehen, desto geringer sind aber auch die Möglichkeiten der Gewinnerzielung.
Bedrohung durch neue Wettbewerber	Je geringer die Einstiegsbarrieren in einen Markt sind, desto leichter wird es für andere Unternehmen (auch aus dem Ausland), in den Markt einzudringen und Kunden abzuwerben.

▲ Marketingplanung

Ein Marketingplan hat immer das Zielsystem eines Unternehmens als Grundlage. Er legt fest, in welchem Zeitraum die Ziele zu verwirklichen sind und welche Maßnahmen zur Zielerreichung eingesetzt werden sollen.

Beispiele

Die Bürodesign GmbH hat folgenden Marketingplan als bisherige Arbeitsgrundlage:

- Kurzfristig (ein Jahr): Festigung des Marktanteils in allen Teilmärkten, Sicherung des Qualitätsstandards der Produkte, Stabilität der Verkaufspreise bis Jahresende.
- Mittelfristig (fünf Jahre): Bekanntheitsgrad des Unternehmens auf 25 % steigern, Image des Unternehmens verbessern, Marktnischen ergründen und ausbauen.
- Langfristig (zehn Jahre): Marktanteil steigern, Absatz um 100 % erhöhen, Errichtung einer dritten Produktionsstätte.

Jedes einzelne Ziel wird möglichst messbar formuliert, sodass Zielabweichungen erkannt und Maßnahmen zur Zielerreichung eingeleitet werden können. Ebenso werden die Maßnahmen so konkret wie möglich festgelegt.

Beispiel Teilzielkatalog der Bürodesign GmbH (Auszug):

Ziele	kurzfristig (etwa ein Jahr)	mittelfristig (höchstens fünf Jahre)	langfristig (höchstens zehn Jahre)
Erhöhung des Marktanteils bei allen Teilmärkten	– Teilmarkt „Arbeiten am Schreibtisch“: Steigerung um 18 % – Teilmarkt „Warten und Empfang“: Steigerung um 25 % – Teilmarkt „Konferenzen und Schulung“: Steigerung um 30 % **Maßnahmen:** – Einstellung von zusätzlichen Verkäufern – Erhöhung des Werbeetats um 5 % vom Umsatz – Unterstützung der Groß- und Fachhändler durch Einführungsrabatte bis 12 %	Steigerung der Marktanteile in allen Teilmärkten um durchschnittlich 15 % jährlich **Maßnahmen:** – Verstärkung des Verkaufspersonals um jährlich drei Mitarbeiter – jährliche Steigerung des Werbeetats um höchstens 7 % – Stärkere Bindung des Facheinzelhandels an die Bürodesign GmbH durch Rabatte bis höchstens 18 % – Erhöhung des Qualitätsstandards um jährlich 10 %	Steigerung der Marktanteile in allen Teilmärkten um durchschnittlich 10 % **Maßnahmen:** – Intensive Marktstudien – Stabile Verkaufspreise – Verstärkte Kundenbindung – Kooperationen im E-Business

Der Marketingplan wird unter Einsatz der Marketinginstrumente (vgl. S. 43) realisiert. Dabei darf ein Plan nicht zu starr sein, denn es muss auf unvorhersehbare Marktveränderungen reagiert werden können **(Flexibilität der Planung)**.

Marketingstrategien

Unter einer Marketingstrategie versteht man zeitlich festgelegte Verhaltensgrundsätze auf dem Markt, mit denen ein Unternehmen erfolgreich sein will.

Strategie der Anpassung:

Ein Unternehmen versucht, sich an Verhaltensweisen seiner **Konkurrenten anzupassen**.

Beispiel Die drei größten Büromöbelhersteller in Deutschland bringen Schreibtische auf den Markt, die keine eingebauten Schubladen haben. Die Schubfächer befinden sich in einem Rollcontainer, der unter dem Schreibtisch frei verschoben werden kann. Die Bürodesign GmbH passt sich an und produziert ebenfalls solche Schreibtische.

Strategie der Differenzierung:

Ein Anbieter möchte sich bewusst mit seinen Produkten von seinen **Konkurrenten abheben**.

Beispiel Die meisten Büromöbelhersteller liefern ihre Aktenschränke und Schreibtische in dezenten Farben. Ein Hersteller möchte sich bewusst von diesem Trend abheben und bietet Schreibtische in modischen Neonfarben an.

Strategie der Marktdurchdringung:

Ein Unternehmen möchte mit seinen vorhandenen Produkten den **bestehenden Markt** möglichst umfassend durchdringen und beherrschen.

Beispiel Ein Büromöbelhersteller belieferte bisher vorwiegend Behörden. In diesen „Behördenmarkt" möchte das Unternehmen weiter eindringen und noch mehr Produkte absetzen.

Strategie der Markterschließung:

Ein Unternehmen möchte mit seinen vorhandenen Produkten neue Märkte erschließen.

Beispiel Ein Büromöbelhersteller, der bisher hauptsächlich an Unternehmen geliefert hat, möchte seine Büromöbel zusätzlich an Behörden, Schulen, Freiberufler und Privatpersonen absetzen.

Strategie der Marktsegmentierung:

Ein Unternehmen teilt seinen Markt in Teilmärkte auf. Dadurch können die Bedürfnisse der einzelnen Zielgruppen (Abnehmer) besser erfasst und gezielter bearbeitet werden. **Teilmärkte** oder **Marktsegmente** können nach verschiedenen Kriterien gebildet werden:

Marktsegmente	Beispiele
– **Produktgruppen**	Schreibtische, Stühle, Schränke; Holzmöbel, Stahlmöbel; Büromöbel für den Arbeitsplatz, für den Empfangs- und Wartebereich, für Konferenzen und Schulungsräume; Massenfertigung, Einzel- und Sonderfertigung
– **Preisgruppen**	Produkte des unteren, mittleren und gehobenen Preisniveaus
– **Abnehmergruppen**	Öffentlich-rechtliche Abnehmer (Behörden, Ämter), Abnehmer aus der Privatwirtschaft; Großabnehmer, Kleinabnehmer, Selbstabholer, Abnehmer, die beliefert werden
– **Regionale Gruppen**	Segmentierung des Marktes nach Absatzgebieten (Inlandskunden, Auslandskunden)

Die aufgezählten Strategien werden in der Praxis meist nicht in klarer Form angewandt, es gibt **Mischformen, Kombinationen und betriebsindividuelle Strategien**. Ferner ist es möglich, dass für verschiedene Produkte oder Teilmärkte unterschiedliche Strategien beschritten werden.

Beispiel Die Bürodesign GmbH hat bisher erfolgreich die Marketingstrategie befolgt, den Gesamtmarkt „Büromöbel" zu bedienen. Alle Aktivitäten bezogen sich darauf, den Kunden „aus einer Hand" zu beliefern und möglichst alle Abnehmer des Marktes anzusprechen (Strategie der Marktdurchdringung). Wenn eine neue Produktlinie eingeführt wird (z.B. Öko-Möbel), wird damit die Strategie der Differenzierung befolgt. Gleichzeitig kann eine Spezialisierung auf Teilmärkte erfolgen, wenn z.B. Schreibtische für Behinderte produziert werden (Strategie der Marktsegmentierung). Wenn zusätzlich neue Abnehmergruppen (z.B. Privatkunden) angesprochen werden sollen, ist auch die Strategie der Markterschließung einbezogen.

Die Marketingstrategien werden durch Maßnahmen des **„Marketing-Mix"**, d.h. durch geeignete Kombination der Marketinginstrumente (vgl. S. 43), in den realen Märkten eingesetzt. Je genauer und zuverlässiger die Basisinformationen der Marktforschung sind (Entscheidungsdaten) und je flexibler die Marketingplanung aufgelegt ist (Reaktion auf aktuelle Marktbeobachtung und Marktforschung), desto erfolgreicher wird die Zielerreichung.

Marketing als Unternehmenskonzeption auf Käufermärkten

- Marketing bestimmt die **strategische Ausrichtung eines Unternehmens** auf den Markt.
- **Marktkommunikation** ist Voraussetzung zur Erreichung betrieblicher Ziele.
- **Ziel der Marktkommunikation** ist die Auslösung und Steuerung von Geschäfts- und Wertschöpfungsprozessen.
- **Prozesse der Marktkommunikation** vollziehen sich in Beschaffungs- und Absatzmärkten.
- Marktkommunikation verursacht Kosten und ist somit unter **wirtschaftlichen Aspekten** zu gestalten.
- Ein **Markt** ist der Ort der Regulierung von Angebot und Nachfrage.
- **Verkäufermarkt:** Nachfrage > Angebot, **Käufermarkt:** Nachfrage < Angebot
- Je nach Anzahl und relativer Stärke von Anbietern und Nachfragern auf einem Markt spricht man von **Monopol** (ein Anbieter, viele Nachfrager), **Oligopol** (wenige kleine Anbieter, viele Nachfrager) oder **Polypol** (viele Anbieter, Nachfrager).
- **Marktkräfte:** Marktmacht von Kunden und Lieferern, Bedrohung durch Ersatzprodukte, Wettbewerbsintensität, Bedrohung durch neue Wettbewerber
- Ein **Marketingplan** legt fest, in welchem Zeitraum gesetzte Ziele zu verwirklichen sind und welche Maßnahmen zur Zielerreichung eingesetzt werden.
- **Marketingstrategien** sind zeitlich festgelegte Verhaltensgrundsätze auf dem Markt, mit denen Ziele erreicht werden sollen.
  - Anpassung an die Konkurrenz
  - Differenzierung von der Konkurrenz
  - Marktsegmentierung (Aufteilung in Teilmärkte)
  - Markterschließung (neuer Märkte)
  - Marktdurchdringung (vorhandener Märkte)
- **Marketing-Mix** umfasst die zielorientierte Kombination der Marketinginstrumente.

1 Erläutern Sie, weshalb Informationsverarbeitungsprozesse im Rahmen der Marktkommunikation über die Grenzen eines Unternehmens hinausgehen.

2 Formulieren Sie eine treffende Definition für Marketing.

3 Arbeiten Sie Unterschiede und Gemeinsamkeiten (Schnittmengen) von Beschaffungs- und Absatzmarketing hinsichtlich Aufgaben und Zielen heraus.

4 Stellen Sie dar, welche Kosten durch Maßnahmen der Marktkommunikation verursacht und welche Ergebnisse bzw. Nutzeffekte damit erzielt werden können.

5 Interpretieren Sie die Aussage: „Marktkommunikation als Informationsaustausch löst bei den Kommunikationspartnern Geschäftsprozesse aus." Konstruieren Sie hierzu konkrete Beispiele.

6 Betrachten Sie einen beliebigen Kommunikationsprozess im Rahmen des Absatzmarketings und beschreiben Sie konkret, welche Organisationseinheiten der Bürodesign GmbH hierbei Kommunikationspartner sind und welche Informationen ausgetauscht werden.

7 Beschreiben Sie Beispiele für Marketingstrategien, die Sie als Endverbraucher kennengelernt haben.

8 Diskutieren Sie die These: „Im Zeitablauf wird jeder Verkäufermarkt zum Käufermarkt".

9 Ordnen Sie folgende Märkte entsprechenden Marktformen zu und begründen Sie Ihre Entscheidung:
a) Europäischer Markt für Profi-Fußballspieler
b) Mineralölmarkt
c) Markt für Kinderzimmermöbel in einer Großstadt
d) Markt für Internetprovider
e) Markt für Kfz-Ersatzteile

10 Geben Sie konkrete Beispiele an, wie Märkte durch Ersatzprodukte wirtschaftlich bedeutungslos geworden sind.

1.2 Kundenerwartungen

Die Bürodesign GmbH unterhält seit Jahren eine Kundendatei. Hierin werden alle Kundendaten automatisch gespeichert, wenn Bestellungen eingehen. Diese Datei spiegelt somit lediglich vergangenheitsbezogene Informationen wider, die durch Aktionen ausgelöst wurden, die das betriebliche Rechnungswesen betreffen. Weitere Informationen über Kunden (z.B.: Geschäftsberichte usw.) werden nur unstrukturiert gesammelt.

- Erläutern Sie, weshalb rechnungswesenbezogene Daten von Kunden auf Dauer nicht ausreichen, um Bedürfnisse von Kunden nachhaltig zu befriedigen.
- Erstellen Sie eine umfassende Checkliste von Informationen über Kunden, die für Marketingzwecke genutzt werden können, und geben Sie jeweils an, welche konkreten Zwecke diese Informationen erfüllen sollen.

Konsequente Marketingarbeit beinhaltet eine strikte Kunden- und Wettbewerbsorientierung. Mit Instrumenten der Marktforschung (vgl. S. 36) werden aktuelle Daten und Trends ermittelt und zielgerecht in betriebliche Entscheidungen eingebunden, um die Marktfähigkeit eines Unternehmens zu gewährleisten.

Der Fokus aller Marketingaktivitäten ist der Kunde. Dies gilt sowohl für Unternehmen, deren Kunden Endverbraucher (Konsumgütermarketing) sind, als auch für Industrieunternehmen, deren Kunden meist selbst Unternehmen sind (Investitionsgütermarketing). Stammkunden zu halten und Neukunden zu gewinnen ist die Kernaufgabe des gesamten Marketings.

▲ Was ist ein Kunde?

Kundenorientierung ist heute mehr als nur ein Schlagwort. In Marktstrukturen mit globaler Konkurrenz für Produkte und Dienstleistungen mit kurzen Innovationszyklen (vgl. S. 44), mit zunehmender Markttransparenz für Kunden, wird eine stringente Ausrichtung von Marketingaktivitäten auf den Kunden mit seinen Bedürfnissen zur Überlebensstrategie für Unternehmen.

Beispiel

Ein Kunde ist ...

- ... der wichtigste Mensch in einem Unternehmen.
- ... nicht von uns abhängig – wir sind von ihm abhängig.
- ... kein Störfaktor – er ist Zweck der Arbeit.
- ... niemand, dem wir einen Gefallen tun, indem wir ihn bedienen – er tut uns einen Gefallen, indem er uns Gelegenheit gibt, ihn zu bedienen.
- ... jemand, der mit seinen Bedürfnissen zu uns kommt – unsere Aufgabe ist es, diese Bedürfnisse auf möglichst perfekte Weise für ihn und uns zu erfüllen.

(Quelle: Gündling, Christian: Maximale Kundenorientierung, Schäffer-Poeschel, 1997)

Diese Sichtweise von Kunden wird heute noch nicht von allen Unternehmen konsequent praktiziert. Sie ist aber Kern der **Kundenorientierung** (vgl. S. 14, 26) und ihre Umsetzung ist langfristig Voraussetzung für die Wettbewerbsfähigkeit in einem Käufermarkt (vgl. S. 17).

▲ Kaufmotive von Kunden:

Die Kenntnis der Kaufmotive von Kunden ist Voraussetzung für erfolgreiche Marketingarbeit in einem Unternehmen. Private **(Konsumenten)** und gewerbliche **(Unternehmen)** Kunden haben für ihre Bedürfnisbefriedigung immer nur beschränkte finanzielle Mittel (Budgets) zur Verfügung. Die Motive, Güter oder Dienstleistungen zu erwerben, sind dabei unterschiedlich.

Unternehmen	Konsumenten
– Beschaffen von Investitionsgütern und Dienstleistungen zur Erfüllung betrieblicher Aufgaben	– Kauf von Konsumgütern für privaten Verbrauch
– Beschaffungsentscheidungen nach rationalen bzw. wirtschaftlichen Kriterien	– Kaufentscheidungen nach rationalen und irrationalen Kriterien (Statussymbole)
– Preise, Liefer- und Zahlungskonditionen werden ausgehandelt	– Preise und Konditionen werden lediglich verglichen
– keine Spontan- oder Impulskäufe	– häufig Spontan- und Impulskäufe

Aufgabe des Marketings ist es, die diversen **Kaufmotive zu erkennen** und durch den Einsatz von marketingpolitischen Instrumenten (vgl. S. 43) die potenziellen **Kunden zu Kaufentscheidungen zu veranlassen**.

▲ Kundenansprüche:

So wie sich Ansprüche von Konsumenten bedingt durch soziografische und gesellschaftliche Veränderungen stetig wandeln, ist auch ein **Anspruchswandel** von Geschäftskunden feststellbar. Einerseits verändern sich Unternehmenskulturen und -philosophien (z. B. Trend zum Lean-Management, Prozessorientierung, Outsourcing-Trends, Internationalisierung und Globalisierung), andererseits sind auch gesellschaftliche und wirtschaftspolitische Veränderungen zu berücksichtigen (z. B. internationaler Kostendruck, Gesetzgebung, neue Arbeitsformen), z. B. Telearbeit, Unternehmenskonzentrationen. Diese **Veränderungstrends** haben zwangsläufig Auswirkungen auf die Marketingarbeit eines Unternehmens. Sie zu erkennen, zu antizipieren und daraus entsprechende kundenorientierte

Maßnahmen abzuleiten, erfordert unternehmerisches Geschick und Weitblick. Durch Nutzung einschlägiger Informationen (Marktforschung, vgl. S. 36) können die Risiken von Entscheidungen gemindert werden (**Risikomanagement**). In allen Veränderungen liegen jedoch auch Chancen, die marktwirtschaftlich nutzbar sind (**Chancenmanagement**). Letztlich kann aber ein Unternehmen am Markt nur bestehen, wenn es in der Lage ist, die Ansprüche seiner Kunden bestmöglich zu erfüllen.

▲ Kaufverhalten von Kunden:

Aus den verschiedenen Kaufmotiven können sich unterschiedliche Verhaltensweisen des Kunden ergeben. Das Kaufverhalten einzelner Kunden kann sich im Zeitablauf erheblich ändern. Für ein Unternehmen ist somit die Kenntnis „seiner Kunden“ (vorhandene und potenzielle Kunden) und ihrer Erwartungen, Ansprüche und der Entwicklung des Kaufverhaltens bedeutsam, da hierdurch eine zielorientierte Kundenansprache und -pflege ermöglicht wird. Dies wiederum ist Voraussetzung für erfolgreiche **Auftragsgewinnungsprozesse**.

▲ Kundeninformationssystem:

Konkret bedeutet das für ein Industrieunternehmen, dass permanent Aufzeichnungen zu machen sind hinsichtlich des Marktverhaltens von Kunden. Hierzu ist eine umfassende **Kundendatei** Voraussetzung, die sämtliche Transaktionen mit dem Kunden dokumentiert. Diese Datei muss diverse Filtermöglichkeiten aufweisen, um entsprechende Datenaufbereitungen durchführen zu können (Listengeneratoren, Such- und Abfragestrukturen, automatisches Update usw.). Im Idealfall ist ein **Kundeninformationssystem** vorhanden, welches in das Datenbanksystem des Unternehmens so integriert ist, dass Verknüpfungen mit anderen Dateien (Produktdatei, Finanzbuchhaltung u. Ä.) möglich sind, um entsprechende Auswertungen zu erstellen. Häufig werden noch zusätzliche Daten in der Kundendatei erfasst, z. B. E-Mail-Adresse, URL der Homepage, Bankverbindungen, Unternehmensphilosophie, Mutter- und Tochtergesellschaften, Wachstumspotenziale des Kunden, Produktpalette, Gesprächstermine mit Inhalt, Verhalten bei Reklamationen, besondere Qualitätsansprüche, Kontakte zu Konkurrenzunternehmen usw. Hierbei steht dem Unternehmen frei, welche Daten erfasst und aktualisiert werden sollen.

– **Customer-Relationship-Management (CRM, vgl. S. 101)**

Die konsequenteste Form der Erfassung, Verwaltung und Nutzung von Kundendaten stellt das Customer-Relationship-Management dar. Hierbei handelt es sich um eine **Kombination von Software und Geschäftsstrategie**.

> „CRM ist ein ganzheitlicher Ansatz zur Unternehmensführung. Er integriert und optimiert abteilungsübergreifend alle kundenbezogenen Prozesse in Marketing, Vertrieb, Kundendienst sowie Forschung und Entwicklung. Dies geschieht auf der Grundlage einer Datenbank mit entsprechender Software zur Marktbearbeitung eines vorher definierten Verkaufsprozesses. Zielsetzung von CRM ist dabei die Schaffung von Mehrwerten auf Kunden- und Lieferantenseite im Rahmen von Geschäftsbeziehungen."
>
> *Quelle: Offizielle Definition des Deutschen Dialogmarketing Verbandes (DDV), unter: www.ddv.de/index.php?id=100, abgerufen am 03.02.2009*

Elemente von CRM können z. B. sein: Callcenter, Hotline (telefonisch, Faxabruf, E-Mail, Chat-Room), Außendienst-Berichtssystem (Kennzahlen über Außendienstaktivitäten), Kundenprofildatenbank usw.), Beschwerde- und Reklamationsdatenbank, Problemdatenbank mit Lösungsstrategien usw.

Kaufentscheidende Variablen:

Bezüglich des Kaufverhaltens von Kunden muss untersucht werden, welche Faktoren, die **Key-Buying-Factors (KBF)**, für diese kaufentscheidend sind. Die Grundfrage lautet somit: „Welche Produkteigenschaften und Eigenschaften/Verhaltensweisen eines Unternehmens sind bei einer Kaufentscheidung für den Kunden wie wichtig?"

Beispiel Checkliste für Key-Buying-Factors

Produkt- und leistungsbezogene Merkmale (Beispiele)	
Technische Kriterien	– Eigenschaftsmerkmale (Größe, Gewicht, Farbe, ...) – technische Leistungsdaten – Einsatzbedingungen – technische Lebensdauer der Produkte/Haltbarkeit (Qualität) – Funktions- und Ausfallsicherheit – Einhaltung von Normen und Standards/Gütesiegel – Umweltverträglichkeit (Recycling, Schadstofffreiheit, ...)
Ökonomische Kriterien	– Breite des Produktprogramms – Verkaufspreise, Rabatte/Sonderkonditionen – Kosten (Betrieb/Wartung/Unterhaltung) – Kosten (Installation) – technischer Service (Wartung, Reparaturen, Ersatzteile, Hotline) – Durchführung von Installationen – Schulung – Beratung vor und während des Entscheidungsprozesses – Garantien – Referenzen bei wichtigen Industriekunden – Finanzierungsangebote – Qualität der Produktunterlagen (technische Dokumentation, Bedienungsanleitungen, Schulungsunterlagen, ...)
Unternehmensbezogene Merkmale (Beispiele)	
– Lieferzeit – Liefertreue/Termintreue – Breite des Liefer- und Leistungsprogramms	– Image/Bekanntheitsgrad des Herstellers – (technische) Kompetenz des Herstellers – Qualitätssicherungssystem (ISO 9000 u. Ä.)
– (Alles aus einer Hand; System-Selling vs. Komponentenlieferungen)	

Quelle: Prof. Dr. Uwe Höft, unter: www.fh-brandenburg.de/~hoeft/toolbox/kbf.htm, Stand: 25.02.2001

Speziell folgende **Fragen** sind hinsichtlich dieser Merkmale zu untersuchen:

- Wie gut kann das eigene Unternehmen diese Merkmale erfüllen?
- Wie gut können die Wettbewerber diese Merkmale erfüllen?
- Wie verändert sich in Zukunft die Wichtigkeit dieser Merkmale?

Aus ihrer Beantwortung lassen sich wichtige Erkenntnisse für eine **Stärken-Schwächen-Analyse** (vgl. S. 31) des Unternehmens ableiten.

Kundenstrukturen:

Ein Unternehmen kann seine **Kunden** nach betriebsindividuellen Kriterien **kategorisieren**. Die Schaffung von Kundengruppen ermöglicht es, Schwerpunkte zu bilden und besondere **Kundensegmente** zu definieren, auf die jeweils mit speziellen Maßnahmen (z. B. bei Reklamationen) reagiert werden kann. Beim Verkauf an Konsumenten (private Endverbraucher) haben Handelsunternehmen bestimmte **Kundentypologien** entwickelt und darauf ihre Marketingaktivitäten eingestellt. Industrieunternehmen haben es i. d. R. mit gewerblichen Kunden zu tun. Hier ist eine allgemeine Kundentypisierung nicht möglich, es müssen branchen- und betriebsspezifische Kriterien erarbeitet werden.

Ein wichtiger Baustein bei der Analyse der Kundenzufriedenheit ist ein **Stärken- und Schwächenprofil** aus Sicht der Kunden. Aus diesem Profil können dann Ansatzpunkte für die Verbesserung abgeleitet werden.

Kundenzufriedenheitsanalyse → **Konkurrenzanalyse** → **dauerhafter Verkaufserfolg**

Auf der Basis qualitativer **Kundensegmente** müssen in der Praxis konkrete und handhabbare **betriebsindividuelle Kriterien** für die **Kundeneinstufung** gebildet werden.

Beispiele

Kriterium	Erläuterungen, Beispiele
Kundenbindung	**Stammkunden:** Sie erfordern einen hohen Pflegeaufwand, da sie zu einem wesentlichen Umsatzanteil führen. **Neukunden:** Sie bedürfen einer besonderen Ansprache, da sie zu Stammkunden werden können.
Betriebsgröße, -alter, Nachfragepotenzial	**Großbetriebe:** Sie haben i. d. R. einen großen und gleich bleibenden Bedarf und sind somit starke Umsatzträger. **Mittel- und Kleinbetriebe:** Hier sind insbes. die Wachstumschancen (-raten) zu beobachten, weil hieraus Umsatzzuwächse ableitbar sind. Dies gilt ebenso für **junge Unternehmen**.
Finanzierungsbedarf, Bonität	**pünktliche Zahler** ggf. mit Skontoabzug: Routinezahler **Kunden mit weitem Zahlungszielbedarf:** Sonderkonditionen bei ausreichender Bonität **Kunden mit speziellem Finanzierungsbedarf:** Finanzierungshilfen, z. B. über Kreditinstitute, Lieferung unter Eigentumsvorbehalt usw.
Standort	**Inlandskunden, EU-Kunden, sonstige Auslandskunden**
Marktstellung	**Marktführer, Besetzer von Marktnischen usw.**
Stellung in ABC-Analyse	**A-Kunden, Key-Account-Kunden:** Sie vereinigen einen sehr großen Anteil des Gesamtumsatzes und sind deshalb enorm wichtig für den Unternehmensbestand. **B-Kunden:** Bei entsprechendem Wachstum dieser Kunden können sie zu A-Kunden werden. **C-Kunden:** Diese Kundengruppe erwirtschaftet nur einen geringen Anteil am Gesamtumsatz.

Beispiel Kundenbewertung bei der Bürodesign GmbH (Auszug)

Kd.-Nr.	Kurzname	KA	Liefer-Priorität	Bonität	Kreditlimit	Zahlungsmoral	...
L-5681	Schneider OHG	B	hoch	hoch	40 000,00	gut	
L-5677	Klassik 2000 GmbH	A	sehr hoch	hoch	60 000,00	gut	
L-5621	Lukas KG	B	mittel	mittel	10 000,00	mittel	
L-5641	Europa Büromöbel	B	ohne Priorität	hoch	10 000,00	gut	
L-5619	Oswald	B	mittel	hoch	20 000,00	gut	
L-5698	Schmitz GmbH	c	mittel	sehr hoch	5 000,00	gut	

KA = Kundenart gemäß ABC-Analyse

Neben der qualitativen Kundenbewertung sind auch **wirtschaftliche Bewertungen erforderlich**, insbesondere Absatz- und Umsatzentwicklungen sind im Zeitablauf zu analysieren.

Kundenorientierung, Kundenbindung:

Sowohl das Unternehmen als auch sein Kunde müssen von einer Geschäftstransaktion profitieren, es muss eine **„Win-win-Situation“** geschaffen werden, in der sich beide Parteien als „Winner“ sehen können. Kundenorientierung hat zum Ziel, **Kundenzufriedenheit** zu optimieren und den Wechsel zu Mitbewerbern auszuschließen. Hierbei sind wirtschaftliche Überlegungen anzustellen. So ist der Aufwand (Kosten, Zeit), einen bereits vorhandenen Kunden zufriedenzustellen, i. d. R. geringer als der Aufwand, einen völlig neuen Kunden zu akquirieren. Zur Kundenorientierung gehört auch ein adäquates **Beschwerde- und Reklamationsmanagement** (vgl. S. 107), mit dem nach wirtschaftlichen Gesichtspunkten ebenfalls Win-win-Situationen anzustreben sind.

Beispiel Die Bürodesign GmbH erhält von einem A-Kunden eine eindeutig nicht berechtigte Reklamation. Es geht um eine Gutschrift in Höhe von 6 000,00 €. Aus Kulanzgründen wird die Gutschrift erteilt, da mit diesem Kunden in den letzten Jahren erhebliche Umsätze getätigt wurden und für die Zukunft ähnliche Umsätze zu erwarten sind. Jedoch wird untersucht, wie es zu dieser Reklamation kommen konnte, um entsprechende Fehlerquellen zukünftig auszuschließen.

Kundenzufriedenheit:

Kundenzufriedenheit als qualitatives Merkmal muss operationalisiert werden, um sie messbar und vergleichbar zu machen. Hierzu werden in der betrieblichen Praxis diverse **Kennzahlen** ermittelt und in Entscheidungen einbezogen.

Kennzahl	Erläuterungen, Beispiele
Customer-Satisfaction-Index (CSI)	Im CSI werden verschiedene Variablen, aus denen Kundenzufriedenheit ableitbar ist, in einer Checkliste aufgeführt. Jedes Kriterium wird dann auf einer Skala z. B. von 1–6 bewertet. Hieraus wird eine Kennzahl abgeleitet. Der CSI ist u. a. anwendbar auf eine Verkaufsniederlassung (Filialbenchmarking), auf eine bestimmte Kunden- oder Produktgruppe. **Beispiele** für Bewertungskriterien: Preis-/Leistungsverhältnis, Schnelligkeit, in der ein Ansprechpartner gefunden wird, Verkaufsgesprächsatmosphäre, Reaktionszeit auf Kundenwünsche usw.
Customer-Loyalities-Index (CLI)	Mit dem CLI wird der Grad der Kundenbindung gemessen. Er soll ausdrücken, wie stark sich Kunden an das Unternehmen gebunden fühlen bzw. wie hoch die Schwelle ist, bei einem Mitbewerber zu kaufen. CLI und CSI stehen in engem Zusammenhang. **Beispiele** für Bewertungskriterien: Aufwand für Kunden bei Liefererwechsel, persönliche Beziehungen des Kunden zum Unternehmen usw.

Kundenwert:

Unter dem Kundenwert versteht man eine Form der wirtschaftlichen Kundenbetrachtung. Nicht jeder Kunde ist für ein Unternehmen immer auch profitabel. So gibt es Kunden, die erhebliche Kosten verursachen (Mahnungen, Reklamationsbearbeitungen usw.). Insofern müssen Kundenwerte im Rahmen einer **Kundenlebenszeitbetrachtung** untersucht werden. So sollte eine Kundenbewertung über die Einschätzung seiner Umsätze hinausgehen und seine nutzbaren Potenziale für das Unternehmen einbeziehen. Zur Ermittlung eines Kundenwertes gibt es verschiedene Verfahren.

Verfahren	Erläuterung
ABC-Kundenanalyse	Hier werden die Kunden nach ihrer Wichtigkeit in drei Gruppen eingeteilt. Zum Beispiel kann man die Kunden nach ihren Umsätzen in eine Rangfolge bringen. Die 20 % umsatzstärksten Kunden werden nun A-Kunden, die 20 % umsatzschwächsten Kunden werden als C-Kunden und der Rest als B-Kunden bezeichnet.

Verfahren	Erläuterung
Scoring-Modell	Bei einem Scoring-Modell werden bestimmte Kundenkriterien (z. B. Umsatz, Deckungsbeitrag, Wachstum) mit positiven und negativen Punkten versehen und gewichtet. Alle Kunden werden nach diesem Schema mit Punkten bewertet. So entsteht eine Rangfolge von Kunden.
Customer-Lifetime-Ansatz	Hier wird versucht, die Profitabilität eines Kunden zu berechnen. Für jeden Kunden wird sein Kapitalwert (finanzmathematisch) über mehrere Perioden ermittelt und abgezinst. Es besteht aber auch die Möglichkeit, das **Modell** des Customer-Lifetime-Values zu erweitern und neben quantitativen Größen wie den Akquisitionskosten, den zuordenbaren Einzelkosten und dem Umsatz auch qualitative Größen wie das Weiterempfehlungspotenzial und das Cross-Selling-Potenzial mit einzubinden. Auch ist es mittels dieser Kundenbewertungsform möglich, Kosten und Erträge einzelnen **Phasen** zuzuordnen und dadurch die Instrumente des Marketing-Mix entsprechend einzusetzen. – Kennenlernphase – Startphase – Penetrationsphase – Reifephase – Krisenphase – Trennungsphase *Quelle: Vgl. Seite „Customer Lifetime Value". In: Wikipedia, Die freie Enzyklopädie. Bearbeitungsstand: 9. August 2008, 15:20 UTC. URL: http://de.wikipedia.org/w/index.php?title=Customer_Lifetime_Value&oldid=49354038 (Abgerufen: 3. Februar 2009, 13:42 UTC)*
Kundendeckungsbeitragsrechnung	Die **Kundendeckungsbeitragsrechnung** (oder auch kundenbezogene Deckungsbeitragsrechnung) ist eine fachspezifische Ausprägung einer **Teilkostenrechnung**, welche hauptsächlich im Rahmen des Vertriebscontrollings eingesetzt wird (vgl. **Kundenwert**, S. 26). Der Unterschied zur „normalen" **Deckungsbeitragsrechnung** liegt darin, dass mit ihr dargestellt werden soll, welchen Deckungsbeitrag ein bestimmter Kunde erbringt, nachdem alle Kosten, die nachweisbar (also per Beleg zuordenbar) für diesen Kunden entstanden sind, von den Erlösen abgezogen sind. Als Ausprägung einer **Teilkostenrechnung** trennt die Kundendeckungsbeitragsrechnung in **variable** und **fixe Kosten**. **Variable Kosten** werden z. B. aufgeteilt in: – variable Herstellkosten – variable produkt- bzw. auftragsspezifische Vertriebskosten – … **Fixe Kosten** können aufgeteilt werden in: – kundenbezogene Fixkosten – kundengruppenbezogene Fixkosten – kundenhauptgruppenbezogene Fixkosten – … Bezüglich der Behandlung der **fixen Kosten** ähnelt die Kundendeckungsbeitragsrechnung der **Fixkostendeckungsrechnung**; stellt aber auf eine betrachtungsspezifischere „Stufung" nach Kunden, Kundengruppen etc. ab. *Quelle: Seite „Kundendeckungsbeitragsrechnung". In: Wikipedia, Die freie Enzyklopädie. Bearbeitungsstand: 6. Februar 2008, 07:16 UTC. URL: http://de.wikipedia.org/w/index.php?title=Kundendeckungsbeitragsrechnung&oldid=42151556 (Abgerufen: 3. Februar 2009, 14:10 UTC)*
Kunden-Portfolio (vgl. S. 48)	Hierbei werden die Kunden nach ihren Potenzialen in Starkunden, Ertragskunden, Fragezeichen- und Mitnahmekunden eingeteilt.

„Nichtkunden“:

Für Marketingentscheidungen ist auch eine Analyse der „Nichtkunden“ **(Non-Customer-Analysis, NCA)** von Bedeutung. Hier geht es um die Frage: „Warum kaufen Kunden bei einem Mitbewerber?“ Auch eine Analyse der verlorenen bzw. abgewanderten Kunden **(Lost-Customer-Analysis, LCA)** ist erforderlich. Hieraus können Entscheidungen für die Gestaltung von Marketingaktivitäten abgeleitet werden, um das Ausmaß von Non- und Lost-Customers zu verringern.

Kundenerwartungen

- Der Fokus aller Marketingaktivitäten ist der **Kunde**.
- Konsumenten und Unternehmen als Kunden haben unterschiedliche **Kaufmotive**. Sie müssen erforscht werden, um mit marketingpolitischen Maßnahmen Kaufentscheidungen zu veranlassen.
- **Kundenansprüche** unterliegen einem ständigen Wandel, hierauf muss reagiert werden.
- Das **Kaufverhalten** von Kunden muss permanent beobachtet werden, um Kundenansprüchen gerecht zu werden.
- **Kundendateien und Kundeninformationssysteme** bilden die Grundlage für die Auswertung des Kundenverhaltens.
- **Customer-Relationship-Management** (CRM) beschreibt einen ganzheitlichen Ansatz der kundenorientierten Unternehmensführung.
- **Key-Buying-Factors** sind kaufentscheidende Variablen für Kunden (produkt- und leistungsbezogene bzw. unternehmensbezogene Merkmale).
- Kunden werden in Kategorien (Zahlungsmoral, Reklamationsverhalten, Stellung in ABC-Analyse usw.) eingeteilt **(Kundengruppen, Kundensegmente)**, um gezielter auf spezielle Kundenbedürfnisse eingehen zu können.
- **Kundenorientierung** führt zu **Win-win-Situationen** für Unternehmen und Kunden.
- **Kundenzufriedenheit** wird gemessen durch die Kennzahlen **Customer-Satisfaction-Index** (CSI) und **Customer-Loyalities-Index** (CLI).
- **Kundenwert** wird im Rahmen einer Kundenlebenszeitbetrachtung ermittelt. Verfahren: Customer-Lifetime-Umsatz, Kundendeckungsbeitragsrechnung, ABC-Kundenanalyse, Scoring-Modell, Kunden-Portfolio.
- Bei der **Non- und Lost-Customer-Analysis** wird untersucht, weshalb Kunden bei Mitbewerbern kaufen.

1 Lesen Sie aufmerksam das Kapitel „Was ist ein Kunde?“ (vgl. S. 22). Beziehen Sie kritisch Stellung zu den dortigen Aussagen und nehmen Sie dabei einen Perspektivwechsel zwischen Kunden und Unternehmen vor.

2 a) Betrachten Sie Ihre privaten Käufe der letzten drei Monate und geben Sie jeweils Ihre persönlichen Kaufmotive an.
b) Geben Sie Gründe für unterschiedliche Kaufmotive von Konsumenten und Unternehmen an.

3 Beschreiben Sie mit konkreten Beispielen, wie Kundenansprüche sich im Zeitablauf verändern, unterscheiden Sie dabei zwischen Konsumenten und Unternehmen.

4 Ergänzen Sie für die Bürodesign GmbH die Tabelle der Kundenbewertung (vgl. S. 25) mit zusätzlichen Kriterien und geben Sie an, wie diese Kriterien gemessen oder kategorisiert werden können.

5 Beschreiben Sie an konkreten Beispielen, was unter einer Win-win-Situation zu verstehen ist
a) aus Ihrem persönlichen Erfahrungsbereich als Konsument,
b) aus der Sicht der Bürodesign GmbH.

6 Entwickeln Sie für die Bürodesign GmbH handhabbare Checklisten für die Ermittlung des CSI und des CLI und erstellen Sie einen Maßnahmenkatalog, beide Kennzahlen in der Marketingarbeit zielorientiert einzusetzen.

1.3 Wettbewerbssituation

„Die Danish Möbler aus Fanö (Dänemark) haben uns schon wieder einen Kunden weggeschnappt. Das ist jetzt das dritte Mal in diesem Quartal! Wir müssen uns endlich etwas einfallen lassen, wie wir die lästige Konkurrenz beobachten können, damit wir rechtzeitig reagieren können", empört sich Herr Stam, der Abteilungsleiter Absatz der Bürodesign GmbH, auf einer Abteilungsleiterbesprechung. „Wir brauchen hierzu dringend ein Budget!", ergänzt er.

Die Wettbewerbsintensität in der Büromöbelbranche hat in den letzten Jahren erheblich zugenommen. Einerseits finden sich die Industrieunternehmen zunehmend ausländischen Konkurrenten ausgesetzt, andererseits führen inländische Konkurrenten oft einen Preiskampf, um Marktanteile zu halten oder auszubauen.

- Erläutern Sie, welche Maßnahmen die Bürodesign GmbH ergreifen kann, um das Marktverhalten von Konkurrenten abschätzen zu können, damit geeignete Reaktionen rechtzeitig geplant werden können.
- Legen Sie dar, wie bei der Konkurrenzanalyse die Untersuchung der eigenen Stärken und Schwächen der Bürodesign GmbH hilfreich sein kann.
- Beschreiben Sie, welchen Aussagegehalt die Größe „Marktanteil" hat und wie sie ermittelt wird.

VWL

Anbieter auf dem Markt stehen stets in Konkurrenz zu anderen Anbietern. Selbst Monopolisten (vgl. S. 69) befinden sich in latenter Konkurrenz, weil die Nachfrager auf alternative Produkte „umsteigen" können oder das Angebot nicht mehr als zeitgemäß empfinden.

Beispiel Die Deutsche Post AG hatte bis 2004 das Monopol für die Beförderung von Briefen. Alternativen für Briefe sind z. B. E-Mails, Faxe und Telefonate, die nicht von der Deutschen Post AG angeboten werden und ihr entsprechende Marktanteile abnehmen konnten.

Die permanente Beobachtung von Mitbewerbern auf dem Markt ist Voraussetzung, das Verhalten der Konkurrenz einzuschätzen und rechtzeitig mit dem Einsatz von marketingpolitischen Instrumenten (vgl. S. 43) zu agieren bzw. zu reagieren.

Die **Konkurrenzanalyse** setzt voraus, dass über alle Konkurrenten entsprechende Informationen erhoben werden, die geeignet sind, ihre Verhaltensweisen einschätzen zu können. Diese Daten müssen in einer für das Unternehmen handhabbaren Form aufbereitet und verdichtet werden, z. B. Listen, Tabellen. Beurteilungskriterien für Konkurrenzbeurteilung können z. B. sein: Unternehmenswachstum, Tiefe und Breite der Produktpalette, Reaktion auf Preisänderungen, Aktionsgebiet (regional, international), Finanzkraft, Investitionsvolumen usw.

Beispiel Kriterienliste zur Konkurrenzbeurteilung

Konkurrenzunternehmen: Herforder Büromöbelbau GmbH		
Bewertungsmerkmal	**Note**	**Erläuterungen**
vollständiges Produktionsprogramm	2	keine Regalsysteme
Verkaufs-Absatz-System	2	–
technische Ausbildung der Mitarbeiter	3	hohes Durchschnittsalter der Mitarbeiter
schnelle Problemlösung	2	–
Zusammenarbeit mit Maschinenherstellern	4	unklare Anspruchsdefinition an Hersteller
rechtzeitiges Erkennen von Markttrends	3	Mitläufer
Einführung von Produkten und Technologien	3	Mitläufer, kein Trendsetter
konstante Produktqualität	2	–
Werbung	4	keine Strategie erkennbar
sonstiges	–	–

Zu beachten ist, dass verlässliche Informationen zu Konkurrenten z. T. nur mit erheblichem Aufwand recherchierbar sind und dass die Informationen schnell veralten.

▲ Dimensionen der Konkurrenz

Ein Unternehmen muss sich mit vielschichtigen Konkurrenzdimensionen auseinandersetzen. Dabei lassen sich drei **Schwerpunktbereiche** abgrenzen.

▲ Direkte Konkurrenz:

Hierbei handelt es sich um Unternehmen, die gleiche oder ähnliche Produkte und Dienstleistungen anbieten. Mit dieser Konkurrenz muss sich ein Unternehmen den Markt teilen. Der Kampf um Marktanteile (vgl. S. 33), also um die Gunst des Kunden, bezieht sich auf alle Produkteigenschaften, Liefer- und Zahlungskonditionen, Preise und Serviceleistungen. Hier ist die eigene **Positionierung im Markt** gefragt, um sich von der Konkurrenz abzuheben.

Beispiel Direkte Konkurrenten der Bürodesign GmbH sind Industriebetriebe, die ebenfalls Büromöbel für die gleiche Abnehmergruppe produzieren.

▲ Indirekte Konkurrenz:

Indirekte Konkurrenten bieten nicht die gleichen Produkte an. Ihre Produktpalette ist aber so angelegt, dass sie zumindest Teile der eigenen Produkte substituieren kann.

Beispiele

- In der Büromöbelbranche können Holzmöbel durch Stahlmöbel substituiert werden.
- Die ABC-GmbH betreibt einen Supermarkt. Direkte Konkurrenten sind andere Supermärkte und Lebensmitteleinzelhändler.
- Indirekte Konkurrenten sind Unternehmen, die das gleiche Bedürfnis des Endverbrauchers (Nahrungsmittelaufnahme) befriedigen, z. B. Restaurants, Imbiss-Buden, Fastfood-Ketten.

▲ Newcomer:

Hierbei handelt es sich um Unternehmen, die durch völlig neuartige Markteintritte oder Geschäftsmodelle zu Konkurrenten werden können. Sie bieten gleiche, ähnliche oder Substitutionsprodukte an, jedoch beschreiten sie bisher nicht bekannte Vertriebswege, definieren und bündeln Zielgruppen neu oder bieten Produkte in Kombination mit bestimmten Dienstleistungen oder Komplementärgütern (Güter, die andere Güter ergänzen) an.

Beispiele

- Anfang der 70er-Jahre des letzten Jahrhunderts brach in Deutschland eine völlig neue Konkurrenz für Büromöbeleinzelhändler aus. Bis dahin wurden Büromöbel i. d. R. in Fachgeschäften verkauft. Das schwedische Unternehmen IKEA definierte die Zielgruppe der jungen Familien und der Büromöbelkäufer mit geringer Kaufkraft neu und bot erstmalig Büromöbel zum „Selbermontieren" an. Heute gehört IKEA zu den führenden Möbelhäusern und ist ein starker Konkurrent zum Facheinzelhandel.
- Tankstellen hatten über Jahrzehnte hinweg lediglich Produkte und Dienstleistungen, die sich auf das Auto beziehen, im Angebot. Inzwischen sind sie zu einer starken Konkurrenz für den klassischen Einzelhandel geworden, da sie zusätzlich Nahrungsmittel, Tabakwaren, Zeitschriften, Spielsachen, DVDs usw. anbieten. Mineralölkonzerne übernehmen als Dienstleistung für Unternehmen das Fuhrparkmanagement und die Reisekostenabrechnung.
- Automobilhersteller haben eigene Banken zur Finanzierung eingerichtet, um ihren Kunden Kauf und Finanzierung „aus einer Hand" anbieten zu können. Hierdurch wurden sie zu Konkurrenten etablierter Kreditinstitute.

- Der Lebensmitteldiscounter ALDI hat in den 90er-Jahren begonnen, zusätzlich zu seinem Angebot an Lebensmitteln auch wöchentlich wechselnde Angebote aus anderen Sortimentsbereichen anzubieten, z.B. Computer, Elektroartikel usw., und wurde somit zu einer ernst zu nehmenden Konkurrenz in anderen Branchen.
- Tele-Shopping, Internetshopping, Power-Shopping usw. haben sich zu einem neuen Vertriebskanal entwickelt, der zu einem starken Konkurrenten für den stationären Handel geworden ist. Selbst beratungsintensive Produkte wie Computer, Fotoartikel, Versicherungsdienstleistungen usw. werden via Internet vertrieben.

▲ Die SWOT-Analyse

Die SWOT-Analyse ist ein klassisches Instrument, um die **Marktpositionierung** eines Unternehmens im Vergleich zur Konkurrenz festzustellen. SWOT ist abgeleitet aus den folgenden Begriffen:

Strengths Stärken des eigenen Unternehmens z.B. Flexibilität in Produktion, Kundennähe, Produktqualität, Ausbildungsstand der Mitarbeiter	**Weaknesses** Schwächen des eigenen Unternehmens z.B. Finanzkraft, IT-Infrastruktur, Organisationsstruktur, Reaktionsgeschwindigkeit auf Marktveränderungen
Opportunities Chancen für die Zukunft z.B. Expansion ins Ausland, Internet als Distributionskanal, E-Commerce für B2B	**Threats** Risiken für die Zukunft z.B. Konkurrenz aus dem Ausland, Veränderungen in den Marktstrukturen, Investitionsneigung von Kunden

Die Stärken-Schwächen-Analyse hat die Ermittlung der **Geschäftsfeldstärke** zum Ziel, die Chancen-Risiken-Analyse ermittelt die **Marktattraktivität**. Für die SWOT-Analyse sind entsprechende Kriterien zu entwickeln, nach denen das Unternehmen sich im Vergleich zu seiner Konkurrenz bewertet.

Beispiel Kriterienkatalog/Checkliste zur SWOT-Analyse (vgl. hierzu: www.fh-brandenburg.de/~hoeft/toolbox/m-plan.htm)

Dimension: Stärken und Schwächen (Ermittlung der Geschäftsfeldstärke)

- **Allgemeine Unternehmenscharakteristika:** Umsatz, Erfolg (Rentabilität; Umsatzrendite; Gewinn; ...), Marktanteile, Cashflow (Einnahmen-Ausgaben-Überschuss), Personalbestand
- **Angebotspotenzial (Produkte und Dienstleistungen):** Produktqualität (Lebensdauer; Haltbarkeit; ...), Produktleistungsfähigkeit (Performance), Produktprogramm (Angebotsbreite und -tiefe), Alter des Produktprogramms (Lebenszyklusphasen der Produkte), Anteil Handelsware/Eigenfertigung
- **Distribution:** Vertriebsorganisation, Vertriebskapazität, Vertriebskanäle/-wege, Lieferbereitschaft, Lieferfähigkeit, Logistik, Standort, Lagerwesen, Transportwesen
- **Marktkommunikation:** Werbung, Präsentation auf Messen, technische Verkäufer, Öffentlichkeitsarbeit, Verkaufsförderung, Corporate Identity/Corporate Design, Image
- **Preise und Konditionen:** Preisdurchsetzungspotenzial, Preispolitik (Skimming – Penetration), Rabattsystem; Sonderkonditionen, Liefer- und Zahlungsbedingungen, Umfang von Nebenleistungen
- **Funktionspolitisches Potenzial, Dienstleistungen:** technischer Service, Garantien, Wartung, Installation, Schulung, Finanzierungsangebote, technische Unterlagen, Dokumentation, Bedienungsanleitungen
- **Produktion/Fertigung:** Fertigungsart (Einzel-, Serien-, Massenfertigung), Fertigungstechnologie/-technik, Flexibilität, Fertigungskapazitäten, Auslastungsgrad, Produktivität, Fertigungstiefe, Grad der vertikalen Integration, Standorte

Dimension: Stärken und Schwächen (Ermittlung der Geschäftsfeldstärke)

- **F&E-Potenzial (Forschung und Entwicklung):** Höhe der F&E-Investitionen, F&E-Know-how, technische Ausstattung, Patente und Lizenzen, Zugang zu externen F&E-Quellen/Kooperation, Anzahl der Neuprodukteinführungen
- **Beschaffung:** Zugang zu Rohstoffen, Halb- und Fertigfabrikaten, Leistungsfähigkeit der Lieferanten, Bezugspreise, Lieferzeit (just in time, ...), Qualität, Zuverlässigkeit, Zahl der Lieferanten/Ersatzlieferanten, Versorgungssicherheit, Integration mit den Funktionen Produktion und Absatz, Dispositions- und Bestellsysteme (EDV), Lagerhaltungssystem, Grad der Abhängigkeit von Lieferanten
- **Finanzen:** Eigenkapital, Fremdkapital, Kosten des Fremdkapitals, Zugang zu weiterem Kapital, Liquidität, finanzielle Reserven
- **Personal:** Qualifikation, Erfahrung, Motivation (Betriebsklima; Einsatzfreude, ...), Entlohnungssystem, Sozialleistungen, Altersstruktur, Fluktuation, Führungskräfte
- **Kostenposition/-struktur:** Löhne und Gehälter, Rohstoffe/Vorprodukte, Energie, Abschreibung von Gebäuden und Ausrüstung, Kapitalkosten, Steuern/Abgaben, System der Kosten- und Leistungsrechnung, Controllingsystem
- **Management und Organisation:** Organisationsstruktur, Führungsstil, Instrumente der Planung, Kontroll- und Steuerungsinstrumente
- **Informationsmanagement:** Stand der Bürokommunikation, Stand IT-Infrastruktur, Stand der Fertigungssteuerung (CIM), Grad der Verknüpfung innerbetrieblicher Information, Leistungsfähigkeit von Rechnungswesen und Controlling
- **Marktstrukturen:** Eintrittsbarrieren, Austrittsbarrieren, Struktur und Stärke der Abnehmer, Struktur und Stärke des Wettbewerbs
- **Marktpotenzial/-volumen:** Zahl der potenziellen Abnehmer, Marktwachstum, Investitionsverhalten/Konsumverhalten, verfügbare Investitionsmittel/verfügbares Einkommen, demografische Entwicklung
- **Kundenstruktur und Kundenwünsche:** Kundenstruktur (Größe; Branche; ...), Nachfragemacht, Kundenanforderungen/Key Buying Factors (KBFs, vgl. S. 24)
- **Wettbewerb/Konkurrenz:** Zahl der Wettbewerber, Struktur der Wettbewerber (Größe, ...), Marktanteile der Wettbewerber, Strategien/Aktivitäten der Wettbewerber, Stabilität der Wettbewerbsstruktur, Branchenregeln
- **gesetzl./staatliche Rahmenbedingungen:** Steuerrecht, Umweltrecht, Wettbewerbsrecht, Subventionen/Förderpolitik, Vergabepraxis bei öffentlichen Aufträgen, Sozialgesetzgebung; Arbeitsrecht, Import-/Exportbeschränkungen, Handelsbeschränkungen, technische Vorschriften/Normen, Wirtschaftspolitik, politische Stabilität
- **gesellschaftliche Rahmenbedingungen:** Einstellungen/Wertvorstellungen, Mentalität, Freizeitverhalten, Bildungssystem
- **ökologische Rahmenbedingungen:** Luftreinhaltung, Wasserreinhaltung, Boden, Abfallentsorgung und -vermeidung, rationelle Energienutzung, rationelle Nutzung von Rohstoffen
- **Technologische/Technische Entwicklung:** neue Produkttechnologien/-techniken, neue Fertigungstechnologien/-techniken, neue Werkstoffe, Substitutionstechnologien/-produkte, Komplementärtechnologien/-produkte
- **sonstige Rahmen- und Umweltbedingungen:** Wirtschaftslage, Inflation, Stabilität von Währungen, Zahlungsbilanz, Beschäftigungslage/Arbeitsmarkt, Verfügbarkeiten von Rohstoffen und Energie, Klima

▲ Stärken-Schwächen-Profile

Die aufgrund der SWOT-Analyse erhobenen Daten können übersichtlich in ein Stärken-Schwächen-Diagramm übertragen werden, das alle Ausprägungen veranschaulicht.

Beispiel Stärken-Schwächen-Profil der Bürodesign GmbH

Kriterien / Beurteilung	schlecht					mittel					gut				
	7	6	5	4	3	2	1	0	1	2	3	4	5	6	7
Gewinnentwicklung				×					○						
Mitarbeiterqualifikation								×		○					
Forschung und Entwicklung					×	○									
Innovationsfreudigkeit						×				○					
Produktqualität								○				×			
Vertriebskanäle										×			○		
...															

——— = eigenes Unternehmen × ——— = stärkstes Konkurrenzunternehmen ○

▲ Branchenvergleiche/Benchmarking

Fachverbände, Industrie- und Handelskammern sowie bestimmte Hochschul- und Marktforschungsinstitute erstellen periodisch **Branchenvergleiche**. Die hier veröffentlichten Daten leisten einen wesentlichen Beitrag zur Konkurrenzanalyse. Oft sind die Daten bereits aufbereitet, sodass sie mit eigenen Unternehmensdaten verglichen werden können. Wichtig ist hierbei der Zeitvergleich, um Trends ableiten zu können. Diese Erhebungen können zusätzlich mit eigenen Daten ergänzt werden. Unter Benchmarking (engl. Benchmark = „Maßstab“) versteht man eine Fortentwicklung eines Branchenvergleichs. Hierbei soll das beste Unternehmen ermittelt werden.

Beispiel Kennzahlenstruktur einer Branche

Kennzahl	eigenes Unternehmen	Branchendurchschnitt	Durchschnitt Top Ten
Umsatz (Mio. €) Veränderung zum Vorjahr	8 400 000,00 € +3 %	8 000 000,00 € +2 %	9 880 000,00 € +4 %
Mitarbeiter Veränderung zum Vorjahr	120 –2 %	170 –1 %	190 –1 %
Umsatz je Mitarbeiter Veränderung zum Vorjahr	70 000,00 € +4 %	46 000,00 € +2 %	52 000,00 € +3 %
Gewinn (Mio. €) Veränderung zum Vorjahr	700 000,00 € +2 %	500 000,00 € +1 %	670 000,00 € +3 %

Die konkurrenzorientierte Preisbildung verfolgt das Prinzip des **Benchmarkings**, bei dem es darum geht, das eigene Verhalten am Markt an dem der Wettbewerber auszurichten. Unternehmen versuchen gezielt, erfolgreiche Vorgehensweisen der Wettbewerber zu kopieren und durch interne Verbesserungen im Idealfall Wettbewerbsvorteile zu erzielen.

Bei der konkurrenzorientierten Preisbildung richtet ein Hersteller seine eigenen Preise an den Preisstellungen der übrigen Anbieter aus. Er gestaltet Preise nicht eigenständig, sondern passt sich an. Unternehmensindividuelle Kosten- oder Nachfragersituationen bleiben hierbei vergleichsweise unberücksichtigt.

▲ Marktpotenzial, Marktvolumen, Marktanteil

Der Marktanteil eines Unternehmens wird häufig als wichtigste Messlatte im Vergleich zur Konkurrenz betrachtet. In der Praxis bereitet es jedoch immense Schwierigkeiten, einen bestimmten Markt konkret abzugrenzen.

Beispiel Wettbewerbssituation bei der Bürodesign GmbH im Teilmarkt Schreibtische, gehobener Bedarf, eigener Marktanteil der Bürodesign GmbH: 5 %

Mitbewerber	Marktanteil (5)	Verhalten des Mitbewerbers
Alpenbau GmbH	8	Kooperationsbereitschaft
Dänen-Büromöbel	17	aggressive Preispolitik
Bonner Büromöbelwerke AG	13	riesiges Sortiment
Herforder Büromöbelbau	11	exklusive Designertische
Eifel-Büromöbel	29	baut Marktführerschaft aus
Berg-Büromöbel-Bau	17	expandiert stark

Die Bürodesign GmbH gibt einen Marktanteil von 5 % im Segment „Schreibtische, gehobener Bedarf" an. Hierbei ist genau festzulegen, um welche konkreten Produkte es sich handelt und wie der Markt regional und kundengruppenmäßig abgegrenzt ist.

▲ Marktpotenzial:

Das Marktpotenzial ist eine theoretische Größe. Sie gibt die maximale Aufnahmefähigkeit eines Marktes in Stück an, wobei unterstellt wird, dass alle denkbaren Käufer über entsprechendes Einkommen verfügen und alle auch entsprechende Kaufbereitschaft entwickelt haben.

Beispiel Das Marktpotenzial für Smartphones in Deutschland entspricht in etwa der Bevölkerungsanzahl (Ausnahme Kleinkinder unter sechs Jahren). Nicht alle Bürger sind aber bereit oder in der Lage, sich ein Smartphone anzuschaffen.

▲ Marktvolumen:

Das Marktvolumen ist eine Teilmenge des Marktpotenzials. Man versteht hierunter die realisierbaren bzw. prognostizierbaren Absatzmengen pro Periode in einem abgegrenzten Markt. Hierbei wird von realitätsnahen Prognosen ausgegangen, z. B. auf der Basis von Produktionskapazitäten, Rohstoffversorgung, Kaufkraft der Kunden usw.

Beispiel Das Marktvolumen für Smartphones im Jahr 2010 basiert auf der Prognose, dass bestimmte Zielgruppen bereit und in der Lage sind, ein Smartphone zu kaufen. Zielgruppe Jugendliche (bis 16 Jahre) 15 %, Zielgruppe Erwachsene 55 %, Zielgruppe Senioren 30 %. Wenn diese Daten mit den Bevölkerungszahlen abgeglichen werden, kann das Marktvolumen ermittelt werden. Hierbei muss jedoch noch berücksichtigt werden, wie viele Personen erstmalig ein Smartphone kaufen beziehungsweise Ersatzbeschaffungen tätigen.

▲ Marktanteil:

Der Marktanteil eines Unternehmens ist der prozentuale Anteil seines Umsatzes oder Absatzes am Marktvolumen. Mit dieser Messzahl wird die Stärke der Marktposition im Vergleich zur Konkurrenz gemessen. Der Marktanteil kann in Mengeneinheiten wie Stück (Absatz) oder in Werteinheiten wie Euro (Umsatz) gemessen werden.

$$\text{Marktanteil in \%} = \frac{\text{Unternehmensumsatz oder -absatz} \cdot 100}{\text{Marktvolumen}}$$

Die zeitliche Veränderung der Marktanteile zeigt die Entwicklung der Marktstellung eines Unternehmens. Da die Summe aller Marktanteile eines Marktes genau 100 % ist, kann eine Ausweitung des Marktanteiles eines Unternehmens immer nur zulasten des Marktanteils eines anderen Unternehmens gehen.

▲ Marktwachstum:

Das Marktwachstum stellt die Vergrößerung des Marktvolumens dar, es ist i. d. R. von einem Unternehmen kaum beeinflussbar.

$$\text{Marktwachstum in \%} = \frac{\text{zusätzliches reales Wachstum in einer Periode} \cdot 100}{\text{Marktvolumen der vorigen Periode}}$$

Tendiert das Marktwachstum gegen null, liegt **Marktsättigung** vor, bei einem negativen Wert handelt es sich um einen **schrumpfenden Markt**.

Wettbewerbssituation

- Bei der **Konkurrenzanalyse** werden **Informationen über die Mitbewerber** in einem Markt gesammelt und aufbereitet, um ihr Marktverhalten einschätzen zu können.
- **Konkurrenzarten:** **direkte Konkurrenz** (Anbieter von gleichen Produkten)
  indirekte Konkurrenz (Anbieter von Substitutionsprodukten)
  Newcomer (Markteintritt mit neuen Geschäftsmodellen)
- Die **SWOT-Analyse** umfasst eine Untersuchung der eigenen Stärken, Schwächen, Risiken und Chancen auf einem Markt. Es werden die Stärke des eigenen Geschäftsfeldes und die eigene Marktattraktivität ermittelt.
- In einem **Stärken-Schwächen-Profil** wird ein Vergleich zur Konkurrenz veranschaulicht.
- **Kennzahlenvergleiche** innerhalb einer Branche und im Zeitablauf lassen Trends erkennen und helfen bei der Maßnahmenplanung.
- Das **Marktpotenzial** gibt die theoretisch maximale Aufnahmefähigkeit eines Marktes an.
- Das **Marktvolumen** gibt die realistisch prognostizierbare Absatzmenge eines Marktes an.
- Der **Marktanteil** ist der prozentuale Anteil eines Unternehmens am Marktvolumen.
- Das **Marktwachstum** ergibt sich durch einen Vergleich der Marktvolumina zweier aufeinander folgender Perioden.

1 Geben Sie konkrete Beispiele der indirekten Konkurrenz an für folgende Unternehmen und begründen Sie Ihre Aussagen.

a) Deutsche Bahn AG
b) Schreinerei (Handwerksbetrieb)
c) Hersteller von Fotoapparaten
d) Zigarettenproduzent
e) Verlag einer Tageszeitung

2 Ergänzen Sie die Beispielliste für Newcomer (vgl. S. 30) mit Fällen aus dem Bereich des E-Commerce bzw. E-Business. Bd. 1

3 Führen Sie eine Internetrecherche durch, um Informationen für Kennzahlenvergleiche in der Büromöbelindustrie zu erhalten. Checken sie hierzu z. B. Seiten von IHK, Banken, Statistischen Ämtern und einschlägigen Industrieunternehmen ab.

4 a) Erläutern Sie mit konkreten Ausführungen aus der Sicht der Bürodesign GmbH die Beziehungen zwischen Marktpotenzial, Marktvolumen, Marktanteil und Marktwachstum.

b) Erläutern Sie, weshalb es für ein Unternehmen wirtschaftlich sinnvoll sein kann, in einen schrumpfenden Markt zu investieren.

5 Die SWOT-Analyse ist für ein Unternehmen ein wichtiges Instrument der Positionsbestimmung im Markt. Bilden Sie Arbeitsgruppen (ca. fünf Schüler) und konstruieren Sie einen Transfer der SWOT-Analyse auf Ihre private Situation als Schüler (künftiger Student, künftiger Auszubildender usw.). Untersuchen Sie in der Gruppe, inwieweit eine individuelle SWOT-Analyse Ihnen helfen kann, z. B. bei Studienfach- oder Berufswahl, und stellen Sie Ihre Ergebnisse der Klasse vor.

1.4 Marktforschung und Marktentwicklung

Die Bürodesign GmbH ist bestrebt, sich ständig an den veränderten Kundenansprüchen zu orientieren. Dabei unterliegt das Angebot an Büromöbeln einem stetigen Wechsel. Die einzelnen Produktgruppen sind für die Bürodesign GmbH Teilmärkte ihres Absatzmarktes.

Arbeiten am Schreibtisch	Konferenzen und Schulung	Warten und Empfang
Schreibtische, Arbeitsstühle und -sessel mit Rollen, Aktenschränke, Regale, Stellwände, Container-Serie	Kombinationstische, Besprechungstische, Stühle ohne Rollen, Stapelstühle, Funktionstische, Regalsysteme	Möbel für Empfangs- und Warteräume, Stühle, Sessel, Ablagetische, Sitzgruppen, Empfangstheken

Das Unternehmen ist zurzeit mit seinen Produkten in allen Teilmärkten aktiv. Über diese Strategie gibt es schon seit Jahren heftige Auseinandersetzungen sowohl bei der Geschäftsleitung als auch in den nachgeordneten Instanzen (Abteilungsleiter, Gruppenleiter, Sachbearbeiter). So ist z. B. der Abteilungsleiter der Produktion, Herr Müller, folgender Ansicht: „Wir sollten uns auf einen einzigen Teilmarkt, nämlich Schreibtische, beschränken, dadurch könnten wir kostengünstiger produzieren." Der Abteilungsleiter Absatz, Herr Stam, jedoch möchte am liebsten noch mehr Teilmärkte erschließen: „Wir sollten noch weitere Teilmärkte bearbeiten, z. B. Kantinenmöbel, Schulmöbel, Lagermöbel usw."

- Sammeln Sie in einer Liste Argumente für und gegen beide Meinungen und führen Sie in der Klasse eine Pro-und-Kontra-Diskussion.
- Erläutern Sie die Informationsquellen der Marktforschung und mögliche Marketingstrategien.

▲ Ziele und Aufgaben der Marktforschung

Betriebswirtschaftliche Entscheidungen im Marketingbereich basieren auf Marktdaten über Kunden und Mitbewerber. Je genauer und aktueller die Informationen sind, desto sicherer kann eine Entscheidung getroffen werden. **Marketingmanagement ist weitgehend Informationsmanagement.** Das Ziel der Marktforschung (Mafo) ist somit:

Erkennen der eigenen Wettbewerbssituation, um Stärken auszubauen und Schwächen zu minimieren.

Dies setzt voraus, dass die gewonnenen **Marktdaten** exakt, aktuell, zielorientiert und zuverlässig sind und ihre Erhebung unter wirtschaftlichen Gesichtspunkten (Kosten der Datenbeschaffung und -aufbereitung) erfolgt.

Marktforschungsziele	Erläuterung
Marktanalyse	Zu einem bestimmten **Zeitpunkt** werden alle Einflussfaktoren eines Marktes ermittelt.
Marktbeobachtung	Die Entwicklung des Marktes wird über einen bestimmten **Zeitraum** untersucht. Dabei sollen Trends festgestellt werden.
Marktprognose	Sie baut auf den Ergebnissen der Marktanalyse und der Marktbeobachtung auf. Sie soll Aussagen über **künftige Marktsituationen** ermöglichen.

Alle Marktforschungsziele können sich sowohl auf den gesamten Absatzmarkt eines Unternehmens als auch auf Teilmärkte beziehen. Marktforschung sollte als Teilprozess innerhalb von Marketingaktivitäten verstanden werden. Dieser Prozess liefert Daten, die strategische und taktische Entscheidungen unterstützen.

Marktforschungsgebiete, -bereiche

Je nach dem Tätigkeitsschwerpunkt und je nach dem Untersuchungsgebiet kann Marktforschung wie folgt gegliedert werden:

Marktforschungsgebiet	Erläuterung, Beispiele
Marktaktivitäten	Absatz-Mafo, Güterbeschaffungs-Mafo, Informationsbeschaffungs-Mafo, Finanz-Mafo, Personal-Mafo
Raum	regionale, nationale, europäische, internationale Märkte
Zeit	vergangenheits-, gegenwarts-, zukunftsbezogen
Zweck	Diagnose, Prognose der Marktsituation
Objekt	Konsumgüter-, Investitionsgüter-, Dienstleistungs-Mafo

Das Ziel von **quantitativen Marktforschungsaktivitäten** sind nummerische Werte wie Anzahl der möglichen Kunden, Preisuntergrenze für ein Produkt, Marktanteile usw. Die **qualitative Marktforschung** versucht, Verhaltensweisen, Erwartungen, Einstellungen und Motive in einem Markt festzustellen (z. B. Meinungsforschung).

Instrumente der Marktforschung

Marktinformationen können sich im Rahmen der Informationsbeschaffung grundsätzlich durch zwei Erhebungsarten ergeben:

<table>
<tr><th>Erhebungsarten</th><th colspan="2">Erläuterung</th></tr>
<tr><td rowspan="3">Sekundärerhebung</td><td colspan="2">Aufbereitung und Auswertung von Daten, die bereits vorhanden sind und meist für andere Zwecke erhoben bzw. erstellt wurden. Hierzu zählen z. B. Daten des betrieblichen Rechnungswesens, Daten aus Veröffentlichungen von Verbänden, Banken, Messen u. Ä., Fachliteratur und -presse usw.</td></tr>
<tr><td>Vorteile</td><td>Nachteile</td></tr>
<tr><td>– meist kostengünstiger als Primärerhebung
– meist umfangreiches Datenvolumen
– Daten stehen sofort zur Verfügung</td><td>– Daten ggf. veraltet
– benötigte Daten müssen erst herausgefiltert werden (z. T. aufwendig)
– Daten stehen oft auch Mitbewerbern zur Verfügung</td></tr>
<tr><td>Primärerhebung</td><td colspan="2">Diese Daten müssen erst erhoben werden, da sie nicht aus anderen Quellen verfügbar sind, hierzu zählen u. a. Befragungen, Beobachtungen usw.</td></tr>
</table>

Bei allen Entscheidungsprozessen sollten zunächst die sekundären Quellen ausgewertet werden. Oft sind die Informationen hinreichend für eine Problemlösung. Selbst wenn das Entscheidungsproblem nicht vollständig gelöst werden kann, bieten Sekundärerhebungen Hilfen für eine präzise Aufgabenstellung für eine Primärerhebung sowie ihre Planung.

Eine Erhebung von Daten ist mit **Kosten** verbunden. Wenn die Erhebung als Auftrag an Externe (betriebsfremde, spezialisierte Unternehmen) vergeben wird, so sind die Kosten durch Einholung von Angeboten zu ermitteln. Wird die Erhebung durch betriebseigene Mitarbeiter durchgeführt, so setzen sich die Kosten aus Personal- und Sachkosten zusammen. Hierbei empfiehlt sich, die **Erhebung als Projekt** durchzuführen und entsprechende Projektmanagementmethoden und -instrumente einzusetzen.

Erhebungsmethoden

Für Primärerhebungen, bei denen neue, bisher nicht ermittelte Marktdaten erzeugt werden, muss hinsichtlich des Umfanges des zu erforschenden Datenbestandes in **Voll- und Teilerhebungen** unterschieden werden. Da Primärerhebungen sich häufig auf Befragungen und Beobachtungen beziehen, geht es hierbei also um die Anzahl der befragten bzw. beobachteten Personen.

Vollerhebung	Teilerhebung
Alle Erhebungsobjekte (Personen) werden einbezogen.	Nur eine Auswahl von Erhebungsobjekten (Personen) wird betrachtet.
– anwendbar, wenn die Anzahl der zu untersuchenden Personen klein ist – Genauigkeit der Ergebnisse – hohe Kosten, hoher Zeitaufwand	– Auswahl muss repräsentativ sein – Ergebnisse müssen mit Genauigkeitsverlust „hochgerechnet" werden – geringere Kosten, geringerer Zeitaufwand
Beispiel Die Bürodesign GmbH befragt alle Kunden, die im letzten Jahr mehr als eine Reklamation hatten, hinsichtlich ihrer Wünsche über Serviceverbesserungen.	**Beispiel** Aus jeder Verkaufsregion werden nur die fünf umsatzstärksten und jeweils fünf umsatzschwache Kunden bezüglich ihrer Servicewünsche befragt.

Nachdem die Entscheidung über Voll- oder Teilerhebung getroffen ist, kann festgelegt werden, in welcher Form die Erhebung durchgeführt wird.

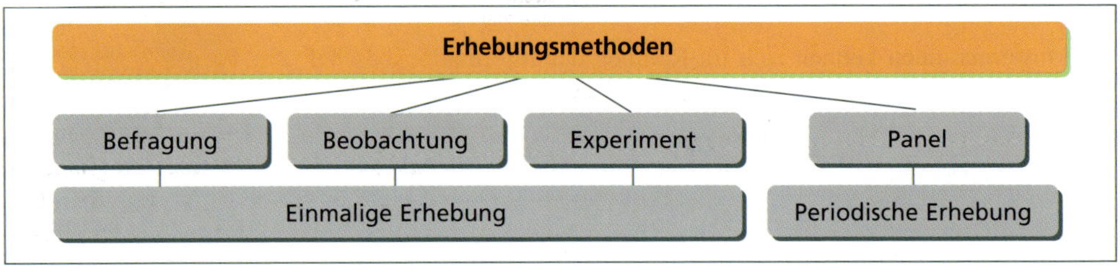

Befragung:

Befragungen lassen sich hinsichtlich verschiedener Kriterien einteilen **(Befragungsarten)**:

Kriterium	Erläuterung
Zahl der Themen	– **Ein-Themen-Befragung** (nur ein Aspekt, z. B. Zufriedenheit mit Serviceleistungen wird erhoben) – **Mehr-Themen-Befragung** (mehrere Aspekte, z. B. Ansprüche von Kunden, Investitionsplanungen von Kunden, Einschätzungen der konjunkturellen Lage usw., werden erhoben, ggf. von verschiedenen Auftraggebern gemeinsam)
Personen	– Unternehmensbefragungen – Verbraucherbefragungen (Endverbraucher) – Expertenbefragungen (Befragung von Spezialisten und Fachleuten)
Kommunikationsart	– **Schriftliche Befragung** (Fragebogen werden über Postweg oder Zeitungsbeilagen verteilt); das Problem der häufig geringen Rücklaufquote kann durch Anreize (z. B. Preisausschreiben) z. T. gelöst werden – **Telefonische Befragung** (i. d. R. sind nur einfache und knappe Fragestellungen möglich, jedoch kann eine gezielte Eingrenzung von Zielgruppen vorgenommen werden)

Kriterium	Erläuterung
	– **Mündliche Befragung** (Befragungen „auf der Straße“, Interview, die Fragestellungen und die Fragetaktik können individuell abgestimmt werden) – **Onlinebefragungen im Internet** (Versenden von Fragebogen über E-Mail; Fragebogen auf einer Website, wobei die Antworten z. B. über CGI-Scripts gespeichert und ausgewertet werden können; Interviews in Chatrooms, Befragungen über Newsgroups)
Häufigkeit	– **Einmalbefragungen** (für ein bestimmtes Erhebungsziel werden einmalig Personen befragt) – **Mehrfachbefragungen** (periodisch wiederkehrende Befragungen, um bestimmte Entwicklungen, Trends usw. zu erheben)
Strategie	– **Standardisiertes Interview** (genau festgelegte Fragen mit konstanter Reihenfolge der Fragen) – **Strukturiertes Interview** (Kernfragen sind festgelegt, Reihenfolge beliebig, Zusatzfragen sind zugelassen) – **Freies Gespräch** (nur das Gesprächsthema steht fest, Interviewer kann über Reihenfolge und Art der Fragen frei entscheiden)
Taktik	– **Direkte Befragungstaktik** (durch die Frage ist das Befragungsziel direkt erkennbar, z. B. „Besitzen Sie ein Notebook?“) – **Indirekte Befragungstaktik** (die Fragen sind psychologisch so formuliert, dass der Befragte nicht sofort das Ziel der Frage erkennen kann, z. B. „Wenn Sie auf Geschäftsreise sind, können Sie dann Ihre Tabellenkalkulation einsetzen?“)

Bei der Konzeption von **Fragebogen** ist besonders auf das Untersuchungsziel hinzuarbeiten. Die Fragen sind auf die Zielgruppe abzustimmen und müssen eindeutig sowie sprachlich prägnant und verständlich sein. Die Antwortmöglichkeiten bei einer Befragung sind im Voraus abschätzbar. Hinsichtlich der Auswertung der Antworten muss daher im Sinne des Untersuchungsziels entschieden werden, welche Antworten zulässig sind.

Sehr geehrter Kunde!

Zuverlässige Qualität ist in allererster Linie ein Erfahrungsgefühl von Ihnen, unseren Kunden. Diese Erfahrung, Ihre Kritik, Ihre Änderungswünsche helfen uns, unsere Produkte zeitgemäß zu verändern, zu verbessern, zu ergänzen oder neue Wunschprodukte zu entwickeln. Wir brauchen deshalb Ihre Einflussnahme.

Der Einflussfragebogen ist durch einfaches Ankreuzen schnell ausfüllbar. Für eine baldige Rücksendung im beiliegenden Umschlag (Porto zahlen wir) danken wir Ihnen schon jetzt recht herzlich.

Mit freundlichen Grüßen

Bürodesign GmbH

1. Wie sind Sie im Allgemeinen mit den Angeboten zufrieden?

   0101 ○ sehr zufrieden   0102 ○ zufrieden   0103 ○ nicht zufrieden

2. Wie zufrieden sind Sie mit dem Service unserer Reklamationsabteilung?

   0102 ○ sehr zufrieden   01020 ○ zufrieden   01030 ○ nicht zufrieden

Beispiel Checkliste

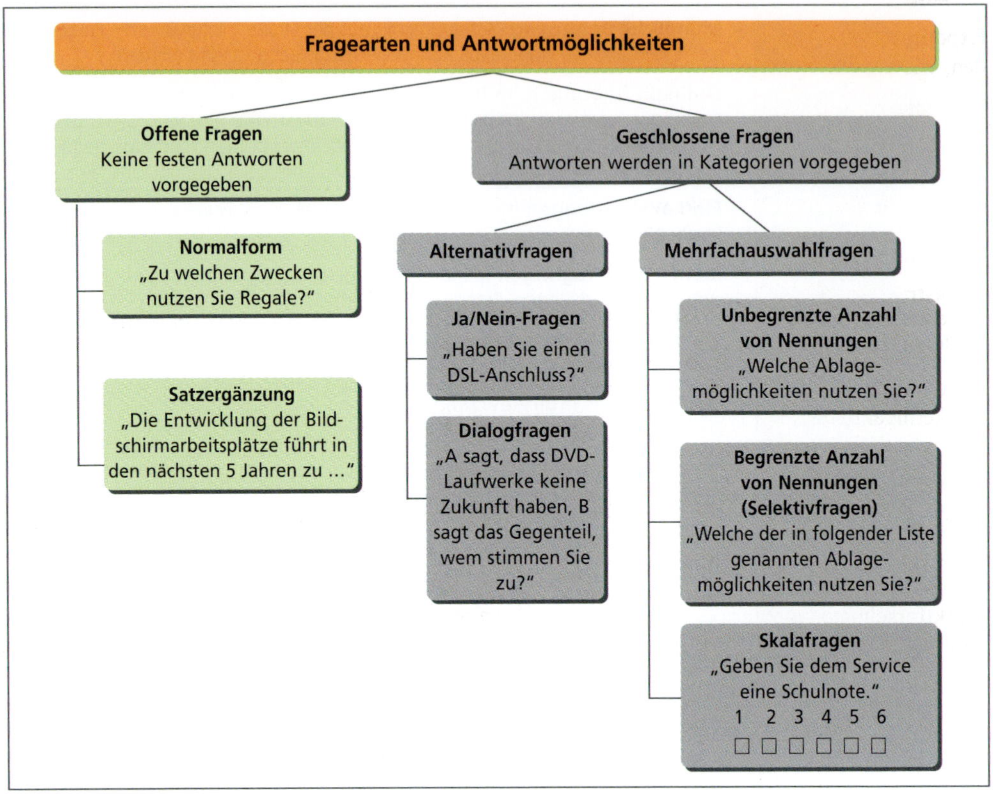

Bevor ein Fragebogen zum eigentlichen Zweck eingesetzt wird, sollten die Befrager hinreichend geschult worden sein und die Fragen in einer **Testbefragung** hinsichtlich Verständnis und Beitrag zum Erreichen des Untersuchungsziels überprüft werden. Ferner sind der Zeitpunkt und der Zeitraum sowie das **Kostenbudget** für die Befragung vorher festzulegen.

▲ Beobachtung:

Eine Beobachtung im Rahmen der Marktforschung ist die **planmäßige Erhebung von Verhaltensweisen** oder Eigenschaften von Personen. Sie liefert insbesondere bei der Kundenanalyse (vgl. S. 22) wichtige Informationen. Beobachtungen können einmalig oder in periodischen Abständen durchgeführt werden.

Beispiele

- Ein Büromöbelhändler beobachtet seine Kunden hinsichtlich des Verhaltens im Ladenlokal. Erhoben werden dabei Daten über Dauer des Aufenthaltes im Geschäft, Bereitschaft, Zusatzkäufe zu tätigen, Frageverhalten an das Verkaufspersonal, Alter der Kunden usw.
- Die Bürodesign GmbH beobachtet nach der Installation neuer Kombinationsschreibtische bei einem Kunden, wie die Mitarbeiter die Büromöbel benutzen, wie sie sie kombinieren, wie oft sie die Bedienungsanleitung lesen usw.

Bei der Auswertung der erhobenen Daten muss berücksichtigt werden, ob sich der Beobachtete bewusst war, dass er beobachtet wurde, weil dadurch Verhaltensänderungen entstehen können.

Experiment (Test):

Experimente oder Tests im Rahmen der Marktforschung haben das Ziel, systematisch herauszufinden, wie sich bestimmte Faktoren verändern, wenn bestimmte Einflussgrößen variiert werden.

Beispiele

- **Verpackungstest:** Eine Spielesoftware wird mit unterschiedlicher Verpackung (Farbe, Design usw.) angeboten, es soll herausgefunden werden, auf welche Verpackung Kunden positiv reagieren.
- **Platzierungstest:** Notebooks werden in einem Elektrofachmarkt an unterschiedlichen Plätzen im Verkaufsraum präsentiert, es soll herausgefunden werden, welcher Platz von Kunden besonders frequentiert wird.
- **Testmärkte:** Ein Distributor von Lernsoftware für Kinder bietet ein neuartiges Produkt in einem Testmarkt zu unterschiedlichen Preisen an, er will herausfinden, welche Preisobergrenze von Kunden akzeptiert wird.

Experimente können als **Pre-Test** (vor einer Marketingaktivität) oder als **Post-Test** (nach einer Marketingaktivität als Kontrollinstrument) durchgeführt werden.

Panel:

Ein Panel ist eine dynamische Marktdatenerhebung, bei der ein bestimmter Personenkreis über einen längeren Zeitraum in periodischen Abständen befragt wird. Aus den gewonnenen Daten können Entwicklungen und Trends interpretiert werden. Panels werden wegen ihres Aufwandes häufig von Marktforschungsinstituten durchgeführt. Die Ergebnisse können von interessierten Unternehmen käuflich erworben werden.

Marktforschung im Internet

Im Internet lassen sich drei grundsätzliche Methoden der Marktforschung einsetzen:

Die Befragung:

Es wird eine Stichprobenauswahl getroffen, die zu Befragenden werden per E-Mail direkt aufgefordert, einen Fragebogen auszufüllen und via E-Mail zurückzusenden. Diese Form ist für Befrager und Befragte recht zeitaufwendig, daher ist sie nur in speziellen Fällen anwendbar. Eine Befragung kann auch online erfolgen. Auf einer Webseite wird auf die Befragung hingewiesen, z. B. mit einem Button.

Wird dieser Button angeklickt, öffnet sich ein Fragebogen, der online ausgefüllt und sofort zur Auswertung weitergeleitet wird. In einigen Fällen erhalten die Befragten auf Wunsch auch sofort die bisherigen Auswertungsergebnisse, quasi als Belohnung für ihren Aufwand.

Das Panel:

Hier verpflichten sich Webnutzer, regelmäßig Fragen zu beantworten. Als Belohnung für den Arbeitsaufwand gibt es Vergütungen, z. B. Rabatte beim Einkaufen usw.

Das Tracking:

Das Tracking-Verfahren ähnelt grundsätzlich der Panelmethode. Jedoch wird hier keine Befragung durchgeführt, sondern eine Software analysiert und dokumentiert das Internetverhalten eines Nutzers. Zwar erfolgt eine Auswertung permanent und auch preisgünstig, jedoch kann man nicht feststellen, aus welchen Motiven bestimmte Nutzer bestimmte Webseiten aufrufen. Auch soziodemografische Daten über die „Trackies" können nicht erhoben werden.

Marktforschung und Marktentwicklung

- **Aufgabe der Marktforschung ist die Beschaffung und Aufbereitung von Marktdaten.** Sie ist Grundlage der **Marketingplanung** (kurz-, mittel-, langfristig). Sie umfasst
  - **Marktanalyse** (zeitpunktbezogen),
  - **Marktbeobachtung** (zeitraumbezogen),
  - **Marktprognose** (zukunftsbezogen).
- Sie bedient sich **betriebsinterner und -externer Quellen** und stützt sich auf
  - **Sekundärdaten** (bereits vorhandene Daten) oder gewinnt
  - **Primärdaten** (erstmalige Erhebung).
- **Erhebungsmethoden (Voll- oder Teilerhebung)**
  - Befragung
  - Beobachtung
  - Experiment
  - Panel

1 Analysieren Sie folgende Aufstellung. Die Daten stammen aus dem Rechnungswesen (permanente Inventur zur Feststellung des aktuellen Lagerbestandes) und der Verkaufsabteilung (Auftragserfassung) eines Industrieunternehmens.

Produktbereiche	Lagerbestand in Stück	Mittlere Lagerdauer (Tage)	Aufträge für drei Monate (Stück)
Arbeiten am Schreibtisch			
– Schreibtische	300	30	400
– Schränke	250	38	320
– Bürostühle	400	25	480
Warten und Empfang			
– Theken	12	150	4
– Stühle	130	200	75
– Tische	45	225	12
Konferenz und Schulung			
– Tische	250	60	380
– Stühle	800	55	1 200
Schulmöbel			
– Tische	900	210	34
– Stühle	120	230	136

a) Welche Produktgruppe hat die höchsten Lagerbestände?

b) Welche Produktgruppe hat die höchste durchschnittliche (mittlere) Lagerdauer?

c) Woran kann es liegen, dass einige Produkte eine besonders lange Lagerdauer haben?

d) Welche Produktgruppe hat Ihrer Meinung nach die größten Absatzchancen? Begründen Sie Ihre Meinung.

e) Nehmen Sie an, dass bei allen Produkten die Herstellkosten ungefähr gleich hoch sind. Wie beurteilen Sie die Gewinnchancen für die einzelnen Produkte, wenn Sie zusätzlich noch Kosten für die Lagerung der Produkte berücksichtigen müssen?

f) Erläutern Sie, weshalb es nicht erforderlich ist, in den Abteilungen Rechnungswesen und Absatz alle Aktenordner auszuwerten, um an die gewünschten Daten zu gelangen.

2 Begründen Sie, weshalb es sinnvoll sein kann, die Produktgruppen „Schulmöbel" und „Warten und Empfang" auslaufen zu lassen und mit den beiden anderen Produktgruppen verstärkt den Markt zu bearbeiten.

3 Sind die Daten der Tabelle in Aufgabe 1 Primär- oder Sekundärdaten, entstammen sie betriebsinternen oder -externen Quellen? Begründen Sie Ihre Antwort.

4 Der Verband der Büromöbelhersteller veröffentlicht jährlich eine Statistik der Absatzzahlen seiner Branche. Erläutern Sie, wie diese Daten für die Zwecke der Marktforschung von der Bürodesign GmbH genutzt werden können.

5 Suchen Sie weitere Quellen, die digitalisierte Informationen bieten, und beschreiben Sie, wie die Informationen in vorhandene Informationsstrukturen der Bürodesign GmbH interpretiert werden können. Führen Sie eine Internetrecherche durch. Finden Sie aktuelle Marktstudien. Gehen Sie in Ihrer Klasse wie folgt vor: Bilden Sie eine Liste von Suchbegriffen und führen Sie arbeitsteilig die Recherche durch. Suchen Sie auch bei Marktforschungsinstituten und in Fachzeitschriften. Erstellen Sie anschließend eine Liste der gefundenen Studien. Wählen Sie einige exemplarisch aus und untersuchen Sie die Studien.

6 Erstellen Sie eine Checkliste für die Marktforschungsabteilung der Bürodesign GmbH
a) für betriebsinterne,
b) für betriebsexterne Quellen.

7 a) Entwerfen Sie einen Fragebogen für die Untersuchung der Kaufgewohnheiten Ihrer Mitschüler/-innen an einem Kiosk oder Geschäft in der Nähe Ihrer Schule. Stellen Sie fest, wie oft die Schüler/-innen dort einkaufen, welche Produkte sie kaufen, über welche Kaufkraft sie verfügen, welche Produkte sie vermissen usw.
b) Überlegen Sie sich Maßnahmen, die dazu führen, dass möglichst viele Mitschüler/-innen den Fragebogen ausfüllen (Preisausschreiben o. Ä.).
c) Führen Sie eine Befragung durch, entscheiden Sie sich für eine Voll- oder Teilerhebung.
d) Werten Sie die Fragebögen aus und präsentieren Sie die gewonnenen Ergebnisse. Benutzen Sie dazu die Computeranlage Ihrer Schule.
e) Machen Sie Vorschläge, wie die Ergebnisse für den Kiosk- bzw. Geschäftsinhaber nutzbar gemacht werden können, und entwickeln Sie entsprechende Marketingstrategien.

2 Marketinginstrumente und Marketing-Mix

▲ Marketing-Mix

Marketinginstrumente sind Arbeitsmittel oder Werkzeuge, um Marketingpläne und -strategien zu realisieren. Diese Instrumente umfassen eine Vielzahl von einzelnen Variablen und Kenngrößen, die beeinflusst werden können, um betriebliche Ziele zu erreichen. Das Marketinginstrumentarium lässt sich in folgende Bereiche gliedern:

Instrumente	Produktpolitik	Preispolitik	Konditionenpolitik	Servicepolitik	Distributionspolitik	Kommunikationspolitik
Entscheidungsbereiche **Beispiele**	Welche Produkte werden produziert (angeboten)?	Zu welchen Preisen wird angeboten?	Zu welchen Konditionen wird angeboten?	Welche Serviceleistungen werden erbracht?	Welche Vertriebswege werden genutzt?	Welche Kommunikationsmöglichkeiten zum Kunden werden eingesetzt?

Abstimmung der Entscheidungen = Marketing-Mix

Diese Entscheidungsbereiche können nicht isoliert voneinander betrachtet werden, da sie z. T. in engen Beziehungen zueinander stehen.

Beispiel Die Entscheidung in der Produktpolitik, ein neues Produkt einzuführen, zieht direkt Entscheidungen in allen anderen Bereichen nach sich, z. B.: Preisgestaltung, Wahl des Absatzweges, Werbung für das Produkt usw.

Insofern führt eine Entscheidung innerhalb eines Marketinginstrumentes immer auch zu Simultan- oder Folgeentscheidungen bei den anderen Instrumenten. Diesen Abstimmungsprozess nennt man **Marketing-Mix**.

Im Rahmen des **Marketing-Mix** kombiniert ein Unternehmen sein absatzpolitisches Instrumentarium unter Berücksichtigung seiner Marketingziele. Die Bedeutung der einzelnen Instrumente hängt im Wesentlichen vom jeweiligen Unternehmen (z. B. Hersteller, Handel) und vom Käufer (z. B. Endverbraucher, Einkäufer eines Unternehmen) ab.

2.1 Produktpolitik

Das Management der Bürodesign GmbH hat sich entschlossen, sich in den Produktgruppen „Arbeiten am Schreibtisch" und „Konferenzen und Schulung" stärker zu engagieren. Die bisherigen Produkte dieser Gruppen sollen weiterhin hergestellt werden, jedoch sollen zusätzlich neue Büromöbel entwickelt werden, die ökologischen und ergonomischen[1] Anforderungen besonders entsprechen. Damit soll einerseits dem Bedürfnis der Kunden zur Verbesserung ihrer Arbeitsplätze entgegengekommen werden und andererseits den Entwicklungen der EU-Richtlinien für Bildschirmarbeitsplätze entsprochen werden. Herr Stein sagt dazu: „Eine neue Produktlinie wird geboren, eine alte stirbt. So ist das Leben."

- Beschreiben Sie die Phasen des Lebenszyklus eines Produktes und erläutern Sie Kriterien, wie vorhandene Produkte bestimmten Phasen zugeordnet werden können.
- Erläutern Sie, welcher Zusammenhang zwischen der Produktentwicklungszeit und der Produktlebenszeit besteht.
- Beschreiben Sie, wie sich Entscheidungen innerhalb der Produktpolitik auf andere Marketinginstrumente auswirken können.

▲ Produktlebenszyklus und Portfolioanalyse

Jedes Produkt unterliegt einem sogenannten Lebenszyklus. Er umfasst die Zeitdauer zwischen der Einführung des Produktes auf dem Markt und seiner Herausnahme aus dem Markt. Ein Produkt „lebt", solange es einen wirtschaftlichen Umsatz auf dem Markt erzielt.

Um diese Entwicklung zu beschreiben, wurden in der betrieblichen Praxis und in der betriebswirtschaftlichen Forschung **Produktlebenszyklusmodelle** entwickelt. Die verschiedenen Modelle unterscheiden sich hinsichtlich der Auswahl der Beurteilungsparameter.

▲ Idealtypischer (Klassischer) Produktlebenszyklus:

In diesem Modell werden **Umsatz, Gewinn** und **Zeit** als die entscheidenden Parameter betrachtet. Das **Grundmodell** veranschaulicht in einem Koordinatensystem die Umsatz- und Gewinnentwicklung im Zeitablauf.

[1] *Ergonomie ist die Lehre von der menschengerechten Gestaltung von Arbeitsplätzen. So müssen z. B. Arbeitsstühle gesundheitlichen Gefahren (Haltungsschäden) am Arbeitsplatz vorbeugen. Sie müssen sich den individuellen Bedürfnissen des einzelnen Mitarbeiters anpassen lassen, d. h., sie müssen in Höhe und Neigung verstellbar sein, sichere Rollen und atmungsaktive Bezüge haben, die Sitz- und Rückenmuskulatur unterstützen usw.*

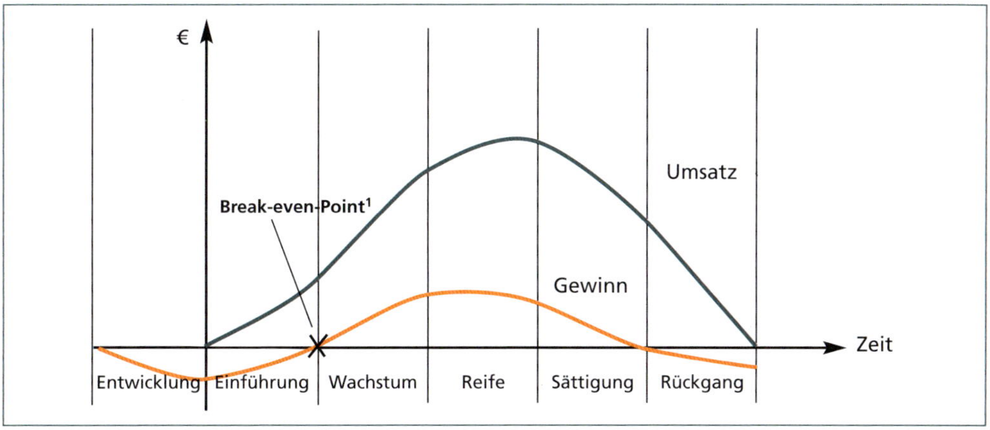

Hierbei wird die Zeitachse in typische **Phasen** eingeteilt, die zeitlich nicht gleich lang sind (in der Abbildung sind sie lediglich aus Gründen der Übersichtlichkeit gleich lang). Diese Phasen weisen unterschiedliche Merkmale auf.

Phase	Merkmale
Produktentwicklung	In dieser Phase befindet sich das Produkt noch nicht auf dem Markt. Hier wird es unter technischen und gestalterischen (Design) Aspekten auf die Markteinführung vorbereitet und getestet (vgl. S. 41). Bisher hat das Produkt nur Kosten verursacht. Da noch kein Umsatz erzielt wird, kann auch kein Gewinn verzeichnet werden.
Markteinführung	Bereits vor dieser Phase versucht das Unternehmen über Werbung und PR-Maßnahmen (vgl. S. 95), das Produkt auf dem Markt bekannt zu machen. Hierdurch entstehen erhebliche Kosten, die durch die langsam einsetzenden Umsätze nicht aufgefangen werden. Am Ende dieser Phase sollte sich aber der Umsatz so weit gesteigert haben, dass die Kosten aufgefangen werden können und die Gewinnschwelle (Break-even-Point) überschritten wird.
Marktwachstum	Mit Eintritt in diese Phase wird erstmalig Gewinn mit dem Produkt erzielt. Der Umsatz steigt stark. Nach wie vor sind aber die Kosten für Kommunikation und Werbung hoch, da mit Konkurrenzprodukten gerechnet werden muss (Trittbrettfahrer) und der Markt entsprechend umkämpft ist. Das Ende dieser Phase ist gekennzeichnet durch eine allmähliche Abnahme der Steigung der Umsatzkurve.
Reifephase	In dieser Phase steigt die Umsatzkurve zwar weniger stark an, jedoch ist sie häufig die profitabelste Phase, da die Gewinnkurve hier ihr Maximum erreicht. Danach sinkt der Gewinn.
Marktsättigung	In dieser Phase hat das Produkt kein Marktwachstum mehr. Der Gewinn tendiert wegen des Umsatzrückgangs gegen null. Am Ende dieser Phase wird die Verlustzone erreicht.
Rückgang, Degeneration	Die Verlustzone ist erreicht. Das Produkt wird aus dem Markt genommen.

Während dieser einzelnen Phasen wird permanent versucht, durch aktuelle **absatzpolitische Maßnahmen** die profitablen Phasen zu verlängern und die nicht gewinnbringenden Phasen zu verkürzen. Die beiden Parameter „Umsatz" und „Gewinn" sind dabei die wesentlichen Indikatoren für die Reaktion auf Marktstrukturen. Für ein Unternehmen ist es somit wichtig zu wissen, in welcher Phase

[1] *Der Break-even-Point ist die Gewinnschwelle.*

des Lebenszyklus sich seine Produkte befinden, um die entsprechenden Maßnahmen einleiten zu können. Je mehr verschiedene Produkte ein Unternehmen in seinem Angebot führt, desto schwieriger wird die produktbezogene Bestimmung dieser Maßnahmen, da sie sich in ein gesamtes langfristiges Unternehmens- und Marketingkonzept einfügen müssen.

Produktlebenszyklus der Boston Consulting Group (Portfolioanalyse):

Die Boston Consulting Group ist eine Unternehmensberatung, die weltweit aktiv ist. Sie hat ein Produktlebenszyklusmodell entwickelt, das auch unter der Bezeichnung BCG-Portfolio bzw. als BCG-Matrix bekannt wurde. Bei diesem Modell sind **Marktwachstum** und **relativer Marktanteil** eines Produktes die entscheidenden Parameter. Beide Parameter werden in einem Koordinatensystem gegenübergestellt, wodurch sich eine Matrix mit vier Feldern ergibt. Diese Felder repräsentieren vier **Produktlebensphasen**.

Portfolioanalyse[1] der Boston Consulting Group

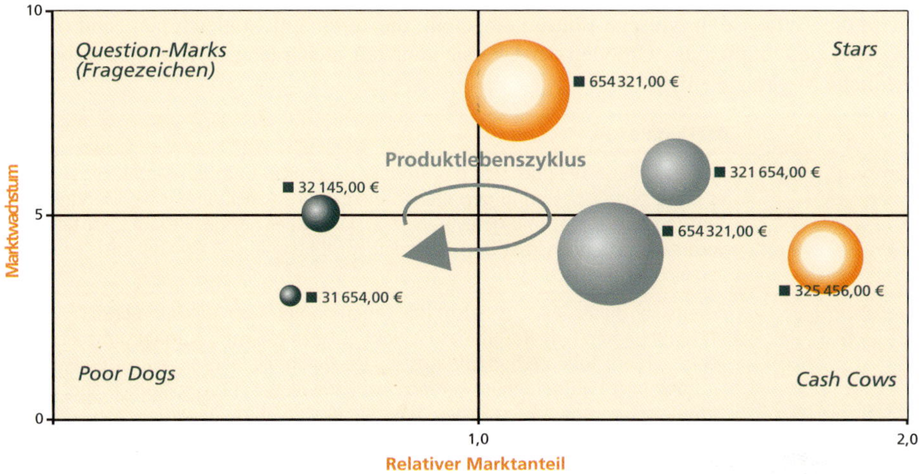

Quelle: Seite „Produktlebenszyklus". In: Wikipedia, Die freie Enzyklopädie. Bearbeitungsstand: 12. Januar 2009, 17:18 UTC. URL: http://de.wikipedia.org/w/index.php?title=Produktlebenszyklus&oldid=55248231 (Abgerufen: 9. Februar 2009, 10:55 UTC)

Phase	Merkmale
(Poor) Dogs (Arme Hunde)	Alle neuen Produkte steigen mit der Markteinführung in diese Phase ein. Sie haben als Marktneuheiten zwangsläufig noch einen geringen relativen Marktanteil und (noch) kein sehr großes Marktwachstum. Am Ende des Lebenszyklus eines Produktes findet es sich zum zweiten Mal in dieser Klasse, dann wird es zu einem Auslaufmodell und es wird über die Herausnahme aus dem Markt entschieden.
Question Marks (Fragezeichen)	Hierzu gehören typischerweise sog. Nachwuchsprodukte, sie haben ein starkes Marktwachstum, jedoch noch keinen hohen relativen Marktanteil erreicht. Hier muss entschieden werden, ob das Produkt aufgegeben werden soll oder ob es durch zusätzliche Marketinganstrengungen „gepusht" werden soll.
Stars (Stern)	Diese Produkte haben sowohl einen hohen relativen Marktanteil als auch ein hohes Marktwachstum. Sie befinden sich in einem prosperierenden Marktsegment und sind meist das Geschäft der Zukunft, wenn mit entsprechenden Marketingmaßnahmen agiert wird.
Cash Cows (Melkkühe)	Diese Produkte haben einen hohen relativen Marktanteil, jedoch geringe Wachstumschancen. Diese Produkte werden mit geringem Aufwand weiter gepflegt und „gemolken".

Dieses Modell eines Produktlebenszyklus wird mittlerweile von sehr vielen Unternehmen weltweit als Basis für unternehmerische Entscheidungen genommen, die die produktpolitische Dimension übersteigen. So werden auf der Basis dieses Konzeptes u. a. auch langfristige Investitionsentscheidungen getroffen.

▲ Die ADL-Matrix:

Arthur D. Little ist wie die Boston Consulting Group (vgl. S. 46) eine weltweit agierende Unternehmensberatungsgesellschaft. Sie hat eine weitere Variante für ein Modell des Produktlebenszyklus entwickelt. Hier wird die **Wettbewerbsposition** des Unternehmens bezüglich eines Produktes der **Zeitachse** des klassischen Grundmodells gegenübergestellt. Je nach der jeweiligen Wettbewerbsposition und der Lebenszyklusphase werden **unterschiedliche Verhaltensempfehlungen** gegeben.

ADL-Matrix

WETTBEWERBSPOSITION	Entstehung	Wachstum	Reife	Alter
dominant	– Marktanteile hinzugewinnen oder mindestens halten	– Investieren, um Position zu verbessern – Marktanteilgewinnung	– Position halten – Wachstum mit der Branche	– Position halten
stark	– Investieren, um Position zu verbessern – Marktanteilgewinnung (intensiv)	– Investieren, um Position zu verbessern – Marktanteilgewinnung	– Position halten – Wachstum mit der Branche	– Position halten oder „Ernten"
günstig	– Selektive oder volle Marktanteilgewinnung – Selektive Verbesserung der Wettbewerbsposition	– Versuchsweise Position verbessern – Selektive Marktanteilgewinnung	– Minimale Investitionen zur Haltung	– „Ernten" oder stufenweise Reduzierung des Engagements
haltbar	– Selektive Verbesserung der Wettbewerbsposition	– Aufsuchen und Erhaltung einer Nische	– Aufsuchen einer Nische oder stufenweise Reduzierung des Engagements	– Stufenweise Reduzierung des Engagements oder – Liquidieren
schwach	– Starke Verbesserung oder aufhören	– Starke Verbesserung oder – Liquidierung		
	LEBENSZYKLUSPHASE			

Quelle: Seite „Produktlebenszyklus". In: Wikipedia, Die freie Enzyklopädie. Bearbeitungsstand: 12. Januar 2009, 17:18 UTC. URL: http://de.wikipedia.org/w/index.php?title=Produktlebenszyklus&oldid=55248231 (Abgerufen: 3. Februar 2009, 14:15 UTC)

▲ Markenpolitik

Eine spezielle produktpolitische Strategie ist die Markenpolitik. Ziel der Markenpolitik **(Branding)** ist es, einem Produkt den eigenständigen Charakter zu verleihen und dem Unternehmen so einen monopolähnlichen Status im Markt zu schaffen.

Eine Marke soll Produkte, die grundsätzlich austauschbar sind, so auf dem Markt positionieren, dass sie sich von Produkten anderer Unternehmen differenzieren. Somit werden die Produkte unterscheidbar und identifizierbar. Die **Aufgaben einer Marke** sind insbesondere:

- Abhebung (Differenzierung) gegenüber Mitbewerbern
- Orientierungshilfe in der zunehmenden Angebotsvielfalt
- Wiedererkennbarkeit für Kunden
- Erzeugen von Markenbindung und Markentreue
- Schaffung von Sicherheit und Vertrauen für den Kunden (Produkt ist nicht mehr anonym)

Letztlich wird durch Marken eine starke **Kundenbindung** angestrebt. Das setzt voraus, dass die Marke für den Kunden unverwechselbar ist. Hierzu gibt es für Unternehmen insbesondere folgende **Gestaltungsmöglichkeiten** zur Markierung eines Produktes:

Markenelemente	Beispiele
Markenname	VW, Puma, Nivea, asics
Schrifttype	Coca-Cola-Schriftzug, 4711-Schriftzug
Farben	BMW: blau-weiß, IKEA: blau-gelb
Form	Coca-Cola-Flasche
Logo	Mercedes-Stern, drei Streifen bei Adidas
Slogan	IKEA: „Wohnst du noch – oder lebst du schon?“
Jingle	Klingel-Töne bei Deutscher Telekom AG

Beispiel Die Bürodesign GmbH verwendet eine Kombination dieser Elemente. So erscheint auf allen Produkten und Kommunikationsmedien (Briefe, Faxe, Webauftritt, Anzeigen usw.) der spezielle Schriftzug mit dem Logo am Ende der Zeile.

BÜRODESIGN GMBH
Stolberger Straße 188 · 50933 Köln · Tel.: 0221 6683550 · Fax: 0221 668357
Internet: www.buerodesign-online.de

Markenstrategien:

Es wird in der Praxis zwischen Einzelmarken, Dachmarken und Familienmarken unterschieden. Hieraus lassen sich entsprechende Strategien entwickeln.

Bei der **Einzelmarkenstrategie** wird jedes einzelne Produkt eines Unternehmens als Marke positioniert. Der Name des Unternehmens steht somit nicht im Vordergrund.

Beispiel Das Unternehmen Ferrero **(www.ferrero.de)** stellt Nahrungs- und Genussmittel her. Dabei sind u. a. folgende Marken für unterschiedliche Produkte eingeführt: Mon Chéri, Rocher, Ferrero Küsschen, Raffaello, hanuta, nutella, Yogurette, tic tac, Kinderschokolade

Bei der **Dachmarkenstrategie** werden mehrere verschiedene Produkte unter einer Marke angeboten. Hierdurch wird ein bereits gut eingeführter Name für verschiedene Marktsegmente genutzt.

Beispiele Microsoft (Betriebssystem-Software, Office-Software), Siemens (Telekommunikation, Krankenhaustechnik, Haushaltstechnik, Automobiltechnik)

Von einer **Familienmarkenstrategie** wird gesprochen, wenn innerhalb eines Unternehmens verschiedene Produktgruppen mit unterschiedlichen Marken positioniert sind. Dabei ist die Abgrenzung zur Dachmarke fließend.

Beispiel Das Unternehmen Beiersdorf AG bietet unter der Marke NIVEA Produkte aus den Bereichen Allzweckcreme, Babypflege, Sonnencreme, Haarpflege, Körperpflege an. Gleichzeitig werden aber unter der Marke „Tesa" Produkte für Klebearbeiten und Büroartikel vertrieben.

▲ Markenschutz

Das **Markengesetz** (kurz: MarkenG) schützt in Deutschland den Gebrauch von Marken.

§ 3 (MarkenG) **Als Marke schutzfähige Zeichen**

(1) Als Marke können alle Zeichen, insbesondere Wörter einschließlich Personennamen, Abbildungen, Buchstaben, Zahlen, Hörzeichen, dreidimensionale Gestaltungen einschließlich der Form einer Ware oder ihrer Verpackung sowie sonstige Aufmachungen einschließlich Farben und Farbzusammenstellungen geschützt werden, die geeignet sind, Waren oder Dienstleistungen eines Unternehmens von denjenigen anderer Unternehmen zu unterscheiden.

Der **Markenschutz** entsteht durch die **Eintragung** der Marke in das Markenregister des Deutschen Patent- und Markenamtes (Registermarke, § 4 Nr. 1 MarkenG).

Beispiel Die Bürodesign GmbH beantragt die Eintragung der Bezeichnung „ergo-design-natur" für Büromöbel.

Eine Marke kann auch durch einfache **Benutzung** entstehen, sofern die Marke Verkehrsgeltung erworben hat (Benutzungsmarke, § 4 Nr. 2 MarkenG). Dies ist dann der Fall, wenn ein erheblicher Teil der Abnehmer der von der Marke beanspruchten Waren und Dienstleistungen diese Marke einem Unternehmen zuordnet.

Beispiel Die Bezeichnung Bürodesign GmbH kann als Marke Geltung erhalten, weil dieses Unternehmen (Firma) einzigartig ist.

Es ist verboten, fremde Marken für eigene Zwecke zu benutzen.

„Der Markeninhaber hat gegen einen Verletzer einen Unterlassungsanspruch gegen die kennzeichenmäßige Benutzung der Marke, sofern das verwendete Zeichen mit der eingetragenen Marke identisch oder verwechselbar ähnlich ist und das Zeichen für identische oder ähnliche Dienstleistungen bzw. Waren verwendet wird, für die die Marke eingetragen ist. Vom Verletzer kann

- Unterlassung,
- Beseitigung durch Vernichtung der widerrechtlich mit der Marke versehenen Waren oder zumindest
- Entfernung der Marke, Auskunft über den Umfang der Benutzung und
- Schadenersatz verlangt werden.

Der Schadenersatz kann auf drei verschiedene Weisen berechnet werden: Der Markeninhaber kann Zahlung einer angemessenen Lizenzgebühr, Herausgabe des Verletzergewinns oder Ersatz der eigenen Mindereinnahmen verlangen. Auf Antrag des Verletzten wird auch eine strafrechtliche Verfolgung eingeleitet."

Quelle: Seite „Marke (Recht)". In: Wikipedia, Die freie Enzyklopädie. Bearbeitungsstand: 18. Januar 2009, 19:35 UTC. URL: http://de.wikipedia.org/w/index.php?title=Marke_(Recht)&oldid=55499093 (Abgerufen: 3. Februar 2009, 14:23 UTC)

▲ Markenpiraterie:

In den letzten Jahren ist im Zuge der Globalisierung ein verstärktes Aufkommen von **Markenpiraterie** zu verzeichnen. Hierdurch entsteht den Unternehmen ein erheblicher Schaden, weil ihre Aufwendungen in Produktentwicklung und -pflege nicht über Umsätze refinanziert werden können. Auch die Käufer haben große Nachteile, weil sie z. T. minderwertige Produkte erwerben.

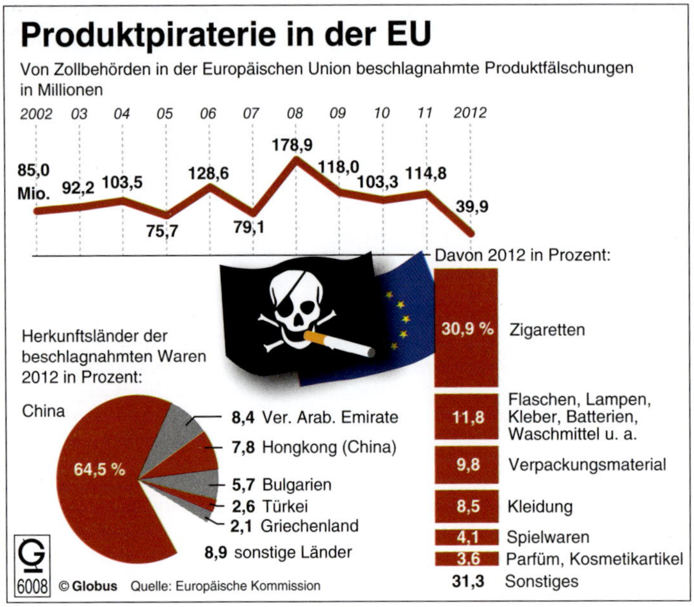

Interessante und tiefer gehende Informationen zu Marken finden sich auf der Webseite des Markenverbandes (www.markenverband.de).

▲ Produktinnovation, Produktdifferenzierung, Produktvariation, Produktelimination

Die Gesamtheit aller von einem Unternehmen angebotenen Produkte wird als **Produktprogramm, Produktpalette** oder **Produktportfolio** bezeichnet. Bei Handelsunternehmen spricht man von einem Sortiment. Als **Programmbreite** wird die Anzahl der parallel vorhandenen **Produktgruppen** (bzw. **Produktlinien**) bezeichnet. Die **Programmtiefe** gibt an, wie viel Produktvarianten innerhalb einer Produktlinie angeboten werden.

Beispiele Die Bürodesign GmbH hat folgende Produktgruppen: „Arbeiten am Schreibtisch", „Konferenzen und Schulung", „Warten und Empfang". Wenn die Programmbreite vergrößert werden sollte, dann kämen ggf. folgende Produktgruppen infrage: Büromöbel für zu Hause (Home-Office), Kindermöbel, Küchenmöbel usw. Innerhalb der Produktlinie „Arbeiten am Schreibtisch" bietet das Unternehmen drei Schreibtischarten an. Wenn die Programmtiefe erhöht werden soll, muss die Auswahl in diesem Segment vergrößert werden und weitere Schreibtischarten müssen angeboten werden.

Die Produktpolitik umfasst alle Maßnahmen, die sich auf die Entwicklung und Vermarktung eines Produktes, einer Produktgruppe oder des Produktprogramms beziehen. Dieses **Produktmanagement** ist notwendig, weil sich die Anforderungen an Produkte durch Veränderungen von Marktdaten im Zeitablauf verändern und weil technische Innovationen vorhandene Produkte beeinflussen.

In Handelsunternehmen wird statt von Produktpolitik von Sortimentspolitik gesprochen. Analog gibt es somit Sortimentsinnovation, -differenzierung, -variation und -elimination. Dienstleistungsunternehmen wie Banken, Versicherungen usw. bezeichnen ihre Marktleistungen i. d. R. auch als Produkte (immaterielle Produkte). Insofern sind die Prinzipien und Instrumente der allgemeinen Produktpolitik auch hier gültig.

Folgende **Maßnahmen** im Rahmen der Produktpolitik sind möglich:

<table>
<tr><td rowspan="5">Produktinnovation
(Neueinführung in den Markt bzw. Neuaufnahme eines Produktes in das Produktprogramm)</td><td colspan="3">Produktdifferenzierung
(neue Produkte innerhalb einer Produktgruppe)
Beispiele Die Produktgruppe „Konferenzen und Schulung" wird um ein neues Produkt „Flipchart" erweitert, in der Produktgruppe „Warten und Empfang" wird ein Garderobenständer als neues Produkt eingeführt.</td></tr>
<tr><td rowspan="4">Produktdiversifikation
(neue Produktgruppe)</td><td rowspan="2">Horizontal
(auf gleicher Wirtschaftsstufe)</td><td>Medial (sachlich zusammenhängend)
Beispiel Es wird eine neue Produktgruppe gebildet, sie umfasst Büromöbel für den privaten Gebrauch. Diese Produktgruppe erhält den Namen „Home-Office".</td></tr>
<tr><td>Lateral (sachlich nicht zusammenhängend)
Beispiel Die Bürodesign GmbH betreibt zusätzlich einen Buchverlag, schwerpunktmäßig werden Bücher herausgegeben, die sich mit Innenarchitektur beschäftigen.</td></tr>
<tr><td rowspan="2">Vertikal
(auf verschiedenen Wirtschaftsstufen)</td><td>Vorstufendiversifikation
Beispiel Die Bürodesign GmbH betreibt zusätzlich einen Holzgroßhandel.</td></tr>
<tr><td>Nachstufendiversifikation
Beispiel Die Bürodesign GmbH betreibt zusätzlich eine Holz-Spedition.</td></tr>
<tr><td>Produktvariation
(Veränderung)</td><td colspan="3">– funktionell, Beispiel Neue Steckverbindungen bei dem Kombinationsschreibtisch Modulo
– physisch, Beispiel Anderes Bezugsmaterial für Bürostühle
– ästhetisch, Beispiel Neue Farbkombinationen für Stellwand Integra
– Namensvariation, Beispiel Kombinationsschreibtisch Modulo heißt jetzt Corpus
– Zusatzleistungen, Beispiel Rücknahme von Altmöbeln</td></tr>
<tr><td rowspan="2">Produktelimination
(Herausnahme aus dem Markt bzw. aus dem Produktprogramm)</td><td colspan="3">Elimination von Produktvarianten
Beispiel Das Regalsystem Wikinger wird nicht mehr produziert.</td></tr>
<tr><td colspan="3">Elimination von Produktgruppen
Beispiel Die gesamte Produktgruppe „Konferenzen und Schulung" wird gestrichen.</td></tr>
</table>

Beispiel Produktpolitik in der Bürodesign GmbH

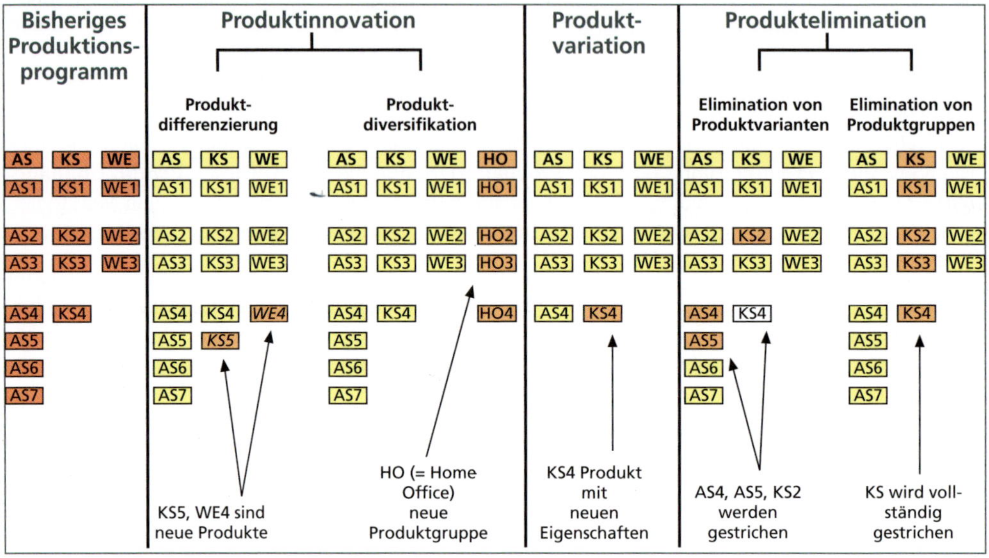

AS = Arbeiten am Schreibtisch, KS = Konferenzen und Schulung, WE = Warten und Empfang, HO = Home-Office

▲ Produktentwicklung

Vor der Markteinführung steht die Produktentwicklung. Sie kann beträchtliche Zeit in Anspruch nehmen und erhebliche Kosten verursachen. In den letzten Jahren ist zu beobachten, dass die durchschnittliche Entwicklungszeit von Produkten immer mehr zunimmt, die durchschnittliche Lebensdauer eines Produktes jedoch abnimmt.

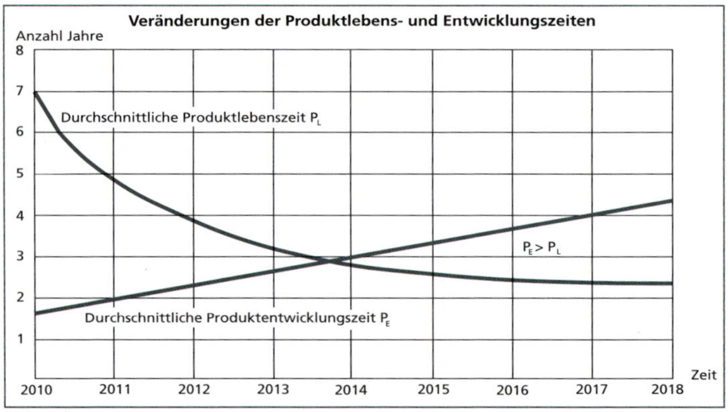

Für die Unternehmen erwächst aus dieser Tatsache ein **Problem**:

- Einerseits soll die Entwicklungszeit möglichst kurz sein, damit das neue Produkt möglichst schnell auf den Markt gebracht werden kann, um wirtschaftliche Erfolge zu erzielen,
- andererseits soll das Produkt so lange wie möglich unverändert produziert werden können, deshalb ist viel Zeit und Arbeit (somit Geld) in die optimale Entwicklung von Produkten zu investieren.

Die Schnelllebigkeit der Märkte erfordert somit eine intensive Auswertung aller vorhandenen Marktdaten (Marktforschung, vgl. S. 36), um auf die Bedürfnisse der Märkte reagieren zu können.

Die Produktentwicklung umfasst zunächst die rein **technische Entwicklung**, das Ergebnis ist meist eine Reihe von **Modellen** oder **Prototypen**. Hier kommt es wesentlich auf die Auswahl des Materials und die kundengerechte Konstruktion des Produktes an.

Darüber hinaus muss die **Marktentwicklung** durchgeführt werden. Die Bestimmung der **Zielgruppe** des Produktes (Teilmarkt) ist hier die zentrale Aufgabe. Hierauf stützen sich alle folgenden Entscheidungen und die Gestaltung der übrigen Marketinginstrumente.

Wichtige **Aspekte der Produktentwicklung** sind:

- **Design, Form** und **Farbe** des Produktes.

Beispiele Für bestimmte Produkte hat der Verbraucher bestimmte Vorstellungen, die er verwirklicht sehen möchte. So sollen Trinkgefäße rund sein (dreieckige Tassen wären lediglich ein kurzfristiger Verkaufsgag), Zahncreme muss weiß oder zumindest hell sein (schwarze oder braune Zahnpasta würde vom Markt abgelehnt), eine Hi-Fi-Anlage muss „technisch", elegant und modern aussehen (Anlagen mit barocken Verzierungen oder im Design von Kuckucksuhren würden nicht gekauft).

- **Qualität des Produktes:** Fast alle Produkte gibt es in unterschiedlichen Qualitätsstufen, die letztlich auch im Preis des Produktes zum Ausdruck kommen.

  Beispiel Es gibt Bürostühle mit Kunststoff- oder Lederbezug, mit Naturfaser oder Kunstfaser usw. Hier entscheidet die Bestimmung der Zielgruppe über den Qualitätsstandard.

- Die **Namensgebung** spielt für die Vermarktung eines Produktes eine große Rolle.

  Beispiel Zu einem sportlichen Auto passt nicht der Name „PUCKI GTI", er wäre besser geeignet für ein Kinderfahrrad.

- **Verpackung:** Sie soll das Produkt bei Transport und Lagerung nicht nur schützen, sondern auch zu Werbe- und Informationszwecken verwendet werden können.

  Beispiel Was hielten Sie davon, wenn edler Wein in Dosen verpackt angeboten würde? Das wäre für Verbraucher ebenso unverständlich, wie Schreibblocks aus Umweltpapier in Plastikfolie einzuschweißen.

- **Kundenerwartungen:** Hier fließen die durch Marktforschung erhobenen Erwartungen der Kunden an ein Produkt ein, z. B. ökologische Erwartungen, Imageträchtigkeit des Produktes usw. Ein Produkt ist somit hinsichtlich seines Nutzens für den Verbraucher zu gestalten.

▲ Produktnutzen

VWL

Verbraucher kaufen Güter, weil sie sich davon einen Nutzen versprechen. Dabei unterscheidet man zwischen dem **Grundnutzen** eines Produktes und seinem **Zusatznutzen**.

Beispiel Der Grundnutzen eines Autos liegt in der Möglichkeit, Personen oder Gegenstände schnell und bequem zu beliebigen Orten zu transportieren. Diesen Grundnutzen kann jedes beliebige Modell erbringen. Der Zusatznutzen eines Autos liegt u. a. darin, dass der Besitzer damit sein Prestige heben kann, d. h., dass er sein Auto als Statussymbol betrachtet, ein besonders sparsames Modell fährt, ein besonders sicheres Auto besitzt usw.

Weil viele Produkte in ihrem Grundnutzen austauschbar sind, wird der Kampf der Unternehmen um Marktanteile heute im Bereich des **Zusatznutzens** von Produkten ausgefochten, denn nur hier unterscheiden sich die Produkte wesentlich. So versucht man im Rahmen der Produktpolitik, den Zusatznutzen von Produkten herauszustellen bzw. immer neue Zusatznutzen zu erfinden, um sich von der Konkurrenz abzuheben. Der Zusatznutzen kann sich aber auch in der Befriedigung von speziellen Kundenansprüchen ausdrücken.

Beispiele

- Die Umweltverträglichkeit eines Produktes als Zusatznutzen ist für umweltbewusste Verbraucher eine wichtige Entscheidungsgröße beim Kauf. So werden von ihnen stromsparende Haushaltsgeräte, umweltverträgliche Waschmittel usw. gekauft.
- Gesundheitliche und medizinische Ansprüche von Kunden haben Lebensmittelhersteller zur Einführung von „Bio-Kost" veranlasst.

- Während mit einem Mobiltelefon noch vor zehn Jahren ausschließlich telefoniert wurde, muss ein Smartphone heute viele Zusatznutzen erfüllen, z. B. Bezahlen von Parktickets, Erstellen von Bildern, Zugang ins Internet usw.

▲ Produktnischen

Auch zum Aufspüren von Markt- oder Produktnischen eignet sich ein Portfolioansatz. Wenn entsprechende **Lücken im Markt** vorhanden sind, kann untersucht werden, inwiefern sich die Entwicklung eines neuen Produktes auszahlen kann. Hierbei werden die Marktchancen in Abhängigkeit von den Entwicklungs- und Vermarktungskosten betrachtet.

Beispiel Marktanalyse für das Produkt „Büroschreibtisch"

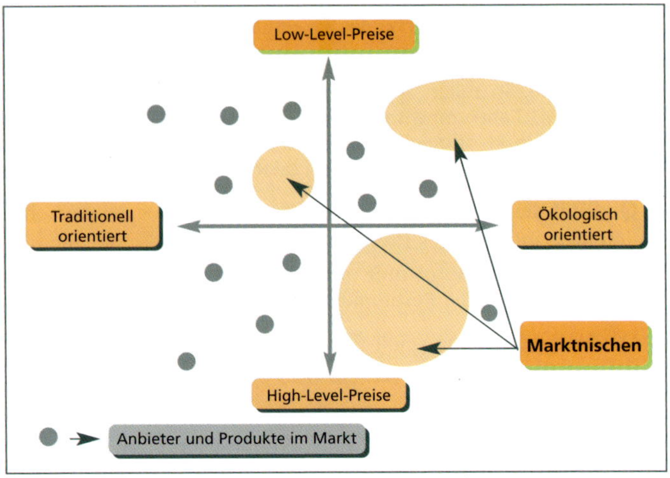

Bei der Produktentwicklung wird häufig die **Gebrauchsdauer** eines Produktes für den Verbraucher eingegrenzt. Bestimmte Produkte unterliegen einem natürlichen Verschleiß durch Abnutzung, Materialermüdung u. Ä. Um sich eine Möglichkeit der Absatzsteigerung (insb. auch durch Ersatzteilverkauf) offenzulassen, entwickeln einige Hersteller Produkte, deren Nutzungsdauer verkürzt wird. Man nennt dieses Vorgehen **„geplante Obsoleszenz"** (geplante Veralterung).

Beispiele

- Ein Waschmaschinenhersteller baut in seine Produkte Bauteile ein, die höchstens fünf Jahre halten können, damit die Verbraucher sich nach dieser Zeit ein neues Gerät kaufen.
- Ein Hersteller von Hi-Fi-Geräten verändert in bestimmten Zeitabständen das Design seiner Geräte und nimmt kleine technische Veränderungen vor. Dadurch sollen die bisherigen Produkte veraltet erscheinen.
- Hersteller von Glühlampen produzieren die Produkte bewusst so, dass sie nach 1 000 Nutzungsstunden defekt sind.

Produktpolitik

- **Produktpolitik** bezieht sich auf **Produktinnovation** (neue Produkte), **Produktdifferenzierung** (neue Produkte innerhalb einer Produktgruppe), **Produktvariation** (Veränderung bestehender Produkte) und **Produktelimination** (Entfernen unwirtschaftlicher Produkte aus dem Angebot).
- Der **Produktlebenszyklus** durchläuft die Phasen Einführung, Wachstum, Reife, Sättigung des Marktes, Rückgang des Produktes. Er wird gemessen an den Umsätzen, die ein Produkt erzielt.
- Die **technische Produktentwicklung** beschäftigt sich vorwiegend mit der Auswahl des Materials und der Rohstoffe des Produktes.
- Eine **Marke** soll Produkte, die grundsätzlich austauschbar sind, auf dem Markt so positionieren, dass sie sich von anderen Produkten deutlich abhebt.
- Die **Produktentwicklung** umfasst Design, Form, Farbe, Qualität, Name und Verpackung des Produktes.
- Eine planmäßige Veralterung des Produktes heißt **„geplante Obsoleszenz"**.

- Der **Produktnutzen** teilt sich in den **Grundnutzen** (eigentlicher Zweck) und den **Zusatznutzen** (z. B. Image eines Produktes).
- In einem **Produktportfolio** werden die einzelnen Produkte hinsichtlich Marktanteil und Wachstumschancen bewertet.
- **Produktnischen** lassen sich ermitteln, wenn durch eine Marktanalyse die Positionen von Produkten in Märkten lokalisiert werden.

1 Erläutern Sie die Phasen des Produktlebenszyklus an einem selbst gewählten Beispiel und interpretieren Sie die Kurvenverläufe.

2 Erläutern Sie die Veränderungen der Produktlebens- und Produktentwicklungszeiten (vgl. Abb. S. 45) und formulieren Sie die Konsequenzen, die sich für die Unternehmen daraus ergeben.

3 Machen Sie für die Bürodesign GmbH Vorschläge zur Produktentwicklung ihrer neuen Produktlinie für ökologisch und ergonomisch orientierte Büromöbel.

a) Finden Sie fünf schlagkräftige Namen für diese Produktlinie.

b) Machen Sie Vorschläge für die Verpackung dieser Produkte.

c) Welche Materialien sollen für Bürostühle, Schreibtische, Büroschränke verwendet werden?

d) Machen Sie Vorschläge zur Farbgebung der Schreibtische, Schränke und Bürostühle.

e) Beschreiben Sie das Designkonzept für diese Büromöbel, indem Sie Wortgruppen bilden, z. B. „bequem und natürlich sitzen", „Sitzkomfort auf natürliche Weise" u. Ä. Arbeiten Sie in Gruppen. Schreiben Sie die Ergebnisse auf Plakate und hängen Sie sie in Ihrem Klassenraum auf. Vergleichen und diskutieren Sie die Arbeitsergebnisse der Gruppen.

4 Beschreiben Sie, worin der Grund- und der Zusatznutzen bei folgenden Produkten bestehen kann: Büromöbel, Hi-Fi-Anlage, Mantel, Kugelschreiber.

5 Sammeln Sie Möglichkeiten, wie die Gedanken des Recyclings von Produkten in der Büromöbelindustrie und deren umweltverträgliche Entsorgung bereits bei der Produktentwicklung berücksichtigt werden können.

6 Geben Sie Beispiele für geplante Obsoleszenz für Produkte aus Ihrem eigenen Erfahrungsbereich an.

7 Erläutern Sie Markenschutz an einem Beispiel.

8 Erläutern Sie, wie die Bürodesign GmbH ihre Entwicklung des Bürostuhls „ergo-design-natur" vor Missbrauch schützen kann.

9 Beschreiben Sie Produktinnovation, Produktvariation und Produktelimination.

10 Finden Sie sich in Dreiergruppen zusammen. Als Junior-Produktmanager der Bürodesign GmbH sind Sie dafür verantwortlich, das Absatzprogramm für die kommende Saison kreativ zu verändern, um insbesondere neue Zielgruppen aus dem medizinischen Bereich anzusprechen.

a) Erledigen Sie alle typischen Aufgaben der Produktpolitik und dokumentieren Sie hierbei stichwortartig Ihr Vorgehen und Ihre Überlegungen (auch die, die Sie verworfen haben) auf einem Blatt.

b) Gehen Sie nun mit einer weiteren Dreiergruppe zusammen. Präsentieren Sie abwechselnd Ihre Ergebnisse und führen Sie hierbei möglichst viele Argumente an, sodass Ihre Überlegungen transparent werden. Einigen Sie sich auf eine Lösung. Erstellen Sie abschließend für den Vertrieb eine Liste mit wenigstens fünf Vorteilen bzw. Verkaufsargumenten zu dem veränderten Absatzprogramm.

2.2 Preispolitik

Wenn ein neues Produkt auf den Markt gebracht wird, so stellt sich automatisch die Frage, zu welchem Preis es angeboten werden soll. Diese Überlegung ergibt sich auch bei der Bürodesign GmbH. Im Rahmen der neuen Produktlinie „ergo-design-natur" ist ein neuer Bürodrehstuhl entwickelt worden. Die Abteilungs- und Gruppenleiter sowie die Geschäftsführer sitzen in einer Besprechung. Frau König, die Gruppenleiterin des Rechnungswesens, sagt: „Auf alle Fälle muss der Preis so hoch angesetzt werden, dass unsere Kosten gedeckt sind und zusätzlich ein ordentlicher Gewinn erzielt wird." Der Abteilungsleiter Absatz, Herr Stam, meint: „Wir müssen vorsichtig sein, am besten orientieren wir uns an der Konkurrenz und unterbieten sie im Preis, dann – ich übertreibe einmal – können wir so viel verkaufen wie wir wollen." Frau Freund, die Marketingleiterin, gibt zu bedenken: „Wir müssen erst einmal herausfinden, wie viele unsere Kunden bereit sind, für einen ‚ergo-design-natur'-Stuhl zu bezahlen. Wenn dieser Preis bekannt ist, können wir kalkulieren, ob wir zu diesem Preis produzieren können. Falls nicht, müssen wir preiswertere Produktionsverfahren einführen." Hier meldet sich sofort Herr Müller, der Produktionschef: „Unsere Produktionsverfahren sind vorgegeben, da lässt sich nichts ändern, wir können doch nicht einfach alle unsere Maschinen verschrotten und neue kaufen oder sogar Mitarbeiter entlassen!"

- Erläutern Sie, welche Gesichtspunkte bei der Preisfestsetzung des neuen Bürostuhls berücksichtigt werden sollten.
- Beschreiben Sie in einem Referat die kosten-, nachfrage- und konkurrenzorientierte Preisbildung.

Die Preispolitik ist immer im Kontext mit allen anderen Marketingmaßnahmen zu sehen. Insbesondere weist sie enge Beziehungen zur Konditionenpolitik auf (vgl. S. 75), die sich im Wesentlichen auf die Gestaltung von Liefer- und Zahlungsbedingungen sowie auf die Rabattpolitik bezieht. Alle Maßnahmen eines Unternehmens, die absatzwirksam auf den Verkaufspreis eines Produktes Bezug nehmen, gehören zur **Kontrahierungspolitik**.

Die Preisbildung eines Produktes ist insbesondere von folgenden Faktoren abhängig, die alle genau untersucht und berücksichtigt werden müssen: **Kosten, Nachfrage und Konkurrenz**.

Kostenorientierte Preisbildung

Es leuchtet ein, dass bei dem Verkauf von Produkten die angefallenen **Kosten** gedeckt werden müssen. Hier ist allerdings eine genaue Untersuchung der Kosten erforderlich. Dies ist Aufgabe der Kostenrechnung. Hier zeigt sich die enge **Verzahnung des Marketings mit dem Rechnungswesen**. Die Kosten eines Unternehmens lassen sich nach verschiedenen Kriterien unterteilen.

Abhängigkeit von der produzierten Menge:

- **Fixe Kosten:** Hier handelt es sich um Kosten, die unabhängig von der produzierten bzw. abgesetzten Menge auftreten, d. h., egal ob sehr viel oder gar nichts produziert wird, die Kosten bleiben gleich. Fixe Kosten sind somit Kosten der Betriebsbereitschaft.

  Beispiele Die Miete für die Betriebsräume (Produktionshallen, Lager, Büros) muss bezahlt werden, auch wenn eine Zeit lang nicht produziert und verkauft wird. Ebenfalls sind die Gehälter der Angestellten unabhängig von der Produktionsmenge.

- **Variable Kosten:** Diese Kosten sind abhängig von der produzierten oder abgesetzten Menge.

  Beispiel Je mehr Schreibtische hergestellt werden, desto mehr Material (Holz, Spanplatten, Leim, Schrauben usw.) wird benötigt. Je mehr produziert und abgesetzt wird, desto mehr Kosten fallen auch im Bereich der Verwaltung und des Vertriebs an, z. B. erhöhen sich die Vertriebskosten insgesamt, wenn für jedes verkaufte Produkt Verkaufsprovisionen und Verpackungskosten anfallen.

Gesamtkosten, Stückkosten:

- **Gesamtkosten:** Sie setzen sich aus der Summe der fixen und variablen Kosten zusammen.

  Beispiel Ein Unternehmen hat fixe Kosten von 0,5 Mio. € pro Jahr, an variablen Kosten sind in der Produktion 1,5 Mio. € angefallen. Die Gesamtkosten des Unternehmens betragen 2 Mio. €.

- **Stückkosten:** Die Gesamtkosten, d. h., die variablen und fixen Kosten, werden anteilmäßig auf die Menge der hergestellten Produkte verteilt.

  Beispiel

Produkte	Produzierte Menge in Stück	Anteilige fixe Kosten in €	Variable Kosten in €	Gesamtkosten in €	Variable Kosten je Stück in €	Fixe Kosten je Stück in €	Gesamtkosten je Stück in €
Tische	3700	125000,00	490000,00	615000,00	132,43	33,79	166,22
Stühle	6500	225000,00	650000,00	875000,00	100,00	34,62	134,62
Schränke	2400	150000,00	360000,00	510000,00	150,00	62,50	212,50
Summen		500000,00	1500000,00	2000000,00			

Zurechenbarkeit zu Produkten:

- **Einzelkosten:** Diese Kosten lassen sich einem bestimmten Produkt direkt zuordnen.

  Beispiel Bei einem Schreibtisch ist eindeutig feststellbar, wie viel Holz, Spanplatten, Beschläge, Stahlrohr für Tischbeine usw. verbraucht wurden. Ferner kann bestimmt werden, wie viel Arbeitsstunden die einzelnen Mitarbeiter für das Zuschneiden, Montieren und Lackieren eines Tisches benötigen. Aus diesen Daten lassen sich die Fertigungskosten berechnen.

- **Gemeinkosten:** Diese Kosten fallen für mehrere Produkte gemeinsam an, sie lassen sich nicht den einzelnen Produkten exakt zurechnen. Sie können sowohl fix als auch variabel sein.

  Beispiel Es kann nicht exakt berechnet werden, wie viel Kosten ein Schreibtisch in den Abteilungen Lager, Beschaffung oder Personalverwaltung verursacht. Hier hilft man sich mit sogenannten **Kostenumlagen** oder **Kostenverrechnungen**.

  In einem Jahr hat die Abteilung Beschaffung der Bürodesign GmbH folgende Kosten gehabt:

Personalkosten	210000,00 €
Anteilige Raumkosten (Miete, Heizung usw.)	16000,00 €
Allgemeine Verwaltungskosten (Telefon, Porto usw.)	6000,00 €
Kosten der Sachmittel (Computer, Mobiliar)	16000,00 €
Summe	248000,00 €

  Im gleichen Jahr wurden Büromöbel im Wert von 4,3 Mio. € hergestellt, davon hatten Schreibtische einen Anteil von 25 %, d. h. 1075000,00 €. Wenn unterstellt wird, dass die Arbeit der Beschaffungsabteilung sich gleichmäßig auf alle Produkte des Unternehmens verteilt, so müssen die Schreibtische 25 % der Kosten dieser Abteilung tragen, also 62000,00 €. Die Bürodesign GmbH hat in diesem Jahr 9800 Schreibtische produziert. Somit sind einem Schreibtisch 62000,00 € : 9800 = 6,33 € an Beschaffungskosten zuzurechnen.

  In ähnlicher Form kann mit allen Gemeinkosten verfahren werden. Das Rechnungswesen eines Unternehmens liefert somit Entscheidungsdaten für das Marketing.

Break-even-Point-Analyse:

Es gilt herauszufinden, ab welcher Absatzmenge sich eine Kostendeckung ergibt. Hierzu müssen fixe und variable Kosten bekannt sein. Für verschiedene Verkaufspreise kann nun festgestellt werden, ab welcher Absatzmenge die Gewinnzone erreicht wird. Der Break-even-Point (BEP) ist der Punkt, bei dem die Gesamtkosten genauso hoch sind wie die Verkaufserlöse.

Beispiel Break-even-Point-Analyse für einen Bürostuhl, variable Stückkosten 200,00 €, fixe Kosten 250 000,00 €, Verkaufspreis 450,00 €.

Produktions-mengen in Stück x	Fixe Kosten in € k_f	Variable Kosten in € k_v	Gesamt-Kosten in € K_g	Verkaufs-erlöse in € E	Gewinn/ Verlust in € $E - K_g$
0	250 000,00	0,00	250 000,00	0,00	– 250 000,00
200	250 000,00	40 000,00	290 000,00	90 000,00	– 200 000,00
400	250 000,00	80 000,00	330 000,00	180 000,00	– 150 000,00
600	250 000,00	120 000,00	370 000,00	270 000,00	– 100 000,00
800	250 000,00	160 000,00	410 000,00	360 000,00	– 50 000,00
1 000	250 000,00	200 000,00	450 000,00	450 000,00	0,00
1 200	250 000,00	240 000,00	490 000,00	540 000,00	+ 50 000,00
1 400	250 000,00	280 000,00	530 000,00	630 000,00	+ 100 000,00
1 600	250 000,00	320 000,00	570 000,00	720 000,00	+ 150 000,00
1 800	250 000,00	360 000,00	610 000,00	810 000,00	+ 200 000,00
2 000	250 000,00	400 000,00	650 000,00	900 000,00	+ 250 000,00

Bei einer Produktionsmenge von 1 000 Stück sind die Gesamtkosten und die Verkaufserlöse gleich groß, es entsteht weder ein Gewinn noch ein Verlust. Werden mehr als 1 000 Stück verkauft, so wird Gewinn gemacht, denn die Verkaufserlöse sind größer als die Gesamtkosten. Die Berechnung muss für verschiedene Verkaufspreise wiederholt werden, bis der „optimale" Verkaufspreis gefunden wird. Hierzu werden Computer mit Tabellenkalkulations-Software eingesetzt.

Die Tabellenform ist zwar sehr übersichtlich, jedoch kann der Break-even-Point auch rechnerisch mit einfachen Gleichungen bestimmt werden.

BEP: Erlöse = Gesamtkosten	Beispiel BEP: $p \cdot x = k_v \cdot x + k_f$
Die Erlöse ergeben sich aus: Verkaufspreis (p) · Menge (x). Die Gesamtkosten setzen sich zusammen aus: variable Stückkosten (k_v) · Menge (x) + fixe Kosten (k_f).	$450 \cdot x = 200 \cdot x + 250\,000$ $450 \cdot x - 200 \cdot x = 250\,000$ $250 \cdot x = 250\,000$ $x = 250\,000/250$ Somit ergibt sich: $x = 1\,000$ Stück

Besonders anschaulich werden die Daten, wenn sie grafisch dargestellt werden. Der Break-even-Point liegt genau bei der Produktionsmenge, bei der sich die Kosten- und Erlösgerade schneiden. Diese Analyse muss mit mehreren Verkaufspreisen durchgerechnet werden. Per Hand wäre diese Arbeit sicherlich möglich, aber extrem zeitaufwendig. Deshalb bedient man sich eines Computers mit einer Tabellenkalkulations-Software. Die Kosten-, Erlös- und Gewinntabellen sind schnell erstellt und als Grafik auszugeben.

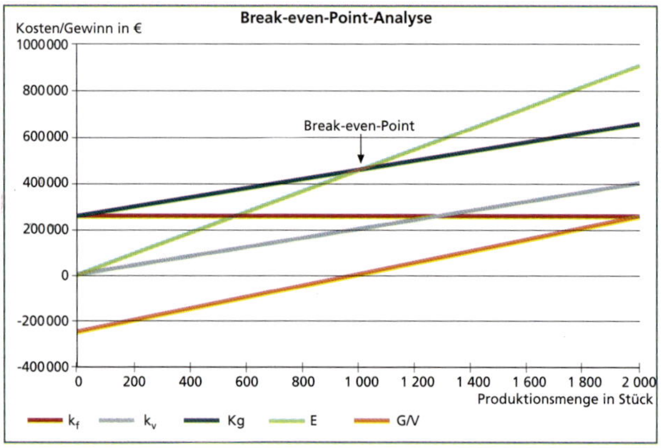

▲ Preisfindung

Bd. 1

Wird die **Vollkostenrechnung** als Basis für die Preisbildung gewählt, so wird eine Kalkulation durchgeführt, die zum Ziel hat, alle angefallenen Kosten (fixe und variable) einem Produkt zuzurechnen. Hierdurch entsteht ein Verkaufspreis, der nicht zwingend mit dem Preis identisch ist, der durch Marktverhältnisse erzielbar ist. Ferner kann das Produkt mit Kosten belastet werden, die es nicht selbst verursacht hat (Übernahme von Fixkosten aus dem Gesamtbetrieb). In der **Teilkostenrechnung** bzw. **Deckungsbeitragsrechnung** wird eine stärkere Marktorientierung ermöglicht. Hier kann berücksichtigt werden, dass spezielle Marktsituationen einen niedrigeren Preis als den „Vollkostenpreis" erfordern. Es wird durch eine konsequente Trennung in fixe und variable Kosten möglich, marktnähere Preise zu kalkulieren.

Vollkostenrechnung	Teilkostenrechnung
Periodengerechte Erfassung aller Kostenarten und Zuweisung auf die Kostenträger (Produkte) zur Ermittlung des Verkaufspreises	Berücksichtigung der variablen Kosten und deren Deckung durch den Verkaufspreis
Umsatzerlöse – variable Kosten – fixe Kosten = Gewinn	Umsatzerlöse – variable Kosten = Deckungsbeitrag
Langfristig notwendige Grundlage für die Preispolitik	Kurzfristige Handlungsalternativen möglich, um auf Marktgeschehnisse zu reagieren

Beispiel Die Bürodesign GmbH möchte im neuen „Home-Office"-Sektor einen preiswerten Rollcontainer „Rollover" auf den Markt bringen. Nach der Vollkostenrechnung ergibt sich ein Verkaufspreis von 80,00 €. Alle Konkurrenzprodukte liegen aber im Preissektor unter 80,00 €. An variablen Kosten verursacht das Produkt 55,00 €. Die Bürodesign GmbH kann sich nun entschließen, kurzfristig auf einen Teil der Vollkosten zu verzichten, um mit einem Einführungspreis in den Markt zu kommen.

▲ Preisuntergrenzen:

Um situationsgerechte Entscheidungen treffen zu können, ist es notwendig, für alle Produkte **Preisuntergrenzen** zu bestimmen. Preisuntergrenzen sind Verkaufspreise, die ein Unternehmen für seine Produkte auf dem Markt erzielen muss, um langfristig sein Überleben zu gewährleisten. Wenn aus speziellen Marktbedingungen heraus Preissenkungen notwendig werden, so kann ein Unternehmen entscheiden, bis zu welchem Punkt maximal die Preise reduziert werden dürfen, ohne Verluste zu erleiden.

Es werden in der betrieblichen Praxis drei Preisuntergrenzen unterschieden, die je nach Marktsituation zum Einsatz kommen.

Langfristige Preisuntergrenze	**Kurzfristige Preisuntergrenze (= absolute Preisuntergrenze)**	**Liquiditätsorientierte Preisuntergrenze**
Alle Kosten werden durch Verkaufserlöse bzw. Verkaufspreis (p) gedeckt, sowohl die fixen als auch die variablen Kosten.	Nur noch die variablen Kosten sind durch den Verkaufspreis gedeckt.	Gedeckt sind die variablen Kosten und die ausgabewirksamen fixen Kosten.
$p = k_v + k_f$	**$p = k_v$**	**$p = k_v$ + ausgabewirksame k_f**
Die Produktion kann über einen langen Zeitraum mit gleichem Verkaufspreis fortgesetzt werden, somit werden Ersatzinvestitionen möglich und die Stabilität des Unternehmens ist gesichert.	Der Verkaufspreis ist hier identisch mit den variablen Kosten des Produktes. Eine Deckung der anteiligen fixen Kosten erfolgt nicht, sie müssen von anderen Produkten mitgetragen werden. Diese fixen Kosten würden auch anfallen, wenn das Produkt nicht zum Verkauf angeboten würde. Somit leistet jeder Verkaufspreis, der über den kv liegt, bereits einen Beitrag zur Deckung der fixen Kosten.	Die kurzfristige Preisuntergrenze deckt ausschließlich die variablen Kosten ab. Um nicht in Liquiditätsprobleme zu geraten, ist es wichtig, kurzfristig auch die ausgabewirksamen fixen Kosten (z. B. Gehälter, Miete) zu decken. Die fixen Kosten, die nicht ausgabewirksam sind (Abschreibungen), brauchen hier nicht gedeckt zu werden.
Langfristig anzustreben	Kurzfristig möglich, wenn die Fixkosten gedeckt sind.	Kurzfristig möglich, wenn die Fixkosten gedeckt sind.

Beispiel Der Bürodesign GmbH liegen zur Ermittlung der Preisuntergrenze für den Rollcontainer „Rollover" folgende Zahlen vor:

Variable Stückkosten	55,00 €
Fixkosten	75 000,00 €
Produktionsmenge	3 000 Stück
Löhne, Miete	30 000,00 € (ausgabewirksame fixe Kosten)

Langfristige Preisuntergrenze	$p = k_v + k_f$	p = 55,00 € + 25,00 € = 80,00 € (k_f = 75 000,00/3 000 = 25,00)
Kurzfristige Preisuntergrenze	$p = k_v$	p = 55,00 €
Liquiditätsorientierte Preisuntergrenze	$p = k_v$ + ausgabewirksame k_f	p = 55,00 € + 10,00 € = 65,00 € (30 000,00/3 000 = 10,00)

▲ Nachfrageorientierte Preisbildung

Die Preisbildung darf zwar nicht auf Kosten- und Gewinnberechnungen verzichten, sie muss sich aber vor allem an der Nachfrage orientieren. Hier sind die Preisvorstellungen möglicher Kunden zu berücksichtigen. Informationen hierzu muss die Marktforschung liefern. Man geht in vielen Fällen von der Annahme aus, dass die Kunden eher einen niedrigen als einen hohen Preis akzeptieren. Jedoch sind Kunden auch bereit, einen hohen Preis zu zahlen, wenn sie ein akzeptables Verhältnis zwischen dem Preis eines Produktes und ihrer individuellen Einschätzung des Nutzens (insbesondere des Zusatznutzens) erkennen können. Man sagt: *„Das **Preis-Leistungs-Verhältnis** muss stimmen"*. Ein hoher Preis ist oft nur durch besondere Betonung des Zusatznutzens eines Produktes (vgl. S. 53) durchzusetzen. Jedoch sind hierzu erhebliche Investitionen in die Kommunikationspolitik für Produkte zu leisten. Die hierfür entstandenen Kosten werden in den Verkaufspreis der Produkte einkalkuliert.

Beispiel Zur Körperpflege benötigt der Mensch eigentlich pro Monat nur ein Stück einfache Kernseife zum Preis von 1,00 € (vielleicht kommen noch die Ausgaben für einen Waschlappen hinzu). Durch Betonung des Zusatznutzens (angenehmer Duft, Prestige, Imagegewinn usw.) konnte die „Seifenindustrie" in den letzten Jahrzehnten Milliarden Umsätze erzielen. So ist es nicht verwunderlich, wenn heute einige Menschen monatlich mehr als 50,00 € für ihre Körperpflege ausgeben, z. B. für Duschgels, Shampoos, Badeöle, Duftwässer, Cremes, Sprays, Parfüms usw. Ausschließlich durch die Fixierung der Kunden auf den Zusatznutzen der Körperpflege ist es möglich, dass für Produkte, deren Materialkosten einige Cent betragen, bis zu dreistellige Preise auf dem Markt realisiert werden können.

Immer mehr Menschen sind bereit, für umweltverträgliche und „gesunde" oder „natürliche" Produkte tiefer in die Tasche zu greifen. Diese Bereitschaft wird von Unternehmen aufgegriffen und bei der Bestimmung der Preise berücksichtigt. Entscheidend ist hier, durch Marktforschung herauszufinden, welche Vorstellungen über Preisobergrenzen die jeweiligen Zielgruppen (Teilmärkte) haben.

Beispiel Bei der Bürodesign GmbH muss der Preis für den neuen Bürostuhl auch danach bestimmt werden, wie viel die Käufer bereit sind, für ein besonders ergonomisches und ökologisches Büromöbel auszugeben.

▲ Preisdifferenzierung:

Hierbei wird für ein und dasselbe Produkt von **verschiedenen Abnehmern bzw. Abnehmergruppen** ein unterschiedlicher Preis verlangt.

Beispiel Die Geschäftsleitung der Bürodesign GmbH möchte für ihren neuen „ergo-design-natur"-Bürodrehstuhl diese Strategie verfolgen, um möglichst viele Abnehmer individuell ansprechen zu können.

Arten	Beispiele
– **Mengenmäßige Preisdifferenzierung**	Es wird eine Mengenrabattstaffel erstellt. Ein Bürodrehstuhl kostet 450,00 €, bei Abnahme ab 100 Stück 410,00 € und ab 500 Stück nur noch 380,00 €.
– **Zeitliche Preisdifferenzierung**	Der Listenverkaufs- oder Katalogpreis des neuen Bürostuhls beträgt 450,00 €, während der Einführungsphase (sechs Monate) wird jedoch ein Sonderpreis von 399,00 € festgelegt.
– **Personelle Preisdifferenzierung**	Besondere Abnehmergruppen erhalten einen Sonderpreis von 405,00 €. Hierzu zählen z. B. karitative und soziale Einrichtungen (Rotes Kreuz, Behindertenwerkstätten, Jugendeinrichtungen).
– **Räumliche Preisdifferenzierung**	Inlandskunden zahlen den Normalpreis, Auslandskunden einen Zu- oder Abschlag, je nach Marktsituation.
– **Preisdifferenzierung nach Produktvariation**	Der Bürostuhl wird in einer Standardausfertigung und in einer gehobenen Ausstattung produziert. Mit kleineren Veränderungen der Produktausführung können so unterschiedliche Kundengruppen angesprochen werden. Diese Preisdifferenzierung ist nur im Zusammenhang mit der Produktgestaltung möglich.

▲ Target-Costing

Eine konsequente Preisorientierung am Markt verbietet die einfache „Kosten- + Gewinn-Kalkulation“. Beim Target-Costing (Zielkostenrechnung) gilt die Devise:

„Die Marktpreise bestimmen die Kosten!“ (Nicht: „Die Kosten bestimmen die Preise!“)

Target-Costing ist mehr als nur eine Variante der Kostenrechnung, es handelt sich hierbei vielmehr um eine **marktorientierte Managementmethode**.

Grundidee des Target-Costing:

Beim Target-Costing wird von einem erzielbaren **Verkaufspreis auf dem Markt** ausgegangen, von dem unterstellt wird, dass der Kunde bereit ist, ihn zu bezahlen. Dieser Preis wird durch Erfahrungswerte und Marktforschungsmethoden (Kundenbefragungen, Erhebungen usw.) ermittelt. Von diesem Verkaufspreis wird ein geplanter Gewinn, der **„Target Profit“**, abgezogen. Hierdurch ergeben sich die vom Markt her zulässigen Kosten des Produktes, die sog. **„Allowable Costs“**. Diesen Kosten werden die sog. **„Drifting Costs“** gegenübergestellt, dies sind die Selbstkosten des Produktes, die aufgrund bisheriger Produktionsbedingungen entstehen würden. Eine Differenz zwischen Allowable Costs und Drifting Costs muss nun durch Maßnahmen der Produktentwicklung geschlossen werden, z. B. andere (kostengünstigere) Materialien, Produktionsverfahren, Vertriebswege u. Ä. Nach dieser Maßnahme ergeben sich die **„Target Costs“**, die eigentlichen Zielkosten.

Beispiel Die Bürodesign GmbH plant, eine neuartige Sitzgruppe für die Zielgruppe Kinderärzte zu vermarkten. Als erzielbarer Verkaufspreis auf dem Markt wird ein Betrag von 1 000,00 € ermittelt.

Target Price	1 000,00 €	Rückwärtskalkulation (retrograde Kalkulation)
– Target Profit/Stück	100,00 €	
= Allowable Costs	900,00 €	↓ ↑
Drifting Costs Nach Veränderung der Materialzusammensetzung und der Produktionsverfahren ergibt sich ein Kostenbetrag von	1 020,00 € → 910,00 €	Vorwärtskalkulation (progressive Kalkulation): Eine vollständige Reduzierung bis auf die ermittelten Allowable Costs ist meist nicht möglich!

Target Costs	910,00 €	**Endgültiger Betrag der Zielkosten:** Bei Reduktion des geplanten Zielgewinns von 10,00 €. Bei strenger Auslegung des Konzeptes müssten die Target Costs durch Veränderung von Produktions- oder Vertriebsverfahren bzw. Materialien noch weiter gesenkt werden, um den geplanten Gewinn zu erzielen. In der Praxis wird jedoch lediglich eine Annäherung an den geplanten Gewinn angestrebt.

Ermittlung des Target Price:

Der auf dem Markt erzielbare Verkaufspreis hängt von den Key-Buying-Factors (vgl. S. 24) ab. Das sind insbesondere die objektiv wahrnehmbaren Eigenschaften des zu vermarktenden Produktes, seine Gebrauchseigenschaften und sein Imagewert. Es gilt nun herauszufinden, welche Kundenzielgruppen bestimmte Produkt- und Gebrauchseigenschaften sowie einen bestimmten Imagewert des Produktes erwarten und welchen Preis sie für die einzelnen Eigenschaften ausgeben würden. Hierzu stehen diverse Methoden zur Verfügung:

Methode	Erläuterung
Expertenbefragung	Hierbei wird die subjektive Meinung von Marktkennern erhoben. Diese Methode ist kostengünstig und schnell. Jedoch sind die Aussagen der Experten z. T. sehr subjektiv und können stark voneinander abweichen.
Preisexperimente	Hier werden Produkte auf Testmärkten zu unterschiedlichen Preisen angeboten. Diese Methode ist zeit- und kostenaufwendig.
Auswerten realer Marktdaten	Hier werden Daten aus vorhandenen Statistiken ausgewertet. Das Datenmaterial muss allerdings sehr aktuell sein. Diese Methode kann nicht auf neue Produkte angewendet werden.
Direkte Kundenbefragungen	Eine möglichst repräsentative Gruppe von Kunden wird konkret zum Preis eines Produktes befragt, ohne detailliert auf die Produkteigenschaften einzugehen.
Indirekte Kundenbefragung (Conjoint-Measurement)	Das Kundenverhalten hinsichtlich des Preises wird indirekt aus Abwägungen der Kunden zwischen Preis und wahrgenommenen Produkteigenschaften oder Produktnutzen ermittelt.

▲ Conjoint-Measurement:

Ziel dieser Methode ist es, herauszufinden, welche Eigenschaft eines Produktes für den Käufer die höchste bis niedrigste Präferenz hat. Hieraus lässt sich der Teilnutzenwert eines Produktes am Gesamtnutzen ableiten. Dadurch wird deutlich, welche Produktmerkmale die Kaufentscheidung beeinflussen.

Beispiel Ergebnisse des Conjoint-Measurements der Bürodesign GmbH für eine neue Sitzgruppe (Zielgruppe: Kinderärzte)

Produkteigenschaften	Bedeutung der Eigenschaft für Kaufentscheidung
Reinigungsmöglichkeit	24 %
Preiswürdigkeit	22 %
Alltagstauglichkeit, Belastbarkeit	19 %
Bequemlichkeit, Sitzgefühl	15 %
Kombinationsmöglichkeiten mit anderen Möbeln	8 %

Produkteigenschaften	Bedeutung der Eigenschaft für Kaufentscheidung
Ökologische Aspekte	6 %
Lebensdauer	5 %
Sonstiges	1 %
	100 %

Aus den gewonnenen Aufstellung ist ersichtlich, dass die Eigenschaft „Reinigungsmöglichkeit" mit 24 % den höchsten Anteil zur Erfüllung der Kundenwünsche beiträgt und im optimalen Fall somit auch nur 24 % der Kosten tragen dürfte.

Aus den gewonnenen Daten lässt sich ableiten, welche Produkteigenschaften für den Kunden kaufentscheidend sind. Im nächsten Schritt muss nun untersucht werden, welche Kosten die geforderten Eigenschaften bei der Produktion verursachen.

▲ Kostenaufspaltung:

Die einzelnen von den Kunden präferierten Produkteigenschaften haben unterschiedliche Gewichtungen, d.h., nicht alle Eigenschaften sind für den Kunden gleich wichtig. Somit sind die Kunden auch nicht bereit, für Eigenschaften, die sie selbst nicht hoch einschätzen, hohe Preise zu bezahlen. Bei der Produktion entstehen Kosten für die Bereitstellung der jeweiligen Produkteigenschaften. Diese Kostenanteile weisen i.d.R. nicht die gleichen Relationen auf, wie die vom Kunden geforderten Produkteigenschaften.

Beispiel Eine Erhöhung der durchschnittlichen Lebensdauer einer Sitzgruppe (strapazierfähige Bezüge, hochwertige Polsterung und Federung usw.) um 10 % würde die anteiligen Kosten um 40 % erhöhen, weil andere Produktionsverfahren erforderlich wären. Eine verbesserte Reinigungsmöglichkeit hingegen würde die Kosten nur um 5 % erhöhen, weil lediglich andere Bezüge aufgespannt werden müssen, ohne die Produktionsverfahren zu verändern.

Die Aufspaltung der Kosten je geforderte Produkteigenschaft ist somit Voraussetzung für eine optimale Produktausstattung in Verbindung mit der Kostenplanung und der Analyse der Einsparungsmöglichkeiten. Aus diesem **Zielkostenmix** für entsprechende Produkteigenschaften können sukzessive die **Target Costs** eines Produktes abgeleitet werden.

▲ Konkurrenzorientierte Preisbildung

Wenn innerhalb der Preispolitik konkurrenzorientierte Preise bestimmt werden sollen, so ist es erforderlich, zunächst die Struktur der Konkurrenz auf dem Markt zu klären. Je nach Anzahl und relativer Größe der Marktteilnehmer lassen sich verschiedene Marktformen unterscheiden:

Marktformenmodell

Zahl der Anbieter / Zahl der Nachfrager	viele kleine	wenige mittlere	ein großer
viele kleine	Polypol	Angebotsoligopol	Angebotsmonopol
wenige mittlere	Nachfrageoligopol	zweiseitiges Oligopol	beschränktes Angebotsmonopol
ein großer	Nachfragemonopol	beschränktes Nachfragemonopol	zweiseitiges Monopol

Beispiele

Polypol	Anbieter: Wochenmarkt: viele Obsthändler Nachfrager: viele Käufer

Angebotsoligopol	Anbieter: Wenige Automobilhersteller Nachfrager: viele Automobilkäufer
Angebotsmonopol	Anbieter: Deutsche Bahn AG Nachfrager: viele Bahnkunden
Zweiseitiges Oligopol	Anbieter: Werften Nachfrager: Reedereien
Zweiseitiges Monopol	Anbieter: Gewerkschaft Nachfrager: Arbeitgeberverband
Nachfragemonopol	Anbieter: Straßenbauunternehmen Nachfrager: öffentliche Hand

In der Volkswirtschaftslehre gibt es hierzu die Unterscheidung zwischen **vollkommenem und unvollkommenem Markt** bzw. **vollständiger Konkurrenz und unvollständiger Konkurrenz**.

▲ Preisbildung im vollkommenen Markt mit vollständiger Konkurrenz:

VWL

Merkmale eines **vollkommenen Marktes** sind insbesondere:

- **Atomistische Marktstruktur;** viele kleine Anbieter und Nachfrager mit jeweils kleinem Marktanteil, sodass ein einzelnes Unternehmen nicht über eine relevante Größe an Marktmacht verfügt.
- **Homogenität der Güter;** die Güter aller Anbieter sind gleich.
- **Die Nachfrager haben keine** sachlichen, räumlichen, zeitlichen und persönlichen **Präferenzen** (Vorlieben).
- **Vollständige Markttransparenz;** Anbieter und Nachfrager verfügen über alle marktrelevanten Informationen.
- **Freier Marktzu- und Marktaustritt;** es gibt keine Marktzugangsbeschränkungen, jeder darf als Anbieter oder Nachfrager auftreten.
- **Unendliche Reaktionsgeschwindigkeit;** Anpassungsprozesse an Marktveränderungen werden durch die Marktteilnehmer sofort vollzogen.
- Die **Marktteilnehmer** verhalten sich **streng rational**.

Von einer **vollständigen Konkurrenz** wird gesprochen, wenn die Bedingungen des vollständigen Marktes gegeben sind **und** alle Marktteilnehmer stets im Wettbewerb zueinander stehen.

Bei einem derartigen (theoretischen) Modell ergibt sich der Marktpreis als **Gleichgewichtspreis**. Er liegt da, wo Angebots- und Nachfragekurve sich schneiden. Analog ergibt sich die **Gleichgewichtsmenge**.

Der Gleichgewichtspreis liegt im Schnittpunkt von Angebots- und Nachfragekurve.

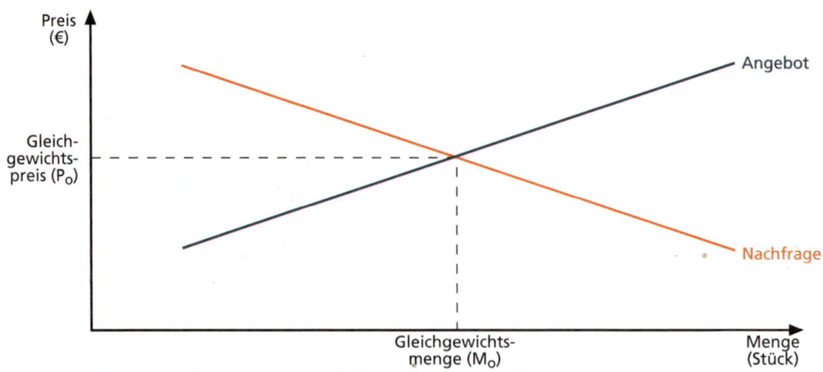

In der **Preisabsatzfunktion** (PAF) bzw. **Nachfragefunktion** ist die Annahme verankert, dass mit steigenden Preisen der Absatz i.d.R. sinkt, weil die Nachfrage zurückgeht. Umgekehrt steigt die Nachfrage bei sinkenden Preisen. Die Preis-Absatz-Funktion (PAF) gibt die funktionale Beziehung zwischen dem Preis eines Produktes und der Absatzmenge wieder. Entsprechend gibt die **Angebotsfunktion** die Abhängigkeit der angebotenen Menge eines Produktes von dem dafür verlangten Preis an. In der betrieblichen Praxis werden diese beiden Funktionen auf der Basis von Erfahrungen geschätzt oder durch Maßnahmen der Marktforschung (vgl. S. 36) ermittelt. Insbesondere sind hier Testmärkte und Kundenbefragungen bedeutsam. So ermittelte Funktionen sind nie linear, sie können somit höchst eigenartige Kurvenverläufe **(Nachfragekurve, Angebotskurve)** haben.

Beispiel Die Bürodesign GmbH führt eine Kundenbefragung durch, um die Preisvorstellung von Kunden zu testen, ein neuartiges Produkt (Schreibtischsessel im Home-Office-Bereich) zu erwerben, das sich noch im Stadium des Prototyps befindet. Die erhobenen Daten werden ergänzt durch eine Expertenbefragung, die über ein Marktforschungsinstitut abgewickelt wird. Hieraus ergeben sich folgende Werte als Punktwerte, die in eine Grafik übernommen werden. Hieraus lässt sich auf mathematischem Wege eine Annäherung der entsprechenden Kurven ermitteln.

Ergebnisse von Kunden- und Expertenbefragung:

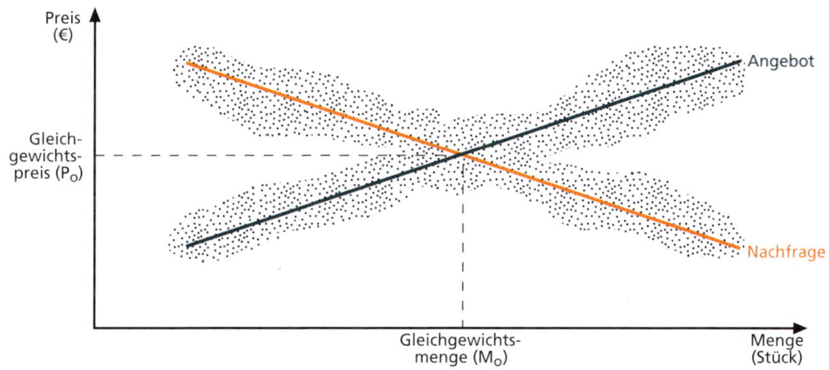

Im Folgenden wird stets von idealtypischen linearen Kurven ausgegangen, weil dadurch die Modellhaftigkeit leichter möglich und die Anschauung erhöht wird.

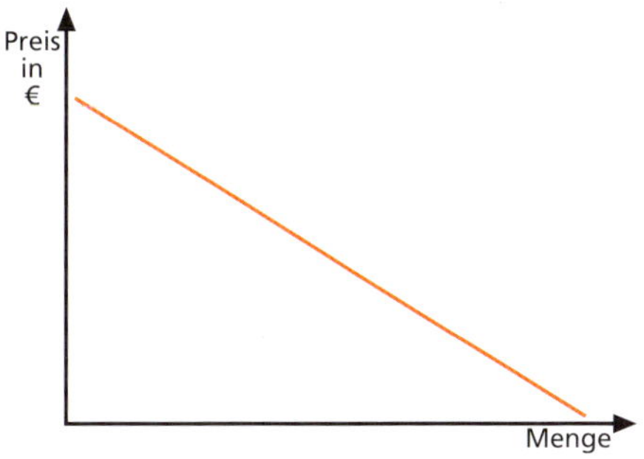

Preisabsatzfunktion (Nachfragefunktion)
Nachfragekurve: **p = mx + b**
p = Preis
x = nachgefragte Menge
m = Steigungsmaß hier negativ
b = Ordinatenabschnitt (Y-Achse)
(entspricht dem maximalen Preis für das Produkt, bei dem die Nachfrage gleich Null wird)

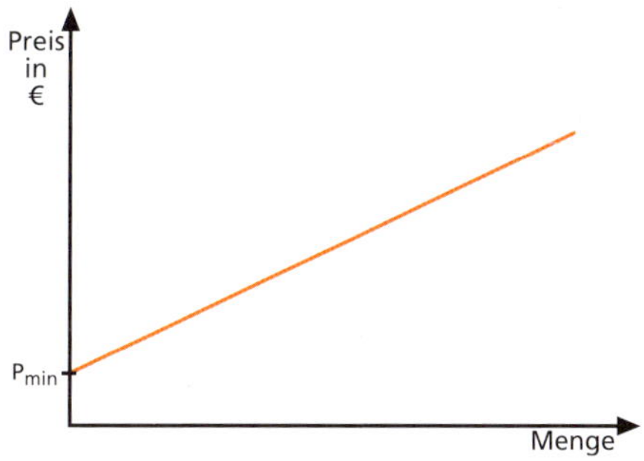

Angebotsfunktion, Angebotskurve:
p = mx + b
p = Preis
x = abgesetzte Menge
m = Steigungsmaß, hier positiv
b = Ordinatenabschnitt (Y-Achse)
(entspricht dem minimalen Preis, bei dem das Angebot gleich null wird)

Der Schnittpunkt mit der Abszisse (Nullstelle) gibt die Sättigungsgrenze an. Selbst wenn der Preis des Produktes auf null sinkt, wird die nachgefragte Menge x(s) nicht überschreiten.

Man kann nun verschiedene Fälle durchspielen und die **Auswirkungen auf den Gleichgewichtspreis** untersuchen.

Eine **Erhöhung der Nachfrage**, z. B. bei

- Einkommenserhöhung bei Nachfragern,
- Steuersenkungen,
- Preiserhöhung bei Substitutionsgut,
- Preissenkung bei Komplementärgut

führt zu einem Preisanstieg und einer Verschiebung der Nachfragekurve nach rechts, das neue Marktgleichgewicht hat einen neuen höheren Gleichgewichtspreis.

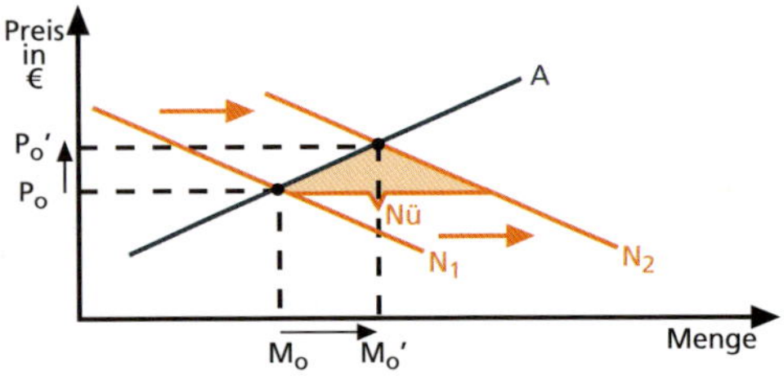

Eine **Verringerung der Nachfrage**, z. B. bei

- Einkommensrückgang,
- Steuererhöhung,
- Preissenkung bei Substitutionsgut,
- Preiserhöhung bei Komplementärgut

führt zu einer Preissenkung und einer Verschiebung der Nachfragekurve nach links, das neue Marktgleichgewicht hat einen neuen niedrigeren Gleichgewichtspreis.

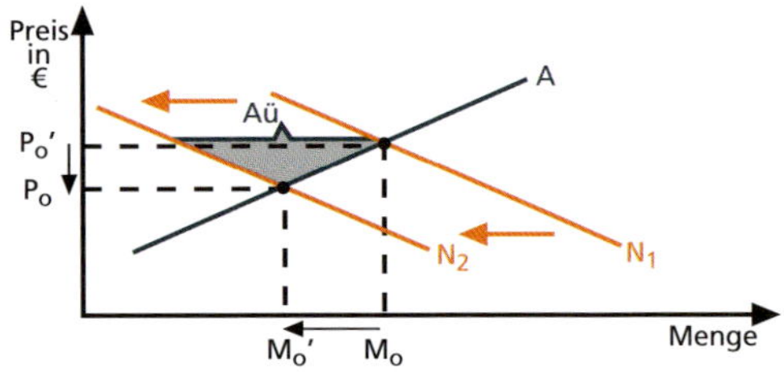

Eine **Erhöhung des Angebots**, z. B. bei gesunkenen Rohstoff- oder Energiepreisen, führt zu einem Preisrückgang und einer Verschiebung der Angebotskurve nach rechts, das neue Marktgleichgewicht hat einen neuen niedrigeren Gleichgewichtspreis.

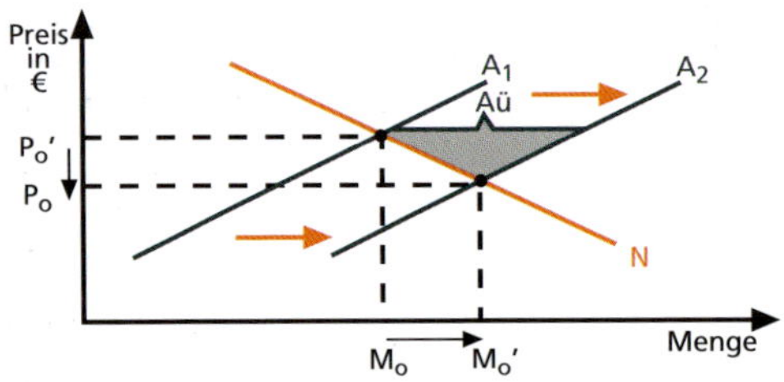

Eine **Verringerung des Angebots**, z. B. bei Lohnsteigerungen oder Erhöhung der Rohstoffpreise, führt zu einem Preisanstieg und einer Verschiebung der Angebotskurve nach links, das neue Marktgleichgewicht hat einen neuen höheren Gleichgewichtspreis.

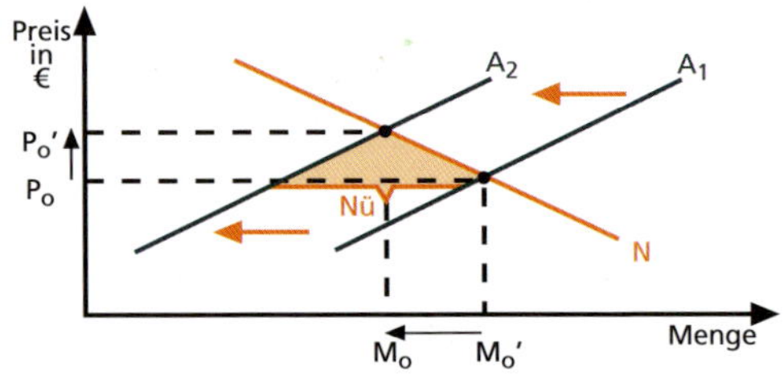

Die bisherigen Ausführungen zur Preisbildung sind eher modellhafter Natur. In der betrieblichen Realität sind nämlich vollkommene Märkte und vollständige Konkurrenz nicht gegeben.

VWL

▲ Preisbildung im unvollkommenen Markt mit unvollständiger Konkurrenz

Trifft nur eine oder mehrere Annahmen zum vollkommenen Markt (vgl. S. 64) nicht zu, so spricht man von einem **unvollkommenen Markt**. Typische Merkmale eines **unvollkommenen Marktes** sind daher u. a.:

- Die angebotenen Produkte sind nicht homogen, sie unterscheiden sich z.T. erheblich in Art, Qualität, Aufmachung und weiteren Eigenschaften.
- Die Käufer haben zahlreiche Präferenzen, sie kaufen z. B. bei bestimmten Anbietern wegen deren räumlicher Nähe, aus Gewohnheit oder wegen eines besonderen Ambientes des Anbieters.
- Die Marktteilnehmer haben nur eine eingeschränkte Marktübersicht, sie kennen nicht alle Anbieter bzw. Nachfrager.
- Die Marktteilnehmer reagieren mit zeitlicher Verzögerung auf Änderungen.

In der Realität ist somit ein vollkommener Markt nicht anzutreffen. Vielmehr versuchen Unternehmen in der Praxis, ihre Produkte bewusst voneinander unterscheidbar zu machen, Präferenzen aufzubauen und individuelle Vorteile zu erlangen. Die Marketingarbeit eines Unternehmens setzt unvollkommene Märkte voraus. Somit ist auch eine vollständige Konkurrenz ein praxisfremdes Modell. Entsprechend kann auch nur von einer **unvollständigen Konkurrenz** ausgegangen werden.

VWL

▲ Preisbildung auf oligopolistischen Märkten:

Ein Oligopolist kann durch seine Preispolitik Einfluss auf den Markt nehmen. Jedoch muss er sich bewusst sein, dass seine Konkurrenten seine Entscheidungen stets genau beobachten und durch entsprechende Gegenmaßnahmen seine Entscheidungen torpedieren.

Prinzipiell sind vier Strategien in der Praxis vorzufinden:

Strategie	Erläuterungen
Ruinöse Konkurrenz über einen Preiskrieg und mit Kampfpreisen	Auf Preissenkungen der Konkurrenz wird mit eigenen Preissenkungen geantwortet. Wenn der Marktpreis sinkt, besteht aber die Gefahr, dass der Gewinn sinkt und im schlimmsten Fall die Kosten nicht mehr gedeckt werden. Nun müsste eigentlich die Absatzmenge steigen, um diesen Effekt zu vermeiden. Wenn dies z.B. durch Werbung und ähnliche Maßnahmen gelingt, geht dies aber – bei konstanter Gesamtnachfrage – zulasten der Marktanteile der Mitbewerber, die wiederum entsprechend reagieren können und z.B. den Preis weiter senken. Im Extremfall kommt es zu einem ruinösen Wettbewerb, der zum Ausscheiden von Anbietern auf dem Markt führen kann. Dieses Verhalten von Oligopolisten führt zu einer **geknickten Nachfragekurve**. **Beispiel** Der Markt für Elektrokleingeräte wird von drei Unternehmungen beherrscht. Auf diesem Markt können aufgrund der Nachfragesituation insgesamt 200 000 Kleingeräte abgesetzt werden. Eine der Unternehmungen hat bei einem Verkaufspreis von 60,00 € pro Stück einen Marktanteil von 42 %.
Ruinöse Konkurrenz über einen Preiskrieg und mit Kampfpreisen (Fortsetzung)	Die Kosten pro Stück betragen 52,80 €. Die Unternehmung variiert jetzt die Preise und sieht sich bei gleichen Kosten folgenden Situationen gegenüber:

Preis in €	50,00	56,00	60,00	64,00
Marktanteil (%)	46,5	44	42	21

Beispiel Für das Eingangsbeispiel ergeben sich folgende Zahlen:

Preis (p) in €	Marktanteil in %	Menge (x) in Stück	Erlös (E) in €	Kosten (K) in €	Gewinn (G) in €
50,00	46,5	93 000	4 650 000,00	4 910 400,00	– 260 400,00
56,00	44	88 000	4 928 000,00	4 646 400,00	+ 281 600,00
60,00	42	84 000	5 040 000,00	4 435 200,00	+ 604 800,00
64,00	21	42 000	2 688 000,00	2 217 600,00	+ 470 400,00

Strategie	Erläuterungen
	Aufgrund dieser Zahlen ergibt sich eine geknickte Nachfragekurve: 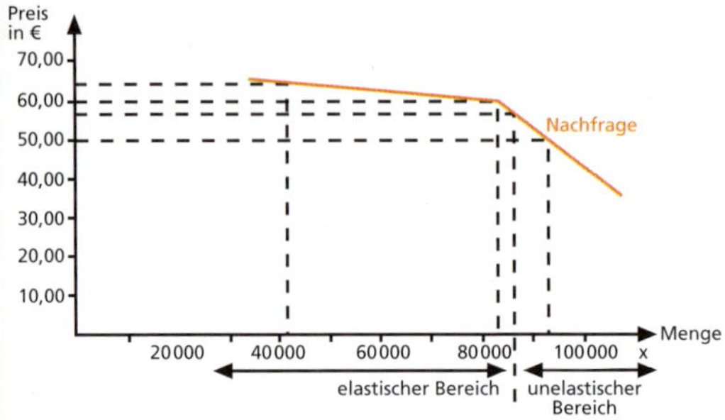 Erhöht der Anbieter seinen Absatzpreis von 60,00 € auf 64,00 €, so werden die Konkurrenten nicht mitziehen. Der Anbieter verliert viel Absatz, weil die Kunden zur Konkurrenz abwandern. Senkt der Anbieter seinen Preis auf 56,00 € oder sogar auf 50,00 €, so werden die Konkurrenten nachziehen und ebenfalls ihre Preise senken. Der Anbieter gewinnt deshalb nicht viel Nachfrage hinzu.
Oligopolistische Kooperation (Schlafmützen-konkurrenz)	Hier wird ein oligopolistisches Konfliktverhalten vermieden. Die Konkurrenz wird nicht mit Kampfpreisen bedroht. Alle Konkurrenten einigen sich (ggf. stillschweigend) auf ein weitgehendes Einfrieren von Preisen bzw. auf zeitgleiche und in der Höhe weitgehend ähnliche Preisveränderungen auf dem Markt. **Beispiel** Im Benzinmarkt sind die Preise der verschiedenen Anbieter sehr ähnlich. Auch werden Preiserhöhungen oder Preissenkungen von allen Anbietern fast gleichzeitig und in gleicher Höhe vorgenommen.
Kartellbildung	Bei einer Kartellbildung ist im Gegensatz zur „Schlafmützenkonkurrenz" eine aktive, konstruktive und zukunftsorientierte Zusammenarbeit der konkurrierenden Unternehmen festzustellen. Kartelle sind vertragliche Zusammenschlüsse von rechtlich selbstständigen Unternehmen des gleichen Wirtschaftszweiges, die i. d. R. den Wettbewerb beschränken oder ausschließen sollen. Über Kartelle wacht in Deutschland das Bundeskartellamt (www.bundeskartellamt.de). Ferner regelt das Gesetz gegen Wettbewerbsbeschränkungen (GWB) die Kartellbildung. Auf Europaebene sind einschlägige EU-Bestimmungen zu berücksichtigen (vgl. hierzu http://ec.europa.eu/comm/competition/index_en.html).
Preisführerschaft	Bei der Preisführerschaft erkennen alle Oligopolisten einen bestimmten Anbieter als Preisführer an. Meist ist es derjenige Konkurrent, der den größten Marktanteil hat.

▲ Preisbildung auf polypolistischen Märkten:

VWL

In einem Polypol sind bekanntlich viele Anbieter und viele Nachfrager vorhanden. Das typische Verhalten eines polypolistischen Anbieters besteht darin, seine Produkte mit vielfältigen Maßnahmen von den Produkten der Konkurrenz abzuheben.

Beispiele Produkte können sich unterscheiden durch Design, Farbe, Verpackung usw. Die Bürodesign GmbH versucht sich gegenüber der Konkurrenz durch spezielle ergonomische Qualitäten ihrer Produkte abzugrenzen. Typisch hierfür ist u. a. der Arbeitssessel „ergo-design-natur". Einige Konkurrenten der Bürodesign GmbH betonen insbesondere ökologische Fertigungsprozesse oder spezielle Design-Ansprüche.

Der Polypolist will sich bewusst mit seinen Produkten von anderen Mitbewerbern abgrenzen. Er möchte Präferenzen beim Nachfrager erzeugen, um mit seinem „besonderen" bzw. „einmaligen" Produkt zumindest zeitweise eine **kleine Monopolstellung** einnehmen zu können, in der er quasi konkurrenzlos ist und den Preis weitgehend frei festlegen kann. Sehr schnell werden aber seine Produkte von den Konkurrenten nachgeahmt und günstiger angeboten oder sie versuchen selbst Marktanteile zu sichern, indem sie eigene Produktdifferenzierungen anbieten.

Die Angebotskurve eines Polypolisten beinhaltet einen monopolistischen Bereich.

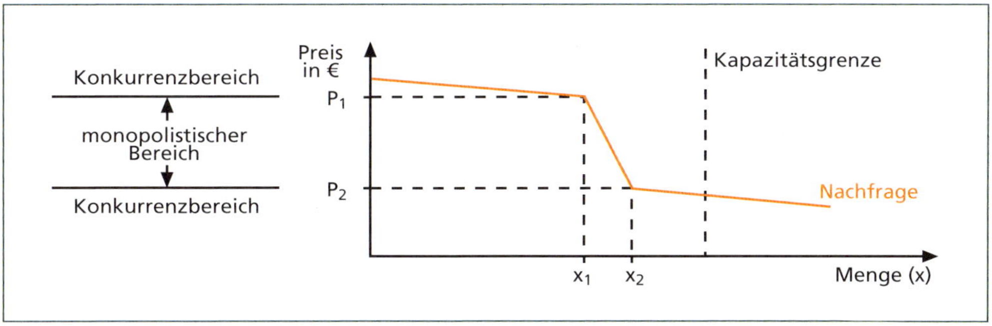

Der Käufer ist bereit, für ein „besonderes" Produkt (für das er also individuelle Präferenzen hat) einen höheren Preis zu bezahlen. Falls der Anbieter allerdings seine Preiserhöhung überzieht, so wandert der Käufer zur Konkurrenz ab. Senkt der Anbieter hingegen seinen Preis, kann es sein, dass die Nachfrage sehr stark zunimmt. Wegen seiner begrenzten Kapazitäten kann er jedoch nur einen Teil dieser Nachfrage befriedigen. Es kommt zu Lieferproblemen und die Kunden wandern wiederum zur Konkurrenz ab. Eine aktive Preispolitik kann vom Polypolisten weitgehend nur innerhalb der Grenzen des **monopolistischen Preisspielraumes** betrieben werden.

Beispiel Der Arbeitssessel „ergo-design-natur" der Bürodesign GmbH hat zurzeit einen Listenverkaufspreis von 443,00 €. Qualitativ vergleichbare Sessel gibt es bei der Konkurrenz zu ca. 400,00 € zu kaufen. Die Kunden sind aber wegen bestimmter Präferenzen bereit, 443,00 € zu bezahlen (vielleicht ist ihnen der ergonomische Aspekt wichtig, möglicherweise sind es aber Stammkunden, die ungern den Lieferanten wechseln usw.). Würde der Preis auf 500,00 € steigen, so ginge die Nachfrage zurück, die Kunden wanderten zur Konkurrenz ab, weil sie nicht bereit wären, für ihre Präferenzen einen so hohen Preis zu bezahlen. Würde allerdings der Preis z. B. auf 300,00 € gesenkt, so würden neue Kundenschichten erschlossen und die Nachfrage würde steigen. Allerdings würden dann Produktions- und Lagerengpässe auftreten, weil die Kapazitätsgrenze erreicht würde.

▲ Preisbildung in monopolistischen Märkten:

Ein Monopolist hat im Rahmen seiner Preispolitik weitgehende bis völlige Freiheit. Wenn aber unterstellt wird, dass er ökonomische Ziele verfolgt, insbesondere die Maximierung seines Gewinns, so ist seine Preisstrategie recht einfach. Er benötigt eine Ertragsfunktion E(x), die angibt, wie sich sein Verkaufserlös bei verschiedenen Mengen ergibt, und er benötigt eine Kostenfunktion K(x), die seine Kostenentwicklung abbildet, wobei x jeweils die Produktionsmenge ist.

Kostenfunktion	**K(x)**
Der Ertrag ergibt sich als Produkt von Preis und Menge	$E = p \cdot x$
Die Preisabsatzfunktion (vgl. S. 65) ist definiert	$p(x) = -mx + b$
Weil $E = p \cdot x$ ist, ergibt sich die Ertragsfunktion E(x) durch Einsetzen	$E(x) = (-mx \cdot b)\ x$ $E(x) = -mx^2 + bx$
Die Gewinnfunktion G(x) ergibt sich als Differenz von E(x) und K(x)	$G(x) = E(x) - K(x)$

Das Maximum der Gewinnfunktion kann nun mittels einfacher Differenzialrechnung gefunden werden.

MATH

Beispiel Ein Angebotsmonopolist arbeitet mit der Preisabsatzfunktion $p(x) = -2x + 200$, seine Stückkosten für ein bestimmtes Produkt betragen 20,00 € und seine fixen Kosten 2 800,00 €. Dadurch erhält er die Gesamtkostenfunktion $K(x) = 20x + 2800$.

Ertragsfunktion $E(x) = p(x) \cdot x$	$E(x) = (-2x + 200) \cdot x$ $E(x) = -2x^2 + 200\,x$
Kostenfunktion $K(x)$	$K(x) = 20\,x + 2\,800$
Gewinnfunktion $G(x) = E(x) - K(x)$	$G(x) = -2x^2 + 200\,x - (20\,x + 2\,800)$ $G(x) = -2x^2 + 180\,x - 2\,800$

Nur im Intervall zwischen den Ausbringungsmengen $x = 20$ und $x = 70$ verläuft die Gewinnfunktion im positiven Bereich. Die Intervallgrenzen heißen daher **Gewinnschwelle** und **Gewinngrenze**, dazwischen liegt die sog. **Gewinnlinse**.

Gewinnschwelle und -grenze werden berechnet, indem die Nullstellen von G(x) ermittelt werden.

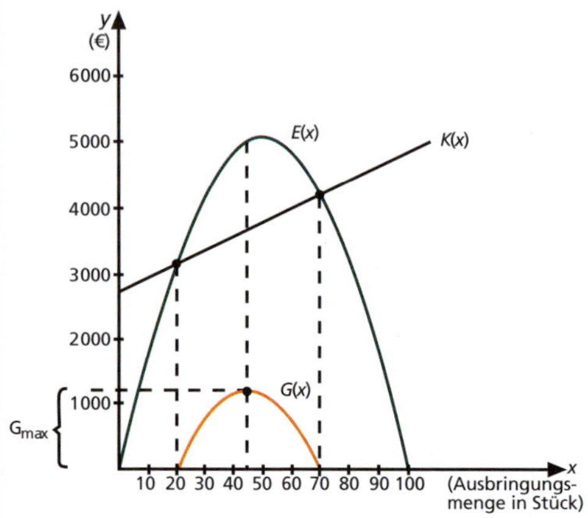

Um das **Gewinnmaximum** zu finden, bildet man die erste und zweite Ableitung von G(x), die erste Ableitung wird gleich null gesetzt:

$G(x) = -2x^2 + 180\,x - 2\,800$
$G'(x) = -4\,x + 180 = 0 \rightarrow x = 45$
$G''(x) = -4 < 0$, daher Hochpunkt bei $x = 45$

Das Gewinnmaximum wird nach dem französischen Nationalökonom Antoine Augustin Cournot (* 1801; † 1877) auch **Cournot'scher Punkt** genannt.

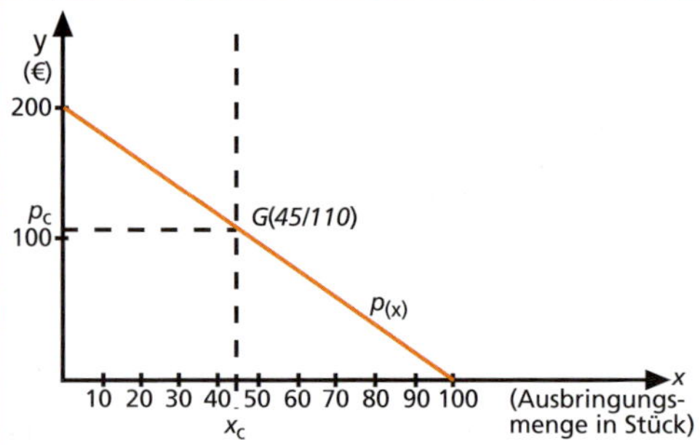

▲ Preiselastizitäten

Sollen Käuferreaktionen auf Preisänderungen eingeschätzt werden, kann das Modell der Preiselastizität der Nachfrage herangezogen werden. Es macht Aussagen über das Verhältnis einer prozentualen Nachfrageänderung eines Gutes zu einer prozentualen Preisänderung dieses Gutes.

Ziel eines Unternehmens muss es sein, die Preiselastizität der Nachfrage bei seinen Produkten zu verringern und so den preispolitischen Spielraum auszuweiten. Dies kann z. B. durch Markenbildung oder eine Verstärkung der Kundenbindung geschehen.

Beispiel Die Bürodesign GmbH bietet unter der Marke „Logo" Artikel aus der Produktgruppe „Konferenzen und Schulungen" an. Bei diesen Artikeln handelt es sich um Produkte von guter Qualität zu günstigen Preisen. Die Geschäftsleitung hofft, durch diese Handelsmarke Kunden an das Unternehmen binden zu können. Ist das geschehen, sollen die Preise erhöht werden.

Eine Hauptaufgabe der Preispolitik im Rahmen des Marketings ist die **Bestimmung des Preisspielraumes** (Preisober- und -untergrenzen) von einzelnen Produkten. Es ist also von großer Bedeutung, zu wissen, wie die Kunden (Nachfrage) auf Preiserhöhungen bzw. Preisreduzierungen reagieren. Ein Indikator ist hierbei die **Preiselastizität der Nachfrage (e)**. Diese Kennzahl gibt an, wie stark sich eine Preisänderung auf die Nachfrage auswirkt. Sie wird definiert als das Verhältnis (Absolutbetrag) der relativen Mengenveränderung dividiert durch die relative Preisveränderung.

Beispiel Bei einem Preis von 500,00 € setzt die Bürodesign GmbH von dem Artikel „Sessel Waiter" 1 000 Stück ab. Erhöht sie den Preis um 50,00 €, so werden nur noch 850 Stück nachgefragt.

Prozentuale Mengenänderung:	–150/1 000 · 100	= –15 %
Prozentuale Preisänderung:	50/500 · 100	= 10 %
Berechnung der Preiselastizität:	–15/10	= $\|-1{,}5\|$[1] = 1,5

Das **Ausmaß der Preiselastizität** kann bei verschiedenen Produkten bzw. Märkten sehr unterschiedlich sein.

Elastizitätsausmaß	Grafik	Beispiele
Elastisch (eine Preisveränderung bewirkt eine Nachfrageveränderung) **e > 1**	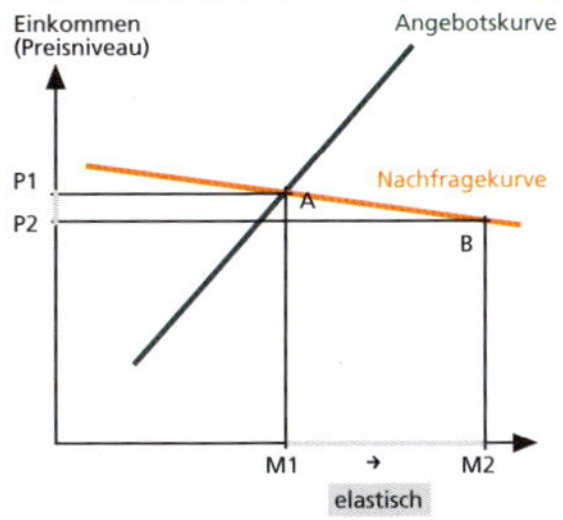	Die Bürodesign GmbH erhöht den Preis für das Regalsystem Wikinger um 15 %. Die Nachfrage geht daraufhin um 17 % zurück. Bei einer Preissenkung sechs Monate später erhöht sich die Nachfrage wieder.
Unelastisch (eine Preisänderung führt nur zu geringen Nachfrageveränderungen) **e < 1**	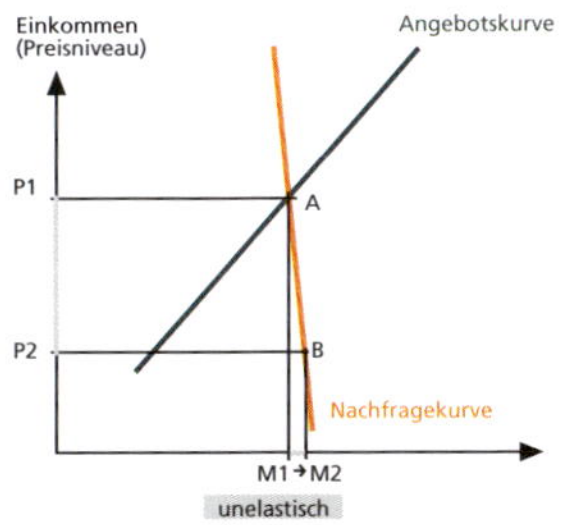	Preiserhöhungen bei Grundnahrungsmitteln, Treibstoff für Kraftfahrzeuge, Zigaretten bzw. Gütern, die nicht substituierbar sind, führen nur zu sehr geringen bzw. nur kurzfristigen Nachfrageänderungen.
Vollkommen unelastisch (Preisänderungen führen zu keiner Nachfrageveränderung) **e = 0**	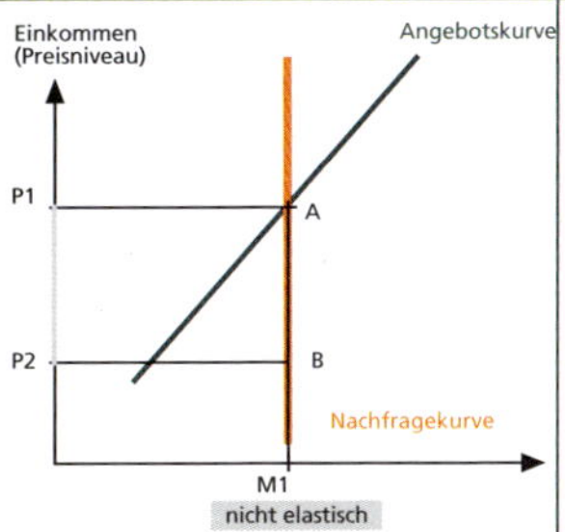	Dies kommt in der Praxis sehr selten vor. Lediglich bei Gütern, die zwingend erforderlich sind, jedoch nicht substituierbar sind, wie bei bestimmten Medikamenten, bleibt die Nachfrage konstant. Theoretisch könnte der Preis unendlich hoch sein.
Negativ elastisch (Preiserhöhungen führen zu einer Nachfragesteigerung) **e < 0**	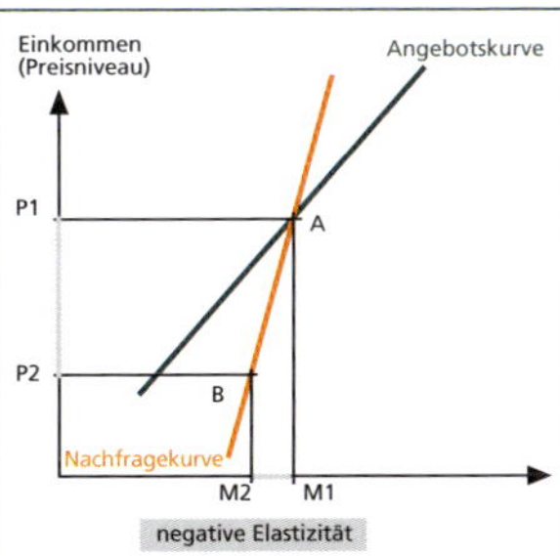	Wenn einem Gut mit steigendem Preis eine zunehmende Exklusivität des Gutes zugesprochen wird (Snob-Effekt), kann es sein, dass trotz einer Preissteigerung die Nachfrage steigt. Ebenfalls sind bei steigenden Preisen Angst- oder Hamsterkäufe denkbar.

Quelle: Vgl. Seite „Preiselastizität". In: Wikipedia, Die freie Enzyklopädie. Bearbeitungsstand: 8. Dezember 2008, 08:09 UTC. URL: http://de.wikipedia.org/w/index.php?title=Preiselastizit%C3%A4t&oldid=53888520 (Abgerufen: 3. Februar 2009, 14:51 UTC)

[1] *Absolutfunktion, d. h., das Vorzeichen der Zahl ist irrelevant.*

Die Kenntnis seiner einzelnen Preiselastizitäten ist für ein Unternehmen von strategischer Bedeutung, da mittel- bis langfristige Marketingentscheidungen hiervon abhängig sind. So kann u. a. näherungsweise ermittelt werden, ab welchem Marktpreis eine Preiserhöhung die Nachfrage so stark senkt, dass der Gesamtumsatz niedriger ist als vor der Preiserhöhung. Im Rahmen des Marketing- bzw. Absatzcontrollings wird die Preiselastizität ferner als Kennzahl für die Stabilität der eigenen Preise bei Nachfrageschwankungen genutzt.

▲ Preisstrategien

Eine Preisstrategie ist ein Verhalten des Anbieters auf dem Markt, um den Absatz seiner Produkte über den Preis zu beeinflussen. Folgende **typische Strategien** werden in der betrieblichen Praxis benutzt.

Strategie	Beispiele
Hochpreispolitik (Premiumpolitik) Es wird auf Dauer ein im Vergleich zur Konkurrenz hoher Preis festgelegt. Dies funktioniert, wenn die Zielgruppe des Produktes Abnehmer mit gehobenen Ansprüchen umfasst. Es werden vergleichsweise niedrige Verkaufszahlen mit einem hohen Stückgewinn geplant, wobei eine hohe und gleich bleibende Qualität der Produkte gewährleistet sein muss.	Die Bürodesign GmbH plant eine sehr exklusive Empfangstheke, die im ersten Jahr mit maximal 200 Stück in Produktion gehen soll. Hierfür verlangt sie im Rahmen einer Hochpreispolitik einen Verkaufspreis von 34 000,00 €. Der Kunde erhält dafür ein extrem hochwertiges und repräsentatives Produkt. 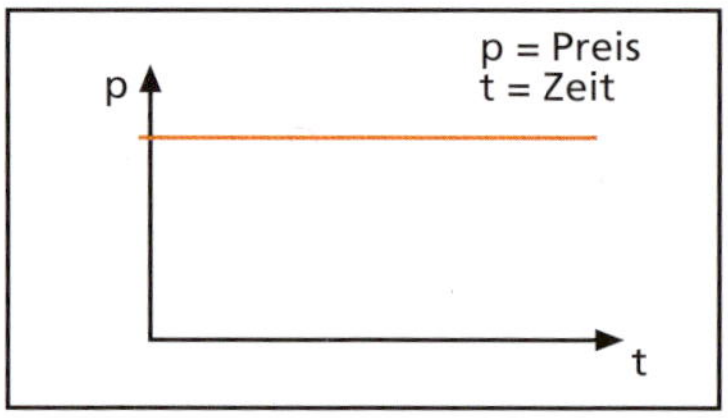
Niedrigpreispolitik (Promotionspolitik) Es wird auf Dauer ein vergleichsweise niedriger Marktpreis festgelegt. Als Zielgruppen werden sehr preisorientierte Kunden angesprochen. Über hohe Absatzmengen mit niedrigem Stückgewinn soll langfristig der Gewinn gesichert werden.	Die Bürodesign GmbH möchte für die neue Home-Office-Produktpalette einen einfachen, aber praktischen Schreibtisch auf den Markt bringen. Sie will über eine Niedrigpreisstrategie möglichst viele Kunden ansprechen, die nur „kleine Preise" bezahlen möchten. 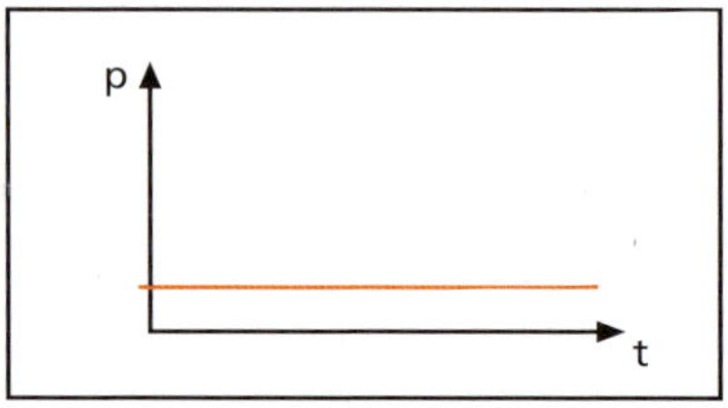
Marktabschöpfungspolitik (Skimmingpolitik) Der Preis wird bei der Markteinführung eines Produktes hoch angesetzt und im Zeitablauf allmählich gesenkt, weil die Konkurrenz entsprechende Substitutionsgüter anbietet bzw. vergleichbare Produkte preiswerter anbietet. Im Idealfall werden bereits bei der Einführungsphase hohe Stückgewinne eingefahren, um die Produktentwicklungskosten frühzeitig zu decken.	Die Bürodesign GmbH hatte bei der Markteinführung ihres Regalsystems Wikinger die Skimmingstrategie geplant. Das Regal war recht innovativ und wurde trotz eines hohen Preises gut von verschiedenen Zielgruppen nachgefragt. Zunehmend bot aber die Konkurrenz ähnliche Produkte zu niedrigeren Preisen an. Entsprechend der Marktsituation wurde der Preis jeweils angepasst. 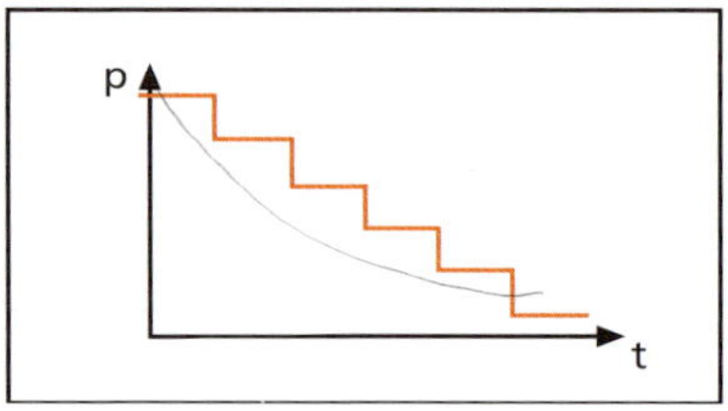

Strategie	Beispiele
Marktdurchdringungspolitik (Penetrationspolitik) Hier wird bei der Markteinführung ein möglichst niedriger Preis gefordert, wenn das Produkt sich auf dem Markt etabliert hat, wird der Preis allmählich angehoben. Zwar kann hierdurch eine schnelle Marktverbreitung des Produkts erreicht werden, jedoch sind nur mittel- bis langfristig Gewinne zu erwarten. Bisweilen werden mit der Preiserhöhung leichte Produktvariationen (vgl. S. 50) vorgenommen.	Die Bürodesign GmbH hat bei der Markteinführung des Arbeitssessels „ergo-design-natur" die Marktdurchdringungspolitik eingesetzt. Der Stuhl wurde bei seinem niedrigen Preis sehr schnell vom Markt angenommen. Die Kunden haben seine Funktionalität anerkannt und blieben dem Produkt auch nach mehreren Preiserhöhungen treu. 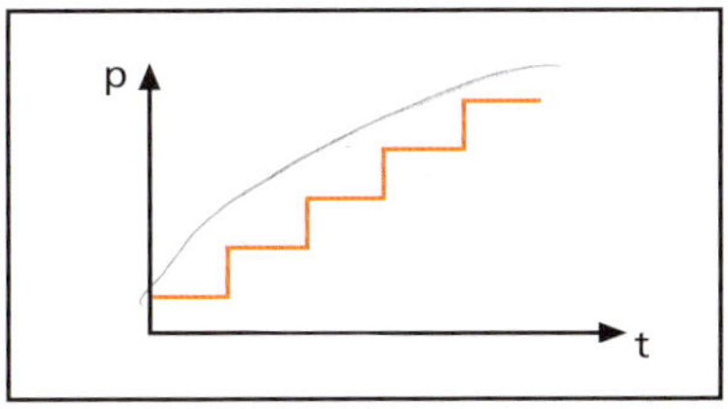

Mischkalkulation (Ausgleichskalkulation)

Um ein Produkt auf dem Markt platzieren zu können, muss aus Konkurrenzgründen manchmal der Preis so niedrig angesetzt werden, dass kaum noch ein Gewinn übrig bleibt. Dann müssen andere Produkte zur Gewinnsicherung des Unternehmens beitragen. Fehlende Gewinne bzw. Verluste bei einigen Produkten **(Ausgleichsnehmer)** werden durch höhere Gewinne anderer Produkte **(Ausgleichsgeber)** ausgeglichen. Auch die **Preisdifferenzierung** (vgl. S. 63) kann als ein Instrument der Mischkalkulation genutzt werden.

Psychologische Preisfestsetzung

Der Preis wird so festgesetzt, dass der Kunde den Eindruck einer knappen Preiskalkulation erhält. Insbesondere im B2C-Bereich (Business-to-Customer) wird der Endverbraucher permanent mit psychologischen Preisen konfrontiert.

Beispiele
- In Supermärkten findet man sehr häufig Preise wie 0,79 € usw. Sie erwecken den Eindruck einer besonderen Preiswürdigkeit.
- Ein Automobilhersteller bietet sein neues Modell für 29 900,00 € statt 30 000,00 € an.

Preispolitik

- **Kostenorientierte Preisbildung:**
  Eine **kostenorientierte Preisbildung** setzt eine genaue Analyse der Kostenstruktur eines Unternehmens voraus. Die Kosten werden unterteilt in fixe und variable Kosten, in Stück- und Gesamtkosten, in Einzel- und Gemeinkosten.
  - In der **Break-even-Point-Analyse** wird ermittelt, ab welcher Absatzmenge die Gewinnzone erreicht wird.
  - **Preisuntergrenzen** (PU) sind Verkaufspreise, die nicht unterschritten werden dürfen.
    Langfristige PU = $k_v + k_f$
    Kurzfristige PU = k_v
    Liquiditätsorientierte PU = k_v + ausgabewirksame k_f
- **Nachfrageorientierte Preisbildung:**
  Die **nachfrageorientierte Preisbildung** berücksichtigt zunächst die Preisvorstellungen der Abnehmer. Hohe Preise werden durch Betonung des Zusatznutzens begründet.

- Beim **Conjoint-Measurement** wird festgestellt, welche Eigenschaften eines Produktes für Kunden eine hohe Präferenz haben. Über die Kostenstruktur der einzelnen präferierten Eigenschaften kann eine Preisbildung erfolgen.
- Bei einer **Preisdifferenzierung** werden verschiedenen Kundengruppen unterschiedliche Preise abverlangt.

■ **Konkurrenzorientierte Preisbildung:**
Bei der **konkurrenzorientierten Preisbildung** ist das Ausmaß der Konkurrenz zu berücksichtigen.

- In monopolistischen **Märkten** liegt der Preis am Gewinnmaximum.
- Im vollkommenen **Markt mit vollständiger Konkurrenz** (Theorie) bildet sich ein Gleichgewichtspreis.
- Im unvollkommenen **Markt bei unvollständiger** Konkurrenz wird unterschieden:

  In **oligopolistischen Märkten** finden sich folgende Strategien: Preiskrieg und ruinöse Konkurrenz, Preisführerschaft, Kooperation (Schlafmützenkonkurrenz), Kartellbildung.
  In **polypolistischen Märkten** wird versucht, innerhalb eines kleinen monopolistischen Spielraumes optimale Preise zu finden.

■ **Preiselastizitäten:**
Sie geben als Kennzahlen an, in welchem Ausmaß Preisänderungen zu Nachfrageveränderungen führen.

1 Erläutern Sie folgende These: „Target-Costing ist mehr als nur eine Variante der Kostenrechnung, Target-Costing ist ein Managementprinzip für Unternehmen, die in innovativen und schnelllebigen Märkten überleben wollen."

2 Erläutern Sie im Kontext der konkurrenzorientierten Preisbildung den Zusammenhang von BWL, VWL und Mathematik.

3 Vervollständigen Sie die folgende Tabelle.

Produkte	Produzierte Menge in Stück	Anteilige fixe Kosten in €	Variable Kosten in €	Gesamtkosten in €	Variable Kosten je Stück in €	Fixe Kosten je Stück in €	Gesamtkosten je Stück in €
Tische	3 800	300 000,00	980 000,00				
Stühle	6 600	400 000,00	1 300 000,00				
Schränke	2 800	300 000,00	720 000,00				
Summen		1 000 000,00	3 000 000,00				

4 EDV Es muss festgestellt werden, ab welcher Produktionsmenge der neue Aktenschrank „Archivo" Gewinn erzielt. Dabei soll unterstellt werden, dass alle produzierten Schränke auch verkauft werden können. Folgende Daten liegen aus dem Rechnungswesen vor: variable Stückkosten 400,00 €, fixe Kosten 300 000,00 €, Verkaufspreis 1 000,00 €.

Erstellen Sie eine Break-even-Point-Analyse (BEP) in Tabellenform. Beginnen Sie mit der Menge 0 und erhöhen Sie um jeweils 100 Einheiten, übertragen Sie Ihre Ergebnisse in eine Grafik und erläutern Sie das Ergebnis.

5 Erläutern Sie die Aussage: „Das Preis-Leistungs-Verhältnis muss stimmen!" anhand von Beispielen aus Ihrem eigenen Erfahrungsschatz.

6 Herr Stein von der Bürodesign GmbH möchte bei der Markteinführung des „ergo-design-natur"-Bürostuhls die Hochpreispolitik verfolgen. Frau Friedrich ist für die Niedrigpreispolitik.

a) Erläutern Sie beide Strategien.
b) Finden Sie Argumente für Herrn Stein und für Frau Friedrich.
c) Entscheiden Sie sich für eine der beiden Strategien und begründen Sie Ihre Entscheidung.

7 Herr Gerhards ist ein erfahrener Außendienstmitarbeiter bei der Bürodesign GmbH. Er sagt: „Wir müssen das Eisen schmieden, solange es heiß ist. Deshalb sollten wir den Markt abschöpfen, solange uns die Konkurrenz noch nicht im Nacken sitzt." Sein Kollege, Herr Haupt, meint hingegen: „Meine Erfahrung sagt mir, dass wir erst mal den Markt durchdringen sollten, danach können wir den Rahm abschöpfen."

a) Erläutern Sie, welche Preisstrategien die beiden Herren verfolgen möchten.
b) Zu welcher Strategie raten Sie? Begründen Sie bitte Ihre Entscheidung.

8 Die Brause KG stellt Sport-Equipment her und ist führend auf dem Markt für „Walking Sticks", auf dem eine oligopolistische Konkurrenz mit einem sehr aggressiven Wettbewerb herrscht. Aufgrund einer Marktanalyse liegen die folgenden Daten vor:

Anbieter	Bisherige Preise (€) pro Paar	Absatzmengen (Stück)
Brause	35,00	90 000
Sprint	39,00	40 000
Xenon	33,00	42 000

a) Begründen Sie, wie die Konkurrenten auf Preisänderungen von Brause reagieren.
b) Weisen Sie rechnerisch nach, welche Auswirkungen eine Preissenkung von 10 % bzw. eine Preiserhöhung um 10 % für Brause hat. Gehen sie dabei von folgenden Elastizitäten aus: 0,8 bei einer Preissenkung bzw. 1,2 bei einer Preiserhöhung.
c) Vom Anbieter Xenon wurde mehrfach angeregt, sich im Rahmen der Preispolitik abzustimmen. Beurteilen Sie diesen Vorschlag sowohl in betriebswirtschaftlicher als auch in volkswirtschaftlicher Hinsicht.

9 Die Bürodesign GmbH hat einen neuen Konferenzstuhl auf den Markt gebracht.
a) Machen Sie im Rahmen des Marketings Vorschläge für eine Preisdifferenzierung.
b) Stellen Sie zwei preispolitische Strategien gegenüber, die die Bürodesign GmbH während der Einführungsphase ergreifen kann.

10 Der Stapelstuhl „Stapler" der Bürodesign GmbH hat zurzeit einen Verkaufspreis von 234,50 €. Eine Marktanalyse hat ergeben:
- es gibt viele verschiedene Modelle von Stapelstühlen auf dem Markt;
- die Kunden sind aufgrund bestimmter Präferenzen (z. B. Stammkunde, Qualität des Stuhls, ökologischer Aspekt) bereit, einen Preis in dieser Größenordnung für den „Stapler" zu bezahlen;
- bei einer Preiserhöhung auf 300,00 € und mehr würden viele Kunden zur Konkurrenz abwandern;
- bei einer Preissenkung auf 200,00 € und weniger würde die Nachfrage so ansteigen, dass dies die Kapazität der Bürodesign GmbH überstiege.

a) Stellen Sie o. a. Situation grafisch dar.
b) Erläutern Sie, in welchen Bereichen die Nachfragekurve elastisch bzw. unelastisch ist und was das bedeutet.
c) Erklären Sie an diesem Beispiel die Aussage: „Die Bürodesign GmbH hat einen monopolistischen Preisspielraum auf einem polypolistischen Markt."

2.3 Konditionen- und Servicepolitik

„Wenn wir die neue Kollektion von ‚ergo-design-natur' auf den Markt bringen, müssen wir uns überlegen, ob wir nicht mal ganz neue Wege beschreiten. Insbesondere unsere Zahlungsbedingungen sollten wir neu gestalten. Ich denke da an eine Möglichkeit, für unsere Produkte einen besonderen Kaufanreiz zu bieten, indem wir den Abnehmern die Möglichkeiten bieten, die Büromöbel sofort zu erhalten, aber erst nach fünf Monaten zu bezahlen", sagt Frau Freund, die Gruppenleiterin Marketing. „Halt, so geht das aber nicht!", ruft sofort Frau König dazwischen. „Wir haben enorme Kosten, und die können wir nur tragen, wenn die Kunden möglichst schnell bezahlen. Sollen die doch einen Kredit aufnehmen, wenn sie kein Bargeld haben. Außerdem beklagen wir ohnehin schon die schleppenden Zahlungseingänge unserer Kunden. Wenn wir schon die Zahlungsbedingungen ändern, dann so, dass unsere Kunden schneller bezahlen."

- Machen Sie Vorschläge, wie Zahlungsbedingungen von der Bürodesign GmbH gestaltet werden können, sodass sie einerseits für Kunden einen Kaufanreiz bieten, aber andererseits den Wunsch der Bürodesign GmbH auf schnelle Zahlung berücksichtigen.
- Erläutern Sie Garantie, Kulanz, Service und Kundendienst unter dem Aspekt der Kundenorientierung und dem Aspekt der Kostendeckung.

Beim Absatz von Produkten legt der Produzent Konditionen (Bedingungen) fest, zu denen er seine Produkte verkaufen möchte. Dabei ist entscheidend, dass bei der Gestaltung der Konditionen **Kaufanreize** gegeben werden. Diese Kaufanreize müssen sich positiv von den Konditionen anderer Anbieter unterscheiden. Häufig liegen die Verkaufspreise für Produkte durch Marktgegebenheiten fest (Konkurrenzpreise), dann bleibt meist nur noch ein Gestaltungsspielraum im Rahmen der Konditionenpolitik für den Anbieter übrig. Sofern durch die Konditionen Kosten für den Anbieter anfallen, müssen sie in der Preiskalkulation berücksichtigt werden.

▲ Konditionenpolitik

Bd. 1

Zur Konditionenpolitik zählen die Liefer- und die Zahlungsbedingungen. Die Gestaltung der Lieferbedingungen ist ein wichtiges Instrument des Marketings. Oft sind für Abnehmer die Produkte verschiedener Hersteller austauschbar bezüglich Preis, Ausstattung und Qualität. Die Entscheidung für einen bestimmten Lieferer hängt dann z. B. von den Lieferkonditionen ab.

Bd. 1

▲ Beförderungskosten:

Nach der gesetzlichen Regelung muss ein Käufer seine Waren beim Lieferer auf eigene Kosten abholen (§ 448 BGB). Im Rahmen der Konditionenpolitik kann jedoch ein Unternehmen seinen Kunden entgegenkommen, indem es einen Teil oder die gesamten Beförderungskosten übernimmt. Dies gilt ebenfalls für die Verpackungskosten und die Kosten für eine Transportversicherung.

Beispiel Die Bürodesign GmbH gewährt allen Abnehmern im Umkreis von 100 km die Lieferung frei Haus.

▲ Lieferzeit:

Für Käufer ist häufig entscheidend, dass sie die Lieferzeit selbst bestimmen können. So wünschen manche Abnehmer, dass die Lieferung sofort, zu einem festgelegten späteren Zeitpunkt oder in bestimmten Teillieferungen erfolgen soll. Durch eine kundengerechte Gestaltung der Lieferzeit können Kaufentscheidungen von Abnehmern günstig beeinflusst werden.

Beispiel Die Bürodesign GmbH vereinbart mit ihren Abnehmern flexible Lieferzeiten, bei Bedarf kann ein fester Lieferzeitpunkt gewählt werden.

▲ Finanzierung:

Viele Industrieunternehmen bieten ihren Kunden Finanzierungshilfen an. Diese beinhalten insbesondere den Ratenkauf sowie den Kauf auf Kredit. Häufig werden die Kredite über bestimmte Kreditinstitute abgewickelt, mit denen die Unternehmen zusammenarbeiten.

Beispiel Die Bürodesign GmbH entschließt sich, ihren Abnehmern die Möglichkeit einzuräumen, Büromöbel auf Kredit zu kaufen. Hierbei arbeitet sie mit der Sparkasse KölnBonn zusammen, die den Kunden der Bürodesign GmbH bei Bedarf einen Kredit zur Verfügung stellt.

▲ Rabatte (Preisnachlässe):

Preisnachlässe werden gewährt, um die Preise möglichst flexibel auf die Abnehmer abstellen zu können.

- **Mengenrabatt:** Die Abnehmer sollen zum Kauf größerer Mengen angeregt werden. Häufig wird eine Rabattstaffel angeboten. Je größer die gekaufte Menge, desto größer ist der Preisnachlass.

  Beispiel Für das Produkt „Stapler" aus der Produktlinie „Konferenzen und Schulung" bietet die Bürodesign GmbH an: ab 25 Stück 5 %, ab 50 Stück 10 %, ab 100 Stück 15 % Rabatt auf den Listenverkaufspreis.

- **Treuerabatt:** Langjährige Stammkunden sollen gehalten werden, deshalb gewährt man ihnen einen Preisnachlass.

- **Sonderrabatt:** Er wird aus besonderen Anlässen geboten, um Abnehmer zum Kauf zu veranlassen.

  Beispiele Jubiläumsrabatt, Messerabatt, Einführungsrabatt, Rabatte wegen Umbau der Geschäftsräume und Räumung des Lagers.

Zahlungsbedingungen

Wenn über den Zahlungszeitpunkt im Kaufvertrag nichts ausgesagt ist, so gilt die gesetzliche Regelung, d. h., der Käufer hat sofort bei Übergabe der Ware zu zahlen. Auch hier kann eine großzügige Erweiterung dieser Regelung **Kaufanreize** geben.

- **Zahlungsziel:**

Ein Zahlungsziel liegt vor, wenn ein Verkäufer Ware liefert und dem Käufer einräumt, erst zu einem bestimmten späteren Zeitpunkt zu zahlen. Dies kann beim Käufer zu erheblichen Kosteneinsparungen führen, insbesondere dann, wenn er den Kaufpreis mit Fremdkapital (Kredite von Banken) finanzieren muss.

Beispiel Die Bürodesign GmbH liefert der Colonius Versicherungs AG Möbel für einen Schulungsraum im Wert von 85 000,00 €. Sie gewährt ein Zahlungsziel von drei Monaten. Obwohl die Colonius Versicherungs AG das Geld zur Bezahlung zur Verfügung hat, nutzt sie das Zahlungsziel aus, da sie vorübergehend eine gute kurzfristige Anlage für überschüssige liquide Mittel hat (Verzinsung zu 9 %). Hieraus ergibt sich für sie ein Zinsvorteil von 1 912,50 €.

$$\text{Zinsen} = \frac{\text{Kapital} \cdot \text{Monate} \cdot \text{Zinssatz}}{100 \cdot 12} \qquad Z = \frac{85\,000{,}00 \cdot 3 \cdot 9}{100 \cdot 12} = 1\,912{,}50\ €$$

Bei der **Valutierung** datiert ein Anbieter seine Rechnung für einen Vertragsabschluss vor. Die Zahlungsbedingungen (z. B. Skonto) beziehen sich entsprechend auf das vordatierte Rechnungsdatum.

- **Skonto:**

Skonto ist ein Nachlass für vorzeitige Zahlung. Zwar wird ein Zahlungsziel vereinbart, jedoch wird dem Kunden erlaubt, z. B. 2 % vom Rechnungspreis abzuziehen, wenn er innerhalb der kürzeren Skontofrist die Rechnung bezahlt.

Beispiel Die Bürodesign GmbH liefert an das Ingenieurbüro Hartmann & Co. KG am 30. September Büromöbel über einen Rechnungsbetrag von 13 600,00 €. Als Zahlungsziel ist vermerkt: „Zahlbar in 30 Tagen nach Rechnungserhalt netto Kasse oder innerhalb von zehn Tagen abzüglich 2 % Skonto". Die Hartmann & Co. KG haben zurzeit kein Barvermögen in dieser Höhe, jedoch wird in sechs Wochen eine größere Ausgangsrechnung fällig. Um den Skontobetrag in Höhe von 272,00 € (2 % von 13 600,00 €) ausnutzen zu können, überlegen sie, ob sie den notwendigen Betrag als Kredit bei ihrer Bank aufnehmen sollen. Die Bank verlangt 9 % Zinsen.

a) Wie hoch ist der effektive Zinssatz für diesen Liefererkredit?

b) Wie hoch ist die Ersparnis aus der Inanspruchnahme von Skonto?

Lösung Die Hartmann & Co. KG braucht erst am 10. Oktober zu zahlen, um den Skonto auszunutzen. Also nimmt sie erst am 10. Tag den erforderlichen Bankkredit von 13 328,00 € auf.

$$\text{Zinssatz} = \frac{\text{Zinsen} \cdot 100 \cdot 360}{\text{Kapital} \cdot \text{Zeit}} \qquad p = \frac{272 \cdot 100 \cdot 360}{13\,328{,}00 \cdot 20} = 36{,}73\ \%$$

a) Der effektive Zinssatz für den Liefererkredit beträgt 36,73 %.
b) Wenn die Hartmann & Co. KG bei vorzeitiger Zahlung 2 % Skonto von 13600,00 € abzieht, braucht sie bei ihrer Bank nur noch 13328,00 € als Kredit aufzunehmen.

$$\text{Zinsen} = \frac{\text{Kapital} \cdot \text{Zeit} \cdot \text{Zinssatz}}{100 \cdot 360} \qquad Z = \frac{13328 \cdot 20 \cdot 9}{100 \cdot 360} = 66{,}64\ €$$

Die Kosten des Bankkredits betragen 66,64 €. Somit ergibt sich folgende Ersparnis:

Skonto	272,00 €
– Kosten des Bankkredits	66,64 €
= Ersparnis	205,36 €

Konditionenpolitik

Garantie, Kulanz:

Die Sachmängelhaftung für die Lieferung mangelfreier Produkte beträgt nach gesetzlicher Regelung zwei Jahre. Häufig verlängern Lieferer durch die Gewährung einer Garantie diese Frist, um ihren Kunden entgegenzukommen und sich von dem Angebot der Konkurrenz abzuheben. Im Rahmen der Kulanz kann ein Unternehmen zudem auch Leistungen erbringen, zu denen es gesetzlich oder vertraglich nicht verpflichtet ist.

Beispiel Zu einem Umtausch oder zu einer Rücknahme mangelfrei gelieferter Ware ist ein Verkäufer nicht verpflichtet. Die Bürodesign GmbH erklärt sich in Ausnahmefällen kulanterweise bereit, ausgelieferte Ware zurückzunehmen, falls sie unbeschädigt ist.

Service, Kundendienst:

Service- und Kundendienstleistungen sind ein wichtiges Instrument des Marketings. Hierin kann für die Abnehmer ein entscheidendes Auswahlkriterium für die Wahl des Lieferanten bestehen. Diese Leistungen können für die Kunden entweder kostenfrei sein oder in Rechnung gestellt werden.

Beispiele Die Bürodesign GmbH bietet beim Verkauf ihrer Büromöbel folgende Leistungen an:
- Ersatzteilgarantie für zehn Jahre (z. B. für Schubladenschlösser, Rollen für Drehstühle)
- Einrichtungsberatung durch qualifizierte Innenarchitekten (Gestaltung von Arbeitsräumen, Beratung bei der Auswahl von Büromöbeln)
- Lieferung der Büromöbel und fachmännischer Aufbau
- Rücknahme und Entsorgung von alten Büromöbeln
- Mitnahme und Entsorgung der Transportverpackungen
- Reparatur von Büromöbeln

Die Bürodesign GmbH behält sich vor, in jedem Einzelfall über die zu gewährenden Serviceleistungen zu entscheiden.

Ferner unterscheidet man warenunabhängige, warenabhängige, technische und kaufmännische Serviceleistungen. Die **warenunabhängigen** Serviceleistungen sind generell auf den Kunden gerichtet und sollen seine Beschaffungstätigkeit erleichtern.

Beispiele Kundenbetreuung, Unterstützung des Handels bei Marketing-Aktivitäten, betriebswirtschaftliche Beratung und Schulung, Personalschulung

Im Mittelpunkt der **warenabhängigen** Serviceleistungen können sowohl die Ware als auch der Kunde stehen. Sie sollen die Ingebrauchnahme der Ware, die Erhaltung und Verbesserung der Gebrauchstauglichkeit und die Entsorgung vereinfachen.

Technische Serviceleistungen: Technische Serviceleistungen werden häufig als Kundendienst bezeichnet.

Beispiele Auszug aus der Aufstellung über technische Serviceleistungen der Bürodesign GmbH:

- Zustellservice: Wir liefern Ihnen sperrige Waren (Schreibtische, Regalelemente usw.) direkt nach Hause.
- Installationsservice: Elektrogeräte (Tischkopierer, Anrufbeantworter usw.) werden bei Ihnen zu Hause von unserem fachkundigen Personal aufgebaut und installiert.

Kaufmännische Serviceleistungen: Hierzu gehören alle Dienstleistungen des Unternehmens, die mit der Kaufvorbereitung und -durchführung in Zusammenhang stehen.

Beispiel **Auftragsannahme:** Wir unterhalten einen telefonischen Auftragsdienst rund um die Uhr (Telefon: 0221/6683550, Fax: 0221/668357). Sie können telefonisch, per E-Mail oder per Fax Waren bestellen bzw. reservieren lassen. Wenn Sie zu uns kommen, stehen die Waren bereits abholbereit für Sie zur Verfügung. Natürlich können Sie auch weiterhin schriftlich, z.B. per Postkarte oder E-Mail, bestellen.

Konditionen- und Servicepolitik

- Die **Gestaltung der Konditionen** muss darauf abgestimmt sein, dass für die Kunden Kaufanreize entstehen und eine positive Abgrenzung zur Konkurrenz besteht. Sofern durch die Konditionen Kosten verursacht werden, müssen sie in der Preiskalkulation berücksichtigt werden.
- Die **Lieferbedingungen** umfassen die Beförderungskosten und die Lieferzeit.
- Die **Zahlungsbedingungen** regeln das **Zahlungsziel, Skonto, Rabatte** und **Finanzierungshilfen**.
- Die **Garantie** kann über den gesetzlichen Rahmen (zwei Jahre) hinausgehen **(Kulanz)**.
- **Service und Kundendienst** können kostenfrei oder kostenpflichtig sein.

1 Überlegen Sie sich Argumente, weshalb Lieferer ihren Kunden ein Zahlungsziel einräumen.

2 Wenn die Bürodesign GmbH ihren Kunden drei Monate Zahlungsziel gewährt, muss sie davon ausgehen, dass die Kunden dieses auch ausnutzen werden.

a) Überlegen Sie sich, ob dadurch für die Bürodesign GmbH Kosten entstehen.
b) Erläutern Sie, wie diese Kosten von der Bürodesign GmbH gedeckt werden können.

3 Es ist einleuchtend, dass Kunden lieber eine Garantiefrist haben, die die gesetzlich vorgeschriebene Sachmängelhaftungsfrist von zwei Jahren übersteigt. Für den Lieferer können dadurch langfristige Verpflichtungen und ggf. Kosten entstehen. Zählen Sie Gründe auf, weshalb sich die Bürodesign GmbH trotzdem zu längeren Garantiefristen entschließen könnte.

4 Welche Vorteile a) hat der Lieferer, b) haben die Kunden durch die Ausnutzung von Skonto?

5 Ein Kunde erhält eine Rechnung über 12000,00 €, das Zahlungsziel beträgt zwei Monate, innerhalb von zehn Tagen können 2 % Skonto in Anspruch genommen werden. Der Kunde möchte über einen Kredit (Zinssatz 9 %) von seiner Bank den Skonto ausnutzen. Berechnen Sie, ob sich dieser Entschluss lohnt.

6 Überlegen Sie sich, welche Kundendienst- und Serviceleistungen Sie als Privatverbraucher bereits in Anspruch genommen haben, und sammeln Sie die Ergebnisse in einer Liste, differenzieren Sie dabei zwischen kostenpflichtigen und kostenlosen Serviceleistungen.

7 Werten Sie Anzeigen in Zeitungen bezüglich der Angabe von Liefer- und Zahlungsbedingungen aus, beschaffen Sie sich Liefer- und Zahlungsbedingungen von Unternehmen (Geschäftsbedingungen bei Kaufverträgen) und stellen Sie Unterschiede heraus.

8 a) Erstellen Sie eine Liste von Service- und Kundendienstleistungen, die die Bürodesign GmbH ihren Kunden anbieten kann.
b) Formulieren Sie für die Bürodesign GmbH konkrete Konditionen für die Bezahlung und die Lieferung von Produkten.

9 Erstellen Sie eine Argumentationsliste, inwieweit Internetdienste (www, Chat, FTP usw.) für

a) Privatkunden,
b) gewerbliche Kunden Serviceleistungen darstellen können.

10 Erstellen Sie mit einem Tabellenkalkulationsprogramm eine Entscheidungshilfe für die Ausnutzung eines Zahlungsziels oder den Abzug von Skonto. Ziel ist es, ein praktikables Instrument zu entwickeln, bei dem ein Rechnungsbetrag, ein Skontosatz und der marktübliche Zinssatz einzugeben sind. Aus diesen Werten ist eine eventuelle Kosteneinsparung bei Skontoausnutzung zu berechnen.

2.4 Distributionspolitik

Ein großer Teil der Entscheidungen für die Markteinführung des „ergo-design-natur"-Arbeitssessels ist gefallen. Nun steht wieder eine Besprechung an, zu der die Geschäftsführer alle erforderlichen Abteilungs- und Gruppenleiter eingeladen haben. Herr Braun, der Assistent der Geschäftsleitung, ist schon gespannt auf diesen Termin, denn er hat – wie er meint – eine bombige Idee für die Vermarktung ausgeklügelt. Bei der Besprechung meldet er sich sofort zu Wort: „Meine Damen und Herren, bisher haben wir unsere Produkte einerseits an den Groß- und Facheinzelhandel verkauft. Andererseits beliefern wir unsere Großkunden direkt. Schließlich verkaufen wir in unserem Verkaufsstudio an Selbstabholer. Hierzu habe ich eine kleine Aufstellung gemacht.

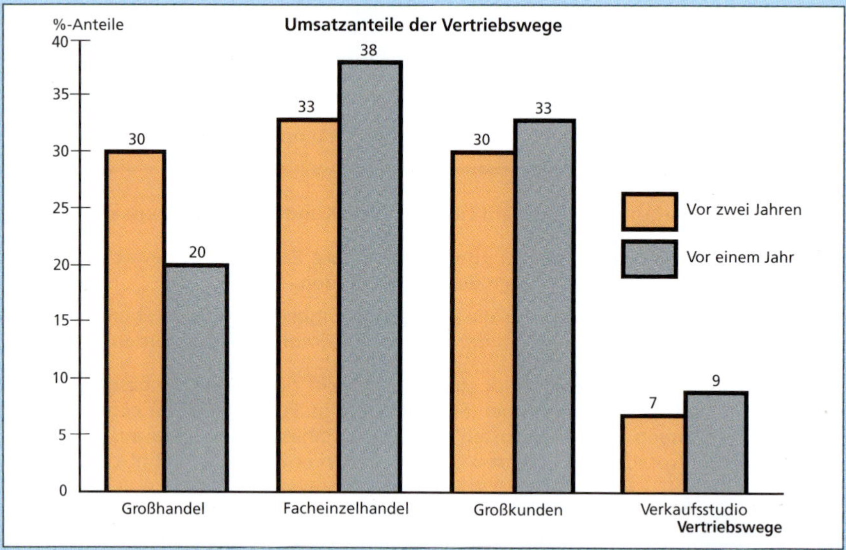

Interessant ist dabei , dass der Verkauf im Facheinzelhandel und in unserem Verkaufsstudio in den letzten Jahren zugenommen hat, der Umsatz mit Großhändlern jedoch zurückgegangen ist. Was halten Sie davon, wenn wir mit unserem neuen Programm verstärkt den Einzelhandel beliefern? Ich denke da z.B. an große Warenhauskonzerne und an Einkaufszentren. Das wäre doch ein Knüller, wir könnten dadurch ganz neue Zielgruppen ansprechen."

Herr Stein antwortet sofort: „Solange ich hier etwas zu sagen habe, kommt das gar nicht infrage! Wir sind ein seriöses Haus und haben einen guten Ruf zu verlieren. Wir können unsere Produkte nicht einfach an jeder Straßenecke anbieten."

Herr Braun ist entsetzt, mit einer solchen Reaktion hatte er nicht gerechnet. Ist seine Idee wirklich so schlecht, wie Herr Stein meint?

- Sammeln Sie Argumente für die Standpunkte von Herrn Braun und Herrn Stein.
- Beschreiben Sie die verschiedenen Möglichkeiten des direkten und indirekten Absatzes.
- Untersuchen Sie, welche Voraussetzungen erfüllt sein müssen, um das Internet als Vertriebskanal nutzen zu können.

Die Distributionspolitik (Distribution = Verteilung) beschäftigt sich mit der **Auswahl von Vertriebs- oder Absatzwegen**. Damit sind alle Wege bzw. Kanäle gemeint, auf denen die hergestellten Produkte an die Endverbraucher oder -nutzer gebracht werden.

Direkter Absatz

Beim direkten Absatz beliefert ein Industrieunternehmen den Endabnehmer direkt. Das ist nur möglich, wenn zu den Endabnehmern auch Kontakt hergestellt werden kann. Für den Direktabsatz sind verschiedene Formen denkbar:

Verkauf über eigenen Außendienst:

Ein Industrieunternehmen beschäftigt Mitarbeiter **(Reisende)**, die im Außendienst Kunden beraten und Vertragsabschlüsse herbeiführen. Oft erhalten sie neben einem Grundgehalt und ihren Reisekosten zusätzlich Verkaufsprovision. Sie besuchen die Kunden in deren Geschäftsräumen und präsentieren dort ihre Produkte über Kataloge, Dia- oder DVD-Vorführungen bzw. mit Mustern oder Modellen. Der Kontakt zu den Kunden kann auf verschiedenen Wegen hergestellt werden.

Beispiele

- Gezielte Werbebriefe
- Anzeigen in Fachzeitschriften, auf die Kunden mit der Aufforderung zu einem „Vertreterbesuch" reagieren
- Anfragen von Kunden
- Versenden von Angeboten
- Kontakte auf Messen und Ausstellungen
- Gezielte Anrufe bei Kunden (Telefonmarketing)
- Internet, Webpräsenz
- E-Mail-Aktionen

Verkauf in eigenen Verkaufsräumen:

Um die Nähe zu den Abnehmern zu erreichen, werden häufig **Verkaufsniederlassungen** errichtet. Hier kommt der Kunde zum Hersteller und kann Produkte betrachten, ggf. ausprobieren und nach einer Beratung auswählen.

Beispiel Die Bürodesign GmbH hat am Sitz ihres Werkes ein Verkaufsstudio eingerichtet. Hier wird einerseits die gesamte Kollektion aller Büromöbel ausgestellt, andererseits können private und gewerbliche Kunden hier auch Restposten und auslaufende Modelle günstig erwerben.

Factory-Outlets:

Hier werden Produkte direkt aus der Fertigung verkauft. Das Factory-Outlet (Verkaufsraum) kann direkt in der Nähe der Produktionsstätte oder an einem beliebigen anderem Ort, ggf. mit anderen Factory-Outlets (= Factory-Outlet-Center) liegen.

Onlinevertrieb:

Der Onlinevertrieb ist ein Geschäftsmodell des E-Commerce. Produkte werden im Internet über eine Website angeboten (virtueller Katalog). Hierbei kann der Kunde bei Bedarf entsprechende Informationen abrufen, z. B. Produktbeschreibungen, Testberichte, Fotos, Videosequenzen u. Ä. Ohne Medienbruch kann der Kunde per Mausklick Produkte rechtsverbindlich bestellen. INFO

Der Onlinevertrieb kann entweder als alleinige Vertriebsschiene oder flankierend zu bereits vorhandenen Vertriebswegen eingesetzt werden. Es können sowohl eingeschränkte Kundenkreise (z. B. registrierte Stammkunden mit Passwort) oder uneingeschränkt alle Internetnutzer angesprochen worden. Bd. 1

Onlinevertrieb kann als B2B-, B2C- oder B2G-Konzept gestaltet werden. An Transaktionsmodellen sind u. a. denkbar: Auktionen, Ausschreibungen oder gewöhnlicher webbasierter Handel zwischen Anbietern und Nachfragern.

Voraussetzung für den Erfolg eines Onlinevertriebes sind einerseits eine attraktive und bekannte Internetpräsenz des Anbieters mit guten Navigationshilfen und konkreten „Mehrwerten" für den

Kunden. Andererseits muss für den Kunden gewährleistet sein, dass der Datenverkehr sicher abläuft, d.h., dass Übertragungsfehler und „Ausspionieren" der Kommunikation ausgeschlossen sind. Letztlich muss der Anbieter eine reibungslose Logistik für den Vertrieb (physische Warendistribution) sicherstellen und seine eigene Warenwirtschaft und Zahlungsabwicklung onlinefähig gestalten, um wirtschaftliche Erfolge zu erzielen.

▲ Indirekter Absatz

Viele Industriebetriebe beliefern den Endverbraucher indirekt. Sie vertreiben ihre Produkte über selbstständige Handelsunternehmen (Einzel-, Großhandel) und Absatzmittler (Handelsvertreter, Handelsmakler und Kommissionäre).

▲ Vertragshändler:

Ein Hersteller kann auch sogenannte **Vertragshändler** einsetzen. Ein Industriebetrieb und ein Handelsbetrieb schließen miteinander einen Vertrag, in dem sich der Händler verpflichtet, die Produkte des Herstellers nach seinem Marketingkonzept anzubieten. Der Vertragshändler ist rechtlich selbstständiger Unternehmer und vertreibt seine Produkte unter eigenem Namen. Er benutzt aber seinen Kunden gegenüber die Marke des Herstellers. Deshalb wirkt er auf einige Kunden wie eine Filiale (Außenstelle) des Industriebetriebs.

Beispiel Automobilhersteller vertreiben ihre Kraftfahrzeuge häufig über Vertragshändler.

▲ Franchising[1]:

Hierbei handelt es sich um eine enge Kooperationsform, bei der der Franchisegeber (**Franchisor** = Kontraktgeber) aufgrund einer langfristigen Bindung dem Franchisenehmer (**Franchisee** = Kontraktnehmer) das Recht einräumt, bestimmte Waren oder Dienstleistungen unter Verwendung der Firma, der Marke, der Ausstattung und der technischen und wirtschaftlichen Erfahrungen des Franchisegebers zu nutzen. Der Franchisenehmer tritt seinen Kunden gegenüber nicht in eigenem Namen auf, er verwendet den Namen seines Franchisegebers. Der Franchisegeber vergibt eine Konzession für ein von ihm entwickeltes Marketingprogramm, das sich bereits im Praxiseinsatz bewährt hat. Er erhält dafür in der Regel ein einmaliges Entgelt und/oder eine Umsatzbeteiligung. Hierdurch kann er ein Vertriebsnetz ohne großen Investitionsaufwand errichten, erreicht hohe Marktnähe und kann schnell expandieren.

Beispiele für Franchising: McDonald's (Fast Food), Benetton (Textilien), Obi (Baumarkt), Hertz (Autovermietung), Nordsee (Fisch), ASKO (Möbel), Lekkerland (Süßwaren), Ihr Platz (Drogerie), Coca Cola (Getränke), Ibis (Hotels)

Vorteile für den Franchisenehmer	Nachteile für den Franchisenehmer
– Weitgehende Selbstständigkeit im Rahmen des Vertrages – Nutzung des Know-hows des Franchisegebers – Förderung des Absatzes durch einheitliche Verkaufsraumgestaltung, Werbung, Verkaufsförderung sowie ein abgerundetes Sortiment – Nutzung von Dienstleistungen des Franchisegebers, wie z.B. zentrales Rechnungswesen, Kalkulation	– Langfristige Bindung an ein Sortiments- und Präsentationskonzept – Keine selbstständigen Sortimentsentscheidungen – Hohe Kosten durch Eintritts- oder Franchiseentgelts – Insolvenzrisiko liegt beim Franchisenehmer

▲ Großhandel:

Großhändler beziehen bei Industrieunternehmen Güter, die sie entweder an gewerbliche Kunden oder an Einzelhändler weiterverkaufen.

Beispiele Metro, Handelshof

[1] *Aufgrund der vielfältigen Erscheinungsform wird Franchising in der Literatur auch beim direkten Absatz untergeordnet.*

Einzelhandel:

Einzelhändler beziehen ihre Waren entweder bei Herstellern oder bei Großhändlern und verkaufen direkt an den Endverbraucher. Der Facheinzelhandel beschränkt sich dabei auf ein bestimmtes Sortiment (= Summe der angebotenen Waren).

Beispiele Facheinzelhandel für Büromöbel, für Teppiche, für Werkzeuge usw.

Zum Einzelhandel gehören auch Waren- und Kaufhäuser, Supermärkte und der Versandhandel, Fachmärkte und SB-Märkte.

Verkauf über Handelsvertreter:

Ein Handelsvertreter ist ein selbstständiger Kaufmann, der für andere Unternehmen Geschäfte vermittelt oder abschließt. Hierfür erhält er eine **Provision**.

Kombination von Absatzwegen

Industrieunternehmen beschränken sich selten auf nur einen Absatzweg. Häufig werden mehrere Absatzwege kombiniert, zunehmend werden auch virtuelle Kanäle genutzt.

Beispiele Die Bürodesign GmbH hat sich für folgende Absatzwege entschieden: Großhandel, Facheinzelhandel, Direktverkauf über Außendienst (Reisende und Handelsvertreter). Ferner werden auch Produkte in einem eigenen Verkaufsraum angeboten, dem Verkaufsstudio.

Die Entscheidung über die Auswahl und Kombination der Absatzwege gehört zu den Aufgaben der Distributionspolitik. Hierbei sind als Entscheidungskriterien Absatzchancen, Marktnähe, Eigenschaften des Produktes und Kosten des Vertriebsweges zu berücksichtigen.

Absatzchancen und Marktnähe:

Vielfach kann der Handel bestimmte Aufgaben besser erfüllen als ein Industriebetrieb. Hierzu gehört die Abgabe in handelsüblichen Mengen. Ein Industriebetrieb stellt Produkte in großen Mengen her, der Endverbraucher benötigt jedoch nur kleine Mengen.

Beispiel Ein Betrieb der Lebensmittelindustrie in Bochum fertigt täglich 48000 Schokoriegel, abgepackt in Kartons zu je 960 Stück. Ein Endverbraucher kauft jedoch nur in erheblich kleineren Mengen ein.

Außerdem ist der Handel dem Endverbraucher räumlich näher.

Beispiel Wenn ein Kunde in Hamburg einen Schokoriegel kaufen möchte, so kann er ihn in Supermärkten, Kiosken usw. erwerben. Ein Kauf direkt beim Hersteller in Bochum wäre für ihn nicht sinnvoll.

Eigenschaften des Produktes:

Je mehr ein Produkt ein Massen- oder Konsumgut ist und je geringer sein Wert ist, desto eher wird es über den Handel vertrieben.

Beispiel Investitionsgüter wie maschinelle Anlagen, Baukräne u.Ä. werden direkt vertrieben, Güter des täglichen Gebrauchs werden über den Einzel- und Großhandel vertrieben.

Kosten des Absatzweges:

Die unterschiedlichen Wege, Endabnehmer durch die Produkte zu erreichen, verursachen bei dem Hersteller unterschiedliche Kosten. Diese Kosten sind aus den Aufzeichnungen des Rechnungswesens zu ermitteln.

Beispiel Kostenvergleich zwischen eigenem Außendienst (Reisende) und Handelsvertretern: Reisende erhalten ein festes Gehalt, Reisekosten und Verkaufsprovision. Handelsvertreter erhalten nur eine Verkaufsprovision, die allerdings meist höher ist als die der Reisenden. Es stellt sich die Frage, welcher

Vertriebszweig kostengünstiger ist. Die Gehalts- und Reisekosten für einen Reisenden betragen pro Jahr 80 000,00 €, er erhält eine Verkaufsprovision von 2 % vom Umsatz. Ein Handelsvertreter erhält eine Umsatzprovision von 16 %. Für ihn fallen pro Jahr fixe Betreuungskosten in Höhe von 10 000,00 € an (Kataloge, Muster, Produktschulungen, Abrechnungskosten usw.). Es ist herauszufinden, bei welchem Umsatz Reisende oder Handelsvertreter die niedrigeren Kosten haben. Dies kann rechnerisch erfolgen, indem die Kosten beider Absatzwege in einer Gleichung geschrieben werden:

$$\text{Kosten Reisender} = \text{Kosten Handelsvertreter, d.h.: } \frac{2}{100} \cdot \text{Umsatz} + 80000{,}00 = \frac{16}{100} \cdot \text{Umsatz} + 10000{,}00$$

Diese Gleichung wird nach der Unbekannten Umsatz aufgelöst und es ergibt sich, dass bei einem Umsatz von 0,5 Mio. € die Kosten beider Absatzwege gleich sind. Bei niedrigeren Umsätzen ist ein Handelsvertreter günstiger. Aussagen über die künftige Höhe des Umsatzes muss die Marktforschung liefern. Die Berechnungen werden i. d. R. mit einem Tabellenkalkulationsprogramm durchgeführt, hierdurch ist auch eine grafische Auswertung möglich.

Distributionspolitik

- Distributionspolitik umfasst die **Auswahl und Kombination von Absatz- oder Vertriebswegen**.

Direkter Absatz (Verkauf direkt an Endabnehmer)	**Indirekter Absatz (Verkauf über den Handel)**
– **Reisende** (angestellte Mitarbeiter im Verkaufsaußendienst) – Eigene **Verkaufsräume, Verkaufsniederlassungen** – **Onlinevertrieb**	– **Großhandel, Facheinzelhandel** – **Handelsvertreter** – **Waren- und Kaufhäuser** – **Versandhandel** – **SB-Märkte, Fachmärkte** – **Vertragshändler** – **Franchising**

- **Internet als Distributionskanal** (direkter Absatz) setzt voraus, dass kundengerechte Webpräsenz vorhanden ist und der Anbieter über eine entsprechende Distributionslogistik verfügt.
- Eine **Kombination von Absatzwegen** ist üblich, hierbei werden berücksichtigt:
  - **Absatzchancen und Marktnähe**
  - **Kosten des Absatzweges**
  - **Eigenschaften des Produkts**
- **E-Commerce:** Elektronischer Austausch von Informationen, Gütern, Dienstleistungen, Zahlungen und Geschäftstransaktionen.

1 Für viele Hersteller von Konsumartikeln (Lebensmittel, Gegenstände des täglichen Gebrauchs) ist der Einzelhandel der bedeutendste Absatzweg. Begründen Sie, weshalb die Hersteller diesen Absatzweg bevorzugen.

2 Willi Wagner ist gelernter Einzelhandelskaufmann und hat fünf Jahre Verkaufspraxis in einem Möbelfachgeschäft. Er möchte sich beruflich verändern und bewirbt sich bei einem Hersteller von Büromöbeln als Verkäufer im Außendienst. Beim Vorstellungsgespräch sagt ihm der Personalchef: „Bei uns müssen Sie sich aber ganz schön umstellen, der Verkauf im Außendienst ist etwas ganz anderes als der Verkauf im Einzelhandel." Willi Wagner fragt sich, was er damit meint. Stellen Sie die Unterschiede zwischen Verkauf im Außendienst und Verkauf im Einzelhandel einander gegenüber. Berücksichtigen Sie u. a. folgende Aspekte: Zustandekommen des ersten Kontakts zwischen Kunde und Verkäufer, Arten der Kunden (private Kunden, Geschäftskunden), Beratungsbedarf der Kunden, Verhandlungsgeschick der Kunden usw.

3 Sie haben die Wahl, Franchisenehmer eines bedeutenden Unternehmens zu werden oder selbstständiger Einzelhändler der gleichen Branche. Stellen Sie Vor- und Nachteile gegenüber.

4 a) Erläutern Sie, weshalb es für Unternehmen sinnvoll ist, mehrere Absatzwege zu kombinieren.

b) Erläutern Sie, welche Gesichtspunkte zu berücksichtigen sind, wenn ein Unternehmen verschiedene Absatzwege kombiniert.

5 Erstellen Sie mithilfe einer Tabellenkalkulation eine Entscheidungshilfe für den Kostenvergleich zwischen Handelsvertretern und Reisenden. Berücksichtigen Sie beim Reisenden Jahresgehalt, Reisekosten, Personalnebenkosten, Betreuungskosten für Schulungen, Kataloge, Prospekte usw. und Umsatzprovision. Für den Handelsvertreter sind Umsatzprovision und Betreuungskosten zu berücksichtigen.

6 Die Bürodesign GmbH möchte den Verkauf in ihrem Verkaufsstudio intensivieren.

a) Die Geschäftsleitung möchte hierzu Rechtsanwälte, Notare und Steuerberater im Kölner Raum als Zielgruppe anschreiben. Entwerfen Sie einen Werbebrief.

b) Alle zwei Jahre findet in Köln die „ORGATEC", eine Messe für Büroausstattung (einschließlich Computertechnik), statt. Die Bürodesign GmbH möchte aus Kostengründen nicht mit einem eigenen Stand auf dieser Messe vertreten sein. Überlegen Sie sich Maßnahmen, wie Messebesucher veranlasst werden können, das Verkaufsstudio der Bürodesign GmbH aufzusuchen.

7 Erstellen Sie ein Referat über die Bedeutung des Großhandels und des Internets für Industriebetriebe und für Endverbraucher.

8 a) Untersuchen Sie, welche Absatzchancen das Internet als Vertriebskanal für die Bürodesign GmbH bietet. Prüfen Sie die Konkurrenzsituation und entwerfen Sie ein Konzept für eine entsprechende Webpräsenz.

b) Erstellen Sie einen Maßnahmenkatalog bezüglich der Anpassung vorhandener Produktionsplanungs- und Warenwirtschaftssoftware in der Bürodesign GmbH.

c) Konzipieren Sie eine Checkliste für Anforderungen an eine Vertriebslogistik und prüfen Sie, inwiefern die Deutsche Post AG diese Anforderungen erfüllt.

2.5 Kommunikationspolitik

Die Markteinführung des „ergo-design-natur"-Arbeitssessels geht gut voran. Viele Vorüberlegungen sind schon angestellt, wie die Bestimmung der Absatzwege, die Preisfestlegung usw. Herr Kempf, der Chef-Konstrukteur und Designer, hat einen Prototyp in seiner Werkstatt erstellt und ihn der Geschäftsleitung und den Abteilungsleitern präsentiert. Stolz sagt er: „Dies ist der beste Stuhl, den wir je entworfen haben!" Er schwärmt: „Dieser Stuhl verkauft sich von selbst, jeder, der ihn sehen wird, will ihn sofort haben! Einfach absolute Spitzenklasse, super!" Der Abteilungsleiter Absatz/Marketing, Herr Stam, bremst ihn in seiner Schwärmerei: „Nun mal halblang! Kein Produkt verkauft sich von selbst, mag es noch so toll sein. Bisher weiß doch noch niemand, dass es dieses neue Modell überhaupt gibt. Damit auch der letzte mögliche Abnehmer von ‚ergo-design-natur' erfährt, liegt noch eine Menge Arbeit vor uns." „Genau!", meldet sich Herr Braun. „Wir müssen ordentlich die Werbetrommel rühren, jeder im Lande soll von unserer Neuentwicklung erfahren, wir bringen Fernsehspots, wir lassen Zeppeline über ganz Deutschland fliegen, die Prospekte abwerfen, in allen Zeitungen erscheinen Anzeigen über ‚ergo-design-natur'. Versonnen schließt er die Augen und träumt bereits davon, in einem Werbespot selbst aufzutreten. Frau Friedrich holt ihn wieder in die Wirklichkeit zurück. „Das ist doch dummes Zeug! Wir engagieren eine solide Werbeagentur, die macht für uns die Arbeit, denn dort sitzen Spezialisten." Frau König, Gruppenleiterin des Rechnungswesens, mischt sich sofort ein: „Bedenken Sie aber die Kosten, wir müssen sparsam mit unseren Finanzen umgehen." Herr Braun denkt bei sich: „Die sitzt auf dem Geld, als ob es ihr eigenes wäre." Herr Stam meldet sich wieder: „Jedes Mal die gleiche Zankerei, wenn wir ein neues Produkt auf den Markt bringen. Wir wissen doch alle, dass Werbung alleine nicht genügt. Wir müssen unser gesamtes Unternehmen in ein positives Licht setzen, die Öffentlichkeit schaut auf uns, wir müssen zusätzlich unser Image pflegen und unseren Außendienst vernünftig unterstützen."

- Beantworten Sie ausführlich folgende Fragen: Verkauft sich ein gutes Produkt alleine? Muss man ein Riesen-Werbespektakel veranstalten? Braucht man für Werbung Spezialisten? Wozu braucht ein Unternehmen ein positives Image in der Öffentlichkeit?

Die **Kommunikationspolitik** umfasst die Koordination folgender **Instrumente**:

Werbung	Maßnahmen, um Produkte oder Dienstleistungen dem Verbraucher bekannt zu machen, z. B. Werbespots, Anzeigen, Plakate.
Verkaufsförderung (Salespromotion)	Maßnahmen zur Unterstützung des Verkaufsaußendienstes, der Groß- und Einzelhändler und der Handelsvertreter, z. B. Schulungskurse, Verkäuferwettbewerbe.
Öffentlichkeitsarbeit (Public Relations)	Maßnahmen, die in der Öffentlichkeit ein positives Bild (Image) des Unternehmens bewirken sollen. Hierbei wird nicht für ein bestimmtes Produkt geworben, sondern für das Unternehmen selbst, z. B. Spenden, „Tag der offenen Tür".

Alle kommunikationspolitischen **Maßnahmen** muss ein Unternehmen **planen, koordinieren und kontrollieren**, denn diese Aktivitäten sind mit Kosten verbunden. Ferner sind alle Maßnahmen der Kommunikationspolitik mit den übrigen marketingpolitischen Instrumenten abzustimmen.

Beispiele

- Wenn im Rahmen der Preispolitik die Strategie der Niedrigpreise angestrebt wird, so muss dies bei der Werbung berücksichtigt werden. Der Preis muss werbewirksam herausgestellt werden.
- Wenn bei den Absatzwegen Groß- und Einzelhändler eingesetzt werden sollen, so muss im Rahmen der Kommunikationspolitik die Verkaufsförderung dieser Absatzmittler mit der Werbung, die sich an den Endverbraucher richtet, abgestimmt werden.

▲ Werbung

Die **Werbung** informiert über Produkte und Dienstleistungen eines Unternehmens. Sie ist ein **Bindeglied zwischen Anbietern und Nachfragern** von Produkten und nimmt gezielt Einfluss auf Kaufentscheidungen von Abnehmern.

▲ Ziele der Werbung:

- **Bekanntmachung von Produkten bei den Abnehmern:** Nur durch Werbung können Abnehmer von der Existenz eines Produktes erfahren. Die Werbung informiert über den Grund- und Zusatznutzen eines Produktes bzw. einer Dienstleistung.
  Dadurch können ein **bestehendes Marktpotenzial** (= die Menge aller möglichen Abnehmer eines Produktes) ausgeschöpft und **neue Abnehmer** gewonnen werden. Außerdem sollen bereits vorhandene Abnehmer, z. B. **Stammkunden**, gehalten werden.

Beispiele

- Die Motoren-AG in Würzburg stellt Heimwerker-Bohrmaschinen her. Ihr Marktpotenzial entspricht der Anzahl aller Haushalte in Deutschland, also etwa 50 Mio. Im letzten Jahr hat sie 650 000 Maschinen verkauft, also das Marktpotenzial nur zu 1,3 % ausgeschöpft. Einerseits benötigt nicht jeder Haushalt eine Bohrmaschine, andererseits wurden Konkurrenzprodukte gekauft. Durch Werbung möchte die Motoren-AG ihre Produkte bekannt machen, um mehr Maschinen absetzen zu können. Sie stellt in der Werbung z. B. heraus, dass ihre Bohrmaschinen leicht zu bedienen und geräuscharm sind, dass sie besonders preisgünstig sind, eine Garantie von drei Jahren haben usw.
- Die Bürodesign GmbH vertreibt ihre Büromöbel u. a. über den Groß- und Facheinzelhandel. Diese Unternehmen müssen von der Bürodesign GmbH über die Produkte informiert werden, damit sie Endverbrauchern angeboten werden können. Den bisherigen Stammkunden müssen ebenfalls neue Produkte bekannt gemacht werden, damit sie bei Neuanschaffungen informiert sind.

- **Wecken von neuen Bedürfnissen:** Einen großen Teil der heute existierenden Produkte hat es vor 20 Jahren noch nicht gegeben. Die Bedürfnisse nach ihnen wurden erst durch Werbung geweckt. Es entstand ein Bedarf, da ein großer Teil der Bevölkerung bereit war, für diese Produkte Teile des Einkommens auszugeben.

Durch das Wecken neuer Bedürfnisse entsteht ein neues Marktpotenzial und eine Nachfrage, die von Anbietern entsprechender Produkte befriedigt werden kann.

Beispiele

- Mountainbikes: Vor 30 Jahren gab es keine Mountainbikes. Die Zweiradindustrie konnte keine Zuwachsraten mehr verzeichnen. Durch Werbung wurde bei bestimmten Verbrauchergruppen jedoch das Bedürfnis geweckt, ein stabiles und geländegängiges Fahrrad zu besitzen. Die geschaffene Nachfrage ermöglichte es, vorhandene Produktionskapazitäten in der Zweiradindustrie auszulasten und letztlich Arbeitsplätze zu sichern und zu schaffen.
- MP3-Player: Die Unterhaltungsindustrie hat durch Werbung das Bedürfnis geweckt, jederzeit und überall, unabhängig von einer Steckdose bequem und individuell Musik hören zu können, ohne Mitmenschen durch eine Geräuschkulisse zu stören. Es entstand der Bedarf für den Walkman, der mittlerweile durch den Markt für Discman und anschließend durch MP3-Geräte abgelöst wurde.
- Faxgeräte: Die Telekommunikationsindustrie weckte durch Werbung das Bedürfnis, schnell und kostengünstig schriftliche Mitteilungen zu versenden. Heute ist aus Unternehmen ein Faxgerät nicht mehr wegzudenken. Man wundert sich, wie noch vor 20 Jahren ein Unternehmen ohne „Faxen" existieren konnte. Andererseits verdrängt das Internet mit E-Mails zunehmend Faxe.
- Die Bürodesign GmbH stellte durch Marktforschung ein Bedürfnis nach ergonomischen und ökologischen Büromöbeln fest. Durch Werbung wird dieses Bedürfnis verstärkt.

▲ Werbeplan:

Es ist nicht sinnvoll, Werbung ohne sorgfältige Zielbestimmung, Koordination mit den übrigen Marketinginstrumenten und genaue Planung durchzuführen. In einem **Werbeplan** müssen deshalb folgende Punkte festgelegt werden:

Inhalt des Werbeplans	Beispiele
① **Streukreis** Das ist die Personengruppe, die umworben werden soll, sie kann in spezielle Zielgruppen unterteilt werden. Der Streukreis wird durch Marktforschung festgestellt.	– Ein Hersteller von Anrufbeantwortern möchte seinen Absatz vergrößern. Sein Marktpotenzial sind alle Besitzer eines Telefonanschlusses. Die Anzahl ist bei der Deutschen Telekom AG und anderen Telefongesellschaften zu erfahren. Der Streukreis der Werbung umfasst somit die Zielgruppen private Haushalte und Unternehmen. Diese beiden Zielgruppen können weiter unterteilt werden, z. B. private Haushalte mit 1, 2, 3, 4 oder mehr Personen, Haushalte mit mehreren Anschlüssen usw. – Die Bürodesign GmbH hat als Marktpotenzial alle Unternehmen und Freiberufler, die Büromöbel benötigen. Sie verkauft ihre Produkte an Großhändler, Facheinzelhändler und direkt an Endabnehmer. Die Werbung der Bürodesign GmbH umspannt somit einen großen Streukreis mit unterschiedlichen Zielgruppen.
② **Werbebotschaft** Hier wird festgelegt, was der Zielgruppe mitgeteilt werden soll. Durch die Werbung soll ein Produkt vom Nachfrager eindeutig identifiziert werden können, z. B. durch einen einprägsamen Namen, durch ein Markenzeichen, ein Logo, ein Symbol usw.	– Arbeitssessel „ergo-design-natur" – Logo der Bürodesign GmbH
Gleichzeitig muss in der Werbebotschaft der Zielgruppe ein besonderer **Nutzen (Grund- und Zusatznutzen)** des Produktes mitgeteilt werden.	– Eine Werbung für Rasierwasser für sportliche, junge, dynamische Männer könnte folgende Botschaften enthalten: „Prickelnd, erfrischend, jung, klar, echt, rein ..."

Inhalt des Werbeplans	Beispiele
Ferner wird bestimmt, **wie** die Botschaft präsentiert wird, z. B. durch Auswahl geeigneter Sprache, Farben, Sounds, Aktionsformen usw.	– Wenn für dasselbe Produkt die Zielgruppe älterer, gut verdienender Männer (Managertyp) beworben wird, könnten folgende Attribute verwendet werden: „Verführerischer Duft, exklusiv, edel ...“ – Die Bürodesign GmbH wählt für die Präsentation ihres neuen Arbeitssessels „ergo-design-natur“ eine klare informative Sprache, sie stellt den ergonomischen und ökologischen Aspekt des neuen Produktes heraus.
③ Bestimmung der **Werbemittel** und **Werbeträger:** Mit Werbemitteln werden die **Werbebotschaften** an die Abnehmer herangetragen. 	– Anzeigen, Inserate, Beilagen in Zeitungen, Internet – Fernseh-, Kino-, Rundfunkspots – Plakate, Prospekte, Kataloge, Flugblätter – Schaufensterwerbung – Werbegeschenke – Werbebriefe, E-Mails – Bandenwerbung bei Sportveranstaltungen – Product-Placement (Produkte werden in Kino- oder Fernsehfilmen eingesetzt. In einer Krimi-Serie benutzt ein Detektiv immer ein Fernglas eines bestimmten Herstellers, ein Schauspieler trinkt ein bestimmtes Bier usw.)
Die Medien, die die Werbemittel an die Zielgruppen herantragen, heißen **Werbeträger**. Durch sie soll die in den Werbemitteln enthaltene Werbebotschaft gestreut werden.	– Zeitungen, Fachzeitschriften, Anzeigenblätter – Plakatwände, Litfaßsäulen, Schaufenster – Fernseh- und Rundfunkanstalten – Adressbücher, Datenbanken, Internet – Direktwerbung (Werbebriefe, Drucksachen, Wurfsendungen)
④ **Streuzeit** Hier werden Beginn und Dauer der Werbung kalendermäßig festgelegt. Meist wird in einem Ablaufplan auch bestimmt, in welchem zeitlichen Umfang die Vorbereitungsarbeiten für die Werbung stattfinden (Fristen für Anzeigen in Zeitungen, Fristen für die Erstellung von Werbespots usw.)	– Die Lebkuchenfabrik Schmitz & Co. OHG in Erlangen möchte für ihren neuen Geschenkkarton „Lebkuchen – die leckere Auswahl“ im Weihnachtsgeschäft werben. Bereits im März werden hierzu Sendezeiten bei den Fernsehanstalten gebucht, die Mitte November täglich fünfmal ausgestrahlt werden sollen. Im Mai werden zusammen mit einer Werbeagentur die Werbespots gedreht. – Die Bürodesign GmbH möchte für ihr neues Produkt „ergo-design-natur“ in Fachzeitschriften werben. Hierzu muss festgelegt werden, zu welchem Zeitpunkt die Anzeigen erscheinen sollen. Die Werbeabteilung entschließt sich, die Anzeigen erstmalig im Monat September zu schalten, weil die Unternehmen häufig zum Jahresende die Budgetplanung für Büroausstattung festlegen.
⑤ **Streugebiet** Hier wird der geografische Raum für die Werbung festgelegt. Häufig bestimmt das Streugebiet die Auswahl der Werbemittel.	– Die Bürodesign GmbH hat bei ihrer Werbung als Streugebiet Deutschland und wirbt u. a. in Fachzeitschriften mit Anzeigen. Für bestimmte Produkte kann sie kleinere Gebiete festlegen, z. B. Verkaufsbezirk Nordrhein-Westfalen. – Ein Bäcker in Köln möchte für seine Mini-Baguettes werben. Der Einzugsbereich seiner Kundschaft liegt in einem Radius von 2 km. Er entscheidet sich, Anzeigen in der Stadtteilzeitung zu platzieren und Handzettel an alle Haushalte in seiner nächsten Umgebung zu verteilen. Sein Streugebiet ist recht klein. – Ein Markenhersteller von Flachbildfernsehern legt als Streugebiet Deutschland, Österreich, Schweiz fest. Als Werbemittel wählt er u. a. TV-Spots im deutschen, österreichischen und schweizerischen Fernsehen aus.

Inhalt des Werbeplans	Beispiele

⑥ **Werbeintensität**
Sie ergibt sich als Verhältnis der eingesetzten Werbemittel zum Streugebiet und zur Zielgruppe und legt die Häufigkeit der Werbung fest. Wenn die Auswahl der Werbemittel und -träger nicht auf das Streugebiet und die Zielgruppe abgestimmt ist, kommt es zu Streuverlusten.
	– Ein kleines Fachgeschäft für Büromöbel in Bonn inseriert einmal pro Woche in einer bundesweiten Fernsehzeitschrift. Es muss mit einem enormen Streuverlust rechnen, da die allermeisten Leser nicht im direkten Umfeld des Geschäftes ansässig sind und auch keine möglichen Abnehmer von Büromöbeln sind. Eine Anzeige in einer Regionalzeitung oder gezielte Direktwerbung mit Werbebriefen würde zu einer höheren Werbeintensität führen.
	– Der Hersteller und Vertreiber von Computerspielen „Fun-Connections" möchte ein BWL-Adventure-Game in Multi-Media-Technik (Sound, Grafik, Animation) vermarkten. Um eine hohe Werbeintensität zu erreichen, konzentriert er sich auf Werbeträger, die vorwiegend auf Jugendliche in der Berufsausbildung abzielen, und inseriert monatlich in einschlägigen Zeitschriften für Azubis.
	– In Nordrhein-Westfalen (Streugebiet) sind etwa 6000 Steuerberater (Zielgruppe) niedergelassen. Die Bürodesign GmbH möchte speziell diese Zielgruppe mit einer Anzeige über ihre neuen Produkte informieren. Als Werbeträger kommen u.a. folgende Medien infrage:
	  – eine überregionale Tageszeitung, Auflage 1,2 Mio. täglich
	  – ein Wirtschaftsjournal, Auflage 18000 monatlich
	  – die Verbandszeitung der nordrhein-westfälischen Steuerberater, Auflage 15000 monatlich
	– Zwar wird bei der Tageszeitung und dem Wirtschaftsjournal sehr vielen Lesern die Möglichkeit gegeben, die Anzeige der Bürodesign GmbH zu sehen, jedoch gehören die wenigsten zur angestrebten Zielgruppe, somit ist mit einem hohen Streuverlust zu rechnen.

Das Werbebudget:

Das Werbebudget bzw. der Werbeetat ist der Betrag in Euro, der für Werbezwecke ausgegeben werden kann. Dieser Betrag kann für einzelne Produktgruppen, Produkte oder spezielle Werbeaktionen aufgeteilt werden. Häufig wird er als Prozentanteil am Umsatz angegeben. Die Aufwendungen für Werbung werden in die Preiskalkulation der Produkte einbezogen.

Beispiel Die Bürodesign GmbH hat in den vergangenen Jahren regelmäßig etwa 4 % vom Jahresumsatz für Werbezwecke ausgegeben. Durch die Vermarktung des neuen Bürostuhls werden im ersten Jahr etwa 1 Mio. € Umsatz erwartet. Da es sich um eine Neueinführung handelt, sollen die Werbeausgaben 6 % vom Umsatz betragen, also 60000,00 €. Für diesen Betrag können z.B. Anzeigen geschaltet, Sonderprospekte, Plakate und Poster gedruckt und versandt werden.

Werbeformen im Internet:

Im Internet haben sich spezifische Werbeformen entwickelt, die auf die Eigenheiten dieses Mediums abgestimmt sind. Eine interessante Übersicht findet man bei www.werbeformen.de.

INFO

- **Banner:** Banner sind kleine grafische Flächen auf einer Webseite, meist in Formaten von 130·80 Pixel bis 480·60 Pixel. Sie sollen die Aufmerksamkeit des Betrachters auf sich ziehen und ihn zum „Anklicken" ermuntern. Über einen Link wird er dann auf eine weitere Webseite weitergeleitet.
- **Interstitials:** Interstitials, zu deutsch etwa „Unterbrecherwerbung", unterbrechen den Nutzer beim Besuch einer Site unabhängig von seinem Verhalten. Sie sind vergleichbar mit einem Werbebreak im Fernsehen. Zwar kann ein Internetnutzer das Interstitial „wegklicken", ehe es ganz geladen wird, allerdings gibt es keinen Hinweis, wann ein Interstitial neu oder ein weiteres Mal

eingeblendet wird. Da sich ein Interstitial nicht dem Platzangebot einer bestehenden Seite anpassen muss, gibt es kein einheitliches Größenformat. Allerdings beschränken auch hier die Übertragungsraten des Internets die Dateigröße und somit indirekt auch die Größe eines Interstitials.

- **E-Mail-Advertising:** E-Mails sind schnelle und kostengünstige Medien, die eine direkte und interaktive Ansprache der Kunden ermöglichen. Insbesondere personalisierten E-Mails kommt ein hoher Aufmerksamkeitsgrad zu, wenn der Nutzer dem Empfang der E-Mails vorher explizit zugestimmt hat. Bei Massen-E-Mails (Spams) steht dem Nutzer gegen die Zusendung unerwünschter Werbung ein Unterlassungsanspruch gem. §§ 1004, 823 Abs. 1 BGB oder ggf. UWG zu. Durch den Zugang solcher ungekennzeichneten, meist massenhaft ausgesendeten Werbe-E-Mails wird der Empfänger teilweise nicht unerheblich beeinträchtigt. Um das Internet und die Nutzer vor sinnloser Belastung durch unverlangte Werbe-E-Mails zu schützen und gleichzeitig die Freiheit der kommerziellen Kommunikation zu gewährleisten, fordert der Deutsche Multimedia Verband (dmmv) folgende Regelungen:

1. Werbe-E-Mails dürfen nur an Nutzer versandt werden, die sich ausdrücklich damit einverstanden erklärt haben, E-Mails vom aufgeführten Anbieter bzw. von der benannten Liste (Mailingliste, Themenlisten, Sammellisten usw.) empfangen zu wollen („Opt-in"-Verfahren).
2. Der Eintrag durch den Nutzer muss vom Betreiber des Listservers durch eine Begrüßungs-E-Mail an den neuen Teilnehmer bestätigt werden.
3. Die daraufhin versandten E-Mails müssen mit dem Namen der Mailingliste (z. B. „Auto-Markt" usw.) im Betreff gekennzeichnet sein.
4. In der Begrüßungs-E-Mail muss die Prozedur des Austragens beschrieben sein. Nutzer, die sich unter Verwendung des entsprechenden Textes (z. B.: „unsubscribe" im „Betreff"-Feld) aus der Liste austragen, müssen aus dieser Liste binnen 24 Stunden gelöscht werden.
5. Der Urheber der Werbeaussendung muss kenntlich sein („Impressumspflicht" mit vollständigem Namen, Rechtsform, postalischer Adresse, URL und E-Mail sowie mit allen Pflichtangaben für Geschäftsdrucksachen nach dem im Herkunftsland gültigen nationalen Recht).

- **Newsletter-Advertising:** Unter „Newsletter" versteht man die regelmäßige Aussendung von Informationen zu einem bestimmten Thema in Form einer E-Mail. Die Empfänger abonnieren den Newsletter über ein Formular auf der Website des Anbieters. Bei der Anmeldung können neben der E-Mail-Adresse auch andere Daten erhoben werden. Newsletter können regelmäßig oder im Bedarfsfall versendet werden.
- **Crossmedia:** Bei Crossmedia handelt es sich um eine integrierte Kommunikation, in der Marketingmaßnahmen über mehrere Instrumente in klassischen Medien kombiniert mit Internetwerbung online durchgeführt werden, damit Synergieeffekte entstehen.
- **Webpromotion:** Für den Betreiber von Websites gibt es eine kostengünstige Möglichkeit, Werbeplätze im Internet zu belegen. Das Konzept besteht darin, dass er interessante Inhalte (z. B. Datenbanken, Foren, Serviceleistungen) via Internet verschenkt (sponsert). Diese Inhalte sind jedoch in seine Werbebotschaft fest integriert. Diesen kostenlosen Service bietet er auf seiner eigenen Website großzügig und unübersehbar an. Durch die Koppelung der Werbebotschaft an nützliche Inhalte erscheinen die Werbebotschaft und ihr Absender in einem positiven Licht, da der Werbende als Sponsor der Inhalte auftritt. Hinzu kommt, dass die angebotenen Inhalte eine sinnvolle Angebotserweiterung für jede Website darstellen und dadurch die Attraktivität dieser Website zusätzlich erhöhen.
- **Associate-Programs (Partner-Programme):** Hierbei wird auf einer Webseite eines Anbieters, z. B. einer Wochenzeitschrift, ein Link auf ein anderes Unternehmen gelegt. Falls der Nutzer diesen Link anklickt und bei diesem „Partner" eine Bestellung für ein Produkt aufgibt, so erhält die Zeitschrift eine vereinbarte Provision.

Die Werbeerfolgskontrolle:

Mit Werbemaßnahmen und -aktionen werden wirtschaftliche Ziele angestrebt. Sie verursachen Kosten. Deshalb ist es erforderlich, diese Maßnahmen auf ihren Erfolg hin zu kontrollieren. In jedem Unternehmen kann es geschehen, dass Produktentwicklungen nicht vermarktet werden können und zu einem **„Flop“** werden. Die Ursachen hierfür können im Produkt selbst liegen, z. B. wenn kein Bedarf für dieses Produkt auf dem Markt vorhanden ist oder der Preis zu hoch angesetzt war. Es kann aber auch eine „falsche Werbung“ verantwortlich sein, wenn z. B. die Zielgruppe nicht richtig angesprochen wurde.

Beispiele

- Ein Softwarehersteller hat ein Programm entwickelt, das alle Finanzgerichtsurteile gespeichert hat. Der Benutzer gibt ein Stichwort ein, z. B. „Abschreibung auf Fuhrpark“, und erhält alle dazu gesprochenen Urteile, die er sich bei Bedarf ausdrucken lassen kann. Das Softwarehaus wirbt in allen Computerzeitschriften. Das Produkt wurde ein Flop, weil die Zielgruppe mit der Auswahl der Werbeträger nicht getroffen wurde.
- Ein Konkurrent der Bürodesign GmbH wollte mit exklusiven Küchenstühlen in den Markt der privaten Endverbraucher eindringen. Für einen Stuhl wurde ein Preis von 1 149,00 € angesetzt. Dieser Preis war zu hoch, deshalb wurde das Produkt ein Flop.

Der wirtschaftliche Erfolg einer Werbeaktion ist durch Umsatz- bzw. Absatzsteigerungen messbar.

Beispiel Die Bürodesign GmbH hatte mit der Produktgruppe „Warten und Empfang“ einen Umsatz von 0,6 Mio. €. Innerhalb eines Jahres wurden in einer Aktion 2010 ausgesuchte Unternehmen angeschrieben, die hausinterne Kurse durchführen. Die gesamte Aktion verursachte Kosten in Höhe von 130 000,00 € (Kosten für Papier, Prospekte, Besuche des Außendienstes usw.). Nach einem Jahr ergab sich ein Umsatz mit „Warten und Empfang“ von 0,83 Mio. €, also eine Steigerung um 38 %.

Bei jeder Werbemaßnahme muss jedoch auch die psychologische Werbewirkung ermittelt werden. Hierzu zählt die Erhöhung des Bekanntheitsgrades des Unternehmens in der Öffentlichkeit.

Für die Erfolgskontrolle von **Werbemaßnahmen im Internet** werden meist softwarebasierende Methoden und Instrumente eingesetzt. Die Software erzeugt meist über Logfiles (z. B. Protokolle von Zugriffen auf eine Webadresse) Auswertungen, die im zeitlichen Ablauf zu Kennziffern verdichtet werden können. Dadurch wird es möglich, Entwicklungen im Zeitablauf zu verfolgen.

Zu den wesentlichen **Kennziffern** gehören insbesondere:

- Seitenaufrufe und Besucherzahlen (Traffic, Hits, Page Views, Visits, Clicks)
- Dauer des Verbleibs auf einer Website (bzw. auf einzelnen Seiten)
- Onlinekontakte (Anzahl von E-Mails, Chat-Beiträgen)
- Klickpfade innerhalb der Site
- Ein- und Ausstiegsseiten
- Anzahl der Eintragungen in Suchmaschinen
- Anzahl der Newsletter-Abos
- Anzahl der Onlinebestellungen (auch Anzahl der Abbrüche von Transaktionen)

Einschalten einer Werbeagentur:

Viele Unternehmen überlassen die Werbung Spezialisten einer Werbeagentur. Sie haben i. d. R. eine höhere Fachkompetenz und sind Experten für spezielle Probleme, z. B. die Auswahl geeigneter Werbeträger, die Gestaltung von Werbemitteln usw. Außerdem haben sie gute Kontakte zu den Medien und arbeiten mit Marktforschungsinstituten zusammen, deren Ergebnisse sie mehrfach und somit kostengünstiger nutzen können. Sie beraten das Unternehmen in allen Fragen der Werbung gegen ein vereinbartes Honorar.

Rechtliche Rahmenbedingungen der Werbung:

Um sicherzustellen, dass es im Kampf um Marktanteile fair zugeht, hat der Gesetzgeber eine Reihe von Gesetzen und Verordnungen erlassen, die Verbraucher und Mitbewerber vor unzulässigen Maßnahmen von Werbetreibenden schützen sollen. Eine wichtige Rechtsgrundlage ist das Gesetz gegen den unlauteren Wettbewerb (UWG, siehe: www.gesetze-im-internet.de/bundesrecht/uwg_2004/gesamt.pdf).

(§ 1 UWG) Zweck des Gesetzes: Dieses Gesetz dient dem Schutz der Mitbewerber, der Verbraucherinnen und Verbraucher sowie der sonstigen Marktteilnehmer vor unlauteren geschäftlichen Handlungen. Es schützt zugleich das Interesse der Allgemeinheit an einem unverfälschten Wettbewerb.

Das Gesetz ist somit nicht nur ein reines Verbraucherschutzgesetz, das B2C-Beziehungen (Business to Customer) regelt, sondern es regelt ebenfalls B2B-Beziehungen (Business to Business). Das Gesetz definiert eindeutig die relevanten Begriffe, um Missverständnissen vorzubeugen.

(§ 2 UWG) Definitionen

(1) Im Sinne dieses Gesetzes bedeutet

1. „geschäftliche Handlung" jedes Verhalten einer Person zugunsten des eigenen oder eines fremden Unternehmens vor, bei oder nach einem Geschäftsabschluss, das mit der Förderung des Absatzes oder des Bezugs von Waren oder Dienstleistungen oder mit dem Abschluss oder der Durchführung eines Vertrags über Waren oder Dienstleistungen objektiv zusammenhängt; als Waren gelten auch Grundstücke, als Dienstleistungen auch Rechte und Verpflichtungen;

2. „Marktteilnehmer" neben Mitbewerbern und Verbrauchern alle Personen, die als Anbieter oder Nachfrager von Waren oder Dienstleistungen tätig sind;

3. „Mitbewerber" jeder Unternehmer, der mit einem oder mehreren Unternehmern als Anbieter oder Nachfrager von Waren oder Dienstleistungen in einem konkreten Wettbewerbsverhältnis steht;

...

(§ 3 UWG) Verbot unlauterer geschäftlicher Handlungen:

(1) Unlautere geschäftliche Handlungen sind unzulässig, wenn sie geeignet sind, die Interessen von Mitbewerbern, Verbrauchern oder sonstigen Marktteilnehmern spürbar zu beeinträchtigen.

(2) Geschäftliche Handlungen gegenüber Verbrauchern sind jedenfalls dann unzulässig, wenn sie nicht der für den Unternehmer geltenden fachlichen Sorgfalt entsprechen und dazu geeignet sind, die Fähigkeit des Verbrauchers, sich auf Grund von Informationen zu entscheiden, spürbar zu beeinträchtigen und ihn damit zu einer geschäftlichen Entscheidung zu veranlassen, die er andernfalls nicht getroffen hätte. Dabei ist auf den durchschnittlichen Verbraucher oder, wenn sich die geschäftliche Handlung an eine bestimmte Gruppe von Verbrauchern wendet, auf ein durchschnittliches Mitglied dieser Gruppe abzustellen. Auf die Sicht eines durchschnittlichen Mitglieds einer auf Grund von geistigen oder körperlichen Gebrechen, Alter oder Leichtgläubigkeit besonders schutzbedürftigen und eindeutig identifizierbaren Gruppe von Verbrauchern ist abzustellen, wenn für den Unternehmer vorhersehbar ist, dass seine geschäftliche Handlung nur diese Gruppe betrifft.

(3) Die im Anhang dieses Gesetzes aufgeführten geschäftlichen Handlungen gegenüber Verbrauchern sind stets unzulässig.

Es werden konkrete **Beispiele** beschrieben, die deutlich den Tatbestand des unlauteren Wettbewerbs eingrenzen. Hierbei werden sowohl Beispiele für den Verbraucherschutz aufgeführt als auch Beispiele, die Unternehmen als Mitbewerber schützen sollen.

(§ 4 UWG) Beispiele unlauterer geschäftlicher Handlungen

Unlauter handelt insbesondere, wer

1. geschäftliche Handlungen vornimmt, die geeignet sind, die Entscheidungsfreiheit der Verbraucher oder sonstiger Marktteilnehmer durch Ausübung von Druck, in menschenverachtender Weise oder durch sonstigen unangemessenen unsachlichen Einfluss zu beeinträchtigen;

2. geschäftliche Handlungen vornimmt, die geeignet sind, geistige oder körperliche Gebrechen, das Alter, die geschäftliche Unerfahrenheit, die Leichtgläubigkeit, die Angst oder die Zwangslage von Verbrauchern auszunutzen;

3. den Werbecharakter von geschäftlichen Handlungen verschleiert;

4. bei Verkaufsförderungsmaßnahmen wie Preisnachlässen, Zugaben oder Geschenken die Bedingungen für ihre Inanspruchnahme nicht klar und eindeutig angibt;

5. bei Preisausschreiben oder Gewinnspielen mit Werbecharakter die Teilnahmebedingungen nicht klar und eindeutig angibt;

6. die Teilnahme von Verbrauchern an einem Preisausschreiben oder Gewinnspiel von dem Erwerb einer Ware oder der Inanspruchnahme einer Dienstleistung abhängig macht, es sei denn, das Preisausschreiben oder Gewinnspiel ist naturgemäß mit der Ware oder der Dienstleistung verbunden;

7. die Kennzeichen, Waren, Dienstleistungen, Tätigkeiten oder persönlichen oder geschäftlichen Verhältnisse eines Mitbewerbers herabsetzt oder verunglimpft;

8. über die Waren, Dienstleistungen oder das Unternehmen eines Mitbewerbers oder über den Unternehmer oder ein Mitglied der Unternehmensleitung Tatsachen behauptet oder verbreitet, die geeignet sind, den Betrieb des Unternehmens oder den Kredit des Unternehmers zu schädigen, sofern die Tatsachen nicht erweislich wahr sind; handelt es sich um vertrauliche Mitteilungen und hat der Mitteilende oder der Empfänger der Mitteilung an ihr ein berechtigtes Interesse, so ist die Handlung nur dann unlauter, wenn die Tatsachen der Wahrheit zuwider behauptet oder verbreitet wurden;

9. Waren oder Dienstleistungen anbietet, die eine Nachahmung der Waren oder Dienstleistungen eines Mitbewerbers sind, wenn er

   a) eine vermeidbare Täuschung der Abnehmer über die betriebliche Herkunft herbeiführt,

   b) die Wertschätzung der nachgeahmten Ware oder Dienstleistung unangemessen ausnutzt oder beeinträchtigt oder

   c) die für die Nachahmung erforderlichen Kenntnisse oder Unterlagen unredlich erlangt hat;

10. Mitbewerber gezielt behindert;

11. einer gesetzlichen Vorschrift zuwiderhandelt, die auch dazu bestimmt ist, im Interesse der Marktteilnehmer das Marktverhalten zu regeln.

Ferner sind **irreführende geschäftliche Handlungen** eindeutig verboten (§ 5 UWG).

Beispiele

- Ein Fachgeschäft für Büromöbel wirbt in einem Prospekt für den Arbeitssessel „ergo-design-natur" von der Bürodesign GmbH. Darin werden Eigenschaften des Stuhles angepriesen, die er gar nicht hat, z. B. „Dauerbelastung bis 250 kg", „Sonderpreis: ergo-design-natur für die Dauer einer Woche nur 99,99 € – solange der Vorrat reicht" (Der Händler hat nur einen „Vorrat" von drei Stühlen.).
- Ein anderes Fachgeschäft wirbt: „Wir sind Europas einziger autorisierter Fachhändler für Produkte der Bürodesign GmbH" (was nicht stimmt).

Weiterhin regelt das UWG **vergleichende Werbung** (§ 6 UWG), **unzumutbare Belästigung** (§ 7 UWG), Verrat von **Geschäfts- und Betriebsgeheimnissen** (§ 17 UWG) sowie Rechtsansprüche aus Gesetzesverstößen wie **Beseitigung und Unterlassung** (§ 8 UWG) und **Schadenersatz** (§ 9 UWG). Das UWG sieht für bestimmte Verstöße gegen diese Gesetze **Geldstrafen** und **Freiheitsstrafen** vor (strafbare Werbung, § 16 UWG).

▲ Verkaufsförderung (Salespromotion)

Diese Verkaufsförderungsmaßnahmen dienen der Motivation, Information und Unterstützung aller Beteiligten am Absatzprozess, den Verkäufern im Innen- und Außendienst, dem Groß- und dem Einzelhandel. Ferner sollen sie die Werbung unterstützen, die sich an den Endverbraucher richtet. Gemessen an den Gesamtausgaben für die Kommunikationspolitik nahmen die Ausgaben für Verkaufsförderung in den letzten Jahren erheblich zu. In einigen Bereichen und Branchen, z. B. der Lebensmittelindustrie, haben sie einen Anteil von etwa 50 %. Die Maßnahmen der Verkaufsförderung lassen sich einteilen in Verkaufs-, Händler- und Verbraucherpromotion.

▲ Verkaufspromotion:

Diese Maßnahmen richten sich an das eigene **Verkaufspersonal im Innen- und Außendienst**, dessen Leistungsfähigkeit und -bereitschaft verbessert werden soll.

Beispiele

- **Schulungen**
  Die Bürodesign GmbH veranstaltet für ihre Verkaufsmitarbeiter folgendes Lehrgangsprogramm:

  Produktschulung und Produktinformation: Hier wird den Mitarbeitern das gesamte Erzeugnisprogramm ihres Unternehmens vorgestellt, damit sie bei Verkaufsverhandlungen über die Funktionen und die Nutzenbreite ihrer Produkte Bescheid wissen.

  Grund- und Aufbaukurs für Inneneinrichtung von Büros: In einer Seminarreihe werden den Mitarbeitern Grund- und Fachkenntnisse der Innenarchitektur, der Ergonomie, der Farbgestaltung und der unterschiedlichen Gestaltung verschiedener Büroformen (Großraumbüro, Chefbüro usw.) vermittelt.

  Verkaufstraining und Rhetorik: Hier werden Fähigkeiten der Gesprächsführung, der Argumentationstechnik, Techniken der Kundenansprache und -betreuung, Telefonverkaufstechniken u. Ä. trainiert.

  Info-Dienst: Die Mitarbeiter erhalten monatlich eine geeignete Auswahl aus Presseberichten, Fachaufsätzen und Fachliteratur zum eigenen Studium.

- **Motivation**
  Insbesondere die Mitarbeiter des Verkaufsaußendienstes werden durch gezielte Motivationsmaßnahmen zu Leistungssteigerungen angeregt. Hierzu gehören Provisions- und Prämiensysteme, Verkäuferwettbewerbe mit attraktiven Preisen und sonstige finanzielle Anreize. Ebenfalls zählt hierzu die private Benutzung eines repräsentativen Geschäftswagens.

- **Verkaufsunterstützung**
  Alle Außendienstmitarbeiter der Bürodesign GmbH erhalten einen repräsentativen Aktenkoffer für ihre Preislisten, Kataloge und Prospekte. Ferner haben sie ein Autotelefon, damit sie jederzeit mit der Zentrale in Verbindung treten können. Sie verfügen über ein leistungsstarkes Notebook mit einem Drucker und einem Smartphone, womit sie jederzeit Texte, Tabellen und Notizen empfangen und versenden können. Für Demonstrations- und Präsentationszwecke können sie über eine mobile DVD-Anlage verfügen, auf der sie ihre Produktpalette vorführen können. Diese DVDs können sie potenziellen Kunden kostenlos überlassen.

▲ Händlerpromotion (Merchandising):

Bei den Absatzwegen über Groß- und Einzelhandel müssen die Händler durch geeignete Maßnahmen bewegt werden, die vom Hersteller angebotenen Produkte in ihr Sortiment aufzunehmen und zu verkaufen. Hierzu werden folgende Promotionsaktivitäten eingesetzt:

Maßnahmen	Beispiele
– **Ausbildung und Information des Handels**	– spezielle Händlerzeitschriften, die vom Hersteller herausgegeben werden – Händler-Meetings oder -Tagungen – Ausbildung von Verkäufern des Händlers (Seminare mit hauseigenen Zertifikaten)
– **Beratung bei der Gestaltung der Verkaufsräume und der Kundenbetreuung**	– Einteilung der Verkaufsfläche – Hilfen bei der Warenplatzierung – Bereitstellen von Regalen, Vitrinen, Displays (Verkaufsständer, Poster, Schaufensterdekoration u. Ä.) – Verpackungsmaterial
– **Preis- und Kalkulationshilfen**	– Druck von Preislisten und Katalogen für Händler usw. – Einführungs- und Mengenrabatte – Verkaufsaktionen mit Sonderrabatten

Maßnahmen	Beispiele
– **Motivation des Handels**	– Händlerpreisausschreiben – Händlerwettbewerbe – Produktdemonstrationen beim Händler – Ausrichten von Verkaufsshows beim Händler – Schaufensterwettbewerbe usw.

Die Händlerpromotion wird nach dem **Push-Pull-System** ausgerichtet. Die Produkte sollen u.a. durch großzügige Gewährung von Rabatten in den Handel „gepusht" (hineinverkauft, gedrückt) werden und mit „Pull-Maßnahmen" (Werbung, Rabatte, Verbraucherpromotion) soll der Abverkauf unterstützt werden.

Beispiel Ein neues Produkt wird durch niedrige Preise und günstige Konditionen (Rabatte) in den Groß- und Einzelhandel „gepusht". Anschließend werden durch gezielte Werbung in Verbindung mit preispolitischen Maßnahmen Kaufanreize für den Endverbraucher geschaffen. Das neue Produkt wird verstärkt nachgefragt („Pull-Effekt").

▲ Verbraucherpromotion:

Maßnahmen der Verbraucherpromotion beziehen sich auf den Ort des Verkaufes an den Endverbraucher, den sogenannten **POS (Point of Sale)** oder **POP (Point of Purchase)**, also den Verkaufsraum. Das Ziel besteht darin, den Verbraucher auf bestimmte Produkte des Herstellers aufmerksam zu machen, ihn mit den Produkten in Kontakt zu bringen und einen Kaufanreiz zu schaffen.

Beispiele Preisausschreiben für Kunden, Produktproben (z.B. Lebensmittel), Modenschauen bei Textilien, Aktionen mit Prominenten (Autogrammstunden im Warenhaus), Displays im Verkaufsraum usw.

Alle Maßnahmen der Verkaufsförderung müssen mit den übrigen Marketinginstrumenten abgestimmt sein. Die Maßnahmen müssen finanziell und im Ablauf geplant sein und ständig auf ihren Erfolg hin kontrolliert werden.

▲ Öffentlichkeitsarbeit (Public Relations)

Maßnahmen der Öffentlichkeitsarbeit (PR-Arbeit) eines Unternehmens beziehen sich nicht auf ein bestimmtes Produkt oder eine Produktreihe, sondern auf das Bild des Unternehmens, sein Image in der Öffentlichkeit. Sie sind getragen durch den Gedanken:

„Tue Gutes und sprich darüber!"

▲ Wirksamkeit der PR-Arbeit:

Für die PR-Arbeit wird wie für die Werbung und die Verkaufsförderung ein Etat bereitgestellt. Eine exakte Kontrolle der Wirksamkeit ist jedoch nicht immer möglich, da mit Öffentlichkeitsarbeit kein direkter Umsatzzuwachs bei einzelnen Produkten angestrebt wird. Jedoch kann eine gezielte PR-Arbeit auch **wirtschaftliche Erfolge** bewirken, wenn das Image eines Unternehmens in der Öffentlichkeit verbessert wird. Letztlich kann gute PR-Arbeit zum Überleben eines Unternehmens beitragen und seine Wettbewerbsfähigkeit stärken.

Beispiel Das Bild von Lebensversicherungsgesellschaften in der Öffentlichkeit war jahrelang geprägt durch Begriffe wie „Sterbegeld, Todesfall, Witwen, Waisen usw.". Umsatzzuwächse waren nur in bescheidenem Maße zu erzielen, weil Lebensversicherungen mit einem negativen Image belastet waren. Durch aktive Öffentlichkeitsarbeit verschiedener Unternehmen konnte dieses Image korrigiert werden. Heute verbindet man mit einer Lebensversicherung (wie Umfragen ergeben haben) die Begriffe „Sicherheit, Sparen für den Ruhestand, Finanzierungshilfe usw.". Dadurch konnte die Zahl der abgeschlossenen Verträge erheblich gesteigert und der Bestand der Gesellschaften gesichert werden.

▲ Maßnahmen der PR-Arbeit:

Der Katalog möglicher PR-Arbeit ist unerschöpflich, es liegt an der Kreativität des einzelnen Unternehmens, sinnvolle PR-Aktivitäten zu initiieren. Häufig sind PR-Effekte auch recht preisgünstig zu erzielen. In jedem Fall ist es aber wichtig, die **Öffentlichkeit über diese Aktivitäten zu informieren**. Deshalb sind gute Kontakte zur Presse und zu den Medien Basis jeder PR-Arbeit. Auch hierbei können sich Unternehmen der Hilfe von Experten (PR-Agenturen) bedienen.

Beispiele Die Bürodesign GmbH hat im Rahmen ihrer Öffentlichkeitsarbeit folgende Maßnahmen und Aktivitäten durchgeführt:

- Einrichtung einer **Pressestelle**: Diese Funktion nimmt der Assistent der Geschäftsleitung, Herr Braun, in Zusammenarbeit mit der Abteilung Marketing wahr. Er informiert Journalisten über die Geschäftstätigkeit des Unternehmens, berichtet ihnen von Umstellungen bei Produktionsverfahren, von größeren Investitionen, Mitarbeiterjubiläen usw.
- Jedes Jahr wird ein **Tag der offenen Tür** durchgeführt. Eingeladen sind neben der Presse alle Bürger, die sich für die Fertigung von Büromöbeln interessieren. Sie werden kostenlos bewirtet und erhalten einen Unternehmensprospekt sowie einen Katalog. Für Kinder werden Spielstände aufgestellt.
- Die Bürodesign GmbH fördert einen örtlichen Fußballverein (**Sponsoring**). Es werden Trikots mit Firmenaufschrift und Bälle zur Verfügung gestellt. Jährlich wird ein Fußballturnier ausgerichtet, das bereits den Charakter eines kleinen Volksfestes hat. Ausgespielt wird der begehrte „Bürodesign-Pokal".
- Der Geschäftsführer, Herr Stein, ist aktives Mitglied in einem Karnevalsverein und stiftet jährlich einen beträchtlichen Geldbetrag (**Spenden**) für den Kinderkarneval. Ebenfalls werden Geld- und Sachspenden für karitative Zwecke bereitgestellt.
- Frau Friedrich ist als Prüferin für die Ausbildungsberufe Industriekaufmann/-frau und Kaufmann/-frau für Bürokommunikation bei der IHK Köln bestellt, sie schreibt regelmäßig Artikel zur beruflichen Aus- und Fortbildung mit Nennung ihres Unternehmens (**Veröffentlichungen**).
- Die Bürodesign GmbH legt großen Wert auf **gute Ausbildung** in ihrem Hause. Über ihre Aus- und Fortbildungsaktivitäten berichtet sie regelmäßig in der Presse. Einige Schulungsveranstaltungen sind auch für betriebsfremde Interessenten zugänglich.
- Die Bürodesign GmbH gibt Studenten und Schülern die Möglichkeit zur Absolvierung von **Betriebspraktika**. Es ist ein Fonds eingerichtet worden, aus dem jährlich eine herausragende Examensarbeit prämiert wird.
- Die Bürodesign GmbH informiert über die Presse die Öffentlichkeit, dass sie ausschließlich umweltschonende Materialien verwendet und ökologisch vertretbare Produktionsverfahren einsetzt (**Umweltschutz**).

▲ Corporate Identity:

Die Palette an Produkten und Dienstleistungen auf den Märkten wird immer größer. Gleichzeitig verwischen aber immer mehr die Unterschiede zwischen den einzelnen Produkten. Für Unternehmen, die sich auf dem Markt behaupten wollen, wird es zunehmend wichtiger, sich durch klare Image- und Profilgebung voneinander abzuheben.

Eine Möglichkeit, das Unternehmen in der Öffentlichkeit als geschlossene Einheit zu präsentieren, ist das Konzept des Corporate Identity. Hierbei handelt es sich um das Bestreben, eine eindeutige Identifizierung (Erkennung) des Unternehmens durch die Kunden, Lieferer und Mitbewerber zu ermöglichen. Corporate Identity zielt dabei auf eine **Außenwirkung auf dem Markt**. Dort sollen die Produkte mit dem Qualitätsmerkmal „made by …" erkennbar sein. Vor allem bei Konsumgütern vermitteln Image und Wertigkeit eines Produktes einen für den Verbraucher erstrebenswerten Lebensstil. Zwischen zwei gleich bekannten Unternehmen wird der Kunde i. d. R. Produkte desjenigen Unternehmens bevorzugt kaufen, welches das bessere Image hat.

Die gewünschte Außenwirkung wird durch das visuelle Erscheinungsbild des Unternehmens erreicht. Hierzu gehören z. B. einheitliche Unternehmensfarben und -symbole oder -logos, die sich von der Einrichtung der Gebäude, der Kleidung der Mitarbeiter bis hin zur Gestaltung von Briefköpfen und Vordrucken erstrecken **(Corporate Design)**.

Beispiele

- Die Bürodesign GmbH präsentiert ihr Unternehmenslogo auf allen Briefen, Rechnungen, Lieferscheinen, Lkw, Visitenkarten usw.
- Die Bürodesign GmbH hat ihre Arbeitsabläufe und Verantwortlichkeiten in einem Qualitätsmanagement-Handbuch beschrieben und durch ein Autorisierungsunternehmen (TÜV-Cert, VDE) zertifizieren (bescheinigen) lassen (**Qualitätsaudit ISO 9002**).

Corporate Identity zielt auch auf unternehmensinterne Wirkungen. Angestrebt wird eine Identifizierung der Mitarbeiter mit dem Unternehmen. Hierzu gehören ein einheitlicher Führungsstil in allen Abteilungen und Maßnahmen der Personalförderung und -entwicklung. Gut ausgebildete und motivierte Mitarbeiter sind ein wesentlicher Wettbewerbsfaktor für Unternehmen. In den Ausbildungsstand der Mitarbeiter müssen enorme Summen investiert werden. Durch die Identifizierung der Mitarbeiter mit ihrem Unternehmen soll erreicht werden, dass diese Ausgaben sich lohnen und qualifiziertes Personal nicht zu Mitbewerbern „abwandert".

Bd. 1

Kooperation in der PR-Arbeit:

Manchmal schließen sich Unternehmen zusammen, um gemeinsam PR-Arbeit zu betreiben. Nach dem Motto „Einigkeit macht stark!" vertreten sie ihre Interessen in der Öffentlichkeit, obwohl sie auf dem Markt Konkurrenten sind.

Beispiele

- Verschiedene Möbelhersteller weisen in Anzeigen und Fernsehspots darauf hin, dass sie bei ihrer Produktion keine gefährdeten Tropenhölzer verwenden. Sie wollen damit der Öffentlichkeit mitteilen, dass sie sich nicht am Raubbau in den tropischen Regenwäldern beteiligen, und ein positives Image der Branche erreichen.
- Die Automobilindustrie beteiligt sich an den Aktivitäten der Deutschen Verkehrswacht e.V., hier werden Veranstaltungen zur allgemeinen Verkehrserziehung und -sicherheit durchgeführt.

Kommunikationspolitik

- **Kommunikation** umfasst den Austausch von Informationen zwischen Unternehmen, Kunden und Absatzmittlern. Die **Kommunikationspolitik** eines Unternehmens hat das **Ziel**, den **Absatz** zu **fördern** und den **Bestand des Unternehmens** zu **sichern**.
- Die **Werbung** ist ein Bindeglied zwischen Anbietern und Nachfragern von Produkten.
  Ziele der Werbung:
  - **Ausschöpfen eines bestehenden Marktpotenzials** durch Bekanntmachung von Produkten
  - **Schaffung eines neuen Marktpotenzials** durch Weckung neuer Bedürfnisse
- Im **Werbeplan** werden festgelegt:
  - **Werbemittel** (Anzeige, Fernsehspot)
  - **Werbeträger** (Zeitung, Fernsehanstalt)
  - **Streuzeit** (Beginn und Dauer der Werbung)
  - **Streugebiet** (geografischer Werbebereich)
  - **Streukreis** (umworbene Personengruppe)
  - **Werbebotschaft** (Inhalte der Werbung für Zielgruppe)
  - **Werbeintensität** (Verhältnis der eingesetzten Werbemittel zum Streugebiet und zur Zielgruppe)

  Werbeformen im Internet: Banner, Interstitials, E-Mail-Advertising, Newsletter-Advertising, Crossmedia, Webpromotion, Partner-Programme

  Das **Werbebudget** legt die Höhe der Ausgaben für die Werbung fest.

  Die **Werbeerfolgskontrolle** überprüft, ob die Werbemaßnahmen zu einem Umsatzzuwachs geführt haben.

Werbeagenturen übernehmen gegen Entgelt Planung und Realisation von Werbemaßnahmen. Sie helfen durch Fachkompetenz und Kontakten zu den Medien.

Mit dem **Gesetz gegen den unlauteren Wettbewerb (UWG)** sind rechtliche Rahmenbedingungen für die Werbung gesetzt. Verboten sind u. a. Handlungen, die gegen die guten Sitten verstoßen, irreführende Angaben, ruinöser Wettbewerb.

Wer gegen die Tatbestände des UWG verstößt, kann auf **Unterlassung** verklagt und auf **Schadenersatz** in Anspruch genommen werden. In bestimmten Fällen muss er sogar mit einer **Freiheitsstrafe** rechnen.

- **Verkaufsförderungsmaßnahmen** (Salespromotion) dienen der **Motivation, Information und Unterstützung** aller Beteiligten am Absatzprozess.
- **Verkaufspromotions** beziehen sich auf das eigene **Verkaufspersonal**.
  - **Schulungen** (Produktkunde und Verkaufstechnik)
  - **Motivationsmaßnahmen** (finanzielle Anreize)
  - **Verkaufsunterstützung** (Prospekte, Präsentationsmedien)
- **Händlerpromotions** richten sich an **Groß- und Einzelhändler sowie an Handelsvertreter**.
  - Ausbildung und Information
  - Beratung bei Verkaufsraumgestaltung und Kundenbetreuung
  - Preis- und Kalkulationshilfen
  - Motivationshilfen (Verkaufswettbewerbe)
- **Verbraucherpromotion** richtet sich an den **Endverbraucher** am Ort des Verkaufsgeschehens **(POS, POP)**, z. B. durch:
  - Preisausschreiben
  - Displays im Verkaufsraum
  - Produktproben
- Die **Öffentlichkeitsarbeit (Public Relations)** eines Unternehmens bezieht sich nicht auf einzelne Produkte, sondern soll ein **positives Bild bzw. Image des Unternehmens in der Öffentlichkeit erzeugen. PR-Aktionen** sind nur wirksam, wenn sie **der Öffentlichkeit mitgeteilt** werden.
  - **Maßnahmen** sind z. B.: Sponsoring, Spenden, Kundenzeitschriften, Berichte über erfolgreichen Umweltschutz usw.
  - **Corporate Identity** umfasst Maßnahmen
    zur **Außenwirkung**, das Unternehmen soll schnell und leicht von Kunden und Lieferern identifiziert werden und durch ein positives Image bekannt sein,

    zur **Innenwirkung**, die Mitarbeiter sollen sich mit ihrem Unternehmen identifizieren.
- Eine **Kooperation** mehrerer Unternehmen **bei der PR-Arbeit** ist sinnvoll, wenn das Image einer ganzen Branche in der Öffentlichkeit verbessert werden soll.

1 Überlegen Sie, in welcher Form Unternehmen mit Ihnen als Verbraucher kommuniziert haben, und erstellen Sie eine Liste mit entsprechenden Beispielen.

2 In einer Fernsehdiskussion über die Verteuerung von Benzin ist ein Interessenvertreter der Automobilhersteller eingeladen. Erläutern Sie, welche Absicht er haben könnte, sich an dieser Gesprächsrunde zu beteiligen.

3 Beschreiben Sie den Unterschied zwischen Werbung und Verkaufsförderung.

4 Zählen Sie aus Ihrem Erfahrungsbereich Marktpotenziale auf, die vor fünf Jahren noch nicht vorhanden waren, und erläutern Sie, welche neuen Bedürfnisse damit geweckt wurden.

5 Die Bürodesign GmbH benötigt für die Vermarktung ihres neuen Arbeitssessels „ergo-design-natur" einen Werbeplan. Sie sollen dabei in Vierergruppen behilflich sein. Als Werbebudget wird von der Bürodesign GmbH ein Betrag von 375 000,00 € zur Verfügung gestellt. Dokumentieren Sie alle Ihre Arbeiten in einer hierfür angelegten „Werbeplanmappe". Machen Sie sich für alle Arbeiten einen zeitlichen Ablaufplan.

a) Legen Sie den Streukreis fest. Dabei können Sie auch verschiedene Zielgruppen bestimmen.
b) Formulieren Sie die Werbebotschaft. Stellen Sie den Nutzen des Produktes für die Zielgruppe(n) heraus, wählen Sie eine geeignete Sprache. Entwerfen Sie ein Werbeposter.

c) Welche Werbemittel und Werbeträger sollen ausgewählt werden? Entwerfen Sie eine Anzeige in einer Fachzeitschrift, skizzieren Sie den Ablauf eines Werbespots im Fernsehen (etwa 30 Sekunden).
d) Legen Sie die Streuzeit fest.
e) Bestimmen Sie das Streugebiet.
f) Machen Sie Vorschläge, wie der Erfolg Ihrer Werbekampagne gemessen werden kann.

6 Beschreiben Sie kritisch Ihre eigenen Empfindungen, wenn Sie Werbung in Massenmedien wie Zeitungen und Fernsehen sehen. Wie wirkt diese Werbung auf Sie?

7 Sammeln Sie Werbemittel (Anzeigen, Prospekte, Internet), bei denen Ihrer Meinung nach gegen moralische oder ethische Grundsätze verstoßen wurde, und begründen Sie Ihre Meinung.

8 Der Inhaber einer großen Werbeagentur behauptet: „Wir sind der Motor der Wirtschaft!" Sammeln Sie Argumente für und gegen diese Aussage und stellen Sie sie in einer Liste gegenüber.

9 Außendienstverkäufer (Reisende) erhalten ein festes Monatsgehalt und zusätzlich Verkaufsprovision. Zwei Möglichkeiten sind denkbar: 1. Hohes Gehalt und niedriger Provisionssatz. 2. Niedriges Gehalt und hoher Provisionssatz. Nehmen Sie Stellung zu beiden Alternativen

a) aus der Sicht eines Angestellten,
b) aus der Sicht seines Arbeitgebers.

10 Erstellen Sie für die Bürodesign GmbH ein ausführliches Konzept für die Händlerpromotion. Alle Arbeitsergebnisse sind schriftlich zu dokumentieren, legen Sie hierzu eine Mappe „Verkaufsförderung" an. Arbeiten Sie in Gruppen und vergleichen Sie anschließend die Arbeitsergebnisse. Berücksichtigen Sie folgende Aspekte:
a) Ausbildung und Schulung des Handels (Schulungsinhalte, Formen der Information)
b) Hilfen bei der Gestaltung der Verkaufsräume (Entwerfen Sie Displays, Vorschläge für Dekorationen)
c) Hilfen bei der Kundenbetreuung (Werbegeschenke, Kundenlisten)
d) Preis- und Kalkulationshilfen (Rabatte)
e) Motivation des Händlers (Verkaufsshow, Händlerwettbewerbe)

11 Im Rahmen der Verbraucherpromotion möchte die Bürodesign GmbH ein Preisausschreiben durchführen. Entwickeln Sie hierzu ein Konzept. Bedenken Sie, dass das Preisausschreiben letztlich einen Kaufanreiz für Produkte der Bürodesign GmbH ausüben soll, zumindest aber die Produkte den Kunden näherbringen soll.

12 Erläutern Sie den Grundgedanken der PR-Arbeit „Tue Gutes und sprich darüber!".

13 Untersuchen Sie den Katalog für PR-Arbeiten der Bürodesign GmbH (vgl. S. 95).
a) Welche Maßnahmen sind Ihrer Meinung nach besonders wirksam, welche sind weniger wirksam? Begründen Sie jeweils Ihre Meinung.
b) Machen Sie Vorschläge zur Ergänzung von PR-Maßnahmen, die kostengünstig, aber wirksam sind.

14 Erstellen Sie mithilfe einer Kamera einen Werbefilm für den Arbeitssessel „ergo-design-natur".

15 Prüfen Sie die alternativen Werbeformen im Internet hinsichtlich einer Nutzung durch die Bürodesign GmbH und begründen Sie Ihre Entscheidungen.

16 Entwerfen Sie für ein Produkt Ihrer Wahl eine Werbeanzeige für die Tageszeitung. Gehen Sie bei der Gestaltung nach der AIDA-Formel vor. Bilden Sie in Ihrer Klasse hierzu Gruppen von jeweils drei Schülern. Vergleichen Sie anschließend Ihre Ergebnisse hinsichtlich folgender Kriterien: Werbeziel, Einhaltung der Grundsätze der Werbung und Kosten der Werbung.

17 Sammeln Sie gemeinsam mit Ihrem Tischnachbarn in einer Liste wenigstens fünf Vor- und Nachteile, die sich für die Bürodesign GmbH ergeben würden, wenn Sie für die Koordination und Umsetzung eines Werbeplans eine Full-Service-Agentur beauftragen würden. Leiten Sie aus Ihren Argumenten eine Empfehlung für die Bürodesign GmbH ab und diskutieren Sie Ihre Position innerhalb der Klasse.

18 Erstellen Sie ein Ranking zu Kriterien, die Ihrer Meinung nach am besten geeignet sind, um die Effizienz von klassischer Absatzwerbung bewerten zu können.

19 Führen Sie Beispiele auf, die den Tatbestand des unlauteren Wettbewerbs erfüllen.

20 Beschreiben Sie einige Maßnahmen der Werbeerfolgskontrolle.

2.6 After-Sales-Prozesse

In einer Marketing-Fachzeitschrift liest Herr Stein die Überschrift: „Es kostet bis zu achtmal so viel, einen neuen Kunden zu gewinnen, wie einen bestehenden Kunden zu halten!" – „Stimmt!", meint da Herr Stein, „das kann ich nur bestätigen. Ich bin froh, dass wir seit Langem einen großen Stammkundenbestand haben. Es zahlt sich eben aus, wenn man Beziehungen pflegt!" Nachdem er den Artikel gelesen hat, markiert er seine Überschrift und gibt die Zeitschrift seiner Sekretärin. „Frau Botsch, machen Sie aus dieser Überschrift bitte ein kleines Poster und lassen Sie es durch die Hauspost an alle unsere Abteilungen schicken. Bitten Sie die Abteilungsleiter um eine Aufstellung aller praktizierter Maßnahmen in ihrem Bereich, die der Kundenpflege dienen. Wir wollen auf der nächsten Abteilungsleiterkonferenz darüber sprechen."

- Finden Sie Argumente für die Aussage, dass es teurer ist, einen neuen Kunden zu gewinnen als einen vorhandenen zu halten.
- Erstellen Sie in Ihrer Klasse eine Liste von Kundenbindungsmaßnahmen, die Ihnen persönlich als Endverbraucher bekannt sind. Gehen Sie wie folgt vor: Jeder schreibt auf ein Blatt genau eine Maßnahme. Jeder beschreibt so viele Blätter, wie ihm Maßnahmen einfallen. Nach zehn Minuten werden alle Blätter eingesammelt und von einem Auswertungsteam aufbereitet. Das Ergebnis wird in der ganzen Klasse diskutiert.

▲ After-Sales-Management

Mit After-Sales-Management werden in einem Unternehmen alle Marketingmaßnahmen bezeichnet, die nach einem erfolgreichen Geschäfts- bzw. Verkaufsabschluss erfolgen, um den Kunden an das Unternehmen bzw. das Produkt oder die Marke zu binden. Diese Maßnahmen sollen den Kunden in seiner vollzogenen Kaufentscheidung bestätigen, seine Zufriedenheit (vgl. S. 26) erhöhen und zu Wiederholungs- bzw. Zusatzkäufen anregen. Ferner soll eine durch den Geschäftsabschluss entstandene **Win-win-Situation** ausgebaut werden.

Das After-Sales-Management wird sowohl von Unternehmen, die an den Endverbraucher verkaufen, als auch von Unternehmen, die mit gewerblichen bzw. industriellen Kunden in Beziehung stehen, praktiziert. Die Unternehmen versprechen sich dadurch das Ausnutzen verschiedener Potenziale.

Beispiele für Nutzenpotenziale des After-Sales-Managements:

Marktpotenzial	(Zusätzliche) Umsätze und Erträge aus dem After-Sales-Geschäft
Differenzierungspotenzial	Differenzierung von Primärprodukten (mit ähnlichen Leistungsmerkmalen) über den After-Sales-Service
Kundenbindungspotenzial	Erhöhung der Kundenverbundenheit über den After-Sales-Service
Imagepotenzial	Erhöhung von Bekanntheit, Kenntnis, Beachtung und Präferenz des Unternehmens (Markenwert) über den After-Sales-Service
Informationspotenzial	Gewinnung nützlicher Informationen über Kunden, Wettbewerber, Produkte, Probleme, Ideen etc. im After-Sales-Service
Beschäftigungspotenzial	Schaffung von zusätzlichen Arbeitsplätzen bzw. Beschäftigungsausgleich im After-Sales-Service
Diffusionspotenzial	Ermöglichen oder Vereinfachen des Betriebs und damit des Absatzes von erklärungs- oder serviceintensiven Primärprodukten über den After-Sales-Service
Diversifikationspotenzial	Entwicklung in neue, eigenständige Märkte (z. B. Beratung, industrielle Dienstleistungen, Software etc.) über den After-Sales-Service

Quelle: Perspectix AG, unter: www.perspectix.com/pdf/Artikel_After-Sales-Marketing_SMM_Nr.18_04.pdf, abgerufen am: 03.02.2009

Maßnahmen des After-Sales-Managements sind eng eingebettet in das Konzept **Customer-Relationship-Managements (CRM)** bzw. des **Kundenbeziehungsmanagements** in einem Unternehmen.

CRM ist eine bereichsübergreifende, IT-unterstützte **Unternehmensstrategie**, die auf den systematischen Aufbau und die Pflege dauerhafter, partnerschaftlicher und profitabler Kundenbeziehungen zielt.

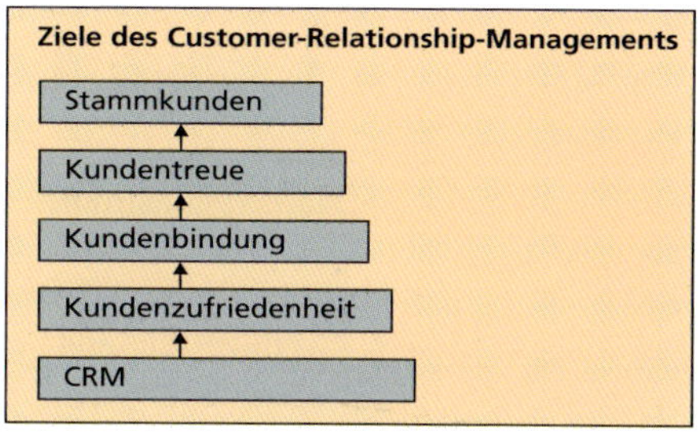

Alle Maßnahmen eines Unternehmens, die die Beziehungen des Unternehmens zu seinen Kunden betreffen, werden unter dem Begriff Kundenbeziehungsmanagement **(Customer-Relationship-Management)** zusammengefasst. Hierzu gehören alle Maßnahmen zur Gestaltung der Händler-Kunden-Beziehungen, von der Kundenansprache in der Werbung über die Kundenberatung bis hin zum Kaufabschluss und der Verabschiedung des Kunden sowie eventuellen Bearbeitungen von Reklamationen. Kundenbeziehungsmanagement ist mehr als nur ein Gesichtspunkt des Marketings, es beschreibt einen umfassenden (ganzheitlichen) Ansatz der kundenorientierten Unternehmensführung.

Das Customer-Relationship-Management wird üblicherweise in das analytische, das operative und das kommunikative CRM gegliedert.

Kommunikatives CRM	Analytisches CRM	Operatives CRM
Hier wird die direkte Berührung zum Kunden betrachtet, es geht um die Bereitstellung und Gestaltung der verschiedenen **Kommunikationskanäle**.	Hier werden IT-gestützte umfangreiche **Datensammlungen** zu Kunden und deren Kaufverhalten aufbereitet und ausgewertet, um Marketingentscheidungen vorzubereiten oder zu überprüfen.	Hier geht es um die kundengerechte **Gestaltung** der betrieblichen **Prozesse**, in denen Kundenbeziehungen eine Rolle spielen, und die **Unterstützung** der Mitarbeiter, die diese Kundenbeziehungen pflegen.
Beispiel Die Bürodesign GmbH kommuniziert mit ihren Kunden über verschiedene Kanäle, insbesondere Werbebotschaften werden über Plakate, Schaufenster, Broschüren, TV, Internet usw. an den Kunden herangetragen. Ferner wird mit dem Kunden gesprochen (Verkaufsgespräch, Bearbeiten von Reklamationen usw.). Darüber hinaus wird mit ihm korrespondiert (Briefe, Faxe, E-Mails).	**Beispiel** Die Bürodesign GmbH wertet ihre Datenbanken systematisch aus, indem sie nach typischen regionalen Unterschieden im Kaufverhalten ihrer Kunden sucht. Hierzu führt sie Auftragsanalysen durch, gleicht diese Daten mit demografischen Informationen (Bevölkerungsstruktur im Einzugsgebiet der Filiale) und mit konjunkturellen Daten ab.	**Beispiel** Bei der Bürodesign GmbH werden die Kundendaten systematisch beim Erstkontakt erfasst. Über jeden erfassten Kunden kann somit seine Kaufgeschichte abgerufen werden. Dies ermöglicht den Verkaufsmitarbeitern häufig eine bessere Kundenberatung (z.B., wenn der Kunde nicht mehr genau weiß, welches Produkt er gekauft hat, aber jetzt ein Ersatzteil benötigt).

INFO

Die Basis eines jeden CRM ist ein komplexes **Datenbanksystem**. Hierin werden alle relevanten Marketingdaten gespeichert. Das sind insbesondere die Stammdaten der Kunden, Produkte, Verkaufsmitarbeiter sowie Prozessdaten, die bei der Abwicklung von Geschäftsprozessen entstehen. Hierzu gehören Prozesse der Kundengewinnung, Kundenbetreuung und -pflege, Auftragsbearbeitung sowie die Abwicklung von Reklamationen.

Das Datenbanksystem kann neben den unternehmensinternen Daten auch mit externen Daten gespeist werden und stellt dadurch alle Daten, die bei Marketingentscheidungen eine Bedeutung haben können, zur Verfügung. Daher spricht man von einem Data-Warehouse.

▲ Maßnahmen der Kundenbindung

Kundenbindungsmaßnahmen sind wichtige Bestandteile des Marketings von Unternehmen und müssen daher mit allen Marketinginstrumenten (vgl. S. 43) abgestimmt werden. Da Kundenbindungsmaßnahmen meist Kosten verursachen, sind sie auch unter wirtschaftlichen Gesichtspunkten zu beurteilen. So sind sie stets auf ihre Wirksamkeit hin zu untersuchen. Alle Kundenbindungsmaßnahmen müssen auf die jeweiligen Zielgruppen (vgl. S. 24) bzw. Kundensegmente bezogen sein.

Die Maßnahmen zur Kundenbindung sind sehr vielfältig. Sie unterscheiden sich hinsichtlich Betriebsgröße, Branche, Betriebsform, Standort usw. Kundenbindungsmaßnahmen haben zum Ziel, möglichst viele Stammkunden zu gewinnen.

Kennzahlen zur Kundenbindung sind insbesondere der Customer-Satisfaction-Index (CSI) und der Customer-Loyalities-Index (CLI, vgl. S. 26).

Insbesondere sind die jeweiligen **Zielgruppen der Kundenbindungsmaßnahmen** zu berücksichtigen. Ein zentraler Unterschied besteht zwischen den Kunden als Endverbraucher, also im B2C-Bereich (Business-to-Customer), und Geschäftskunden, dem B2B-Bereich (Business-to-Business). Einige spezielle Kundenbindungsmaßnahmen sind in beiden Bereichen vorzufinden, z. B. Werbebriefe. Einige sind ausschließlich nur einer Gruppe zuzuordnen, z. B. Kundenkarten im Einzelhandel.

Beispiele für Kundenbindungsmaßnahmen:

Maßnahmen	Beispiele B2B, Bürodesign GmbH	Beispiele B2C, Einkaufszentrum
Service	Insbesondere Stammkunden können zahlreiche Serviceleistungen in Anspruch nehmen, z. B. Anlieferung und Aufbau der Büromöbel, Entsorgung von Altmöbeln und Verpackung, Hilfen bei der Finanzierung, Ersatzteil- und Reparaturservice.	Bündelung von verschiedenen Geschäften und Dienstleistern an einem Ort, kostenlose Parkplätze, Sitzgelegenheiten zum Ausruhen, Spielecken für Kinder, Zustellservice für Waren
Sonderaktionen Events	– Die Bürodesign GmbH veranstaltet für ihre Kunden Hausmessen und stellt ihre Produkte vor. – Auf Anfrage bietet sie Besichtigungen der Produktionsstätten an. – Sie lädt ihre Kunden auf einschlägige Messen und Kongresse ein.	Ein Einkaufszentrum führt monatlich besondere Aktionstage oder -wochen durch, z. B. Februar: Fitness für den Frühling, März: Balkon und Garten fit machen, August: Der Schulanfang. In diesen Sonderaktionen ist das gesamte EKZ auf das jeweilige Motto eingestimmt. Alle Geschäfte richten ihr Sortiment darauf aus. Der Besuch des EKZ wird für die Kunden zu einem Einkaufserlebnis.
Warenproben	Die Kunden erhalten Proben der Materialien für die Büromöbel, z. B. Textilproben für die Bezüge, Farb- und Lackproben.	– Eine Weinhandlung lädt ihre Stammkunden regelmäßig zu kostenlosen Weinproben ein. – In der Käseabteilung erhalten Stammkunden häufig Proben von neu eingeführten Artikeln. – In der PC-Abteilung erhalten Stammkunden kostenlos Softwareproben.

Maßnahmen	Beispiele B2B, Bürodesign GmbH	Beispiele B2C, Einkaufszentrum
Treuerabatte	Stammkunden erhalten einen Treuerabatt, der gestaffelt ist nach Umsatz und Dauer der Geschäftsbeziehung.	Stammkunden erhalten beim Einkauf einen Treuerabatt. Dieser Rabatt kann sofort beim Kauf verrechnet werden oder in Form von „Bonuspunkten" angespart werden. Hierzu werden häufig auch Kundenkarten verwendet.
Kundenkarten	Kundenkarten sind im B2B-Bereich unüblich, jedoch gibt es z. T. spezielle VIP-Karten auf Messen, Kongressen und Tagungen.	Kundenkarten werden an besondere Kunden ausgegeben, bei jedem Einkauf werden die Umsatz- und Artikeldaten elektronisch erfasst und genutzt. Über Kundenkarten ist oft auch eine bargeldlose Zahlung möglich, was Wartezeiten an der Kasse verringert. Meist ist damit auch eine Kreditfunktion für Kunden verbunden, da der Kaufbetrag erst später abgebucht wird. – Ein Kosmetik-Fachgeschäft hat für seine Kunden Kundenkarten ausgegeben, sie erhalten regelmäßige Mitteilungen über Sonderangebote und können in allen Filialen bargeldlos einkaufen.
Payback-Karten	Payback-Karten sind im B2B-Bereich nicht üblich.	Bei Payback-Karten können die Kunden Umsatzpunkte (bei verschiedenen Einzelhändlern) sammeln. Je nach Punkteguthaben können Gutschriften oder Sachprämien ausgegeben werden. – Ein Baumarkt hat in seinen Filialen Terminals aufgestellt, in denen der Punktestand der Payback-Karten abgefragt werden kann, bei Bedarf kann der Kunde sofort Einkaufsgutscheine in Höhe seines Guthabens ausdrucken lassen.
Kundenwerbung	Wenn Kunden durch Empfehlung neue Kundenkontakte ermöglichen, so werden dem Erstkunden Rabatte oder Vergünstigungen eingeräumt.	Wenn ein Stammkunde einen neuen Kunden wirbt, erhält er Gutschein, Gutschriften, Rabatte oder Sachprämien, z. B.: – Stammkunden einer Buchhandlung erhalten beim Werben eines neuen Kunden beim nächsten Kauf einen Sonderrabatt.
Garantien	Stammkunden erhalten längere Garantiezeiten und werden im Falle von Reklamationen kulant behandelt.	Stammkunden erhalten verbesserte Garantiebedingungen, z. B.: – Stammkunden eines Elektrofachmarktes erhalten Garantien, die sechs Monate über der gesetzlichen Sachmängelhaftung liegen.
Bestellservice Lieferservice	Auftragsannahme rund um die Uhr (Fax, Telefon, E-Mail, über die Webpräsenz) Exakte Vereinbarung der Lieferzeiten (auch am Wochenende bzw. nach Geschäftsschluss des Kunden)	Stammkunden können ihre Waren telefonisch, per Fax, brieflich oder per E-Mail aufgeben. Sie bezahlen meist per Rechnung oder mit Kundenkarten. Häufig wird auch ein Lieferservice angeboten, z. B. liefern alle Geschäfte des Einkaufszentrums ihren Kunden die Waren ab einem Einkaufswert von 200,00 € kostenlos nach Hause.

Maßnahmen	Beispiele B2B, Bürodesign GmbH	Beispiele B2C, Einkaufszentrum
Zusatzleistungen	Stammkunden haben die Gelegenheit, Neuprodukte bzw. Auslaufmodelle mit Sonderkonditionen zu erwerben. Hierüber werden sie regelmäßig schriftlich informiert (Brief oder E-Mail). Sonderanfertigungen werden ermöglicht.	– Stammkunden eines PC-Händlers erhalten bei Reparaturen kostenlose Ersatzgeräte. – Stammkunden eines Gartencenters können sich kostenlos Transporthilfen (Anhänger, Dachgepäckträger) ausleihen. – Stammkunden eines Sportfachgeschäfts können regelmäßig kostenlose Fitness-Tests durchführen.
Geschenke	Die Kunden erhalten jeweils zu ihren Geschäftsjubiläen Präsente. Zum Jahresende werden (gestaffelt nach Umsatz und Dauer der Geschäftsbeziehung) Weihnachtsgeschenke versandt.	– Stammkunden eines Herrenausstatters erhalten regelmäßig zum Geburtstag eine Krawatte zugeschickt. – Stammkunden eines Feinkostgeschäftes erhalten zu Weihnachten einen kleinen Geschenkkorb.
Spezielle Kundenaktionen	Die Kunden können an geführten Betriebsbesichtigungen teilnehmen. Sie werden auf Messen eingeladen.	Hierzu gehören Aktionen, die sich zwar an alle Kunden richten, jedoch für Stammkunden bestimmte Vorteile beinhalten, z. B.: – Ein Baumarkt veranstaltet am Wochenende Heimwerkerkurse für Tapezierarbeiten, Teppichverlegung, Gartengestaltung usw., die für Stammkunden kostenlos sind. – Ein Reformhaus veranstaltet für seine Kunden spezielle Tee-Seminare, Stammkunden erhalten Warenproben.
Kundenclubs	Im B2B-Bereich sind Kundenclubs nicht üblich. Jedoch gibt es Ansätze hierzu bei bestimmten Branchen. So gibt es Anwenderforen für bestimmte Software, die von den Softwareherstellern unterstützt werden.	– Ein Sportfachgeschäft hat einen Lauftreff organisiert, hier treffen sich Kunden unter Anleitung eines Übungsleiters und trainieren für Laufwettbewerbe. – Ein Gartencenter hat einen Kundenclub für Rosenzüchter gegründet und stellt hierfür seine Räumlichkeiten zur Verfügung.
Kundenzeitungen	Kundenzeitungen werden z. T. in Zusammenarbeit mit Dachverbänden der jeweiligen Branche herausgegeben. Oft werden auch in Fachzeitschriften Beiträge veröffentlicht, die sich direkt an Kunden richten.	– Ein Baumarkt gibt eine Kundenzeitung heraus, in der über Renovierungen, Umzugs- und Umbaumaßnahmen in Häusern berichtet wird, für Kinder gibt es eine besondere Beilage für Bastelarbeiten. – Ein Supermarkt gibt eine Kundenzeitung mit Ernährungsratschlägen und Kochrezepten heraus.

- Das **Internet** wird für Kundenbindungsmaßnahmen zunehmend von Unternehmen genutzt und von Kunden akzeptiert. Nahezu jedes Unternehmen unterhält eine Webseite, die von Kunden jederzeit aufgerufen werden kann. Auf dieser kann das Unternehmen Sonderangebote und Aktionen aktuell ankündigen und zusätzliche Informationen für den Kunden präsentieren.

Beispiele Kundenbindungsmaßnahmen im Internet

Maßnahmen	Beispiele B2B, Bürodesign GmbH	Beispiele B2C, Einkaufszentrum
Website	Die Website ist die virtuelle Visitenkarte eines Unternehmers. Hier kann er Informationen zu seinem Angebot und zu seinem Unternehmen publizieren. Insbesondere wird hier eine zusätzliche Kontaktmöglichkeit für Kunden bereitgestellt.	– Ein Tennisfachgeschäft hat auf seiner Startseite einen Routenplaner integriert, hier kann der Kunde seine Heimatadresse eingeben und er erhält einen genauen Anfahrtsplan. – Ein Lebensmitteldiscounter, der wöchentlich spezielle Artikel im Sonderangebot hat, informiert seine Kunden über diese Angebote bereits zwei Wochen vorher auf seiner Website. – Ein Fotofachgeschäft bietet auf seiner Website eine Linkliste für frei kopierbare Fotos an.
Download-Bereich	– Kunden können sich die einschlägigen Gesetzestexte bzw. Vorschriften zu Arbeitsplatzgestaltung (z. B. Gestaltung von Bildschirmarbeitsplätzen) laden. – Abbildungen und Beschreibungen von Produkten	– Eine Lebensmittelsupermarkt-Kette bietet auf ihrer Website im Downloadbereich Kochrezepte an. – Ein Elektrofachmarkt bietet kostenlose Software zur Fotobearbeitung und Lernsoftware für Kinder zum Download an.
FAQ-Bereich für häufig gestellte Fragen (FAQ = Frequently asked questions)	Hier werden u. a. Antworten auf spezielle Lieferkonditionen, typische Fragen zu Produkten und Serviceleistungen angeboten.	– Ein PC-Händler hat eine FAQ-Liste bereitgestellt, in der Fragen zum Einbau von Hardwarekomponeten beantwortet sind. – Ein Garten-Center bietet eine FAQ-Liste für Blumenpflege an. – Ein Baby-Fachmarkt beantwortet in seinem FAQ-Bereich Fragen zu Kindersitzen in Autos.
E-Mail	Hierüber erfolgt ein Großteil der Korrespondenz mit Kunden.	– Ein Feinkosthändler verschickt an seine Kunden E-Mails mit Hinweis auf Sonderangebote. – Ein Factory-Outlet informiert seine Kunden per E-Mail über neu eingetroffene Ware. – Ein Fotofachgeschäft schickt E-Mail-Glückwünsche zum Geburtstag seiner Kunden.
Newsletter	Newsletter sind regelmäßig erscheinende E-Mails an Kunden, die ausdrücklich diese Informationen angefordert haben, meist sind in Newslettern neben reinen Produktinformationen noch zusätzliche nützliche Hinweise für Kunden vorhanden, z. B. neue gesetzliche Regelungen.	– Ein PC-Händler verschickt alle sechs Wochen einen Newsletter und informiert seine Kunden über neue Produkte, Testberichte, Virenscanner und Softwareneuheiten. – Ein Weinhändler verschickt seine Newsletter mit Informationen zu Weinen, Anbaugebieten und Links zu Veranstaltungen mit Weinproben.
Onlinekauf	Diese Option ist für Kunden nach einer speziellen Prüfung (insbes. Bonität) jederzeit möglich.	– Die meisten Waren eines Elektrofachmarktes, die im Geschäft zu kaufen sind, können auch im Onlineshop bestellt werden. – Ein Textilfachgeschäft bietet seine Restposten in seinem Onlineshop an.
Chat	Die Kommunikationsform wird Kunden angeboten, um spezielle Fragen zu Produkten oder Konditionen schnell zu beantworten	– Ein PC-Händler bietet seinen Kunden an, kurze Fragen beim Einbau von Hardware-Komponenten per Chat zu beantworten. – Ein Musikalienhändler bearbeitet auf Wunsch Kundenfragen per Chat.

▲ Beschwerde- und Reklamationsmanagement

Zum Kundenbeziehungsmanagement gehört auch ein leistungsfähiges Beschwerde- und Reklamationsmanagement. Durch Kundenbeschwerden können innerbetriebliche Fehler aufgedeckt, behoben und künftig vermieden werden. Beschwerden von Kunden sind eine Chance für ein Unternehmen, seine Geschäftsabläufe zu optimieren.

Beispiel In einem Elektrofachmarkt befindet sich in allen Abteilungen ein „Meckerkasten" für Kunden. Hierzu liegen vorbereitete Formulare aus. Die Kunden können bei Bedarf ihre Beschwerde oder ihren Verbesserungsvorschlag sofort im Laden abgeben. Falls sie ihren Namen und ihre Anschrift angeben, wird ihr Anliegen schnellstens schriftlich beantwortet und die Geschäftsleitung bedankt sich mit einem kleinen Einkaufsgutschein.

After-Sales-Prozesse

- Der Fokus aller Marketingaktivitäten ist der Kunde.
- Voraussetzung zur Gewinnung und Bindung von Kunden sind **Win-win-Situationen** bei Geschäftsbeziehungen. Sowohl das Unternehmen als auch der Kunde müssen beim Verkauf Gewinner sein.
- **Maßnahmen der Kundenbindung** sind u.a. abhängig von Betriebs- und Vertriebsform, Betriebsgröße, Branche, Standort. Hierzu gehören u.a.: Serviceleistungen, Sonderaktionen, Events, Verbundangebote, Warenproben, Draufgaben, Rabatte, Kundenkarten, Payback-Karten, Bonus für Kundenwerbung, Garantieleistungen, Zusatzleistungen, Geschenke, Kundenbriefe, Kundenclubs oder Kundenzeitungen.
  Durch Nutzung des **Internets** sind weitere Maßnahmen möglich: Website, Downloads, FAQ, E-Mail, Newsletter, Chat, Onlinekauf.
- **Kundenbeziehungsmanagement (Customer Relationship Management, CRM)** ist eine umfassende (ganzheitliche) Strategie der Unternehmensführung.
  - Kommunikatives CRM: Auswahl und Gestaltung der Kommunikationskanäle zum Kunden
  - Analytisches CRM: Auswertung von Datenbeständen über Kunden
  - Operatives CRM: kundengerechte Gestaltung von Arbeitsabläufen
- Das **Beschwerde- und Reklamationsmanagement** nutzt konsequent die Beschwerden von Kunden zur Optimierung der Geschäftsabläufe.

1 Erläutern Sie die Nutzenpotenziale des After-Sales-Managements in Bezug zur Bürodesign GmbH.

2 Erläutern Sie, inwiefern Win-win-Situationen ausgebaut werden, wenn Unternehmen aktiv Kundenbeziehungsmanagement betreiben, obwohl diese Maßnahmen für sie mit Kosten verbunden sind.

3 Diskutieren Sie in Ihrer Klasse die Aussage: „Kundenbeziehungsmanagement ist Chefsache!"

4 Nehmen Sie kritisch Stellung zu der These: „Ein gutes Kundenbeziehungsmanagement sichert Arbeitsplätze!"

5 Studieren Sie aufmerksam die Tabellen mit Beispielen zu Kundenbindungsmaßnahmen. Sie beziehen sich schwerpunktmäßig auf Endverbraucher. Erläutern Sie aus dieser Perspektive, inwiefern Sie selbst sich durch Ausnutzung dieser Maßnahmen bewusst oder unbewusst als Kunde an ein Unternehmen „gewöhnen" oder sonstige Präferenzen entwickeln. Besprechen Sie die individuellen Wirkungsweisen von Kundenbindungsmaßnahmen in Ihrer Klasse und schätzen Sie dabei ab, wie nachhaltig diese Wirkungen sind.

6 Erläutern Sie einige Kundenbindungsmaßnahmen im Internet.

7 Beschreiben Sie an konkreten Beispielen, was unter einer Win-win-Situation zu verstehen ist
a) aus Ihrem persönlichen Erfahrungsbereich als Konsument,
b) aus der Sicht der Bürodesign GmbH.

8 Suchen Sie nach geeigneten Maßnahmen für das Beschwerde- und Reklamationsmanagement der Bürodesign GmbH.

2.7 Absatzcontrolling

In der Bürodesign GmbH findet eine Sitzung statt, zu der alle Abteilungsleiter bei der Geschäftsleitung geladen sind.

„Die absolut größte Abteilung unseres Hauses ist die Abteilung ‚Absatz/Marketing', die von Ihnen, Herr Stam, geleitet wird", sagt Herr Stein, der Geschäftsführer der Bürodesign GmbH. „In Zukunft wird auf diese Abteilung noch mehr Arbeit zukommen. Durch die Ausrichtung auf strategische Geschäftsfelder, bedingt durch unser konsequentes strategisches Marketing, werden wir wohl nicht an einer Reorganisation dieser Abteilung vorbeikommen", führt er weiter aus.

Frau Friedrich nimmt dazu Stellung, sie sagt: „Da gebe ich Ihnen ganz recht, Herr Stein. Zur Stabilisierung unserer Wettbewerbsfähigkeit sind unsere eingeschlagenen Marketingstrategien gut geeignet. Allerdings fällt es schwer, bei der Vielzahl unserer Aktivitäten immer die Übersicht zu behalten. Das operative Marketing beansprucht uns schon immens. Was wir brauchen, ist eine Controllinginstanz, die sich speziell auf unsere Ziele und Maßnahmen konzentrieren kann. Hierdurch könnten wir ein Frühwarnsystem installieren, das uns rechtzeitig Impulse zu entsprechenden Interventionen gibt. Wir brauchen einen Mitarbeiter speziell für das Absatzcontrolling."

- Unterstützen Sie die Argumente von Frau Friedrich und Herrn Stein, indem Sie herausfinden, welche Bedeutung Controlling im Allgemeinen und Absatzcontrolling im Besonderen für ein Unternehmen haben.
- Entwerfen Sie eine Stellenanzeige für einen Mitarbeiter im Absatzcontrolling der Bürodesign GmbH.

Aufgaben und Ziele des Absatzcontrollings

In allen Teilbereichen eines Unternehmens kann es zu Störungen kommen. Sie führen meist zu Abweichungen von der geplanten Zielerreichung. Insofern ist es notwendig, ein **Frühwarnsystem** im Unternehmen zu installieren. Hierin werden alle relevanten Daten erfasst, aufbereitet und ausgewertet. Dies setzt allerdings ein effizientes **Informationsmanagement** im Unternehmen voraus, das sinnvoll nur rechnergestützt arbeiten kann. Genau dies ist die **Aufgabe** des Controllings.

Controlling[1] ist ein umfassendes Steuerungs- und Koordinationskonzept zur Unterstützung der Geschäftsleitung und der führungsverantwortlichen Stellen bei der ergebnisorientierten Planung und Umsetzung der unternehmerischen Aktivitäten.

Gegenstand des Controllings sind die Beschaffung, Aufbereitung, Analyse und Kommunikation von Daten zur Vorbereitung zielsetzungsgerechter Entscheidungen. ...

Controlling befasst sich mit der Konzeption und dem Betrieb von qualitativen und quantitativen Steuerungsinstrumenten, der Ausrichtung der Steuergrößen auf die strategischen Zielgrößen, mit der Koordination der Informationsflüsse, mit der Moderation der Analyse und Interpretation der Messergebnisse und der Unterstützung der Entscheidungsprozesse des Managements.

Quelle: Vgl. Seite „Controlling". In: Wikipedia, Die freie Enzyklopädie. Bearbeitungsstand: 22. Januar 2009, 04:30 UTC. URL: http://de.wikipedia.org/w/index.php?title=Controlling&oldid=55656089 (Abgerufen: 3. Februar 2009, 14:58 UTC)

[1] *Engl. to control für „steuern", „regeln", nicht: „Kontrolle"*

Im Controlling werden somit alle Maßnahmen zusammengefasst, die das **Ziel** haben, ein Unternehmen durch **Planung und Kontrolle** zielorientiert zu steuern. Letztlich ist Controlling ein komplexes **Führungssystem**. Wenn nur bestimmte Bereiche, Prozesse oder Funktionen eines Unternehmens betrachtet werden, so kann von einem speziellen Controlling gesprochen werden.

Beispiele Marketingcontrolling, Absatzcontrolling, Beschaffungscontrolling, Finanzcontrolling, Personalcontrolling, IT-Controlling, Projektcontrolling, Investitionscontrolling usw.

Das **Absatzcontrolling** fokussiert somit den Marketingbereich eines Unternehmens. Letztlich sind aber die einzelnen Controllingaspekte eines Unternehmens niemals isoliert zu betrachten, da sie in engen Beziehungen zueinander stehen.

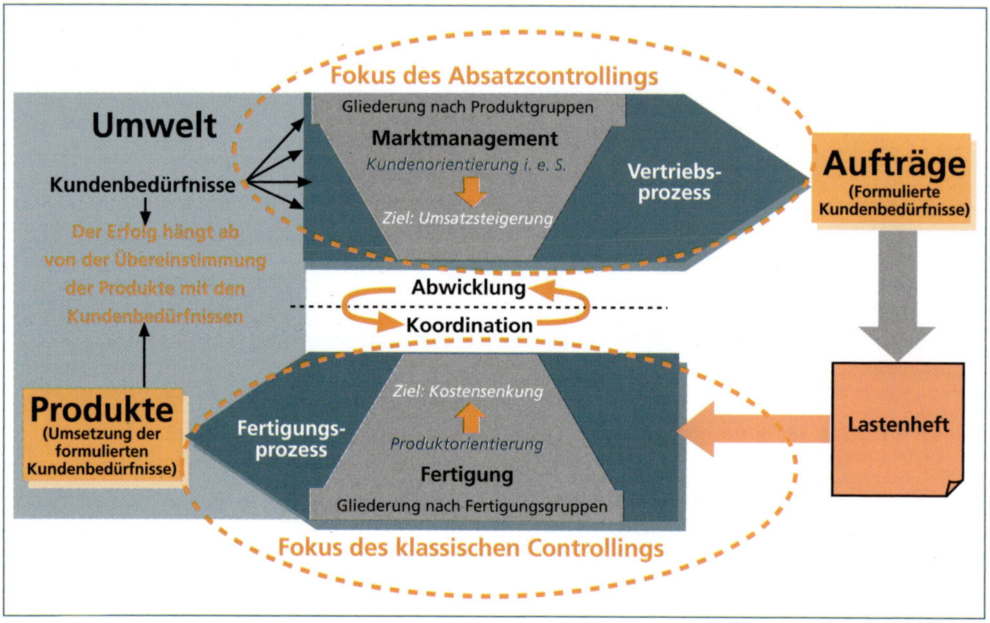

Quelle: Symposion Publishing GmbH, unter: www.verkauf-aktuell.de/fb0214.htm, abgerufen am 01.10.2008

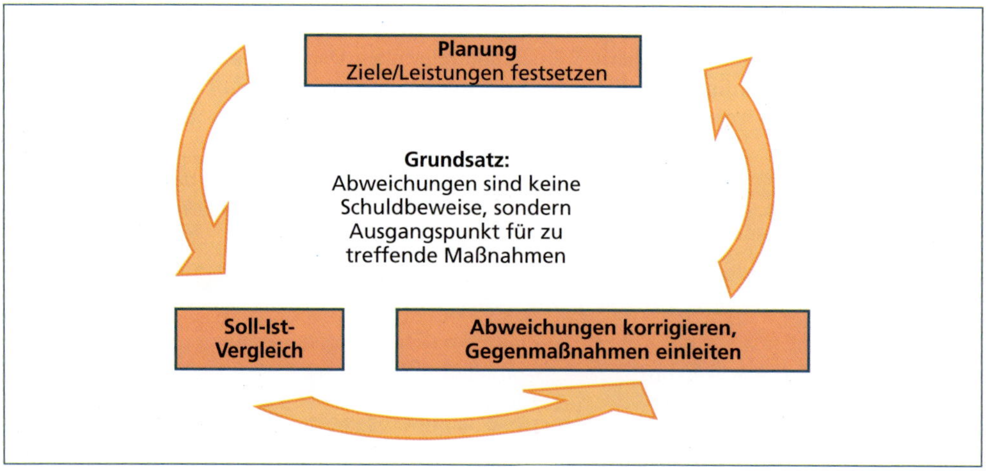

Quelle: Der Controlling-Regelkreis in: Horváth & Partners: Das Controllingkonzept, dtv Beck Wirtschaftsberater, 2000, S. 12

Der grundsätzliche Ablauf von Controllingprozessen verläuft in einem Regelkreis. **Ziele** werden festgelegt, ihre Erreichung wird ständig überprüft **(Soll-Ist-Vergleich)** und die Abweichungen werden durch **Steuerungsmaßnahmen** ausgeglichen.

Operatives und strategisches Controlling

Absatzcontrolling befasst sich mit der Steuerung von Marketingprozessen in einem Unternehmen. Entsprechend zum operativen und strategischen Marketing gibt es das **operative und strategische Controlling**. Beide Ausprägungen unterscheiden sich in verschiedenen Aspekten:

Formen / Merkmale	Strategisches Controlling	Operatives Controlling
Orientierung	Umwelt und Unternehmung: Adaption	Unternehmung: Wirtschaftlichkeit betrieblicher Prozesse
Planungsstufe	strategische Planung	taktische und operative Planung, Budgetierung
Dimension	Chancen/Risiken, Stärken/Schwächen	Aufwand/Ertrag, Kosten/Leistungen
Zielgrößen	Existenzsicherung, Erfolgspotenzial	Wirtschaftlichkeit, Gewinn, Rentabilität

Strategisches Controlling:

Das **strategische Absatzcontrolling** hat eine **langfristige Perspektive** und zielt darauf ab, langfristig erfolgreiche Geschäftsfelder zu entwickeln und auszubauen, um den Unternehmenserfolg sicherzustellen. Insbesondere werden die langfristigen Marketingstrategien gesteuert. Somit gehört das strategische Controlling zusammen mit dem strategischen Marketing zu den wichtigsten Instrumenten der **Unternehmensführung**.

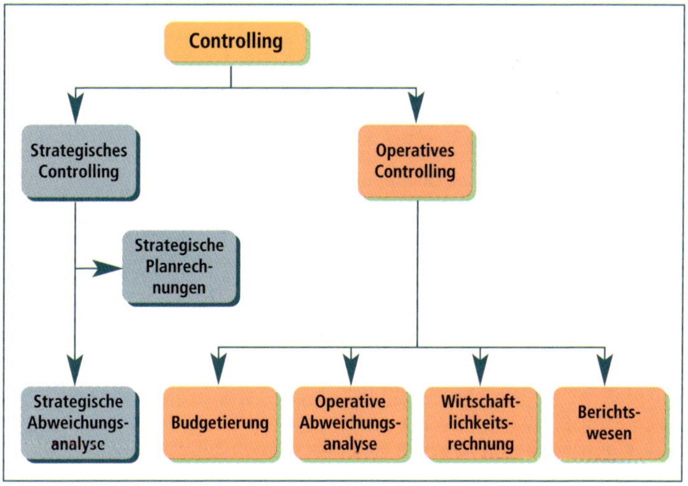

Beispiel Das strategische Controlling der Bürodesign GmbH bezieht sich auf die Steuerung der festgelegten strategischen Geschäftsfelder. Hier werden langfristige Entwicklungen des Marktes untersucht. Hierzu gehören u. a. Untersuchungen zur langfristigen Wirtschaftlichkeit und Rentabilität des Unternehmens.

Im strategischen Controlling werden intensive **Planungsrechnungen** durchgeführt. Hierbei wird mit unterschiedlichen Konstellationen von Markt- und Unternehmensdaten gerechnet und simuliert. Teilweise werden **Planbilanzen und Plan-Gewinn- und Verlustrechnungen** erstellt. Dabei helfen komplexe Simulationsprogramme, die eine Fülle von Informationen verarbeiten. Oft werden **Zukunftsszenarien** entwickelt und durchgespielt bzw. durchgerechnet. Hierbei kann mit verschiedenen Annahmen (unterschiedliche Zahlenwerte) die gleiche Situation simuliert werden, um den **„Best Case“** (günstigster Fall) oder **„Worst Case“** (ungünstigster Fall) zu beschreiben.

Beispiel (stark vereinfacht)

Szenario der Bürodesign GmbH: „Unser strategisches Geschäftsfeld – Büroeinrichtungen für Behörden – Aussichten und Trends in zehn Jahren"

Annahmen: (Auswahl)
- Verkaufspreise (steigend, fallend, stabil)
- Beschaffungspreise (steigend, fallend, stabil)
- Steuerbelastung (steigend, fallend, stabil)
- Gewinnerwartungen (steigend, fallend, stabil)
- Personalkosten (steigend, fallend, stabil)
- Nachfrage (steigend, fallend, stabil)
- Standortkosten (steigend, fallend, stabil)
- Konkurrenz Inland (steigend, fallend, stabil)
- Konkurrenzdruck Ausland (steigend, fallend, stabil)

Diese Annahmen werden in eine Simulationssoftware eingegeben. Die einzelnen Werte können nun systematisch variiert werden. Zusammen mit zahlreichen unternehmensinternen und -externen Daten können so verschiedene Modellrechnungen durchgeführt und mit den realen Entwicklungen abgestimmt werden. So kann man Szenarien „durchspielen", z. B.: Wie verhalten wir uns, wenn die Beschaffungspreise und die Verkaufspreise steigen, die Nachfrage aber gleich hoch bleibt, während zusätzlich der Konkurrenzdruck sich erhöht?

Die Ergebnisse der strategischen Planungsrechnungen müssen jeweils mit der aktuellen Entwicklung des Unternehmens und den Marktgegebenheiten abgeglichen werden. Die hierdurch entstehenden Abweichungen zwischen geplanten Sollwerten und den Istwerten sind Gegenstand von intensiven **Abweichungsanalysen**. Die Ursachen der Abweichungen müssen erforscht werden, damit Korrekturen der Strategie eingeleitet und gesteuert werden können.

Beispiel Die Bürodesign GmbH stellt fest, dass erwartete Umsatzzahlen in dem Geschäftsfeld Büroeinrichtungen nicht eintreffen. Als Ursachen werden Lieferschwierigkeiten bei einem Lieferanten erkannt, der seinerseits Probleme mit der Rohstoffbeschaffung hat. Es wird beschlossen, kurzfristig (= operativer Bereich) Ersatzlieferungen bei einem teureren Lieferer zu tätigen. Langfristig wird aber eine neue Beschaffungsstrategie auszuarbeiten sein.

▲ Operatives Controlling:

Das **operative Absatzcontrolling** übernimmt insbesondere die Steuerung von kurzfristigen Entscheidungsprozessen. Hierzu gehört vor allem die Steuerung der **Kalkulation von Marktpreisen** für das Sortiment, um die **Liquidität** des Unternehmens zu sichern.

Beispiel In der Bürodesign GmbH müssen (wie in allen Unternehmen) über die Marktpreise für die verkauften Produkte die finanziellen Mittel für die laufenden Kosten (Personal, Warenbeschaffung und -lagerung, Raum- und Energiekosten usw.) gedeckt werden. Dies geht nur über eine permanente Liquiditätskontrolle.

Ferner ist die **Budgetierung** eine Kernaufgabe des operativen Absatzcontrollings. Hier geht es um die Planung von finanziellen Mitteln je Rechnungsperiode (Monat, Quartal, Jahr) für bestimmte Aufgaben, Prozesse, Projekte, Sortimentsbereiche, Maßnahmen oder Funktionen im Unternehmen.

Beispiel In der Bürodesign GmbH wird für jede Marketingaktivität ein Budget festgelegt. Für eine Werbemaßnahme, die sich an Neukunden wendet, werden 5 000,00 € angesetzt. Für den Aufbau einer neuen Internetpräsenz, die mehrsprachig sein soll, wird ein Budget von 25 000,00 € für das nächste Halbjahr freigegeben.

Da das operative Absatzcontrolling aktuelle Marketingprozesse steuern muss, ist es erforderlich, dass die Masse an **Prozessdaten** (Umsätze, Aufträge, Außenstände, Reklamationen, Bestellungen usw.) aufbereitet werden muss, damit sie handhabbar werden. Die Auswertung und Aufbereitung der Daten führen zu einer **Verdichtung**, d. h., dass eine Fülle von Informationen durch wenige Daten dargestellt wird. Meist handelt es sich dabei um **Kennzahlen**.

Beispiele

Kennzahlen	Erläuterungen
Deckungsbeitrag pro Kunde	Höhe des Deckungsbeitrages in Euro je Kunde (pro Auftrag, Monat, Quartal, Jahr)
Mittlere Auftragsgröße	Durchschnittliche Höhe eines Auftrages in Euro
Neukunden je Monat (Quartal)	Anzahl der neu gewonnenen Kunden innerhalb einer Periode
Kundenverluste je Monat (Quartal)	Anzahl der verlorenen Kunden je Periode
Neukundenbesuche (-kontakte) pro Verkäufer	Anzahl der (Neu-)Kundenbesuche bzw. -kontakte (Telefon, Fax, E-Mail, Brief) eines Verkäufers innerhalb einer Periode
Umwandlungsrate (Angebote zu Aufträgen)	Anzahl der ausgehenden Angebote (per Brief, E-Mail, Fax usw.) im Verhältnis zu den daraus eingehenden Aufträgen
Stornoquote	Anzahl der Auftragsstornierungen (Widerrufe) im Verhältnis zur Anzahl aller Aufträge (je Periode, Verkäufer, Kunde, Sortimentsteil)
Reklamationsquote	Anzahl der Reklamationen im Verhältnis zu den Aufträgen
Reaktionszeit (Angebot zu Aufträgen)	Zeit zwischen Abgabe eines Angebotes an den Kunden und dem Auftragseingang
Kundenzufriedenheit und Kundenbindung, Kundenart	Vgl. S. 26

Darüber hinaus gibt es eine Vielzahl weiterer Kennzahlen, die insbesondere aus dem betrieblichen Rechnungswesen stammen.

Die Kennzahlen können sich auf einzelne Sortimentsbereiche bzw. Artikel oder auf das gesamte Sortiment beziehen. Kennzahlen haben isoliert betrachtet zunächst keinen **Aussagewert**. Erst wenn entsprechende Bezugs- bzw. Vergleichswerte gegeben sind, erhalten sie ihre Steuerungsqualität. Kennzahlen können insbesondere folgende Bezüge aufweisen:

Plan-Ist-Vergleich	Für die Kennzahl wird ein Plan- oder Zielwert vorgegeben. Der erreichte Ist-Wert kann diesem entsprechen oder von ihm abweichen. Dann müssen nach einer Ursachenanalyse Steuerungsmaßnahmen eingeleitet werden.
Zeitvergleich	Die Kennzahl wird mit vorangegangenen Perioden verglichen. Hieraus können Entwicklungen und Trends abgeleitet werden.
Vergleichsunternehmen	Die Kennzahl wird mit anderen Unternehmen (Filialen usw.) verglichen (Branchenvergleich).

Absatzcontrolling

- **Absatzcontrolling** ist ein umfassendes zielorientiertes Steuerungs- und Koordinationskonzept für die Unternehmensleitung.
- Der **Controlling-Regelkreis** geht von geplanten **Zielen** aus, die im Zeitablauf mit **Soll-Ist-Vergleichen** überprüft werden. Bei **Abweichungen** werden entsprechende Gegenmaßnahmen eingeleitet.
- Das **strategische Absatzcontrolling** hat eine langfristige Perspektive und hat das Ziel, die Existenz eines Unternehmens zu sichern. Es vollzieht sich in den Dimensionen Chancen/Risiken und Stärken/Schwächen.
- Das **operative Absatzcontrolling** hat kurzfristige Perspektiven und hat zum Ziel, die Wirtschaftlichkeit und Rentabilität des Unternehmens zu sichern. Es vollzieht sich in den Dimensionen Aufwand/Ertrag und Kosten/Leistungen.
- Die **Kennzahlen** des Absatzcontrollings sind nur im Zusammenhang mit Zeitvergleichen, Plan-Ist-Vergleichen oder Daten von Vergleichsunternehmen interpretierbar.

1 Erläutern Sie Aufgaben und Ziele des Absatzcontrollings vor dem Hintergrund eines Betriebes Ihrer Wahl, unterscheiden Sie dabei strategisches und operatives Absatzcontrolling.

2 Beschreiben Sie den Controlling-Regelkreis und bilden Sie zu den einzelnen Phasen konkrete Beispiele.

3 Bilden Sie in der Klasse Gruppen zu max. sieben Personen und entwerfen Sie Zukunftsszenarien (ca. zehn Jahre) für ein Unternehmen Ihrer Wahl. Formulieren Sie bestimmte Grundannahmen und spielen Sie verschiedene Szenen durch. Entwickeln Sie dabei entsprechende Strategien, wie das Unternehmen auch zukünftig am Markt bestehen kann.

4 Erläutern Sie, weshalb Kennzahlen – isoliert betrachtet – keinen Aussagewert haben.

5 Erstellen Sie eine ausführliche Internetrecherche zum Thema Absatzcontrolling, Schwerpunkte sollen sein: Ziele, Methoden, Instrumente. Dokumentieren Sie Ihre Ergebnisse.

6 Der Controller stellt im Bereich „Konferenzen und Schulung" bei einigen Artikeln einen negativen Deckungsbeitrag fest. Leiten Sie daraus Argumente
a) der Verkaufsabteilung für die Belassung im Produktionsprogramm und
b) des Controllers für eine Produktionsprogrammbereinigung ab.

Führen Sie dazu eine Podiumsdiskussion durch.

7 Der Controller stellt folgende Produktlebenszyklen fest:

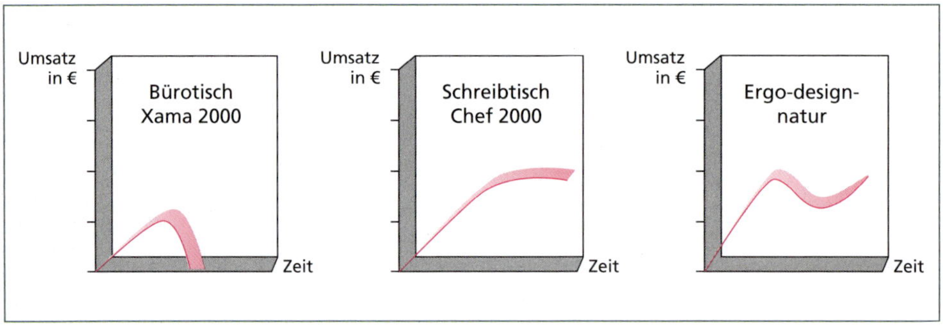

Erarbeiten Sie die Möglichkeiten der Beeinflussung der Lebenszyklen
a) durch den Controller,
b) durch die Geschäfts- bzw. Abteilungsleitung.

8 Erarbeiten Sie, aus welchem Anlass die Geschäftsleitung der Bürodesign GmbH Daten des Absatzcontrollings benötigen könnte.

9 Bringen Sie die folgenden Arbeitsschritte des Controlling-Prozesses in die richtige Reihenfolge.

1 Ermitteln der Ist-Werte
2 Durchführen von Korrekturen
3 Ermitteln von Richtwerten/Messzahlen
4 Ermitteln der Abweichungen von den Richtwerten
5 Ermitteln der Abweichungsursachen
6 Vorschlagen von Korrekturlösungen

10 Die Bürodesign GmbH hat einen neuen Schreibtisch auf den Markt gebracht. Für die ersten vier Monate liegen die folgenden Zahlen vor:

	Monat 1	**Monat 2**	**Monat 3**	**Monat 4**
Umsatz (€)	670 000,00	700 000,00	712 000,00	728 000,00
Gewinn (€)	33 500,00	34 300,00	34 532,00	34 944,00

a) Werten Sie die Angaben aus und beurteilen Sie die vorliegende Entwicklung.
b) Erläutern Sie denkbare Ursachen für diese Entwicklung und mögliche Konsequenzen.

Wiederholungsaufgaben zu „Prozess der Leistungswertung"

1 Erläutern Sie die Merkmale eines Käufer- und eines Verkäufermarktes vor dem Hintergrund der Denkmodelle „Konsumentensouveränität" und „Produzentensouveränität".

2 Entkräften Sie argumentativ die These: „Unternehmen haben immer nur ein Ziel, nämlich die Gewinnmaximierung." Berücksichtigen Sie dabei die Problematik von Zielkonflikten, die sich ergeben, wenn Unternehmen mehrdimensionale Zielsysteme anstreben.

3 Ein Unternehmen verfolgt folgende Ziele:

a) Erhöhung des Umsatzes
b) Erhöhung des Absatzes
c) Verbesserung der Rentabilität
d) Bessere Nutzung vorhandener Kapazitäten
e) Verringerung von Personalkosten
f) Vermeidung von Überstunden
g) Vermeidung von Umweltbelastungen
h) Senkung der Energiekosten

Stellen Sie in einer Matrix mögliche Beziehungen dieser Teilziele zueinander dar. Überprüfen Sie, inwiefern die Ziele einander unterstützen oder ob sie in Konkurrenz zueinander stehen. Begründen Sie Ihre Entscheidungen.

4 Erstellen Sie eine Liste von Kaufmotiven, differenziert nach Konsumenten (Endverbraucher) und betrieblichen Kunden (Unternehmen), und belegen Sie, weshalb unterschiedliche Kaufmotive vorliegen. Leiten Sie daraus ab, weshalb Marketingmaßnahmen unterschiedliche Zielgruppen berücksichtigen müssen, und geben Sie hierzu konkrete Beispiele an.

5 Erläutern Sie mit konkreten Beispielen, wie sich die Bürodesign GmbH bei folgenden Marketingstrategien verhalten kann:

a) Strategie der Anpassung
b) Strategie der Markterschließung
c) Strategie der Differenzierung
d) Strategie der Marktsegmentierung
e) Strategie der Marktdurchdringung

6 Die Bürodesign GmbH möchte einen neuen Bürostuhl auf den Markt bringen. Bei der Produktentwicklung sollen konkrete Bedürfnisse der Benutzer berücksichtigt werden. Hierzu soll eine kurzfristige Markterhebung durchgeführt werden. Man entscheidet sich für eine Befragungsaktion.

a) Entwerfen Sie einen Fragebogen für die entsprechende Zielgruppe. Simulieren Sie diese Aktion, indem Sie Ihre Mitschüler befragen. Werten Sie die Fragebogen aus und erstellen Sie eine Dokumentation. Leiten Sie aus den erhobenen Daten konkrete Empfehlungen für die Produktentwickler ab.

b) Weil die Ergebnisse kurzfristig verfügbar sein sollen, entscheidet sich die Bürodesign GmbH für eine internetbasierte Befragung. Arbeiten Sie für die Alternativen „Onlinebefragung" oder „Befragung via E-Mail" Konzepte aus und diskutieren Sie die Erfolgsaussichten.

c) Um die Rücklaufquote möglichst hochzuschrauben, soll mit der Befragungsaktion ein Preisausschreiben verbunden sein. Entwickeln Sie hierzu ein Konzept.

d) Kalkulieren Sie die Kosten für diese Aktion. Berücksichtigen Sie dabei auch die internen Kosten (z.B. Arbeitszeit der Mitarbeiter).

7 Für den neuen Bürostuhl stehen im Bereich der Preispolitik verschiedene Alternativen zur Verfügung. Stellen Sie vor diesem Hintergrund Premium-, Skimming- und Penetrationspolitik einander gegenüber und beschreiben Sie jeweils deren Vor- und Nachteile.

8 a) Erläutern Sie an einem selbst gewählten Beispiel den Lebenszyklus eines Produktes.

b) Beschreiben Sie Maßnahmen, wie die Herausnahme eines Produktes aus dem Erzeugnisprogramm erfolgreich hinausgezögert werden kann.

9 Erläutern Sie mit selbst gewählten Beispielen die Aussage „Die Konkurrenz ist nur einen Mausklick entfernt!" vor dem Hintergrund virtueller Märkte.

10 Die Bürodesign GmbH möchte sich im B2B-Markt etablieren. Hierzu will sie ihre Internetpräsenz optimieren.

a) Erläutern Sie, welche bisherigen Kundengruppen im B2B-Markt angesprochen werden sollen und wie der Kundenkreis erweitert werden könnte.

b) Beschreiben Sie, welche Maßnahmen zur Kundenbindung für eine Internetpräsenz eingesetzt werden können.

c) Erläutern Sie, wie durch Nutzung des Internets eine Win-win-Situation zwischen der Bürodesign GmbH und ihren Kunden optimiert werden kann.

11 Entwerfen Sie für die Bürodesign GmbH ein Konzept für ein Beschwerde- und Reklamationsmanagement.

12 Die Bürodesign GmbH möchte die Zufriedenheit ihrer Kunden messen. Hierzu sollen die Kennzahlen CSI und CLI sowie NCA und LCA eingesetzt werden. Entwerfen Sie hierzu entsprechende Checklisten mit den geeigneten Kriterien. Bedenken Sie, dass diese Erhebungen unter wirtschaftlichen Gesichtspunkten durchzuführen sind.

13 Die Bürodesign GmbH möchte ihren Standort innerhalb des Büromöbelmarktes genauer kennen. Hierzu sollen Kennzahlen aus der Büromöbelbranche berücksichtigt werden.

a) Recherchieren Sie im Internet nach geeigneten Daten und stellen Sie Bezüge zur Bürodesign GmbH her.

b) Konkretisieren Sie für die Bürodesign GmbH die Kennzahlen Marktpotenzial, Marktvolumen, Marktanteil und geben Sie an, wie diese Kennzahlen ermittelt werden können.

14 Beschreiben Sie die Bedeutung des „Conjoint Measurements" im Rahmen des Target Costings.

15 Für einen Büroschrank liegen folgende Werte vor: variable Kosten je Stück 300,00 €, Verkaufserlös je Stück 650,00 €, fixe Kosten 360 000,00 €.

a) Ermitteln Sie den Break-even-Point.

b) Erläutern Sie, welche Aussagen der Break-even-Point zulässt.

16 a) Begründen Sie, weshalb viele Unternehmen sich bei ihrer Kommunikationspolitik der Hilfe von Werbeagenturen oder Kommunikationsberatern bedienen.

b) Sie sollen als Vertreter/-in der Bürodesign GmbH einen Kontakt mit einer Werbeagentur wahrnehmen. Erstellen Sie einen Themen- oder Fragenkatalog zur Vorbereitung auf dieses Gespräch.

17 Nehmen Sie kritisch Stellung zu der These: „Ohne Werbung wären die meisten Produkte für die Verbraucher preiswerter zu erwerben, Werbung verteuert die Waren nur sinnlos!"

18 Stellen Sie in einer Selbstbeobachtung fest, wie viel Werbebotschaften Sie in einer Woche „konsumieren". Berücksichtigen Sie dabei TV-, Radio-, Zeitschriften-, Internet-, Plakat- und Schaufensterwerbung.

a) Finden Sie heraus: Wie viel Werbung nehmen Sie bewusst wahr, wie viel Werbung konsumieren Sie unbewusst?

b) Hat diejenige Werbung, die Sie bewusst wahrnehmen, nach Ihrer Einschätzung Einfluss auf Ihr Kaufverhalten (kurz-, mittel-, langfristig)?

c) Diskutieren Sie in Ihrer Klasse die These: „Gerade die unbewusst wahrgenommenen Werbeeinflüsse beeinflussen das Kaufverhalten."

19 Beschreiben Sie für folgende Produkte Grundnutzen und Zusatznutzen:

a) Smartphone	b) Turnschuhe	c) Kugelschreiber
d) Pullover	e) PC	f) Musik-CD

20 Der Seniorchef eines Weltkonzerns hat einmal gesagt: „Von jedem Euro, den ich in Marketing investiere, rentiert sich die Hälfte wunderbar, nur weiß ich nie, welche Hälfte!" Erläutern Sie vor dem Hintergrund dieses Bonmots, weshalb Maßnahmen zur Werbeerfolgskontrolle für ein Unternehmen notwendig sind, und formulieren Sie Konzepte zur Umsetzung von Werbeerfolgsmaßnahmen.

▲ Fallstudie: „Absatzpolitik eines Unternehmens"

Handlungssituation: Die Wilhelm Straub GmbH, ein Industrieunternehmen für Werkzeuge und Gartengeräte aller Art, baute seit 1985 ein leistungsstarkes Produktprogramm von Elektrogeräten, Handwerkzeugen und Gartengeräten für die Verwendung in privaten Haushalten und Handwerksbetrieben auf. Hierbei wurde die Wilhelm Straub GmbH in ihren Aktivitäten durch günstige Marktprognosen hinsichtlich der Entwicklung des Heimwerkerbedarfs bestärkt. Diese Prognosen beruhten auf drei Annahmen:

- Zunahme der Heimwerkertätigkeiten aufgrund sinkender Arbeitszeiten bzw. zunehmender Freizeiten,
- Kostenersparnis aufgrund hoher Handwerkerlöhne,
- starker Nachholbedarf in den neuen Bundesländern.

Zur verbesserten Wahrnehmung der Chancen auf dem Heimwerkermarkt hat die Wilhelm Straub GmbH eine Abteilung Produktmanagement eingerichtet. Das aktuelle Produktprogramm setzt sich aus fünf Produktgruppen zusammen, deren Umsätze sich 2011 und 2012 wie folgt entwickelt haben:

	Produktgruppe	Umsatz in Mio. € 2011	Umsatz in Mio. € 2012
1	Elektrowerkzeuge	5,25	4,7
2	Handwerkzeuge und Maschinen für Heimwerker	0,45	0,5
3	Werkzeuge und Maschinen für Handwerk und Industrie	4,4	4,5
4	Gartengeräte	0,85	0,9
5	Sonstige Artikel	0,8	0,8
	Gesamtumsatz	**11,75**	**11,4**

Anhand der vorgelegten Umsatzzahlen kann ein starker Rückgang bei den Elektrowerkzeugen für Heimwerker festgestellt werden, den die Unternehmensleitung auf die starken Marketingaktivitäten mehrerer Konkurrenten zurückführt. Diese Hauptkonkurrenten haben zusammen einen Marktanteil von ca. 55 %, während der Marktanteil der Wilhelm Straub GmbH bei 8 % liegt. Das Marktvolumen bei Elektrowerkzeugen belief sich 2012 auf ca. 160 Mio. €. Für die nächsten drei bis sechs Jahre wird mit einem jährlichen Wachstum von 8–12 % gerechnet. Allerdings muss die Wilhelm Straub GmbH bei Elektrowerkzeugen mit einer weiteren Verschlechterung der Marktposition rechnen, da

- der Einzelhandel bei zunehmendem Konkurrenzdruck nur noch durch Preissenkungen Umsatzsteigerungen erreichen kann,
- die Werbeaktivitäten der Konkurrenz (5 Mio. €) um das Fünffache höher als die eigenen sind, infolgedessen kann der Bekanntheitsgrad des eigenen Produktprogramms nicht wesentlich gegenüber den renommierten Marken der Konkurrenz erhöht werden.

Im Januar 2013 wird von der Unternehmungsleitung eine Konferenz aller leitenden Mitarbeiter einberufen, wobei den Mitarbeitern folgende Untersuchungsergebnisse eines Marktforschungsinstitutes als Diskussionsgrundlage vorgelegt werden:

„Der typische deutsche Heimwerker ist der Mann. Frauen beteiligen sich am Tapezieren und Anstreichen. Am stärksten ist diese Neigung bei Verheirateten, die ein Eigenheim oder eine Eigentumswohnung haben. Insgesamt befassen sich 30 % der Bevölkerung mit Heimwerkerprodukten, wobei 43 % Arbeiter, 42 % Angestellte, 9 % Beamte und 6 % Selbstständige sind. Die Nettoeinkommenssituation stellt sich folgendermaßen dar:

Nettoeinkommen	Prozentanteil
1 300,00 € bis 1 800,00 €	40 %
1 800,00 € bis 2 800,00 €	38 %
über 2 800,00 €	22 %

Heimwerker üben folgende Tätigkeiten bevorzugt aus (befragter Personenkreis 3 000 Personen):

Tätigkeiten	Anteil	Tätigkeiten	Anteil
Anstreicherarbeiten	46 %	Schlosserarbeiten	20 %
Elektrikerarbeiten	43 %	Glasarbeiten	11 %
Tapezieren	41 %	Klempnerarbeiten	10 %
Tischlerarbeiten	26 %	Fliesenarbeiten	9 %
Maurerarbeiten	23 %	Sonstige Arbeiten	28 %

Die häufigsten Gründe für Heimwerken sind:

- Heimwerken ist billiger.
- Die Heimarbeit macht Spaß.
- Kein Ärger mit den Handwerkern.

Die einberufene Konferenz endet mit der Bildung einer Arbeitsgruppe, die beauftragt wird, zu den folgenden Aufgaben Stellung zu nehmen.

Arbeitsaufträge

1 Interpretieren Sie die vorliegenden Informationsmaterialien, stellen Sie wesentliche Schwächen der Wilhelm Straub GmbH heraus und leiten Sie daraus einen Ziel- und Maßnahmenkatalog ab.

2 Begründen Sie differenziert, welche Schwerpunkte der Produktpolitik Sie der Unternehmensleitung auf der Grundlage der vorliegenden Daten empfehlen würden.

3 Erläutern Sie, welche Distributionsstrategie Sie für geeignet halten, damit sich die Wilhelm Straub GmbH als mittelständisches Unternehmen gegen die starke Konkurrenz behaupten kann. Erläutern und begründen Sie einzelne Maßnahmen.

4 Stellen Sie in einer Übersicht begründet dar, welche Möglichkeiten der Werbung einschließlich der Salespromotion-Maßnahmen auf der Basis des begrenzten Werbeetats realisierbar sind.

5 Skizzieren Sie Ihre Gesamtstrategie, die aus den Lösungsvorschlägen bzw. -ansätzen zu den vier vorausgegangenen Arbeitsaufträgen resultieren soll, indem Sie weitere Instrumente aus dem Marketing-Mix einbeziehen. Nutzen Sie hierzu geeignete Präsentationsformen.

▲ Fallstudie: „Handelswaren in der Bürodesign GmbH – und das online?"

Handlungssituation: Die Bürodesign GmbH plant, zur Abrundung ihrer Erzeugnispalette ein Sortiment an Handelswaren aufzunehmen. Hierdurch sollen Bestrebungen der stärkeren Kundenorientierung realisiert werden. Die Entscheidung wurde durch Auswertung verschiedener Daten, die im Rahmen der Marktforschung erhoben wurden, ausgelöst.

a) Zahlreiche Berichte von Vertriebsmitarbeitern wurden im Rahmen der Kundenanalyse ausgewertet.

Auszug aus Kundenbefragungen von Vertriebsmitarbeitern

Antworten in % der Befragungen

Fragen	–	0	+
1. Welche der folgenden Produkte würden Sie bei uns gerne ordern (vorausgesetzt, Preis und Konditionen entsprechen Ihren Vorstellungen)?			
– Schreibtischlampen	20	30	50
– Smartphones	10	20	70
– Wandregale	10	10	80
– Schreibtischauflagen	10	30	60
– Ordner, Hefter, Mappen	30	30	40
– Büroartikel (Locher, Heftzangen, Kugelschreiber usw.)	15	45	40
– Büro-Safes	5	80	15
2. Wären Sie bereit, diese Produkte bei uns auch online über Internet zu bestellen, wenn wir die Verantwortung für Datensicherheit übernehmen?	10	15	75

– = Ablehnung, 0 = (noch) unentschieden, + = Zustimmung

b) Eine Konkurrenzanalyse ergab, dass 75 % der direkten Konkurrenten der Bürodesign GmbH Handelswaren für den Bürobereich führen und dass 80 % der direkten Konkurrenten E-Commerce im B2B-Sektor betreiben bzw. innerhalb des nächsten Jahres einführen. Ferner verschärft sich die Marktsituation durch international agierende Unternehmen, die bisher vorwiegend traditionelle Büroartikel vermarkteten und nun mit preisgünstigeren Import-Büromöbeln Kunden beliefern wollen.

Die Bürodesign GmbH steht nun vor zwei weitreichenden strategischen Marketingentscheidungen: Einerseits soll zur bisherigen industriellen Produktion ein reines „Handelssegment" im Unternehmen etabliert werden, andererseits ist der Einstieg in den Vertriebskanal Internet zu realisieren. In diesem Zusammenhang wird zusätzlich über ein neues Image der Bürodesign GmbH nachgedacht. Bisher präsentierte sich das Unternehmen als Spezialist für qualitativ hochwertige Büromöbel, künftig soll die Bürodesign GmbH durch die Aufnahmen von Handelswaren als „Problemlöser für das Büro" etabliert werden. Hierbei soll die Konzeption „Büromöbel und -artikel – alles aus einer Hand … und das online!" untersucht werden.

Finanzwirtschaftliche und kostenrechnerische Untersuchungen haben ergeben, dass bei einem zusätzlichen Umsatz von 15 % im ersten Jahr die Investitionskosten (Lager, Logistik usw.) für die Aufnahme von Handelswaren zu 60 % gedeckt werden können. Dabei wurde mit einer Gewinnmarge von 16 % kalkuliert. Der Onlinevertrieb bedingt zusätzliche Investitionen. Hierbei ist allerdings zu beachten, dass durch die Aufnahme des Onlinevertriebskanals einerseits zusätzliche Kundensegmente erschlossen werden können, andererseits bisherige Kunden auf diesen Vertriebsweg umsteigen. Es wird unterstellt, dass zusätzliche Umsätze in Höhe von 20 % die Investitionen für die Onlinevertriebsschiene im ersten Jahr zu 50 % decken würden.

Arbeitsaufträge

1 Prüfen Sie, inwiefern die Bürodesign GmbH die Marktsituation richtig einschätzt. Recherchieren und beurteilen Sie, welche Wachstumspotenziale sich im E-Commerce für die Bürodesign GmbH ergeben. Untersuchen Sie hierzu besonders das Angebot von Büroartikeln und Büromöbeln im Internet, beschränken Sie sich dabei auf den B2B-Markt.

2 Erstellen Sie eine Übersicht über das Sortiment für Büroartikel und wählen Sie Artikel(-gruppen) aus, die sich als Handelswaren für die Bürodesign GmbH eignen. Führen Sie hierzu eine Marktrecherche für Lieferanten durch, beschränken Sie sich dabei auf den deutschsprachigen Raum.

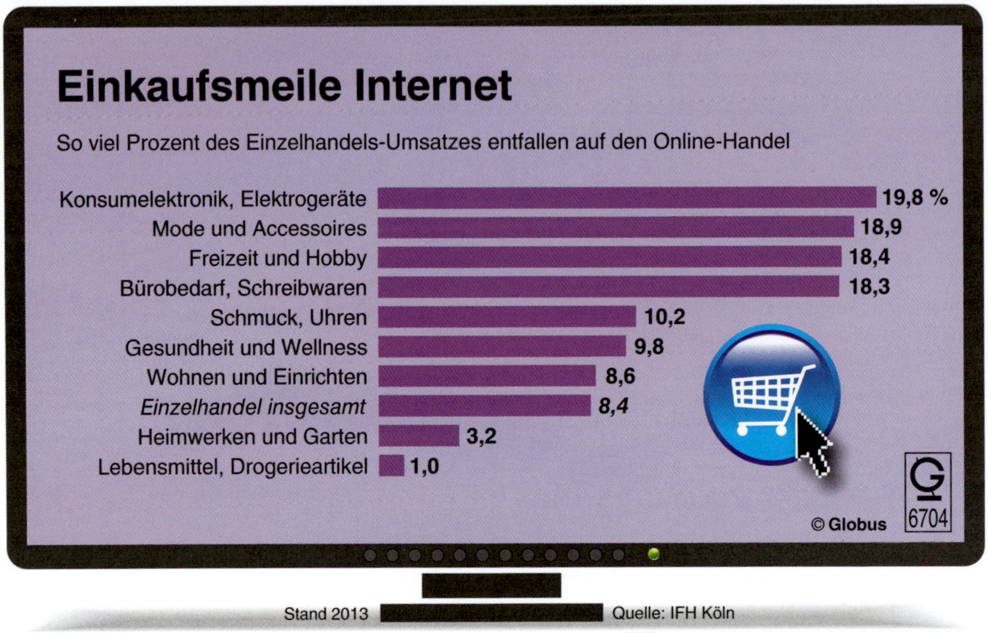

3 Wenn die Bürodesign GmbH das Internet als Vertriebsschiene einführt, werden neue Kundensegmente zu definieren sein. Entwerfen Sie hierzu entsprechende Kundenprofile.

4 Groß- und Einzelhandelsbetriebe sind bisher eine wichtige Kundengruppe der Bürodesign GmbH. Wenn im Rahmen des E-Commerce über das Internet distribuiert wird, besteht die Gefahr, dass diese Unternehmen über den Direktvertrieb z. T. ausgeschaltet werden könnten. Untersuchen Sie unter diesem Aspekt Alternativen der Marketingkooperation mit Handelsbetrieben und entwerfen Sie ein entsprechendes Konzept.

5 Die Aufnahme von Handelswaren in das Angebot sowie die zusätzliche Vertriebsschiene über Internet erfolgen unter dem Ziel der Ausweitung der Kundenorientierung und der Verbesserung der Ertragslage. Entwerfen Sie ein Konzept, wie unter den neuen Bedingungen ein Customer-Relation-ship-Management als Steuerungsinstrument realisiert werden kann.

6 Die Umsetzung der Neupositionierung der Bürodesign GmbH auf dem Markt zu einem Unternehmen, das sich als „Problemlöser für die Büroausstattung" darstellen möchte, verursacht erhebliche Investitionen sowie neue Kostenstrukturen. Erläutern Sie, welche Investitionen erforderlich sind; berücksichtigen Sie dabei auch Investitionen in die Aus- und Fortbildung der Mitarbeiter. Machen Sie Vorschläge, wie im Rahmen der Preispolitik diese Aufwendungen „abgefangen" werden können.

▲ Projekt Absatzmarketing

Die Drinkbox GmbH, ein führender deutscher Getränkehersteller, hat sich entschlossen, einen neuen Energydrink auf den Markt zu bringen. Sie sind Mitglied eines Teams, das ein umfassendes Marketingkonzept für das neue Produkt erarbeiten soll. Dazu ist zunächst eine Markt analyse erforderlich, die an Ihrer Schule durchgeführt wird. Hierzu sind fünf Arbeitsgruppen einzurichten:

Gruppe A: Produktpolitik

Gruppe B: Preispolitik[1)]

Gruppe C: Distributionspolitik

Gruppe D: Kommunikationspolitik (Werbung)

Gruppe E: Kommunikationspolitik (Verkaufsförderung, Öffentlichkeitsarbeit)

Sie haben nun folgende **Aufgaben**:

1 Bilden Sie in Ihrer Klasse/Ihrem Kurs die fünf Arbeitsgruppen und informieren Sie sich gründlich über **Ihr absatzpolitisches Instrument**.

2 Erstellen Sie in jeder Gruppe **max. vier Fragen** für den gemeinsamen Fragebogen zur Marktanalyse.

3 Tragen Sie die Fragen in einem gemeinsamen Fragebogen zusammen. Kopieren Sie den Fragebogen und führen Sie die **Befragung** an Ihrer Schule durch.

4 Werten Sie den Fragebogen aus und erarbeiten Sie mithilfe der Ergebnisse **Vorschläge** für konkrete Maßnahmen bei der Einführung des neuen Getränks.

5 Entwickeln Sie ein umfassendes Marketing-Mix-Konzept für das neue Getränk und präsentieren Sie Ihre Ergebnisse vor der Klasse/dem Kurs.

Tipps:

- Nutzen Sie Ihr Lehrbuch.
- Stimmen Sie sich mit den anderen Gruppen ab.
- Berücksichtigen Sie die Ergebnisse des Fragebogens.
- Nutzen Sie bei der Präsentation Tafel, Beamer bzw. Overhead-Projektor.
- Legen Sie fest, welche Gruppenmitglieder welche Themenbereiche vortragen.

[1] *Der Arbeitsgruppe ‚Preispolitik' liegen folgende Angaben vor über die Kosten, die bei der Produktion zu erwarten sind. Danach verursacht die Herstellung von 1 Liter des neuen Energydrinks folgende Kosten:*

	EUR		EUR
Wasser	0,03	Verpackung (einschl. Etikett)	
Zucker	0,02	– Glasflasche (Einweg)	0,05
Aromastoffe	0,04	– Glasflasche (Mehrweg)	0,07
Farbstoff	0,01	– Verbundverpackung	0,02
		– Dose (Alu)	0,03
weitere Zusätze	0,09	– Plastikflasche	0,01
Fertigungslöhne	0,10	fixe Kosten (pro Tag)	
Energie	0,04	– Miete	50,00
		– Gehälter	600,00
		– sonstige fixe Kosten	350,00

Die maximale Tageskapazität für die Herstellung des neuen Energydrinks liegt bei 20000 Litern.

Fallstudie: Entwicklung und Vermarktung von Hartschalenkoffern

Die Goeke GmbH mit Sitz in Hannover ist ein traditionsreiches mittelständisches Unternehmen, das Koffer und Reisetaschen in mittlerer Preislage herstellt. Im Zuge der Globalisierung und der zunehmenden Mobilität der Menschen weltweit haben sich die Verkaufszahlen der Goeke GmbH in den letzten 20 Jahren sehr positiv entwickelt. Allerdings ist die Konkurrenz in Europa groß und Billigimporte aus Asien erschweren seit einigen Jahren die Lage auf dem Markt für Koffer und Reisetaschen. Aus diesem Grund hat sich die Goeke GmbH entschlossen, den Gedanken der Nachhaltigkeit in den Vordergrund zu rücken, um sich damit stärker von der Konkurrenz abzuheben und den Kunden ein zusätzliches Kaufargument zu liefern.

Peter Goeke, der Geschäftsführer der Goeke GmbH, sucht ständig nach neuen Ideen und war daher sehr beeindruckt von einem Artikel über Rimowa, den führenden deutschen Hersteller von hochwertigen Hartschalenkoffern.

- **Arbeiten Sie** aus dem Artikel „In Schale" die einzelnen Marketinginstrumente **heraus** und **erklären** Sie deren Umsetzung am Beispiel der einzelnen Maßnahmen von Rimowa.

UNTERNEHMEN

In Schale

Aus dem schlichten Alu-Koffer von Rimowa ist ein Top-Accessoire geworden. Wie konnte das passieren?

Das Büro von Dieter Morszeck, 58, ähnelt einem Technikmuseum. Auf seinem Aktenschrank steht ein halbes Dutzend Modellflugzeuge. Der Schreibtisch ist aus dem Höhenleitwerk einer original DC-9 gezimmert. Die Wände sind tapeziert mit Fotografien und Werbepostern, auf dem Fußboden stapeln sich bunte Koffer in allen Größen, gängige Modelle und Sonderanfertigungen. Zumindest das ist kein Wunder, denn Morszeck hat sie ja quasi in Schale geworfen.

Rimowa-Chef Morszeck *„Wie die Kinder darauf rumgesprungen"*

Die Hartschalenkoffer der Kölner Firma Rimowa, die mit den Rillen, waren früher vor allem beliebt bei Piloten, Fotografen und BWL-Studenten, die auch mal ein bisschen Abenteurer spielen wollten. Zu Zeiten von Morszecks Vater (zugleich Namensgeber des Unternehmenskürzels „RIchard MOrszeck WArenzeichen") gab es die Kisten nur in der silbernen Aluminium-Version. Inzwischen werden sie auch aus federleichtem Polycarbonat produziert.

Bill Kaulitz, der Sänger der Teenieband Tokio Hotel, reist mit ihnen. Die Musiker von A-ha und Kiss nutzen sie, Top-Model Marcus Schenkenberg und US-Aktrice Cameron Diaz ebenso wie Jazz-Star Till Brönner. Selbst die Männer und Frauen der deutschen Fußballnationalmannschaft reisen mit einer Sonderanfertigung von Spiel zu Spiel.

Aus dem einst so unspektakulären Gepäckstück ist ein Lifestyle-Produkt geworden, das zudem nicht billig ist: Ein Rimowa in klassischer Koffergröße kann 400,00 € kosten. Dafür kriegen andere schon eine Woche Vollpension auf Lanzarote, Flug inklusive.

Verantwortlich für den Erfolg der Kölner ist etwas, das man Audi-Strategie nennen könnte. Auch die Autos aus Ingolstadt waren imagemäßig jahrelang ein Problemfall: Wer es nett mit ihnen meinte, lobte die herausragende Technik, die nur langweilig verpackt war. Andere schmähten Audi als Rentnerschaukeln, die ihre Besitzer locker überleben konnten.

Dank Hightech, modernem Design, viel Werbung und mutiger Hochpreispolitik ist heute nicht nur Audi en vogue, sondern eben auch Rimowa. Innerhalb von nur rund zehn Jahren ist der Umsatz von 10 Millionen auf 100 Millionen Euro hochgeschossen – auch und vor allem, weil Morszeck Polycarbonat entdeckte.

Der Kunststoff ist teuer, fast unzerstörbar und überdies extrem leicht. Einer von Morszecks Zulieferern aus dem Bergischen Land hatte ihm den Tipp gegeben. „Der hat mir einen Hammer in die Hand gedrückt und mich darauf rumhauen lassen", erinnert sich der Rimowa-Chef. Kurz darauf bestellte er fünf Musterplatten einer schwedischen Firma. „Wie die Kinder sind wir darauf rumgesprungen und haben versucht, sie einzudellen. Aber es blieb kein Kratzer, keine Beule zurück – wir waren begeistert."

Seit gut zehn Jahren gibt es die Koffer aus Polycarbonat – und sie haben eine Renaissance des Hartschalenkoffers ausgelöst. Auch andere Produzenten wie Samsonite oder Delsey bieten die leichten Utensilien inzwischen an, zumal vor allem Flugreisende heute beim Einchecken auf jedes Gramm Übergepäck achten müssen.

In über 50 Ländern kann man die Koffer kaufen; während sie in Deutschland ganz klassisch neben anderen im Fachgeschäft stehen, gibt es in Asien bereits 36 eigene Rimowa-Läden. Vor eineinhalb Jahren wurde mit viel Pomp und Prominenz ein Flagshipstore am Rodeo Drive in Beverly Hills eröffnet. Und weil die Werke in Köln und Pelhrimov, Tschechien, mit der Produktion nicht mehr hinterherkommen, baut Morszeck gerade eine weitere Fabrik in Kanada.

Er kann lange Vorträge halten über Schutzkörper für Vier-Rollen-Systeme, spezielle Reißverschlüsse, Gießverfahren und Materialforschung. Das alles soll suggerieren: Es ist die Qualität, die Rimowa so begehrenswert macht. Aber der gebürtige Kölner gilt auch als begnadeter Verkäufer. Eine Product-placement-Agentur sorgt dafür, dass die deutschen Koffer in Hollywood-Filmen wie „Wall Street 2", „Iron Man" oder „Das A-Team" auftauchen. Obendrein werden Sondereditionen angefertigt, mal für die Kölner Rockband BAP, mal für den Star-Geiger David Garrett. Morszeck selbst hat Reklame-Ideen, für die manche Marketing-Experten schon zu bewusstseinserweiternden Drogen greifen müssten. Beispielsweise bietet er heute Koffer an, die farblich exakt zum Porsche Panamera passen. Oder er lässt in der First Class von Lufthansa und Thai Airways die Toilettenartikel in Gratis-Mini-Rimowas verteilen. Die limitierten Einzelstücke werden bei Ebay gehandelt, Stückpreis bis zu hundert Dollar.

Der einzige Anbieter, der ihm in puncto Lautsprecherei noch ernsthaft Konkurrenz macht, ist Zero Halliburton. Die Parallelen zu der US-Firma sind erstaunlich: Auch Zero begann mit robusten Alu-Koffern, der Gründer war ähnlich flugbegeistert wie die Macher von Rimowa, und auch das US-Design wurde seit Jahren kaum verändert. Nur gelten die Koffer von Halliburton unter Vielfliegern als belastbarer.

Vor allem aber haben die Amerikaner ihren Koffer an einer Stelle platziert, wo eine deutsche Firma wohl nie hinkommen wird: Der sogenannte „atomic football" stammt von Halliburton. In dem strengbewachten Koffer, der sich stets in Reichweite des US-Präsidenten befindet, werden die geheimen Codes für den Gebrauch der amerikanischen Nuklearwaffen transportiert. Mehr Reklame geht kaum.

Quelle: Amann, Susanne, Spiegel 33/2011, unter: http://www.spiegel.de/spiegel/print/d-79973996.html abgerufen am 20.10.2014

12.2

Kursthema: Investition

1 Ziele und Arten von Investitionen
2 Anregung und Vorbereitung der Investitionsentscheidung

1 Ziele und Arten von Investitionen

Elke Grau und ihr Klassenkamerad Jörg Lehmann haben in der Berufsschule das Fach Betriebswirtschaftslehre mit Rechnungswesen. Das Stundenthema lautet: „Arten und Ziele von Investitionen". Nach der Unterrichtsstunde diskutiert Elke mit Jörg. „So ein Unsinn, was der Schneider mal wieder erzählt hat. ‚Investitionen in Mitarbeiter und in Öffentlichkeitsarbeit', als ob ein Betrieb sein Geld nicht für sinnvollere Investitionen ausgeben könnte", sagt Jörg. Elke antwortet: „Du hast mal wieder nicht aufgepasst. Natürlich ist ein Betrieb an der Qualität seiner Mitarbeiter interessiert. Nimm doch nur die Bürodesign GmbH. Erst letzte Woche waren alle Außendienstler während ihrer Arbeitszeit auf einer Fortbildungsveranstaltung." „Du nimmst immer alles so genau, aber das ist doch keine Investition. Eine Investition liegt doch nur dann vor, wenn ich eine Maschine, einen Lkw oder ein Gebäude kaufe." Elke: „Du bist ein hoffnungsloser Fall. Natürlich ist die Fortbildung von Mitarbeitern auch eine Investition."

- Überprüfen Sie die Aussage von Elke Grau.
- Stellen Sie fest, welche Ziele und Arten von Investitionen sich unterscheiden lassen.

Bei einer **Investition** werden finanzielle Mittel in Sachvermögen (z. B. Grundstücke, Gebäude, Maschinen, Rohstoffe usw.), Finanzvermögen (z. B. Aktien) oder immaterielles Vermögen (z. B. Patente, Fortbildung von Mitarbeitern) umgewandelt.

Ein Unternehmen wird nur dann Kapital investieren, wenn erwartet werden kann, dass die Ausgaben für die getätigte Investition in angemessener Zeit durch Verkäufe wieder in das Unternehmen zurückfließen. Wird durch den betrieblichen Umsatzprozess Kapital wieder freigesetzt (= Kapitalrückfluss in Form von Einnahmen), spricht man von **Desinvestition**.

Beispiel Die Bürodesign GmbH kauft eine Bandkreissäge für 60 000,00 €. Das in diesem Investitionsgut gebundene Kapital wird über die Verkaufserlöse der mit dieser Maschine hergestellten Produkte dem Unternehmen wieder freigesetzt, denn die Investitionsausgaben werden als Kosten (Abschreibungen, Wartungs- und Reparaturkosten usw.) in die Verkaufspreise einkalkuliert und fließen somit im Laufe der Zeit als Einnahmen in das Unternehmen zurück.

▲ Ziele von Investitionen

Unternehmen investieren aus verschiedenen Gründen Kapital. Die Investitionen lassen sich nach folgenden Investitionszielen unterteilen:

Ökonomische Ziele:

- Ersatz verbrauchter oder veralteter Betriebsmittel durch neue Betriebsmittel zur Erhaltung der Betriebsbereitschaft **(Ersatzinvestitionen)**
- Anpassung der Betriebsmittel an den technischen Fortschritt **(Ersatz alter Anlagen)**
- Kapazitätserweiterung durch zusätzliche oder leistungsfähigere Betriebsmittel **(Erweiterungsinvestitionen)**
- Ertragssteigerung durch Erhöhung der Leistungsfähigkeit mit produktiveren oder kostengünstigeren Betriebsmitteln **(Rationalisierungsinvestitionen)**
- Investition in andere Bereiche, um eine Risikostreuung zu erreichen **(Diversifizierungsinvestitionen)**
- Umstellungsinvestitionen, bei Änderung der Produktionsziele muss die Nutzung vorhandener Anlagen verändert werden **(Umstrukturierung)**
- Forschung und Entwicklung zur Verbesserung von Zukunftsaussichten eines Unternehmens **(Sicherungsinvestitionen)**

Soziale Ziele:

- Sicherung von Arbeitsplätzen
- Verringerung von Unfallgefahren am Arbeitsplatz
- Verbesserung der Arbeitsumgebung

Ökologische Ziele:

- Vermeidung von Umweltbelastungen (Umweltschutz)
- Verringerung des Verbrauchs von knappen Rohstoffen

Unternehmen investieren nicht, um Arbeitsplätze zu schaffen. Unternehmen investieren nur, wenn es sich für sie lohnt, wenn sie also gute Geschäfte und gute Gewinne erwarten können. Es gibt somit eine enge Verknüpfung von Konjunkturlage, Investitionsklima und Arbeitsplätzen. Läuft es mit der Wirtschaft reibungslos und sind zufriedenstellende Überschüsse zu erwarten, dann stecken die Unternehmen auch mehr Geld in neue Maschinen, Anlagen und Gebäude. Dann wächst – allerdings mit einer gewissen zeitlichen Verzögerung – auch die Zahl der Arbeitsplätze. In der Flaute dagegen, wenn die Betriebe sparen und ihre Investitionslust schwindet, gehen in der Regel auch Arbeitsplätze verloren. Während der flauen Konjunktur von 1992 bis 1997 wurde rund eine Million Arbeitsplätze abgebaut. Von 1998 bis 2001 hingegen entstanden fast 1,8 Millionen neue Jobs, und die Bilanz für die Jahre 2010 bis heute zählt rund anderthalb Millionen mehr Erwerbstätige.

Quelle: dpa Infografik, Begleittext zu Grafik 5713 „Investitionen und Arbeitsplätze" (Stand: 2013)

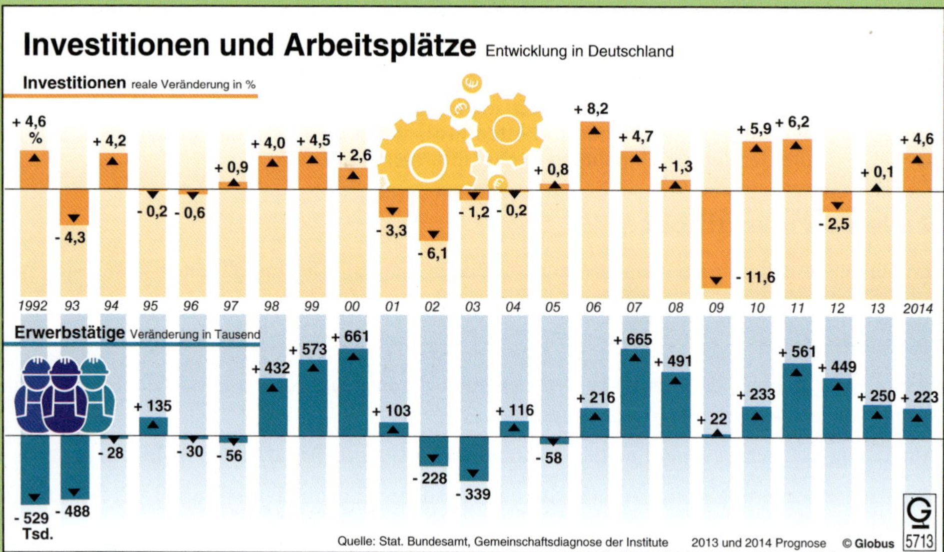

VWL

Arten der Investitionen

Investitionen, die auf unterschiedliche Objekte gerichtet sind, werden als objektbezogene Investitionen bezeichnet.

Objektbezogene Investitionen lassen sich in Sach-, Finanzinvestitionen und immaterielle Investitionen unterscheiden.

Sachinvestitionen:

Sie unterteilen sich in Anlage- und Vorrats- oder Lagerinvestitionen. Anlageinvestitionen führen zu einer Erweiterung des Anlage- oder Umlaufvermögens.

- Gegenstand der **Anlageinvestitionen** sind
  - der Ersatz verbrauchter Betriebsmittel durch gleichartige oder gleichwertige Betriebsmittel (**Ersatzinvestitionen**),
  - die Erweiterung der Kapazität des Betriebes (**Erweiterungsinvestitionen**),
  - die Verbesserung der Leistungsfähigkeit des Betriebes durch Ersatz alter Betriebsmittel durch leistungsfähigere (**Rationalisierungsinvestitionen**).

Während bei den Ersatzinvestitionen gleichwertige Betriebsmittel gegeneinander ausgetauscht werden, um die wirtschaftliche Leistungsfähigkeit eines Unternehmens zu erhalten, geschieht dies bei den Rationalisierungsinvestitionen durch den Einsatz technisch verbesserter Betriebsmittel anstelle veralteter. Hierdurch sollen insbesondere Personalkosten eingespart, die Produktivität erhöht und die Ausschussquote gesenkt werden, d. h., es soll ein Rationalisierungseffekt erzielt werden.

Bd. 1

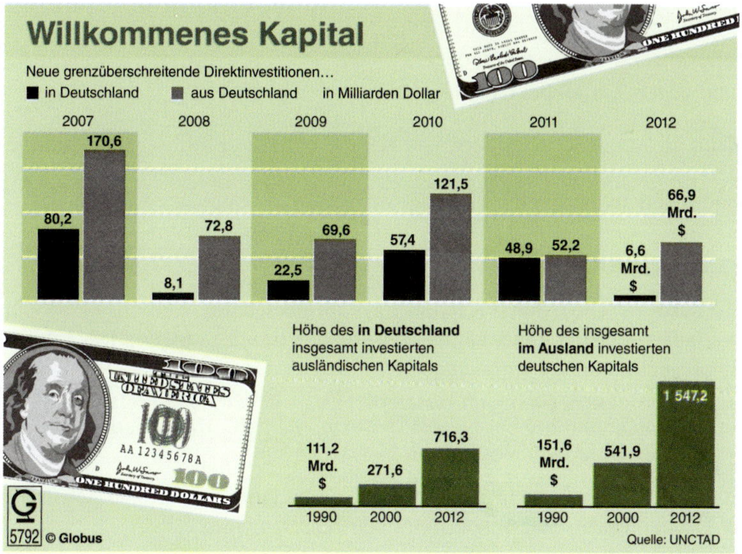

Volkswirtschaftlich hat eine solche Investition möglicherweise nachteilige Folgen, da freigesetzte Arbeitskräfte zu einer höheren Arbeitslosenquote führen können. Hieraus ergibt sich ein **Zielkonflikt**, da das ökonomische Ziel der Produktivitätssteigerung unter Umständen nicht mit dem sozialen Ziel der Arbeitsplatzsicherung harmoniert.

Beispiel Die Bürodesign GmbH kauft eine vollautomatische Lackiermaschine, die nur noch von einem Mitarbeiter bedient wird. Bisher waren drei Mitarbeiter für die gleiche Tätigkeit erforderlich. Eventuell müssen zwei Arbeitskräfte entlassen werden.

Auch die **Erstinvestitionen (Gründungsinvestitionen)**, die bei der Betriebsgründung erforderlich sind, zählt man zu den Sachinvestitionen.

Beispiele Grundstücke, Gebäude, Fuhrpark, Maschinen

Die erforderlichen liquiden Mittel sind ebenfalls zu berücksichtigen.

- **Vorratsinvestitionen (Lagerinvestitionen)** führen zu einer Zunahme der Werkstoffe (Roh-, Hilfs- und Betriebsstoffe) und der noch nicht verkauften eigenen Erzeugnisse (unfertige und fertige Erzeugnisse). Diese Investitionen bewirken eine Vergrößerung des Umlaufvermögens.

Während im allgemeinen Sprachgebrauch unter Investition meistens die langfristige Anlage von Kapital in das Anlagevermögen (z. B. Kauf von Maschinen, Fuhrpark) verstanden wird, schließt der moderne Investitionsbegriff auch die Anlage von Kapital in das weitere Vermögen des Unternehmens ein.

▲ Finanzinvestitionen:

Sie unterteilen sich in Beteiligungs- und Forderungsrechte. Finanzinvestitionen erhöhen das Finanzanlagevermögen eines Unternehmens.

- **Beteiligungsrechte** ergeben sich aus dem Kauf von Aktien, dem Kauf von Lizenzen, Patenten oder der Beteiligung an anderen Unternehmen.

  Beispiele
  - Die Bürodesign GmbH erwirbt 500 Aktien der Vereinigten Spanplatten AG, um Kapital mittelfristig anzulegen.
  - Die Bürodesign GmbH beteiligt sich als Gesellschafter an der Abels, Wirtz & Co. KG, um Einfluss auf den Lieferer nehmen zu können.

- **Forderungsrechte** ergeben sich aus
  - Darlehen, die anderen Unternehmen gewährt werden,
  - dem Kauf von festverzinslichen Wertpapieren oder
  - der Anlage von Kapital gegen Zinsen bei Geldinstituten.

Ziel dieser Investitionen kann die verzinsliche Anlage von Kapital oder die Einflussnahme auf die Geschäftspolitik eines anderen Unternehmens sein.

Beispiel Die Bürodesign GmbH legt 200 000,00 € für 60 Tage zu 4 % bei der Sparkasse KölnBonn an.

▲ Immaterielle Investitionen:

Ihre wesentliche Aufgabe ist darin zu sehen, durch Kapitalanlage für Forschung, Werbung, Aus- und Weiterbildung die Wettbewerbsfähigkeit des Unternehmens zu erhalten bzw. zu steigern. Der Nutzen dieser Investitionen ist oftmals nicht unmittelbar erkennbar.

Beispiel Kapital, das von der Bürodesign GmbH im Absatzbereich, z. B. für Public-Relations-Maßnahmen, investiert wird, erbringt nicht unmittelbar höhere Umsätze. Man erhofft sich jedoch für die Zukunft durch den positiven Ruf des Unternehmens bessere Marktchancen.

Die immateriellen Investitionen erscheinen nicht im Vermögen der Bilanz, sondern sie gehen als Aufwendungen in die GuV-Rechnung ein. Sie senken somit den Jahresgewinn.

- **Investitionen im Absatzbereich:** Zu ihnen zählen alle Ausgaben für Werbung, Verkaufsförderung und Öffentlichkeitsarbeit.

- **Investitionen im Forschungs- und Entwicklungsbereich:** Zu ihnen zählen Ausgaben, die dazu dienen, neue Erzeugnisse und neue oder bessere Produktionsverfahren zu entwickeln. Ebenso zählen hierzu die Investitionen für den Umweltschutz.

  Bd. 1

  Beispiel Die Bürodesign GmbH hat für die Lackiererei ein vollautomatisches Spritzgerät mit einem Filtersystem angeschafft, bei dem alle schädlichen Lackdämpfe zurückgehalten werden.

Bd. 1

- **Investitionen im Personalbereich:** Qualifizierte Mitarbeiter haben heute als Wettbewerbsfaktor eine zentrale Bedeutung. Folglich investieren Unternehmen in die weitere Qualifizierung ihrer Mitarbeiter. Hierzu zählen alle Ausgaben der Personalentwicklung. Es wird in das sogenannte **Humanvermögen (Human Capital)** eines Unternehmens investiert.

  Beispiele Aufwendungen für Aus-, Weiterbildungsmaßnahmen der Mitarbeiter, Rhetorikkurse für Außendienstmitarbeiter

Investitionen im Personalbereich können gleichzeitig Sachinvestitionen und immaterielle Investitionen sein.

Beispiele

- Die Bürodesign GmbH erstellt einen Schulungsraum mit Schulungsmöbeln und mehreren PCs, um Mitarbeiter weiterzuqualifizieren.
- Einrichtung einer Lehrwerkstatt für gewerbliche Auszubildende

Nach der Wirkung einer Investition können **wirkungsbezogene Investitionen** unterschieden werden. Hierbei unterscheidet man

- **Nettoinvestitionen**, dies sind alle Investitionen, die erstmalig im Unternehmen vorgenommen werden,

  Beispiele Gründungsinvestitionen wie Kauf eines Grundstücks, Bau eines Gebäudes; Erweiterungsinvestitionen, die der Vergrößerung des vorhandenen oder der Schaffung neuen Leistungspotenzials dienen und die Kapazität des Unternehmens erhöhen, wie Kauf einer leistungsstärkeren Fertigungsmaschine

- **Reinvestitionen oder Ersatzinvestitionen**, dies sind Investitionen, die der Wiederauffüllung des durch Ge- oder Verbrauch oder sonstige Umstände verminderten Güterbestandes dienen.

  Beispiele Ersatz-, Rationalisierungs-, Diversifizierungs-, Sicherungsinvestitionen, Umstrukturierung

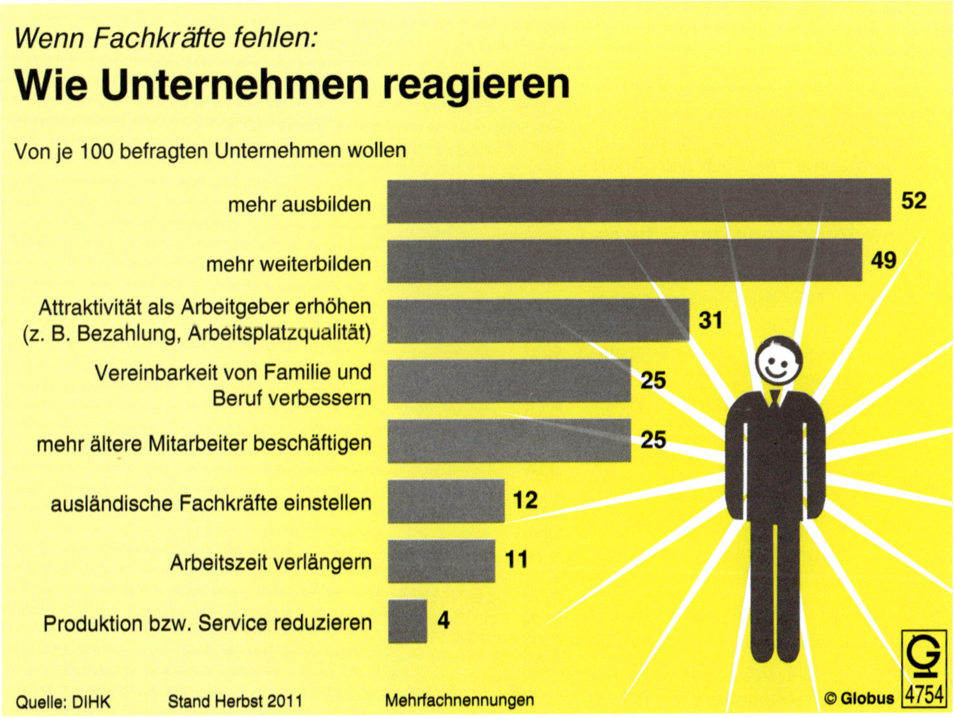

Die Netto- und Reinvestitionen stellen die Gesamtheit der in einer Wirtschaftsperiode erfolgten Investitionen dar und werden als **Bruttoinvestitionen (= Summe aller Investitionen)** bezeichnet.

In kleineren und auch mittleren Unternehmen befinden sich die Leitung des Unternehmens und die finanzwirtschaftliche Führung meistens in einer Hand. Investitionsentscheidungen werden oft durch die Unternehmensleitung getroffen. Daher können Investitionsentscheidungen ungeplant getroffen werden, was durch die **ungeplanten Investitionen** zu existenzbedrohenden Situationen für das Unternehmen führen kann. Große Unternehmen haben in ihrem Organisationsbereich eine eigene finanzwirtschaftliche Abteilung, die Investitionen erst nach einer sorgfältigen Überprüfung tätigt **(geplante Investitionen)**.

Beispiel Die Bürodesign GmbH unterhält die Instanz Finanzen und Betriebswirtschaft. Gruppenleiter ist Jörn Möller.

Nachhaltigkeit von Investitionen

In den Industriegesellschaften wird zunehmend die Forderung zur Nachhaltigkeit von Investitionen erhoben. Hiermit sind folgende **Ziele bei einer Investition** gemeint:

- **Beachtung der Umweltverträglichkeit einer Investition**

  Beispiel Die Bürodesign GmbH investiert nur in Maschinen, mit denen Produkte mit geringer Ressourcenbelastung erzeugt werden.

- **Sozialverträglichkeit einer Investition**

  Beispiel Die Bürodesign GmbH investiert in Maschinen, mit denen die Gesundheitsgefährdung der Arbeitnehmer deutlich verringert wird.

- **Umweltförderung durch Investitionen**

  Beispiel Die Bürodesign GmbH investiert in Maschinen, mit denen eine Steigerung der Energieeffizienz ermöglicht wird, z. B. werden Verbrennungsgase an anderer Stelle wieder als Brennstoffe eingesetzt oder für Stromerzeugung genutzt.

Wirtschaftlicher Erfolg und eine an dem Leitbild der Nachhaltigkeit orientierte Unternehmenspolitik schließen sich nicht aus. Umweltschutz und die Übernahme gesellschaftlicher Verantwortung können die Grundlage für den dauerhaften ökonomischen Erfolg sein.

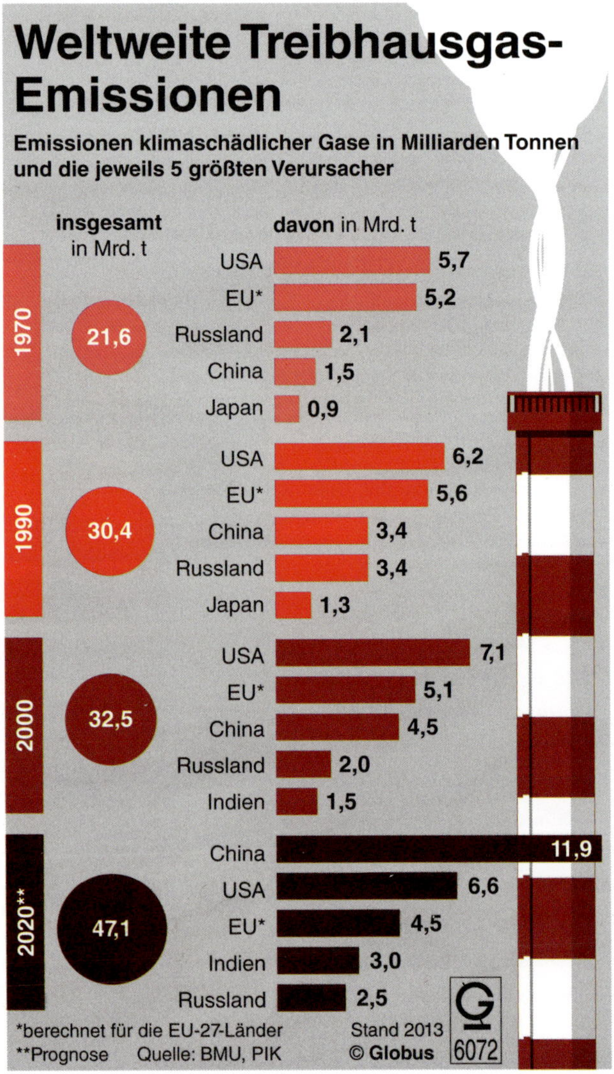

Ziele und Arten von Investitionen

- **Investition** = Verwendung von finanziellen Mitteln zur Anschaffung von Sach-, Finanzvermögen oder immateriellem Vermögen.
- Investitionen können ökonomische, soziale und/oder ökologische **Ziele** haben.

Arten von Investitionen

Sachinvestitionen

- Anlageinvestitionen
  Beispiele Ersatz verbrauchter Maschinen und/oder Erweiterung der Kapazität durch Erwerb zusätzlicher Maschinen
- Vorratsinvestitionen
  Beispiele Kauf von Werkstoffen (Roh-, Hilfs-, Betriebsstoffe)
- Gründungs- und Erstinvestitionen
  Beispiele Kauf von Grundstücken oder Maschinen

Finanzinvestitionen

- Beteiligungsrechte
  Beispiele Erwerb von Aktien; Kauf eines GmbH-Anteils
- Forderungsrechte
  Beispiele Vergabe von Darlehen; verzinsliche Anlage von Kapital

Immaterielle Investitionen

- im Absatzbereich
  Beispiel Public Relations zur Verbesserung des Firmenimages
- im Forschungs- und Entwicklungsbereich
  Beispiel Entwicklung neuer Fertigungsverfahren
- im Personalbereich (Human Capital)
  Beispiele Aus- und Weiterbildung der Mitarbeiter; Fitnessraum für Mitarbeiter

- **Nettoinvestitionen:** alle erstmalig im Unternehmen getätigten Investitionen
- **Bruttoinvestitionen:** Summe aller Investitionen
- **Nachhaltigkeit von Investitionen** durch Beachtung der Umweltverträglichkeit, Sozialverträglichkeit einer Investition und Umweltförderung durch Investitionen

1 Erläutern Sie den Vorgang der Desinvestition an einem Beispiel.

2 Bilden Sie je zwei Beispiele für jede Investitionsart, die von einem Automobilhersteller durchgeführt werden kann.

3 „Immaterielle Investitionen im Personalbereich eines Unternehmens gewinnen zunehmend an Bedeutung!" Nehmen Sie zu dieser Aussage Stellung.

4 Ordnen Sie folgende Ausgaben der Bürodesign GmbH den Investitionsarten zu:

a) Kauf einer Schleifmaschine auf Ziel zur Erweiterung der Produktionskapazitat.
b) Kauf eines Auslieferungs-Lkw gegen Banküberweisung, um einen abgeschriebenen Lkw zu ersetzen.
c) Durchführung des Fortbildungsseminars „Marketing" durch die Bürodesign GmbH für alle Abteilungsleiter.
d) Entwicklung eines Schreibtischstuhls, der bandscheibengeschädigten Personen die Arbeit am Schreibtisch erleichtern soll.
e) Die Bürodesign GmbH gewährt der Bürobedarfsgroßhandlung Schneider & Co. OHG ein Darlehen über 100 000,00 €.

5 Bilden Sie jeweils zwei Beispiele für Investitionen in der Bürodesign GmbH, mit denen ökonomische, ökologische und soziale Ziele verfolgt werden.

6 „Jede Investition sollte auch ökologische Ziele verfolgen." Sammeln Sie Argumente für diese Aussage und suchen Sie zehn Beispiele für die Bürodesign GmbH, bei denen ökologische Ziele berücksichtigt werden sollten.

2 Anregung und Vorbereitung der Investitionsentscheidung

2.1 Investitionsplanung der Datenproblematik bei Investitionsentscheidungen

Die Gruppenleiter der Abteilung „Produktion" treffen sich zu ihrer monatlichen Besprechung mit der Geschäftsleitung. Herr Messerschmidt sagt: „Es lohnt sich nicht, ständig neue Produkte zu entwickeln. Wir sollten uns nur noch auf die Fertigung von drei Schreibtischstühlen beschränken. So sparen wir Produktionskosten, da wir die Fertigung voll automatisieren können. Allerdings müssen wir dann eine vollautomatische Fertigungsmaschine, die ca. 170 000,00 € kostet, anschaffen." Die Geschäftsführerin, Frau Friedrich, widerspricht energisch: „Abgesehen davon, dass diese Investition finanziert werden muss, führt die Einengung auf nur drei Schreibtischstühle zu einem Verlust von Marktanteilen, da wir in einigen Marktsegmenten nicht mehr präsent wären. Zudem fehlt uns anschließend das Kapital für Ersatzinvestitionen." Herr Schauff, Gruppenleiter Holz, bemerkt: „Wir benötigen eine neue Bandsäge im Werte von 35 000,00 €, da die vorhandenen Maschinen vollkommen überlastet sind." Zum Schluss der Sitzung wird Geschäftsführerin Helma Friedrich damit beauftragt, einen Investitionsplan für das nächste Jahr zu erstellen. Frau Friedrich weiß, dass die Bürodesign GmbH nicht für alle gewünschten Anschaffungen das erforderliche Kapital hat.

- Sammeln Sie für Frau Friedrich Kriterien, um zwischen den Anschaffungswünschen der einzelnen Abteilungsleiter abwägen und eine Entscheidung für bestimmte Investitionen treffen zu können.

Jeder Investition in einem Unternehmen geht eine **Investitionsplanung** voraus. Sie bereitet die Beschaffung von Betriebsmitteln (Gebäuden, Maschinen, Fuhrpark) vor. Die **Aufgabe der Investitionsplanung** besteht darin, die Unternehmen mit Sachmitteln so zu versorgen, dass die Unternehmensziele erreicht werden. Hierbei sind die zukünftigen Absatzchancen, Produktionskapazitäten und Liquiditäten zu berücksichtigen.

Die Investitionsplanung ist abhängig von den angestrebten Investitionszielen, die wirtschaftliche, soziale oder ökologische Gesichtspunkte haben können.

▲ Der Investitionsentscheidungsprozess und seine Kontrolle

Jede Investition erfordert eine sorgfältige Investitionsplanung und intensive Entscheidungsvorbereitung, da durch sie Kapital im Betrieb gebunden wird. Durch Investitionen werden langfristig technische und wirtschaftliche Entwicklungen in einem Unternehmen festgelegt. Die Korrektur einer Investitionsentscheidung ist nur mit erheblichen finanziellen Verlusten möglich.

Beispiel Die Bürodesign GmbH kauft für 80 000,00 € eine halbautomatische Plattenformatsägemaschine für den Schreibtisch „Modulo". Hierdurch wird das Fertigungsprogramm langfristig festgelegt. Falls die Produktlinie aufgegeben wird, kann diese Fertigungsmaschine nur mit hohem Aufwand umgerüstet oder unter Buchwert verkauft werden. Ebenfalls werden durch die Investition erhebliche fixe Kosten (Abschreibungen, Zinsen für das gebundene Kapital, Wartungskosten usw.) verursacht.

Für eine Investitionsentscheidung werden technische und wirtschaftliche Daten von Investitionsalternativen herangezogen.

technische Daten	wirtschaftliche Daten
– Kapazität – Arbeitsgüte und Genauigkeitsgrad – Möglichkeiten der Erweiterung – Bedienungsfreundlichkeit	– Anschaffungskosten – Nutzungsdauer – Betriebskosten – Lieferfrist

– Umweltverträglichkeit (Lärmemission, Wasserverschmutzung, Energiebedarf, Lauferschütterung usw.) – Betriebssicherheit – Raumbedarf – Störanfälligkeit – Energieverbrauch – Ergonomie	– Anzahl der erforderlichen Arbeitskräfte – soziale Kosten (Freisetzung von Mitarbeitern, erforderliche Schulung von Mitarbeitern) – Garantie, Kundendienst, Kulanz der Hersteller – Restwert am Ende der Nutzungsdauer – Amortisationszeit – angestrebte Mindestrendite

Der **Entscheidungsprozess** einer einzelnen Anlageninvestition **(Investitionseinzelplanung)** vollzieht sich in folgenden Schritten.

Beispiel In der Bürodesign GmbH wurde im Bereich der Fertigung ein Produktionsengpass festgestellt. Die bisherige maximale Kapazität der vorhandenen Bandsäge für ein produziertes Werkstück lag bei einer Losgröße von 2200 Stück pro Monat. Aufgrund einer gestiegenen Nachfrage nach dem Produkt „Integra" soll eine Losgröße von 2750 Stück erreicht werden. Außerdem soll die Betriebssicherheit bei der Arbeit an der Bandsäge erhöht werden, da sich in der Vergangenheit mit der vorhandenen Bandsäge zahlreiche Arbeitsunfälle ereignet haben.

1. **Investitionsanregung:** Jeder Entscheidungsprozess für eine Investition wird durch Investitionsanregungen ausgelöst.

   Beispiel Der Produktionsengpass kann durch die Anschaffung einer Bandsäge mit höherer Kapazität beseitigt werden. Die neue Bandsäge soll durch besondere Schutzvorrichtungen die Betriebssicherheit erhöhen.

2. **Festlegung von Entscheidungskriterien:** Es wird festgelegt, welche Erwartungen an die technischen und wirtschaftlichen Eigenschaften des Investitionsobjektes gestellt werden und welche Investitionsziele das Unternehmen hat. Diese sind weitgehend zu konkretisieren.

   Beispiel Die Bürodesign GmbH erwartet durch die Anschaffung der neuen Bandsäge eine Erhöhung der Ausbringungsmenge um 25 % und die Beseitigung des Produktionsengpasses. Für die Maschine steht in der Fertigungshalle eine Fläche von 5 m^2 zur Verfügung. Die Bandsäge muss über elektronisch gesteuerte Sicherungseinrichtungen zur Vermeidung von Arbeitsunfällen verfügen.

3. **Suche nach Alternativen:** In dieser Phase erfolgt die Suche nach geeigneten Lieferern und den unterschiedlichen Modellen (Marktuntersuchung, vgl. S. 36). Es sind Angebotsvergleiche durchzuführen. Hierbei sind alle Restriktionen wie vorhandener Raum, vorhandene Energieanschlüsse zu beachten. Es ist ferner zu überprüfen, ob ein Fremdbezug des erforderlichen Werkstückes bei anderen Unternehmen kostengünstiger ist oder ob das Werkstück im eigenen Unternehmen (Eigenfertigung) hergestellt werden kann.

   Beispiel Herr Stein hat festgestellt, dass ein Fremdbezug der Werkstücke und die Eigenfertigung der Bandsäge im eigenen Unternehmen zu kostenintensiv ist. Folglich entschließt sich die Bürodesign GmbH zum Kauf einer neuen Bandsäge. Es werden drei Anbieter für Bandsägen ermittelt, mit denen bereits Geschäftsbeziehungen bestehen.
   - Metallbau Krause OHG (A)
   - Revelex AG (B)
   - Maschinenbau GmbH (C)

4. **Bewertung der Alternativen:** Diese kann eine quantitative oder qualitative sein.
   - Eine **quantitative Bewertung** ist für einige Kriterien möglich, insbesondere solche, die sich auf in Zahlen bewertbare Daten stützen, z.B. Anschaffungskosten, Kapazität je Stunde/Tag/Monat, Energieverbrauch, Nutzungsdauer des Investitionsguts usw.

     Beispiel Der Bürodesign GmbH liegen für die Anschaffung der Bandsäge drei verschiedene Alternativen vor:

Alternative	maximale Kapazität in Stück pro Monat	Anschaffungskosten in €	Nutzungsdauer in Jahren	variable Betriebskosten in € pro Jahr[1]	anteilige fixe Betriebskosten inkl. AfA in € pro Jahr[2]
A	2750	35000,00	5	12000,00	9000,00
B	2800	45000,00	5	13000,00	12000,00
C	2900	50000,00	5	14000,00	13000,00

- Die qualitative Bewertung bezieht sich auf alle nicht messbaren Daten, um sie vergleichbar zu machen.

  Beispiele Eigenschaften der Lieferer (Zuverlässigkeit, Service usw.), technische Störanfälligkeit, Betriebssicherheit (Sicherheit und Unfallgefährdung des Bedienungspersonals: Ist die Bandsäge z. B. mit automatischer Staubabsaugevorrichtung versehen, wodurch sich geringere Staubemissionen ergeben; Lärmschutz usw.), Auswirkung der Investition auf das Betriebsklima (z. B. vermindert sich durch die Anschaffung dieser Maschine die körperliche Belastung des Bedienungspersonals), Umweltverträglichkeit.

Um aber auch diese Daten miteinander vergleichbar zu machen, benutzt man sogenannte **Rangreihenverfahren (Schätzverfahren) und Stufenwertzahlverfahren**, bei denen Rangklassen gebildet und diese Daten mit Punkten (Nutzungswerten) versehen werden.

Beim **Rangreihenverfahren** werden lediglich die bei den einzelnen Merkmalen (z. B. Zuverlässigkeit, Kundendienst, Garantie, Kulanz, Bedienungsfreundlichkeit, Umweltverträglichkeit, Betriebssicherheit usw.) erzielten Rangplätze addiert. Dahingegen werden beim Stufenwertzahlverfahren (vgl. S. 133) die einzelnen Merkmale einzeln gewichtet (z. B. sehr gut = 6 Punkte, gut = 5 Punkte usw.) und anschließend addiert, indem z. B. die Noten addiert werden.

Beispiel (Rangreihenverfahren) Die Bürodesign GmbH zieht nachfolgende qualitative Kriterien für die Bewertung der drei Investitionsalternativen heran:

Bewertungskriterien	Alternative A	Alternative B	Alternative C
wirtschaftliche Daten:			
Zuverlässigkeit	befriedigend	befriedigend	gut
Kundendienst	gut	gut	gut
Garantie	sehr gut	gut	gut
Kulanz	gut	sehr gut	befriedigend
technische Daten:			
Bedienungsfreundlichkeit, Ergonomie	gut	sehr gut	gut
Genauigkeitsgrad	sehr gut	gut	sehr gut
Störanfälligkeit	befriedigend	gut	gut
Umweltverträglichkeit	befriedigend	befriedigend	gut
Betriebssicherheit	sehr gut	gut	gut
Erweiterungsmöglichkeiten	möglich	möglich	nicht möglich

Aus dieser Aufstellung ist noch keine endgültige qualitative Bewertung möglich, da die Kriterien für eine Auswahlentscheidung nicht gleich wichtig sind. Folglich sind die Bewertungskriterien gemäß ihrer Bedeutung im Einzelfall zu gewichten **(Stufenwertzahlverfahren)**. Eine Gewichtung kann

[1] *geschätzte Kosten (Energie, Löhne) bei einer Auslastung von 33000 Stück/Jahr (2750 · 12 Monate)*

[2] *geschätzte Kosten (Abschreibungen, Instandhaltung)*

dadurch erfolgen, dass jedem Kriterium ein bestimmter prozentualer Anteil an der Gesamtbedeutung zugeordnet wird. Dieser Anteil gibt die Punktzahl an, die je Kriterium auf die einzelnen Investitionsalternativen zu verteilen ist. Durch diese Punktvergabe können die Leistungen der Investitionsalternativen gemessen und verglichen werden.

Beispiel (Stufenwertzahlverfahren)

Bewertungskriterien	Bedeutung in %	Alternative A	Alternative B	Alternative C
wirtschaftliche Daten:				
Zuverlässigkeit	10	3	3	4
Kundendienst	15	5	5	5
Garantie	10	4	3	3
Kulanz	6	2	3	1
technische Daten:				
Bedienungsfreundlichkeit, Ergonomie	10	3	4	3
Genauigkeitsgrad	5	2	1	2
Störanfälligkeit	5	1	2	2
Umweltverträglichkeit	10	3	3	4
Betriebssicherheit	25	11	7	7
Erweiterungsmöglichkeiten	4	2	2	0
Summe Punktzahl	**100**	**36**	**33**	**31**

Die Alternative A ist bei der qualitativen Bewertung der nicht messbaren Daten die vorteilhafteste Investitionsalternative, da sie die höchste Punktzahl erreicht hat.

5. **Investitionsentscheidung (Auswahl einer Alternative):** Sie erfolgt aufgrund der quantitativen und qualitativen Bewertung der Investitionsvorhaben.

   Beispiel Die Bürodesign GmbH beschließt, das Angebot der Metallbau Krause OHG (A) in Anspruch zu nehmen, da die Bandsäge dieses Anbieters die geringsten Anschaffungs- und Betriebskosten verursacht und die höchste Punktzahl bei der qualitativen Bewertung aufweist.

6. **Durchführung der Investition:** In dieser Phase erfolgt die eigentliche Investition, d.h., es wird mit dem Lieferer ein Kaufvertrag über das Investitionsgut abgeschlossen.

   Beispiel Die Bürodesign GmbH erteilt der Metallbau Krause OHG den Auftrag und vereinbart als Lieferdatum den 10. August.. .

7. **Kontrolle der Investition:** Hier erfolgt ein Vergleich der Sollwerte mit den Istwerten der geplanten und tatsächlichen Investitionssumme oder der geplanten und tatsächlichen Rentabilität der Investition.

   Beispiel Die Bürodesign GmbH überprüft, ob mit dem Kauf der Bandsäge bei der Metallbau Krause OHG die geplante Erhöhung der Kapazität erreicht worden ist. Die Kapazität ist von einer Losgröße von 2200 Stück auf 2750 Stück gestiegen. Hierdurch konnte der Engpass in diesem Produktionsbereich beseitigt werden. Ferner ist durch die große Betriebssicherheit der Bandsäge die Zahl der Betriebsunfälle an Bandsägen erheblich gesunken. Die körperliche Belastung des Bedienungspersonals konnte durch die Anschaffung der Bandsäge ebenfalls gesenkt werden.

▲ Risiken bei Investitionsentscheidungen

Die meisten der für Investitionsentscheidungen verwendeten Daten sind Zukunftsgrößen.

Beispiele Kosten und Erträge, Einnahmen und Ausgaben des nächsten Geschäftsjahres, Nutzungsdauer eines Investitionsgutes

Diese Daten können zudem folgende Mängel aufweisen:

- **Unsicherheit:** Die Genauigkeit vorhandener Informationen ist begrenzt. Die Wahrscheinlichkeit des Eintreffens der prognostizierten Daten kann nur geschätzt werden.

  Beispiel Die jährlichen Betriebskosten der Bandsäge (Instandhaltung, Energie usw.) können nur geschätzt werden. Sie sollen 21 000,00 €/Jahr betragen, tatsächlich können sie aber höher oder niedriger sein.

- **Unbestimmtheit:** Die Aussage vorhandener Informationen ist ungenau.

  Beispiel Die Vorhersage des erwarteten Marktwertes der Bandsäge nach Ablauf der Nutzungsdauer kann nur geschätzt werden, er kann zwischen 2 000,00 € und 8 000,00 € liegen.

- **Unvollständigkeit:** Es fehlen sachlich erforderliche Informationen.

  Beispiel Die tatsächliche Nutzungsdauer der Bandsäge ist nicht bekannt, sie ist u. a. abhängig vom Nutzungsgrad. Daher kann sie zwischen vier und acht Jahren liegen.

Je geringer die Mängel der vorhandenen oder geschätzten Daten sind, desto sicherer wird die Investitionsentscheidung.

Investitionsplan

Die **Investitionsplanung** stellt eine Teilplanung der Unternehmensplanung dar, in die sie eingebunden ist. Sie kann

- eine **strategische Planung** sein, die langfristig ausgerichtet ist und in der obersten Führungsebene erfolgt,
- eine **taktische Planung** sein, die mittelfristiger Natur ist,
- eine **operative Planung** sein, die kurzfristigen Charakter aufweist.

Bd. 1

Jede Investition muss im Investitionsplan eines Unternehmens berücksichtigt werden. Während die Investitionseinzelplanung die einzelne Investition auf die Erreichbarkeit der vorgesehenen Ziele überprüft, wird in der Praxis jede Investitionseinzelplanung in das Investitionsprogramm eines Unternehmens eingebettet. Für dieses **Investitionsprogramm** geben der Absatz- und Marketingplan (vgl. S. 18) und der Produktionsplan die Rahmenbedingungen vor.

Absatz- und Marketingplan:

Er ist der Ausgangspunkt für den Investitionsplan. Aus dem Absatz- und Marketingplan (vgl. S. 18) ersieht man alle fertigen Erzeugnisse, die in einem Geschäftsjahr **verkauft** werden sollen.

Beispiel Die Bürodesign GmbH hat im alten Geschäftsjahr 140 000 Konferenzstühle „Konzentra" verkauft. Für das neue Geschäftsjahr ist laut Angaben eines von der Bürodesign GmbH beauftragten Marktforschungsinstituts mit einer Absatzsteigerung von 12 % bei den Konferenzstühlen zu rechnen.

Produktionsplan:

Er enthält alle fertigen und unfertigen Erzeugnisse, die in einem Geschäftsjahr **hergestellt** werden sollen. Aus dem Produktionsplan ist auch zu ersehen, welche Investitionen notwendig sind, um Engpässe in der Produktion zu beseitigen.

Beispiel Die Bürodesign GmbH hat einen Produktionsplan erstellt. Um das Produktionsziel von 156 800 Konferenzstühlen zu erreichen, müssen für die Fertigung zwei zusätzliche Pendelkreissägen zum Preis von je 12 000,00 € angeschafft werden.

Investitionsplan

Bürodesign GmbH

Geschäftsjahr	Investitionsgegenstand	Anschaffungskosten in €	Nutzungsdauer in Jahren
2017	Bandsäge	35 000,00	5
	Standbohrer	17 000,00	10
	Lieferwagen	80 000,00	5
	PC	18 000,00	4
	Pendelkreissägen	12 000,00	6
	Zentrale Absauganlage	130 000,00	15
	Lagerhalle	260 000,00	20
2018	CNC-Maschine	140 000,00	10
	Pkw für Außendienst	80 000,00	5
	Hobelmaschine	22 000,00	8
	Fertigungshalle	280 000,00	20
	Furnierschneide-maschine	60 000,00	10

Investitionsplanung und Datenproblematik bei Investitionsentscheidungen

- Die **Aufgabe der Investitionsplanung** besteht darin, Investitionsvorhaben aufgrund von Marktbeobachtungen und Absatzerwartungen auf ihre Wirtschaftlichkeit und Rentabilität zu überprüfen.
- Der **Investitionsentscheidungsprozess und seine Kontrolle** vollzieht sich in sieben Stufen:
  - Investitionsanregung
  - Festlegung von Entscheidungskriterien
  - Suche nach Alternativen
  - Bewertung der Alternativen

    Quantitative Bewertung: Erfassung aller in Zahlen bewertbarer Daten

    Qualitative Bewertung: Vergleichbarmachung aller nicht messbaren Daten mithilfe von Rangreihen- und Stufenwertverfahren
  - Investitionsentscheidung (Auswahl einer Alternative)
  - Durchführung der Investition
  - Kontrolle der Investition
- Jedes Unternehmen stellt für alle geplanten Investitionen einen **Investitionsplan** auf der Basis von Absatz-/Marketing- und Produktionsplänen auf.

1 Die Bürodesign GmbH will eine vollautomatische CNC-Maschine (Computer Numerical Control) für die Fertigung anschaffen. Erläutern Sie einige Daten, die von der Bürodesign GmbH für diese Investitionsentscheidung herangezogen werden müssen.

2 Investitionsentscheidungen sind immer mit Risiken verbunden. Beschreiben Sie mögliche Risiken einer Investition.

3 Beschreiben Sie die verschiedenen Stufen eines Investitionsentscheidungsprozesses anhand eines selbst gewählten Beispiels.

4 Begründen Sie, ob die nachfolgenden Daten, die für eine Investitionsentscheidung herangezogen werden sollen, einer quantitativen oder qualitativen Bewertung unterzogen werden können:
a) Garantie des Herstellers
b) Restwert des Investitionsgegenstandes nach vier Jahren
c) Raumbedarf
d) Arbeitsgüte und -genauigkeit
e) Anzahl der erforderlichen Arbeitskräfte
f) Umweltverträglichkeit

5 Sie sollen einen Drucker für ein Großraumbüro eines Industriebetriebes kaufen.
a) Besorgen Sie sich Unterlagen über Drucker.
b) Ermitteln Sie anhand des Investitionsentscheidungsprozesses die Entscheidungskriterien, die herangezogen werden sollen.
c) Nehmen Sie eine qualitative und eine quantitative Bewertung der Alternativen vor.
d) Treffen Sie eine Entscheidung.

6 Erläutern Sie den Zusammenhang zwischen Absatz-, Produktions- und Investitionsplan.

2.2 Investitionsrechnung als Entscheidungsinstrument

Die Geschäftsführerin der Bürodesign GmbH, Frau Friedrich, hat auf der Besprechung den Investitionsplan für das nächste Geschäftsjahr (vgl. S. 135) vorgelegt. Frau Duman, die Gruppenleiterin der Polsterei, ist verärgert, da sie in diesem Plan die von ihr beantragte Anschaffung einer Polsterbespannmaschine vermisst. „Wieso bekommt die Schlosserei eine CNC-Maschine für 140 000,00 €? Die Anschaffung einer neuen Polsterbespannmaschine wäre viel sinnvoller. Außerdem kostet diese nur 18 000,00 €, sie ist somit erheblich billiger als die CNC-Maschine!" Frau Friedrich unterbricht sie: „Natürlich haben wir uns Gedanken darüber gemacht, welche Investitionen wir im nächsten Geschäftsjahr zuerst tätigen. Wir haben es uns nicht leicht gemacht, aber wir haben festgestellt, dass wir, auf lange Sicht gesehen, mit dem Kauf der CNC-Maschine höhere Gewinne machen werden, da wir in der Fertigung effizienter arbeiten können. Durch den Kauf der Polsterbespannmaschine wird sich unsere Gewinnsituation kaum verändern." „Merkwürdig", denkt Frau Duman, „woher will Frau Friedrich denn wissen, dass sich der Gewinn durch die Anschaffung der Polsterbespannmaschine kaum verändert?"

- Überprüfen Sie, wie die voraussichtliche Wirtschaftlichkeit einer Investition ermittelt werden kann.
- Vergleichen Sie die Verfahren der statischen und dynamischen Investitionsrechnung. Bilden Sie hierzu arbeitsteilige Gruppen und stellen Sie Ihre Ergebnisse mithilfe geeigneter Präsentationsformen vor.

Ziel jeder Investitionsrechnung ist die **Ermittlung der voraussichtlichen Wirtschaftlichkeit einer Investition**. Die Investitionsrechnung soll zeigen, ob die gesetzten Ziele erreicht werden können. Zudem können verschiedene Investitionsobjekte in ihrer Wirtschaftlichkeit miteinander verglichen werden. Eine Investition ist wirtschaftlich sinnvoll, wenn die Ausgaben für die Investition durch die zu erwartenden Einnahmen mindestens gedeckt werden. Neben den zukünftigen wirtschaftlichen Daten (Aufwendungen, Erträge), die oft mit Unsicherheit behaftet sind, muss auch die **Sozial- und Umweltverträglichkeit von Investitionen** überprüft werden. In die Investitionsrechnung werden nur die wirtschaftlichen Daten einbezogen, Daten wie Betriebssicherheit, Bedienungsfreundlichkeit,

Störanfälligkeit, Lärmbelastung werden nicht berücksichtigt. Zudem können mit diesen Verfahren nicht die Auswirkungen von Investitionen in Forschung und Entwicklung und in Aus- und Weiterbildung von Mitarbeitern untersucht werden.

Bei den Verfahren der Investitionsrechnung unterscheidet man statische und dynamische Methoden der Investitionsrechnung.

Statische Methoden der Investitionsrechnung

Bei der statischen Investitionsrechnung werden die Kosten, die Gewinne, die Rentabilitäten und die Amortisationszeiten von Investitionen miteinander verglichen.

Folgende Methoden der statischen Investitionsrechnung werden unterschieden:

- Kostenvergleichsrechnung
- Gewinnvergleichsrechnung
- Rentabilitätsvergleichsrechnung
- Amortisationsvergleichsrechnung

Kostenvergleichsrechnung:

Bei dieser Methode werden nur die jährlichen Kosten der Investitionsalternativen pro Periode oder Leistungseinheit miteinander verglichen.

Diese Methode ist ein Verfahren, Rationalisierungsinvestitionen zu beurteilen.

Bei der Kostenvergleichsrechnung werden in der Regel alle bedeutsamen **Kostenarten im Vergleich berücksichtigt**. Hierzu zählen:

Kostenarten

Kapitalkosten

- kalkulatorische Abschreibungen
- kalkulatorische Zinsen inkl. Kapitaldienst (alle Zahlungen für Zinsen und Tilgung der aufgenommenen Kredite)

Betriebskosten

- Personalkosten
- Materialkosten
- Instandhaltungskosten
- Energiekosten

Ist die voraussichtlich genutzte Leistung der alternativen Investitionen gleich hoch, genügt der **Kostenvergleich je Periode** (Gesamtkosten). Dieser Vergleich ist nicht möglich, wenn die voraussichtlich genutzten Leistungen der alternativen Anlage unterschiedlich hoch sind. Dann muss ein **Kostenvergleich je Leistungseinheit** stattfinden (Stückkosten).

- **Kostenvergleich je Periode:** Die Kostenvergleichsrechnung berücksichtigt keine Kostenverschiebungen, die sich im Laufe von mehreren Perioden ergeben können, z.B. Erhöhung der Reparatur- oder Lohnkosten. Die Anwendung der Kostenvergleichsrechnung ist nur dann sinnvoll, wenn Kosten langfristig unverändert bleiben.

Bei der Kostenvergleichsrechnung wird im Gegensatz zu der dynamischen Investitionsrechnung die weitere Kostenentwicklung nicht berücksichtigt. Somit ist die Kostenersparnis, die sich aus dem Vergleich der Kosten des alten Anlagegegenstandes mit dem neuen Anlagegegenstand ergibt, der einzige Beurteilungsmaßstab.

Der folgende Kostenvergleich wird tabellarisch dargestellt. Er kann aber auch mathematisch durchgeführt werden.

Beispiel Die Bürodesign GmbH hat in der Fertigung eine zwei Jahre alte Maschine eingesetzt. Aufgrund häufiger Störanfälligkeit der vorhandenen Maschine wird angeregt, sie durch eine neue zu ersetzen. Beide Maschinen haben jeweils eine Kapazität von 22000 Mengeneinheiten pro Jahr.

	alte Maschine[1]		neue Maschine[2]	
Anschaffungskosten in €	120000,00		150000,00	
Buchwert in €	60000,00			
Kosten pro Jahr in €				
Fixe **Kosten**				
Instandhaltung	16000,00		4000,00	
Abschreibungen (linear 25 %)	30000,00		37500,00	
Gehälter	12000,00		10000,00	
Kalkulatorische Zinsen				
(8 % vom Durchschnittswert der Kapitalbindung)[3]				
d.h. 120000 : 2 = 60000,00, davon 8 %				
d.h. 150000 : 2 = 75000,00, davon 8 %	4800,00		6000,00	
Sonstige fixe Kosten	14000,00		10000,00	
Fixe Kosten insgesamt		76800,00		67500,00
Variable Kosten				
Löhne	60000,00		55000,00	
Materialkosten	210000,00		210000,00	
Energiekosten	12000,00		9000,00	
Sonstige variable Kosten	8000,00		5000,00	
Variable Kosten insgesamt		290000,00		279000,00
Summe der Kosten in €		366800,00		346500,00
Kostenersparnis im Jahr in €				20300,00

Die Kosten der neuen Anlage liegen unter denen der alten Anlage. Die Kostenersparnis der neuen Anlage beträgt im Jahr 20300,00 €. Unter Kostengesichtspunkten lohnt sich der Kauf der neuen Maschine. Ferner ergibt sich ein Vorteil für die neue Maschine, wenn sie eine geringere Störanfälligkeit als die alte aufweist (geringe Produktionsunterbrechungen, längere Maschinenlaufzeiten usw.).

Die Kostenvergleichsrechnung für alternative Investitionen wird in gleicher Weise durchgeführt. Es ist wieder ein Kostenvergleich für eine Periode anzustellen.

Dieser Vergleich ist allerdings nicht möglich, wenn die voraussichtlich genutzten Leistungen der alternativen Investitionen unterschiedlich hoch sind. Dann muss ein Kostenvergleich je Leistungseinheit (vgl. S. 139) gemacht werden.

Beispiel Die Bürodesign GmbH will eine neue Maschine für die Fertigung kaufen. Zu diesem Zweck werden die Kosten der zwei alternativen Maschinen verglichen.

---

[1] *Bei diesen Beträgen handelt es sich um Werte aus dem Rechnungswesen.*

[2] *Bei diesen Beträgen handelt es sich um Werte, die aufgrund der Herstellerangaben geschätzt worden sind.*

[3] *Bei Berücksichtigung aller Kosten müssen auch die kalkulatorischen Zinsen für die durchschnittliche Kapitalbindung berücksichtigt werden. Die Zinsen für das durchschnittlich gebundene betriebsnotwendige Kapital werden von der Hälfte der Anschaffungskosten der Investition berechnet.*

$$\text{Durchschnittswert der Kapitalbindung} = \frac{\text{Anschaffungskosten}}{2}$$

Auch in diesem Fall wird unterstellt, dass die Kosten für die Investitionsalternativen konstant bleiben und sie zudem gleiche Erträge erbringen. Ferner werden bestimmte Faktoren wie Umweltverträglichkeit, Betriebssicherheit, Kulanz der Lieferer nicht berücksichtigt.

	Alternative 1		**Alternative 2**	
Anschaffungskosten in €	140 000,00		150 000,00	
Nutzungsdauer in Jahren	4		4	
Auslastung in Stück/Jahr	22 000		22 000	
Kosten pro Jahr in €				
Fixe Kosten				
Instandhaltung	5 000,00		4 000,00	
Abschreibungen (linear 25 %)	35 000,00		37 500,00	
Gehälter	8 000,00		10 000,00	
Kalkulatorische Zinsen (8 % vom Durchschnittswert der Kapitalbindung)				
d. h. 140 000 : 2 = 70 000,00, davon 8 %	5 600,00			
d. h. 150 000 : 2 = 75 000,00, davon 8 %			6 000,00	
Sonstige fixe Kosten	11 000,00		10 000,00	
Fixe Kosten insgesamt		64 600,00		67 500,00
Variable Kosten				
Löhne[1]	70 000,00		55 000,00	
Materialkosten	210 000,00		210 000,00	
Energiekosten	10 000,00		9 000,00	
Sonstige variable Kosten	8 000,00		5 000,00	
Variable Kosten insgesamt		298 000,00		279 000,00
Summe der Kosten in €		362 600,00		346 500,00
Differenz in €				16 100,00

Die Alternative 2 ist die kostengünstigere, da sie 16 100,00 € weniger Kosten als die Alternative 1 verursacht.

Über die Kostenarten, die bei einem Kostenvergleich bei Investitionsentscheidungen berücksichtigt werden sollten, gibt es unterschiedliche Auffassungen. In der Regel werden alle bedeutsamen Kosten im Vergleich berücksichtigt.

Beispiel Beim Kostenvergleich der Investitionsalternativen brauchten von der Bürodesign GmbH eigentlich die Personal- und Materialkosten nicht berücksichtigt zu werden. Jedoch ist es zweckmäßiger, alle Kosten einzubeziehen, weil die Entscheidungsträger damit gezwungen werden, sich mit allen Kosten und deren Beziehungen untereinander zu beschäftigen.

Neben den Anschaffungskosten für Investitionsobjekte können auch die Wiederbeschaffungskosten berücksichtigt werden. Die kalkulatorischen Abschreibungen werden dann von den Wiederbeschaffungskosten berechnet. Dies berücksichtigt, dass am Ende der Laufzeit eines Investitionsobjektes ein neues Investitionsobjekt aufgrund verschiedener Faktoren höhere Anschaffungskosten verursacht.

- **Kostenvergleich je Leistungseinheit:** Die meisten Anlagegegenstände werden nur selten bis an den Rand ihrer Kapazität genutzt. Somit ist es nicht sinnvoll, einen Kostenvergleich auf eine Periode zu beziehen, sondern es sollte ein Stückkostenvergleich durchgeführt werden. Sind die Kapazitäten der Alternativen unterschiedlich, so sollte der Kostenvergleich auf eine einzelne Leistungseinheit bezogen werden.

---

[1] *Die unterschiedlichen Lohnkosten ergeben sich aus der Tatsache, dass es sich bei der Alternative 2 um eine vollautomatische und bei der Alternative 1 um eine halbautomatische Maschine handelt. Folglich verursacht die Alternative 2 geringere Lohnkosten.*

Beispiel Die Bürodesign GmbH will eine Fertigungsmaschine anschaffen. Hierfür stehen zwei Investitionsalternativen zur Verfügung. Mit Alternative 1 können 25 000 Stück und mit Alternative 2 22 000 Stück/Jahr gefertigt werden. Die Kostenrechnung ermittelt folgende Werte:

	Alternative 1		**Alternative 2**	
Anschaffungskosten in €	160 000,00		150 000,00	
Nutzungsdauer in Jahren	4		4	
Auslastung in Stück/Jahr	25 000		22 000	
Anteilige Kosten pro Jahr in €				
Fixe Kosten insgesamt K_f	60 000,00[1]		67 500,00[2]	
Fixe Kosten je Stück k_f		2,40		3,07[3]
Variable Kosten insgesamt K_v	340 000,00		279 000,00[2]	
Variable Kosten je Stück k_v		13,60		12,68[3]
Gesamtkosten K_g/k_g in €	400 000,00	16,00	346 500,00[2]	15,75
Kostenersparnis in €				0,25

Die Alternative 2 ist die kostengünstigere, da sie um 0,25 € geringere Stückkosten als Alternative 1 verursacht.

Bei Investitionsalternativen mit unterschiedlichen Kapazitäten ist nicht nur die Ermittlung der Kosten für eine bestimmte Produktionsmenge wichtig, sondern auch die **Ermittlung der kritischen Menge**, d.h. der Menge, ab der eine Alternative günstiger wird als eine andere. Bei der Ermittlung der kritischen Menge werden die Kosten in fixe und variable Kosten unterteilt.

Beispiel (Fortsetzung von oben) Die Bürodesign GmbH hat bei der Anschaffung einer Maschine für die Fertigung zwischen zwei Alternativen zu wählen.

	Alternative 1	**Alternative 2**
Variable Kosten je Stück k_v in €	13,60	12,68
Fixe Kosten insgesamt K_f p. a. in €	60 000,00	67 500,00

Die Gesamtkosten bei einer beliebigen Stückzahl x betragen:

Alternative 1 $K_{g1} = 13{,}60\,x + 60\,000$
Alternative 2 $K_{g2} = 12{,}68\,x + 67\,500$

Da bei der kritischen Menge die Gesamtkosten beider Alternativen gleich sind, ergibt sich: $K_{g1} = K_{g2}$

$$\begin{aligned} 13{,}60\,x + 60\,000 &= 12{,}68x + 67\,500 \\ 0{,}92x &= 7\,500 \\ x &= \underline{8\,152} \end{aligned}$$

Ab einer Ausbringungsmenge von 8 152 sind die Kosten der Alternative 1 höher als bei Alternative 2 (vgl. S. 141).

Voraussetzungen für die Anwendbarkeit der Kostenvergleichsrechnung sind:

- Die Erträge, die mit dieser Investition erzielt werden, bleiben konstant.
- Die Kosten für das Investitionsobjekt bleiben während der Nutzungsdauer konstant.

Weil diese Voraussetzungen nicht immer gegeben sind, ergeben sich einige **Nachteile der Kostenvergleichsrechnung**:

---

[1] *Bei diesen Beträgen handelt es sich um Werte, die aufgrund der Herstellerangaben geschätzt worden sind.*
[2] *Vgl. Beispiel S. 123 (neue Maschine)*
[3] *Aus Vereinfachungsgründen wurden die fixen und variablen Kosten je Stück auf volle Cent auf- bzw. abgerundet.*

Investitionsalternativen

	Alternative 1	Alternative 2
K_f k_v	60 000,00 € 13,60 €	67 500,00 € 12,68 €
Ausbringungsmenge (x) in Stück	**Gesamtkosten in €**	**Gesamtkosten in €**
0	60 000,00	67 500,00
1 000	73 600,00	80 180,00
2 000	87 200,00	92 860,00
3 000	100 800,00	105 540,00
4 000	114 400,00	118 220,00
5 000	128 000,00	130 900,00
6 000	141 600,00	143 580,00
7 000	155 200,00	156 260,00
8 000	168 800,00	168 940,00
9 000	182 400,00	181 620,00
10 000	196 000,00	194 300,00
11 000	209 600,00	206 980,00
12 000	223 200,00	219 660,00
13 000	236 800,00	232 340,00
14 000	250 400,00	245 020,00
15 000	264 000,00	257 700,00

- Es ist eine kurzfristige, statische Rechnung, die Veränderungen der Kosten- und Ertragsentwicklung nicht berücksichtigt.
- Der einzige Beurteilungsmaßstab ist die Kostenersparnis, die sich aus dem Vergleich der Kosten eines alten Anlagegegenstandes mit einem neuen oder mehreren alternativen Anlagegegenständen ergibt.

Der **Vorteil der Kostenvergleichsrechnung** liegt darin, dass sie einfach zu handhaben ist.

Grafische Darstellung der kritischen Menge, bei der sich das Verhältnis der Vorteilhaftigkeit umkehrt:

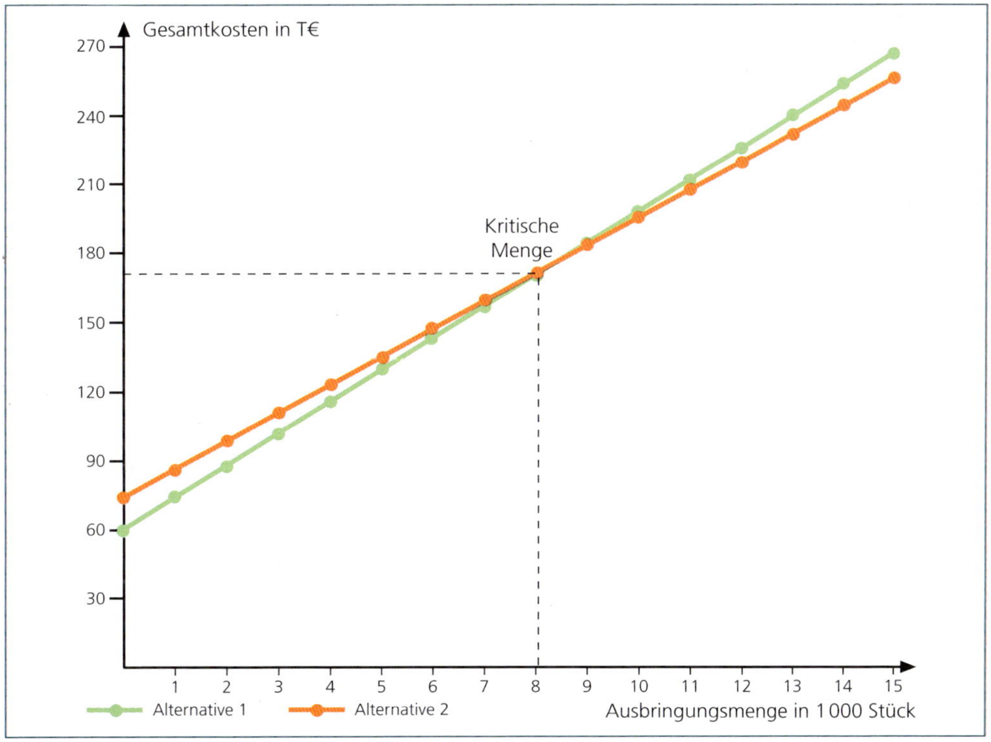

Gewinnvergleichsrechnung:

Sie wird insbesondere bei der Beurteilung von Erweiterungs- und Modernisierungsinvestitionen herangezogen. Hier wird dem bisherigen Durchschnittsgewinn der erwartete Gewinn pro Periode nach Durchführung der Investition gegenübergestellt. Der Unterschied zur Kostenvergleichsrechnung besteht darin, dass neben den Kosten, die das Investitionsvorhaben verursacht, auch die Erlöse berücksichtigt werden.

Beispiel (vgl. S. 138) Die Bürodesign GmbH prüft, ob es vorteilhaft ist, eine in der Fertigung vorhandene Maschine durch eine neue zu ersetzen. Die mit dieser Maschine erstellten Erzeugnisse können zum Preis von 17,00 € je Stück verkauft werden. Die Kostenrechnung ermittelte folgende Werte:

	Alte Maschine	Neue Maschine
Anschaffungskosten in €	120 000,00	150 000,00
Nutzungsdauer in Jahren	4	4
Auslastung in Stück	22 000	22 000
Zinssatz in %	8	8
Kosten und Erlöse pro Jahr in €		
Erlöse[1] (Menge · Preis)	374 000,00	374 000,00
Kosten (vgl. S. 138)	366 800,00	346 500,00
Gewinn in € pro Jahr	7 200,00	27 500,00

Die Investition lohnt sich, da bei der Anschaffung der neuen Maschine ein um 20 300,00 € höherer Gewinn als mit der alten Maschine erzielt werden kann. Besteht eine Wahlmöglichkeit zwischen mehreren alternativen Investitionen, wird die Investition ermittelt, die den höchsten Gewinn erwirtschaftet.

Der **Vorteil der Gewinnvergleichsrechnung** gegenüber der Kostenvergleichsrechnung ist darin zu sehen, dass die Erlöse in die Berechnung mit einbezogen werden.

Die **Nachteile** liegen darin, dass

- sich der Gewinnvergleich nur auf eine Periode bezieht,
- die Höhe der Erlöse und somit des Gewinnes nur schwer zu schätzen ist.

Rentabilitätsvergleichsrechnung:

Sie stellt eine Kombination der Kosten- und Gewinnvergleichsrechnung dar. Bei dieser Berechnungsmethode wird die Investition nach der Kapitalverzinsung beurteilt, indem der Jahresgewinn in Relation zum investierten durchschnittlichen Kapital gesetzt wird. Auf diese Weise wird die Kapitalverzinsung (= Rendite) berücksichtigt, Investitionen werden somit vergleichbar gemacht.

$$\text{Rentabilität (R)} = \frac{\text{Jahresgewinn} \cdot 100}{\text{Ø Kapitaleinsatz}} \quad \text{oder} \quad \frac{(\text{Erlöse} - \text{Kosten}) \cdot 100}{\text{Ø Kapitaleinsatz}}$$

Unter dem Jahresgewinn versteht man bei der Rentabilitätsvergleichsrechnung den zusätzlichen durch die Investition verursachten Gewinn. Er darf nicht durch kalkulatorische Zinsen gemindert werden, da die ermittelte Rentabilitätszahl selbst die Verzinsung des insgesamt eingesetzten Kapitals ausdrückt. Der Kapitaleinsatz ist der zusätzliche, durch die Investition erforderliche Einsatz von Kapital. Beim abnutzbaren Anlagevermögen wird von einem durchschnittlichen Kapitaleinsatz (= halber Anschaffungspreis) ausgegangen, da durch den kontinuierlichen Rückfluss des Kapitals in die Unternehmung der durchschnittlich gebundene Kapitalbetrag nur halb so hoch ist wie die Anschaffungskosten.

---

[1] *Es handelt sich um Schätzwerte auf der Basis des Absatzplans und der zukünftigen Preisentwicklung. Die geringeren Kosten der neuen Maschine ergeben sich aus einem geringeren Energieverbrauch und einer Senkung der Lohnkosten, da es sich um eine vollautomatische Maschine handelt.*

Beispiel (vgl. S. 140) Die Bürodesign GmbH plant die Anschaffung einer Maschine für die Fertigung. Es liegen zwei Angebote vor:

	Alternative 1	**Alternative 2**
Anschaffungskosten in €	160 000,00	150 000,00
Durchschnittlicher Kapitaleinsatz in € (Anschaffungskosten : 2)	80 000,00	75 000,00
Kosten und Erlöse pro Jahr in €		
Erlöse (Menge · Preis)	425 000,00 (25 000 · 17)	374 000,00 (22 000 · 17)
– Kosten ($K_g = K_f + K_v$)[1]	393 600,00	340 500,00
= Gewinn in € pro Jahr	31 400,00	33 500,00
$R = \frac{\text{Gewinn}}{\text{ø Kapitaleinsatz}} \cdot 100$	$R = \frac{31\,400}{80\,000} \cdot 100 = \underline{\underline{39{,}25\ \%}}$	$R = \frac{33\,500}{75\,000} \cdot 100 = \underline{\underline{44{,}7\ \%}}$

Die Alternative 2 hat eine höhere Rentabilität als die Alternative 1. Die durchschnittliche jährliche Verzinsung auf das bei der Alternative 2 eingesetzte Kapital beträgt 44,7 %.

Voraussetzung für die Anwendbarkeit der Rentabilitätsvergleichsrechnung ist, dass die Erträge im Zeitablauf gleich bleiben. Sie ist aussagefähiger als die Kosten- und Gewinnvergleichsrechnung, da der Kapitaleinsatz berücksichtigt wird. Sind die Anschaffungskosten und/oder Nutzungsdauer alternativer Investitionsobjekte unterschiedlich hoch, müssen sie vergleichbar gemacht werden, damit fehlerhafte Beurteilungen vermieden werden. Dies geschieht mithilfe einer **Differenzinvestition**, wobei das Investitionsobjekt mit dem geringeren Wert „aufgefüllt" wird.

▲ Amortisationsvergleichsrechnung (Pay-off-Methode):

Sie beurteilt die Investition nach dem Zeitraum, in dem das investierte Kapital in Form von Gewinnen und Abschreibungen zurückfließt. Dieser Zeitraum wird als **Wiedergewinnungs- oder Kapitalrückflusszeit** bezeichnet. Je kürzer die Zeitdauer des Kapitalrückflusses (Amortisation = Rückfluss der Investitionsbeträge), desto günstiger ist eine Investition.

Der durchschnittliche Kapitalrückfluss ergibt sich aus dem durchschnittlichen jährlichen Gewinn und den jährlichen Abschreibungen. Die Abschreibungen sind zu berücksichtigen, obwohl sie nicht ausgabenwirksam sind, sie müssen aber trotzdem über die Verkaufserlöse wieder in das Unternehmen zurückfließen, d. h., sie müssen auch erwirtschaftet werden.

Ø Kapitalrückfluss = jährliche Abschreibung + Ø jährlicher Gewinn

Die **Kapitalrückflusszeit (Amortisationszeit)** während der Abschreibungsdauer wird folgendermaßen errechnet:

$$\textbf{Kapitalrückflusszeit (Amortisationszeit) in Jahren}^{2} = \frac{\text{Anschaffungskosten}}{\text{jährliche Abschreibungen + Ø jährlicher Gewinn}}$$

[1] *Die kalkulatorischen Zinsen wurden bei den Kosten nicht berücksichtigt.*

[2] *Werden die kalkulatorischen Zinsen für die Amortisationsvergleichsrechnung verwendet, so müssen diese im Nenner des Bruches berücksichtigt werden.*

$$\textit{Kapitalrückflusszeit (Amortisationszeit) in Jahren} = \frac{\textit{Anschaffungskosten}}{\textit{jährliche Abschreibungen + durchschnittlicher Gewinn + kalkulatorische Zinsen}}$$

Beispiel (vgl. S. 138 f.) Der Bürodesign GmbH liegen für die Anschaffung einer Maschine zwei Angebote mit folgenden Daten vor: Die Maschine soll vier Jahre genutzt werden.

	Alternative 1	Alternative 2
Anschaffungskosten in € Nutzungsdauer in Jahren	160 000,00 4	150 000,00 4
Abschreibung linear in €/Jahr + ø Gewinn in € pro Jahr	40 000,00 31 400,00[1]	37 500,00 33 500,00[2]
= Kapitalrückfluss in €/Jahr	71 400,00	71 000,00
$\text{Kapitalrückflusszeit} = \frac{\text{Anschaffungskosten}}{\text{jährliche Abschreibungen} + \text{ø jährlicher Gewinn}}$	$\frac{160\,000{,}00}{71\,400} = 2{,}24$ Jahre	$\frac{150\,000{,}00}{71\,000} = 2{,}11$ Jahre

Alternative 2 ist die vorteilhaftere Investition, da sie eine kürzere Amortisationszeit aufweist. Die Investition ist für das Unternehmen vorteilhaft, da die Amortisationszeit kleiner ist, als sie von der Unternehmung festgelegt wurde.

Mithilfe der Amortisationsvergleichsrechnung können keine Aussagen über die Wirtschaftlichkeit einer Investition gemacht werden. Es sind nur Aussagen über den Rückfluss von Gewinn und Abschreibungen möglich. Somit wird nur das Risiko einer Investition abgeschätzt. Zur genaueren Analyse einer Investition sollten zusätzlich Rentabilitätsgesichtspunkte berücksichtigt werden.

▲ Bewertung der Methoden der statischen Investitionsrechnung:

Die Methoden der statischen Investitionsrechnung sind in ihrer Anwendung einfach:

- Sie beziehen nur Daten einer Periode ein und unterstellen, dass alle Daten im Laufe der Nutzungsdauer gleich bleiben. Mögliche Veränderungen im Laufe der Nutzungsdauer, z. B. Personal-, Materialkosten, Ausbringungsmenge, Instandhaltung, bleiben unberücksichtigt.
- Der Einfluss der Zeit auf Kosten, Gewinn und Rentabilität wird nicht berücksichtigt.
- Sie beziehen nur vorhandene Daten, z. B. Kosten und Erlöse, ein, die im Rechnungswesen erfasst werden.

▲ Dynamische Methoden der Investitionsrechnung

Bei den statischen Methoden der Investitionsrechnung wurden Kosten und Gewinne ohne Berücksichtigung der Zeit verglichen. Die dynamische Investitionsrechnung bezieht den Zeitfaktor mit in die Überlegungen ein. Sie geht davon aus, dass der jeweilige Zeitpunkt von Ausgaben und Einnahmen bei Investitionsentscheidungen berücksichtigt werden muss.

Das Hauptargument hierfür besteht darin, dass Gelder für **Ausgaben**, die erst nach dem Zeitpunkt der Investitionsentscheidungen anfallen (z. T. erst in mehreren Jahren), bis dahin zinsbringend angelegt werden können. Diese künftigen Ausgaben sind also auf den Zeitpunkt der Investitionsentscheidung **abzuzinsen**, um ihren tatsächlichen Wert, den **Barwert**, zu ermitteln.

Hierzu wird ein **Kalkulationszinssatz** zugrunde gelegt. Er sollte mindestens so hoch sein wie die Verzinsung eines Kapitals bei einer langfristigen Anlage bei einer Bank.

[1] *Der Gewinn darf nicht durch kalkulatorische Zinsen gemindert sein.*

MATH

Der Barwert eines Kapitals berechnet sich nach folgender finanzmathematischer Formel:

$$K_0 = \frac{K_n}{q^n} = K_n \cdot \frac{1}{q^n}$$

K_0 = Barwert
K_n = Kapital nach n Jahren
n = Anzahl der Zinsjahre
q = 1 + (p/100) Zinsfaktor
p = Kalkulationszinssatz

($1/q^n$) ist der **Abzinsungsfaktor**, er kann berechnet oder in Tabellen nachgesehen werden.

MATH

Abzinsungsfaktoren bei einem Zinssatz von 6 % und 12 %:

n = Jahr	$\frac{1}{q^n}$ 6 %	$\frac{1}{q^n}$ 12 %
1	0,943396	0,892857
2	0,889996	0,797193
3	0,839619	0,711780
4	0,792094	0,635518
5	0,747258	0,567426
6	0,704961	0,506630
7	0,665057	0,452348
8	0,627412	0,403882
9	0,591898	0,360609
10	0,558395	0,321972

n = Jahr	$\frac{1}{q^n}$ 6 %	$\frac{1}{q^n}$ 12 %
11	0,526788	0,287475
12	0,496969	0,256674
13	0,468839	0,229173
14	0,442301	0,204619
15	0,417265	0,182695
16	0,393646	0,163121
17	0,371364	0,145643
18	0,350344	0,130039
19	0,330513	0,116106
20	0,311805	0,103666

Beispiel Die Bürodesign GmbH prüft die Investition für eine Lackiermaschine. An Ausgaben fallen insgesamt 175 000,00 € an. Der Zeitpunkt der Investition wird mit t_0 bezeichnet. In t_0 sind 100 000,00 € sofort fällig, der Rest wird in drei Jahresraten zu je 25 000,00 € bezahlt. Der Kalkulationszinssatz beträgt 6 %. Die erste Rate, die nach einem Jahr fällig wird, muss somit ein Jahr abgezinst werden. Entsprechend werden die übrigen Raten zwei bzw. drei Jahre abgezinst.

Zeitpunkt (t)	Ausgaben (€)	Abzinsungsfaktor bei einem Kalkulationszinssatz von 6 %	Barwert (€)
0	100 000,00	1	100 000,00
1	25 000,00	0,943396	23 584,90
2	25 000,00	0,889996	22 249,90
3	25 000,00	0,839619	20 990,48
Summen	**175 000,00**		**166 825,28**

Die Investitionssumme von 175 000,00 € ist im Zeitpunkt der Investitionsentscheidung somit nur mit 166 825,28 € zu bewerten.

Ebenso sind Einnahmen, die durch die Investition entstehen und erst zu einem späteren Zeitpunkt anfallen, zum Zeitpunkt t_0 nicht in ihrer tatsächlichen Höhe zu berücksichtigen, sie müssen ebenfalls **abgezinst** werden. Eine Einnahme, die erst in mehreren Jahren fällig wird, ist zum heutigen Zeitpunkt mit einem niedrigeren Betrag, dem **Barwert**, zu bewerten.

Beispiel Die Bürodesign GmbH schätzt die Einnahmen, die mit der Investition während der Nutzungsdauer zu erzielen sind. Dabei geht sie aus Sicherheitsgründen von jährlich sinkenden Einnahmen aus. Diese künftigen Einnahmen haben im Zeitpunkt t_0 einen geringeren Wert und sind deshalb abzuzinsen.

Zeitpunkt (t)	Einnahmen (€)	Abzinsungsfaktor bei einem Kalkulationszinssatz von 6 %	Barwert (€)
0	0,00	1	0,00
1	60 000,00	0,943396	56 603,76
2	50 000,00	0,889996	44 499,80
3	40 000,00	0,839619	33 584,76
4	30 000,00	0,792093	23 762,79
5	20 000,00	0,747258	14 945,16
Summen	**200 000,00**		**173 396,28**

Die Summe der Einnahmen von 200 000,00 € ist im Zeitpunkt der Investitionsentscheidung nur mit 173 396,28 € zu bewerten.

▲ Kapitalwertmethode:

Die Kapitalwertmethode berücksichtigt die abgezinsten Werte der Ausgaben und Einnahmen, die bei einer Investition im Zeitablauf anfallen. Die Differenz dieser Barwerte wird als **Kapitalwert** bezeichnet.

Beispiel Ausgangswerte aus dem Beispiel von S. 145

Summe der Barwerte der Einnahmen:	173 396,28 €
Summe der Barwerte der Ausgaben:	166 825,28 €
Kapitalwert (= Differenz):	6 571,00 €

Die Investition erbringt einen positiven Kapitalwert, somit liegt ihre Verzinsung über dem Kalkulationszinssatz von 6 %.

Zwischen dem angestrebten Zinssatz und dem Kapitalwert bestehen folgende Beziehungen:

Zinssatz wird erhöht → Kapitalwert sinkt
Zinssatz wird gesenkt → Kapitalwert steigt

Je höher der angestrebte Zinssatz ist, desto niedriger fällt der Kapitalwert aus, er kann sogar den Wert null annehmen oder negativ werden, dann ist die Investition wirtschaftlich nicht sinnvoll.

Um verschiedene Investitionsvorhaben miteinander zu vergleichen, kann der **Kapitalwert als Vergleichsmaßstab** herangezogen werden. Je höher der Kapitalwert ist, desto günstiger ist die Investition. Ein möglicher Liquidationserlös der neuen Investition wird abgezinst und den Überschüssen zugerechnet.

▲ Interne-Zinssatz-Methode:

Die Kapitalwertmethode geht von einem bestimmten Zinssatz aus, zu dem Einnahmen und Ausgaben abgezinst werden sollen. Das Ergebnis ist der Kapitalwert, der einen positiven oder negativen Wert oder den Wert null haben kann. Geht man den umgekehrten Weg, gibt man also einen bestimmten Kapitalwert vor und ermittelt den Zinssatz, so erhält man einen Wert, den man als **internen Zinssatz** bezeichnet. Auch hierbei werden die Barwerte der Ausgaben und Einnahmen ermittelt. Der **interne Zinssatz** ergibt sich, wenn der angestrebte Kapitalwert den Wert null erreicht. Dies ergibt sich aus der Beziehung zwischen Zinssatz und Kapitalwert. Je höher der Zinssatz angesetzt wird, desto niedriger wird der Kapitalwert. Wenn also der Zinssatz systematisch immer weiter erhöht wird, erreicht der Kapitalwert den Wert null und wird schließlich negativ.

INFO

Das Verfahren zur Ermittlung des internen Zinssatzes ist mithilfe einer Tabellenkalkulation leicht und schnell durchführbar. Es braucht lediglich der Kalkulationszinssatz so lange variiert zu werden, bis der Kapitalwert möglichst nahe an null gerät.

Beispiel (Ausgangswerte vgl. Beispiel von S. 145) Zunächst wird der Kapitalwert mit dem Kalkulationszinssatz von 6 % ermittelt.

Zinssatz 6 %

①

Zeitpunkt (t)	Ausgaben (€)	Abzinsungsfaktor	Barwert (€)
0	100 000,00	1	100 000,00
1	25 000,00	0,943396	23 584,90
2	25 000,00	0,889996	22 249,90
3	25 000,00	0,839619	20 990,48
Summen	**175 000,00**		**166 825,28**

②

Zeitpunkt (t)	Einnahmen (€)	Abzinsungsfaktor	Barwert (€)
0	0,00	1	0,00
1	60 000,00	0,943396	56 603,76
2	50 000,00	0,889996	44 499,80
3	40 000,00	0,839619	33 584,76
4	30 000,00	0,792093	23 762,79
5	20 000,00	0,747258	14 945,16
Summen	**200 000,00**		**173 396,28**

Summe der Barwerte der Einnahmen (Beispiel ②):	173 396,28 €
Summe der Barwerte der Ausgaben (Beispiel ①):	166 825,28 €
Kapitalwert (= Differenz):	**6 571,00 €**

Bei 6 % ergibt sich ein positiver Kapitalwert. Wenn der Zinssatz erhöht wird, muss der Kapitalwert sinken, deshalb versucht man es mit einem höheren Zinssatz, z. B. 12 %.

Zinssatz 12 %

①

Zeitpunkt (t)	Ausgaben (€)	Abzinsungsfaktor	Barwert (€)
0	100 000,00	1	100 000,00
1	25 000,00	0,892857	22 321,43
2	25 000,00	0,797193	19 929,83
3	25 000,00	0,711780	17 794,50
Summen	**175 000,00**		**160 045,75**

②

Zeitpunkt (t)	Einnahmen (€)	Abzinsungsfaktor	Barwert (€)
0	0,00	1	0,00
1	60 000,00	0,892857	53 571,42
2	50 000,00	0,797193	39 859,65
3	40 000,00	0,711780	28 471,20
4	30 000,00	0,635518	19 065,54
5	20 000,00	0,567426	11 348,52
Summen	**200 000,00**		**152 316,33**

Summe der Barwerte der Einnahmen (Beispiel ②):	152 316,33 €
Summe der Barwerte der Ausgaben (Beispiel ①):	160 045,75 €
Kapitalwert (= Differenz):	**– 7 729,42 €**

Der Kapitalwert ist bei 12 % negativ, der interne Zinssatz muss also zwischen 6 % und 12 % liegen. Durch systematisches Probieren erhält man als internen Zinssatz 8,75898 %.

Zinssatz 8,75898 %

①

Zeitpunkt (t)	Ausgaben (€)	Abzinsungsfaktor	Barwert (€)
0	100000,00	1	100 000,00
1	25000,00	0,921006	23025,15
2	25000,00	0,848252	21206,30
3	25000,00	0,781245	19531,13
Summen	**175000,00**		**163762,59**

②

Zeitpunkt (t)	Einnahmen (€)	Abzinsungsfaktor	Barwert (€)
0	0,00	1	0,00
1	60000,00	0,921006	55260,36
2	50000,00	0,848252	42412,60
3	40000,00	0,781245	31249,80
4	30000,00	0,719531	21585,93
5	20000,00	0,662693	13253,86
Summen	**200000,00**		**163762,59**

Summe der Barwerte der Einnahmen (Beispiel ②):	163762,56 €
Summe der Barwerte der Ausgaben (Beispiel ①):	163762,59 €
Kapitalwert (= Differenz):	– **0,03 €**

Die Investition verzinst sich mit etwa 8,76 % (gerundet). Dies ist der interne Zinssatz der Investition.

Wird der interne Zinssatz für alternative Investitionen bestimmt, so bildet er den Vergleichsmaßstab. Je höher der interne Zinssatz ist, desto günstiger ist die Investition.

Die **rechnerische Ermittlung** des internen Zinssatzes erfolgt dann nach der Formel:

$$r = i_1 - C_{01} \cdot \frac{i_2 - i_1}{C_{02} - C_{01}}$$

r = Interner Zinssatz
i = (Versuchs-)Zinssatz 1 bzw. 2
C_0 = Kapitalwert bei i_1 bzw. i_2

Investitionsrechnungen

- Mit Investitionsrechnungen soll der voraussichtliche **Erfolg einer künftigen Investition** unter wirtschaftlichen Gesichtspunkten beurteilt werden.
- Alle Verfahren der Investitionsrechnung stehen und fallen mit der Zuverlässigkeit der zur Verfügung stehenden Daten. Neben den **ökonomischen Kriterien** ist auch noch die **Sozial- und Umweltverträglichkeit** von Investitionen zu überprüfen.

Investitionsrechnungen

statische (ohne Berücksichtigung des Zeitfaktors)

- Kostenvergleichsrechnung
- Gewinnvergleichsrechnung
- Rentabilitätsvergleichsrechnung
- Amortisationsvergleichsrechnung

dynamische (mit Berücksichtigung des Zeitfaktors)

- Kapitalwertmethode
- Interne-Zinssatz-Methode

- Bei den **statischen Methoden der Investitionsrechnung** werden gleichartige Investitionsobjekte auf der Grundlage durchschnittlicher Werte verglichen, um die Vorteile der Investitionen beurteilen zu können. Sie berücksichtigen allerdings nicht den Einfluss der Zeit auf Kosten, Leistungen und Rentabilität.
- Die **dynamischen Methoden der Investitionsrechnung** versuchen, die sich unterschiedlich entwickelnden Größen Kosten und Leistungen während der Gesamtnutzungsdauer zu berücksichtigen.

1 Erläutern Sie in einem Kurzreferat die wesentlichen Unterschiede zwischen den statischen und dynamischen Investitionsrechnungen. Beschreiben Sie hierbei jeweils die Vor- und Nachteile.

2 Die Bürodesign GmbH beabsichtigt, eine neue Maschine anzuschaffen. Hierfür liegen zwei Angebote von verschiedenen Unternehmen vor.

Investitionsalternativen	Angebot 1	Angebot 2
Anschaffungskosten in €	80 000,00	70 000,00
Nutzungsdauer in Jahren	5	5
Abschreibung linear		
Kalkulatorischer Zinssatz in %	10	10
Auslastung Stück/Jahr	25 000	23 000
Fixe Kosten in €/Jahr (ohne Abschreibung und kalkulatorische Zinsen)	8 000,00	9 000,00
Variable Kosten in €/Jahr	100 000,00	105 000,00

a) Ermitteln Sie den Abschreibungssatz und den Abschreibungsbetrag pro Jahr.

b) Ermitteln Sie die kalkulatorischen Zinsen pro Jahr.

c) Ermitteln Sie mithilfe der Kostenvergleichsrechnung die vorteilhaftere Investition.

3 Beurteilen Sie folgende Investitionsalternativen der Bürodesign GmbH mithilfe der statischen Methoden der Investitionsrechnung. EDV

Investitionsalternativen	Angebot 1	Angebot 2
Anschaffungskosten in €	180 000,00	162 000,00
Nutzungsdauer in Jahren	6	6
Abschreibung linear		
Kalkulatorischer Zinssatz in %	8	8
Auslastung Stück/Jahr	125 000	125 000
Fixe Kosten in €/Jahr (ohne Abschreibung und kalkulatorische Zinsen)	20 000,00	25 000,00
Variable Kosten in €/Jahr		
Löhne	80 000,00	82 000,00
Energie	16 000,00	19 000,00
Sonstige variable Kosten	4 000,00	4 000,00
Erlöse pro Jahr in €	270 000,00	250 000,00

4 In der Bürodesign GmbH soll eine neue Maschine für die Fertigung angeschafft werden. Hierzu liegen zwei Angebote vor:

Investitionsalternativen	Angebot 1	Angebot 2
Anschaffungskosten in €	120 000,00	110 000,00
Nutzungsdauer in Jahren	5	5
Abschreibung linear Gewinn in € pro Jahr	40 000,00	38 000,00

Begründen Sie mithilfe der Amortisationsvergleichsrechnung, welche Investitionsalternative die vorteilhaftere ist. Gehen Sie dabei auch auf die Schwächen dieser Rechnung ein.

EDV

5 Die Bürodesign GmbH plant die Anschaffung einer neuen Maschine für den Produktionsbereich.

Investitionsalternativen	Angebot 1	Angebot 2
Anschaffungskosten in €	80 000,00	76 000,00
Nutzungsdauer in Jahren	4	4
Auslastung in Stück	16 000	16 000
Kosten und Erlöse pro Jahr in €		
Erlöse	320 000,00	280 000,00
Kosten	270 000,00	230 000,00

a) Ermitteln Sie mithilfe der Rentabilitäts- und Amortisationsvergleichsrechnung, welche Investition die vorteilhaftere ist.

b) Beurteilen Sie, welche Bedeutung die Amortisationszeit für die Beurteilung der Wirtschaftlichkeit einer Investition hat.

6 Die Bürodesign GmbH will eine vollautomatische kombinierte Schleif- und Hobelmaschine anschaffen und hat die Wahl zwischen zwei Investitionsalternativen. Die Anschaffungskosten je Investitionsalternative belaufen sich auf 120 000,00 €. Die Nutzungsdauer beider Anlagen beträgt fünf Jahre, der Kalkulationszinssatz 10 %. Die Planungsabteilung prognostiziert für diese Investition folgende Zahlungsströme:

Jahr	Abzinsungsfaktor bei 10 %	Alternative 1		Alternative 2	
		Einnahmen	Ausgaben	Einnahmen	Ausgaben
1	0,909091	140 000	110 000	150 000	120 000
2	0,826446	148 000	112 000	158 000	126 000
3	0,751315	130 000	98 000	160 000	115 000
4	0,683013	125 000	90 000	145 000	120 000
5	0,620921	130 000	82 000	155 000	126 000

a) Erläutern Sie die Bedeutung des Kalkulationszinssatzes bei der Kapitalwertmethode.

b) Ermitteln Sie den Kapitalwert dieser beiden Investitionsalternativen und beurteilen Sie Ihr Ergebnis.

Abzinsungsfaktor bei einem Zinssatz von 8 %:

n = Jahr	$\frac{1}{q^n}$
1	0,925926
2	0,857339
3	0,793832
4	0,735030
5	0,680583
6	0,630170
7	0,583490
8	0,540269
9	0,500249
10	0,463193
11	0,428883
12	0,397114
13	0,367698
14	0,340461

7 Die Bürodesign GmbH will eine neue Maschine mit einem Anschaffungswert von 80 000,00 € für die Fertigung anschaffen. An Ausgaben fallen insgesamt 80 000,00 € an. An Ausgaben entstehen im 1. Jahr 50 000,00 € und in den folgenden drei Jahren jeweils 10 000,00 € an. Die geschätzten Einnahmen belaufen sich über 30 000,00 € im ersten Jahr, 25 000,00 € im zweiten Jahr, 20 000,00 € im dritten Jahr und 15 000,00 € im vierten Jahr.

a) Ermitteln Sie den Kapitalwert dieser Investition bei einem Kalkulationszinssatz von 8 %.

b) Legen Sie bei der Ermittlung des internen Zinssatzes der Investition einen Kalkulationszinssatz von 8 %, 14 % und 30 % zugrunde.

Abzinsungsfaktor bei einem Zinssatz von 8 %:

n = Jahr	$\frac{1}{q^n}$
1	0,925926
2	0,857339
3	0,793832
4	0,735030
5	0,680583
6	0,630170
7	0,583490
8	0,540269
9	0,500249
10	0,463193
11	0,428883
12	0,397114
13	0,367698
14	0,340461

Abzinsungsfaktor bei einem Zinssatz von 14 %:

n = Jahr	$\frac{1}{q^n}$
1	0,877193
2	0,769468
3	0,674972
4	0,592080
5	0,519369
6	0,455587
7	0,399637
8	0,350559
9	0,307508
10	0,269744
11	0,236617
12	0,207559
13	0,182069
14	0,159710

Abzinsungsfaktor bei einem Zinssatz von 30 %:

n = Jahr	$\frac{1}{q^n}$
1	0,769230
2	0,591715
3	0,455166
4	0,350127
5	0,269329
6	0,207176
7	0,159366
8	0,122589
9	0,094299
10	0,072538
11	0,055798
12	0,042921
13	0,033016
14	0,025397

c) Erläutern Sie den Vorteil der Kapitalwertmethode gegenüber den statischen Methoden der Investitionsrechnung.

8 Die Bürodesign GmbH plant eine Erweiterungsinvestition. Hierzu liegen zwei Angebote vor:

	Alternative 1		Alternative 2	
Anschaffungskosten in €	120 000,00		120 000,00	
Nutzungsdauer in Jahren	5		5	
Jahr	**Einnahmen**	**Ausgaben**	**Einnahmen**	**Ausgaben**
	in €		**in €**	
1	165 000,00	125 000,00	170 000,00	135 000,00
2	158 000,00	132 000,00	165 000,00	134 000,00
3	130 000,00	105 000,00	145 000,00	115 000,00
4	140 000,00	102 000,00	138 000,00	114 000,00
5	135 000,00	106 000,00	130 000,00	98 000,00

a) Begründen Sie mithilfe der Kapitalwertmethode, welche Investition Sie bei einem angenommenen Kalkulationszinssatz von 8 % vorziehen würden.

b) Erläutern Sie, welche Auswirkungen ein etwaiger Liquidationserlös auf die Investitionsentscheidung hat.

9 Bei der E-Bike GmbH soll die Produktinnovation „Elektrofahrrad" (eBike) hergestellt werden. Nach intensiver und systematischer Erhebung und Auswertung von Informationen zur Realisierbarkeit des eBikes favorisiert die Geschäftsleitung der E-Bike GmbH nun die sogenannten Pedelec-Modelle (Elektrofahrrad mit beschränkter Tretunterstützung bis max. 25 km/h), da diese keiner Helm-, Versicherungs- und Führerscheinpflicht unterliegen.

Bezüglich der notwendigen Investitionen im Fertigungsbereich kommen die folgenden beiden Investitionsangebote infrage:

	Investition I	Investition II
Anschaffungskosten	5 500 000,00 €	8 500 000,00 €
Wiederbeschaffungskosten	6 500 000,00 €	10 200 000,00 €
Nutzungsdauer	8 Jahre	8 Jahre
Maximale Kapazität pro Jahr	12 000 Stück	15 000 Stück

	Investition I	Investition II
Sonstige fixe Kosten pro Jahr (ohne kalkulatorische Abschreibungen und Zinsen)	82 500,00 €	127 500,00 €
Variable Kosten pro Stück	250,00 €	175,00 €

Anmerkung: Auf eine Differenzinvestition wird aus Vereinfachungsgründen verzichtet.

Die Geschäftsleitung der E-Bike GmbH plant für das erste Geschäftsjahr mit einer Absatzmenge von 6 000 Pedelec-Modellen und in den kommenden Geschäftsjahren mit einem jährlichen Zuwachs von jeweils 10 %.

Vergleichen Sie mithilfe der Kostenvergleichsrechnung, welches der beiden Angebote bei einer Produktionsmenge von 6 000 Pedelec-Modellen das günstigere ist. Ermittelns Sie ergänzend die kritische Menge und erläutern Sie Ihr Ergebnis.

▲ Fallstudie: „Investitionsentscheidungen bei der FBB Baustoffe GmbH"

Handlungssituation: Die FBB Baustoffe GmbH ist ein mittelständisches Unternehmen, das seine Produkte, wie Zement, Betonplatten und Steine, über Baumärkte und Baustoffhändler vertreibt. Nicht zuletzt aufgeschreckt durch die Krise in der Bauindustrie ist FBB zurzeit dabei, die Investitionen für die nächsten Jahre besonders sorgfältig zu planen und ihre Vorteilhaftigkeit möglichst realistisch zu analysieren.

Arbeitsaufträge

1 Grenzen Sie mögliche Investitionsziele voneinander ab und stellen Sie eventuelle Zielkonflikte heraus.

2 Aufgrund von Klagen einiger Mitarbeiter, dass die Kommunikation zwischen der Verwaltung in Bonn, den Vertretern und einzelnen Produktionsbetrieben nicht optimal sei, hat sich die Unternehmensleitung entschlossen, für 25 leitende Angestellte Smartphones anzuschaffen. Erläutern Sie an diesem Beispiel die weiteren Stufen einer Investitionseinzelplanung.

3 Im nächsten Jahr soll eine neue vollautomatische Anlage zur Herstellung von Fliesenkleber gekauft werden. FBB geht von einer Jahresproduktion von 65 000 Packungen aus. Zur Wahl stehen die beiden folgenden Investitionsalternativen:

Daten	Anlage 1	Anlage 2
Anschaffungskosten in €	300 000,00	360 000,00
Nutzungsdauer	10 Jahre	12 Jahre
Kalkulationszinssatz	10 %	10 %
Kapazität pro Jahr	75 000 Packungen	82 000 Packungen
Lohnkosten in €	122 000,00	110 000,00
Materialkosten in €	124 000,00	125 000,00
Sonstige variable Kosten in €	22 500,00	23 300,00
Sonstige fixe Kosten in €	25 000,00	33 000,00
Verkaufspreis/Packung in €	7,40	7,90

a) Beurteilen Sie die beiden Anlagen mithilfe der Kosten- und Gewinnvergleichsrechnung.

b) Begründen Sie, welche Anlage Sie empfehlen.

4 Angenommen, FBB entschließt sich zur Anschaffung der Anlage 2. Eine alte Anlage, die dann stillgelegt werden soll, verursacht bei derzeit 55 000 Packungen pro Jahr fixe Kosten von 95 000,00 € und variable Kosten von 198 000,00 €.

a) Ermitteln Sie die Rentabilität der Investition.

b) Berechnen Sie den Einfluss auf die Höhe der Rentabilität, wenn die alte Anlage noch für 12 000,00 € verkauft werden kann.

c) Begründen Sie, ob es möglich ist, dass eine Anlage beim Gewinnvergleich besser, aber bei der Rentabilität schlechter abschneidet als eine andere Anlage.

5 Zurzeit beschäftigt sich die Mitarbeiterin Frau Klein mit der Amortisation einiger Investitionen von FBB.

a) Berechnen Sie die Amortisationszeit der Anlage 2 (Aufgabe 3) bei einer Jahresproduktion von 65 000 Packungen.

b) Frau Klein liest in einer Fachzeitschrift, dass Anlagen desselben Typs bei verschiedenen Unternehmen unterschiedliche Amortisationszeiten aufweisen. Erklären Sie mögliche Ursachen für solche Unterschiede.

c) Beurteilen Sie die sogenannte Amortisationsvergleichsrechnung.

6 FBB möchte im nächsten Jahr auch im Bereich „Hartfaserplatten" investieren. Es liegen Angebote für zwei Investitionsobjekte vor und die erwarteten Einnahmen aus dem Verkauf von Hartfaserplatten:

EDV

	Investitionsobjekt I	**Investitionsobjekt II**	
Anschaffungswert Liquidationserlös Nutzungsdauer	140 000,00 € 6 Jahre	180 000,00 € 20 000,00 € 6 Jahre	
	Ausgaben	Ausgaben	Erwartete Einnahmen
1. Jahr	177 000,00 €	170 000,00 €	200 000,00 €
2. Jahr	192 000,00 €	182 000,00 €	220 000,00 €
3. Jahr	200 000,00 €	196 000,00 €	238 000,00 €
4. Jahr	200 000,00 €	189 000,00 €	239 000,00 €
5. Jahr	205 000,00 €	200 000,00 €	239 000,00 €
6. Jahr	210 000,00 €	207 000,00 €	239 000,00 €

a) Beurteilen Sie mithilfe der Kapitalwertmethode die Vorteilhaftigkeit beider Investitionsobjekte unter Verwendung eines Kalkulationszinssatzes von 8 %.

b) Erläutern Sie,
- wonach sich der Kalkulationszinssatz richtet,
- welche (tendenzielle) Auswirkung eine Erhöhung hätte.

c) Beurteilen Sie die Aussagefähigkeit dieses dynamischen Verfahrens der Investitionsrechnung.

$\frac{0{,}8\ \%}{n}$	q^n	$\frac{1}{q^n}$	$\frac{q-1}{q^n-1}$	$\frac{q^n(q-1)}{q^n-1}$	$\frac{q^n-1}{q-1}$	$\frac{q^n-1}{q^n(q-1)}$
1	1,080000	0,925926	1,000000	1,080000	1,000000	0,925926
2	1,116400	0,857339	0,480769	0,560769	2,080000	1,783265
3	1,259712	0,793832	0,308034	0,388034	3,246400	2,577097
4	1,360489	0,735030	0,221921	0,301921	4,506112	3,312127
5	1,469328	0,680583	0,170457	0,250456	5,866601	3,992710
6	1,586874	0,630170	0,136315	0,216315	7,335929	4,622880
7	1,713824	0,583490	0,112072	0,192072	8,922803	5,206370
8	1,850930	0,540269	0,094015	0,174015	10,636628	5,746639
9	1,999005	0,500249	0,080080	0,160080	12,487558	6,246888
10	2,158925	0,463193	0,069030	0,149029	14,486562	6,710081
11	2,331639	0,428883	0,060076	0,140076	16,645487	7,138964
12	2,518170	0,397114	0,052695	0,132695	18,977126	7,536078
13	2,719624	0,367698	0,046522	0,126522	21,495297	7,903776
14	2,937194	0,340461	0,041297	0,121297	24,214920	8,244237
15	3,172169	0,315242	0,036830	0,116830	27,152114	8,559479

Wiederholungsaufgaben zum Kursthema: Investition

EDV

1 Die Relax AG hat die Wahl zwischen zwei alternativen Investitionen:

	Investition I	Investition II
Anschaffungswert in €	110 000,00	90 000,00
Nutzungsdauer in Jahren	5	5
Liquidationserlös in €	6 000,00	–
Überschüsse in €: 1. Jahr	29 000,00	24 000,00
2. Jahr	33 000,00	31 000,00
3. Jahr	38 000,00	31 000,00
4. Jahr	35 000,00	25 000,00
5. Jahr	30 000,00	20 000,00

a) Überprüfen Sie, welche Investition nach der Kapitalwertmethode die vorteilhaftere ist, wenn der Kalkulationszinssatz 10 % beträgt.

b) Erläutern Sie, welche Datenproblematiken bei Investitionsentscheidungen auftreten können.

c) Beschreiben Sie an einem selbst gewählten Beispiel den Ablauf eines Investitionsentscheidungsprozesses und seine Kontrolle.

10 % n	$\frac{1}{q^n}$	10 % n	$\frac{1}{q^n}$	10 % n	$\frac{1}{q^n}$
1	0,909091	8	0,466507	15	0,239392
2	0,826446	9	0,424098	16	0,217629
3	0,751315	10	0,385543	17	0,197845
4	0,683013	11	0,350494	18	0,179859
5	0,620921	12	0,318631	19	0,163508
6	0,564474	13	0,289664	20	0,148644
7	0,513158	14	0,263331		

EDV

2 Die Dantex AG plant eine Erweiterungsinvestition. Hierzu liegen zwei Angebote vor:

	Investition I	Investition II
Anschaffungswert in €	90 000,00	90 000,00
Nutzungsdauer in Jahren	5	5
Überschüsse in €: 1. Jahr	21 000,00	18 000,00
2. Jahr	24 000,00	26 000,00
3. Jahr	28 000,00	24 000,00
4. Jahr	25 000,00	20 000,00
5. Jahr	23 000,00	19 000,00

a) Entscheiden Sie, welche Investitionen nach der Internen-Zinssatz-Methode die vorteilhaftere ist, wenn Sie als Versuchszinssätze 8 % und 14 % wählen (Tabellen vgl. S. 151).

b) Ermitteln Sie den internen Zinssatz auch grafisch.

c) Überprüfen Sie, wie sich der interne Zinssatz verändert, wenn für die Investition I ein Liquidationserlös von 7 000,00 € und für die Investition II von 8 000,00 € erwartet wird.

EDV

3 Beurteilen Sie folgende Investitionsalternativen der Bürodesign GmbH mithilfe der statischen Methoden der Investitionsrechnung.

Investitionsalternativen	Angebot 1	Angebot 2
Anschaffungskosten in €	108000,00	102000,00
Nutzungsdauer in Jahren	6	6
Abschreibung linear		
Kalkulatorischer Zinssatz in %	6	6
Auslastung Stück/Jahr	62500	62500
Fixe Kosten in €/Jahr (ohne Abschreibung und kalkulatorische Zinsen)	10000,00	8500,00
Variable Kosten in €/Jahr	50000,00	52500,00
Erlöse pro Jahr in €	135000,00	125000,00

4 Eine Investition der Bürodesign GmbH in Höhe von 108000,00 € erzielt jährliche Überschüsse von 26000,00 €. Das Anlagegut soll sechs Jahre genutzt werden. Der Kalkulationszinssatz beträgt 6 % bzw. 14 %.

a) Erläutern Sie die Ziele und Arten von Investitionen.

b) Beschreiben Sie den Entscheidungsprozess einer Anlageninvestition.

c) Erklären Sie die Bedeutung des Kalkulationszinssatzes bei der Kapitalwertmethode.

d) Ermitteln Sie den Kapitalwert dieser Investition.

5 Die Droste Elektroteile GmbH plant im nächsten Jahr den Kauf einer vollautomatischen Anlage zur Herstellung eines Elektrobauteils. Die Geschäftsleitung geht davon aus, dass pro Jahr 45000 Teile mit der neuen Anlage produziert werden.

Zur Wahl stehen die beiden folgenden Investitionsalternativen:

Daten	Anlage 1	Anlage 2
Anschaffungskosten in €	180000,00	240000,00
Nutzungsdauer	5 Jahre	6 Jahre
Kalkulationszinssatz	10 %	10 %
Kapazität pro Jahr	50000 Teile	55000 Teile
Lohnkosten in €	100000,00	99000,00
Materialkosten in €	90000,00	104500,00
Sonstige variable Kosten in €	35000,00	22000,00
Sonstige fixe Kosten in €	25000,00	28000,00
Verkaufspreis/Bauteil in €	8,00	8,00

Begründen Sie, welche Anlage Sie empfehlen, indem Sie verschiedene Investitionsrechnungsverfahren anwenden. Gehen Sie auch auf mögliche Schwachpunkte Ihrer Berechnungen ein.

13.1

Kursthema: Finanzierung

1 Langfristige Fremdfinanzierung von Investitionen
2 Kurzfristige Finanzierung bei Beschaffungs- und/oder Absatzanlässen
3 Sicherheiten im Rahmen der Fremdfinanzierung
4 Leasing als Sonderform der Finanzierung
5 Beteiligungsfinanzierung bei der AG
6 Innenfinanzierung
7 Finanzcontrolling

1 Langfristige Fremdfinanzierung von Investitionen

Die Geschäftsführer der Bürodesign GmbH haben sich entschlossen, zur Erweiterung der Lagerkapazität einen Lagerraum mit einem neuen Regalsystem im Werte von 140 000,00 € auszustatten. Von der Hausbank hat die Bürodesign GmbH ein Darlehensangebot über 80 000,00 € zu einem Zinssatz von 5,5 % bei einer Laufzeit von zehn Jahren vorliegen. Geschäftsführerin Friedrich könnte die restlichen 60 000,00 € einbringen. Als Alternative dazu macht ein Hersteller von Lagereinrichtungen, die Lagao & Co KG, das Angebot, sich durch Übernahme aller Kosten an der GmbH zu beteiligen. Die Geschäftsführer der Bürodesign GmbH, Herr Stein und Frau Friedrich, überlegen, welche der beiden Alternativen sie in Anspruch nehmen sollen. Nach einigen Überlegungen haben sich die Geschäftsführer der Bürodesign GmbH entschlossen, ein Bankdarlehen über 140 000,00 € für die Erweiterung der Lagerkapazität aufzunehmen. Herr Stein beauftragt Sven Braun damit, einen Termin mit dem zuständigen Sachbearbeiter der Hausbank zu vereinbaren. Zum Abschluss des Telefongesprächs sagt der Sachbearbeiter zu Sven Braun: „Bringen Sie bitte nächste Woche die üblichen Unterlagen mit."

- Erläutern Sie Investition und Finanzierung.
- Überlegen Sie, welche Unterlagen ein Kreditinstitut vom Kreditnehmer haben möchte.
- Erläutern Sie die verschiedenen Darlehensarten.

VWL

▲ Investition und Finanzierung

Das Finanzmanagement ist mit der Finanzierung (Beschaffung von Finanzmitteln, von Kapital) für Investitionen (Anlage der Mittel in Vermögensgegenstände) befasst. Investitionen fallen z. B. bei der Unternehmensgründung, bei Geschäftserweiterungen, Rationalisierungs- und Modernisierungsmaßnahmen sowie Ersatzbeschaffungen an.

Die Beschaffung und Verwendung des Kapitals ist aus der Bilanz eines Unternehmens zu ersehen.

Beispiel Bilanz der Bürodesign GmbH

Aktiva — Bilanz der Bürodesign GmbH, Köln, zum 31. Dezember ... — Passiva

Aktiva		Passiva	
A. Anlagevermögen		A. Eigenkapital	
I. Sachanlagen		I. Gezeichnetes Kapital	600 000,00
1. Grundstücke, Gebäude	300 000,00	II. Gewinnrücklagen	50 000,00
2. Maschinen	200 000,00	III. Jahresüberschuss/-fehlbetrag	206 250,00
3. Werkzeuge	17 500,00	B. Rückstellungen	
4. Fuhrpark	160 000,00	1. Pensionsrückstellungen	100 000,00
5. Geschäftsausstattung	105 000,00	2. Steuerrückstellungen	25 000,00
B. Umlaufvermögen		3. Sonstige Rückstellungen	17 500,00
I. Vorräte		C. Verbindlichkeiten	
1. Roh-, Hilfs- und Betriebsstoffe	186 000,00	1. Verbindlichkeiten gegenüber Kreditinstituten	66 500,00
2. Unfertige Erzeugnisse	6 500,00	2. Verbindlichkeiten a. LL.	100 000,00
3. Fertige Erzeugnisse	14 000,00	3. Sonstige Verbindlichkeiten	27 500,00
II. Forderungen		D. Passive Rechnungsabgrenzung	7 250,00
1. Forderungen a. LL.	105 500,00		
2. Übrige sonstige Forderungen	17 500,00		
III. Liquide Mittel	82 500,00		
C. Aktive Rechnungsabgrenzung	5 500,00		
	1 200 000,00		1 200 000,00

Die Aktivseite stellt die **Formen des Vermögens** dar, d. h. die **Mittelverwendung = Investition.**

Die Passivseite stellt die **Quellen des Kapitals** dar, d. h. die **Mittelherkunft = Finanzierung.**

Die Finanzierung dient der Kapitalbeschaffung. Jeder Industriebetrieb, der seinen Unternehmenszweck erreichen will, benötigt eine bestimmte Ausstattung mit Kapital (Sach- und Geldkapital) zur Finanzierung seiner Sach-, Finanzinvestitionen und immateriellen Investitionen. Das Kapital muss beschafft werden, z.B. durch eigene Einlagen des Unternehmers (Eigenkapital) oder durch Aufnahme von Krediten **(Fremdkapital)**. Alle Maßnahmen zur Beschaffung von Kapital für die Unternehmung werden als **Finanzierung** bezeichnet.

Beispiele

- **für Sachkapital:** Einkauf von Werkstoffen auf Ziel, Kauf eines PC gegen Banküberweisung
- **für Geldkapital:** Bareinlage des Gesellschafters, Aufnahme eines Darlehens bei der Bank

Die Begriffe Investition und Finanzierung hängen eng zusammen, denn **Kapitalverwendung** (Investition) setzt immer **Kapitalbeschaffung** (Finanzierung) voraus.

Kapitalbeschaffung ist kein einmaliger Vorgang, der nur bei Gründung eines Unternehmens erforderlich ist, sondern eine laufende Tätigkeit des Unternehmens.

Beispiele Die Bürodesign GmbH muss u.a. Umbaumaßnahmen durchführen, Betriebserweiterungen realisieren, veraltete Einrichtungsgegenstände erneuern, neue Maschinen für die Fertigung kaufen.

Im Unternehmen vollzieht sich ein ständiger Kreislauf von Finanzierung (Kapitalbeschaffung), Investition (Kapitalbindung) und Desinvestition (Kapitalfreisetzung). Mit der Kapitalbindung sind die Beschaffung, der Einkauf, die Produktion und die Lagerung verbunden. Sie führen zu **Ausgaben und Kapital bindenden Zahlungsströmen**.

Beispiele

- Bezahlung von Liefererrechnungen für bezogene Materialien
- Bezahlung von Maschineneinkäufen
- Bezahlung von Gehältern und Löhnen

Ein Unternehmen kann eine Finanzierungsmaßnahme mit Eigenkapital **(Eigenfinanzierung)** oder Fremdkapital **(Fremdfinanzierung)** vornehmen. Nach der Herkunft des Kapitals unterscheidet man **Außenfinanzierung** (Kapitalzuführung erfolgt von außen) und **Innenfinanzierung** (Kapitalbildung im Unternehmen).

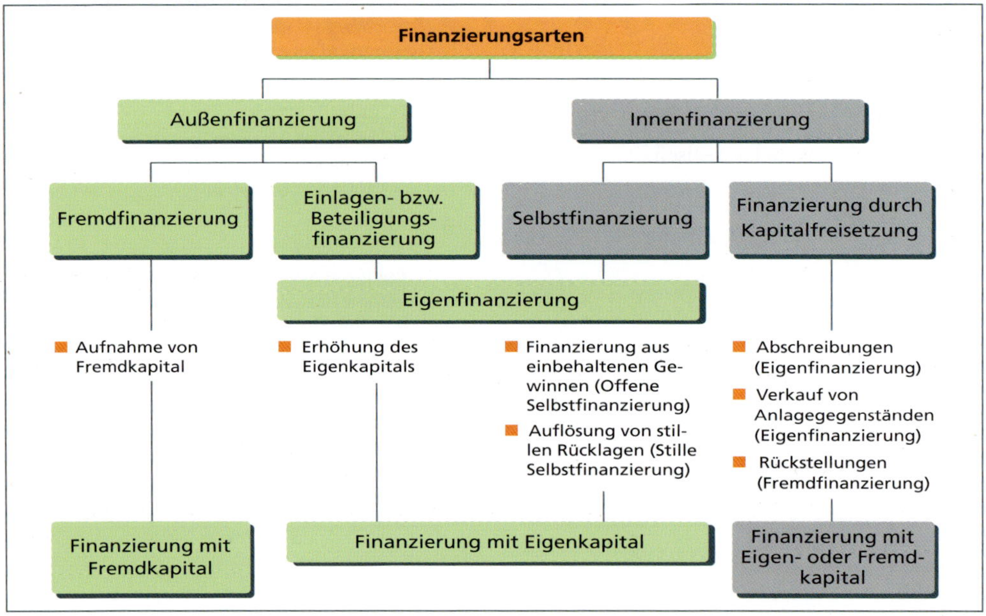

Fremdfinanzierung

Bei dieser Finanzierung fließt der Unternehmung **durch Kreditgeber Kapital von außen zu**. Die Kreditgeber werden als **Gläubiger** bezeichnet. Gläubiger können Kreditinstitute, Versicherungsgesellschaften, Lieferer, Kunden usw. sein. Die Gläubiger werden keine Teilhaber des Unternehmens, sie haben einen Anspruch auf Verzinsung und pünktliche Tilgung ihres Darlehens. Allerdings haben sie kein Mitspracherecht im Unternehmen und keinen Anspruch auf einen Gewinnanteil. In der Bilanz des Unternehmens erscheint der Kredit auf der Passivseite unter den **Verbindlichkeiten als Fremdkapital**. Die Innenfinanzierung aus Rückstellungen zählt ebenfalls zur Fremdfinanzierung, da Rückstellungen als Verbindlichkeiten auf der Passivseite der Bilanz ausgewiesen werden (vgl. S. 157).

Nach der Laufzeit der Kredite (Überlassungsfrist) wird unterschieden in

- **langfristige Kredite:** Zu ihnen zählt man Darlehen mit einer **Laufzeit von über vier Jahren**. Es sind meistens Kredite, die zur Finanzierung des **Anlagevermögens** aufgenommen werden. Das Unternehmen muss dem Kreditgeber entsprechende Sicherheiten (Hypothek, Grundschuld, Sicherungsübereignung usw., vgl. S. 173) bieten können.
- **mittelfristige Kredite:** Zu ihnen zählen Darlehen mit einer **Laufzeit von ein bis vier Jahren**. Sie werden für die Finanzierung kurzlebiger Güter des **Anlagevermögens** aufgenommen (z.B. Fuhrpark, Maschinen, Computer).
- **kurzfristige Kredite:** Sie haben eine **Laufzeit bis zu einem Jahr** und werden in erster Linie für die Finanzierung des **Umlaufvermögens**, insbesondere der Waren, aufgenommen (vgl. S. 165).

Beispiel Die Bürodesign GmbH kauft Rohstoffe im Werte von 44000,00 € von der Vereinigten Spanplatten AG auf Ziel ein (**Lieferantenkredit**, vgl. S. 167).

Der Kreditvertrag

Der **Kreditvertrag** wird üblicherweise **schriftlich** abgeschlossen. Kreditinstitute haben zu diesem Zweck bereits vorgefertigte Vordrucke. Vor der Kreditgewährung muss der Kreditnehmer einen Kreditantrag bei seinem Kreditinstitut stellen. Bevor ein Kreditinstitut einem Kunden einen Kredit gewährt, wird eine Kreditprüfung vorgenommen. Hierbei werden die **Kreditfähigkeit** und die **Kreditwürdigkeit (Bonität)** des Kunden überprüft. **Kreditfähig sind**

- alle natürlichen Personen, die voll geschäftsfähig sind,
- alle juristischen Personen,
- alle Personenhandelsgesellschaften (OHG, KG).

Bei der Kreditwürdigkeit wird überprüft, ob ein Kreditnehmer in der Lage ist, einen aufgenommenen Kredit zurückzuzahlen. Hierzu werden eine sachliche und eine persönliche Kreditwürdigkeitsprüfung der Person des Kreditnehmers vorgenommen. Im Rahmen der **sachlichen Kreditwürdigkeitsprüfung** können u. a. überprüft werden:

- GuV-Rechnung, Bilanz, Anhang, Lagebericht, Geschäftsbücher
- Handelsregister-, Grundbuchauszüge
- Steuerunterlagen
- Gesellschaftsvertrag

Ferner können **Betriebsbesichtigungen** vorgenommen werden, um sich vom Zustand des Unternehmens ein Bild zu verschaffen. Kreditinstitute bedienen sich zudem der Auskünfte von **Wirtschaftsauskunfteien**.

Diese verfügen über reiches Auskunftsmaterial der kreditnehmenden Unternehmen, das laufend auf dem neuesten Stand gehalten wird. Die Auskunfteien erteilen die Auskünfte gegen Entgelt.

Beispiel Auskunfteien bieten Auskünfte als Normalauskunft (schriftlich, telefonisch), Telefaxauskunft oder Onlineauskunft mittels direkter Datenleitungen an.

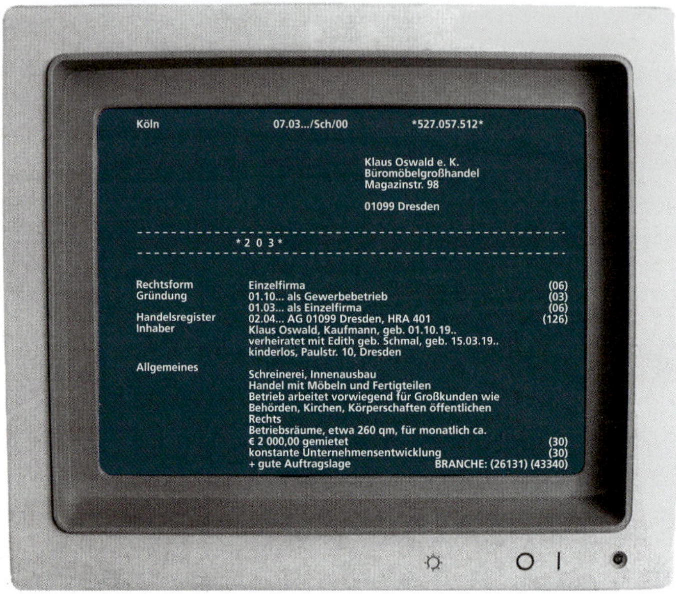

Zur **persönlichen Kreditwürdigkeitsprüfung** zählen bei natürlichen Personen die Überprüfung von

- **persönlichen Daten,**

  Beispiele Unterhaltszahlungen bei Ehescheidungen, Vertrauenswürdigkeit, Zahlungsgewohnheiten, ehelicher Güterstand, Tüchtigkeit, Vermögensverhältnisse

- **fachlichen Qualifikationen,**

  Beispiele Prüfungsabschlüsse, Studium, unternehmerische Fähigkeiten

- **persönlichen Haftungsverhältnissen.**

  Beispiele Gesellschafter bei einer OHG, KG

Auskünfte von Kreditinstituten können nur in begrenztem Umfange genutzt werden, da das Bankgeheimnis die Auskunftsmöglichkeiten einschränkt.

Besteht eine längere Geschäftsbeziehung zwischen einem Unternehmen und einem Kreditinstitut und hat das Kreditinstitut gute Erfahrungen mit dem Unternehmen gemacht, besitzt dieses Unternehmen eine hohe Bonität. Die Vergabe von Krediten wird nicht zuletzt vom **Ruf eines Unternehmens** bestimmt, weil dieser auch in Zukunft – zumindest mittelfristig – positive Erfolgswirkungen hat. Der Ruf eines Unternehmens kann nach Kauf eines gesamten Unternehmens vom Käufer als Firmen- oder Geschäftswert in der Bilanz ausgewiesen werden. Wegen seiner Flüchtigkeit, insbesondere bei einem neuen Management, schreibt der Gesetzgeber hierfür eine schnelle Abschreibung vor. Kreditinstitute sind oft bereit, nur aufgrund des **Firmen- oder Geschäftswertes (= Goodwill oder guter Ruf)** eines Unternehmens Kredite zu vergeben. Nach der zufriedenstellenden Überprüfung der Kreditwürdigkeit (vgl. S. 159) des Antragstellers erfolgt die Kreditbewilligung durch das Kreditinstitut.

Langfristige Fremdfinanzierung am Beispiel des Darlehenskredits und von Obligationen

Darlehenskredit:

Kreditinstitute bieten Unternehmen für die Finanzierung des Anlagevermögens **mittel- und langfristige Darlehen (= Investitionskredit)**. Ein Darlehen wird dem Unternehmen (Darlehensnehmer) in einem Gesamtbetrag oder in mehreren Teilbeträgen zur Verfügung gestellt.

Nach der Art der Tilgung lassen sich folgende **Darlehensarten** unterscheiden:

Darlehensarten	Art der Tilgung	Kreditkosten
Festdarlehen (Fälligkeitsdarlehen)	Darlehen wird zum Ende der Laufzeit in einer Summe zurückgezahlt	Zinsen vom Darlehen
Annuitätendarlehen	Der Kreditnehmer erbringt jährlich gleichbleibende Leistungen (Tilgung + Zinsen)	Zinsen von der jeweiligen Restdarlehensschuld
Abzahlungsdarlehen (Ratentilgungsdarlehen)	Der Kreditnehmer erbringt jährlich fallende Leistungen (Tilgung + Zinsen)	Zinsen von der jeweiligen Restdarlehensschuld

Fest-/Fälligkeitsdarlehenstilgungsplan

Beispiel Kredit: 140 000,00 € Zinssatz: 8 % Laufzeit: 5 Jahre

Jahr	Schuld am Anfang des Jahres in €	Tilgung in €	Zinsen in €	Schuld am Ende des Jahres in €
1	140 000,00	0	11 200,00	140 000,00
2	140 000,00	0	11 200,00	140 000,00
3	140 000,00	0	11 200,00	140 000,00
4	140 000,00	0	11 200,00	140 000,00
5	140 000,00	140 000,00	11 200,00	0

Annuitätendarlehenstilgungsplan

Beispiel Kredit: 140 000,00 € Zinssatz: 8 % Laufzeit: 5 Jahre

Jahr	Schuld am Anfang des Jahres in €	Tilgung in €	Zinsen in €	Annuität in €	Schuld am Ende des Jahres in €
1	140 000,00	23 863,90	11 200,00	35 063,90	116 163,10
2	116 136,10	25 773,01	9 290,89	35 063,90	90 363,09
3	90 363,09	27 834,85	7 229,05	35 063,90	62 528,24
4	62 528,24	30 061,64	5 002,26	35 063,90	32 466,60
5	32 466,60	32 446,60	2 597,30	35 063,90	0,00

Der Annuitätenfaktor beträgt in diesem Beispiel 0,250456454.

Die **Annuität** kann folgendermaßen berechnet werden:

Annuität = Darlehen · Annuitätenfaktor

Der **Annuitätenfaktor** kann **mathematischen Tabellen** entnommen oder berechnet werden mit der Formel:

$$\text{Annuitätenfaktor} = \frac{i\,(1+i)^n}{(1+i)^n - 1}$$

i = Zinssatz $\frac{p}{100}$

n = Laufzeit in Jahren

- **Abzahlungsdarlehenstilgungsplan (Ratentilgungsdarlehen)**

Beispiel Kredit: 140 000,00 € Tilgungssatz: 20 % Zinssatz: 8 % Laufzeit: 5 Jahre

Jahr	Schuld am Anfang des Jahres in €	Tilgung in €	Zinsen in €	Annuität in €	Schuld am Ende des Jahres in €
1	140 000,00	28 000,00	11 200,00	39 200,00	112 000,00
2	112 000,00	28 000,00	8 960,00	36 960,00	84 000,00
3	84 000,00	28 000,00	6 720,00	34 720,00	56 000,00
4	56 000,00	28 000,00	4 480,00	32 480,00	28 000,00
5	28 000,00	28 000,00	2 240,00	30 240,00	0,00

Die Darlehenszinsen werden vom Zeitpunkt der Bereitstellung berechnet. Der Zinssatz ist niedriger als bei Kontokorrentkrediten, da das Kreditinstitut bei Darlehen langfristiger planen kann. Meistens ist der Auszahlungsbetrag etwas niedriger als die Darlehenssumme, die zurückgezahlt werden muss. Man nennt den nicht ausgezahlten Teil des Darlehens **Disagio (Abgeld) oder Damnum**. Als Ausgleich für das Disagio zahlt der Kreditnehmer einen geringeren Zinssatz als bei einem Darlehen ohne Disagio.

Beispiel

Darlehensgewährung	100 %	140 000,00 €
– Disagio (Damnum)	2 %	2 800,00 €
tatsächlich zur Verfügung gestellter Betrag	98 %	137 200,00 €

Bei den Finanzierungskosten sind der **Nominal- und der Effektivzinssatz** zu unterscheiden. So wird beim Nominalzinssatz nur die Verzinsung des Darlehens ohne Berücksichtigung von Disagio, Bearbeitungsentgelte usw. angegeben, während beim Effektivzinssatz (= tatsächlicher Zinssatz) alle zusätzlichen Kosten berücksichtigt werden. Die Kreditinstitute müssen für ihre Darlehen immer **Effektivzinssätze** angeben, wobei sämtliche Kosten, die über die Laufzeit des Kredites entstehen (Zinsen, Bearbeitungsentgelte, Spesen, Disagio), addiert werden und dann als Jahreszinssatz zum eingesetzten Kapital ausgedrückt werden.

Häufig werden von den Kreditinstituten bei der Darlehensgewährung **Bearbeitungsentgelte** verlangt. Diese Entgelte werden prozentual von der Kreditsumme oder pauschal berechnet, und zwar unabhängig von der Laufzeit des Kredits.

Beispiel Zwei Kreditinstitute bieten der Bürodesign GmbH ein mittelfristiges Darlehen über 140 000,00 € für eine Laufzeit von zwei Jahren zu folgenden Konditionen an:

1. Bank: Auszahlung 100 % = 140 000,00 €, Nominalzinssatz 6,5 %, Bearbeitungsentgelte 0,5 % von der Darlehenssumme

2. Bank: Auszahlung 98 % = 137 200,00 €, Nominalzinssatz 5,5 %, Disagio 2 %
Die Rückzahlung des Darlehens erfolgt nach Ablauf der zwei Jahre in einer Summe. Herr Stein ermittelt den Effektivzinssatz für beide Kredite:

Die Effektivverzinsung kann auf zwei Wegen errechnet werden:

1. Sämtliche Kosten, die über die Laufzeit des Kredites entstehen, werden addiert (Zinsen, Bearbeitungsentgelte, Spesen, Disagio) und dann als Jahreszinssatz zum eingesetzten Kapital ausgedrückt.
2. Da ein Teil der Kosten schon als Jahreszinssatz (Zinsen) angegeben ist, genügt es, die übrigen Kosten, die für die Laufzeit des Kredites entstehen, als Jahreszinssatz auszudrücken und zum Zinssatz des Kredites zu addieren.

Lösung

Angebot 1. Kreditinstitut

6,5 % Zinsen/2 Jahre von	140 000,00 €	18 200,00 €
+ 0,5 % Bearbeitungsentgelte von	140 000,00 €	700,00 €
Kosten des Kredits		18 900,00 €

Angebot 2. Kreditinstitut

5,5 % Zinsen/2 Jahre von	140 000,00 €	15 400,00 €
+ 2 % Disagio von	140 000,00 €	2 800,00 €
Kosten des Kredits		18 200,00 €

$$p = \frac{\text{Kosten des Kredits} \cdot 100}{\text{Auszahlungsbetrag} \cdot \text{Jahre}}$$

Die Kosten des Kredites entstehen für die Laufzeit von zwei Jahren.

$$\text{Zinssatz 1. Kreditinstitut} = \frac{18\,900 \cdot 100 \cdot 1}{140\,000 \cdot 2} = \underline{\underline{6{,}75\ \%}}$$

$$\text{Zinssatz 2. Kreditinstitut} = \frac{18\,200 \cdot 100 \cdot 1}{137\,200 \cdot 2} = \underline{\underline{6{,}62\ \%}}$$

Es ist für die Bürodesign GmbH günstiger, das Angebot des zweiten Kreditinstitutes anzunehmen, da der Effektivzinssatz für dieses Darlehen geringer ist.

▲ Industrieobligationen (Anleihen):

Sie sind **Schuldverschreibungen**, mit denen sich große und namhafte Unternehmen aus Industrie, Handel und Verkehr langfristiges Fremdkapital beschaffen. Es handelt sich hierbei um hohe Kreditsummen, die von einzelnen Kreditinstituten nicht aufgebracht werden können. Obligationen werden in vielen kleinen Anteilscheinen zu mindestens 1,00 € angeboten. Sie sind somit Wertpapiere und können an der Börse zum Tageskurs ge- oder verkauft werden. Für die Bonität dieser Papiere sind insbesondere der Ruf, die wirtschaftliche Lage und die Ertragskraft des Anleiheschuldners maßgebend. Industrieobligationen sind durch die Ertragskraft und die Substanz des jeweiligen Unternehmens gesichert.

Industrieobligationen sind an keine bestimmte Rechtsform eines Unternehmens gebunden, werden aber fast nur von Aktiengesellschaften ausgegeben, da sie sich wegen hoher Ausgabekosten nur bei Anleihebeträgen von mehreren Millionen Euro lohnen. **Wandelschuldverschreibungen** sind Obligationen, die dem Eigentümer die Wahl zwischen Rückzahlung des Anleihebetrages am Fälligkeitstag oder unter festgelegten Bedingungen einen Eintausch in Aktien des Unternehmens einräumen. Die Sicherung von Anleihen erfolgt üblicherweise durch die Eintragung eines Grundpfandrechts (vgl. S. 174) ins Grundbuch.

Langfristige Fremdfinanzierung von Investitionen

- **Einlagen- bzw. Beteiligungsfinanzierung (Außenfinanzierung)** liegt vor, wenn der bzw. die Eigentümer Kapital in das Unternehmen einbringen. Das Eigenkapital bzw. gezeichnete Kapital des Unternehmens wird größer.
- Bei der **Fremdfinanzierung (Außenfinanzierung)** gewähren Kreditinstitute, Versicherungsgesellschaften, Kunden, Lieferer dem Unternehmen kurz-, mittel- oder langfristige Kredite gegen Zinszahlung. Die Innenfinanzierung durch Rückstellungen zählt ebenfalls zu der Fremdfinanzierung. Das Fremdkapital erscheint in der Bilanz unter dem Posten Verbindlichkeiten.
- Vor der Kreditvergabe werden **die persönliche und sachliche Kreditwürdigkeit (Bonität) und die Kreditfähigkeit** des Kreditnehmers durch den Kreditgeber überprüft.
- **Darlehenskredite** sind mittel- oder längerfristige Kredite insbesondere für die Finanzierung des Anlagevermögens, wobei die Auszahlung in einem Betrag oder in Teilbeträgen und die Rückzahlung in einer Summe oder in Teilbeträgen nach einem Tilgungsplan erfolgen kann.
- **Industrieobligationen** sind Schuldverschreibungen über Forderungsrechte gegen Industrie- und Handelsunternehmen.
- **Darlehensarten:** Fest-, Annuitäten-, Abzahlungsdarlehen
- **Nominalzinssatz:** nominale Verzinsung des Darlehens ohne Berücksichtigung von Disagio, Bearbeitungsentgelten usw.
  Effektivzinssatz: tatsächlicher Zinssatz unter Berücksichtigung von Zinsen, Disagio, Bearbeitungsentgelten usw.

1 Erklären Sie, welche Bedeutung ein Disagio bei einer Darlehensaufnahme hat.

2 Erläutern Sie den Darlehenskredit.

3 Beschreiben Sie, auf welche Weise Kreditinstitute die Kreditwürdigkeit ihrer Kunden überprüfen.

4 Die Bürodesign GmbH nahm für die Zeit vom 20. Juli des Jahres bis 20. September des übernächsten Jahres einen Kredit über 160 000,00 € auf. Die Bank berechnete 7 % Zinsen, ein einmaliges Bearbeitungsentgelt von 1 % der Kreditsumme und 75,00 € Spesen. Die gesamten Kreditkosten wurden bei der Rückzahlung des Kredites fällig.

a) Wie viel Euro betrug das Bearbeitungsentgelt?

b) Wie viel Euro betrugen die Zinsen für die ganze Laufzeit?

c) Wie viel Prozent betrug die Effektivverzinsung?

5 Zur Erweiterung des Unternehmens benötigt die Bürodesign GmbH einen Kredit über 200 000,00 € mit einer Laufzeit von drei Jahren. Die Bürodesign GmbH erhält zwei Angebote:
Bank A: 9 % Zinsen zuzüglich 800,00 € Bearbeitungsentgelt
Bank B: 8 % Zinsen zuzüglich 0,5 % Bearbeitungsentgelt von der Kreditsumme und 1 % Disagio
Die Rückzahlung des Kredites soll jeweils in einer Summe nach drei Jahren erfolgen.

a) Ermitteln Sie, wie viel Euro die Kreditkosten für die gesamte Laufzeit bei jeder Bank betragen.

b) Ermitteln Sie die Effektivverzinsung beider Kredite.

6 Unterscheiden Sie die Kredite hinsichtlich ihrer Laufzeit und geben Sie an, ob sie für die Finanzierung des Anlage- oder Umlaufvermögens aufgenommen werden.

7 Gehen Sie zu Kreditinstituten und beschaffen Sie sich Unterlagen zur Kreditvergabe

a) an Privatpersonen,

b) an Unternehmen.

Vergleichen Sie die Konditionen (Zinsen, sonstige Kosten) der Kreditinstitute miteinander.

8 Die Sparkasse KölnBonn bietet der Bürodesign GmbH ein Darlehen zum Nennbetrag von 80 000,00 € zu folgenden Bedingungen an:
Damnum 5 %, Zinssatz 6 %, Laufzeit 8 Jahre

a) Ermitteln Sie den effektiven Zinssatz.

b) Berechnen Sie für die ersten vier Jahre die Zinsen, Tilgung bzw. Annuität (beim Annuitätendarlehen) für das
  ba) Festdarlehen (Fälligkeitsdarlehen),
  bb) Annuitätendarlehen (Annuitätenfaktor 0,161036),
  bc) Abzahlungsdarlehen.

9 Die TROTEC GmbH plant die Anschaffung einer neuen Maschine. Für diese Investition liegen zwei verschiedene Darlehensangebote vor:

Bank A	Bank B
– Annuitätendarlehen über 125 000,00 € – Laufzeit: 5 Jahre – Zinssatz: 8 % – Jährliche Annuität: 31 300,00 € – Zinsen zahlbar am Jahresende	– Fälligkeitsdarlehen über 125 000,00 € – Laufzeit: 5 Jahre – Zinssatz: 7,5 % – Auszahlung: 98 % – Bearbeitungsentgelt: 0,6 % der Kreditsumme – Tilgung am Ende der Laufzeit – Zinsen zahlbar am Jahresende

Erläutern Sie Annuitäten- und Fälligkeitsdarlehen und vergleichen Sie die beiden Angebote.

10 Erläutern Sie die wesentlichen Merkmale von Industrieobligationen.

2 Kurzfristige Finanzierung bei Beschaffungs- und/oder Absatzanlässen

Da die Nachfrage nach Büromöbeln aus umweltverträglichen Materialien in den letzten Monaten enorm gestiegen ist, plant die Bürodesign GmbH, die Produktion dieser Büromöbel auszudehnen. Hierzu benötigt sie von der Langen GmbH & Co. KG, Hamburger Allee 17, 30161 Hannover, zusätzliche Roh- und Hilfsstoffe im Werte von 80 000,00 €. Allerdings verfügt die Bürodesign GmbH im Moment nicht über die erforderlichen Geldmittel, um den Rechnungsbetrag in einer Summe bezahlen zu können. Der Geschäftsführer der Bürodesign GmbH, Herr Stein, ist sich allerdings sicher, die neu zu erstellenden Büromöbel innerhalb von zehn Wochen verkaufen zu können. Er schlägt der Langen GmbH & Co. KG vor, die Lieferung in 90 Tagen zu bezahlen.

- Beurteilen Sie die Vorgehensweise der Bürodesign GmbH.
- Geben Sie Gründe an, warum der Lieferer den Vorschlag der Bürodesign GmbH annehmen sollte.
- Stellen Sie alle Möglichkeiten der kurzfristigen Fremdfinanzierung in einer Übersicht dar und erläutern Sie jeweils deren Vor- und Nachteile.

Kreditinstitute, Lieferanten und Kunden stellen Unternehmen kurz-, mittel- und langfristige Kredite zur Verfügung. Zu den kurzfristigen Krediten zählen der Kontokorrent-, der Lieferanten kredit- und Kundenanzahlungen.

▲ Kontokorrentkredit:

Hat ein Unternehmen die Möglichkeit, **sein Konto bei einem Kreditinstitut bis zur Höhe eines vereinbarten Betrages (= Kreditlimit) in Anspruch zu nehmen**, d. h., das Unternehmen kann sein Betriebskonto bis zu diesem Betrag überziehen, liegt ein Kontokorrentkredit vor. (Den Überziehungskredit für einen Privatkunden nennt man **Dispositionskredit**.) Für das Unternehmen fallen **folgende Kosten** an:

- Für den in Anspruch genommenen Kredit müssen **Zinsen (Sollzinsen)** bezahlt werden.
- Da das Kreditinstitut das Kapital für das Unternehmen bereithält, kann es dieses Kapital nicht für andere Zwecke verwenden. Deshalb verlangt das Kreditinstitut auch für den nicht in Anspruch genommenen Kredit (Unternehmen kann den Kredit jederzeit in Anspruch nehmen) eine **Kreditprovision (Bereitstellungsentgelt)**.
- Für die Kontoführung wird **Umsatzprovision** berechnet.
- Wenn das Unternehmen das Kreditlimit überschreitet, berechnet das Kreditinstitut zusätzlich zu den Sollzinsen **Überziehungsprovision**. Dies ist ein Zinssatz, der zusätzlich zu den Sollzinsen erhoben wird. Dieser weiter gehende Überziehungskredit ist eine freiwillige Leistung der Bank und kann daher verweigert werden.
- Sollte das Kontokorrentkonto ein Guthaben aufweisen, hat das Unternehmen Anspruch auf **Habenzinsen**. Der Ausgleich eines in Anspruch genommenen Kontokorrentkredits erfolgt durch Zahlungseingänge auf das Konto, z. B. Überweisungen von Kunden, Bareinzahlungen.

Beispiel Die Bürodesign GmbH unterhält bei der Sparkasse KölnBonn ein Kontokorrentkonto. Im Monat Januar hat die Bürodesign GmbH den Kontokorrentkredit für zehn Tage über 50 000,00 € und für die letzten 20 Tage über 60 000,00 € in Anspruch genommen. Es wurden 65 Überweisungen an Lieferer getätigt. Das Kreditlimit beträgt 80 000,00 €, Sollzinsen 8 %, Habenzinsen 0,5 %, pro Buchung 0,15 € Buchungsentgelt (Umsatzprovision), das Bereitstellungsentgelt (Kreditprovision) beträgt 3 % vom nicht in Anspruch genommenen Kredit. Die Sparkasse führt zum Monatsende folgende Abrechnung durch:

Sollzinsen	50 000,00 € für 10 Tage	= 111,11 €
	60 000,00 € für 20 Tage	= 266,67 €
Umsatzprovision	65 · 0,15 €	= 9,75 €
Kreditprovision vom nicht in Anspruch	30 000,00 € für 10 Tage	= 25,00 €
genommenen Kredit	20 000,00 € für 20 Tage	= 33,33 €
Insgesamt		445,86 €

Das Kontokorrentkonto der Bürodesign GmbH wird mit 445,86 € belastet.

SEPA-Girokoto IBAN: DE11370501980085313948 **Kontoauszug 76**
BIC: COLSDE33XXX
Sparkasse KölnBonn UST-ID DE135795835 **Blatt 1**

Datum	**Erläuterungen**		**Betrag**
Kontostand in EUR am 30.03.20.., Auszug Nr.75			60000,00 -
13-03...	Sollzinsen vom 01.01.- 31.03.20..	Wert: 31.03.20..	377,78 -
13-03...	Kreditprovision	Wert: 31.03.20..	58,33 -
13-03...	Umsatzprovision	Wert: 31.03.20..	9,75 -
Kontostand in EUR am 31.3.20.., 14:57 Uhr			60455,86 -

Ihr Dispositionskredit 80,000,00 EUR **Bürodesign GmbH**

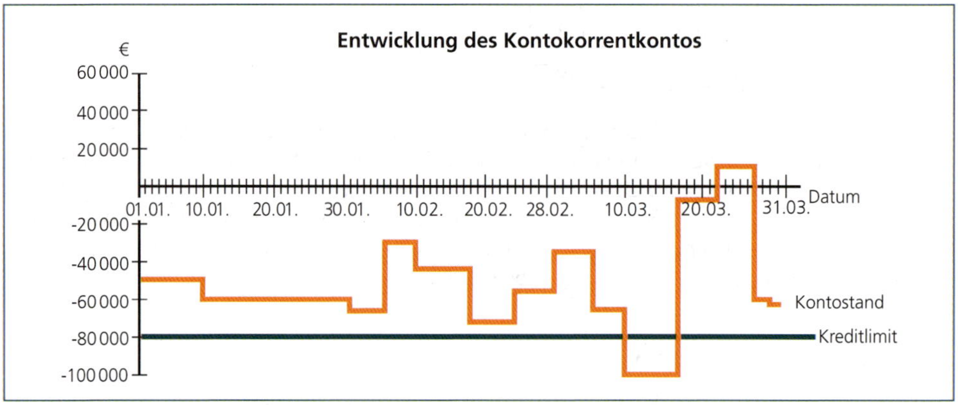

Bei Unternehmen ist diese Kreditform sehr beliebt. Sie hat folgende **Vorteile**:

- stetige Anpassung an den jeweiligen Finanzbedarf des Kreditnehmers, der Kontokorrentkredit stellt somit einen **Puffer für die kurzfristige Finanzierung** dar
- **bequeme Inanspruchnahme**, da nach der Kontokorrentvereinbarung keine besonderen Anträge an das Kreditinstitut gestellt werden müssen

▲ Lieferantenkredit:

Beim Lieferantenkredit räumt der Lieferer seinen Kunden für gelieferte Waren ein **Zahlungsziel** ein. Das bedeutet, dass der Kunde seine Schuld erst zu einem späteren Zeitpunkt bezahlen muss.

Beispiel Zahlungsbedingung eines Lieferers „Zahlbar innerhalb von 40 Tagen netto Kasse oder innerhalb von 10 Tagen unter Abzug von 2 % Skonto"

Ein Unternehmen sollte immer bemüht sein, einen Skonto auszunutzen, da die Inanspruchnahme von Liefererkrediten zu den teuersten Krediten gehört.

Beispiel Die Bürodesign GmbH erhält von einem Lieferer am 30. Juni eine Rechnung über 27 200,00 €. Als Zahlungsbedingung ist vermerkt: „Zahlbar in 30 Tagen nach Rechnungserhalt netto Kasse oder innerhalb von 10 Tagen abzüglich 2 % Skonto." Die zuständige Sachbearbeiterin, Frau Klemmer, überlegt, ob sie aufgrund fehlender Barmittel den notwendigen Betrag bei der Sparkasse KölnBonn aufnehmen soll. Die Sparkasse verlangt 9 % Zinsen für den Kontokorrentkredit.

a) Wie hoch ist der effektive Zinssatz für diesen Liefererkredit?

b) Ermitteln Sie den Finanzierungsgewinn aus der Inanspruchnahme von Skonto!

Lösung Die Bürodesign GmbH muss erst am 10. Juli zahlen, um den Skonto auszunutzen. Also nimmt sie erst am 10. Tag den erforderlichen Bankkredit für die Restlaufzeit von 20 Tagen auf, wenn die Bürodesign GmbH momentan nicht über genügend flüssige Mittel verfügt.

MATH

a) Berechnung nach der Zinssatz-Formel:

$$\text{Zinssatz} = \frac{\text{Skontobetrag} \cdot 100 \cdot 360}{\text{verminderter Betrag} \cdot \text{Kreditdauer}} = \frac{544{,}00 \cdot 100 \cdot 360}{26\,656{,}00 \cdot 20} = 36{,}73\ \%$$

Der effektive Zinssatz für den Liefererkredit beträgt 36,73 %.

b) Wenn die Bürodesign GmbH bei vorzeitiger Zahlung 2 % Skonto von 27 200,00 € abzieht, braucht sie bei ihrer Bank nur noch 26 656,00 € als Kredit aufzunehmen.

$$\text{Zinsen} = \frac{\text{Kapital} \cdot \text{Zeit} \cdot \text{Zinssatz}}{100 \cdot 360} = \frac{26\,656{,}00 \cdot 20 \cdot 9}{100 \cdot 360} = 133{,}28\ €$$

Die Kosten des Bankkredits betragen 133,28 €. Somit ergibt sich folgende Ersparnis:

Skonto	544,00 €
– Kosten des Bankkredits	133,28 €
Finanzierungsgewinn	410,72 €

Für viele kleine, mit wenig Kapital ausgestattete Unternehmen stellt der Lieferantenkredit eine wesentliche Finanzierungsform dar, insbesondere, wenn der Betrieb nicht über die notwendigen Sicherheiten für entsprechende Bankkredite verfügt. Die Lieferer verlangen aber meistens eine Absicherung des Kredites in der Form, dass sie die **Ware nur unter Eigentumsvorbehalt liefern**. Im Rahmen der Debitorenverwaltung werden in Unternehmen zunehmend Computerprogramme eingesetzt, um die optimale Ausnutzung gegebener Zahlungsziele erreichen zu können.

Bd. 1

▲ Kundenanzahlungen:

Anzahlungen sind besonders bei Großaufträgen und bei Sonderanfertigungen üblich, da der Hersteller das gesamte Projekt nicht allein finanzieren kann oder das hergestellte Spezialprodukt im Falle einer Abnahmeverweigerung des Bestellers an keinen Kunden verkaufen kann. Oft wird ein Drittel bei Auftragserteilung, ein Drittel bei Lieferung und der Rest je nach vereinbartem Zahlungsziel fällig. Um das Risiko abzuwenden, dass der Lieferer seinen Verpflichtungen nicht nachkommt, verlangt der Kunde oft als Sicherheit eine Bankgarantie.

Kurzfristige Finanzierung bei Beschaffungs- und/oder Absatzanlässen

- Beim **Kontokorrentkredit** kann das Unternehmen sein laufendes Konto bis zu einem vereinbarten Betrag überziehen.
- Beim Kontokorrentkredit fallen folgende **Kosten** an:
  - Sollzinsen
  - Kreditprovision
  - Umsatzprovision
  - Überziehungsprovision
  - Habenzinsen
- Beim **Lieferantenkredit** wird dem Käufer ein Zahlungsziel durch den Lieferer gewährt.
- **Kundenanzahlungen** sind in bestimmten Wirtschaftszweigen üblich, da der Hersteller die alleinige Finanzierung wegen der langen Produktionszeit nicht übernehmen kann.

1 Erläutern Sie den Kontokorrentkredit.

2 Die Bürodesign GmbH will einen Kredit für die Neuanschaffung einer Fertigungsmaschine bei der Sparkasse KölnBonn aufnehmen. Geben Sie an, über welche Inhalte in einem Kreditvertrag Vereinbarungen getroffen werden sollten.

3 Die Bürodesign GmbH bezieht von einem Großhändler Rohstoffe im Wert von 34200,00 €. Die Zahlungsbedingung lautet: „40 Tage netto Kasse, bei Zahlung innerhalb von 14 Tagen 3 % Skonto." Die Bürodesign GmbH möchte den Skonto in Anspruch nehmen, muss aber dafür das Kontokorrentkonto in Anspruch nehmen. Für einen Kontokorrentkredit der Hausbank wären 14 % effektiver Jahreszins zu entrichten.

a) Ermitteln Sie den Überweisungsbetrag nach Abzug von Skonto.

b) Ermitteln Sie die Zinsen für den in Anspruch genommenen Kontokorrentkredit.

c) Ermitteln Sie den Finanzierungsgewinn, wenn der Skonto unter Inanspruchnahme des Kontokorrentkredites ausgenutzt wird.

d) Ermitteln Sie den Effektivzinssatz für den Skonto.

4 Geben Sie Zahlungsbedingungen an, aus denen ersichtlich wird, dass es sich um einen Lieferantenkredit handelt.

5 a) Erkundigen Sie sich bei Kreditinstituten nach den Konditionen für einen Kontokorrent- und einen Darlehenskredit und vergleichen Sie die Konditionen miteinander.

b) Versuchen Sie, die unterschiedlichen Zinssätze zu begründen.

6 a) Stellen Sie in einer Tabelle den beiden Kreditarten „Darlehen" und „Kontokorrentkredit" die nachfolgenden Kriterien gegenüber.

Kreditart / Kriterien	Darlehen	Kontokorrentkredit
Kosten des Kredits	?	?
Anpassung an jeweiligen Kapitalbedarf	?	?
Art der Rückzahlung	?	?
Laufzeit des Kredits	?	?
Deckung unvorhersehbaren Kapitalbedarfs (> als Kreditsumme)	?	?

b) Entscheiden Sie, welche Kreditart vorteilhafter ist, wenn der voraussichtliche Kreditbedarf unsicher ist.

7 Die Bürodesign GmbH nahm für die Zeit vom 20. Juli bis 10. September einen Kredit über 72 000,00 € auf. Die Bank berechnete 9 % Zinsen, ein einmaliges Bearbeitungsentgelt von 1 % der Kreditsumme und 25,00 € Spesen. Die gesamten Kreditkosten wurden bei der Rückzahlung des Kredites fällig.

a) Wie viel Euro betrug das Bearbeitungsentgelt?

b) Wie viel Euro betrugen die Zinsen?

c) Wie viel Prozent betrug die Effektivverzinsung?

8 Erläutern Sie, warum Hersteller bei Großaufträgen von Kunden Anzahlungen verlangen.

3 Sicherheiten im Rahmen der Fremdfinanzierung

Die Bürodesign GmbH benötigt für die Erweiterung des Fuhrparks zwei Lieferwagen, deren Anschaffungskosten 85 000,00 € betragen. Als Herr Stein bei der Hausbank einen Kredit in dieser Höhe beantragt, stellt der zuständige Bankangestellte die Frage: „Können Sie mir Sicherheiten für diesen Kredit bieten?" Herr Stein weiß, dass für die Bürodesign GmbH aufgrund der in den letzten Monaten getätigten Investitionen ein Liquiditätsengpass besteht. In den nächsten drei Monaten ist mit dem Eingang von Forderungen in Höhe von 125 000,00 € zu rechnen.

- Stellen Sie fest, welche Möglichkeiten Herr Stein hat, der Bank Sicherheiten für den Kredit anzubieten. Ziehen Sie hierzu die Bilanz von S. 157 zu Hilfe.
- Stellen Sie die wesentlichen Merkmale von Personal- und Realkrediten in einer Übersicht dar.

Der Kreditgeber wird vor der Kreditgewährung die Kreditwürdigkeit des Kreditnehmers überprüfen. Bei einem **Blankokredit** oder **einfachen Personalkredit** erfolgt keine weiter gehende Absicherung. Er ist kurzfristig und nicht für Investitionszwecke geeignet.

Personalkredite als Sicherung kurzfristiger Fremdkredite

Bei der Kreditgewährung haftet entweder ausschließlich die Person des Kreditnehmers (reiner Personalkredit) oder neben dem Kreditnehmer als Hauptschuldner haften weitere Personen als Nebenschuldner (verstärkter Personalkredit).

Der reine Personalkredit (Blankokredit):

Bei diesem Kredit sind für den Kreditnehmer keine Sicherheiten erforderlich, da das Kreditinstitut auf die sichtbar guten Ertrags- und Vermögensverhältnisse und den guten Ruf des Kreditnehmers vertraut. Diese Kredite werden meist nur kurzfristig gewährt, in der Regel als Kontokorrentkredite, seltener als Darlehen.

Der verstärkte Personalkredit:

- **Bürgschaftskredit:** Die Bürgschaft entsteht durch einen Vertrag zwischen dem Kreditgeber und dem Bürgen, wonach der Bürge für die Erfüllung der Verbindlichkeiten des Kreditnehmers haftet. Für Bürgschaftsversprechen ist per Gesetz die **Schriftform** vorgeschrieben. Nur **Kaufleute können auch mündlich bürgen**.

Beispiel Der Kaufmann Dieter Berg hat bei seinem Geschäftsfreund Peter Pech ein Darlehen über 20 000,00 € aufgenommen, für das sein Schwager Franz Rudolf eine Bürgschaft übernimmt.

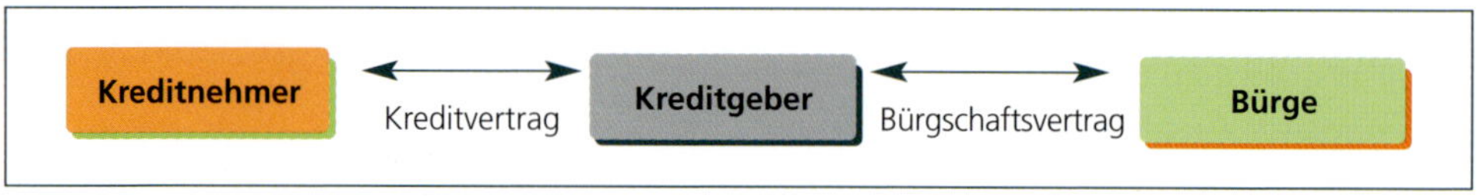

§ 765 BGB Vertragstypische Pflichten bei der Bürgschaft

(1) Durch den Bürgschaftsvertrag verpflichtet sich der Bürge gegenüber dem Gläubiger eines Dritten, für die Erfüllung der Verbindlichkeit des Dritten einzustehen.

(2) Die Bürgschaft kann auch für eine künftige oder eine bedingte Verbindlichkeit übernommen werden.

§ 766 Schriftform der Bürgschaftserklärung Zur Gültigkeit des Bürgschaftsvertrags ist schriftliche Erteilung der Bürgschaftserklärung erforderlich. Die Erteilung der Bürgschaftserklärung in elektronischer Form ist ausgeschlossen. Soweit der Bürge die Hauptverbindlichkeit erfüllt, wird der Mangel der Form geheilt.

§ 767 Umfang der Bürgschaftsschuld (1) Für die Verpflichtung des Bürgen ist der jeweilige Bestand der Hauptverbindlichkeit maßgebend. Dies gilt insbesondere auch, wenn die Hauptverbindlichkeit durch Verschulden oder Verzug des Hauptschuldners geändert wird. Durch ein Rechtsgeschäft, das der Hauptschuldner nach der Übernahme der Bürgschaft vornimmt, wird die Verpflichtung des Bürgen nicht erweitert.

Wird ein Bürge von einem Kreditgeber in Anspruch genommen, kann er das Geld vom Kreditnehmer zurückverlangen. Haften bei einem Bürgschaftskredit mehrere Bürgen neben dem Kreditnehmer, spricht man von einer **gesamtschuldnerischen Bürgschaft**. In diesem Fall kann der Kreditgeber seine Forderungen an alle oder auch nur an eine der bürgenden Personen richten.

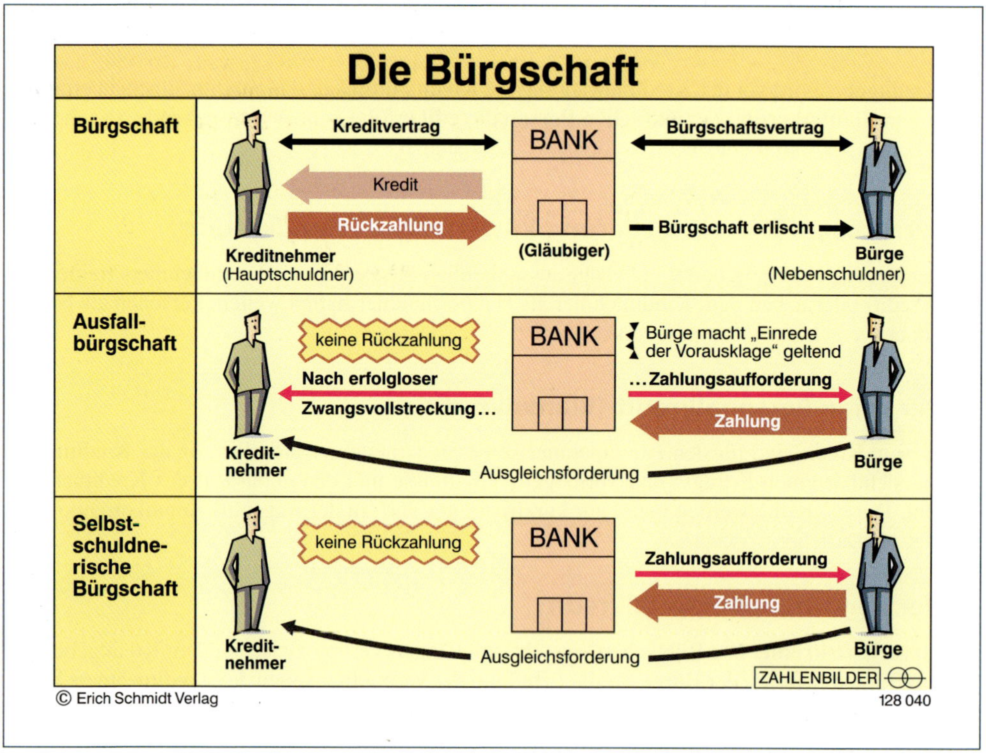

Man unterscheidet zwei **Arten der Bürgschaft**:

- **Ausfallbürgschaft** (§ 771 BGB): Bei dieser Bürgschaft muss der Bürge erst dann zahlen, wenn der Kreditgeber nachweisen kann, dass der Kreditnehmer zahlungsunfähig ist. Der Bürge hat somit das **„Recht der Einrede der Vorausklage“**. Der Nachweis ist erbracht, wenn der Kreditgeber gegen den Kreditnehmer erfolglos die Zwangsvollstreckung betrieben hat.

  Beispiel Für den Kredit des Kaufmannes Dieter Berg beim Geschäftsfreund Peter Pech hat sein Schwager Franz Rudolf eine Ausfallbürgschaft übernommen. Nach dem Fälligkeitstermin für die Rückzahlung des Darlehens, den Dieter Berg nicht eingehalten hat, mahnt Peter Pech zweimal vergeblich. Danach wendet sich Peter Pech an den Bürgen mit der Aufforderung zur Zahlung. Der Bürge Rudolf nimmt das Recht der Einrede der Vorausklage in Anspruch, d.h., er ist erst dann zur Zahlung verpflichtet, wenn ihm der Kreditgeber nachweisen kann, dass eine Zwangsvollstreckung erfolglos war.

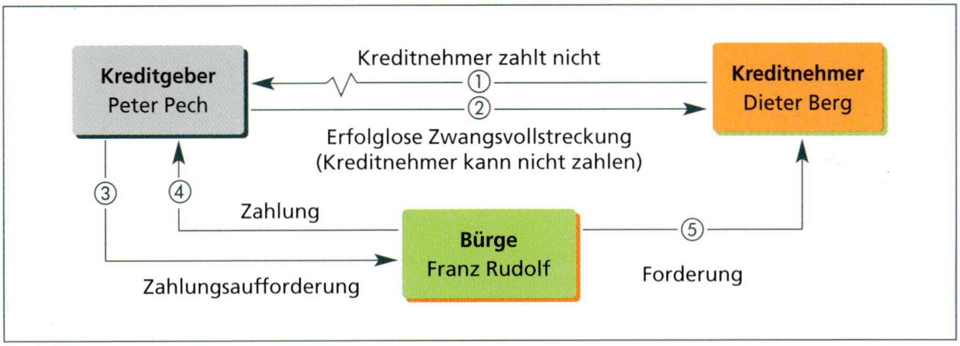

- **Selbstschuldnerische Bürgschaft** (§ 773 BGB): Bei dieser Art der Bürgschaft haftet der Bürge wie der Hauptschuldner, da er auf das „Recht der Einrede der Vorausklage“ verzichtet. Der Bürge kann vom Kreditgeber schon dann zur Zahlung herangezogen werden, wenn der Kreditnehmer den Kredit nicht rechtzeitig zurückzahlt. Kreditinstitute verlangen immer eine selbstschuldnerische Bürgschaft. Unter Kaufleuten ist eine Bürgschaft immer eine selbstschuldnerische Bürgschaft (§ 349 HGB).

  Beispiel Der Kaufmann Dieter Berg hat bei seiner Bank ein Darlehen über 100 000,00 € aufgenommen. Sein Geschäftsfreund Rolf Effer hat hierfür eine selbstschuldnerische Bürgschaft übernommen. Als Dieter Berg am Fälligkeitstag nicht zahlt, verlangt die Bank sofort die Zahlung vom Bürgen. Der Bürge muss zahlen, da er eine selbstschuldnerische Bürgschaft übernommen hat.

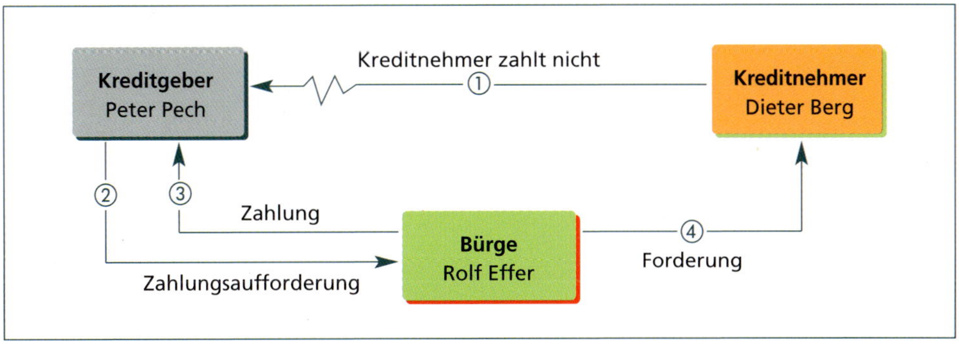

Bearbeitungsvermerke zum Vordruck 193 821.000

Unbeschränkte Bürgschaft
Sicherung der Geschäftsverbindung

für besondere Geschäftsfälle

Geschäftszeichen

Name des Bürgen (mit genauer Anschrift und Beruf)

Rolf Effer

Hauptschuldner:

Dieter Berg

Legitimation des Bürgen:

[x] Pers. bek. u. bereits legitimiert bei Konto *0148625100*
Ausgewiesen durch [x] Personalausweis / [ ] Reisepass
Nr. *635320185* ausgestellt von

Zur Akte

A. **Der Bürge ist nach** [ ] **eigenen Angaben /** [x] **Kenntnis des Sachbearbeiters**
in Kreditgeschäften erfahren und kann Art und Höhe der Hauptschuld bestimmen.

[x] Ja, weil *Kaufmann*

[ ] **Nein. Wenn nein,** bitte Vordruck 193 837.000 verwenden! Im Regelfall sollen nur echte Höchstbetragsbürgschaften, die Zinsen und Kosten mit einschließen, mit engem Sicherungszweck hereingenommen werden. Nach der Rechtsprechung kommt die Hereinnahme einer Formularbürgschaft mit weitem Sicherungszweck **nur** bei geschäftserfahrenen Personen in Betracht. Diese müssen nicht nur mit Kreditgeschäften vertraut sein, sondern auch rechtlich Art und Höhe der Hauptschuld bestimmen und so auf die Entwicklung ihrer Haftung einwirken können. Dies kann je nach Lage des Einzelfalles bei Geschäftsführern, Allein- oder Mehrheitsgesellschaftern der Hauptschuldnerin (z. B. GmbH) der Fall sein.

Ist der Anlass für die Bürgschaft ein konkretes Darlehen? [x] **Ja.** [ ] Nein.

Wenn ja, bitte Vordruck 193 837.000 verwenden! Der Bürge muss nach der Rechtsprechung, wenn Anlass der Bürgschaftshereinnahme ein konkretes Darlehen ist, nur bei besonderem Hinweis des Kreditinstituts oder enger wirtschaftlicher Beziehung zum Hauptschuldner mit einer Haftungserweiterung rechnen.

Der Bürge hat nach eigenen Angaben

[x] **folgendes Vermögen:** *Grundstück, Köln, Aachener Str. 116*
davon unbelastet

[ ] **folgendes Einkommen:**
davon frei verfügbar gem. gesonderter Selbstauskunft[1]

Ist der Bürge aus seinem Einkommen oder Vermögen zur Erfüllung der Bürgschaft in der Lage? [x] Ja.

[ ] **Zum Teil.** / [ ] **Nein.** Der Bürge ist **nicht** oder **nur zum Teil** zur Erfüllung der Bürgenverbindlichkeit in der Lage. Daher sollte seine Bürgschaft grundsätzlich nicht hereingenommen werden. Im vorliegenden Fall wird die Bürgschaft **dennoch** aus folgenden Gründen **befürwortet:**

[ ] Der Bürge hat versichert, dass er innerhalb von *zwei Monate* über eigene Einkünfte aus *Betrieb* von[1] *6000,00 €* [x] monatlich / [ ] jährlich verfügen wird.

[x] Der Bürge hat eine abgeschlossene Berufsausbildung/Qualifikation als *Kaufmann*
und plant einen Berufs(wieder-)einstieg als zum

[ ] Der Bürge hat folgendes Eigeninteresse bzw. folgende Eigenvorteile aus dem verbürgten Kredit angeführt:

[ ] Sonstiger Grund:

Von der Richtigkeit der obigen Angaben habe ich mich anhand folgender beigefügter Unterlagen vergewissert:

B. Eine Belehrung des Bürgen über sein **Widerrufsrecht nach dem Haustürwiderrufsgesetz** ist

[ ] **nicht erforderlich,** weil der Vertragsabschluss und ggf. darauf gerichtete Verhandlungen
- [ ] ausschließlich in den Geschäftsräumen des Kreditinstituts stattgefunden haben.
- [ ] zwar auch am Arbeitsplatz oder in der Wohnung des Bürgen stattgefunden haben, aber auf dessen vorhergehende Bestellung hin.

[x] **erforderlich.** Der Bürge wurde am *17.11.20..* belehrt.[2] [ ] Schufa-Klausel ausgefertigt.

Ort, Datum

Köln, 17.11.20..

Unterschrift des Sachbearbeiters, Personal-Nr.

Hans Müller 1756

[1] Betrag und Währungseinheit.
[2] Vordruck 182 155.000.

Realkredite als Sicherung kurz- und langfristiger Fremdkredite

Bei den Realkrediten werden die Forderungen des Kreditgebers durch ein unmittelbares **Zugriffsrecht auf bewegliche (z. B. Schmuck, Wertpapiere) und unbewegliche Sachen oder Vermögenswerte (z. B. Grundstücke, Gebäude) des Kreditnehmers** abgesichert. Realkredite werden auch als **dinglich gesicherte Kredite** bezeichnet. Zu den Realkrediten zählen der Sicherungsübereignungs- und Grundpfandkredit.

Sicherungsübereignungskredit:

Bei der Sicherungsübereignung wird im Gegensatz zum Lombardkredit der **Kreditgeber Eigentümer der Sicherungsgegenstände (mittelbarer Besitzer)**, während der **Kreditnehmer der unmittelbare Besitzer der Gegenstände** bleibt. Der Kreditnehmer kann also mit den übereigneten Gegenständen weiterarbeiten. Übereignet werden meistens Gegenstände des Anlagevermögens (z. B. Fuhrpark, Geschäftsausstattung), gelegentlich auch Warenvorräte. Beim Sicherungsübereignungskredit wird neben dem Kreditvertrag zwischen dem Kreditgeber und dem Kreditnehmer ein **Sicherungsübereignungsvertrag** abgeschlossen. Bei Nichtrückzahlung des Kredits durch den Kreditnehmer kann der Kreditgeber die sicherungsübereigneten Gegenstände verwerten.

Beispiel Die Büromöbel GmbH Europa nimmt bei ihrer Bank ein Darlehen über 30 000,00 € auf. Zur Sicherheit übereignet sie der Bank durch die Übergabe der Zulassungsbescheinigung Teil 2 zwei Lieferwagen im Wert von 45 000,00 €. Am Fälligkeitstag erfolgt durch die Büromöbel GmbH Europa keine Tilgung des Darlehens. Die Bank hat das Recht, die Lieferwagen abholen und versteigern zu lassen. Sollte beim Verkauf ein höherer Preis als 30 000,00 € erzielt werden, erhält die Büromöbel GmbH Europa den höheren Betrag nach Abzug der entstandenen Kosten gutgeschrieben.

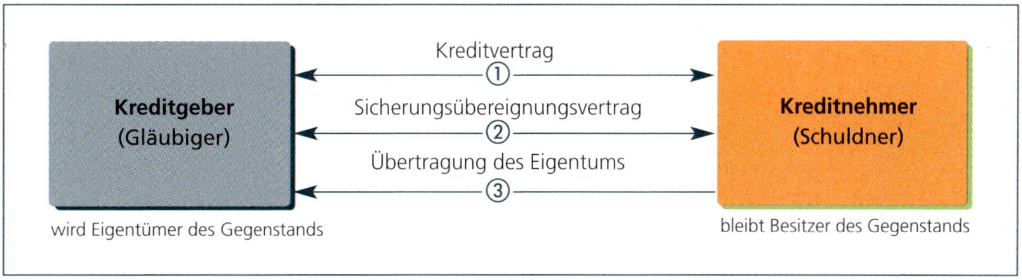

Mit der Tilgung des Kredits durch den Kreditnehmer geht das Eigentum automatisch wieder auf den Kreditnehmer über. Für den Kreditgeber und den Kreditnehmer können sich bei der Sicherungsübereignung **folgende Vor- und Nachteile** ergeben:

	Vorteile	Risiken
Kreditgeber (KG)	– KG hat im Insolvenzfalle Recht auf Absonderung, d. h., ein Gläubiger, der dem Insolvenzschuldner Gegenstände überlassen hat, die mit einem Pfandrecht belastet sind, wird vorrangig befriedigt. – KG kann bei Nicht-Rechtzeitig-Zahlung (Zahlungsverzug) des KN den Sicherungsgegenstand sofort verkaufen.	– Auf den übereigneten Gegenständen ruht bereits ein Eigentumsvorbehalt des Lieferers. – Verlust des Eigentums des KG beim Weiterverkauf vom KN an gutgläubige Dritte. – Gegenstände sind vom KN bereits anderweitig sicherungsübereignet worden. – Übereignete Gegenstände können beschädigt oder zerstört werden.
Kreditnehmer (KN)	– KN kann sowohl mit dem sicherungsübereigneten Gegenstand als auch mit dem Kredit arbeiten. – Übereignung ist nach außen nicht erkennbar.	– KG kann bei einer Nicht-Rechtzeitig-Zahlung (Zahlungsverzug) den übereigneten Gegenstand sofort verkaufen lassen.

Beispiel Bei der Kreditsicherung durch Fahrzeuge muss der Kreditnehmer dem Kreditgeber die Zulassungsbescheinigung Teil 2 übergeben. Damit wird der Weiterverkauf an gutgläubige Dritte verhindert. Ferner kann der Kreditgeber dadurch sicher sein, dass das Fahrzeug nicht bereits an Dritte sicherungsübereignet ist. Das Risiko der Beschädigung oder Zerstörung wird durch Versicherungen abgedeckt.

▲ Grundpfandrechte:

Um sich vor einem Forderungsausfall bei der Vergabe von Krediten zu schützen, hat der Kreditgeber bei der Vergabe langfristiger Kredite die Sicherung durch **Grundpfandrechte**. Die Sicherung durch Grundpfandrechte zählt zu den **Realkrediten**, bei denen bestimmte Rechte an Sachen auf den Kreditgeber übertragen werden.

Beim Grundpfandkredit wird dem Kreditgeber ein Pfandrecht an unbeweglichen Sachen (Immobilien) übertragen. Das Grundpfandrecht wird in das **Grundbuch**, das beim Amtsgericht geführt wird, eingetragen. Das Grundbuch ist ein öffentliches Register, das Auskunft über Eigentumsverhältnisse, Größe, Lage, Lasten usw. eines Grundstückes gibt. Einsicht in das Grundbuch kann jeder nehmen, der ein berechtigtes Interesse nachweisen kann.

Grundpfandrechte sind die idealen Sicherungsmittel für langfristige Kredite. Als Sicherungsmittel können **Hypotheken** oder **Grundschulden** im Grundbuch als Belastungen in Abteilung III eingetragen werden. In der Praxis wird die Grundschuld bevorzugt, da sie wesentlich flexibler als die Hypothek ist.

Aufbau des Grundbuchs	
Teile des Grundbuchs	**Zweck**
– Bestandsverzeichnis	– Kennzeichnung des Grundstücks
– Erste Abteilung	– Erfassung der Eigentumsverhältnisse
– Zweite Abteilung	– Erfassung von Lasten und Beschränkungen
– Dritte Abteilung	– Erfassung von Grundpfandrechten

Grundbuchauszug (Bestandsverzeichnis)

Einlegeblatt

Amtsgericht Köln **Grundbuch von Braunsfeld** **Blatt 638** **Bestandsverzeichnis**

Laufende Nummer der Grundstücke	Bisherige Laufende Nummer der Grundstücke	Bezeichnung der Grundstücke und der mit dem Eigentum verbundenen Rechte					Größe		
		Gemarkung (Vermessungsbezirk)	Karte: Flur	Karte: Flurstück	Liegenschaftsbuch	Wirtschaftsart und Lage	ha	a	m
		a	b		c/d	e			
1	2				3			4	
1	–	Köbes	23	1371	214	Hof- und Gebäudefläche Stolberger Str. 188	–	6	50
2	–	Köbes	23	1372	215	Bauplatz Stolberger Str. 190	–	3	20
3	1,2	Köbes	23	1371/A	214	Hof- und Gebäudefläche Erlengrund 54/55	–	9	70
4 zu 2	–	Überwegungsrecht an dem Grundstück Köbes Flur 23 Flurstück 1370 – eingetragen im Grundbuch von Braunsfeld Band 74 Blatt 706 in Abteilung II unter Nr.2							
5 zu 3	–	Baubeschränkung zu Lasten des Grundstücks Braunsfeld Band 75 Blatt 524 – vgl. Nr. 14 der Grundakte							

Grundbuchauszug (Erste Abteilung)

Einlegeblatt **Abt. I**

Amtsgericht Köln **Grundbuch von Braunsfeld** **Blatt 638** **Erste Abteilung**

Laufende Nummer der Eintragungen	Eigentümer	Laufende Nummer der Grundstücke im Bestandsverzeichnis	Grundlage der Eintragung
1	2	3	4
1	Anne Margarete Köhler	1.2	Aufgrund des Erbscheins vom 16. November 1948 eingetragen am 13. Januar 1949 Umgeschrieben am 10. Dezember 1949. *Erens Bar*
2	Bürodesign GmbH	3	Aufgrund der Auflassung vom 9. August 1972 eingetragen am 27. Oktober 1972. *Herling König*

Grundbuchauszug (Zweite Abteilung)

Einlegeblatt **Abt. II**

Amtsgericht Köln **Grundbuch von Braunsfeld** **Blatt 638** **Zweite Abteilung**

Laufende Nummer der Grundstücke	Laufende Nummer der betroffenen Grundstücke im Bestandsverzeichnis	Lasten und Beschränkungen
1	2	3
1	3	Vormerkung zur Sicherung des Anspruchs auf Eigentumsübertragung für Bürodesign GmbH. Eingetragen aufgrund der Bewilligung vom 9. August 1972 am 18. August 1972. *Herling König*

Grundbuchauszug (Dritte Abteilung)

Einlegeblatt **Abt. III**

Amtsgericht Köln **Grundbuch von Braunsfeld** **Blatt 638** **Dritte Abteilung**

Laufende Nummer der Eintragungen	Laufende Nr. der belasteten Grundstücke im Bestandsverzeichnis	Betrag in €	Hypotheken, Grundschulden, Rentenschulden
1	2	3	4
1	3	200 000,00	Zweihunderttausend Euro Grundschuld; verzinslich mit 7 % jährlich, für die Deutsche Bank Köln. Der jeweilige Eigentümer ist der sofortigen Zwangsvollstreckung unterworfen. Unter Bezugnahme auf die Bewilligung vom 17. August 1972 eingetragen im Range vor dem Recht Abt. II/2 am 13. November 1972. *Herling König*
2	3	50 000,00	Fünfzigtausend Euro Grundschuld mit 8 % jährlich zu verzinsen für die Sparkasse KölnBonn. Der jeweilige Grundstückseigentümer ist der sofortigen Zwangsvollstreckung unterworfen. Unter Bezugnahme auf die Bewilligung vom 23. September 1972 unter Briefausschluss eingetragen im Range vor dem Recht Abt. II/2 am 15. November 1972. *Herling König*
3	3	90 000,00	Neunzigtausend Euro Grundschuld, vom 1. Juli 1983 ab mit 7 % jährlich zu verzinsen, zugunsten der Commerzbank Köln. Der jeweilige Eigentümer ist der sofortigen Zwangsvollstreckung unterworfen. Unter Bezugnahme auf die Bewilligung vom 21. Juni 1983 eingetragen im Range vor dem Recht Abt. II/2 am 18. Juli 1983. *Herling König*

Grundschulden und Hypotheken können mit erstem, zweitem oder drittem **Rang** eingetragen werden. Im Falle einer Zwangsvollstreckung muss zuerst die Forderung mit erstem Rang voll befriedigt werden, danach die mit dem zweiten Rang usw. Wenn der Wert des Grundstücks geringer als die eingetragenen Belastungen ist, können die mit letztem Rang eingetragenen Grundpfandrechte nur teilweise oder gar nicht befriedigt werden (§ 879 BGB). Kreditinstitute verlangen bei der Darlehensvergabe den ersten Rang und beleihen in der Praxis nicht mehr als 60 % bis 80 % des Grundstückswertes.

Alle Eintragungen ins Grundbuch genießen **öffentlichen Glauben**, d.h., sein Inhalt gilt als richtig (§ 892 BGB). Somit kann sich jeder auf die Richtigkeit der Eintragungen verlassen. Dadurch wird das Grundbuch zu einer einwandfreien Grundlage für alle Rechtsgeschäfte mit Grundstücken.

Pfandrechte können als Hypotheken oder Grundschulden eingetragen werden. Kommt ein Kreditnehmer seiner Zahlungsverpflichtung aus einem Grundpfandkredit nicht nach, kann der Kreditgeber das Grundstück und das dazugehörige Gebäude, das mit einem Pfandwert belastet ist, zwangsversteigern lassen.

- **Hypothek (§ 1113ff. BGB):** Die Hypothek setzt immer das Bestehen einer Forderung voraus. Der Kreditgeber hat nur einen Anspruch in Höhe der ursprünglichen Forderungen abzüglich der geleisteten Rückzahlungen. Der Kreditnehmer haftet mit dem Grundstück (= **dingliche Haftung**) als Pfand. Zudem haftet er persönlich mit seinem ganzen Vermögen (= **persönliche Haftung**) für das Darlehen. Der Kreditgeber kann also bei einer Zwangsvollstreckung sowohl die Befriedigung seiner Forderungen aus dem Vermögen des Kreditnehmers als auch aus dem Grundvermögen verlangen. Die Hypothek erlischt mit der Rückzahlung des Kredites.

  Beispiel Die Bürodesign GmbH nimmt bei ihrer Bank ein Hypothekendarlehen über 100000,00 € auf. Als Sicherheit wird im Grundbuch eine Hypothek auf ein Grundstück mit dazugehörigem Gebäude, das sich im Eigentum der Bürodesign GmbH befindet, eingetragen. Wenn die Bürodesign GmbH nach einem halben Jahr mit ihren Tilgungsraten in Verzug geraten sollte, könnte die Bank das Grundstück mit dem Gebäude zwangsversteigern lassen. Falls das Gebäude z.B. durch Feuer vernichtet worden ist und der Wert des Grundstücks zur Befriedigung der Forderung nicht mehr ausreicht, kann die Bank die Befriedigung der Restforderung aus dem Privatvermögen des Kreditnehmers verlangen.

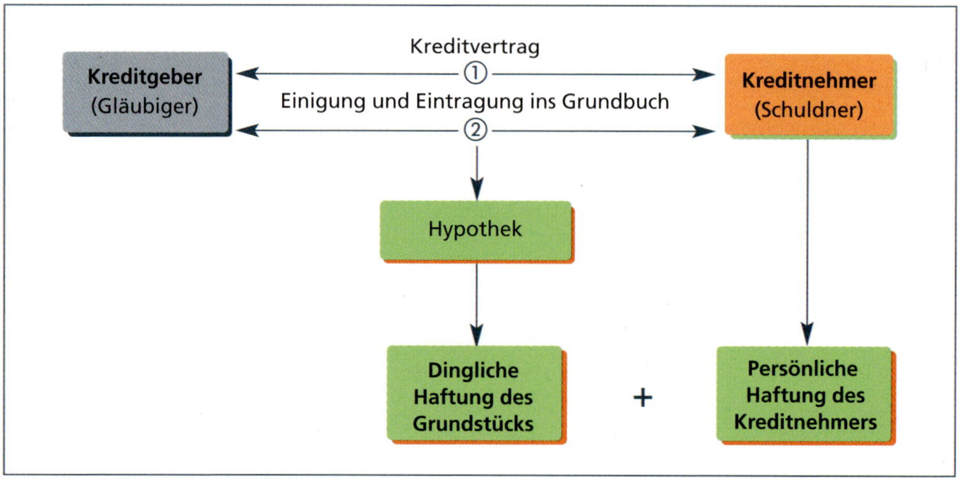

- **Grundschuld (§ 1191ff. BGB):** Bei der Grundschuld wird ein Grundstück mit einer bestimmten Geldsumme zugunsten des Kreditgebers belastet. Der Kreditnehmer haftet aus der Grundschuld heraus nicht persönlich, sondern nur mit dem Grundstück als Pfand. In das Grundbuch wird nur die Grundschuld, aber nicht der Schuldgrund, z.B. Aufnahme eines Darlehens, eingetragen. Der Kreditgeber hat somit aufgrund der Grundschuld keinen persönlichen Anspruch gegen den Kreditnehmer. Im Falle einer Zwangsvollstreckung muss eine Forderung des Kreditgebers nicht nachgewiesen werden. Auch bei voller Rückzahlung aller Verbindlichkeiten durch den Kreditnehmer erlischt die Grundschuld nicht. Sie erlischt erst, wenn sie im Grundbuch gelöscht wird.

Beispiel Nimmt die Bürodesign GmbH bei ihrer Bank ein Grundschulddarlehen über 100 000,00 € auf, könnte sie das Darlehen in Teilbeträgen nach und nach abrufen. (Vorteil: Nur eine einmalige Eintragung ins Grundbuch.) Die Bank könnte das Grundstück mit dem Gebäude zwangsversteigern lassen, wenn die Bürodesign GmbH mit ihren Tilgungsraten in Verzug gerät. Falls das Gebäude, z. B. durch Feuer, vernichtet worden ist und der Wert des Grundstücks zur Befriedigung der Forderung nicht mehr ausreicht, könnte die Bank die Befriedigung der Restforderung aufgrund des persönlichen Anspruchs aus dem Darlehen aus dem Vermögen des Kreditnehmers verlangen.

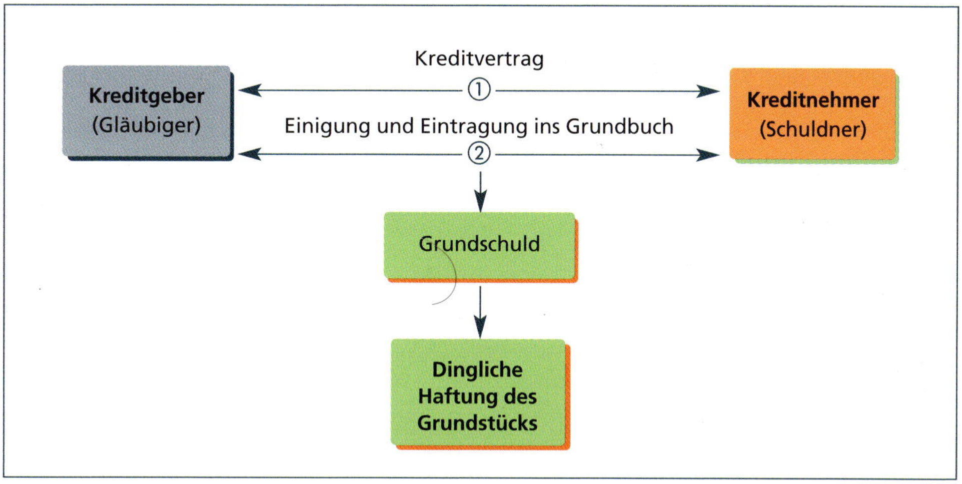

Die Grundschuld kann auch mit einer **Zwangsvollstreckungsklausel** eingetragen werden. Im Falle des Verzugs ist dann ein schneller Zugriff möglich. Auf das langwierige Einklagen eines vollstreckbaren Titels gegen den bisherigen Eigentümer kann dann verzichtet werden.

Eine Grundschuld kann als **Buchgrundschuld** oder als **Briefgrundschuld** bestellt werden, wobei die Briefgrundschuld auch auf den Inhaber lauten kann. Eine Buchgrundschuld entsteht durch Einigung und Eintragung. Bei einer Briefgrundschuld wird zusätzlich ein Grundschuldbrief ausgestellt, der zum Erwerb, zur Übertragung und Geltendmachung der Grundschuld erforderlich ist. Somit wird die Übertragung der Grundschuld auf einen anderen Gläubiger erleichtert.

Bei Rückzahlung der Schuld kann der Eigentümer die Grundschuld mit Einwilligung des Gläubigers **(Löschungsbewilligung)** löschen oder stehen lassen, um einen späteren Kreditbedarf schnell befriedigen zu können.

Sicherheiten im Rahmen der Fremdfinanzierung

- Der **reine Personalkredit (Blankokredit)** wird ohne Sicherheiten aufgrund der besonderen Bonität des Kreditnehmers gewährt.
- **Verstärkter Personalkredit** = Sicherung durch Personen

Bürgschaft
Ein oder mehrere Bürgen haften zusätzlich zum KN. – **Ausfallbürgschaft:** Bürge hat das Recht der Einrede der Vorausklage. – **Selbstschuldnerische Bürgschaft:** Bürge hat kein Recht der Einrede der Vorausklage.

- **Realkredite** = dingliche Sicherung (bewegliche und unbewegliche Sachen haften für eine Forderung)

Sicherungsübereignungskredit	Grundpfandrechte
Bewegliche Gegenstände des Anlagevermögens oder von Warenvorräten werden zur Sicherheit vom KN an den KG übereignet. KG wird Eigentümer, KN bleibt Besitzer.	– **Hypothek:** KG erhält Pfandrecht an einem Grundstück durch Einigung und Eintragung ins Grundbuch. **KN haftet mit Privatvermögen und mit Grundstück als Pfand.** – **Grundschuld:** Belastung des Grundstücks mit einer bestimmten Geldsumme zugunsten des KG. **KN haftet nur mit dem Grundstück als Pfand.**

- **Grundbuch** ist ein öffentliches Register, das Auskunft über Eigentumsverhältnisse, Größe, Lage, Lasten usw. gibt.

1 Unterscheiden Sie Personal- und Realkredite und geben Sie jeweils zwei Beispiele an.

2 Erläutern Sie die Bürgschaft und ihre Arten.

3 Geben Sie an, welche Vor- und Nachteile bzw. Risiken die Sicherungsübereignung

a) für den Kreditgeber,

b) für den Kreditnehmer hat.

4 Erläutern Sie die Notwendigkeit für den Kreditgeber, die Bonität eines Kreditnehmers zu überprüfen.

5 Erläutern Sie die Besitz- und Eigentumsverhältnisse beim Sicherungsübereignungskredit.

6 Geben Sie für nachfolgende Sachen an, für welche Kreditsicherung sie sich eignen.

a) Fahrzeuge

b) Gebäude

c) Warenvorräte

d) Geschäftsausstattung

7 Um eine günstige Einkaufsmöglichkeit auszunutzen, nimmt die Bürodesign GmbH kurzfristig einen Bankkredit auf. Als Sicherheit erhält die Bank die Zulassungsbescheinigung Teil 2 eines Geschäftswagens. Um welche Kreditart handelt es sich?

a) Bürgschaftskredit

b) Blankokredit

c) Grundpfandkredit

d) Sicherungsübereignungskredit

8 Einer Ihrer Freunde will bei einem Kreditinstitut einen Kredit über 10 000,00 € für die Anschaffung einer Wohnungseinrichtung aufnehmen. Allerdings verlangt das Kreditinstitut, dass ein Bürge zusätzlich für den Kredit haften soll. Ihr Freund bittet Sie, für ihn zu bürgen.

a) Sammeln Sie Argumente, ob Sie als Bürge für Ihren Freund zur Verfügung stehen.

b) Überlegen Sie, welche Anforderungen ein Kreditinstitut an einen Bürgen stellt.

9 Die Bürodesign GmbH will eine Fertigungsmaschine im Wert von 80 000,00 € für das kommende Geschäftsjahr kaufen. Die Maschine soll über einen Darlehenskredit finanziert werden. Erstellen Sie für die Bürodesign GmbH eine Liste der verschiedenen Formen der Kreditsicherung, die der Darlehensgeber verlangen könnte, und stellen Sie die jeweiligen Vor- und Nachteile in einer Übersicht gegenüber. Entscheiden Sie sich für eine Kreditsicherung und begründen Sie Ihre Entscheidung.

10 Erklären Sie den Unterschied zwischen einer Grundschuld und einer Hypothek.

4 Leasing als Sonderform der Finanzierung

Die Bürodesign GmbH hat ihr Produktionsprogramm um flexible Konferenztischkombinationen aus Massivholz erweitert. Das Geschäft mit den Tischkombinationen läuft sehr gut an, sodass zwei zusätzliche Plattenformatsägemaschinen für die Fertigung benötigt werden. Die Bürodesign GmbH hat für eine vorangegangene Betriebserweiterung momentan ihren Kreditrahmen ausgeschöpft. Herr Stein hat in der Vergangenheit gute Erfahrungen mit dem Leasing von Pkw gemacht. Er überlegt, ob auch Maschinen geleast werden sollen.

- Erstellen Sie ein Kurzreferat zum Thema Leasing.
- Überprüfen Sie, welche Gegenstände von Unternehmen geleast werden können, und stellen Sie die verschiedenen Leasingarten gegenüber.

Ein Unternehmen hat die Möglichkeit, benötigte Gegenstände zu leasen (= mieten oder pachten) statt zu kaufen. Beim Leasing werden in einem Leasingvertrag die Nutzungsrechte an Gütern des Anlagevermögens (Grundstücke mit Gebäuden, Fahrzeuge, Geschäftsausstattung) für eine bestimmte Zeit vom Leasinggeber auf den Leasingnehmer übertragen, wobei der Leasingnehmer die geleasten Gegenstände in seinem Betrieb einsetzt. Der **Leasingnehmer wird Besitzer, der Leasinggeber bleibt Eigentümer** der geleasten Gegenstände. Am Ende der vertraglich vereinbarten Leasingdauer kann der Leasingnehmer den geleasten Gegenstand zurückgeben oder zum Restwert kaufen.

Durch Leasing verbessern sich die Kennzahlen bei einer Bilanzanalyse, z. B. das Verhältnis von Fremd- zu Eigenkapital, weil bei entsprechender Vertragsgestaltung weder das Anlagevermögen aus dem Leasinggeschäft noch die Verbindlichkeiten daraus bilanziert werden. Leasing ist somit für jene Unternehmen interessant, die einen noch unausgeschöpften Vorrat an langfristigen Verbindlichkeiten haben.

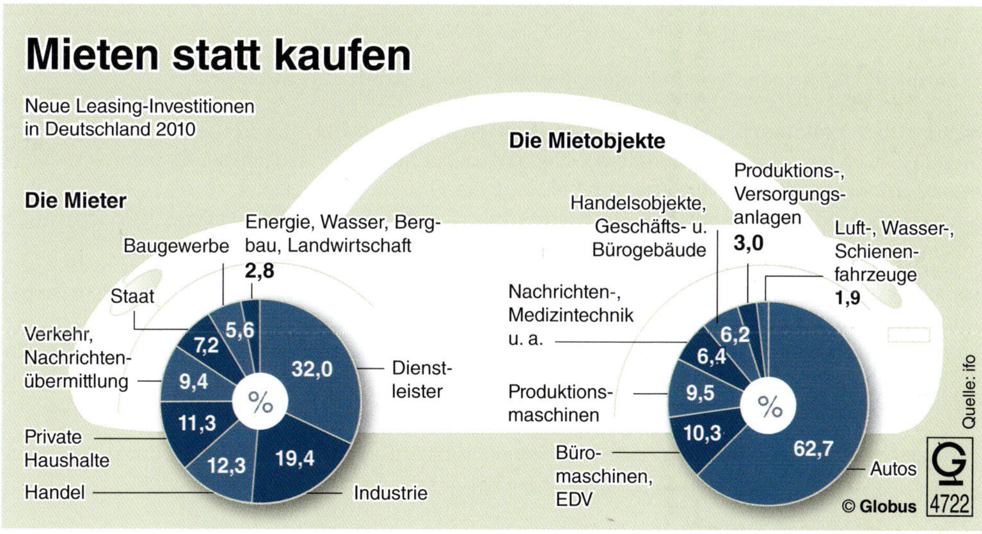

Leasinggeber kann

- der Hersteller des Anlagegutes, z. B. Maschinen-, Fahrzeughersteller, (= **direktes Leasing**) oder
- eine Leasing-Gesellschaft sein, die die Gegenstände vom Hersteller gekauft hat und sie nun im Rahmen des Leasings gegen Entgelt zur Verfügung stellt (= **indirektes Leasing**).

Beim direkten Leasing wird der Leasingvertrag zwischen dem Leasingnehmer und dem Hersteller abgeschlossen, beim indirekten Leasing zwischen dem Leasingnehmer und einem Finanzierungsunternehmen **(Leasinggesellschaft)**. Beim Wartungsleasing übernimmt der Leasinggeber neben der Überlassung des Leasinggegenstandes auch die Wartung und Reparatur.

Leasingverträge können folgendermaßen unterschieden werden in

- **Operating-Leasing:** Bei dieser Form hat der Leasingnehmer das **Recht, den Vertrag jederzeit kurzfristig zu kündigen**, da keine feste Grundleasingzeit vereinbart worden ist. Der Leasinggeber trägt somit das volle Investitionsrisiko. Der Leasingnehmer hat immer die neueste Technologie zur Verfügung. Es handelt sich um Leasingobjekte (Kraftfahrzeuge, Fotokopiergeräte, technische Anlagen), die nach Beendigung des Leasingverhältnisses vom Leasinggeber problemlos erneut anderen Leasingnehmern zur Verfügung gestellt werden können.

  Beispiel Ein Handelsvertreter least einen Pkw für 700,00 €/Monat. Der Vertrag hat eine Laufzeit von einem Jahr. Eine Kündigung kann erfolgen mit einer Frist von zwei Wochen zum Monatsende.

- **Financial-Leasing** (Finanzierungsleasing): Hier handelt es sich um **langfristige Verträge**, die **während der Grundleasingzeit unkündbar** sind. Nach Ablauf der Grundleasingzeit kann der Leasingnehmer entscheiden, ob er den Vertrag verlängern oder einen neuen Vertrag über ein neues Leasingobjekt abschließen will. Er kann das Leasingobjekt auch vom Leasinggeber kaufen. Bei dieser Leasingform trägt der Leasingnehmer das Investitionsrisiko, d. h. das Risiko der wirtschaftlichen Wertminderung durch technischen Fortschritt. Beim Financial-Leasing handelt es sich bei den Leasingobjekten in der Regel um Gegenstände, die häufig eigens für den Leasingnehmer hergestellt worden sind.

  Beispiele Maschinen, Telefonanlagen, Betriebs- und Geschäftsausstattungen

Während bei **Vollamortisationsverträgen (Full-pay-out-Leasing)** der Vertrag eine unkündbare Grundleasingzeit von ca. drei Vierteln der Nutzungsdauer des Leasinggegenstandes hat, ist bei **Teilamortisationsverträgen (Non-pay-out-Leasing)** die Grundleasingzeit nur 40–60 % der betriebsgewöhnlichen Nutzungsdauer. Bei Teilamortisationsverträgen sind die Leasingkosten erheblich höher als bei Vollamortisationsverträgen, da der Leasinggeber das Investitionsrisiko trägt.

Bei allen Arten von Leasingverträgen ist der **„wirtschaftliche Eigentümer"** des Leasinggutes verpflichtet, das Leasinggut zu aktivieren und somit auch abzuschreiben. Der Leasinggeber gilt immer dann als wirtschaftlicher Eigentümer, wenn die Grundleasingzeit 40–90 % der betriebsgewöhnlichen Nutzungsdauer beträgt und die Restmiete/der Restkaufpreis unter Berücksichtigung der bis dahin erfolgten linearen Abschreibungen kostendeckend ist.

Der **Leasingsatz** ist von der Vertragsdauer (Grundleasingzeit) abhängig und beträgt im Allgemeinen

- bei 3-jähriger Vertragsdauer monatlich ca. 3,1 bis 3,7 %,
- bei 4-jähriger Vertragsdauer monatlich ca. 2,5 bis 3 %,
- bei 5-jähriger Vertragsdauer monatlich 2 bis 2,5 % vom Kaufwert.

Zudem wird noch ein einmaliges Abschlussentgelt oder eine Anzahlung von 1 % bis 20 % der Kaufsumme verlangt. Ferner können die Leasingraten während der Laufzeit linear, degressiv oder progressiv gestaltet werden, wobei die häufigste Form in der Praxis der lineare Verlauf der Raten ist.

Beispiel Leasingantrag der UNICA Leasing GmbH

LEASINGANTRAG

UNICA Leasing GmbH & Co. OHG
im Folgenden „LG" (Leasinggeber) genannt

Vertragsnummer:

Händler

Autohaus Fritz GmbH
Aachener Str. 186
50931 Köln

Verkäufer: Mario Töpfer

Leasingnehmer:

Bürodesign GmbH
Stolberger Str. 188
50933 Köln

(3) **MITANTRAGSTELLER (SELBSTSCHULDNERISCHER BÜRGE):**

(4) **LEASINGFAHRZEUG:** Hersteller: UNICA Modell: PKW PANTO-CXL

(5) **LEASINGZEIT:** 24 Monate **Gesamt-Fahrzeugpreis:** (inkl. MWSt.)

(6) **ABRECHNUNG DER RESTZAHLUNG/VERGÜTUNG NACH VERTRAGSENDE:**

○ **KILOMETERABRECHNUNG**
Vereinbarte Gesamtfahrleistung: ______ km
Nachberechnung
je Mehr-km* ______ Pfg./Cent Brutto
Rückvergütung
je Minder-km* ______ Pfg./Cent Brutto

* 2 500 km bleiben ausgenommen.
Den angegebenen Brutto-Beträgen liegt die gesetzliche MwSt. bei Vertragsabschluss zugrunde. Maßgebend für die Abrechnung ist in allen Fällen die gesetzliche MwSt. im Zeitpunkt der Abrechnung.

☒ **FAHRZEUGABRECHNUNG**
Kalkulierter Netto-Rücknahmewert:
(vom Leasingnehmer garantierter Mindestwert bei Fahrzeugrücknahme)
Netto ______
MWSt. ______
Brutto ______

Bei vorzeitiger Vertragsbeendigung erfolgt die Abrechnung ohne Rücksicht auf die vereinbarte Gesamtfahrleistung ausschließlich nach Abschnitt XVIB der Leasingbedingungen.

(7) **ZAHLUNG BEI FAHRZEUGÜBERGABE** — Währungsangabe DEM ○ EUR ○

	Netto	MWSt.	Brutto
Leasing-Sonderzahlung			
1. Leasingrate			
1. mtl. Zuschlag für Versicherung			
Fracht/Zulassung			
GESAMTZAHLUNG bei Fahrzeugübergabe			

(8) **MONATLICHE LEASINGRATE:**

	Netto	MWSt.	Brutto
mtl. Leasingrate			299,00
mtl. Zuschlag für Versicherung			21,00
			/
MONATLICHE LEASINGRATE GESAMT			320,00

(9) **BÜRGSCHAFTSERKLÄRUNG**
Der Mitantragsteller übernimmt hiermit die selbstschuldnerische Bürgschaft für alle Ansprüche des LG, gleich aus welchem Rechtsgrund, gegen den Leasingnehmer im Zusammenhang mit Abschluss, Durchführung, Ab- und Rückentwicklung des Leasingvertrags. Er verzichtet auf das Recht zur Aufrechnung, soweit es sich nicht um unbestrittene oder rechtskräftig festgestellte Ansprüche handelt. Ein gleicher Verzicht gilt für seine Leistungsverweigerungs- und Zurückbehaltungsrechte, soweit sie nicht auf dem Bürgschaftsverhältnis beruhen.

(10) **ERKLÄRUNGEN DES LEASINGNEHMERS/MITANTRAGSTELLERS:**
a) Leasingantrag: Der Leasingnehmer beantragt beim LG den Abschluss eines Leasingvertrags zu den Bedingungen dieses Leasingantrags, den umseitigen Leasingbedingungen und den Bedingungen in dem Formular „Selbstauskunft, Fahrzeugdaten, Einwilligungserklärung Datenschutz" einschließlich der dort aufgeführten Fahrzeugdaten.
b) Einziehungsermächtigung: Der Leasingnehmer/Mitantragsteller ermächtigt hiermit den LG, die im Zusammenhang mit dem Leasingvertrag zu entrichtenden Zahlungen bei Fälligkeit mittels Lastschrift zulasten des folgenden Kontos einzuziehen:

Name des Kreditinstituts/Ort	BIC:	IBAN:	Kontoinhaber: [Leasingnehmer (LN)/ Mitantragsteller (MA)]
Deutsche Bank Köln	DEUTDEDKXXX	DE33370700600025203488	LN

c) Ich/Wir bestätige(n) hiermit, eine Kopie dieses Leasingantrages einschließlich der Belehrung über das Widerrufsrecht (Ziffer 12. unten) erhalten zu haben.

(11) Ort/Datum: Köln, 12.07... — Leasingnehmer: Klaus Stein — Mitantragsteller als selbstschuldnerischer Bürge:

WIDERRRUFSBELEHRUNG (entfällt bei Fahrzeugüberlassung zum Zweck einer bereits ausgeübten gewerblichen oder selbstständigen beruflichen Tätigkeit)
1. Der Leasingnehmer kann seinen Leasingantrag binnen zwei Wochen schriftlich **widerrufen.** Die Frist beginnt, sobald dem Leasingnehmer eine Durchschrift des Leasingantrages mit dieser Widerrufsbelehrung ausgehändigt worden ist. Zur Wahrung der Frist genügt die rechtzeitige Absendung des Widerrufs. Der Widerruf ist an die UNICA Leasing GmbH, 12890 Berlin, zu richten. Der Widerruf hat die Unwirksamkeit des Leasingvertrages und eines etwaig verbundenen Kaufvertrages über das unter Ziffer 4 oben genannte Leasingfahrzeug zur Folge.
2. Der Mitantragsteller kann seine Verpflichtungserklärung ebenfalls **widerrufen.** Die vorstehenden Bestimmungen gelten entsprechend. Die Widerrufsfrist beginnt jedoch erst, wenn dem Mitantragsteller eine Durchschrift des Leasingvertrages mit dieser Widerrufsbelehrung ausgehändigt worden ist.

Ort/Datum: Köln, 12.07... — Leasingnehmer: Klaus Stein — Mitantragsteller als selbstschuldnerischer Bürge:

UNICA Leasing GmbH, 12890 Berlin, Amtsgericht Berlin-Tiergarten, HRB 1599

Hinsichtlich der **Leasingobjekte** kann man unterscheiden in:

- **Leasing von beweglichen Gegenständen = Mobilien-Leasing** (Maschinen, Computer, Fotokopierer, Regalsysteme, Arbeitskleidung, Fahrzeuge, Telefonanlagen, Büroausstattung usw.). Das Leasing einzelner Ausrüstungsgegenstände wird auch als **Equipment-Leasing** bezeichnet.
- **Immobilien-Leasing** (Lagerräume, Verwaltungsgebäude, Grundstücke). Das Leasing ganzer Betriebsanlagen wird auch als **Plant-Leasing** bezeichnet.
- **Personal-Leasing:** Auch Personal kann durch Arbeitskräftevermittlungen (Zeitarbeit) geleast werden.

Es gibt folgende **Sonderformen** des Leasings:

- **Sale-and-lease-back-Leasing:** Der Leasingnehmer verkauft Wirtschaftsgüter, deren Eigentümer er ist und die von ihm benutzt werden, an eine Leasinggesellschaft, um sie dann wieder von dieser zu leasen. Der Vorteil besteht für den Leasingnehmer darin, dass er durch den Verkauf der Anlage das in diesem Investitionsgut gebundene Kapital wieder freisetzt.

  Beispiel Ein Industrieunternehmen lässt ein Verwaltungsgebäude nach seinen Wünschen bauen. Das gesamte Gebäude wird an eine Immobiliengesellschaft verkauft. Somit erhält das Industrieunternehmen die entstandenen Baukosten zurück und hat diese wieder als liquide Mittel zur Verfügung. Das Industrieunternehmen schließt anschließend mit der Immobiliengesellschaft einen 20-jährigen Leasingvertrag über die Nutzung des Verwaltungsgebäudes ab.

- **Revolving-Leasing:** Bei dieser Leasingform wird der Leasinggegenstand nach Ablauf einer bestimmten Frist gegen einen anderen Leasinggegenstand ausgewechselt. Der Vorteil für den Leasingnehmer besteht darin, dass er ständig mit modernen Anlagegegenständen arbeiten kann.

  Beispiele Fotokopierer, Pkw, Werkzeuge

Wesentliche **Motive für Leasing** sind:

- Schonung der Eigenkapitaldecke
- Schonung der Sicherheiten
- Liquiditätsvorsorge
- Ausdehnung des Finanzierungsvolumens
- Einschränkung des Überalterungsrisikos

Leasing bringt für den **Leasingnehmer** folgende Vor- und Nachteile:

Vorteile	Nachteile
– Geleaste Objekte sind häufig auf dem neuesten Stand der Technik, vorausgesetzt es wurden keine langfristigen Leasingverträge abgeschlossen. – Leasingnehmer hat bestimmte monatliche Raten, die genaue Kalkulation ermöglichen. – Verringerung des Kapitalbedarfs – Kreditsicherheiten sind nicht erforderlich. – Leasingkosten können aus den laufend erwirtschafteten Erträgen des Leasingobjektes bezahlt werden. – Keine Aktivierung der Leasinggüter in der Bilanz, steuerliche Abzugsfähigkeit der Leasingraten als Betriebskosten.	– Hohe Fixkostenbelastung des Betriebes durch Leasingraten. – Leasing ist i. d. R. teurer als eine Finanzierung des Gegenstandes beim Kauf. Die Leasingrate setzt sich aus Zinsen und einem Entgelt für Überlassung und Nutzung des Leasinggegenstandes zusammen. – Beim Financial-Leasing ist der Leasingnehmer vertraglich lange gebunden.

Unter der Voraussetzung, dass mit den Leasingobjekten ein zusätzlicher Gewinn erwirtschaftet wird, kann ein Unternehmen mit Leasing seine Anlagegegenstände erneuern oder erweitern, ohne Eigen- oder Fremdkapital in Höhe der Anschaffungskosten bereitstellen zu müssen. Die Leasingraten können als Betriebsausgaben abgesetzt werden, sie mindern somit die Gewerbe-, Einkommen- bzw. Körperschaftsteuer. Es muss aber die laufende Leasingrate entrichtet werden.

Die fixe Belastung durch Leasingkosten ist im Allgemeinen nicht geringer als der Zins- und Tilgungsdienst bei einem fremdfinanzierten Investitionsobjekt.

Beispiel Die Anschaffungskosten einer Maschine betragen 300 000,00 € bei einer Nutzungsdauer von sechs Jahren. Steuerliche Gesichtspunkte bleiben unberücksichtigt.

Bedingungen für Kreditkauf				**Bedingungen für Leasing**		
Kreditsumme in €:			300 000,00	Grundleasingzeit in Jahren:		4
Kreditlaufzeit in Jahren:			6	Abschlussentgelt in %:		5
Kreditzinsen in %:			9	Leasing-Raten/monatlich in %:		3
Kredittilgung:			6 Raten	Anschlussleasing/jährlich in €:		4 000,00
Jahr	**Ausgaben beim Kreditkauf**			**Ausgaben beim Leasing**		
1	(50 000 + 27 000)	=	77 000,00	(15 000 + 108 000)	=	123 000,00
2	(50 000 + 22 500)	=	72 500,00	(9 000 · 12)	=	108 000,00
3	(50 000 + 18 000)	=	68 000,00	(9 000 · 12)	=	108 000,00
4	(50 000 + 13 500)	=	63 500,00	(9 000 · 12)	=	108 000,00
5	(50 000 + 9 000)	=	59 000,00	Anschlussleasing	=	4 000,00
6	(50 000 + 4 500)	=	54 500,00	Anschlussleasing	=	4 000,00
Summe der Ausgaben		=	**394 500,00**	**Summe der Ausgaben**	=	**455 000,00**

Leasing als Sonderform der Finanzierung

- Beim Leasing werden **Güter des Anlagevermögens geleast**, wobei die Leasinggeber Hersteller oder Leasinggesellschaften sein können.
- Es können sowohl **Immobilien als auch bewegliche Güter** geleast werden.
- Beim **Financial-Leasing** werden langfristige Verträge abgeschlossen, der Leasingnehmer hat nach Ablauf der Vertragsdauer ein Kaufrecht des geleasten Gegenstandes (Maschinen, Betriebs- und Geschäftsausstattung usw.). Leasinggegenstände werden häufig eigens für den Leasingnehmer angefertigt.
- Beim **Operating-Leasing** kann der Vertrag jederzeit vom Leasingnehmer gekündigt werden (Fotokopiergeräte, Kfz usw.).
- **Hauptvorteil** für den Leasingnehmer ist ein **verringerter Kapitalbedarf, Hauptnachteil** sind die **anfallenden hohen Kosten.**

1 Geben Sie Beispiele an, welche Gegenstände

a) von der Bürodesign GmbH geleast werden könnten,

b) die Bürodesign GmbH von ihren Kunden leasen lassen könnte.

2 Die Geschäftsführer der Bürodesign GmbH überlegen, ob man den Kunden Büromöbel als Leasingobjekte anbieten soll. Sammeln Sie Argumente, mit denen Sie die Kunden der Bürodesign GmbH von der Vorteilhaftigkeit dieser Möglichkeit überzeugen können.

3 Unterscheiden Sie die verschiedenen Leasingarten.

4 Erläutern Sie Sale-and-lease-back-Leasing.

5 Die Bürodesign GmbH will einen neuen Mittelklasse-Pkw für den Außendienst kaufen. Besorgen Sie sich bei Autohändlern Leasingangebote für Pkw und vergleichen Sie diese in einer Übersicht miteinander.

6 Bei der Beschaffung von Investitionsgütern muss eine Unternehmung nicht nur entscheiden, ob sie mit Eigen- oder Fremdkapital finanzieren will, sondern auch, ob es vorteilhafter ist, die Investitionsgüter zu leasen statt zu kaufen. Über 300 Leasinggesellschaften in der Bundesrepublik Deutschland bieten dazu ihre Dienste an.

a) Geben Sie an, wer Leasinggeber sein kann.

b) Erläutern Sie den Werbespruch eines Leasinggebers: „Pay as you earn – Zahlen Sie, wie Sie verdienen."

c) Je nach Dauer des Vertrages liegt die Belastung durch Leasingkosten etwa 20 % bis 40 % über der Kaufsumme des Leasinggegenstandes. Nennen Sie Gründe, die einen Unternehmen trotz der relativ hohen Kosten dazu veranlassen können, einen Leasingvertrag abzuschließen.

7 Beurteilen Sie folgende Aussagen aus einem Leasingprospekt einer Leasinggesellschaft:

a) Leasing bringt dem Leasingnehmer Steuererleichterungen, da die Leasingraten Betriebsausgaben sind, die sofort und in voller Höhe steuerlich abzugsfähig sind.

b) Leasing bedeutet für ein Unternehmen: Investieren ohne Kapitaleinsatz.

c) Leasing erhält den Kreditspielraum eines Unternehmens, da die Sicherungsgegenstände im Eigentum des Leasingnehmers unbelastet bleiben, somit verschlechtert sich auch das Bilanzbild des Unternehmens nicht.

8 Die Schmitz KG plant im Rahmen umfangreicher Rationalisierungsmaßnahmen den Kauf von drei Schweißrobotern. Die Robotron AG hat das beste Angebot abgegeben und bietet auch eine entsprechende Finanzierung an. Im Text des Angebots heißt es u. a.: „Wir freuen uns, Ihnen für die Roboter, die wir zum Preis von 3 920 000,00 € angeboten haben, ein Leasingangebot vorlegen zu können. Die Grundleasingzeit beträgt vier Jahre und ist für beide Seiten unkündbar. Ein Abschlussentgelt in Höhe von 4,5 % ist mit der ersten Leasingrate zu zahlen. Die monatliche Leasingrate beträgt 2,6 % und beinhaltet einen Wartungsvertrag mit einer regelmäßigen monatlichen Wartung.

Nach Ablauf der Vertragslaufzeit bieten wir Ihnen den Kauf der Anlage zum Preis von 850 000,00 € an. Alternativ ist auch eine Vertragsverlängerung bzw. das Anschlussleasing einer neuen Anlage möglich." Die Schmitz KG geht davon aus, dass sie die Roboter nach Ablauf der Leasingzeit kaufen wird.

Da auch eine Kreditfinanzierung zur Debatte steht, hat die Schmitz KG ein Angebot ihrer Hausbank eingeholt. Diese bietet an:

Kreditsumme:	3 920 000,00 €, Auszahlung 98 %
Kreditlaufzeit:	4 Jahre
Kreditzinsen:	8 %, p. a. von der jeweiligen Restschuld
Kredittilgung:	4 Raten, jeweils am Ende eines Jahres
Bearbeitungsentgelt:	einmalig, 0,2 % der Darlehenssumme

Die Anlage hat eine Nutzungsdauer von sechs Jahren und wird linear abgeschrieben.

Vergleichen Sie die beiden Angebote! Gehen Sie dabei auf die Liquiditätsbelastung und Erfolgswirksamkeit (ohne Beachtung von Steuern) sowie mögliche andere Aspekte ein.

9 Ordnen Sie den unten stehenden Aussagen eine Aussage zu,

1) wenn es sich um Financial-Leasing handelt,

2) wenn es sich um Operating-Leasing handelt.

a) Bei dieser Vertragsform kann der Vertragspartner den Vertrag kurzfristig unter Einhaltung einer vereinbarten Kündigungsfrist kündigen.

b) Der Leasingnehmer entscheidet sich für eine feste Leasingzeit, die etwa 40–90 % der gewöhnlichen Nutzungsdauer des Leasinggutes beträgt.

5 Beteiligungsfinanzierung bei der AG

Die Geschäftsentwicklung der Bürobedarfsgroßhandlung Schneider & Co OHG, ein Kunde der Bürodesign GmbH, verläuft sehr erfolgreich. Der Jahresumsatz beträgt ca. 50 Mio. € und ist seit Jahren kontinuierlich gestiegen. Franz Schneider leitet die OHG seit fünf Jahren äußerst erfolgreich, er möchte, dass das Unternehmen weiter wächst. Hierzu sind allerdings einige größere Investitionen erforderlich. Er überlegt, ob er das erforderliche Kapital bei seiner Bank aufnehmen, neue Gesellschafter aufnehmen oder ob er das Unternehmen in eine AG umwandeln soll.

- Stellen Sie fest, welche Möglichkeiten der Kapitalbeschaffung Franz Schneider bei der Beibehaltung der Rechtsform einer OHG hat.
- Überprüfen Sie die Möglichkeiten der Umwandlung der OHG in eine AG als ein Mittel der Kapitalbeschaffung.

Bei der Einlagen- und Beteiligungsfinanzierung wird dem Unternehmen Eigenkapital auf unbestimmte Zeit zur Verfügung gestellt, der Kapitalgeber ist am Gewinn und Verlust beteiligt (Eigenfinanzierung).

▲ Einlagenfinanzierung

Stellen der Eigentümer (Einzelunternehmung) bzw. die Gesellschafter (OHG, KG) dem Unternehmen das Kapital zur Verfügung, spricht man von Einlagenfinanzierung. Bei dieser Finanzierung erwirbt der Kapitalgeber Eigentum am Unternehmen. In der Bilanz erscheint das eingebrachte Kapital unter dem Posten **Eigenkapital** (Haftungskapital) auf der **Passivseite**.

Bd. 1

Beispiel An der Abels, Wirtz & Co. KG beteiligt sich ein zusätzlicher Gesellschafter als Komplementär mit 90 000,00 €. Mit diesem Kapital wird z. B. eine neue Lagerhalle finanziert.

▲ Einlagenfinanzierung bei der OHG:

Die Unternehmer bringen das Kapital durch die **Übertragung von Sach- und Rechtswerten** aus ihrem Privatvermögen auf. Bei den Sachwerten kann es sich z. B. um Grundstücke, Kraftwagen und Einrichtungsgegenstände handeln, bei den Rechtswerten z. B. um Wertpapiere und Patente. Bei Bedarf können die Unternehmer das Eigenkapital durch weitere Privateinlagen vergrößern.

Bd. 1

Bei der OHG und KG wird das Eigenkapital durch die im **Gesellschaftsvertrag** festgelegten Bar- und Sacheinlagen der Gesellschafter eingebracht (§ 111 HGB). Im Gesellschaftsvertrag kann eine spätere Erhöhung der Kapitalanteile vorgesehen werden. Zu den bereits vorhandenen Gesellschaftern können auch weitere Gesellschafter eintreten. Der Gesellschaftsvertrag kann in allen Punkten bezüglich Art und Höhe der Einlagen andere Regelungen als die im Gesetz vorgesehenen Regelungen vorsehen.

Die Aufnahme neuer Gesellschafter bei der OHG ist schwierig, da die neuen Gesellschafter an der Geschäftsführung beteiligt werden müssen, was sich aufgrund einer größeren Zahl von Personen mit sehr unterschiedlichen Kenntnissen und Fähigkeiten problematisch gestalten kann. Zwar könnte ein OHG-Gesellschafter auf seine Geschäftsführungsbefugnis verzichten. Hierauf wird er sich aber in aller Regel angesichts der umfassenden persönlichen Haftung in den seltensten Fällen einlassen. Ferner müssen die OHG-Gesellschafter ihren Lebensunterhalt aus Privatentnahmen (§ 113 f. HGB) bestreiten, da sie als Unternehmer ihre Arbeitskraft in den Dienst der OHG stellen. Folglich kann eine OHG bei einer großen Anzahl von Gesellschaftern und schwachem Geschäftsgang das Kapital sehr schnell ausgezehrt werden.

Trotzdem ist normalerweise die Kapitalkraft einer OHG größer als die einer vergleichbaren Einzelunternehmung oder KG, da eine hohe Kapitalsumme bei Bedarf leichter von mehreren Personen als von einer Person aufgebracht werden kann.

Beispiel Einlagenfinanzierung (Eigenfinanzierung) bei dem Bürobedarfsgroßhandel Schneider & Co. OHG

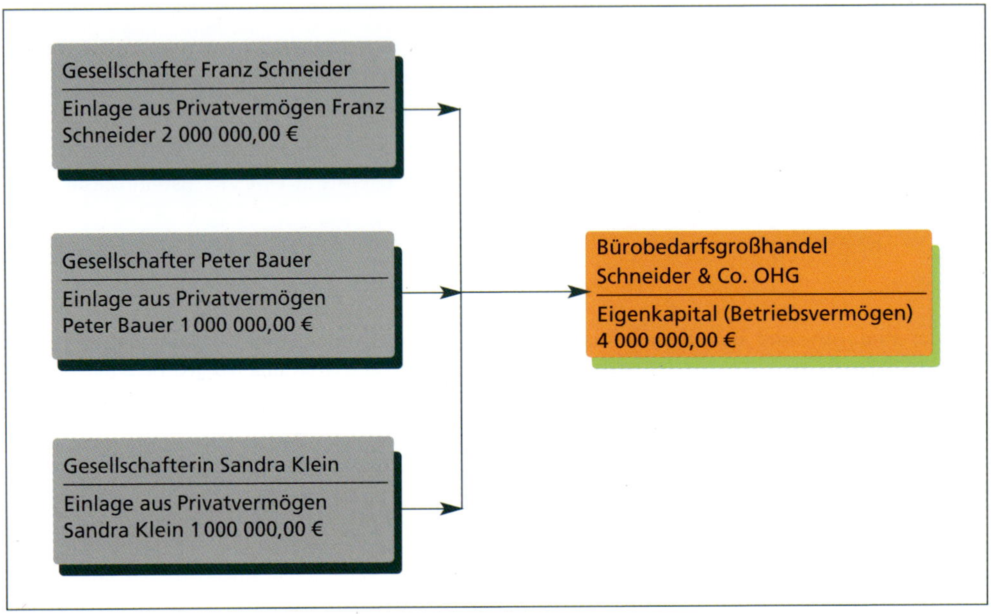

▲ Einlagenfinanzierung bei der Kommanditgesellschaft:

Bd. 1

Bei der Kommanditgesellschaft ist der Kommanditist als Teilhafter Miteigentümer des Unternehmens und somit am Betriebsvermögen beteiligt. Ebenso ist er am Gewinn und Verlust beteiligt (§ 168 HGB). Die Geschäftsführungs- und Vertretungsbefugnis steht allerdings nur dem **Komplementär (Vollhafter)** zu und das Haftungsrisiko des **Kommanditisten** ist auf die Einlage beschränkt. Wirtschaftlich gesehen kann der Kommanditist somit eigentlich nicht als Unternehmer bezeichnet werden. In der Praxis wird die Rechtsform der KG besonders dann gewählt, wenn das Eigenkapital durch Einlagen vergrößert werden soll, ohne den Kapitalgebern einen wesentlichen Einfluss auf die Unternehmensführung zu gewähren.

▲ Beteiligungsfinanzierung

Bd. 1

An Kapitalgesellschaften (AG, GmbH) können sich Kapitalgeber in unterschiedlicher Weise beteiligen:

▲ Beteiligungsfinanzierung bei der GmbH:

Bei der GmbH bringen die Gesellschafter mit ihren Geschäftsanteilen das im Gesellschaftsvertrag festgelegte Stammkapital auf. Bei der Beteiligungsfinanzierung an einer GmbH können entweder die Geschäftsanteile der vorhandenen Gesellschaft erhöht oder es können neue Gesellschafter aufgenommen werden. In der Bilanz erscheint das eingebrachte Kapital unter **Eigenkapital/Gezeichnetes Kapital** auf der **Passivseite**.

▲ Beteiligungsfinanzierung bei Aktiengesellschaften:

Bei der AG erfolgt die Beteiligungsfinanzierung zur Kapitalerhöhung durch den Beschluss der Hauptversammlung mit qualifizierter Mehrheit (mindestens 75 % des Kapitals müssen zustimmen, da hierzu eine Satzungsänderung notwendig ist), das Grundkapital durch die Ausgabe neuer (junger) Aktien zu erhöhen (vgl. S. 189). Die Kapitalzuführung erfolgt durch den Verkauf der Aktien. Durch den Erwerb der Aktien wird der Aktionär Miteigentümer der AG. Eine andere Möglichkeit besteht darin, dass freie Rücklagen (vgl. S. 202) aufgelöst werden. Freie Rücklagen können zweckbestimmt, z. B. für beabsichtigte Neuinvestitionen, gebildet werden. In der Bilanz erscheint das eingebrachte Kapital unter **Gezeichnetes Kapital** auf der **Passivseite**.

▲ Beteiligungsfinanzierung bei der AG

Bd. 1

Die Satzung einer Aktiengesellschaft legt die Höhe des **Grundkapitals** (mindestens 50 000,00 €) und den Nennwert der Aktien (mindestens 1,00 €) fest. Die Kapitalzuführung erfolgt durch den Kauf der **Aktien** durch die Aktionäre. Diese sind dann im Verhältnis der Nennwerte ihrer Aktien Eigentümer der AG. Zur Finanzierung von Investitionen können durch den Gang an die **Börse** („Going Public") umfangreiche Geldmittel beschafft werden. Während eine Ausgabe von Aktien unter dem Nennwert nicht zulässig ist, wird eine Ausgabe der Aktien über dem Nennwert (Über-pari-Emission) häufig vorgenommen. Das **Agio (Aufgeld)** ist in die Kapitalrücklage einzustellen.

VWL

Aktien werden an **Wertpapierbörsen** gehandelt. Wertpapierbörsen sind **organisierte Märkte für den Handel mit Wertpapieren**. Die größten Wertpapierbörsen in Deutschland sind in Frankfurt, Düsseldorf und Stuttgart. Die größten Börsen in Europa sind in London, Paris und Frankfurt. Die weltgrößten Börsen sind in New York, Tokio und London. Folgende **Marktsegmente der Wertpapierbörsen** lassen sich unterscheiden:

Prime Standard	– Marktsegment für Standardwerte der größten Unternehmen in Deutschland, wobei die Einführung einer Aktie strengen Zulassungsvorschriften unterworfen ist (Quartalsberichte, regelmäßige Analysten-Konferenzen, Bilanzierung nach internationalen Standards) – Als Kriterien für die Aufnahme in einen Aktienindex gelten: Handelsumsatz = Volumen der Aktienkäufe Marktkapitalisierung: Anzahl der frei handelbaren Aktien mal Kurswert (= Börsenwert) – Kursfestlegung durch vereidigte Kursmakler, Verfahren zur Kursfeststellung **Einheitskurse (Kassakurse)** werden börsentäglich einmal zu einem bestimmten Zeitpunkt festgestellt. **Fortlaufende (variable) Notierungen** werden laufend während der Börsenzeiten für Papiere mit größeren Umsätzen festgestellt.
	Der Prime Standard unterteilt sich in (Aktien müssen in das Primärsegment der Börse aufgenommen worden sein): DAX, MDAX, SDAX, TecDAX
– DAX (30 Werte)	– Die Unternehmen gehören bei beiden Kriterien zu den größten Unternehmen in Deutschland. – Marktsegment mit mittleren Chancen und Risiken.
– MDAX (50 Werte)	– Die Unternehmen gehören nach beiden Kriterien zu den 60 größten Unternehmen (klassische Branchen) aus dem In- und Ausland unterhalb des DAX. – Marktsegment mit mittleren Chancen und Risiken.
– SDAX (50 Werte)	– Die Unternehmen gehören zu den 110 größten Unternehmen aus dem In- und Ausland unterhalb des DAX (klassische Branchen). – Marktsegment mit mittleren Chancen und Risiken.

– **TecDAX (30 Werte)**	– Die Unternehmen aus dem In- und Ausland zählen nach beiden Kriterien zu den 35 größten Technologieunternehmen unterhalb des DAX. – Marktsegment für Technologieaktien aus innovativen Branchen aus dem In- und Ausland mit großen Chancen, aber auch mit großen Risiken.
General Standard	– Aktien erfüllen nur gesetzliche Mindestanforderungen an Transparenz. – Marktsegment für den Börseneinstieg junger inländischer Unternehmen – erleichterte Zulassungsbedingungen und weniger strenge Publizitätsvorschriften – Kursfeststellung durch freie Makler
Freiverkehr	– nicht amtlicher Börsenhandel für regionale Aktien und ausländische Wertpapiere – freie Vereinbarung der Preise

Grundsätzlich ist zur Erhöhung des Grundkapitals durch Ausgabe neuer (junger) Aktien eine **Satzungsänderung mit qualifizierter Mehrheit** erforderlich (75 % der anwesenden Aktiennennwerte müssen zustimmen, § 179 AktG). Das neue Grundkapital muss ins Handelsregister eingetragen werden. Gibt die AG Stückaktien (vgl. S. 190) aus, muss sich die Zahl der Aktien in demselben Verhältnis wie das Grundkapital erhöhen (§ 182 Abs. 1 Satz 5 AktG). Praktisch bedeutet diese Vorschrift, dass der **fiktive Nennbetrag** der Stückaktie vor, bei und nach der Kapitalerhöhung gleich bleiben muss.

Aktien sind **Teilhaberpapiere**, die dem Teilhaber mehrere Rechte verbriefen:

- das Stimmrecht in der Hauptversammlung und das Recht auf Gewinnanteil (Dividende),
- das Recht auf Anteil am Liquidationserlös,
- das Bezugsrecht bei der Ausgabe von neuen (jungen) Aktien der AG (vgl. S. 189).

Die meisten Aktien lauten auf einen bestimmten Betrag, den **Nennwert**. Er verbrieft, dass ein Aktionär in Höhe dieses Wertes am Gesellschaftskapital (gezeichnetes Kapital) beteiligt ist. Dieser Wert stimmt i. d. R. nicht mit dem wirklichen Wert der Aktie, dem Kurswert, überein. Der Kurswert ergibt sich an der Börse aus dem Zusammenwirken von Angebot und Nachfrage. Aktienkurse können erheblich schwanken. Sie können sich nach folgenden Faktoren richten:

- dem Substanzwert der AG (Gesamtvermögen abzüglich Schulden),
- dem Ertragswert (erzielte Gewinne),
- der Lage am Geldmarkt und der allgemeinen konjunkturellen Lage,
- der spekulativen Erwartung der Anleger für die Zukunft.

Die **Aktie ist als Finanzierungsinstrument zur Aufbringung großer Eigenkapitalbeträge** durch Ausgabe von Teilhaberpapieren besonders geeignet, weil

- eine große Anzahl von Anteilseignern durch die Aufteilung des Kapitals in Kleinbeträge angesprochen wird,
- das Aktienkapital von einem Aktionär gegenüber der AG nicht gekündigt werden kann, wobei der Aktionär aber jederzeit das Recht hat, sich von der Aktie durch den Verkauf an der Börse zu dem dann geltenden **Kurswert** zu trennen,
- mit der Börse ein organisierter Markt vorhanden ist, der die jederzeitige Handelbarkeit (Kauf und Verkauf von Wertpapieren) der Aktien gewährleistet.

▲ Arten von Aktien:

Eine Aktie besteht aus zwei Teilen, dem **Mantel**, der eigentlichen Urkunde, und dem **Dividendenscheinbogen**, der aus den Dividendenscheinen (Coupons) und dem Erneuerungsschein (Talon) besteht. Aktien können unterschieden werden nach:

- dem **Gewerbezweig** (Bank-, Industrie-, Versicherungs-, Computeraktien)
- den **Rechten**, die mit dieser Aktie verbunden sind (Stamm-, Vorzugsaktien)

  Stammaktien sind gewöhnliche Aktien, die dem Aktionär die normalen Rechte einräumen, während **Vorzugsaktien** dem Eigentümer einen Vorzug vor den Stammaktien gewähren, z. B. höhere Dividende oder Vorausdividende (Bedienung der Vorzugsaktionäre vor den Stammaktionären). Vorzugsaktien können den Nachteil haben, dass der Aktionär kein Stimmrecht in der Hauptversammlung hat. Stimmrechtslose Vorzugsaktien dürfen nur bis zur Hälfte des Grundkapitals ausgegeben werden.

- dem **Zeitpunkt der Ausgabe** (alte oder junge Aktien)

  Alte Aktien sind die Aktien, die vor einer Grundkapitalerhöhung ausgegeben wurden. Die Altaktionäre erhalten das Recht, bevorzugt in bestimmtem Umfang junge Aktien zu kaufen (Bezugsrecht). **Junge Aktien** sind die Aktien, die anlässlich einer Grundkapitalerhöhung (vgl. S. 187) ausgegeben werden.

- der **Übertragbarkeit** (Inhaber-, Namensaktien oder vinkulierte Aktien)

  Die meisten Aktien sind **Inhaberaktien**. Sie können durch Einigung und einfache Übergabe übertragen werden. **Namensaktien** sind auf eine bestimmte Person ausgestellt und können nur durch Indossament (Übertragungsvermerk) übertragen werden. Die Eigentumsübertragung ist der Aktiengesellschaft zu melden. Die jeweiligen Aktionäre werden im Aktienbuch der Aktiengesellschaft vermerkt. Die Namensaktie gewinnt zunehmend an Bedeutung, damit die AG Informationen wie z. B. Einladungen zur Hauptversammlung, Aktionärsbriefe und Geschäftsberichte an die namentlich bekannten Aktionäre versenden kann. Hierdurch wird die unpersönliche und kostenintensive Verbreitung solcher Informationen über Medien oder Depotbanken überflüssig.

Beispiele Deutsche Bank, Daimler, Siemens, Lufthansa

Die **vinkulierte** oder **gebundene Namensaktie** kann nur mit Zustimmung des Vorstandes oder des Aufsichtsrates der Aktiengesellschaft übertragen werden. Vinkulierte Aktien werden ausgegeben, um z. B. Familienunternehmen vor Überfremdung zu schützen.

- der **Anteilsbestimmung am Grundkapital (Nennwert-, Stückaktien)**

> **§ 8 AktG: Form und Mindestbeträge der Aktien**
>
> (1) Die Aktien können entweder als Nennbetragsaktien oder als Stückaktien begründet werden.
>
> (2) Nennbetragsaktien müssen auf mindestens einen Euro lauten. Aktien über einen geringeren Nennbetrag sind nichtig. Für den Schaden aus der Ausgabe sind die Ausgeber den Inhabern als Gesamtschuldner verantwortlich. Höhere Aktiennennbeträge müssen auf volle Euro lauten.

Nennwertaktien oder Nennbetragsaktien sind Aktien, die auf einen in der Satzung festgelegten Nennwert lauten. Diese Aktienart verbrieft einen unveränderten Anteil am Grundkapital. Die Zahl der ausgegebenen Aktien kann ermittelt werden, indem man das Grundkapital durch den Nennwert je Aktie dividiert.

Stückaktien (nennwertlose Aktie) verkörpern einen Anteil am Grundkapital, ohne dass sie einen festgeschriebenen Nennwert haben. In der Satzung wird nur die Zahl der ausgegebenen Aktien bestimmt. Der **„fiktive Nennwert"** der Aktie kann ermittelt werden, indem man das Grundkapital durch die Zahl der ausgegebenen Aktien dividiert.

- **besonderen Formen der Aktien (Belegschafts-, Berichtigungsaktien)**
  Belegschaftsaktien werden zu einem Vorzugskurs an Belegschaftsmitglieder der AG ausgegeben. Sie können häufig nur nach einer mehrjährigen Sperrfrist weiterverkauft werden. **Berichtigungsaktien** können durch Umwandlung von offenen Rücklagen im Grundkapital an die Aktionäre ausgegeben werden. Die Aktionäre erhalten die Berichtigungsaktien ohne Zuzahlungen.

Mit dem Kauf von Aktien hoffen die Aktionäre auf einen **Anteil am Wertzuwachs** des Unternehmens, auf **Kursgewinne** an der Börse und auf eine Verzinsung **(Dividende)**. Das Risiko besteht in der **niedrigen Rendite** (Dividende) im Vergleich zum Kurswert und im **Kursverlust**. Aktien werden an Wertpapierbörsen gehandelt, wobei die Börsenkurse durch Kursmakler ermittelt werden, indem diese alle vorliegenden Kauf- und Verkaufsaufträge berücksichtigen. Die Aufgabe des Kursmaklers ist es, den Kurs so festzulegen, dass der größtmögliche Umsatz zustande kommt.

Folgende **Möglichkeiten der Kapitalerhöhung** in Form der Beteiligungsfinanzierung sind im AktG vorgesehen:

- Ordentliche Kapitalerhöhung
- Bedingte Kapitalerhöhung
- Genehmigte Kapitalerhöhung

Zudem bietet das Aktiengesetz die Möglichkeit, eine Kapitalerhöhung ohne Geldmittelzufluss aus Gesellschaftsmitteln vorzunehmen (vgl. S. 195).

Ordentliche Kapitalerhöhung (§ 182 ff. AktG): Durch diese Kapitalerhöhung wird der AG nach dem Beschluss der Hauptversammlung mit qualifizierter Mehrheit durch Ausgabe junger Aktien neues Kapital zugeführt. Hierbei müssen die jungen Aktien zuerst den alten Aktionären im Verhältnis ihres Kapitalanteils (§ 186 AktG) angeboten werden, damit diese ihren prozentualen Kapitalanteil an der AG wahren können, sie haben somit das Bezugsrecht an den jungen Aktien (gesetzliches Bezugsrecht). Will ein Aktionär sein Bezugsrecht nicht ausüben, kann er es verkaufen, indem das Bezugsrecht an der Börse verkauft wird. Eine Unter-Pari-Emission (= Ausgabe von Aktien zu einem unter dem Nennwert liegenden Preis) ist laut § 9 AktG verboten.

DAX-Werte am 24.10.2014

Name	Kurs	W52 Hoch	W52 Tief
adidas AG NA	58,34	93,22	52,94
ALLIANZ	123,30	139,00	115,05
BASF NA	68,98	88,28	64,27
BAYER	106,40	114,20	90,20
BMW	83,08	96,10	74,74
BEIERSDORF	63,13	77,33	60,78
Commerzbank AG	11,76	14,48	9,18
CONTINENTAL	152,30	183,40	129,10
DAIMLER	60,90	71,27	55,10
DT. BANK	25,16	38,15	22,66
DT. BÖRSE	53,18	63,29	49,90
LUFTHANSA	12,25	20,30	10,69
DT. POST	23,86	28,47	21,55
DT. TELEKOM	11,10	13,15	10,06
E.ON	13,20	15,37	12,23
FMC	56,89	56,11	46,70
FRESENIUS	38,72	40,20	31,01
HEID. CEMENT	53,46	68,66	48,32
HENKEL	75,88	86,96	72,16
INFINEON	7,58	9,46	6,76
K+S	21,05	27,25	18,37
LANXESS	40,10	56,75	38,94
LINDE	149,95	158,45	137,05
MERCK	71,37	76,14	56,30
MÜNCH. RÜCK	150,40	170,40	141,10
RWE	27,30	32,98	24,35
SAP	52,17	63,30	50,08
SIEMENS	86,56	101,35	80,17
THYSSENKRUPP	19,00	22,80	16,58
VOLKSWAGEN VZ	161,90	205,00	147,40
Sartorius VZ	85,25	103,05	73,51
SMA SOLAR	19,82	50,10	16,22
SOFTWARE AG	19,06	29,27	17,54
Stratec Biomedical	39,32	42,39	29,92
Telefonica Deutschland Holding	3,78	5,09	3,47
UTD.INTERNET	31,18	36,36	26,18
WIRECARD	28,88	34,35	25,16
Xing AG	86,32	107,00	70,37

MDAX-Werte am 24.10.2014

Name	Kurs	W52 Hoch	W52 Tief
AAREAL BANK	32,79	36,55	23,71
AIRBUS GROUP	45,26	57,31	41,00
AURUBIS	41,88	49,80	35,10
AXEL SPRINGER	42,64	51,48	40,36
BILFINGER	50,36	93,05	45,04
Brenntag AG	37,90	47,26	34,44
CELESIO	26,52	26,70	21,75
DT. EUROSHOP	34,64	37,90	30,50
DT. WOHNEN	17,28	18,08	13,60
DMG MORI SEIKI	20,24	26,92	19,10
Deutsche Annington Immobilien	22,50	23,62	17,71
DÜRR	53,47	68,13	49,08
ELRINGKLINGER	23,48	35,46	21,50
Evonik Industries AG	26,83	30,96	24,18
FIELMANN	49,64	54,35	40,28
FRAPORT	49,10	57,95	46,22
FUCHS PETRO.	29,56	37,74	26,13
GAGFAH	14,61	15,77	10,14
GEA GROUP	34,88	36,65	30,36
GERRESHEIMER	44,40	56,99	41,04
GERRY WEBER	31,02	39,56	27,52
HANNO. RÜCK	63,63	68,00	58,03
HOCHTIEF	59,33	70,44	52,00
Hugo Boss AG	103,40	114,95	88,60
KABEL DT.	108,45	111,60	90,78
Kion Group	28,48	37,46	25,27
KLOECKNER	9,14	12,88	8,56
KRONES	72,19	75,80	56,43
KUKA	47,30	49,62	32,06
LEG Immobilien AG	54,62	58,88	40,76
LEONI	44,16	61,44	37,25
MAN	90,74	94,26	87,77
METRO	25,12	38,10	22,38
MTU AERO	66,98	76,00	59,88
Norma Group SE	35,73	43,58	30,76
OSRAM Licht AG	27,38	50,75	25,31
ProSiebenSat.1 Media AG	31,34	36,09	27,91
RHEINMETALL	34,78	58,11	32,39
RHÖN-KLINIKUM	23,14	25,32	20,28
RTL Group	72,31	99,93	64,80
SALZGITTER	23,84	34,28	21,75
SKY	6,75	8,20	5,76
STADA	30,46	42,50	27,35
SÜDZUCKER	10,70	24,45	9,89
SYMRISE	43,66	43,40	29,93
TAG IMMOBILIEN	9,26	9,74	8,37
Talanx AG	25,21	27,95	23,24
TUI	11,16	14,16	9,38
WACKER CHEM.	91,09	104,40	64,40
WINCOR NIXD.	35,34	58,07	33,66

Tec-Dax-Werte 24.10.2014

Name	Kurs	W52 Hoch	W52 Tief
AIXTRON	10,36	13,24	8,85
BB BIOTECH	159,85	159,25	106,05
BECHTLE	59,61	66,40	44,12
CANCOM IT Systeme	29,98	39,65	23,77
CARL-ZEISS MEDITEC	20,82	25,04	19,75
CompuGroup Medical AG	18,46	21,36	16,86
DIALOG SEMIC.	23,99	26,38	12,56
DRÄGERWERK	69,80	99,75	62,32
Drillisch	26,80	31,76	18,58
Evotec	2,89	5,08	2,42
freenet AG NA	20,35	25,96	17,70
JENOPTIK	8,71	13,84	8,04
KONTRON	4,70	5,78	4,25
LPKF Laser & Electronics	10,19	21,02	9,51
MANZ	65,50	84,38	50,63
MORPHOSYS	73,20	78,75	50,24
Nemetschek	80,99	84,87	47,20
NORDEX	13,03	17,00	8,85
PFEIFFER VAC.	61,75	102,05	59,24
QIAGEN	18,09	18,90	14,38
QSC	1,48	4,91	1,48
RIB Software AG NA	11,10	14,22	6,40
Sartorius VZ	85,25	103,05	73,51
SMA SOLAR	19,82	50,10	16,22
SOFTWARE AG	19,06	29,27	17,54
Stratec Biomedical	39,32	42,39	29,92
Telefonica Deutschland Holding	3,78	5,09	3,47
UTD.INTERNET	31,18	36,36	26,18
WIRECARD	28,88	34,35	25,16
Xing AG	86,32	107,00	70,37

Erklärungen weiterer Abkürzungen, die sich im Wirtschaftsteil einer Tageszeitung finden können: # = Stückaktien; D = letzte Dividende plus bonus; b = bezahlt: zu diesem Kurs wurden Aktien umgesetzt; G = Geld: zu diesem Kurs lediglich Nachfrage; B = Brief: es wurden zu diesem Kurs nur Aktien angeboten; bG = bezahlt Geld: Aktien wurden umgesetzt, doch Nachfrage überwog; bB = bezahlt Brief: Umsätze fanden statt, doch Angebot überwog; T = Taxkurs: geschätzter Kurs; exD = ex Dividende: Kurs nach Dividendenabschlag; r = repariert: Aktien wurden wegen zu hohem Angebot oder Nachfrage zugeteilt.

Der **rechnerische Wert des Bezugsrechts** hängt von folgenden Größen ab:

- dem Bezugsverhältnis (Verhältnis des bisherigen Grundkapitals zur Kapitalerhöhung),
- dem Bezugskurs (Ausgabekurs) der jungen Aktie,
- dem Börsenkurs der alten Aktie.

Der **Börsenkurs** der jungen Aktie muss unter dem Börsenkurs der alten Aktie liegen, da sonst kein Kaufinteresse an den jungen Aktien bestünde. Folglich muss die AG den Bezugskurs der jungen Aktien so festlegen, dass der Kurs einerseits nicht zu hoch ist, damit er für Anleger attraktiv ist, andererseits soll der Kurs einen notwendigen Kapitalzufluss ermöglichen, deshalb darf er nicht zu niedrig sein. In der Praxis liegt der **Bezugskurs** für junge Aktien bei ca. 70 – 80 % des Börsenkurses der alten Aktien. Das Bezugsverhältnis ergibt sich aus dem Verhältnis des bisherigen Grundkapitals zur Erhöhung des Grundkapitals. Es drückt aus, wie viele Aktien erforderlich sind, um eine junge Aktie zu beziehen. Bei einer Grundkapitalerhöhung von 20 % ergibt sich ein Bezugsverhältnis von

5 : 1, auf fünf alte Aktien kann eine junge Aktie zum Bezugspreis bezogen werden. Ein Interessent benötigt fünf Bezugsrechte, um eine junge Aktie zu erwerben. Durch Mischung der bisherigen alten Aktien mit dem höheren Börsenkurs mit den jungen Aktien zum niedrigeren Erwerbskurs wird ein sogenannter Mittelkurs errechnet. Erwerber von neuen Aktien, die bisher keine alten Aktien besitzen, bezahlen durch den Kauf der notwendigen Anzahl von **Bezugsrechten** (= Eintrittsgeld in die AG) den voraussichtlich entstehenden Vermögenszuwachs.

Beispiel Die Vereinigte Spanplatten AG beschließt, dass das Grundkapital von 40 Mio. € um 8 Mio. € durch Emissionen von 2 Mio. jungen Aktien zum Ausgabekurs von 7,00 €/Stück erhöht wird. Damit wird gleichzeitig die Anzahl der Aktien von 10 Mio. auf 12 Mio. erhöht. Der Börsenkurs der alten Aktie beträgt zurzeit 8,50 € je Stückaktie. Die vereinfachte Bilanz der Vereinigte Spanplatten AG zeigt vor der Kapitalerhöhung folgendes Bild:

Aktiva — Bilanz der Vereinigte Spanplatten AG in Mio. € — Passiva

Aktiva			Passiva	
A.	Anlagevermögen	100	A. Grundkapital (Gezeichnetes Kapital)	40
B.	Umlaufvermögen		Kapitalrücklage	10
	1. Vorräte	10	Gewinnrücklagen	
	2. Forderungen	20	– gesetzliche Rücklagen	5
	3. Liquide Mittel	10	– andere Gewinnrücklagen	10
			B. Fremdkapital	75
		140		140

Nach der Kapitalerhöhung ergibt sich folgende vereinfachte Bilanz:

Aktiva — Bilanz der Vereinigte Spanplatten AG in Mio. € — Passiva

Aktiva			Passiva	
A.	Anlagevermögen	100	A. Grundkapital (Gezeichnetes Kapital)	48
B.	Umlaufvermögen		Kapitalrücklage	16
	1. Vorräte	10	Gewinnrücklagen	
	2. Forderungen	20	– gesetzliche Rücklagen	5
	3. Liquide Mittel	24	– andere Gewinnrücklagen	10
			B. Fremdkapital	75
		154		154

Der Mittelzufluss beträgt insgesamt 2 Mio. Aktien · 7,00 €/Stückaktie = 14 Mio. €. Das Grundkapital erhöht sich von 40 Mio. € auf 48 Mio. €. Die Kapitalrücklage erhöht sich um den Mittelzufluss – Erhöhung Grundkapital, also 14 Mio. € – 8 Mio. € = 6 Mio. €.

Der effektive Liquiditätszuwachs ist geringer als 14 Mio. €, da Emissionskosten (Prospektkosten, Druckkosten für Aktien, Bankprovisionen) für die Aktienausgabe zu begleichen sind.

Bezugsrecht auf junge Aktien:

Jede Kapitalerhöhung bewirkt, dass Jungaktionäre hinzukommen und dass normalerweise der Aktienkurs sinkt. Jede Zunahme der Jungaktionäre bewirkt, dass sich vorhandene Mehrheitsverhältnisse zuungunsten der Altaktionäre verändern und dass sich die offenen und stillen Reserven auf mehr Aktionäre verteilen. Ferner bewirkt die Senkung des Börsenkurses für die Altaktionäre einen Vermögensverlust. Ein Altaktionär kann dies verhindern, wenn er sich proportional zu seinem Anteil am Grundkapital an der Kapitalerhöhung beteiligt. Um dieses zu erreichen, hat jeder Aktionär nach dem AktG mit jeder Aktie **ein Bezugsrecht auf junge Aktien** (§ 186 AktG). Wenn ein Altaktionär dieses Bezugsrecht in Anspruch nimmt, erleidet er obige Nachteile nicht. Nimmt ein Aktionär sein Bezugsrecht nicht wahr, kann der Altaktionär die Vermögenseinbuße durch den Kursverfall nach der Kapitalerhöhung durch den Verkauf des Bezugsrechts ausgleichen. Die veränderten Mehrheitsverhältnisse können hierdurch allerdings nicht ausgeglichen werden. Das Bezugsverhältnis ergibt sich aus dem Verhältnis des bisherigen Grundkapitals zur Grundkapitalerhöhung.

$$\text{Bezugsverhältnis} = \frac{\text{altes Grundkapital}}{\text{Grundkapitalerhöhung}}$$

Beispiel

$$\text{Bezugsverhältnis} = \frac{40\,000\,000{,}00}{8\,000\,000{,}00} = 5 : 1$$

Das Bezugsverhältnis von 5 : 1 drückt aus, dass fünf alte Aktien zum Bezug einer jungen Aktie berechtigen.

▲ Ermittlung des neuen Börsenkurses und des rechnerischen Wertes des Bezugsrechtes:

Der neue Mittelkurs und der rechnerische Wert des Bezugsrechts können nach folgenden Formeln ermittelt werden:

$$\text{Mittelkurs (nach Kapitalerhöhung)} = \frac{\text{Gesamtwert aller Aktien (A) nach der Kapitalerhöhung (alte A} \cdot \text{Kurs der alten A + junge A} \cdot \text{Kurs der jungen A)}}{\text{Anzahl der alten und jungen Aktien}}$$

Rechnerischer Wert des Bezugsrechts = Kurs der alten Aktie – Kurs nach durchgeführter Kapitalerhöhung (Mittelkurs)

Beispiel Bei der Vereinigte Spanplatten AG ergibt sich folgende Berechnung zur Ermittlung des Mittelkurses und des Bezugsrechts:

	Grundkapital (Gezeichnetes Kapital) in €	**Zahl der Aktien in Mio. Stück**	**Kurs je Aktie in €**	**Gesamtwert in € = Zahl der Aktien. Kurs in €**
Altes Grundkapital (alte Aktien)	40 000 000,00	10	8,50	85 000 000,00 (10 Mio. · 8,50)
Grundkapitalerhöhung (neue Aktien)	8 000 000,00	2	7,00	14 000 000,00 (2 Mio. · 7,00)
Grundkapital nach Kapitalerhöhung	48 000 000,00	12	8,25	99 000 000,00

$$\text{Mittelkurs} = \frac{(10\text{ Mio.} \cdot 8{,}50) + (2\text{ Mio.} \cdot 7{,}00)}{12\text{ Mio.}} = \frac{99\text{ Mio.}}{2\text{ Mio.}} = 8{,}25\ €$$

Rechnerischer Wert des Bezugsrechts: 8,50 € – 8,25 € = **0,25 €**

Der Verlust, der durch die „Kursverwässerung" entsteht (Kurs der alten Aktie 8,50 € – Mittelkurs 8,25 € = 0,25 €), ist der rechnerische Wert des Bezugsrechts.

Alternative Berechnung:	5 alte Aktien zu je 8,50 €	= 42,50 €
	1 junge Aktie zu je 7,00 €	= 7,00 €
	6 Aktien nach der Kapitalerhöhung	= 49,50 €
Wert einer Aktie nach der Kapitalerhöhung 49,50 : 6		= 8,25 €
Bezugsrecht: 8,50–8,25		= 0,25 €

Vermögenswert eines Altaktionärs nach der Kapitalerhöhung:

Es ist zu unterschieden, ob der Altaktionär an der Kapitalerhöhung teilnimmt oder nicht.

Beispiel **Aktionär nimmt an der Kapitalerhöhung teil:**

Er verliert je alte Aktie	8,50 – 8,25 = 0,25 € (rechnerischer Wert des Bezugsrechts),
er gewinnt je junge Aktie	8,25 – 7,00 = 1,25 €.

Somit bleibt sein Vermögen unverändert:

Bei 30 alten Aktien verliert er	30 · 0,25 = 7,50 €,
bei 6 jungen Aktien gewinnt er	6 · 1,25 = 7,50 €.

Aktionär nimmt nicht an der Kapitalerhöhung teil:
Er erleidet einen Verlust durch den Kursverlust der alten Aktien: 30 · 0,25 = 7,50 €. Durch den Verkauf der Bezugsrechte erhält er aber einen Erlös von 30 · 0,25 = 7,50 €, wodurch der Kursverlust der alten Aktien ausgeglichen wird.

Eintrittsgeld für einen neuen Aktionär:

Ein neuer Aktionär muss zuerst Bezugsrechte erwerben, bevor er junge Aktien kaufen kann.

Beispiel Um 5 junge Aktien zu kaufen, muss der neue Aktionär 25 Bezugsrechte erwerben.

Kaufpreis für 5 junge Aktien 5 · 7,00	= 35,00 €
+ 25 Bezugsrechte zu je 0,25 €	= 6,25 €
Aufzubringender Betrag des neuen Aktionärs	= 41,25 €

Ausschluss des Bezugsrechts:

Durch den Beschluss über die Erhöhung des Grundkapitals in der Hauptversammlung kann das Bezugsrecht ganz oder teilweise ausgeschlossen werden. Dies ist dann möglich, wenn der Ausgabebetrag den Börsenkurs nicht wesentlich unterschreitet, dies sind ca. 3 % bis 5 % (§ 186 (3) AktG). Somit haben Aktiengesellschaften eine zusätzliche Möglichkeit der Eigenmittelbeschaffung, um im harten internationalen Wettbewerb bestehen zu können.

Kursfindung bei Neuemissionen:

Bei der erstmaligen Einführung eines Unternehmens an der Börse werden normalerweise Kreditinstitute eingeschaltet, die die Börseneinführung veranlassen und begleiten. Üblicherweise werden die Aktien einem breiten Publikum angeboten. Hierbei werden zwei Verfahren zur erstmaligen Unterbringung der Aktien am Markt unterschieden:

- **Book-Building-Verfahren:** Der endgültige Emissionspreis wird erst am Ende der Zeichnungsfrist vom Emittenten (der AG) und der begleitenden Bank (Konsortialführer) festgelegt. Mögliche Interessenten können während der Zeichnungsfrist (ca. zwei bis zehn Tage) ihre Kaufgebote innerhalb einer vorgegebenen Preisspanne abgeben. Nach Ablauf der Zeichnungsfrist wird der endgültige Emissionspreis festgelegt und die Aktien werden entsprechend ihrer Limitierung zugeteilt.
- **Subskription:** Vor der Zeichnungsfrist wird der Ausgabepreis festgelegt. Nach der Zeichnungsfrist werden die Aktien den Anlegern zugeteilt, wobei im Falle einer Überzeichnung (es werden mehr Aktien nachgefragt als angeboten) eine teilweise Zuteilung erfolgt.

Bedingte Kapitalerhöhung: Die AG gibt auf den Beschluss der Hauptversammlung Wandelanleihen heraus. Dies sind Schuldverschreibungen, deren Eigentümer das Recht hat, sie nach Ablauf einer festgelegten Zeit unter bestimmten Bedingungen (z. B. einer Zuzahlung) in Aktien umzutauschen. Auch für Wandelanleihen haben Aktionäre das Bezugsrecht.

Genehmigte Kapitalerhöhung: Die Hauptversammlung kann mit qualifizierter Mehrheit längstens für fünf Jahre den Vorstand im Voraus ermächtigen, das Kapital um den genehmigten Betrag zu einem von ihm zu wählenden Zeitpunkt zu erhöhen. Eine solche Ermächtigung darf sich maximal auf die Hälfte des bilanzierten Grundkapitals beziehen. Im Gegensatz zur ordentlichen Kapitalerhöhung kann der Vorstand den Zeitpunkt und das Ausmaß der jeweiligen Kapitalerhöhung des Grundkapitals bestimmen. Dies ermöglicht dem Vorstand, eine günstige Kursentwicklung der eigenen Aktien und ein positives Börsenklima abzuwarten.

▲ Kapitalerhöhung aus Gesellschaftsmitteln

Eine Kapitalerhöhung aus Gesellschaftsmitteln liegt vor, wenn offene Rücklagen (Gewinn- bzw. Kapitalrücklagen) durch **Berichtigungsaktien (Gratisaktien, Zusatzaktien)** in Grundkapital umgewandelt werden (§ 207 AktG). Es handelt sich um eine **Umfinanzierung**, da sich nur die Zusammensetzung des Eigenkapitals ändert. Somit liegt eine Grundkapitalerhöhung bei gleichzeitiger Abnahme der Gewinn- und Kapitalrücklagen vor. Buchmäßig liegt ein Passivtausch vor, die Bilanzsumme bleibt gleich. Es entsteht also kein zusätzliches Eigenkapital. Der wesentliche Unterschied zur Kapitalerhöhung gegen Einlagen besteht daher darin, dass die Kapitalerhöhung aus Gesellschaftsmitteln keinen Geldzufluss bewirkt.

Eine Kapitalerhöhung aus Gesellschaftsmitteln kann mit oder ohne Ausgabe junger Aktien erfolgen. Das Aktiengesetz schreibt bei der Kapitalerhöhung aus Gesellschaftsmitteln die **Einhaltung bestimmter Regeln** vor:

- Es muss ein **qualifizierter Mehrheitsbeschluss** der Hauptversammlung vorliegen (§§ 207 (2), 182 (1) AktG).
- Der Mehrheitsbeschluss darf erst gefasst werden, **nachdem der Jahresabschluss für das vorangegangene Geschäftsjahr festgestellt wurde** (§ 207 (3) AktG).
- Dem Beschluss ist eine **Bilanz** zugrunde zu legen (§ 207 (4) AktG), die **geprüft und mit dem uneingeschränkten Bestätigungsvermerk** der Abschlussprüfer **versehen ist** (§ 209 (1) AktG).
- Die **anderen Gewinnrücklagen können in voller Höhe umgewandelt** werden. Die gesetzlichen Rücklagen und die Kapitalrücklagen sind umwandlungsfähig, soweit sie **zusammen 10 % oder einen in der Satzung bestimmten höheren Prozentsatz des bisherigen Grundkapitals übersteigen** (§ 208 AktG).

Bei Nennwertaktien müssen Berichtigungsaktien ausgegeben werden (§ 207 (2) AktG). Bei Stückaktien kann auf die Ausgabe neuer Aktien verzichtet werden. Da die Stückaktien keinen festen Nennwert haben, können sie im Wert (= **fiktiver Nennwert**) variabel sein. Bei der Kapitalerhöhung aus Gesellschaftsmitteln ohne Ausgabe von Berichtigungsaktien steigt der fiktive Nennwert der Aktien entsprechend.

Für einen Aktionär bedeutet die Kapitalerhöhung aus Gesellschaftsmitteln, dass ihm ein Teil seines bisherigen Anteils an den Rücklagen jetzt in Form von Aktien zur Verfügung gestellt wird, wenn Berichtigungsaktien ausgegeben werden. Das **Vermögen eines Aktionärs bleibt daher unverändert**. Die an die Aktionäre ausgegebenen Aktien nennt man Berichtigungsaktien, da durch die Umbuchung das Grundkapital insofern berichtigt wird, als eine in vergangenen Jahren betriebene überhöhte Bildung von anderen Gewinnrücklagen korrigiert und das Grundkapital somit dem tatsächlichen ausgewiesenen Eigenkapital angepasst wird. Allerdings entsteht durch die Ausgabe von Berichtigungsaktien eine **„Kursverwässerung“**, da der bisherige Kurs der Aktie gesenkt wird, weil die Berichtigungsaktien zu einem Bezugskurs von 0,00 € ausgegeben werden. Oft ist die Senkung des Kurses nur rein rechnerisch festzustellen, da der Börsenkurs steigt, weil die Finanzkraft der AG, die Berichtigungsaktien ausgibt, besonders hoch eingeschätzt wird. Das Verhältnis zwischen dem bilanzmäßigen Eigenkapital und dem gezeichneten Kapital (Grundkapital) einer AG wird als

Bilanzkurs bezeichnet. Er drückt den rechnerischen Wert einer Aktie aufgrund der vorhandenen Vermögenssubstanz (innerer Wert einer Aktie) aus. Dagegen bildet sich der Börsenkurs als Preis für die Kauf- und Verkaufsaufträge an der Wertpapierbörse.

$$\text{Bilanzkurs in \%} = \frac{\text{Eigenkapital (Grundkapital + Rücklagen)} \cdot 100}{\text{Grundkapital}}$$

Aktiennennwerte können innerhalb einer AG unterschiedlich sein. Deshalb wird der Bilanzkurs auch in Euro berechnet:

$$\text{Bilanzkurs in €} = \frac{\text{Eigenkapital (Grundkapital + Rücklagen)}}{\text{Grundkapital}}$$

Beispiel Das Grundkapital (gezeichnetes Kapital) der Stahl AG, ein Lieferer der Bürodesign GmbH, in Höhe von 40 Mio. € ist laut Satzung in 10 Mio. Stückaktien eingeteilt. Das Grundkapital soll bei gleichem fiktiven Nennwert um 10 Mio. € durch die Verwendung der Gewinnrücklagen erhöht werden.

a) Aus diesem Grunde werden **Berichtigungsaktien** ausgegeben. Der „innere Wert" der Aktien wird anhand des Bilanzkurses festgestellt.

A — Bilanz in Mio. € vor der Kapitalerhöhung — P

A		P	
Vermögen	130	Grundkapital	40
		Kapitalrücklage	20
		Gewinnrücklage	30
		Fremdkapital	40
	130		130

A — Bilanz in Mio. € nach der Kapitalerhöhung — P

A		P	
Vermögen	130	Grundkapital	50
		Kapitalrücklage	20
		Gewinnrücklage	20
		Fremdkapital	40
	130		130

Bilanzkurs in % vor der Kapitalerhöhung:

$$\frac{90\,000\,000 \cdot 100}{40\,000\,000} = \mathbf{225\ \%}$$

Bilanzkurs in % nach der Kapitalerhöhung

$$\frac{90\,000\,000 \cdot 100}{50\,000\,000} = \mathbf{180\ \%}$$

Vor der Kapitalerhöhung betrug das je Aktie verbriefte Eigenkapital das 2,25-Fache oder 225 % des fiktiven Nennwerts der Aktie. Durch die Ausgabe von Berichtigungsaktien wird der Bilanzkurs von 225 % auf 180 % gesenkt, d.h., nach der Kapitalerhöhung aus Gesellschaftsmitteln beträgt das je Aktie verbriefte Eigenkapital nur noch das 1,8-Fache des fiktiven Nennwerts der Aktie.

Unter Berücksichtigung des gleichen fiktiven Nennwertes 4,00 € (40 Mio. € Grundkapital: 10 Mio. Stückaktien) der Berichtigungsaktien lässt sich der Bilanzkurs in Euro je Aktie vor und nach der Kapitalerhöhung ermitteln:

Bilanzkurs in € vor der Kapitalerhöhung	**Bilanzkurs in € nach der Kapitalerhöhung**
Fiktiver Nennwert · Bilanzkurs in % = Bilanzkurs in €	Fiktiver Nennwert · Bilanzkurs in % = Bilanzkurs in €
4,00 € · 225 % = 9,00 €	4,00 € · 180 % = 7,20 €

Ein Aktionär, der vor der Kapitalerhöhung vier Aktien besitzt, hat nach der Kapitalerhöhung folgendes Vermögen:

Vermögen eines Aktionärs in € vor der Kapitalerhöhung	**Vermögen eines Aktionärs in € nach der Kapitalerhöhung (4 Aktien und 1 Berichtigungsaktie)**
4 · 9,00 € = 36,00 €	5 · 7,20 € = 36,00 €

Der Vermögenszuwachs beträgt 0,00 €.

b) Es werden **keine Berichtigungsaktien** ausgegeben: Wenn die Aktienzahl gleich bleibt, erhöht sich der fiktive Nennwert der Aktien von 4,00 € auf 5,00 € (50 Mio. Grundkapital : 10 Mio. Stückaktien).

Bilanzkurs in € vor der Kapitalerhöhung	**Bilanzkurs in € nach der Kapitalerhöhung**
Fiktiver Nennwert · Bilanzkurs in % = Bilanzkurs in €	Fiktiver Nennwert · Bilanzkurs in % = Bilanzkurs in €
4,00 € · 225 % = 9,00 €	5,00 € · 180 % = 9,00 €

Ein Aktionär, der vor der Kapitalerhöhung vier Aktien besitzt, hat nach der Kapitalerhöhung folgendes Vermögen:

Vermögen eines Aktionärs in € vor der Kapitalerhöhung	**Vermögen eines Aktionärs in € nach der Kapitalerhöhung (4 Aktien und 1 Berichtigungsaktie)**
4 · 9,00 € = 36,00 €	4 · 9,00 € = 36,00 €

Der Vermögenszuwachs beträgt 0,00 €.

Durch die Ausgabe von Berichtigungsaktien werden die Aktien an der Börse preiswerter. Somit wird ihre Verkaufsfähigkeit erhöht. Ferner wird durch die Kurssenkung die wirkliche Verzinsung der Aktien (**Dividendenrendite**) erhöht, ohne dass der Dividendenbetrag je Aktie erhöht wird. Wird die gleiche Dividende auf einen niedrigeren Kurs bezogen, erhöht sich die Dividendenrendite.

Vorteile — **Einlagen- bzw. Beteiligungsfinanzierung**	**Nachteile**
– Eigenkapital steht zeitlich unbefristet zur Verfügung. – Keine laufenden Zins- und Tilgungsraten, dadurch wird die ständige Zahlungsbereitschaft (Liquidität) nicht beeinflusst; zwar muss das Eigenkapital in Form von Gewinnausschüttungen verzinst werden, die Höhe dieser Ausschüttungen wird aber von den Eigentümern selbst festgelegt. – Kreditwürdigkeit bei einer Kapitalerhöhung steigt, da das Haftungskapital größer wird, es kann somit leichter Fremdkapital beschafft werden. – Risikoverteilung bei der Einlagenfinanzierung zur Kapitalerhöhung, wenn neue Gesellschafter aufgenommen werden, da mehrere Personen haften. – Keine Beschränkung in der Verwendung des Kapitals.	– Bei Aufnahme neuer Gesellschafter als Vollhafter sind diese an der Geschäftsführung und am Gewinn zu beteiligen. Insbesondere bei der OHG wird sehr genau zu überlegen sein, ob neue Gesellschafter aufgenommen werden, da neben den Finanzierungsaspekten bei dieser Rechtform ein enges Vertrauensverhältnis der Gesellschafter bestehen muss. – Teilhafter sind bei der KG nur dann zu gewinnen, wenn eine höhere Verzinsung der Einlage als auf dem Kapitalmarkt zu erzielen ist. – Bei der GmbH sind Gesellschafter oft nur dann zu gewinnen, wenn ihnen als Geschäftsführer Einflussmöglichkeiten auf das Betriebsgeschehen eingeräumt werden. – Bei der AG ist die Ausgabe junger Aktien nur dann sinnvoll, wenn für das Unternehmen positive Zukunftsaussichten bestehen.

Beteiligungsfinanzierung bei der AG

- **Einlagen- bzw. Beteiligungsfinanzierung (Außenfinanzierung)** liegt vor, wenn der bzw. die Eigentümer Kapital in das Unternehmen einbringen. Das Eigenkapital bzw. gezeichnete Kapital des Unternehmens wird größer.
- **Einlagenfinanzierung bei der OHG und KG**
  - Bei Personengesellschaften (OHG, KG) erfolgt die Einlagenfinanzierung durch Übertragung von Sach- und/oder Rechtswerten aus dem Privatvermögen der Gesellschafter oder durch die Aufnahme neuer Gesellschafter.

Beteiligungsfinanzierung bei der AG

- Die Aktie ist bei der AG als Finanzierungsinstrument besonders bei der Aufbringung großer Eigenkapitalbeträge geeignet. Aktien werden an **Wertpapierbörsen** gehandelt. **Marktsegmente der Wertpapierbörsen:** Prime Standard (DAX, MDAX, SDAX, TecDAX), General Standard, Freiverkehr
- Mit dem Kauf der Aktie erwirbt der Aktionär ein **Anteilsrecht an der AG**. Hierdurch hat er Stimmrecht, Recht auf Dividende, Bezugsrecht junger Aktien, Anteil am Liquidationserlös.
- **Nennwert:** auf der Aktie aufgedruckter Wert
  Kurswert: Wert, mit dem die Aktie an der Börse gehandelt wird
- Einteilung der Aktien
  nach dem Gewerbezweig: Bank-, Industrie-, Versicherungs-, Computeraktien
  nach den Rechten: Stamm-, Vorzugsaktien
  nach dem Zeitpunkt der Ausgabe: junge, alte Aktien
  nach der Übertragbarkeit: Inhaber-, Namensaktien, vinkulierte (gebundene) Aktien
  nach der Anteilsbestimmung am Grundkapital (Nennwert-, Stückaktie)
  nach besonderen Formen (Belegschafts-, Berichtigungsaktien)
- Die Aktienurkunde setzt sich aus **Mantel** und **Dividendenbogenschein** zusammen.
- **Ordentliche Kapitalerhöhung:** Zuführung von Kapital nach Beschluss der Hauptversammlung mit qualifizierter Mehrheit durch Ausgabe junger Aktien. Durch das Bezugsrecht auf junge Aktien wird das Stimmenverhältnis in der Hauptversammlung gewahrt und ein wertmäßiger Ausgleich des Verlustes, der bei der Kapitalerhöhung durch Kursverwässerung entsteht, geleistet.
- **Bezugsverhältnis** = $\frac{\text{altes Grundkapital}}{\text{Grundkapitalerhöhung}}$
- **Der rechnerische Wert des Bezugsrechts** ist abhängig von Bezugsverhältnis, Bezugskurs (Ausgabekurs) der jungen Aktien und Börsenkurs der alten Aktien.
- **Rechnerischer Wert des Bezugsrechts** = Kurs der alten Aktien – Kurs nach durchgeführter Kapitalerhöhung (Mittelkurs)
- **Verfahren der Aktienausgabe bei Neuemissionen:**

  Book-Building-Verfahren: Vorgabe einer Preisspanne und Festlegung des Emissionspreises nach Ablauf der Zeichnungsfrist

  Subskription: Vor Zeichnungsfrist festgelegter Ausgabepreis
- **Bedingte Kapitalerhöhung:** Hauptversammlung beschließt die Ausgabe von Wandelanleihen (Schuldverschreibungen), die nach einer gewissen Zeit in Aktien umgetauscht werden können.
- **Genehmigte Kapitalerhöhung:** Ermächtigung des Vorstandes durch Hauptversammlung zur Kapitalerhöhung binnen fünf Jahren bis zur Hälfte des Grundkapitals
- Bei der **Kapitalerhöhung aus Gesellschaftsmitteln** handelt es sich um eine Kapitalerhöhung ohne Geldmittelzufluss, es liegt keine Eigenfinanzierung vor. Es werden hierbei umwandlungsfähige offene Rücklagen in Grundkapital umgewandelt (Passivtausch). Hierzu können bei Nennwertaktien **dividendenberechtigte Berichtigungsaktien** ausgegeben werden, bei Stückaktien sind keine **Berichtigungsaktien** erforderlich.

1 Stellen Sie die Möglichkeiten der Einlagenfinanzierung in einer OHG und einer KG dar.

2 Erläutern Sie, warum immer mehr Aktiengesellschaften Namensaktien statt Inhaberaktien ausgeben.

3 Beschaffen Sie sich einen aktuellen Auszug einer Wertpapierbörse und beobachten Sie vier Wochen lang die Kursentwicklung je eines Wertpapiers im Amtlichen Handel, im Geregelten Markt, am Neuen Markt, im Freiverkehr und im Smax. Stellen Sie die Kursentwicklung für vier Wochen lang grafisch dar. Erläutern Sie zudem die verschiedenen Marktsegmente der Wertpapierbösen. Beschaffen Sie sich außerdem Unterlagen über die von Ihnen ausgesuchten Unternehmen.

4 Überprüfen Sie, nach welchen Faktoren sich die Kursentwicklung von Aktien richten kann.

5 Ermitteln Sie aufgrund der nachfolgenden Angaben jeweils das Bezugsverhältnis und den rechnerischen Wert des Bezugsrechts:

	bisheriges Grundkapital in €	**Grundkapitalerhöhung in €**	**neues Grundkapital in €**	**Kurswert in €**	
				alte Aktien	**junge Aktien**
a)	4 000 000,00	2 000 000,00		500,00	260,00
b)	6 000 000,00	1 000 000,00		420,00	280,00
c)	3 000 000,00		4 000 000,00	360,00	200,00

6 Die Bürobedarfsgroßhandlung Schneider & Co. OHG will die OHG in eine Aktiengesellschaft umwandeln. Zu diesem Zweck soll die Deutsche Bank die Börseneinführung veranlassen und begleiten. Beschreiben Sie zwei Verfahren zur erstmaligen Unterbringung der Aktien am Markt.

7 Überprüfen Sie die folgende Aussage auf ihre Richtigkeit: Die „Kapitalerhöhung gegen Einlagen" führt zu einem Geldmittelzufluss in Höhe der nominellen Kapitalerhöhung (Grundkapitalerhöhung) zuzüglich Agio, abzüglich Emissionskosten.

8 Die Geschäftsführer der Bürodesign GmbH planen, eine neue Fertigungshalle in Höhe von 400 000,00 € zu errichten. Die Geschäftsführerin, Frau Friedrich, schlägt vor, die Halle ausschließlich mit Eigenkapital zu finanzieren. Herr Stein ist der Ansicht, dass es vorteilhafter sei, einen Kredit bei der Bank aufzunehmen.

a) Stellen Sie in einer Übersicht für Frau Friedrich die Vorteile einer Finanzierung mit Eigenkapital dar.

b) Sammeln Sie Argumente, die für den Vorschlag von Herrn Stein sprechen.

c) Bilden Sie zwei Gruppen und diskutieren Sie die unterschiedlichen Ansichten stellvertretend für die Geschäftsführer.

9 Geben Sie an, welche Finanzierungsart in den folgenden Fällen beschrieben wird.

a) Ein Komplementär erhöht seine Einlage.

b) Eine GmbH nimmt einen neuen Gesellschafter auf.

c) Eine AG gibt neue Aktien aus.

d) Ein Unternehmer wandelt seine Einzelunternehmung in eine OHG um und nimmt einen Gesellschafter auf.

e) Eine GmbH nimmt bei ihrer Bank ein Darlehen auf.

f) Die Vollhafter einer KG belassen ihren Gewinn im Unternehmen, damit ein Grundstück gekauft werden kann.

10 Auf der Hauptversammlung der Büromaschinen AG, ein Lieferer der Bürodesign GmbH, wird eine ordentliche Kapitalerhöhung beschlossen. Das Grundkapital von 1 800 000,00 € soll durch die Ausgabe junger Aktien auf 1,98 Mio. € erhöht werden. Die Anzahl der Aktien soll von 1,8 Mio. auf 1,98 Mio. erhöht werden. Der Bezugspreis beträgt 3,00 € je Stückaktie. Der Börsenkurs der alten Aktie beträgt zurzeit 3,77 € je Stückaktie.

Die vereinfachte Bilanz hat vor der Kapitalerhöhung folgendes Bild:

Aktiva — Bilanz der Büromaschinen AG — Passiva

	Aktiva	€		Passiva	€
I	Anlagevermögen	9 100 000,00	I	Gezeichnetes Kapital	1 800 000,00
II	Umlaufvermögen			Kapitalrücklage	2 700 000,00
	1. Vorräte	1 000 000,00		Gewinnrücklagen	
	2. Forderungen	3 500 000,00		– gesetzliche Rücklagen	90 000,00
	3. Liquide Mittel	400 000,00		– andere Gewinnrücklagen	1 910 000,00
			II	Sonstige Passiva	7 500 000,00
		14 000 000,00			14 000 000,00

a) Stellen Sie die Bilanz nach der Kapitalerhöhung auf.
b) Errechnen Sie, um wie viel Prozent sich das gezeichnete Kapital erhöht hat.
c) Ermitteln Sie das Bezugsverhältnis.
d) Ermitteln Sie den Mittelkurs nach der Durchführung der Kapitalerhöhung für die Aktien.
e) Ermitteln Sie den rechnerischen Wert des Bezugsrechts.
f) Ermitteln Sie den Vermögenswert für einen Aktionär, der 100 alte Aktien besitzt und sein Bezugsrecht ausübt.
g) Erläutern Sie, wie für einen Aktionär der Wertausgleich erfolgt, wenn er sein Bezugsrecht nicht wahrnimmt.
h) Ermitteln Sie das „Eintrittsgeld" für einen neuen Aktionär, der 20 junge Aktien erwerben möchte.

11 Erläutern Sie bedingte und genehmigte Kapitalerhöhung.

12 Beschreiben Sie in einem Kurzreferat die Einlagen- und Beteiligungsfinanzierung.

13 Die Latex AG, Berlin, erhöht ihr Grundkapital von 9,6 Mio. € auf 12 Mio. € durch die Ausgabe von Berichtigungsaktien. Vor der Kapitalerhöhung aus Gesellschaftsmitteln hat die Bilanz der Latex AG folgendes Aussehen:

Aktiva	Bilanz in Mio. € der Latex AG, Berlin		Passiva
Vermögen	42,0	Grundkapital	9,60
		Kapitalrücklage	0,48
		Gewinnrücklagen	
		1. gesetzliche Rücklagen	0,88
		2. andere Gewinnrücklagen	14,00
		Fremdkapital	17,04
	42,0		42,00

Die Kosten der Kapitalerhöhung betragen 64 000,00 €. Die Aktienzahl betrug vor der Kapitalerhöhung 1 920 000 Stück, der Aktienkurs betrug 48,00 €.

a) Für die Kapitalerhöhung sollen zuerst die umwandlungsfähigen Rücklagen herangezogen werden. Hierbei sollen die Kapitalrücklage und die gesetzliche Rücklage bis zur gesetzlichen Höchstgrenze herangezogen werden (§ 208 (1 und 2) AktG). Berechnen Sie den Wert der einzelnen Eigenkapitalpositionen nach der Kapitalerhöhung.
b) Ermitteln Sie das Bezugsverhältnis.
c) Berechnen Sie den Wert des Bezugsrechts.
d) Der Kleinaktionär Brader hat in seinem Bankdepot zwölf Aktien der Latex AG. Ermitteln Sie, welche Abrechnung Brader von seiner Bank erhält, wenn er seine Bank damit beauftragt, seine Bezugsrechte zu verkaufen, und wie sich der Verkauf der Bezugsrechte auf das Barvermögen, das Aktienvermögen und das Gesamtvermögen von Aktionär Brader auswirkt.
e) Die Latex AG will auch nach der Kapitalerhöhung aus Gesellschaftsmitteln am bisherigen Dividendenbetrag von 0,80 € je Aktie festhalten. Ermitteln Sie die auszuzahlende Dividendensumme an die Aktionäre vor und nach der Kapitalerhöhung aus Gesellschaftsmitteln.
f) Überprüfen Sie, wie sich die Kapitalberichtigung auf die Dividendenrendite je Aktie auswirkt.

14 Die Rheingold AG, Bochum, hat vor der Kapitalerhöhung aus Gesellschaftsmitteln folgende Bilanz vorliegen:

Aktiva	Bilanz in Mio. € der Rheingold AG, Bochum		Passiva
Vermögen	36,0	Grundkapital	4,0
		Kapitalrücklage	6,0
		Gewinnrücklage	8,4
		Fremdkapital	17,6
	36,0		36,0

Vor der Kapitalerhöhung betrug der Aktienkurs 15,00 € und die Aktienzahl 2 Mio. Stück. Das Grundkapital (gezeichnetes Kapital) soll über den Zugriff auf die Gewinnrücklage um 2 Mio. € erhöht werden.

a) Ermitteln Sie, wie sich das Grundkapital, die Gewinnrücklagen und das Eigenkapital verändern.

b) Die Rheingold AG gibt Berichtigungsaktien aus. Berechnen Sie den Mittelkurs der Aktie nach der Kapitalerhöhung und den rechnerischen Wert des Bezugsrechts unter der Bedingung, dass der fiktive Nennwert unverändert bleibt.

c) Die Rheingold AG gibt keine Berichtigungsaktien aus. Berechnen Sie den fiktiven Nennwert der Aktien vor und nach der Kapitalerhöhung aus Gesellschaftsmitteln.

d) Erläutern Sie, wie die Börse auf die Ausgabe von Berichtigungsaktien reagiert. Überprüfen Sie ferner, welche Auswirkung die Nichtausgabe von Berichtigungsaktien auf den Börsenkurs hat.

e) Erstellen Sie die neue Bilanz nach der Kapitalerhöhung aus Gesellschaftsmitteln und geben Sie ferner den Zufluss an liquiden Mitteln an.

15 Die Klaus Oswald e. K., Büromöbelgroßhandlung, ist Kunde der Bürodesign GmbH. Herr Oswald ist alleiniger Inhaber. Er möchte seinen Betrieb erweitern. Hierzu sind 200 000,00 € erforderlich. Herrn Oswald stehen 120 000,00 € Kapital zur Verfügung. Einen Bankkredit möchte Herr Oswald wegen der Zins- und Tilgungsbelastung nicht aufnehmen. Er sucht Gesellschafter und denkt an die Gründung

- einer OHG,
- einer KG,
- einer GmbH.

a) Beschreiben Sie, wie sich in den drei Fällen die Kapitalbeschaffung vollzieht.

b) Erläutern Sie die jeweiligen Vor- und Nachteile, die sich aus der entsprechenden Kapitalbeschaffung ergeben.

6 Innenfinanzierung

Erneute Sitzung bei der Bürodesign GmbH, diesmal geht es um die Finanzierung eines neuen Verwaltungsgebäudes, das ca. 1 000 000,00 € kosten soll. Herr Stein, der Geschäftsführer der Bürodesign GmbH, schlägt vor, die Abschreibungssätze für den Maschinenpark im Rahmen der zulässigen Grenzen des Gesetzes zu erhöhen. Frau Friedrich widerspricht energisch: „Diese Abschreibungsbeträge sollten wir für die Neuanschaffungen von Maschinen zurücklegen, sinnvollerweise sollten wir zur Finanzierung des Gebäudes in den nächsten drei Jahren Rückstellungen bilden und diese für den Neubau verwenden."

- Erläutern Sie die Finanzierung aus Abschreibungen.
- Beschreiben Sie die Möglichkeiten der Selbstfinanzierung.
- Überprüfen Sie, inwieweit Rückstellungen zur Finanzierung eines Verwaltungsgebäudes geeignet sind.

Bei der Innenfinanzierung fließt das Kapital dem Unternehmen nicht von außen zu, sondern stammt aus einbehaltenen Gewinnen, Rückstellungen, Abschreibungen oder den Erlösen aus Anlagenabgängen.

Selbstfinanzierung:

Hierunter versteht man eine Finanzierung aus erwirtschafteten und einbehaltenen Gewinnen (**Gewinnthesaurierung**), die nicht ausgeschüttet, sondern investiert werden. Durch diesen Vorgang erhöht sich das Eigenkapital. Das Unternehmen finanziert sich aus eigener Kraft mit den Mitteln, die erwirtschaftet wurden.

Bei dieser Finanzierung spricht man von **offener Selbstfinanzierung**, weil der einbehaltene Gewinn in der Bilanz offen ausgewiesen wird. Bei Einzelunternehmen und Personengesellschaften werden die Gewinne den Kapitalkonten der Inhaber gutgeschrieben. Bei der AG und der GmbH wird der Gewinn den offenen Rücklagen zugeführt. Bei Kapitalgesellschaften bleibt das Gezeichnete Kapital wegen der Haftungsbeschränkung konstant.

Beispiel Die Bürodesign GmbH hat im vergangenen Geschäftsjahr einen Gewinn in Höhe von 412 500,00 € erzielt. Herr Stein und Frau Friedrich entnehmen ihren Gewinnanteil nicht, sondern verwenden ihn für eine Betriebserweiterung. Somit erhöhen sich die offenen Rücklagen des Unternehmens um 412 500,00 €.

Im Rahmen der Darstellung der offenen Selbstfinanzierung beim Jahresabschluss taucht eine Reihe von Begriffen auf, die im Zusammenhang erklärt werden sollen.

Der **Jahresüberschuss** der Aktiengesellschaft berechnet sich aus den Erträgen abzüglich der Aufwendungen. Der so ermittelte Jahresüberschuss wird verwendet

- zur Einstellung in die Rücklagen (offene Selbstfinanzierung),
- zur Zahlung der Dividende,
- zur Zahlung einer eventuellen Gewinnbeteiligung der Belegschaftsmitglieder.

Auch die Mitglieder des Vorstandes und Aufsichtsrates können eine Gewinnbeteiligung erhalten (§§ 86, 113 AktG). Sie wird **Tantieme** genannt.

- **Einstellung in die gesetzliche Rücklage (§ 150 (2) AktG):** Falls ein Verlustvortrag aus dem Vorjahr besteht, muss dieser vom Jahresüberschuss abgezogen werden. Vom verbleibenden Rest müssen 5 % der gesetzlichen Rücklage (vgl. S. 238) zugeführt werden, bis die gesetzliche Rücklage und die Kapitalrücklage zusammen die gesetzlich vorgeschriebenen 10 % oder den in der Satzung bestimmten höheren Prozentsatz des Grundkapitals erreicht haben. Diese Form der Selbstfinanzierung ist eine gesetzlich oder statuarisch vorgeschriebene Selbstfinanzierung.
- **Einstellung in andere Gewinnrücklagen:** Wenn der Vorstand und der Aufsichtsrat den Jahresabschluss festgestellt haben, können sie einen Teil des um Verlustvortrag und gesetzliche Rücklagen verminderten Jahresüberschusses, höchstens aber die Hälfte (also bis 50 %), in andere (freiwillige) Gewinnrücklagen einstellen. Diese Form der Selbstfinanzierung ist freiwillig oder aufgrund der Satzung bedingt (§ 58 (2) AktG).
- **Verwendung des Bilanzgewinnes:** Der Bilanzgewinn (vgl. S. 239) ist der Teil des Gewinns, den der Vorstand der Hauptversammlung zur Ausschüttung an die Aktionäre vorschlägt (§ 58 (3) AktG). Besteht aus dem Vorjahr noch ein Gewinnvortrag, so ist dieser im laufenden Geschäftsjahr mit zu verwenden, ebenso ist ein Verlustvortrag aus dem Vorjahr zu berücksichtigen. Ein eventueller Jahresfehlbetrag kann durch die Auflösung von Kapital- oder Gewinnrücklagen gedeckt werden. Der Bilanzgewinn ergibt sich somit folgendermaßen:

  Jahresüberschuss/Jahresfehlbetrag
  – Verlustvortrag aus altem Geschäftsjahr
  \+ Entnahmen aus der Kapitalrücklage
  \+ Entnahmen aus Gewinnrücklagen
  – Einstellungen in Gewinnrücklagen

= **Bilanzgewinn/Bilanzverlust**
+ Gewinnvortrag aus altem Geschäftsjahr
– Dividende

= **Gewinnvortrag für neues Geschäftsjahr**

- **Gewinnvortrag:** Bleibt nach Abzug der Dividende vom Bilanzgewinn ein Restgewinn übrig, wird dieser auf das nächste Geschäftsjahr übertragen. Der Gewinnvortrag entsteht, weil die rechnerische Dividende (z.B. 1,6545 €) nicht ausgeschüttet werden kann. Aus optischen Gründen wird eine Dividende von 1,60 € ausgeschüttet.
- **Dividendenpolitik:** Dadurch, dass die AG die Möglichkeit hat, den anderen Gewinnrücklagen unterschiedlich hohe Beträge zuzuweisen, kann die Dividendenhöhe maßgeblich beeinflusst werden. In der Regel wird versucht, eine langfristige **Dividendenkontinuität** durch eine jährlich gleich hohe Dividende zu erreichen, um so langfristige Anleger an die AG zu binden. Hierdurch wird eine Stabilisierung des Börsenkurses erreicht. Häufig wird die Dividendenpolitik ertragsabhängig gestaltet, d.h., in Jahren mit Verlusten erfolgt keine Dividendenausschüttung oder in Jahren mit Gewinnen wird die Dividende an die Ertragslage angepasst.

Beispiel Auszug der Vereinigte Spanplatten AG zum 31. Dezember in €:

Grundkapital (gezeichnetes Kapital)	480 000 000,00
Gewinnvortrag aus dem Vorjahr	180 000,00
Kapitalrücklage	16 000 000,00
Umsatzerlöse u.a. Erträge	80 000 000,00
Gesetzliche Rücklage	5 000 000,00
Aufwendungen	64 000 000,00
andere Gewinnrücklagen	1 000 000,00

Vorstand und Aufsichtsrat haben beschlossen, dass die offene Selbstfinanzierung nach § 58 (2) AktG ausgeschöpft werden soll. Die Dividende ist auf volle zehn Cent zu runden. Es wurden 12 Mio. Stückaktien ausgegeben. Die Hauptversammlung stellt keine weiteren Beträge in die Gewinnrücklagen ein.

Bilanzgewinn : Aktienstückzahl = rechnerische Dividende je Aktie

Gewinnverwendungsschema	Aktiengesetz	€
Erträge – Aufwendungen		80 000 000,00 64 000 000,00
= Jahresüberschuss – Verlustvortrag	§ 150 (2)	16 000 000,00 –
= um Verlustvortrag korrigierter Jahresüberschuss – 5 % gesetzliche Rücklagen, bis gesetzliche Rücklagen und Kapitalrücklagen zusammen 10 % des Grundkapitals ergeben	§ 150 (2)	16 000 000,00 800 000,00
= verbleibender Jahresüberschuss – Einstellung in andere Gewinnrücklagen bis zu 50 % vom Jahresüberschuss	§ 58 (1), (2)	15 200 000,00 7 600 000,00
= Bilanzgewinn ohne Gewinnvortrag aus altem Geschäftsjahr + Gewinnvortrag aus altem Geschäftsjahr		7 600 000,00 180 000,00
= Bilanzgewinn – von Hauptversammlung einzustellende weitere andere Gewinnrücklagen – Dividende (auf volle 10 Cent runden)	§ 58 (3) § 58 (4)	7 780 000,00 – 7 200 000,00
Gewinnvortrag für neues Geschäftsjahr		580 000,00

Beispiel 7780000 : 12000000 = 0,6483 €

Die Dividende wird folgendermaßen berechnet:

Die Dividende soll auf volle zehn Cent gerundet werden. Daher sind in diesem Fall 60 Cent Dividende auszuschütten, insgesamt also 7200000,00 €. Der verbleibende Restgewinn in Höhe von 580000,00 € wird als Gewinnvortrag auf das neue Geschäftsjahr übertragen.

Neben dem Gewinn können **stille Rücklagen**, die in einem Unternehmen gebildet worden sind, für die Finanzierung von Investitionsvorhaben herangezogen werden. Man spricht in diesem Fall von **stiller oder verdeckter Selbstfinanzierung**. Stille Rücklagen entstehen durch unterschiedliche Bewertungsansätze, die das Bilanzrecht den Unternehmen einräumt. Sie können durch die Überbewertung von Schulden oder Unterbewertung von Vermögensgegenständen (vgl. S. 295) in der Bilanz gebildet werden.

Erst bei der Auflösung der stillen Rücklage wird diese Reserve als Gewinn ausgewiesen. Nach Versteuerung wird er dann als Eigenkapitalbestandteil in die Rücklagen eingestellt oder als Fremdkapital für die Ausschüttung vorgesehen werden.

Beispiele

- Die Bürodesign GmbH hat vor zehn Jahren ein 2000 m² großes Grundstück für 60,00 €/m² gekauft. Obwohl der heutige Grundstückswert bei 170,00 €/m² liegt, muss die Bürodesign GmbH das Grundstück mit seinen Anschaffungskosten bilanzieren. Es ergeben sich somit stille Reserven in Höhe von 220000,00 €. Erst wenn das Grundstück verkauft wird, kommt es zur Auflösung der stillen Rücklagen (**Unterbewertung von Vermögensgegenständen**). Bei einer Darlehensaufnahme könnte das Grundstück über seinen Buchwert beliehen werden.
-

Steuerrückstellung für geschätzte Steuerverbindlichkeit des Vorjahres	80000,00 €
Tatsächliche Steuerzahlung	60000,00 €
Überbewertung der Steuerschuld	20000,00 €

In Kapitalgesellschaften wird eine Selbstfinanzierung oft durch den Gesellschaftsvertrag (GmbH) oder das Gesetz (AG) vorgeschrieben.

Vorteile — Selbstfinanzierung	Nachteile
– Das Unternehmen bleibt unabhängig, keine Verschiebung der Herrschaftsverhältnisse in der Unternehmensführung. – Keine Kreditkosten, Zinsen, Tilgungsraten, die Liquidität des Unternehmens wird nicht eingeschränkt. – Erhöhung des Eigenkapitalanteils, die Kreditwürdigkeit steigt. – Verhältnismäßige Verringerung des Fremdkapitalanteils – Das Kapital steht i.d.R. unbefristet, auch für langfristige Investitionen, zur Verfügung. Dies gilt allerdings nicht für die in Steuerrückstellungen enthaltenen stillen Rücklagen.	– Gefahr von Fehlinvestitionen: Bei der Investition von nicht ausgeschütteten Gewinnen erfolgt keine wirkungsvolle externe Überprüfung der Wirtschaftlichkeit dieser Investition. Da Eigenkapital häufig keiner strengen externen Rentabilitätskontrolle unterliegt (vgl. S. 157), kann dies ein Unternehmen zu Investitionen veranlassen, die nicht durch die Marktlage gerechtfertigt sind (= Fehler der Betriebsführung). Deshalb ist es wichtig, bei der Selbstfinanzierung die gleichen strengen Maßstäbe anzulegen wie bei der Kreditvergabe von Kreditinstituten, damit das Kapital in die wirtschaftlichsten Verwendungsbereiche investiert wird. – Bei erheblichen stillen Reserven: Verlust der Aussagekraft der Bilanz.

Umfinanzierung: Hierunter versteht man Kapitalumschichtungsmaßnahmen auf der Aktivseite (Aktivtausch) oder auf der Passivseite der Unternehmensbilanz (Passivtausch). Hierbei verändert sich weder das Gesamtkapital noch das Gesamtvermögen. Es kommt lediglich zur Änderung der Vermögens- oder Kapitalstruktur.

Beispiele

- Die Bürodesign GmbH verkauft ein Grundstück für 300 000,00 € und beschafft mit diesem Kapital eine neue Spezialmaschine (**Änderung der Vermögensstruktur**).
- Die Bürodesign GmbH wandelt eine kurzfristige Bankschuld bei der Deutschen Bank, Köln, in ein mittelfristiges Darlehen um (**Änderung der Kapitalstruktur**).

Finanzierung durch Kapitalfreisetzung:

- **Finanzierung aus Abschreibungen (= Abschreibungsrückflüsse, vgl. S. 267):** Der Ansatz bilanzieller Abschreibungen als Aufwand bedeutet eine Verringerung des Gewinns, wodurch diese Gewinnanteile weder ausgeschüttet noch besteuert werden. Jedes Unternehmen kalkuliert Abschreibungen in seine Verkaufspreise ein. Infolgedessen fließen die Abschreibungen über die Verkaufspreise in das Unternehmen zurück **(Refinanzierung)**. Da diese Geldmittel dem Unternehmen kontinuierlich zufließen, stehen sie lange vor dem Ersatzzeitpunkt der Anlage zur Verfügung und können für Finanzierungszwecke verwendet werden. Bei der Finanzierung aus Abschreibungen werden Investitionen (im Anlagevermögen) in liquide Mittel (im Umlaufvermögen) umgewandelt, d. h., bilanzmäßig liegt ein Aktivtausch vor.

Beispiele

- Die Bürodesign GmbH hat einen Pkw zu einem Listeneinkaufspreis (netto) von 54 000,00 € + 19 % USt gekauft. Am Ende des ersten Nutzungsjahres kann die Bürodesign GmbH vom Pkw bei einer geschätzten Nutzungsdauer von sechs Jahren $16^2/_3$ % linear abschreiben. Somit ergibt sich am Ende des ersten Nutzungsjahres ein Abschreibungsbetrag von 9 000,00 €, der über die Umsatzerlöse freigesetzt wird und im zweiten Jahr zur Verfügung steht **(Kapitalfreisetzungseffekt)**. Da die Neuanschaffung des Pkw erst nach Ablauf der Nutzungsdauer von sechs Jahren anfällt, kann der freigesetzte Kapitalbetrag zur Finanzierung anderweitiger Investitionen eingesetzt werden.
- Die Bürodesign GmbH hat vier Fertigungsmaschinen zu Anschaffungskosten von je 40 000,00 € gekauft. Die Nutzungsdauer beträgt vier Jahre, die Maschinen werden linear abgeschrieben, d. h. mit je 10 000,00 €/Jahr. Es wird unterstellt, dass die Abschreibungen über die Verkaufserlöse wieder in die Bürodesign GmbH zurückfließen und dass die Wiederbeschaffungspreise der Maschinen konstant bleiben.

Jahr / Maschinen	Abschreibungsbeträge in T€				
	1	1	3	4	5
1	10	10	10	10	–
2	10	10	10	10	–
3	10	10	10	10	–
4	10	10	10	10	–
5		10	10	10	10
6			10	10	10
7				10	10
8					10
9					10
Summe Abschreibungen in T€	40	50	60	70	50
– Reinvestition in T€	40	40	40	80	40
Nicht sofort investierte AfA-Beträge	0	10	20	–10	10
Kumulierte Abschreibungen, Rest in T€	–	10	30	20	30
Kapitalrückfluss (= liquide Mittel) kumuliert in T€	40	90	150	220	270
Bestand an Maschinen	4	5	6	7	5

Im ersten Jahr fallen je Maschine 10 000,00 € Abschreibungen an, insgesamt 40 000,00 €. Dieser Abschreibungsbetrag steht für die Neuanschaffung einer weiteren Maschine zur Verfügung. Im zweiten Jahr beträgt die Abschreibungssumme bereits 50 000,00 €. Es kann eine weitere Maschine zu

Anschaffungskosten von 40 000,00 € angeschafft werden, zudem bleibt ein Abschreibungsrest von 10 000,00 €. Vorausgesetzt die Abschreibungsbeträge werden jedes Jahr kontinuierlich in neue Maschinen investiert, ergibt sich ein **Kapazitätserweiterungseffekt (Lohmann-Ruchti-Effekt)**, wobei die Finanzierung ausschließlich über Abschreibungen geleistet wird, ohne Kapitalbeschaffung von außen. Im vierten. Jahr befinden sich im Unternehmen bereits sieben Maschinen. Allerdings ist dieser Effekt nicht unbegrenzt möglich, im fünften Jahr befinden sich nur noch fünf Maschinen im Unternehmen.

- **Finanzierung aus Rückstellungen** (vgl. S. 291 f.): Rückstellungen werden für Aufwendungen des abgelaufenen Geschäftsjahres gebildet, deren Höhe und/oder Fälligkeit am Bilanzstichtag noch nicht feststehen. Rückstellungen sind Verbindlichkeiten und werden auf der Passivseite der Bilanz ausgewiesen.

  Beispiele
  - erwartete Gewerbesteuernachzahlungen
  - Prozesskosten für einen laufenden Rechtsstreit
  - Pensionsverpflichtungen gegenüber Mitarbeitern

Insbesondere mit der Bildung von Pensionsrückstellungen werden Teile des Gewinnes für längere Zeit an den Betrieb gebunden. Sie sind demnach **langfristiges Fremdkapital**, da zwischen der Ansammlung (= Bildung von Rückstellungen) und der Auszahlung der Pensionsansprüche (= Auflösung von Rückstellungen) zum Teil viele Jahre liegen. Dem Charakter nach sind sie teilweise Eigenkapital, soweit sie stille Reserven enthalten.

Beispiel Für die Mitarbeiter wurden Pensionsrückstellungen in Höhe von 200 000,00 € gebildet, die aber wegen des vorzeitigen Ablebens der Mitarbeiter nicht in Anspruch genommen werden. Somit hat sich ein Teil der Rückstellungen in stille Reserven umgewandelt.

- **Bildung von Rückstellungen** (vgl. S. 292 f.): Die Höhe einer Rückstellung muss „geschätzt" werden. Ihre Begründung muss natürlich wirtschaftlich vertretbar sein. Wegen der Unsicherheit bei der Bemessung der Rückstellung besteht die Gefahr der **Unterbewertung** (zu niedriger Ansatz der Schuld) oder die Möglichkeit der **Überbewertung (Bildung stiller Reserven)**. So kann man Rückstellungen für etwaige Schadenersatzverpflichtungen und Sachmängelhaftungsansprüche, für Pensionsverpflichtungen, für eine zu erwartende Steuernachveranlagung oder eine Prozessrückstellung bilden. Rückstellungen sind also immer zweckgebunden.

  Bei der Bildung der Rückstellung wird der benötigte Betrag dem entsprechenden Aufwandskonto belastet und den Konten
  - **3700 Pensionsrückstellungen,**
  - **3800 Steuerrückstellungen,**
  - **3900 Sonstige Rückstellungen** (für Prozesse, Sachmängelhaftungsansprüche)

  gutgeschrieben. Hierdurch wird der zurückgestellte Betrag in der Erfolgsrechnung des laufenden Jahres berücksichtigt, obgleich keine Geldmittel in dieser Höhe aus der Unternehmung abgeflossen sind.

- **Auflösung von Rückstellungen:** Eine Rückstellung ist aufzulösen, wenn der Grund für ihre Bildung weggefallen ist und damit der angenommene Aufwand und die geschätzte Schuld nicht entstehen (§ 249 Abs. 2 HGB).

  Die Auflösung der Rückstellungen macht in folgenden Fällen erfolgswirksame Korrekturbuchungen notwendig:

Zahlungsverpflichtung > Rückstellung = Buchung des bisher nicht erfassten Aufwandes

Zahlungsverpflichtung < Rückstellung = Erträge aus der Auflösung von Rückstelllungen

- **Finanzierung durch den Verkauf von nicht mehr benötigten Anlagegegenständen.** Durch den Verkauf nicht benötigter Anlagegegenstände kann sich ein Unternehmen ebenfalls Kapital beschaffen.

Innenfinanzierung

- Bei der **Selbstfinanzierung (Innenfinanzierung)** werden einbehaltene Gewinne des Unternehmens wieder investiert.
- **Arten der offenen Selbstfinanzierung** bei der AG:
  - gesetzliche Rücklagen (gesetzlich erzwungene Selbstfinanzierung)
  - Bildung anderer Rücklagen, Gewinnvortrag, Bildung satzungsmäßiger Rücklagen (freiwillig veranlasste Selbstfinanzierung)
- Mit der **Dividendenpolitik** werden Dividendenkontinuität aus optischen Gründen oder eine ertragsabhängige Festlegung angestrebt.
- Bei der **Finanzierung durch Kapitalfreisetzung (Innenfinanzierung)** erhält das Unternehmen die **Abschreibungen** durch deren Berücksichtigung in den Verkaufspreisen zurück. Diese Geldmittel stehen dem Betrieb wieder für Investitionen zur Verfügung. Eine andere Form der Finanzierung durch Kapitalfreisetzung stellt die Finanzierung aus **Rückstellungen** und der Verkauf von Anlagegegenständen dar.
- **Rückstellungen** sind Schulden, die im Gegensatz zu den genau bestimmbaren Schulden nicht als Sonstige Verbindlichkeiten ausgewiesen werden dürfen.
- Im Gegensatz zu den anderen ausgewiesenen Verbindlichkeiten stehen **Höhe** und/oder **Fälligkeit** der Rückstellungen am Bilanzstichtag noch **nicht fest**; sie werden daher geschätzt.

1 Erläutern Sie die Arten der Selbstfinanzierung.

2 Erläutern Sie die Finanzierung durch Abschreibung. Geben Sie an, welche Bedeutung dieser Finanzierungsform in Unternehmen zukommt.

3 Stellen Sie in einer Übersicht die Unterschiede zwischen Eigen- und Fremdfinanzierung hinsichtlich Haftung, Gewinn- und Verlustbeteiligung, Einfluss auf die Unternehmensleitung, Zeit der Kapitalüberlassung heraus.

4 Der Jahresabschluss der Sanitex AG weist zum 31. Dezember u. a. folgende Zahlen in Euro aus:

Gesamte Erträge	36 800 000,00	Gesetzliche Rücklage	500 000,00
Gesamte Aufwendungen	35 000 000,00	Andere Gewinnrücklagen	1 600 000,00
Gezeichnetes Kapital	10 000 000,00	Gewinnvortrag aus Vorjahr	36 000,00

Die offene Selbstfinanzierung nach § 58 (2) Satz 1 AktG soll ausgeschöpft werden. Es wurden 1 000 000 Stückaktien ausgegeben. Die Dividende je Aktie soll auf volle zehn Cent abgerundet werden. Die Aktionäre stellen in der Hauptversammlung keine weiteren Beträge in andere Rücklagen ein.

a) Ermitteln Sie den Jahresüberschuss und die Höhe der Zuweisungen in die Rücklagen.

b) Ermitteln Sie den Bilanzgewinn, die Dividendensumme und die Dividende je Aktie.

c) Ermitteln Sie den Gewinnvortrag für das neue Geschäftsjahr.

d) Ermitteln Sie die Höhe der gesetzlich erzwungenen Selbstfinanzierung (= Einstellung in gesetzliche Rücklagen).

e) Ermitteln Sie die freiwillig veranlasste Selbstfinanzierung (= Einstellung in andere Gewinnrücklagen).

f) Ermitteln Sie die offene Selbstfinanzierung (= Einstellung in gesetzliche und andere Gewinnrücklagen) insgesamt.

5 Bei der Selbstfinanzierung werden die finanziellen Mittel aus dem betrieblichen Umsatzprozess beschafft.

a) Erläutern Sie, wodurch das Ausmaß der Selbstfinanzierung begrenzt wird.

b) Unterscheiden Sie zwischen offener und stiller Selbstfinanzierung.

c) Überprüfen Sie, wann stille Reserven bei Aktivposten und Passivposten sichtbar werden.

d) Erläutern Sie, wodurch sich die gesetzlich erzwungene von der freiwillig veranlassten Selbstfinanzierung der AG unterscheidet.

6 Der Jahresabschluss der Dentalfix AG wird durch den Vorstand und Aufsichtsrat festgestellt. Der Vorstand möchte 30 % in die anderen Gewinnrücklagen einstellen. Der fiktive Nennwert der ausgegebenen Stückaktien beträgt 1,60 €. Folgende Beträge in Euro werden in der Schlussbilanz ausgewiesen:

Grundkapital	32 000 000,00	Andere Gewinnrücklage	3 600 000,00
Kapitalrücklage	1 250 000,00	Verlustvortrag	75 000,00
Gesetzliche Rücklage	1 800 000,00	Der Jahresüberschuss beträgt	8 080 000,00

a) Führen Sie die Gewinnverwendungsrechnung durch, wobei die Dividende auf volle zehn Cent abgerundet werden soll.

b) Erläutern Sie die Veränderung der Position des Eigenkapitals vor und nach der Gewinnverwendung.

7 Beurteilen Sie folgende Feststellungen zur Selbstfinanzierung. Ordnen Sie eine 1) zu, wenn die Feststellung richtig ist, 9) zu, wenn die Feststellung falsch ist.

a) Die Selbstfinanzierung ist eine interne Fremdfinanzierung.

b) Die Selbstfinanzierung ist eine Außenfinanzierung.

c) Bei Personengesellschaften wird die Selbstfinanzierung sichtbar durch den Zuwachs der Eigenkapitalkonten, falls eine Außenfinanzierung durch Einlagen/Beteiligungen nicht erfolgt.

d) Es handelt sich um Selbstfinanzierung, wenn die Aktivseite der Bilanz z. B. aufgrund von erhöhten Abschreibungen unterbewertet wurde.

e) Bei der Selbstfinanzierung erfolgt eine Kapitalzuführung aus den nicht ausgeschütteten Gewinnen.

8 Zur Herstellung von Kleinteilen kaufte die Bürodesign GmbH zu Beginn des letzten Geschäftsjahres drei Stanzen, deren Anschaffungskosten jeweils € 12 000,00 betrugen.

Die Nutzungsdauer beträgt fünf Jahre. Die Abschreibung erfolgt linear und wird sofort für Neuinvestitionen eingesetzt.

a) Stellen Sie an diesem Beispiel den sogenannten Lohmann-Ruchti-Effekt dar für einen Zeitraum von zehn Jahren und erläutern Sie Ihre Ergebnisse.

b) Stellen Sie vier Gründe dar, die diesen Effekt in der betrieblichen Praxis einschränken.

Jahresanfang			Jahresende				
Jahr	Anzahl	Summe AK	AfA	Liquide Mittel	Stanzen Zugang	Stanzen Abgang	Liquide Mittel (Rest)
1							
2							
3							
4							
5							
6							
7							
8							
9							
10							

7 Finanzcontrolling

Die Bürodesign GmbH plant eine Geschäftserweiterung, wobei Bürosysteme für Arztpraxen entwickelt werden sollen. Geschäftsführer Stein ist nach einem Beratungsgespräch mit dem Steuerberater zu der Einsicht gelangt, dass es weiterer Überprüfungen bedarf, ob die GmbH die geplante Geschäftserweiterung vornehmen soll. Deshalb geht er zur Sparkasse und bittet um eine Beratung. Herr Stein hat zu diesem Gespräch eine Fülle von Geschäftsunterlagen zusammengestellt, u. a. die Bilanzen und GuV-Rechnungen der letzten zwei Jahre und den Investitionsplan für das laufende und das kommende Geschäftsjahr. Ferner hat er in den letzten Tagen einige Berechnungen für die Geschäftserweiterung vorgenommen. Der Sachbearbeiter der Sparkasse KölnBonn überfliegt diese und sagt: „Auf den ersten Blick glaube ich, dass wir Ihre Geschäftserweiterung finanzieren können. Allerdings muss ich mir die Unterlagen noch etwas genauer ansehen."

- Überlegen Sie, wie die Bank aus den vorgelegten Unterlagen eine Kreditentscheidung treffen kann.
- Erläutern Sie einige Finanzierungskennzahlen und den Aufbau eines Finanzplanes.
- Erläutern Sie die Inhalte eines Finanzierungsplanes.
- Überprüfen Sie, von welchen Faktoren der Kapitalbedarf eines Unternehmens abhängig ist.
- Beschreiben Sie den Leverage-Effekt.

Finanzmanagement

Aufgabe des **Finanzierungsmanagements** ist die Steuerung des dem betrieblichen Güterstrom entgegenlaufenden Geldstroms. Hierzu gehören die Sicherstellung der jederzeitigen Zahlungsfähigkeit (Liquidität) des Unternehmens und langfristig die Beschaffung des für Investitionszwecke erforderlichen Kapitals. Die Finanzplanung baut auf den Teilplänen der betrieblichen Funktionsbereiche (Absatz-, Produktions-, Investitions-, Beschaffungs-, Personalplan) auf. Insbesondere die Daten der Finanzbuchhaltung (Bilanz, GuV) bilden eine wichtige Grundlage der Finanzplanung. Bei der Finanzplanung sind zwei wesentliche Bestandteile zu unterscheiden:

- die **Liquiditätsplanung**, die eher kurzfristig ausgerichtet ist,
- die **Kapitalbedarfsrechnung**, die längerfristig angelegt ist.

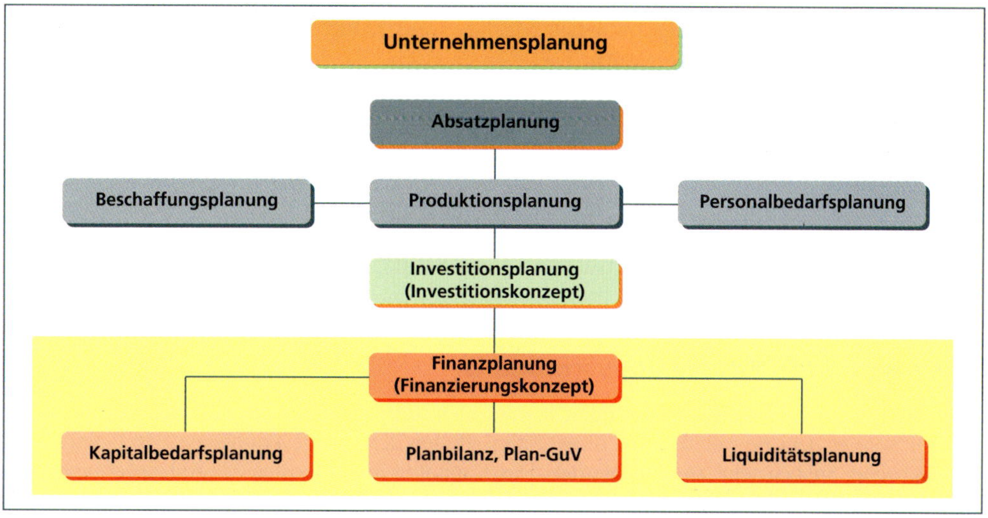

Das **Finanzmanagement** eines Industrieunternehmens umfasst drei Aufgabenkomplexe:

- **Gestaltung und Festlegung der Investitionspolitik** (Welche Investitionen soll ein Unternehmen durchführen?)
- **Gestaltung der langfristigen Finanzierung** (Welche alternativen Finanzierungsformen stehen zur Verfügung? Wie ist die Kapitalstruktur des Unternehmens?)
- **Gestaltung der kurzfristigen Finanzierung** (Welche liquiden Mittel sollte ein Unternehmen haben und welche kurzfristigen Fremdmittel sollte ein Unternehmen aufnehmen? Wie sollte das Zahlungsverhalten gegenüber den Lieferanten und dasjenige der Kunden gestaltet werden?)

▲ Finanzierungsziele und Finanzierungsregeln

Die Finanzierung ist mit der Bereitstellung von Kapital im Rahmen der betrieblichen Gesamtplanung befasst. Sie hat systematisch alle in einem bestimmten Planungszeitraum erwarteten Ausgaben und Einnahmen zu erfassen.

Die Finanzierung hat somit folgende Ziele:

- Ermittlung des Kapitalbedarfs für geplante Investitionen
- Sicherung des finanziellen Gleichgewichts und der Liquidität
- Förderung der Rentabilität
- Förderung der finanziellen Anpassungsfähigkeit (Flexibilität)

Die Finanzierung sollte so betrieben werden, dass ein **finanzielles Gleichgewicht zwischen Liquidität und Rentabilität** hergestellt wird. Folglich muss

- zu jedem Zeitpunkt Zahlungsfähigkeit bestehen **(Liquidität)**,
- überflüssige Liquidität im Interesse einer besseren Rentabilität vermieden werden **(Rentabilität)**,
- durch das Verhältnis von Eigen- und Fremdkapital die Rentabilität **(finanzwirtschaftliches Gleichgewicht)** optimiert werden,
- die Unternehmensleitung Finanzierungsregeln beachten, um ein möglichst geringes finanzielles Risiko einzugehen **(Sicherheit)**,
- von der Unternehmensleitung zusätzlich beachtet werden, dass sie nicht in Abhängigkeit von Gläubigern gerät **(Unabhängigkeit)**.

Bd. 1

Die **Finanzierungsregeln** sollen bei der zeitlichen Abstimmung von Investition und Finanzierung Hilfestellung leisten. Zur Finanzierung von Investitionsvorhaben wird ein Unternehmen **Eigen- und Fremdkapital** einsetzen. Das zur Finanzierung notwendige Kapital steht dem Unternehmen unterschiedlich lange Zeit zur Verfügung. So sind Lieferantenkredite i. d. R. kurzfristig, Bankkredite können mittel- und langfristig sein. Das Eigenkapital steht normalerweise unbefristet zur Verfügung. Für die Finanzierung des Vermögens (horizontale Kapital-Vermögensstrukturregel) haben sich folgende Regeln als sinnvoll erwiesen:

▲ Finanzierung des Anlagevermögens:

Das **Anlagevermögen sollte langfristig**, d. h. mit Eigen- oder langfristigem Fremdkapital, finanziert werden, weil es dem Betrieb dauernd dient. Einige Posten des Anlagevermögens, z. B. Grundstücke und Gebäude, bleiben sehr lange im Betrieb. Das Kapital in diesen Posten des Anlagevermögens ist also gebunden. Andere Posten des Anlagevermögens, z. B. Fuhrpark, Geschäftsausstattung,

Maschinen, verbleiben mittelfristig im Betrieb, sie nutzen sich aber im Laufe der Zeit ab oder werden unmodern und müssen erneuert werden. Die Mittel für die Neuanschaffung dieser Posten werden in der Kalkulation berücksichtigt, indem die entsprechenden Abschreibungsbeträge in die Verkaufspreise einkalkuliert werden.

▲ Finanzierung des Umlaufvermögens:

Das **Umlaufvermögen sollte mit mittel- und kurzfristigem Fremdkapital** finanziert werden, da es in absehbarer Zeit wieder in Kapital umgesetzt wird. So werden die produzierten Erzeugnisse an Kunden verkauft und mit einem Teil dieser Umsatzerlöse können die eingekauften Werkstoffe bei den Lieferern bezahlt werden. Ein weiterer Teil der Umsatzerlöse wird für die Bezahlung der laufenden Kosten (Betriebssteuern, Mieten, Löhne und Gehälter) und die Beschaffung neuer Werkstoffe benötigt.

▲ Goldene Finanzierungsregel (Goldene Bankregel):

Die goldene Finanzierungsregel besagt, dass die **Dauer der Vermögensbindung (Investierung)** mit der **Frist der Kapitalüberlassung (Finanzierung)** übereinstimmen muss (= **Grundsatz der Fristenkongruenz oder Fristengleichheit**). Es soll also eine **Übereinstimmung zwischen der Dauer der Vermögensbindung und der Kapitalüberlassung** hergestellt werden (vgl. S. 331). Das Eigenkapital kann ohne Bedenken langfristig investiert werden. Aufgenommenes Fremdkapital soll erst dann fällig werden, wenn die damit finanzierten Investitionen des Anlage- und Umlaufvermögens durch die Umsatzerlöse wieder zu Kapital geworden sind. So ist die Zahlungsfähigkeit des Unternehmens jederzeit gewährleistet.

Die Liquidität ist trotz Einhaltung der goldenen Finanzierungsregel nicht gesichert, wenn die durch die vorgenommene Investition erwirtschafteten Erträge nicht zur Deckung der Tilgung und Zinsen, Lohnzahlungen, Steuern usw. ausreichen.

▲ Goldene Bilanzregel:

Sie kennzeichnet das Verhältnis zwischen Vermögens- und Kapitalstruktur (**Anlagendeckung**). Die goldene Bilanzregel besagt, dass das Anlagevermögen und das dauernd gebundene Umlaufvermögen (eiserner Bestand) durch Eigenkapital und langfristiges Fremdkapital gedeckt sein sollten, während das restliche Umlaufvermögen mit kurzfristigem Fremdkapital zu finanzieren ist. Der Grad der Anlagendeckung (vgl. S. 321) kann mit folgender Kennzahl berechnet werden:

$$\text{Anlagendeckung II (vgl. S. 321)} = \frac{\text{Eigenkapital + langfristiges Fremdkapital}}{\text{Anlagevermögen}} \cdot 100$$

Beispiel (vgl. Bilanz S. 157)

$$\text{Anlagendeckung der Bürodesign GmbH} = \frac{1\,075\,000}{857\,500} \cdot 100 = \underline{\underline{115{,}8\ \%}}$$

Im Durchschnitt liegt die Anlagendeckung in den deutschen Industriebetrieben erheblich über 100 %. Die Liquidität ist bei Einhaltung der goldenen Bilanzregel nicht gesichert, da

- die Bilanz nicht alle künftigen Ein- und Auszahlungen ausweist,
- die Zahlungstermine nicht aus der Bilanz zu erkennen sind.

Finanzierungskennzahlen

Kapitalgesellschaften müssen nach § 246 Abs. 2 HGB neben der Vermögens- und Ertragslage ihre Finanzlage darstellen. Instrumente zu ihrer Darstellung sind die Bilanz, die GuV-Rechnung, der Jahresabschluss mit Anhang und dazu ergänzend der Lagebericht. Für Außenstehende, insbesondere Kapitalgeber, sind folgende Sachverhalte von besonderem Interesse:

- Höhe des Haftungskapitals
- durch Vermögen zur Verfügung stehende Sicherheiten
- Liquidität (ständige Zahlungsfähigkeit) des Unternehmens

Zur Beurteilung dieser Sachverhalte hat die Praxis eine Reihe von Kennzahlen entwickelt, die aus dem Jahresabschluss abgeleitet werden können (vgl. S. 226).

Wichtige Finanzierungskennzahlen sind die **Rentabilitätskennziffern** (vgl. S. 329). Die Rentabilität informiert über die Ertragskraft einer Unternehmung und über die Verzinsung des eingesetzten Kapitals.

Aufstellung des Finanzplanes

Ein Unternehmen muss jederzeit seinen finanziellen Verpflichtungen nachkommen können. Allerdings sollte überschüssiges Kapital nicht ungenutzt im Unternehmen verbleiben, wenn es anderweitig gewinnbringend eingesetzt werden kann. Infolgedessen erstellt ein Unternehmen einen **Finanzplan** (nicht zu verwechseln mit dem Finanzierungsplan, vgl. S. 216), in dem die erwarteten Einnahmen und Ausgaben für einen bestimmten Planungszeitraum (z. B. Monat, Quartal, Halbjahr) gegenübergestellt werden. Die Finanzpläne weisen immer eine Periodenliquidität aus. Nach der Fristigkeit lassen sich folgende Finanzpläne unterscheiden:

- kurzfristige Finanzpläne (bis zu einem Jahr)
- mittelfristige Finanzpläne (bis zu vier Jahren)
- langfristige Finanzpläne (über vier Jahre)

Falls bei einem Finanzplan die Summe der erwarteten Einnahmen größer ist als die Summe der erwarteten Ausgaben, entsteht ein Liquiditätsüberschuss **(Überdeckung)**, der sinnvoll angelegt werden sollte. Ist die Summe der Einnahmen kleiner als die Summe der Ausgaben **(Unterdeckung)**, entsteht ein Finanzierungsbedarf.

Die Aufgabe eines Finanzplanes besteht somit darin, das finanzielle Gleichgewicht (= Aufrechterhaltung der Liquidität) zu wahren. Dies bedeutet einerseits, dass Liquiditätsengpässe rechtzeitig erkannt werden müssen, und andererseits bedeutet es aber auch, dass eine unrentable Überliquidität verhindert werden muss.

Ein **kurzfristiger Finanzplan** berücksichtigt normalerweise folgende Größen:

- Zahlungsmittelanfangsbestand
- Auszahlungen
- Einzahlungen
- Zahlungsmittelendbestand
- Überdeckung
- Unterdeckung
- Außerordentliche Einnahmen und Ausgaben

Beispiel

Finanzplan ***Bürodesign GmbH***

Planungsperiode ..-01-01 bis ..-01-31

Liquide Mittel in T€	20		
Erwartete Einnahmen	T€	Erwartete Ausgaben	T€
• Liquide Mittel • Umsatzerlöse • Sonstige betriebliche Einnahmen • A. o. Einnahmen: Kreditaufnahme/Anlagenverkäufe	20 520 8 32	• Einkauf von Materialien • Löhne und Gehälter • Sonstige betriebliche Aufwendungen • Anlagenkäufe/Kredittilgung	340 141 9 44
Summe der erwarteten Einnahmen + liquide Mittel	580	Summe der erwarteten Ausgaben	534
Über-/Unterdeckung			+46

Finanzplan (in T€) ***Bürodesign GmbH***

	Jahr ...			Januar			Februar		
	Soll	Ist	Abweichung	Soll	Ist	Abweichung	Soll	Ist	Abweichung
A. Liquide Mittel	226			20	22	+2	20		
B. Einnahmen									
1. Ordentliche Einnahmen									
a) Umsatzerlöse									
– Produktgr. A	2 300			190	185	–5	195		
– Produktgr. B	2 800			230	240	+10	230		
– Produktgr. C	1 200			100	95	–5	95		
b) Mieten, Pachten	60			5	5	0	5		
c) Zinsen und ähnliche Erträge	20			1	1	0	1		
d) Sonstige betriebliche Einnahmen	28			2	3	+1	3		
Summe	**6 408**			**528**	**529**	**+3**	**529**		
2. Außerordentliche Einnahmen									
a) Kreditaufnahme	300			25	24	–1	30		
b) Anlagenverkäufe	80			7	8	+1	6		
Summe	**380**			**32**	**32**	**0**	**36**		
Summe Einnahmen insgesamt	**6 788**			**560**	**561**	**+3**	**565**		
C. Ausgaben									
1. Ordentliche Ausgaben									
a) Materialaufwand	4 350			340	342	+2	342		
b) Löhne und Gehälter	1 750			141	143	+2	141		
c) Zinsen und ähnliche Aufwendungen	80			6	6	0	6		
d) Sonstige betriebliche Aufwendungen	40			3	4	+1	3		
Summe	**6 220**			**490**	**495**	**+5**	**492**		
2. Außerordentliche Ausgaben									
a) Anlagenkäufe	400			30	32	+2	60		
b) Kredittilgung	150			14	15	+1	14		
Summe	**450**			**44**	**47**	**+3**	**74**		
Summe Ausgaben insgesamt	**6 670**			**534**	**542**	**+8**	**566**		
Über-/Unterdeckung	+344			+46	+41	–5	+19		

Zahlungsströme

In jeder Unternehmung entstehen laufend Zahlungsvorgänge, die entweder Auszahlungen oder Einzahlungen hervorrufen.

Beispiele

- **Auszahlungen:** Bezahlung von Betriebsmitteln, Werkstoffen; Entlohnung der Arbeitnehmer
- **Einzahlungen:** Eingehende Zahlungen aus dem Verkauf von unfertigen und fertigen Erzeugnissen, aus dem Verkauf von Gegenständen des Anlagevermögens

Normalerweise sind diese Einzahlungen und Auszahlungen in ihrer Höhe unterschiedlich und werden zu verschiedenen Zeitpunkten fällig. In jeder Unternehmung entsteht dadurch ein **ständiger Kreislauf von Finanzierung (Kapitalbeschaffung), Investition (Kapitalbindung) und Desinvestition (Kapitalfreisetzung)**. Ausgaben und kapitalbindende Zahlungsströme liegen i.d.R. zeitlich vor den Einnahmen und kapitalfreisetzenden Zahlungsströmen, da die Produktion Zeit erfordert. Dadurch entsteht der Kapitalbedarf einer Unternehmung.

Beispiel Die Bürodesign GmbH muss zuerst Werkstoffe, Betriebsmittel usw. beschaffen und bezahlen (künftige Auszahlungen = **Mittelbedarf**). Mit den beschafften Maschinen, Holzplatten usw. werden Büromöbel erstellt, die dann nach einer gewissen Zeitspanne verkauft werden können (künftige Einzahlungen = **Mittelfreisetzung**).

Faktoren für die Bestimmung des Kapitalbedarfs

Die Höhe des Kapitals, das ein Unternehmen benötigt, hängt von einer Vielzahl von Faktoren ab. So ist bei einer Neugründung ein anderer Kapitalbedarf erforderlich als bei einer Betriebserweiterung. Im Wesentlichen ist der Kapitalbedarf von folgenden Faktoren abhängig:

Faktoren	Beispiele
– **Branche**	Anlagenintensive Unternehmen (z. B. Chemiebetriebe) benötigen mehr Kapital als personalintensive Unternehmen (z. B. Bauunternehmen).
– **Betriebsgröße**	Mit zunehmendem Bedarf an Fläche (Produktion, Lager, Verwaltung) steigt der Kapitalbedarf.
– **Absatzweg**	Beim direkten Absatzweg ist ein höherer Kapitalbedarf erforderlich als beim indirekten Absatz, da eine eigene Vertriebsorganisation erforderlich ist.
– **Betriebsmittel**	Je höher der Bedarf an notwendigen Betriebsmitteln, desto größer ist der Kapitalbedarf.
– **Fertigerzeugnisse und Werkstoffe**	
Produktionsprogramm	Je größer die Produktvielfalt, desto größer wird der Kapitalbedarf (es werden u. a. teurere Mehrzweckmaschinen benötigt).
durchschnittliche Lagerdauer	Je geringer die durchschnittliche Lagerdauer der Werkstoffe und Fertigerzeugnisse, desto geringer ist der Kapitalbedarf.
Umschlagshäufigkeit	Je höher die Umschlagshäufigkeit der Werkstoffe und Fertigerzeugnisse, desto geringer ist der Kapitalbedarf.
Mindestbestand (eiserne Reserve)	Je höher der eiserne Bestand an Roh-, Hilfs- und Betriebsstoffen, desto höher ist der Kapitalbedarf.
– **Betriebskosten**	Je höher die monatlichen Kosten für Mieten, Energie, Personal, Steuern, Beschaffung von Werkstoffen, Forschung und Entwicklung usw., desto höher ist der Kapitalbedarf.
– **Zahlungsgewohnheiten der Branche**	
Kreditgewährung der Lieferer	Je länger das Zahlungsziel der Lieferer, desto geringer ist der Kapitalbedarf.
Kreditgewährung an die Kunden	Je länger das Zahlungsziel an die Kunden, desto größer ist der Kapitalbedarf.

Bei einer **Neugründung oder bei Umbaumaßnahmen** von Unternehmen hängt der Kapitalbedarf von **folgenden zusätzlichen Faktoren** ab:

Planungskosten	z. B. für Architekt, Unternehmensberater
Kosten für die Baumaßnahmen	Baukosten, Notariatskosten
Anlaufkosten	Ein Industriebetrieb benötigt eine gewisse Zeit, bis die Produktion in Gang gesetzt wurde.
Rechtsform	Ein Unternehmen in der Rechtsform der GmbH benötigt das gesetzlich vorgeschriebene Stammkapital von 25 000,00 €.

Bd. 1

Während die Kosten für die Finanzierung des Anlagevermögens vorhergesagt werden können, ist es schwierig, die Kosten für die Erhaltung der Betriebsbereitschaft, die Kosten des durchschnittlichen Lagerbestandes der Werkstoffe und der hergestellten Erzeugnisse oder die Kosten des Personals zu schätzen. Eine wesentliche Rolle bei der Ermittlung des Kapitalbedarfs spielt die **Kreditgewährung der Lieferer**. Je länger das Zahlungsziel des Lieferers ist, desto größer ist die Möglichkeit des Unternehmens, seine Verbindlichkeit gegenüber dem Lieferer mit den Einnahmen aus den verkauften Waren zu bezahlen, d. h., je länger das Zahlungsziel des Lieferers, desto geringer der Kapitalbedarf.

Beispiel Die Kopex KG, Lieferer von Kopierpapier, gewährt der Bürodesign GmbH zehn Tage Zahlungsziel. Die Kopex KG erhält ihrerseits von ihrem Lieferer, der Westfalen Papier AG, ein Zahlungsziel von 30 Tagen. Bei einer durchschnittlichen Lagerdauer von 14 Tagen steht der Kopex KG das Kapital des durchschnittlichen Lagerbestandes an Kopierpapier für 16 Tage zur freien Verfügung.

▲ Kapitalstruktur

Zur Untersuchung der Kapitalstruktur (vgl. S. 315) wird die Passivseite der Bilanz analysiert. Die Kapitalstruktur wird durch **das Verhältnis von Eigen- zu Fremdkapital** dargestellt. Dieses Verhältnis gibt an, wieweit der Kapitalbedarf eines Unternehmens mit eigenen und fremden Mitteln gedeckt wird. Eine optimale Gestaltung der Kapitalstruktur ist in der Praxis nicht realisierbar, da Eigenkapitalgeber, Fremdkapitalgeber und Unternehmen aufgrund der unterschiedlichen Risiken verschiedene Interessen verfolgen und daher unterschiedliche Kriterien bezüglich der Optimierung der Kapitalstruktur haben. Während der Eigenkapitalgeber das Kapital- und Gewinnrisiko trägt, besteht für den Fremdkapitalgeber das Risiko darin, dass das kreditnehmende Unternehmen das Kapital nicht zurückzahlt oder/und die vereinbarten Zinsen nicht zahlt. Das Risiko für das Unternehmen besteht darin, dass trotz gleichbleibender Zins- und Tilgungszahlungen Kredite abgezogen oder nicht verlängert werden.

Neben den bereits beschriebenen horizontalen Kapital-Vermögensstrukturregeln (vgl. S. 315) sind die **vertikalen Kapitalstrukturregeln** zu beachten. Hier ist insbesondere die **1 : 1-Regel** zu beachten. Sie besagt, dass Eigen- und Fremdkapital sich im Verhältnis 1 : 1 verhalten sollten. Die Begründung für diese Regel liegt darin, dass Eigentümer ebenso viel zur Finanzierung wie Fremdkapitalgeber beitragen sollten. In der Praxis zeigt sich jedoch, dass die Eigenkapitalquote bei vielen deutschen Aktiengesellschaften nur 20–25 % beträgt.

Beispiel

$$\text{Eigenkapitalquoten (EKQ)} = \frac{\text{Eigenkapital} \cdot 100}{\text{Gesamtkapital}} \qquad \text{EKQ} = \frac{856\,250 \cdot 100}{1\,200\,000} = \underline{\underline{71{,}35\ \%}}$$

In der Bürodesign GmbH beträgt die Eigenkapitalquote 71,35 %.

Gelegentlich wird in der Literatur auch die **2 : 1-Regel (Banker's Rule)** erwähnt. Sie besagt, dass das Eigenkapital doppelt so hoch wie das Fremdkapital sein soll.

Folgende **Gründe** sprechen **für eine hohe Eigenkapitalquote**:

- Fremdkapitalzinsen müssen auch bei Verlusten eines Unternehmens gezahlt werden. Sie haben somit Fixkostencharakter.
- Eigenkapitalzinsen werden zwar kalkulatorisch verrechnet, sie müssen aber nicht unbedingt über die Verkaufspreise verdient werden.
- Je geringer der Eigenkapitalanteil am Gesamtkapital, desto größer wird das Risiko für den Fremdkapitalgeber.

Allerdings kann auch durch den zusätzlichen Einsatz von Fremdkapital die Rentabilität des Eigenkapitals (Eigenkapitalrentabilität, vgl. S. 329) erhöht werden. Solange nämlich die vom Unternehmen erzielte Verzinsung des gesamten eingesetzten Kapitals (Gesamtkapitalrentabilität, vgl. S. 330) größer ist als der Zinssatz, der an die Kreditgeber für die Überlassung des Fremdkapitals zu zahlen ist, erhöht sich mit zunehmender Verschuldung die Rentabilität des Eigenkapitals. Man nennt diese Erscheinung **Leverage-Effekt** (vgl. S. 330).

Beispiel In der Bürodesign GmbH soll eine Maschine für die Fertigung zu 100 000,00 € angeschafft werden. Mit der getätigten Investition kann pro Jahr ein Gewinn von 15 % der Investitionssumme erwirtschaftet werden.

Alternative I: Die Investition von 100 000,00 € kann ausschließlich mit Eigenkapital finanziert werden.

Alternative II: Die Investition wird mit 40 % Eigenkapital und 60 % Fremdkapital finanziert. Der Zinssatz für Fremdkapital beträgt 10 %.

Finanzierungsalternativen	Eigenfinanzierung (100 %)	Eigenfinanzierung 40 % Fremdfinanzierung 60 %
Investition in €	100 000,00	100 000,00
Eigenkapital in € Fremdkapital in €	100 000,00	40 000,00 60 000,00
Investitionsgewinn 15 % von 100 000,00 € – Fremdkapitalzins 10 % = Reingewinn	15 000,00 – 15 000,00	15 000,00 6 000,00 9 000,00
Eigenkapitalrentabilität (EKR) in % $= \frac{\text{Gewinn} \cdot 100}{\text{Eigenkapital}}$	$\text{EKR} = \frac{15000 \cdot 100}{100000} = \underline{\underline{15\ \%}}$	$\text{EKR} = \frac{9000 \cdot 100}{40000} = \underline{\underline{22{,}5\ \%}}$

Das Beispiel zeigt, dass durch den Einsatz von Fremdkapital die Eigenkapitalrentabilität zugenommen hat.

Als **Konsequenz des Leverage-Effektes** ergibt sich, dass es für Eigenkapitalgeber sinnvoll sein kann, „billiges" Fremdkapital im Unternehmen einzusetzen, um die Rentabilität ihres eigenen Kapitalanteils zu erhöhen, solange die Gesamtkapitalrentabilität des Unternehmens über dem Zinssatz, den das Unternehmen für Fremdkapital zahlen muss, liegt. Der Leverage-Effekt kann aber auch von Nachteil sein, nämlich dann, wenn die Gesamtkapitalrendite des Unternehmens unter den von den Kreditgebern verlangten Fremdkapitalzinssatz fällt. Die Eigenkapitalrendite sinkt dann wegen der Verschuldung stärker als die Gesamtkapitalrendite, da von den sinkenden Erträgen zunächst noch die Fremdkapitalzinsen zu bezahlen sind. Sie kann dabei rasch negativ werden **(negativer Leverage-Effekt)**.

Die Einhaltung dieser Finanzierungsregeln kann nicht die finanzielle Stabilität eines Unternehmens garantieren. Die Finanzierungsregeln dienen allenfalls als **Faustregeln**. Um den finanzwirtschaftlichen Zielsetzungen der Rentabilität, Liquidität, Sicherheit und Unabhängigkeit gerecht zu werden, ist eine detaillierte Finanzplanung (vgl. S. 323) zwingend notwendig.

▲ Finanzierungsplan

Er enthält Angaben darüber, woher die benötigten Geldmittel kommen.

Beispiel Die Sparkasse KölnBonn stellt für die Bürodesign GmbH folgenden Finanzierungsplan auf

Finanzierungsplan für die Bürodesign GmbH	
Eigenkapitaleinlage der Gesellschafter	350 000,00 €
Grundschulddarlehen	325 000,00 €
Lieferantenkredit/Bankdarlehen	225 000,00 €
Kontokorrentkredit	29 000,00 €
Summe der Finanzierungsmittel	929 000,00 €

Finanzcontrolling

- **Hauptziel der Finanzplanung** ist die Erfassung der Einnahmen und Ausgaben sowie der flüssigen Mittel und die Planung des Ausgleichs zwischen Einnahmen und Ausgaben.
- **Anlagevermögen** sollte **langfristig, Umlaufvermögen mit mittel- und kurzfristigem Fremdkapital (goldene Finanzierungsregel)** finanziert werden.
- Das Anlagevermögen und der eiserne Bestand sollten durch Eigenkapital und langfristiges Fremdkapital gedeckt sein **(goldene Bilanzregel)**.
- Die **Rentabilität** betrifft die Verzinsung des **eingesetzten Eigen- oder Gesamtkapitals**.
- Jedes Unternehmen sollte für bestimmte Planungszeiträume einen **Finanzplan** aufstellen, in dem erwartete Einnahmen und Ausgaben gegenübergestellt werden.
- Der **Kapitalbedarf** einer Unternehmung entsteht durch das zeitliche Auseinanderfallen von Ausgaben für die Produktion und Einnahmen durch die Umsatzerlöse.
- Der **Kapitalbedarf** ist von vielen **Einflussgrößen** abhängig, u. a. von der Betriebsgröße, den Betriebsmitteln, den Werkstoffen, der Umschlagshäufigkeit der Fertigerzeugnisse und der Werkstoffe, der Rechtsform, der Kreditgewährung der Lieferer, dem Kunden gewährten Zahlungsziel, den regelmäßig wiederkehrenden Ausgaben (Löhne, Miete usw.).
- **Kapitalstruktur:** Verhältnis von Eigen- zu Fremdkapital
- **Vertikale Kapitalstrukturregeln:**
  - **1:1-Regel:** Verhältnis von Eigen- zu Fremdkapital soll 1:1 betragen.
  - **Banker's Rule:** Eigenkapital soll doppelt so hoch wie Fremdkapital sein.
- **Leverage-Effekt:** Solange die erzielte Verzinsung des Gesamtkapitals größer als der Zinssatz für Fremdkapital ist, erhöht sich mit zunehmender Verschuldung die Rentabilität des Eigenkapitals.

1 Ein Industriebetrieb hat folgende Zahlen vorliegen:

Eigenkapital	2 720 000,00 €	Umsatzerlöse	13 600 000,00 €
Gesamtkapital	5 200 000,00 €	Zinsaufwendungen	204 000,00 €
Reingewinn	680 000,00 €		

Ermitteln Sie

a) die Unternehmerrentabilität,

b) die Unternehmungsrentabilität,

c) die Umsatzrentabilität.

2 Die Hans Meiser OHG weist folgende Zahlen aus:

Eigenkapital	3 000 000,00 €	Umsatzerlöse	14 000 000,00 €
Gesamtkapital	5 000 000,00 €	Zinsaufwendungen	
Reingewinn	900 000,00 €	für Fremdkapital	100 000,00 €
kurzfristige Verbindlichk.	300 000,00 €	Abschreibungen	150 000,00 €

Ermitteln Sie

a) den Kapitalaufbau (Verhältnis zwischen Eigen- und Fremdkapital, vgl. S. 319),

b) die Unternehmerrentabilität,

c) die Unternehmungsrentabilität,

d) die Umsatzrentabilität,

e) den Cashflow (vgl. S. 331) und erläutern Sie die jeweiligen Ergebnisse.

3 Folgende aufbereitete Bilanz ist auszuwerten:

Aktiva — Bilanz der Buche Möbel GmbH, Dorsten, zum 31. Dezember .. — Passiva

Aktiva		Passiva	
Anlagevermögen	900 000,00	Eigenkapital	1 350 000,00
Werkstoffe	300 000,00	Langfristiges Fremdkapital	500 000,00
Fertige Erzeugnisse	720 000,00	Kurzfristiges Fremdkapital	250 000,00
Forderungen	30 000,00		
Flüssige Mittel	150 000,00		
	2 100 000,00		2 100 000,00

a) Ermitteln Sie
   aa) den Anteil von Eigen- und Fremdkapital am Gesamtkapital in Prozent,
   ab) den Anteil von Anlage- und Umlaufvermögen am Gesamtvermögen in Prozent,
   ac) die Intensität der kurzfristigen Schulden,
   ad) die Liquidität 1., 2. und 3. Grades,
   ae) die Anlagendeckung II (vgl. S. 321) und erläutern Sie Ihre jeweiligen Ergebnisse.

b) Begründen Sie, warum sich die Zahlungsfähigkeit des Unternehmens nicht endgültig anhand der Bilanz beurteilen lässt (vgl. S. 322).

4 Erläutern Sie, warum es für einen Industriebetrieb wichtig ist, einen Finanzplan aufzustellen.

5 Erläutern Sie die goldene Finanzierungs- und die goldene Bilanzregel.

6 Erstellen Sie für Ihren Privatbereich einen Finanzplan für die nächsten drei Monate.

7 Ein Industrieunternehmen wird neu gegründet. Der Eigentümer verfügt zum Zeitpunkt der Gründung über ein Eigenkapital in Höhe von 300 000,00 €. Fehlende Finanzmittel sollen durch einen Kontokorrentkredit bei der Hausbank finanziert werden. Weiterhin sind folgende Daten zu berücksichtigen: monatliche Mietzahlungen 20 000,00 €, Kauf von Materialien für die Produktion monatlich 60 000,00 €, Kauf einer Fertigungsmaschine 360 000,00 €, monatliche Lohn- und Gehaltszahlungen 40 000,00 €, sonstige monatliche Auszahlungen, 30 000,00 €, monatliche Umsatzerlöse 200 000,00 € (davon 40 % bar, 10 % mit 30 Tage Zahlungsziel, 50 % mit 60 Tage Zahlungsziel).

Stellen Sie einen Finanzplan für die ersten sechs Monate auf und stellen Sie dar, wie viel Kredit das Unternehmen in den einzelnen Monaten bei der Hausbank aufnehmen muss.

8 Erläutern Sie an einem Beispiel den Zusammenhang zwischen Kapitalbeschaffung, -bindung und -freisetzung.

9 Nennen Sie Beispiele für kapitalbindende und kapitalfreisetzende Zahlungsströme.

10 Ein Unternehmer beabsichtigt, eine Textilfabrik für modische Damenoberbekleidung zu eröffnen. Erörtern Sie, welche Faktoren für die Bestimmung des erforderlichen Kapitalbedarfs eine Rolle spielen.

11 Ihre Klasse will in Ihrer Schule einen Verkaufskiosk für Ihre Mitschüler eröffnen, in dem Milchgetränke, belegte Brötchen, Kaffee, Limonaden und Süßigkeiten verkauft werden sollen. Ermitteln Sie mithilfe einer Umfrage Ihrer Mitschüler das mögliche Absatzpotenzial. Stellen Sie in einer Übersicht zusammen, welcher Kapitalbedarf hierzu besteht.

12 Die Mercator GmbH, Düsseldorf, hat sich bisher ausschließlich mit Eigenkapital finanziert. Mit 2 Mio. € Eigenkapital erzielt die GmbH eine Rendite von 15 %. Überprüfen Sie, welche Auswirkung sich auf die Rentabilität des Eigenkapitals ergibt, wenn 1 Mio. € des Eigenkapitals durch Fremdkapital ersetzt werden. Für das Fremdkapital müssen 6 % Zinsen an die Bank gezahlt werden.

a) Ermitteln Sie die Rentabilität des Eigenkapitals nach der Kreditaufnahme von 1 Mio. € (Umfinanzierung).

b) Berechnen Sie die Rentabilität des Eigenkapitals, wenn 500 000,00 € Eigenkapital und 1,5 Mio. € Fremdkapital bei gleich bleibenden Bedingungen eingesetzt werden.

c) Erläutern Sie, unter welchen Bedingungen beim Ersatz von Eigen- durch Fremdkapital die Wirkung eintritt, dass sich die Rentabilität des Eigenkapitals erhöht.

d) Erläutern Sie, welche Konsequenz sich aus dem Leverage-Effekt für ein Unternehmen ergeben kann.

e) Beschreiben Sie am Beispiel der Mercator GmbH zwei vertikale Kapitalstrukturregeln.

13 Geben Sie an, welche Auswirkung die Gewährung eines Zahlungszieles durch einen Lieferanten auf die Kapitalbindungsdauer der Materialkosten hat.

14 Die Geschäftsleitung der Adler KG hat berechnet, dass das Unternehmen im kommenden Geschäftsjahr in der Lage wäre, aus einer Investition von 200 000,00 € einen Gewinn von 20 000,00 € zu erzielen, was bei vollständiger Finanzierung durch Eigenkapital (Alternative 1) einer Eigenkapitalrentabilität von 10 % entspricht.

Da die Finanzierungsfrage noch nicht endgültig geklärt ist, werden im Augenblick auch weitere Finanzierungsalternativen diskutiert:

- Alternative 2: Finanzierung zu je 50 % mit Eigen- und Fremdkapital
- Alternative 3: Finanzierung zu 40 % mit Eigenkapital und zu 60 % mit Fremdkapital
- Alternative 4: ... (eigener Vorschlag)
- Alternative 5: ... (eigener Vorschlag)

Der Zinssatz für das Fremdkapital beträgt 8 %.

Alternative	**1**	**2**	**3**	**4**	**5**
Gesamtkapitel in €	200 000,00	200 000,00	200 000,00	200 000,00	200 000,00
Fremdkapital in € **Eigenkapitel in €**	0 200 000,00				
Verschuldungsgrad	0				
Gewinn der Investition in € **– 8 % Fremdkapitalzinsen**	20 000,00 0				
Reingewinn in €	20 000,00				
Eigenkapitalrentabilität	10 %				

a) Vervollständigen Sie die Tabelle.

b) Interpretieren Sie Ihr Ergebnis und gehen Sie dabei auch auf den Zusammenhang zwischen Rentabilität und Liquidität ein.

c) Erläutern Sie anhand konkreter Zahlen, welche Konsequenzen eine Änderung der Fremdkapitalzinsen auf 7 % bzw. 12 % hätte.

Wiederholungsaufgaben zum Kursthema: Finanzierung

1 Ein Industriebetrieb macht folgende Angaben zur Berechnung
a) des Kapitalaufbaues (Finanzierung),
b) der Eigenkapitalrentabilität (Unternehmerrentabilität),
c) der Gesamtkapitalrentabilität (Unternehmungsrentabilität),
d) der Umsatzrentabilität,
e) der Zahlungsbereitschaft (Liquidität 1. Grades),
f) der Anlagendeckung (Anlagevermögen 1,6 Mio. €),
g) des Cashflow (Kassenzufluss).

Eigenkapital	800 000,00 €	Fremdkapitalzinsen	60 000,00 €
Schulden	600 000,00 €	Umsatzerlöse (netto)	480 000,00 €
Reingewinn	160 000,00 €	Zahlungsmittel	180 000,00 €
Abschreibungen	100 000,00 €	kurzfristige Verbindlichkeiten	140 000,00 €

2 Ein Industriebetrieb hat eine Rechnung über 22 800,00 € zu begleichen. Auf der Rechnung ist folgende Zahlungsbedingung vermerkt: „Zahlbar innerhalb von 30 Tagen netto Kasse oder innerhalb von 10 Tagen unter Abzug von 3 % Skonto." Um den Skonto in Anspruch nehmen zu können, nimmt der Industriebetrieb einen Kontokorrentkredit auf. Die Bank berechnet 12 % Zinsen.
a) Wie viel Euro beträgt der Skontoertrag?
b) Wie viel Euro beträgt der erforderliche Bankkredit?
c) Wie viel Euro beträgt der Zinsaufwand für den Bankkredit?
d) Welchem Jahreszinssatz entspricht der Skonto?
e) Wie viel Euro beträgt der Finanzierungsgewinn bei Inanspruchnahme des Skontos?
f) Worin sehen Sie die Bedeutung des Liefererkredites für einen Industriebetrieb?

3 Die Dölken & Co. GmbH, Herstellerin von Fahrrädern, möchte ihre Produktion erweitern. Dazu benötigt das Unternehmen 390 000,00 €. Aus dem letzten Geschäftsjahr hat die Dölken & Co. GmbH einen Gewinn von 130 000,00 € erwirtschaftet, den sie wieder investieren möchte.
a) Welche Finanzierungsmöglichkeiten stehen der Dölken & Co. GmbH zur Verfügung?
b) Bei ihrer Bank fragt der Geschäftsführer, Hugo Dölken, wegen eines Darlehens über 120 000,00 € nach. Zusammen mit dem Kreditsachbearbeiter füllt er einen Kreditantrag aus. Welche Punkte werden in diesem Antrag angesprochen?
c) Ein Geschäftsfreund der Dölken & Co. GmbH will sich mit 140 000,00 € beteiligen. Wägen Sie die Vor- und Nachteile dieser Finanzierungsform gegenüber einem Bankdarlehen ab.

4 Die Bilanz des Möbelherstellers Artur Thur & Söhne KG weist zum Jahresende folgende Vermögensposten aus:

Grundstück	600 000,00 €	Gebäude	800 000,00 €
Fuhrpark	160 000,00 €	Geschäftsausstattung	90 000,00 €
Fertige Erzeugnisse	200 000,00 €	Kundenforderungen	160 000,00 €
Kassenbestand	26 000,00 €	Bankguthaben	130 000,00 €
Roh-, Hilfs-, Betriebsstoffe	100 000,00 €		

a) In welcher Weise können diese Vermögenswerte zur Kreditsicherung herangezogen werden?
b) Die kurzfristigen Verbindlichkeiten betragen 140 000,00 €, die langfristigen Verbindlichkeiten gegen die Banken 400 000,00 €. Für einen zusätzlichen Ausstellungsraum benötigt der Möbelhersteller 150 000,00 €. Beraten Sie den Möbelhersteller dahingehend, welche Kreditform er für die Finanzierung der Investition wählen sollte.
c) In seiner Bank wird die Artur Thur & Söhne KG auf die Möglichkeit des Leasings von Anlagevermögen hingewiesen. Erläutern Sie Leasing.
d) Ein Geschäftsfreund weist die Artur Thur & Söhne KG auf die Finanzierungsform des „Factoring" hin. Erklären Sie diese Möglichkeit anhand des obigen Falles.

5 Die Feinkostkonservenfabrik C. Kuhne & Co. OHG benötigt für einen erweiterten Kundendienst zwei neue Lieferwagen. Die Anschaffungskosten für beide Fahrzeuge würden 79 800,00 € betragen. Die Konservenfabrik steht vor der Frage, ob sie die Fahrzeuge leasen oder kaufen soll. Die Leasingkosten liegen 25 % über der Kaufsumme.

a) Beschreiben Sie den Unterschied zwischen Operating- und Financial-Leasing.

b) Geben Sie Gründe dafür an, dass die Konservenfabrik trotz der hohen Leasingkosten die Fahrzeuge leasen sollte.

c) Erläutern Sie weitere Finanzierungsmöglichkeiten für die beiden Lieferwagen.

6 Die Flamingo GmbH, Herstellerin von Bürobedarf, Herne, will aufgrund der günstigen Geschäftsentwicklung des Vorjahres die Produktionskapazität durch die Errichtung einer neuen Produktionshalle erweitern. Dazu benötigt die GmbH Kapital in Höhe von 300 000,00 €.

a) Erläutern Sie die Möglichkeiten der Innen- und Außenfinanzierung, die sich der GmbH bieten.

b) Welche Vorteile hätte die GmbH, wenn sie ihr Unternehmen hauptsächlich mit Eigenkapital finanzieren könnte?

c) Bei einer Darlehensanfrage bei der Bank kommt der zuständige Sachbearbeiter der Bank auf die „goldene Finanzierungsregel" und „goldene Bilanzregel" zu sprechen. Erläutern Sie diese Regeln.

7 Elmar Reis und Wolfgang Wendt betreiben gemeinsam die Herstellung und den Vertrieb von Sanitärartikeln in der „Reis & Wendt OHG". Beide beschließen, dringend notwendige Investitionen für Umbaumaßnahmen vorzunehmen.

a) Elmar Reis ist der Ansicht, dass das notwendige Kapital von 150 000,00 € durch Bankkredite beschafft werden sollte. Erläutern Sie diese Möglichkeit mit ihren Vor- und Nachteilen.

b) Wolfgang Wendt hingegen setzt sich dafür ein, einen neuen Gesellschafter in die OHG aufzunehmen. Geben Sie für diese Finanzierungsform die Vor- und Nachteile an.

c) Erläutern Sie, wovon es abhängen wird, für welche der beiden Möglichkeiten sich die Gesellschafter entscheiden werden.

8 Prüfen Sie nachstehende Aussagen zur Sicherung von Krediten auf ihre Richtigkeit.

a) Gewährt ein Kreditinstitut einem Unternehmer einen Kredit gegen Sicherungsübereignung, bleibt der Unternehmer Eigentümer des von ihm übereigneten Gegenstandes.

b) Verkauft ein Unternehmen Waren unter Eigentumsvorbehalt, geht das Eigentum auf den Käufer über, wenn 75 % der Schuld beglichen sind.

c) Bei einer selbstschuldnerischen Bürgschaft haftet der Bürge wie der Hauptschuldner.

d) Eine Hypothek ist die Belastung eines bebauten Grundstückes zur Sicherung einer Forderung.

9 Ergänzen Sie die folgenden Sätze durch Einsetzen der folgenden Begriffe zu richtigen Aussagen über Kreditmöglichkeiten.

1. Kontokorrentkredit, 2. Liefererkredit, 3. Kundenkredit, 4. Darlehenskredit.

a) Die wichtigsten Kosten für einen ... sind Sollzinsen und Kreditprovision.

b) Für den Unternehmer als Kreditnehmer stellt der entgangene Skontoertrag die Kosten für den ... dar.

c) Der ... wird durch den Ausgleich einer Ausgangsrechnung zurückgezahlt.

d) Für den Unternehmer als Kreditnehmer ist der ... in der Regel der teuerste Kredit.

e) Der ... kann sowohl beim Kreditinstitut als auch beim Großhändler aufgenommen werden.

10 Welche der nachfolgenden Aussagen sind richtig?

1. Sicherungsübereignung und Bürgschaft zählen zu den Personal- und Blankokrediten.
2. Bei einem selbstschuldnerischen Bürgschaftskredit verpflichtet sich der Bürge zur Rückzahlung des Kredites, falls der Kreditnehmer zahlungsunfähig ist.
3. Bei der Ausfallbürgschaft steht dem Bürgen das Recht der „Einrede der Vorausklage" zu.
4. Leasing zählt zu den Personalkrediten.
5. Bei der Sicherungsübereignung bleibt der Kreditnehmer Eigentümer der Sache, der Kreditgeber wird Besitzer.

11 Erläutern Sie anhand nachfolgender Übersicht die wichtigsten Finanzierungsprobleme
a) in der Gründungsphase,
b) in der Wachstumsphase.
Geben Sie Möglichkeiten an, wie sich diese Probleme vermeiden lassen können.

Finanzierungsprobleme in der Gründungs- und Wachstumsphase

Probleme	*tritt bei ... v. H. der Unternehmen in der ... auf*	
	Gründungsphase	*Wachstumsphase*
Unzureichende Informationen über Finanzierungsinstrumente	***26,1***	***17,1***
Zu geringe Eigenkapitalausstattung	***42,4***	***38,7***
Fehlende Eigenkapitalgeber	***19,6***	***18,9***
Unzureichende Fremdfinanzierungsmöglichkeiten	*19,6*	*14,4*
Zu geringer Kreditspielraum	***21,7***	***20,7***
Zu hohe Sicherheitsanforderungen vonseiten der Kapitalgeber	***27,2***	***23,4***
Schlechte Zusammenarbeit mit der Hausbank	*13,0*	*9,0*
Fehlende Informationen über Förderungsmöglichkeiten	***26,1***	***21,6***
Notwendigkeit zur Ausweitung der Kundenkredite	*9,8*	*6,3*
Liquiditätsprobleme bei Einräumung branchenüblicher Zahlungsziele	***10,9***	***20,7***
Schlechte Zahlungsmoral der Kunden	***15,2***	***42,3***
Durchschnittliche Häufigkeit	*21,1*	*21,2*

Kernprobleme rot gedruckt

(Quelle: Albert Thiele, Existenzgründungen – Chancen und Risiken, Deutscher Institutsverlag GmbH, Köln, 1986, S. 19)

12 Kapitalbeschaffung und Kapitalverwendung schlagen sich in der Bilanz einer Unternehmung nieder.

Aktiva — Bilanz der Büromaschinen AG — Passiva

Aktiva		Passiva	
A. Anlagevermögen		A. Eigenkapital	
1. Bebaute Grundstücke	200 000,00	1. Gezeichnetes Kapital	400 000,00
2. Maschinen	100 000,00	2. Rücklagen	100 000,00
3. Betriebs- und Geschäftsausstattung	40 000,00	B. Schulden	
B. Umlaufvermögen		1. Hypotheken	70 000,00
1. Vorräte	250 000,00	2. Darlehen	30 000,00
2. Forderungen	120 000,00	3. Verbindlichkeiten	200 000,00
3. Flüssige Mittel	90 000,00		
	800 000,00		800 000,00

a) Erläutern Sie die Begriffe Finanzierung und Investition aus der Sicht der Bilanz.
b) Geben Sie an, wie viel Euro durch Eigenfinanzierung, kurzfristige Fremdfinanzierung, langfristige Fremdfinanzierung und offene Selbstfinanzierung aufgebracht wurden.
c) Erläutern Sie, wie Rücklagen gebildet werden und welche Bedeutung sie haben.
d) Nennen Sie Bilanzpositionen, die stille Reserven enthalten können.

e) Erklären Sie, warum der Unterschied zwischen dem bilanzmäßigen und dem tatsächlichen (effektiven) Eigenkapital aus einer Bilanz nicht erkennbar ist.

13 Welche der folgenden Aussagen zur Sicherungsübereignung sind richtig?

a) Es wird dem Kreditgeber ein dauerndes Eigentumsrecht übertragen.

b) Gerät der Schuldner in Zahlungsverzug, so kann der Gläubiger als Eigentümer die Herausgabe der übereigneten Sachen verlangen und sie verwerten.

c) Neben dem Kreditvertrag wird ein Sicherungsübereignungsvertrag abgeschlossen.

d) Nur entbehrliche Sachen werden übereignet.

e) Die Sicherungsübereignung kann nur in Verbindung mit Grundstücken und Gebäuden zur Kreditsicherung eingesetzt werden.

f) Der Kreditgeber wird Eigentümer, der Kreditnehmer bleibt Besitzer des übereigneten Gegenstandes.

14 Ordnen Sie den folgenden Aussagen die entsprechende Finanzierungsform (A) und Art der Mittelaufbringung (B) zu.

Finanzierungsform (A)	Mittelaufbringung (B)	
1. Außenfinanzierung	3. Fremdfinanzierung	5. Selbstfinanzierung
2. Innenfinanzierung	4. Beteiligungsfinanzierung	

a) Aufnahme eines weiteren Kommanditisten

b) Bildung stiller Rücklagen durch Unterbewertung der Aktiva

c) Nichtausschüttung von Gewinn

d) Anzahlung durch einen Kunden

e) Aufnahme eines Hypothekendarlehens

15 FBB hatte beabsichtigt, in das Bauträgergeschäft einzusteigen, ist jedoch durch die Probleme in der Bauindustrie beunruhigt und rechnet daher das gesamte Projekt noch einmal durch. Konkret geht es um eine Investition von 4500000,00 €, die eine Gesamtkapitalrentabilität von 15 % erbringen soll. Das unter Umständen notwendige Fremdkapital wäre zu einem Zinssatz von 11 % zu erhalten.

Alternative	**1**	**2**	**3**
Gesamtkapital in €	4 500 000,00	4 500 000,00	4 500 000,00
Eigenkapital in €	4 500 000,00	2 500 000,00	1 000 000,00
Fremdkapital in €	–	2 000 000,00	3 500 000,00
Gesamtgewinn in €	675 000,00	675 000,00	675 000,00
Reingewinn in €			
Eigenkapitalrentabilität			

a) Vervollständigen Sie die Tabelle.

b) Begründen Sie, ob es für FBB ratsam ist, die Alternative mit der höchstmöglichen Eigenkapitalrentabilität anzustreben.

16 Welche der unten stehenden Aussagen trifft auf „Leasing“ zu?

1. Durch Vertrag erwirbt der Leasingnehmer das Recht, Waren unter Verwendung von Namen, Marken und Verkaufskonzept gegen Entgelt zu verkaufen.
2. Durch Vertrag erwirbt der Leasingnehmer das Recht, Anlagen gegen Entgelt zu nutzen.
3. Durch Vertrag mit einem Kreditinstitut über den Verkauf einer Kundenforderung an das Kreditinstitut erhält der Unternehmer den Rechnungsbetrag vor Fälligkeit der Forderung.
4. Durch Vertrag mit einem Hersteller erwirbt der Unternehmer das Recht, Waren in seinem eigenen Namen für eine bestimmte Zeit für Rechnung des Herstellers zu verkaufen und dafür eine Vergütung zu erhalten.
5. Beim Leasing wird ein mindestens fünfjähriger Miet- oder Pachtvertrag geschlossen.

▲ Fallstudie: „Finanzierungsentscheidungen bei der AUTEC AG"

Handlungssituation: Die AUTEC AG ist ein führender Hersteller von Auspuffanlagen und Katalysatoren. Das Unternehmen beliefert viele deutsche und auch einige amerikanische Automobilhersteller. Für das vergangene Geschäftsjahr weist die Bilanz der AUTEC AG folgende Beträge aus:

Bilanz der AUTEC AG (in Mio. €)

Aktiva		Passiva	
A. Anlagevermögen		A. Eigenkapital	
I. Sachanlagen		I. Gezeichnetes Kapital	37,5
1. Grundstücke, Gebäude	117,6	II. Kapitalrücklage	7,5
2. Techn. Anl., Maschinen	85,2	III. Gewinnrücklagen	
3. Betr.-, Geschäftsausst.	25,2	1. gesetzl. Rücklage	4,0
II. Finanzanlagen		2. andere Gewinnrückl.	55,0
1. Beteiligungen	20,3	IV. Jahresüberschuss	3,3
2. Wertpapiere	12,5	B. Pensionsrückstellungen	38,5
B. Umlaufvermögen		C. Verbindlichkeiten	
I. Vorräte		I. Langfrist. Verbindl.	122,3
1. Roh-, Hilfs-, Betriebsstoffe	18,5	II. Verbindl. a. LL.	98,7
2. Unfertige Erzeugnisse	10,5		
3. Fertige Erzeugnisse	8,5		
II. Forderungen a. LL.	43,2		
III. Bank, Kasse	25,3		
	366,8		366,8

Laut Satzung wurden 7,5 Mio. Stückaktien ausgegeben, die zurzeit mit 31,00 € notiert werden. Der Kapitalbedarf für eine neue Produktionshalle und Maschinen beträgt 50 Mio. €. Zurzeit werden bei der AUTEC AG verschiedene Finanzierungsvorschläge diskutiert:

- volle Fremdfinanzierung durch Aufnahme eines Bankkredits,
- Finanzierung durch Kapitalerhöhung,
- Selbstfinanzierung.

Arbeitsaufträge

1 Beurteilen Sie mithilfe von Bilanzkennzahlen den Vorschlag, diese Investition voll durch die Aufnahme von langfristigem Fremdkapital zu finanzieren. (Hinweis: Die durchschnittliche Eigenkapitalquote der Branche beträgt 30 %.)

2 Erläutern Sie an verschiedenen Positionen der Bilanz, wo stille Reserven vorhanden sein könnten.

3 Vorstand und Aufsichtsrat entscheiden sich zu Beginn des laufenden Geschäftsjahres zu einer Kapitalerhöhung durch Ausgabe neuer Aktien. Der Vorstand macht dazu den folgenden Vorschlag: Erhöhung des gezeichneten Kapitals von 37,5 auf 50 Mio. € durch Ausgabe von 2,5 Mio. neuer Stückaktien. Im Rahmen des Book-Building-Verfahrens wird der Emissionspreis für die jungen Aktien auf 22,00 € festgelegt.

a) Erläutern Sie, wie im Rahmen des Book-Building-Verfahrens der Emissionspreis festgelegt wird.

b) Stellen Sie die Auswirkungen der Kapitalerhöhung dar auf
- die Bilanz der AUTEC AG,
- die Situation der Altaktionäre.

4 Zur Herstellung von Kleinblechen kaufte die Wolf KG zu Beginn des letzten Geschäftsjahres drei Stanzen, deren Anschaffungskosten jeweils 12 000,00 € betrugen. Die Nutzungsdauer wurde vom Finanzamt auf fünf Jahre festgelegt. Die Abschreibung erfolgt linear und wird sofort für Neuinvestitionen eingesetzt.

a) Stellen Sie an diesem Beispiel den sogenannten Lohmann-Ruchti-Effekt dar – für den Zeitraum von zehn Jahren.

b) Beurteilen Sie kritisch seine praktische Umsetzbarkeit.

5 Die AUTEC AG ist u.a. an der Wolf KG, einem Zulieferer für Kleinbleche, beteiligt. Dieses Unternehmen weist folgende (verkürzte) Bilanz auf:

Aktiva		Bilanz der Wolf KG		Passiva
A. Anlagevermögen			A. Eigenkapital	1 800 000,00
I. Sachanlagen			B. Verbindlichkeiten	
1. Grundstücke u. Gebäude	2 500 000,00		I. langfr. Verbindl.	2 000 000,00
2. Maschinen	600 000,00		II. Verbindl. a. LL.	150 000,00
3. Fuhrpark	400 000,00			
B. II. Finanzanlagen				
1. Wertpapiere	50 000,00			
Umlaufvermögen				
I. Vorräte	100 000,00			
II. Forderungen a. LL.	250 000,00			
III. Bank, Kasse	50 000,00			
	3 950 000,00			3 950 000,00

Die Wolf KG benötigt zwei neue Lkw im Gesamtwert von 220 000,00 €. Die betriebsgewöhnliche Nutzungsdauer beträgt acht Jahre. Zurzeit überlegt die Geschäftsleitung, ob die beiden Fahrzeuge über einen Kredit finanziert werden sollen. Die Hausbank würde ein Abschlagsdarlehen zu folgenden Konditionen gewähren:

Nominalzins: 9,5 % p. a. (bei Auszahlung zu 100 %)
Laufzeit: 5 Jahre
Sicherung durch Sicherungsübereignung bzw. Bürgschaft

a) Erläutern Sie die Auswirkungen einer Kreditaufnahme.
b) Beurteilen Sie die Sicherungsübereignung aus Sicht der Wolf KG.
c) Erläutern Sie die Art der Bürgschaft, die in diesem Fall infrage kommt.

6 Es liegt für die LKW auch ein Leasing-Angebot vor: Grundleasingzeit: drei Jahre bei 3,4 % des Kaufwertes monatlich, bei Vertragsverlängerung: 8 % des Kaufwertes jährlich.

a) Stellen Sie Kredit- und Leasing-Angebot bzgl. Aufwand und Liquiditätsbelastung gegenüber. (Tilgung und Zinszahlung erfolgen jeweils am Jahresende.)
b) Treffen Sie eine begründete Entscheidung für eine der beiden Finanzierungsformen.

7 Angesichts der anstehenden Investitionen werden in der Geschäftsleitung der Wolf KG Überlegungen angestellt, wie in den nächsten Jahren die Liquidität sichergestellt bzw. verbessert werden kann. Dazu schreibt Prof. Dr. Brun-Hagen Hennerkes in einem Aufsatz über die Liquiditätssicherung bei Familienunternehmen[1]: „In jeder Bilanz stecken erhebliche Liquiditätsreserven, die zum Beispiel durch Outsourcing und Sale-and-Lease-back gehoben werden ... können."

a) Beurteilen Sie die Liquiditätslage der Wolf KG.
b) Erläutern Sie, welche konkreten Möglichkeiten der Liquiditätsverbesserung sich der Wolf KG bieten.
c) Informieren Sie sich über das sog. Cross Border Leasing, das von einigen Städten und Gemeinden zur Verbesserung ihrer Liquidität herangezogen wird und sehr umstritten ist, und bereiten Sie einen Kurzvortrag zu diesem Thema vor.

[1] *In: Wirtschaftswoche Nr. 14 vom 30.03.2000, S. 21*

13.1

Kursthema: Jahresabschluss, Bilanzanalyse und Bilanzkritik

1 Aufgaben und Ziele des Jahresabschlusses und rechtliche Vorgaben nach Handelsrecht
2 Bewertung nach Handelsrecht
3 Analyse und Kritik des Jahresabschlusses

1 Aufgaben und Ziele des Jahresabschlusses und rechtliche Vorgaben nach Handelsrecht

Herr Stein hat, nachdem Frau König den vorläufigen Jahresabschluss erstellt hat, den Steuerberater der Bürodesign GmbH aufgesucht. Wichtigstes Ergebnis ist, dass aufgrund der vorgenommenen Aufteilung der Bürodesign GmbH in eine Verwaltungs-, Produktions- und Vertriebs-GmbH im Rahmen der Offenlegung des Jahresabschlusses die Vorschriften des HGB für kleine und mittlere Kapitalgesellschaften zu beachten sind.

- Stellen Sie fest, welche Konsequenzen sich für die Bürodesign GmbH hinsichtlich des Jahresabschlusses und Lageberichtes ergeben.
- Erläutern Sie handelsrechtliche Vorschriften zum Jahresabschluss.

In zahlreichen Situationen des Wirtschaftslebens, z. B. im Falle der Gewährung von Krediten oder bei Beteiligungen, suchen Interessenten nach zuverlässigen und aussagefähigen Messinstrumenten, um den Erfolg, das Vermögen, die Kreditwürdigkeit, das Anlagerisiko, die Zahlungsfähigkeit und die Finanzlage eines Unternehmens richtig zu bewerten.

Zu diesem Zweck hat der Gesetzgeber eine umfangreiche **Rechnungslegung** und Darstellung der Ergebnisse im **Jahresabschluss** vorgesehen. Im Handelsgesetzbuch hat der Gesetzgeber den Kaufleuten die Pflicht auferlegt, zu Beginn ihres Handelsgewerbes und für den Schluss eines jeden Geschäftsjahres einen das Verhältnis ihres Vermögens und ihrer Schulden darstellenden Abschluss (Eröffnungsbilanz, Bilanz) aufzustellen.

Außerdem hat der Kaufmann für den Schluss eines jeden Geschäftsjahres eine Gegenüberstellung der Aufwendungen und Erträge des Geschäftsjahres (Gewinn- und Verlustrechnung) aufzustellen (§ 242 Abs. 1 und 2 HGB). Hauptanliegen des Gesetzgebers war und ist es, den wirtschaftenden Kaufmann selbst und interessierte Dritte über die **Vermögens-, Finanz-** und **Ertragslage** und über deren **Entwicklung** zu informieren.

Der Kreis der **Informationsinteressenten** reicht von der **Unternehmensleitung** über den **Anteilseigner, Gläubiger** (Kreditgeber, Lieferer, Fiskus) und die **Belegschaft** bis hin zu einer breiten Öffentlichkeit (Konkurrenzbetriebe, Presse, Institute, Behörden usw.). Besonders interessiert an der Rechnungslegung sind Unternehmensleitung, Anteilseigner und Gläubiger, da sie von den ausgewiesenen Ergebnisse ihre künftigen Entscheidungen abhängig machen.

Da die Folgeentscheidungen unterschiedliche, ja teilweise gegensätzliche Auswirkungen auf das Unternehmen haben, wird die Bilanzierung von einer pluralistischen Zielsetzung bestimmt. Entsprechend dem gesetzlichen Rahmen sind **Handels-** und **Steuerbilanz** zu unterscheiden.

▲ Zielsetzung der Handelsbilanz und handelsrechtliche Vorschriften zum Jahresabschluss

Bd. 1

Nach § 242 Abs. 1 HGB hat der Kaufmann zu Beginn seines Handelsgewerbes und für den Schluss eines jeden Geschäftsjahres einen das Verhältnis seines Vermögens und seiner Schulden zeigenden Abschluss darzustellen. Diese Darstellung erfüllt die Bilanz mit der Gegenüberstellung von Vermögen und Schulden in T-Kontenform.

Die **Passivseite** stellt nach außen das Kapital dar. Mit der Untergliederung in Eigen- und Fremdkapital (Schulden) wird Außenstehenden ein Einblick in die **Kapitalherkunft**, den Umfang der Haftung und Verpflichtung gegeben.

Handelsrechtliche Vorschriften für das Rechnungswesen und den Jahresabschluss

1. Abschnitt

Vorschriften für alle Kaufleute

(§§ 238–263 HGB)

1.1 Buchführung/Inventar (§§ 228–241 a HGB)

1.2 Eröffnungsbilanz/Jahresabschluss (§§ 242–256 HGB)
- allgemeine Vorschriften (§§ 242–245 HGB)
- Ansatzvorschriften (§§ 246–251 HGB)
- Bewertungsvorschriften (§§ 252–256 a HGB)

1.3 Aufbewahrung und Vorlage (§§ 257–261 HGB)

1.4 Landesrecht (§ 263 HGB)

Die Vorschriften des 1. Abschnitts gelten für alle Kaufleute. Sie bilden die ausschließlichen Vorschriften zur Rechnungslegung der Einzelkaufleute und der Personengesellschaften.

2. Abschnitt

Ergänzende Vorschriften für Kapitalgesellschaften (§§ 264–335 HGB) sowie bestimmte Personenhandelsgesellschaften

2.1 Jahresabschluss der Kapitalgesellschaft und Lagebericht (§§ 264–289 HGB)
- allgemeine Vorschriften (§§ 264–265 HGB)
- Bilanz (§§ 266–274 a HGB)
- GuV-Rechnung (§§ 275–278 HGB)
- Anhang (§§ 284–288 HGB)
- Lagebericht (§§ 289, 289 a HGB)

2.2 Konzernabschluss und Konzernlagebericht
- (§§ 290–315 HGB)
- Anwendungsbereich (§§ 290–293 HGB)
- Konsolidierungskreis (§§ 294–296 HGB)
- Inhalt und Form des Konzernabschlusses (§§ 297–299 HGB)
- Vollkonsolidierung (§§ 300–307 HGB)
- Bewertungsvorschriften (§§ 308–309 HGB)
- Anteilmäßige Konsolidierung (§ 310 HGB)
- Assoziierte Unternehmen (§§ 311–312 HGB)
- Konzernanhang (§§ 313–314 HGB)
- Konzernlagebericht (§ 315 HGB)
- Konzernabschluss nach internationalen Rechnungslegungsstandards (§ 315 a HGB)

2.3 Prüfung (§§ 316–324 a HGB)

2.4 Offenlegung, Prüfung durch den Betreiber des elektronischen Bundesanzeigers (§§ 325–329 HGB)

2.5 Verordnungsermächtigung für Formblätter und andere Vorschriften (§ 330 HGB)

2.6 Straf- und Bußgeldvorschriften, Zwangsgelder (§§ 331–335 b HGB)

3.–6. Abschnitt

Ergänzende Vorschriften für eingetragene Genossenschaften (§§ 336–339 HGB)

3. Abschnitt

Ergänzende Vorschriften für eingetragene Genossenschaften (§§ 336–339 HGB)

4. Abschnitt

Ergänzende Vorschriften für Unternehmen bestimmter Geschäftszweige

4.1 Kredit- und Finanzdienstleistungsinstitute (§§ 340–340 o HGB)

4.2 Versicherungsunternehmen und Pensionsfonds (§§ 341–341 p HGB)

5. Abschnitt

Privates Rechnungslegungsgremium; Rechnungslegungsbeirat (§§ 342–342 a HGB)

6. Abschnitt

Prüfstelle für Rechnungslegung (§§ 342 b–342 e HGB)

Eingetragene Genossenschaften haben beim Jahresabschluss die Vorschriften zum Abschluss der Kapitalgesellschaften zu beachten.

Kreditinstitute haben die Vorschriften für große Kapitalgesellschaften anzuwenden, auch wenn sie eine andere Rechtsform haben. Dies gilt auch für die in § 341 HGB genannten **Versicherungsunternehmen**.

Die **Aktivseite** dokumentiert mit dem Vermögen nach außen die Kapitalverwendung im Rahmen des Anlage- und Umlaufvermögens.

Damit sich die unterschiedlichsten Interessenten, wie Anteils- oder Kapitaleigner und Kreditgeber, an den Aussagen der Bilanz orientieren können, hat der Gesetzgeber, aufbauend auf den Grundsätzen ordnungsmäßiger Buchführung und Bilanzierung, Regelungen für die Aufstellung des Jahresabschlusses erlassen, die er im HGB festgelegt hat.

Beherrschendes Prinzip ist das **Gläubigerschutzprinzip**. Es besagt, dass der Kaufmann sich nicht reicher darstellen soll, als er ist und dass er Vermögen und Schulden möglichst vorsichtig bewerten soll.

Beispiele Folgen zu hoher Bewertung des Vermögens und zu niedriger Bewertung der Schulden:
- Ausweis zu hoher Gewinne (**Scheingewinne**)
- zu hohe Privatentnahmen durch den Unternehmer im Einzelunternehmen oder zu hohe Ausschüttungen in Kapitalgesellschaften
- Substanz- und Liquiditätsverlust
- Gläubiger werden über die wirkliche Vermögens- und Finanzlage hinweggetäuscht; sie laufen Gefahr, bei Kreditvergaben zu großzügig zu sein und hingegebene Kredite zu verlieren.

Ausdruck des Vorsichtsprinzips sind das **Niederstwertprinzip für den Vermögensausweis** und das **Höchstwertprinzip für den Schuldenausweis**. Dies bedeutet, dass das Vermögen im Zweifel niedriger, die Schulden eher höher bewertet und ausgewiesen werden. Ausgangswerte für die Wertansätze sind die für den Erwerb notwendigen Ausgaben **(Anschaffungswert)** oder die durch den Verkauf erzielten Einnahmen **(Tageswert)**, weil diese Werte am ehesten eine „objektive" Überprüfung ermöglichen. Auf dieser Basis können jedoch nicht alle in die Zukunft ragenden Einflussgrößen in ihrer Bedeutung bezüglich relevanter Werte, wie technische Entwicklung, Abnutzung, Angebot oder Nachfrage, exakt eingeschätzt werden. Mit der Anpassung des HGB hat der Gesetzgeber diesbezüglich einheitliche Regeln für die Bewertung und Darstellung der Vermögens-, Finanz- und Ertragslage geschaffen.

Insbesondere werden Bewertungs- und Darstellungswahlrechte weitgehend aufgehoben, um einerseits individuelle bilanzpolitische Maßnahmen auszuschließen und andererseits die Vergleichbarkeit der Jahresabschlüsse für Kapitalgeber und Investoren zu verbessern und das auf Finanzierungs- und Investitionsentscheidungen basierende Risiko einzuschränken.

Insbesondere für Kapitalgesellschaften werden die Gestaltungsfreiräume eingeschränkt, da hier nicht nur Gläubigerinteressen zu beachten sind, sondern auch Anliegen der nicht im Unternehmen tätigen Kapitaleigner, z. B. Ansprüche der Aktionäre, erwirtschaftete Gewinne und vorgesehene Gewinnausschüttung.

Durch die Systematik des Jahresabschlusses besteht ein enger Zusammenhang zwischen dem Ausweis der Höhe des Eigenkapitals und des Ertrags. Vermögens- und Ertragslage zusammen geben Außenstehenden Hinweise, das Unternehmen zu beurteilen und z. B. über Beteiligungen oder Kreditgewährungen zu entscheiden. Dies gilt vor allem, wenn nicht nur der Jahresabschluss eines Jahres betrachtet wird, sondern auch die Entwicklung über mehrere Jahre. Ergänzt wird dies durch finanzwirtschaftliche Auswertung. Da die Informationen aus dem Jahresabschluss für das Geschäftsleben so entscheidende Bedeutung haben, werden an die Bilanzierung auch strenge Maßstäbe angelegt.

Die **Handelsbilanz** soll Unternehmensleitung, Anteilseigner und Gläubiger über **Vermögen, Periodenerfolg** und **Finanzlage** bzw. **Liquidität** informieren.

Die folgende Übersicht stellt die sich teilweise **überschneidenden Ziele der Handelsbilanz** heraus:

Ziele der Handelsbilanz	
Darstellung der Vermögenslage	– Darstellung von Vermögen und Schulden nach § 242 HGB (Einzelkaufleute, Personenhandelsgesellschaften) und § 266 HGB (Kapitalgesellschaften)
Darstellung der Ertragslage	– Ermittlung des vorsichtig bemessenen realisierten Gewinnes (§ 252 Abs. 1 Nr. 4 HGB) – Berücksichtigung der Aufwendungen und Erträge ohne Rücksicht auf den Zeitpunkt der Zahlung – Gebot der Bewertungsstetigkeit zum Zwecke des Vergleichs und der richtigen Beurteilung der Betriebsgebarung (§ 252 Abs.1 Nr. 6 HGB) In Kapitalgesellschaften wird die Bildung stiller Reserven erschwert, um zu verhindern, dass die Ertragslage verfälscht wird.
Darstellung der Finanzlage	– Einblick in die Zahlungsfähigkeit durch Gliederung der Aktiva nach ihrer Liquidität und der Schulden nach ihrer Fälligkeit und durch Angaben zu den Restlaufzeiten der Forderungen und Verbindlichkeiten gem. §§ 268 Abs. 4 und 5 und § 285 Nr. 1 HGB
Gläubigerschutz	– Selbstinformation des Schuldners – Information des Gläubigers zur Beurteilung der Kreditwürdigkeit – Darstellung der tatsächlichen Verhältnisse (kritische Einschätzung); erkennbare Risiken sind zu berücksichtigen (§ 252 Abs. 1 Nr. 4 HGB) – Bewertungsobergrenze gem. § 253 Abs. 1 HGB – Erhaltung des Haftungskapitals in Kapitalgesellschaften

▲ Ziele der Steuerbilanz

Die Steuerbilanz soll die Finanzverwaltung über den Erfolg und damit über die Steuerbemessungsgrundlage (Einkommen-, Körperschaft- und Gewerbeertragsteuer) informieren. Aufgrund dieser Zielsetzung der Steuerbilanz ist es nachvollziehbar, dass ein Bilanzierender versucht sein könnte, die wirtschaftliche Lage ungünstiger darzustellen, als sie ist. Vorschriften des Steuerrechts sind daher oft darauf gerichtet, zu verhindern, dass Aktiva zu niedrig und Passiva zu hoch ausgewiesen werden. Mindestwertvorschriften sorgen dafür, dass niemand die wirtschaftliche Lage zu schlecht darstellen kann. Allerdings räumt das Steuerrecht im Rahmen der Wirtschafts- und Sozialpolitik einem jeweils genau beschriebenen Personenkreis die Möglichkeiten ein, z. B. über erhöhte Abschreibungen oder Sonderabschreibungen den steuerlichen Gewinn zu schmälern. So will der Staat Anreize schaffen, in bestimmten Regionen Investitionen zu tätigen, Umweltschutzmaßnahmen durchzuführen usw. Gemäß § 150 AO und § 60 EStDV 86 hat der Steuerpflichtige seiner Steuererklärung eine Bilanz hinzuzufügen (Steuerbilanz).

Die Steuerbilanz ist also von der Handelsbilanz abgeleitet. Die Handelsbilanz ist als Basis **maßgeblich** für die Steuerbilanz. Nach dem Prinzip der Maßgeblichkeit der Handelsbilanz sind die handelsrechtlichen Bilanzierungsvorschriften auch für die Steuerbilanz zu beachten (§ 5 EStG). In § 140 AO wird ausdrücklich darauf hingewiesen, dass die handelsrechtlichen Verpflichtungen auch im Interesse der Besteuerung zu erfüllen sind. Handelsrechtliche Bilanzierungsgebote und -verbote sind als Grundsätze ordnungsmäßiger Buchführung gem. § 5 Abs. 1 EStG auch im steuerrechtlichen Jahresabschluss zu beachten:

Bilanzierungsgebote nach **Handelsrecht = Bilanzierungsgebote** nach **Steuerrecht**
Bilanzierungsverbote nach **Handelsrecht = Bilanzierungsverbote** nach **Steuerrecht**

Besondere Ziele der Steuerbilanz gehen aus folgender Übersicht hervor:

Ziele der Steuerbilanz	
Ermittlung des Periodengewinns als Steuerbemessungsgrundlage	– durch Feststellung der Betriebsvermögensänderung mittels Inventur oder – durch Gegenüberstellung der Aufwendungen (Betriebsausgaben) und Erträge (Betriebseinnahmen)
Gleichmäßigkeit der Besteuerung	– Handelsrechtliche Vorschriften gelten somit auch für Zwecke der Besteuerung. – Ermittlung des Gewinns auf einheitlicher Grundlage, die einer gerechten Besteuerung dient. – Wegen des Stetigkeitsgebots wurden bilanzpolitische Maßnahmen zur Veränderung der Bemessungsgrundlage eingeschränkt.

Im HGB hat der Gesetzgeber diesbezüglich einheitliche Regeln für die Bewertung und Darstellung der Vermögens-, Finanz- und Ertragslage geschaffen.

Es gibt nur wenige Bewertungs- und Darstellungswahlrechte, um einerseits individuelle bilanzpolitische Maßnahmen auszuschließen und andererseits die Vergleichbarkeit der Jahresabschlüsse für Kapitalgeber und Investoren zu verbessern und das auf Finanzierungs- und Investitionsentscheidungen basierende Risiko einzuschätzen.

Um den verfassungsrechtlichen Grundsatz der **Gleichheit** der Besteuerung zu wahren, werden handelsrechtlich eingeräumte Möglichkeiten (Wahlrechte), sich ärmer darzustellen, steuerrechtlich verboten:

Aktivierungswahlrecht nach **Handelsrecht = Aktivierungsgebot** nach **Steuerrecht**
Passivierungswahlrecht nach **Handelsrecht = Passivierungsverbot** nach **Steuerrecht**

Grundsätze ordnungsmäßiger Buchführung und Bilanzierung

Bd. 1

Insbesondere sind die Grundsätze der Klarheit, Übersichtlichkeit, Darstellungsstetigkeit (formelle Bilanzkontinuität) und der Vollständigkeit und Wahrheit (Richtigkeit) zu beachten.

Grundsatz der Klarheit:

Er verlangt, dass die Posten in der Bilanz und Gewinn- und Verlustrechnung (GuV) **eindeutig bezeichnet** und die Bezeichnungen nicht missverständlich sind, außerdem gleiche Sachverhalte unter demselben Posten dargestellt werden. Verschiedenartige Sachverhalte sind unter anders benannten Positionen einzuordnen und abzugrenzen.

Grundsatz der Übersichtlichkeit:

Er betrifft den formalen Aufbau von Bilanz und Gewinn- und Verlustrechnung. Dem Leser des Jahresabschlusses muss es möglich sein, die abgebildeten Zusammenhänge und Strukturen ohne größere Verständnisschwierigkeiten aus dem äußeren Bild des Jahresabschlusses zu entnehmen.

Grundsatz der Darstellungsstetigkeit (formelle Bilanzkontinuität):

Dieser Grundsatz verlangt die Beibehaltung der Gliederung, der Postenbezeichnungen und der Posteninhalte für aufeinander folgende Jahresabschlüsse. Die Beachtung dieses Grundsatzes ist Voraussetzung für die Vergleichbarkeit der Jahresabschlüsse.

Grundsatz der Vollständigkeit:

Er fordert, dass sämtliche Vermögensgegenstände, Schulden und Rechnungsabgrenzungsposten und sämtliche Aufwendungen und Erträge aufgenommen werden müssen. Der Vollständigkeitsgrundsatz wird durch das Saldierungs- oder Verrechnungsverbot ergänzt. Danach dürfen grundsätzlich Posten der Aktivseite nicht mit Posten der Passivseite sowie Aufwendungen nicht mit Erträgen verrechnet werden.

Bestandteile des Jahresabschlusses und Gliederungsvorschriften im HGB

Die Vorschriften des HGB zum Jahresabschluss unterscheiden verschiedene Unternehmenskategorien, für die unterschiedliche Bestimmungen hinsichtlich **Inhalt** und **Umfang der Berichterstattung** festgelegt worden sind:

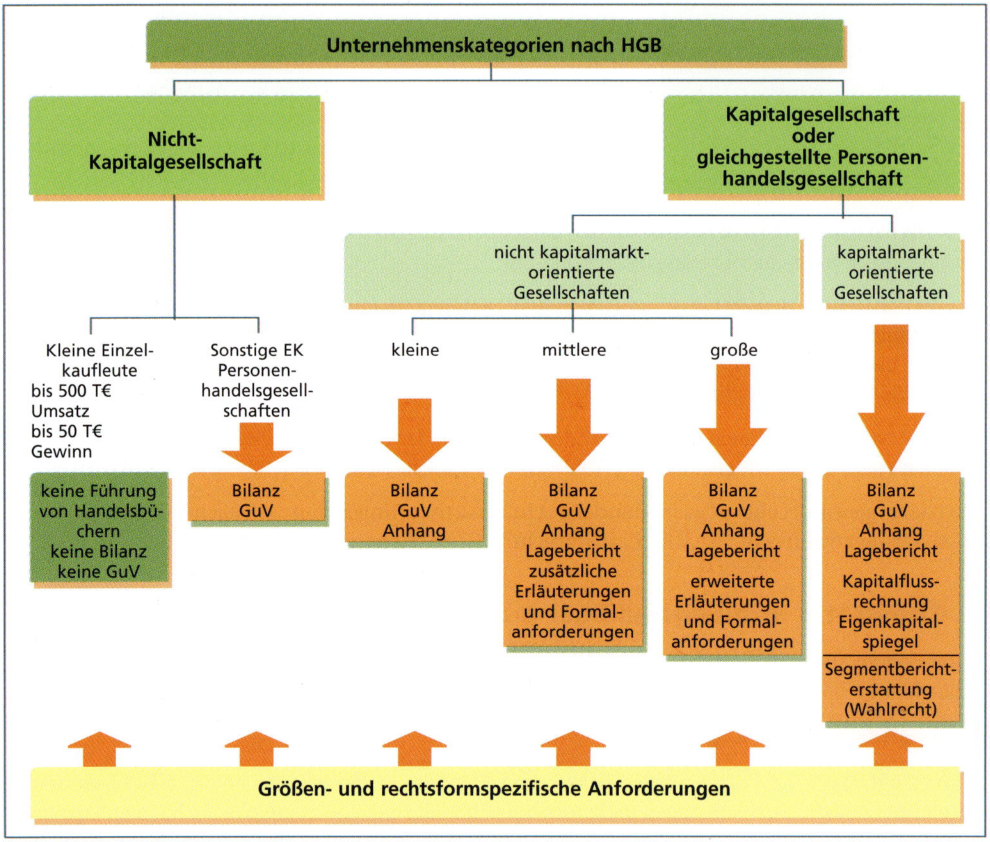

Einzelunternehmen und Personengesellschaften:

Bd. 1

Für Einzelunternehmen und Personengesellschaften besteht der **Jahresabschluss** aus **Bilanz und Gewinn- und Verlustrechnung** (§ 242 Abs. 2 HGB). Im Unterschied zu Kapitalgesellschaften (vgl. S. 185 f.) gibt es für diese Unternehmensformen keine gesetzlich vorgeschriebenen Bilanz- und GuV-Gliederungsschemata. Die formale Gestaltung bleibt den Kaufleuten dieser Unternehmensformen weitgehend selbst überlassen. Aus § 247 Abs. 1 HGB geht lediglich hervor, dass in der Bilanz

- das Anlagevermögen,
- das Umlaufvermögen,
- das Eigenkapital,
- die Schulden und
- die Rechnungsabgrenzungsposten

gesondert auszuweisen und hinreichend aufzugliedern sind.

Da jedoch für solche Unternehmen auch der Grundsatz der Klarheit und Übersichtlichkeit gilt, sollten sich auch Einzelunternehmen und Personengesellschaften an den Gliederungsvorschriften der Kapitalgesellschaften orientieren.

Die **Gewinn- und Verlustrechnung** kann in **T-Kontenform – Gegenüberstellung der Aufwendungen und Erträge –** oder in **Staffelform** (wie bei Kapitalgesellschaften) gestaltet werden.

Für Zwecke der **Darstellung der Ertragslage Dritten gegenüber** werden Aufwendungen und Erträge des **GuV-Kontos der Finanzbuchhaltung** sinnvoll gegliedert und in der **GuV-Rechnung** dargestellt.

So können die **Aufwendungen nach der Art der eingesetzten Produktionsfaktoren** (Materialaufwand, Abschreibungen, sonstige betriebliche Aufwendungen) zusammengefasst und angeordnet werden.

Erträge können artgemäß in **Umsatzerlöse** (Absatzleistungen), **Bestandsveränderungen** (Lagerleistungen) und **sonstige betriebliche Erträge** (Mieterträge, Provisionserträge) unterteilt werden.

Trotz der grundsätzlichen Gestaltungsfreiheit müssen Bilanz- und GuV-Gliederung den Grundsätzen ordnungsmäßiger Buchführung (GoB) entsprechen.

▲ Kapitalgesellschaften:

Bd. 1

Kapitalgesellschaften (AG, GmbH) müssen gemäß § 264 Abs. 1 HGB neben **Bilanz** und **Gewinn- und Verlustrechnung** einen **Anhang** aufstellen. Der Jahresabschluss dieser Unternehmensformen besteht also aus **drei gleichrangigen Bestandteilen**. Hauptaufgabe des Anhangs ist es, den am Jahresabschluss Interessierten zusätzliche Informationen über die Aufstellung des Jahresabschlusses der Kapitalgesellschaft zu vermitteln.

Alle Kapitalgesellschaften müssen neben dem Jahresabschluss einen **Lagebericht** erstellen (§ 264 Abs. 1 HGB). Der Lagebericht ist kein Bestandteil des Jahresabschlusses. Seine Aufgabe ist es, Gläubigern, Gesellschaftern und allen an dem Unternehmen Interessierten über den Jahresabschluss hinausgehende Informationen zu geben, insbesondere die Ereignisse, die den künftigen Erfolg beeinflussen können bzw. werden und somit für die Einschätzung der künftigen Vermögens-, Finanz- und Ertragslage von Bedeutung sind. Einen Überblick über den unterschiedlichen Umfang der Jahresabschlussarbeiten von Einzelunternehmen, Personengesellschaften und Kapitalgesellschaften bietet folgende Übersicht:

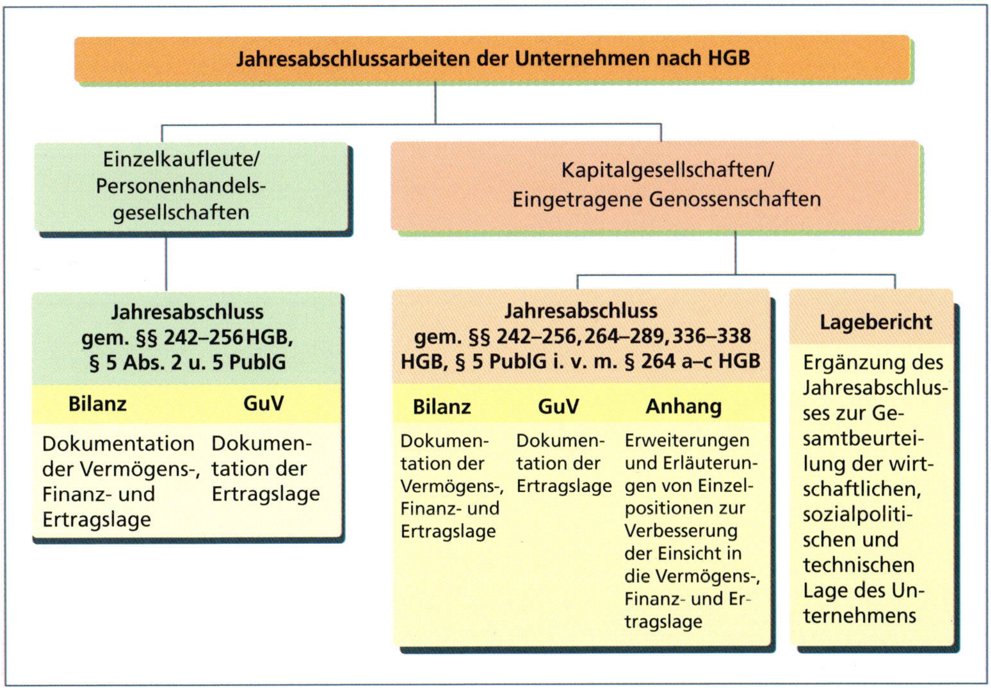

▲ Kapitalmarktorientierte Unternehmen:

Gemäß § 264 d HGB handelt es sich immer um **große Kapitalgesellschaften** i. S. von § 267 Abs. 3 HGB, die bei der Ausgabe von Wertpapieren einen organisierten Markt in Anspruch genommen haben oder die Zulassung solcher Wertpapiere zum Handel an einem organisierten Markt beantragt haben. Sie müssen Anforderungen an die Rechnungslegung der großen Kapitalgesellschaften genügen und dazu eine **Kapitalflussrechnung** und einen **Eigenkapitalspiegel** erstellen.
Sie können (**Wahlrecht**) den Jahresabschluss um eine **Segmentberichterstattung** erweitern (§ 264 Abs. 1 HGB).
Nicht zuletzt haben diese Unternehmen gegenüber den großen Kapitalgesellschaften **zusätzliche Angabeverpflichtungen** in **Anhang** und **Lagebericht** gemäß §§ 285 Nr. 9, 11 und 16, 289 Abs. 5, 290 a Abs. 1 HGB und zur **Prüfung** (§ 317 Abs. 4 HGB) und zur **Offenlegung** (§ 161 AktG, §§ 289 a Abs. 1, 324, 325 und 327 a HGB) zu erfüllen.

Im Unterschied zu den Einzelunternehmen und Personengesellschaften haben Kapitalgesellschaften die Positionen der Bilanz und Gewinn- und Verlustrechnung nach den Vorschriften des Handelsgesetzbuches (§§ 266 und 275 HGB) zu bezeichnen und anzuordnen. Neben den für alle Kaufleute geltenden Grundsätzen hat der Gesetzgeber in § 265 HGB speziell für Kapitalgesellschaften weitere allgemeine Gliederungsgrundsätze für die Bilanz sowie die Gewinn- und Verlustrechnung vorgesehen.

Neben dem Gläubigerschutz tritt hier die Überlegung hinzu, den Kapitalgebern nicht durch zu vorsichtigen Vermögensausweis ihren Gewinnanspruch vorzuenthalten.

▲ Jahresabschluss als Informationsträger für Geschäftsführung, Anteilseigner, Gläubiger, Fiskus u. a.

Will ein Unternehmen einen Kredit aufnehmen (Darlehen, Einkäufe auf Ziel), wollen die Kreditgeber Sicherheiten und/oder einen Einblick in die Vermögens- und Finanzlage des Unternehmens. Neben den Kreditgebern gibt es zahlreiche andere Interessenten an der Vermögens-, Ertrags- und Finanzlage der Unternehmen.

Der Jahresabschluss soll nach der im Gesetz formulierten Aufgabe Informationsspeicher über die tatsächliche Vermögens-, Ertrags- und Finanzlage sein. Um aus dieser allgemein formulierten Aufgabenstellung konkrete Regeln für die Gestaltung des Jahresabschlusses abzuleiten, ist es notwendig, den Informationsbedarf des heterogenen Adressatenkreises des Jahresabschlusses zu umschreiben:

Interessenten am Jahresabschluss und ihr Informationsbedarf

Geschäftsführung	Anteilseigner (Eigentümer)	Gläubiger	Fiskus	Aufsichtsbehörden	Sonstige Personengruppen
Selbstinformationen über	Information über	Information über	Information über	Information über	Information über
■ Umsatz und Gewinn ■ Daten für künftige Entscheidungen ■ Daten zur Dokumentation gegenüber Dritten	■ Ertragslage der Kapitalanlage ■ Einnahmen aus der Kapitalanlage (Gewinnausschüttung) ■ Vermögensentwicklung ■ Kapitalentwicklung	■ aktuelle und künftige Liquidität ■ Sicherheit der Kapitaleinlage ■ künftige Ertragslage ■ mögliche Sicherheiten ■ Vermögen und Schulden	■ Steuerbemessungsgrundlage für Einkommen-, Körperschaft-, Gewerbeertragsteuer ■ Einhaltung steuerlicher Vorschriften	■ Wahrung der Interessen von – Sparern, – Einlegern, – Versicherten ■ Umweltschutz ■ Beachtung gesetzlicher Vorschriften	■ wirtschaftliche Lage ■ Marktanteil ■ Strukturkennzahlen ■ Absatzpolitik ■ Beschäftigungslage

Vorschriften zu den Bestandteilen des Jahresabschlusses der Kapitalgesellschaften

Im Unterschied zu Einzelunternehmen und Personengesellschaften haben **Kapitalgesellschaften** größenabhängige Vorschriften zu beachten.

Diesbezüglich sieht der Gesetzgeber für kleine Kapitalgesellschaften wesentliche Erleichterungen bei der Aufstellung und Offenlegung vor.

Größenabgrenzung der Kapitalgesellschaften:

Merkmale der Größenabgrenzung der Kapitalgesellschaften sind die **Bilanzsumme**, die **Umsatzerlöse** und die **Zahl der im Jahresdurchschnitt beschäftigten Arbeitnehmer** (§ 267 HGB).

Kapitalgesellschaft	Bilanzsumme Mio. €	Umsatzerlöse Mio. €	Zahl der Arbeitnehmer	Erläuterung
kleine	bis 4,840	bis 9,680	bis 50	Zwei der drei Merkmale dürfen an den Abschlussstichtagen von zwei aufeinanderfolgenden Geschäftsjahren nicht überschritten werden.
mittelgroße	bis 19,250	bis 38,500	bis 250	
große	über 19,250	über 38,500	über 250	Zwei der drei Merkmale werden am Abschlussstichtagen überschritten.
Kapitalmarktorientierte Unternehmen gelten immer als „groß".				

Größenabhängige Vorschriften für Kapitalgesellschaften zur Bilanz:

Kapitalgesellschaften haben die **Bilanz in Kontenform** aufzustellen. Das **Bilanzschema** nach § 266 Abs. 2 HGB (vgl. S. 236) ist verpflichtend **für große** und **mittelgroße Kapitalgesellschaften**. Bezeichnungen des Bilanzgliederungsschemas, die für die bilanzierende Kapitalgesellschaft unzutreffend sind, können abgeändert werden. Bilanzpositionen des Schemas, die nicht benötigt werden, sollten nicht aufgeführt werden. Die frei werdende Ziffer des Schemas wird dann der nächsten Bilanzposition zugewiesen.
Zu allen Positionen ist der Vergleichsbetrag des Vorjahres anzugeben.

Kleine Kapitalgesellschaften müssen nur eine verkürzte Bilanz aufstellen und veröffentlichen, die die mit Großbuchstaben und römischen Ziffern bezeichneten Posten des Gliederungsschemas gemäß **§ 266 HGB** enthält (vgl. S. 237).

Für **mittelgroße Kapitalgesellschaften** gilt zwar auch die ausführliche Bilanzgliederung, sie können aber bei Offenlegung ihre Bilanz verkürzen, müssen jedoch in der Bilanz oder im Anhang (Wahlrecht) die im § 327 HGB aufgeführten Posten aus der Bilanzgliederung gemäß § 266 HGB gesondert angeben.

Im Wesentlichen werden hier nähere Informationen gefordert zu
- dem Geschäfts- oder Firmenwert,
- den Sachanlagen und
- den finanziellen Beziehungen zu verbundenen Unternehmen.

Gliederung der Jahresbilanz der großen Kapitalgesellschaften gem. § 266 HGB

Aktiva	Passiva
A. Anlagevermögen	**A. Eigenkapital**
I. Immaterielle Vermögensgegenstände	**I. Gezeichnetes Kapital**
1. selbst geschaffene gewerbliche Schutzrechte und ähnliche Rechte und Werte	**II. Kapitalrücklage**
2. entgeltlich erworbene Konzessionen, Schutzrechte und ähnliche Rechte und Werte sowie Lizenzen an solchen Rechten und Werten	**III. Gewinnrücklagen**
3. Geschäfts- oder Firmenwert	1. gesetzliche Rücklage
4. geleistete Anzahlungen	2. Rücklagen für Anteile an einem herrschenden oder mehrheitlich beteiligten Unternehmen
II. Sachanlagen	3. satzungsmäßige Rücklagen
1. Grundstücke, grundstücksgleiche Rechte und Bauten einschließlich der Bauten auf fremden Grundstücken	4. andere Gewinnrücklagen
2. technische Anlagen und Maschinen	**IV. Gewinnvortrag/Verlustvortrag**
3. andere Anlagen, Betriebs- und Geschäftsausstattung	**V. Jahresüberschuss/Jahresfehlbetrag**
4. geleistete Anzahlungen und Anlagen im Bau	**B. Rückstellungen**
III. Finanzanlagen	1. Rückstellungen für Pensionen und ähnliche Verpflichtungen
1. Anteile an verbundenen Unternehmen	2. Steuerrückstellungen
2. Ausleihungen an verbundene Unternehmen	3. sonstige Rückstellungen
3. Beteiligungen	**C. Verbindlichkeiten**
4. Ausleihungen an Unternehmen, mit denen ein Beteiligungsverhältnis besteht	1. Anleihen davon konvertibel
5. Wertpapiere des Anlagevermögens	2. Verbindlichkeiten gegenüber Kreditinstituten
6. sonstige Ausleihungen	3. erhaltene Anzahlungen auf Bestellungen
B. Umlaufvermögen	4. Verbindlichkeiten aus Lieferungen und Leistungen
I. Vorräte	5. [...]
1. Roh-, Hilfs- und Betriebsstoffe	6. Verbindlichkeiten gegenüber verbundenen Unternehmen
2. unfertige Erzeugnisse, unfertige Leistungen	7. Verbindlichkeiten gegenüber Unternehmen, mit denen ein Beteiligungsverhältnis besteht
3. fertige Erzeugnisse und Waren	8. sonstige Verbindlichkeiten davon aus Steuern davon im Rahmen der sozialen Sicherheit
4. geleistete Anzahlungen	**D. Rechnungsabgrenzungsposten**
II. Forderungen und sonstige Vermögensgegenstände	**E. Passive latente Steuern**
1. Forderungen aus Lieferungen und Leistungen	
2. Forderungen gegen verbundene Unternehmen	
3. Forderungen gegen Unternehmen, mit denen ein Beteiligungsverhältnis besteht	
4. sonstige Vermögensgegenstände	
III. Wertpapiere	
1. Anteile an verbundenen Unternehmen	
2. sonstige Wertpapiere	
IV. Kassenbestand, Bundesbankguthaben, Guthaben bei Kreditinstituten	
C. Rechnungsabgrenzungsposten	
D. Aktive latente Steuern	
E. Aktiver Unterschiedsbetrag aus der Vermögensverrechnung	

Bilanzschema der kleinen Kapitalgesellschaft	
Aktiva	**Passiva**
A. Anlagevermögen I. Immaterielle Vermögensgegenstände II. Sachanlagen III. Finanzanlagen B. Umlaufvermögen I. Vorräte II. Forderungen und sonstige Vermögensgegenstände III. Wertpapiere IV. Liquide Mittel C. Rechnungsabgrenzungsposten D. Aktive latente Steuern E. Aktiver Unterschiedsbetrag aus der Vermögensverrechnung	A. Eigenkapital I. Gezeichnetes Kapital II. Kapitalrücklage III. Gewinnrücklagen IV. Gewinnvortrag/Verlustvortrag V. Jahresüberschuss/Jahresfehlbetrag B. Rückstellungen C. Verbindlichkeiten D. Rechnungsabgrenzungsposten E. Passive latente Steuern

Besondere handelsrechtliche Gliederungs- und Ausweisvorschriften zur Bilanz für Kapitalgesellschaften

Anlagenspiegel (Anlagengitter):

Große und mittelgroße Kapitalgesellschaften müssen die Entwicklung des Anlagevermögens in einem Anlagenspiegel (Anlagengitter) auf der Aktivseite der Bilanz oder im Anhang darstellen (vgl. § 268 Abs. 2 HGB i. V. mit § 274 a Zi. 1 HGB). Aus dieser Darstellung müssen hervorgehen:

- Anschaffungs- (AK) oder Herstellungskosten (HK) der zu Beginn des Geschäftsjahres vorhandenen Anlagen
- Zugänge zu AK oder HK im Laufe des Geschäftsjahres **(Bruttoinvestition)**
- Abgänge abgestoßener Anlagen zu AK oder HK im Laufe des Geschäftsjahres durch Verkäufe, Verschrottung u. Ä.
- Umbuchungen zu AK oder HK im Laufe des Geschäftsjahres (Anlagen im Bau, Anzahlungen)
- Zuschreibungen (wenn Gründe für außerplanmäßige Abschreibungen weggefallen sind)
- Kumulierte Abschreibungen (Aufgelaufene Abschreibungen der Vorjahre + Abschreibung im Berichtsjahr)
- Buchwert zum 31.12. des Berichtsjahres
- Buchwert zum 31.12. des Vorjahres (Vergleichswert)

Der Anlagenspiegel ermöglicht Rückschlüsse auf

- die **Investitionspolitik (Bruttoinvestition, Ersatzinvestition, Nettoinvestition)**,
- **Abschreibungspolitik (Abschreibungen, Zuschreibungen)** und
- den **technischen Stand der Anlagen** (Verhältnis von Buchwert zu AK oder HK).

Restlaufzeiten der Forderungen:

Nach § 268 Abs. 4 HGB i. V. mit § 274 a Zi 2 HGB müssen große und mittelgroße Kapitalgesellschaften zu jedem Forderungsposten in der Bilanz oder im Anhang die Beträge mit einer **Restlaufzeit von mehr als einem Jahr** gesondert angeben. Mit dieser Angabe werden die Forderungen hinsichtlich ihrer Liquidität differenziert.

Eigenkapital der Unternehmensformen:

Das Eigenkapital ist je nach Rechtsform in verschiedenen Positionen gegliedert darzustellen. Das hat seinen Grund darin, dass durch die Darstellung der Kapitalverhältnisse auf der Passivseite zugleich die Haftungsverhältnisse dokumentiert werden sollen. Daraus lässt sich bei einigen Gesellschaftsformen der Ausweis eines **konstanten Teils des Eigenkapitals** (Grundkapital bei der AG, Stammkapital bei der GmbH, Einlagen der Kommanditisten in der KG) und eines **variablen Teils** (Rücklagen bei den Kapitalgesellschaften, Vollhafterkapital der Kommanditgesellschaften) ableiten.

Davon unterscheidet sich die Kapitaldarstellung der Einzelunternehmen und der voll haftenden Gesellschafter in der OHG und KG. Die Position „Rücklagen" entfällt. Gewinne (soweit nicht ausgeschüttet) bzw. Verluste werden dort mit den Kapitaleinlagen des Einzelunternehmers bzw. der Vollhafter der Personengesellschaften anteilig verrechnet. Das Eigenkapital ist hier also insgesamt variabel.

Eigenkapital der Kapitalgesellschaften:

Nach § 266 Abs. 3 HGB ist das Eigenkapital der Kapitalgesellschaften folgendermaßen zu gliedern:

A. Eigenkapital
- I. Gezeichnetes Kapital
- II. Kapitalrücklage
- III. Gewinnrücklagen
  1. gesetzliche Rücklage
  2. Rücklage für Anteile an einem herrschenden oder mehrheitlich beteiligten Unternehmen
  3. satzungsmäßige Rücklagen
  4. andere Gewinnrücklagen
- IV. Gewinnvortrag/Verlustvortrag
- V. Jahresüberschuss/Jahresfehlbetrag

- **Gezeichnetes Kapital:** Mit dem **gezeichneten Kapital** ist das Grundkapital der AG bzw. das Stammkapital der GmbH gemeint. Das im Handelsregister eingetragene gezeichnete Kapital repräsentiert die Summe der Nennbeträge aller durch die Gesellschaft ausgegebenen Anteile (Aktien, GmbH-Anteile), zu deren Einzahlung die Gesellschafter gegenüber der Kapitalgesellschaft verpflichtet sind. Es repräsentiert das **Haftungskapital** der Gesellschaft gegenüber den Gläubigern, das auch dann in seiner vollen Höhe auszuweisen ist, wenn es noch nicht ganz eingezahlt ist.

  Für diesen Fall fordert § 272 Ab. 1 HGB die offene Absetzung der **„nicht eingeforderten ausstehenden Einlagen"** vom Posten „Gezeichnetes Kapital". Der verbleibende Betrag ist als Posten **„Eingefordertes Kapital"** in der Hauptspalte der Passivseite auszuweisen. Der eingeforderte, aber noch nicht eingezahlte Betrag ist unter den Forderungen gesondert auszuweisen und entsprechend zu bezeichnen.

A	Bilanz (Auszug) in Mio.€		P
	A. Eigenkapital		
	I. Gezeichnetes Kapital	800	
	– nicht eingeforderte ausstehende Einlagen	200	
	= Eingeforderte Einlagen		600

- **Rücklagen** (vgl. S. 202): **Rücklagen** sind zusätzliches Eigenkapital. Zu unterscheiden sind offene und stille Rücklagen.
  – Offene Rücklagen sind auf der Passivseite der Bilanz vom starren „Gezeichneten Kapital", dem Nominalkapital, als zusätzlich ausgewiesenes Eigenkapital zu unterscheiden. Der Gesetzgeber hat sie nach ihrer Herkunft unterteilt in Kapital- und Gewinnrücklagen (siehe unten).
  Beide werden gebildet, um
    – die Haftungsbasis zu verbessern,
    – die Betriebsbereitschaft auch in strukturellen Krisen zu erhalten,
    – Verluste ausgleichen zu können, ohne dass das feste Nominalkapital angegriffen wird,
    – zukünftige außergewöhnliche Belastungen, die durch notwendige Erneuerungen oder Umstellungen hervorgerufen werden, finanzieren zu können.

- **Kapitalrücklagen**: Nach der Herkunft handelt es sich um Zuzahlungen der Gesellschafter zum Erwerb von Anteilen in Höhe des Agios.

  Beispiel Die Gesellschafter einer Aktiengesellschaft haben 10 000 Aktien im Nennwert von 100,00 € zum Ausgabekurs von 120,00 € übernommen.

  Das Aufgeld von 200 000,00 € wird in die Kapitalrücklagen eingestellt:

A	Bilanz		P
	Eigenkapital		
	I. Gezeichnetes Kapital		1 000 000,00
	II. Kapitalrücklagen		200 000,00

  Kapitalrücklagen kommen also von den Gesellschaftern (Eigenfinanzierung als Außenfinanzierung).

- **Gewinnrücklagen**: Gewinnrücklagen werden aus dem Ergebnis des Geschäftsjahres oder früherer Jahre gebildet (§ 272 Abs. 3 HGB). Dieses Kapital wurde also vom Unternehmen selbst erwirtschaftet und zur Stärkung der Eigenkapitalbasis einbehalten. Es liegt ein klassischer Fall der **Selbstfinanzierung** vor.
  - **Gesetzliche Rücklage:** Die Bildung einer gesetzlichen Rücklage ist nur für Aktiengesellschaften (§ 150 AktG) und Kommanditgesellschaften auf Aktien (§ 278 Abs. 3 i.V. mit § 150 AktG) vorgeschrieben.

    Gemäß § 150 Abs. 2 AktG ist der zwanzigste Teil des um einen Verlustvortrag aus dem Vorjahr geminderten Jahresüberschusses in die gesetzliche Rücklage einzustellen, bis diese zusammen mit den Kapitalrücklagen den zehnten oder den in der Satzung bestimmten höheren Teil des Grundkapitals erreichen.
  - **Satzungsmäßige Rücklagen:** Gesellschaftsvertrag, Satzung oder Statut der Gesellschaft können die verantwortlichen Organe der Gesellschaft verpflichten,
    - **zweckgebundene** Rücklagen für langfristig immer anstehende Aufgaben zu bilden, wie für betriebliche Rationalisierungen, Modernisierung und Erweiterungen, oder
    - **zweckfreie** Rücklagen aus dem Jahresüberschuss zu bilden.
  - **Andere Gewinnrücklagen:** Von den Organen der Kapitalgesellschaften können gem. § 58 AktG aus dem verbleibenden Jahresüberschuss bis zu 50 % des Jahresüberschusses in andere Gewinnrücklagen eingestellt werden.

- **Bilanzgewinn:** Nach teilweiser Verwendung des Jahresüberschusses für die Rücklagen werden nicht verteilte Gewinne als Bilanzgewinn in die Bilanz eingestellt. Die **Hauptversammlung** der AG oder die **Gesellschafterversammlung** der GmbH beschließt dann im folgenden Geschäftsjahr, ob weitere (andere) Rücklagen gebildet oder ob der Gewinn an die Gesellschafter ausgeschüttet werden soll.

- **Gewinnvortrag/Verlustvortrag:** Nicht verteilter Gewinnrest bzw. Minusposten aus dem Vorjahr

- **Jahresüberschuss:** Ergebnis des Unternehmens vor jeglicher Gewinnverwendung lt. GuV-Rechnung. Wird diese Position in der Bilanz ausgewiesen, fehlt die Position „Bilanzgewinn".

  Beispiel Die Golden-AG mit einem Grundkapital von 5 000 000,00 €, einer bestehenden gesetzlichen Rücklage von 120 000,00 € und einer „anderen Gewinnrücklage" von 200 000,00 € hatte im abgelaufenen Geschäftsjahr Erträge von 9 560 000,00 € und Aufwendungen von 9 120 000,00 € erzielt.

  Vom **Vorstand** werden 5 % des Jahresüberschusses den gesetzlichen Rücklagen und 20 % des verbleibenden Jahresüberschusses den „anderen Gewinnrücklagen" zugewiesen. Der restliche Gewinn wird als Bilanzgewinn ausgewiesen. Vom Jahresüberschuss in Höhe von 440 000,00 € werden also 22 000,00 € in die gesetzlichen Gewinnrücklagen und 83 600,00 € in die anderen Gewinnrücklagen eingestellt.

Aktiva	Bilanz der Aktiengesellschaft	Passiva
	A. Eigenkapital:	
	I. Gezeichnetes Kapital	5 000 000,00
	II. Kapitalrücklagen	
	III. Gewinnrücklagen	
	1. gesetzliche	142 000,00
	2. andere	283 600,00
	IV. Bilanzgewinn	334 400,00

- **Stille Rücklagen – nicht sichtbares Eigenkapital:**

Stille Rücklagen, auch stille Reserven genannt, sind nicht aus der Bilanz ersichtlich. Sie entstehen

- durch **Unterbewertung** der Aktiva
  - durch zu hohe Abschreibung des Anlagevermögens,
  - durch Ausnutzung von Bewertungswahlrechten bei der Bewertung von geringwertigen Wirtschaftsgütern des AV,
- durch **Überbewertung** von Schulden
  - durch Überbewertung von Rückstellungen und Verbindlichkeiten.

Verbindlichkeitenspiegel:

Bei jedem gesondert ausgewiesenen Posten ist der Betrag der Verbindlichkeiten mit einer **Restlaufzeit bis zu einem Jahr** sowie der Verbindlichkeiten mit einer **Restlaufzeit von mehr als fünf Jahren** gesondert in der Bilanz oder im Anhang zu vermerken (§§ 268 Abs. 5 Satz 1, 285 Nr. 1 HGB). Außerdem ist dort zu jedem Posten der Gesamtbetrag der **Verbindlichkeiten** anzugeben, der durch Pfandrechte oder ähnliche Rechte gesichert ist, und zwar **unter Angabe der Art und Form der Sicherheiten** (§ 285 Nr. 1b HGB).

Für die Gliederung der Verbindlichkeiten nach Restlaufzeiten und für die Zuordnung gegebener Sicherheiten wird meistens die Form des **Verbindlichkeitenspiegels** (vgl. S. 300) im Anhang gewählt.

Beispiel Verbindlichkeitenspiegel der Bürodesign GmbH

Art der Verbindlichkeit	Gesamtbetrag	davon mit einer Restlaufzeit von			gesicherte Beträge	Art der Sicherheit
		bis 1 Jahr	1–5 Jahre	über 5 Jahre		
	€	€	€	€	€	
1. Verb. geg. Kreditinstituten	2 950 000,00	450 000,00		2 500 000,00	2 500 000,00	Grundpfandrechte
2. Verbindlichkeiten a. LL.	650 000,00	650 000,00			150 000,00	Forderungsabtretung
3. Sonst. Verbindlichkeiten	720 000,00	720 000,00				

Kleine Kapitalgesellschaften dürfen ihre Verbindlichkeiten in einem Betrag und die Angaben zu den Sicherheiten zusammengefasst ausweisen.

Mit diesen Angaben wird ein Einblick in die Fälligkeitsstruktur der Verbindlichkeiten und das als Sicherheit in Anspruch genommene Vermögen, somit in die Liquidität und Finanzlage, gewährt.

Bd. 1

Ableitung der Bilanz nach § 266 HGB aus dem SBK:

Die Bilanz wird aus den Zahlen der Buchführung abgeleitet. Da die Zahl der Konten in der Regel weit über die Zahl der Bilanzpositionen hinausgeht, müssen vielfach mehrere Konteninhalte zu einer Bilanzposition zusammengefasst werden.

Aktiva — Vereinfachte Bilanzgliederung und Zuordnung der Bestandskonten — Passiva

Aktiva		Passiva	
A. Anlagevermögen:		**A. Eigenkapital:**	
I. Immaterielle Vermögensgegenstände	0300	I. Gezeichnetes Kapital	3000
II. Sachanlagen	0500–0890	II. Kapitalrücklagen	3100
III. Finanzanlagen	1300–1600	III. Gewinnrücklagen	3200
B. Umlaufvermögen:		IV. Gewinnvortrag/ Verlustvortrag	3300 3300
I. Vorräte	2000–2300	V. Jahresüberschuss/ Jahresfehlbetrag	3400 3400
II. Forderungen und sonstige Vermögensgegenstände	2400–2690	**B. Rückstellungen**	3700–3900
III. Wertpapiere	2700	**C. Verbindlichkeiten**	4100–4890
IV. Kassenbestand, Bankguthaben	2800–2880	**D. Rechnungsabgrenzungsposten**	4900
C. Rechnungsabgrenzungsposten	2900		

Beispiel Die Finanzbuchhaltung der Bürodesign GmbH erstellte zum Ende des Geschäftsjahres folgendes Schlussbilanzkonto:

Soll — 8010 Schlussbilanzkonto — Haben

Soll		Haben	
0510 Bebaute Grundstücke	1 630 000,00	3000 Gezeichnetes Kapital	3 200 000,00
0700 Maschinen	2 570 000,00	3200 Gewinnrücklagen	70 000,00
0820 Werkzeuge	19 000,00	3400 Jahresüberschuss	1 200 000,00
0840 Fuhrpark	76 000,00	3800 Steuerrückstellungen	18 000,00
0860 Geschäftsausstattung	90 000,00	4200 Kurzfristige Verbindlichkeiten gegenüber Kreditinstituten	12 000,00
1600 Darlehensforderungen	30 000,00	4250 Langfristige Verbindlichkeiten gegenüber Kreditinstituten	402 000,00
2000 Rohstoffe	125 000,00	4400 Verbindlichkeiten a. LL.	79 800,00
2020 Hilfsstoffe	53 000,00	4800 Umsatzsteuer	19 500,00
2030 Betriebsstoffe	32 000,00	4890 Übrige sonstige Verbindlichkeiten	6 500,00
2100 Unfertige Erzeugnisse	10 000,00	4900 Passive Rechnungsabgrenzung	4 200,00
2200 Fertige Erzeugnisse	112 000,00		
2400 Forderungen a. LL.	102 600,00		
2690 Übrige sonstige Forderungen	15 000,00		
2800 Bankguthaben	134 000,00		
2880 Kasse	6 000,00		
2900 Aktive Rechnungsabgrenzung	7 400,00		
	5 012 000,00		5 012 000,00

Aktiva — Bilanz der Bürodesign GmbH 31. Dezember .. — Passiva

Aktiva		Passiva	
A. Anlagevermögen:		**A. Eigenkapital:**	
I. Sachanlagen	4 385 000,00	I. Gezeichnetes Kapital	3 200 000,00
II. Finanzanlagen	30 000,00	II. Gewinnrücklagen	70 000,00
B. Umlaufvermögen:		III. Jahresüberschuss	1 200 000,00
I. Vorräte	332 000,00	**B. Rückstellungen**	18 000,00
II. Forderungen und sonstige Vermögensgegenstände	117 600,00	**C. Verbindlichkeiten**	519 800,00
III. Kassenbestand, Bankguthaben	140 000,00	**D. Rechnungsabgrenzungsposten**	4 200,00
C. Rechnungsabgrenzungsposten	7 400,00		
	5 012 000,00		5 012 000,00

▲ Gewinn- und Verlustrechnung der Kapitalgesellschaften

Während die Bilanz der Darstellung der Vermögens- und Finanzlage dient, ist es Aufgabe der **GuV-Rechnung**, die **Ertragslage** darzustellen. Kapitalgesellschaften müssen die GuV-Rechnung in **Staffelform** nach dem **Gliederungsschema** gemäß § 275 Abs. 2 (**Gesamtkostenverfahren**) oder § 275 Abs. 3 HGB (**Umsatzkostenverfahren**) aufstellen. Mittelgroße Kapitalgesellschaften **dürfen** in der zu veröffentlichenden GuV-Rechnung die Posten gem. § 275 Abs. 2 Nr. 1 bis 5 HGB zu einem Posten unter der Bezeichnung **„Rohergebnis"** zusammenfassen (§ 276 HGB). Kleine Kapitalgesellschaften brauchen die GuV-Rechnung nicht zu veröffentlichen.

Das **Gliederungsschema gemäß § 275 Abs. 2 HGB** verdeutlicht die untereinander angeordneten unterschiedlichen **Erfolgsquellen** und die Zuordnung der Aufwandsarten und Ertragsarten zu den Positionen der Gewinn- und Verlustrechnung.

Positionen der Gewinn- und Verlustrechnung		Kontenarten des Kontenrahmens
1. Umsatzerlöse	+	5000, 5100
2. Erhöhung oder Verminderung des Bestandes an fertigen und unfertigen Erzeugnissen	+/–	5200
3. andere aktivierte Eigenleistungen	+	5300
4. sonstige betriebliche Erträge	+	5400, 5410, 5460, 5490
= als Zwischensumme kann zur Erleichterung der Erfolgsanalyse die **„Gesamtleistung"** ausgewiesen werden.		
5. Materialaufwand		
a) Aufwendungen für Roh-, Hilfs- und Betriebsstoffe, Energie	–	6000, 6020, 6030, 6040, 6050, 6060
b) Aufwendungen für bezogene Leistungen	–	6100 bis 6170
= als Zwischenergebnis kann der Saldo aus der Gesamtleistung und dem Materialaufwand vermerkt werden, der als **„Rohergebnis"** bezeichnet wird.		
6. Personalaufwand		
a) Löhne und Gehälter	–	6200, 6300
b) soziale Abgaben	–	6400, 6420, 6440, 6490
7. Abschreibungen auf		
a) immaterielle Vermögensgegenstände und Sachanlagen	–	6520
b) Umlaufvermögen	–	6570, 7460
8. sonstige betriebliche Aufwendungen	–	6600 bis 6990
= als Zwischensumme kann der Saldo aus den Erträgen und den Aufwendungen als **„Betriebsergebnis"** ausgewiesen werden.		
9. Erträge aus Beteiligungen	+	5500
10. Erträge aus anderen Wertpapieren und Ausleihungen des Finanzanlagevermögens	+	5500
11. sonstige Zinsen und ähnliche Erträge	+	5710
12. Abschreibungen auf Finanzanlagen und auf Wertpapiere des Umlaufvermögens	–	7400
13. Zinsen und ähnliche Aufwendungen	–	7510
= als Zwischensumme kann der Saldo aus den Finanzierungserträgen und -aufwendungen, das sogenannte **„Finanzergebnis"**, ausgewiesen werden.		
14. Ergebnis der gewöhnlichen Geschäftstätigkeit		
15. außerordentliche Erträge	+	5800
16. außerordentliche Aufwendungen	–	7600
17. außerordentliches Ergebnis		
18. Steuern vom Einkommen und vom Ertrag	–	7710, 7720
19. sonstige Steuern	–	7000, 7010, 7020, 7030
20. Jahresüberschuss/Jahresfehlbetrag		

Aufbau und Struktur der Gewinn- und Verlustrechnung nach § 275 Abs. 2 HGB:

Nach § 275 Abs. 2 HGB müssen Kapitalgesellschaften die GuV-Rechnung in Staffelform aufstellen.

Die Aufwendungen und Erträge sind dabei nach den wesentlichen Erfolgsquellen des Unternehmens gegliedert.

Entwicklung des Jahresüberschusses/-fehlbetrages nach dem Gesamtkostenverfahren gem. § 275 Abs. 2 HGB

Positionen der GuV-Rechnung		
Nr.	Inhalt	Kontengruppen gemäß IKR
1– 4 5– 8	Betriebliche Erträge Betriebliche Aufwendungen	50–54 60–70
9–11 12–13	Erträge aus Finanzanlagen Aufwendungen aus Finanzanlagen	55–57 74–75
14	Ergebnis der gewöhnlichen Geschäftstätigkeit	
15 16	Außerordentliche Erträge Außerordentliche Aufwendungen	58 76
17	Außerordentliches Ergebnis	
 18 19	**Ergebnis vor Steuern** Steuern vom Einkommen und Ertrag Sonstige Steuern	 77 78
20	**Jahresüberschuss/ Jahresfehlbetrag**	

Ergebnisstruktur gem. § 275 Abs. 2 HGB
Betriebsergebnis
± Finanzergebnis
= Ergebnis der gewöhnlichen Geschäftstätigkeit
± Außerordentliches Ergebnis
= **Ergebnis vor Steuern** – Steuern
= **Jahresüberschuss/Jahresfehlbetrag (Ergebnis n. Steuern)**

- **Das Betriebsergebnis:** Unter den Positionen 1–3 und 5–7 werden die bedeutendsten Erträge und Aufwendungen ausgewiesen. Die Position 4 – Sonstige betriebliche Erträge – und die Position 8 – Sonstige betriebliche Aufwendungen – sind, abgesehen von den Finanzerträgen und Finanzaufwendungen, Sammelpositionen für die restlichen betriebsgewöhnlichen Erträge und Aufwendungen (siehe folgendes Schaubild).

  Kleine und mittelgroße Kapitalgesellschaften dürfen für Zwecke der Veröffentlichung die Posten gem. § 275 Abs. 2 Nr. 1 bis 5 zu einem Posten unter der Bezeichnung **„Rohergebnis“** zusammenfassen (§ 276 HGB; vgl. Schema S. 242 und Beispiel S. 245).
- **Das Finanzergebnis:** Die Positionen 9–11 nehmen die Erträge und die Positionen 12–13 die Aufwendungen aus Finanzanlagen und Kreditgeschäften auf (vgl. Schaubild S. 242).
- **Ergebnis der gewöhnlichen Geschäftstätigkeit:** Betriebsergebnis und Finanzergebnis zusammen zeigen das Ergebnis der gewöhnlichen Geschäftstätigkeit (vgl. Schaubild S. 242).
- **Das außerordentliche Ergebnis:** Die Positionen 15 und 16 beinhalten die außerordentlichen Erträge und Aufwendungen. Folgendes Schaubild verdeutlicht **Inhalte** und **Unterschiede** des **Ergebnisses der gewöhnlichen Geschäftstätigkeit** und des **außerordentlichen Ergebnisses** (vgl. S. 242 und 244 und § 276 Satz 2 HGB).
- **Vom Ergebnis vor Steuern zum Jahresüberschuss/-fehlbetrag:** Das Ergebnis der gewöhnlichen Geschäftstätigkeit und das Außerordentliche Ergebnis bilden zusammen das **Ergebnis vor Steuern**. Von diesem werden unter den Positionen 18 und 19 die Steuern vom Einkommen und Ertrag abgesetzt. Es wird danach der Jahresüberschuss oder Jahresfehlbetrag erreicht (vgl. Schaubilder S. 242 f.).

▲ Aufstellung der GuV-Rechnung nach § 275 Abs. 2 HGB:

Wie bei der Aufstellung der Bilanz, so müssen auch bei der Entwicklung der GuV-Rechnung häufig mehrere Konteninhalte der Finanzbuchführung zu einer GuV-Position zusammengefasst werden:

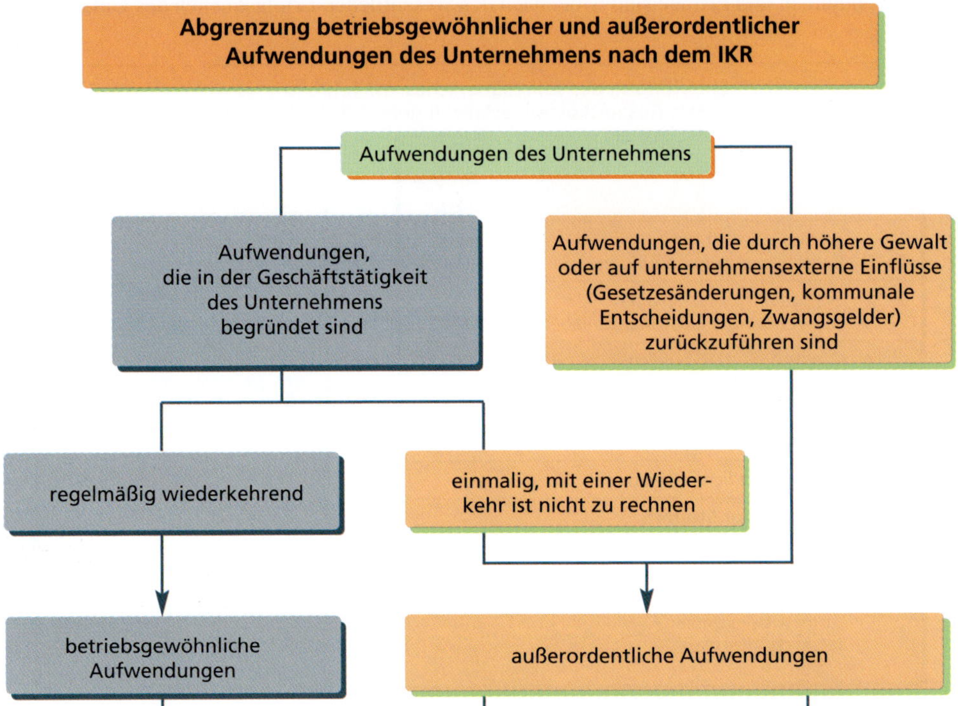

Beispiele

- Materialaufwand
- Personalaufwand
- Abschreibungen
  - planmäßige
  - außerplanmäßige
- Verluste aus dem Abgang von Gegenständen des AV und UV
- Kurs- und Währungsverluste
- Aufwendungen aus der Bildung und Auflösung von Rückstellungen
- Großreparaturaufwand
- Steueraufwendungen einschl. Nachzahlungen
- Zinsen u. ä. Aufwendungen einschl. Hypothekenzinsen
- Aufwendungen durch die Verfolgung von Nebenzielen

Beispiele

- Abfindungszahlungen bei Entlassungen von Arbeitnehmern (Sozialplanaufwendungen)
- Verluste aus Beteiligungsverkauf
- Verlust aus einmaligem Exportgeschäft
- Teilstilllegungen
- Sanierungsmaßnahmen
- organisatorische Veränderungen
- Verkauf von Betriebsteilen
- Schenkungsaufwand

Beispiele

- Verluste durch behördliches Produktionsverbot
- Katastrophenaufwand
  - Kriegszerstörungen
  - Überschwemmungen
  - Brand
- Verluste durch Enteignungen
- Verluste durch Bebauungsplanänderungen
- Bußgelder

Beispiel Ableitung der GuV-Rechnung der Bürodesign GmbH aus dem GuV-Konto der Finanzbuchhaltung

Soll — 8020 Gewinn- und Verlustkonto — Haben

Soll			Haben		
6000	Aufwendungen für Rohstoffe	1 200 000,00	5000	Umsatzerlöse	7 500 000,00
6020	Aufwendungen für Hilfsstoffe	200 000,00	5200	BVÄ	50 000,00
6160	Fremdinstandsetzung	300 000,00	5400	Mieterträge	350 000,00
6200	Löhne	1 800 000,00	5710	Zinserträge	100 000,00
6300	Gehälter	1 400 000,00			
6400	AG-Anteil zur SV	600 000,00			
6500	Abschreibungen	450 000,00			
6700	Mieten	230 000,00			
6800	Büromaterial	120 000,00			
7000	Gewerbesteuer	150 000,00			
7510	Zinsaufwendungen	130 000,00			
7700	Körperschaftsteuer	220 000,00			
3400	Jahresüberschuss	1 200 000,00			
		8 000 000,00			8 000 000,00

Berechnung des Rohergebnisses:

		€
	1. Umsatzerlöse	7 500 000,00
+	2. Erhöhung des Bestandes an unfertigen und fertigen Erzeugnissen	50 000,00
+	3. Sonstige betriebliche Erträge: Mieterträge	350 000,00
–	4. Materialverbrauch: 6000 + 6020 + 6160	1 700 000,00
=	**Rohergebnis**	**6 200 000,00**

Gewinn- und Verlustrechnung für die Zeit vom 1. Januar ... bis zum 31. Dezember ...:

	€	€
1. **Rohergebnis**		**6 200 000,00**
2. Personalaufwand		
a) Löhne und Gehälter	3 200 000,00	
b) soziale Abgaben	600 000,00	3 800 000,00
3. Abschreibungen		450 000,00
4. Sonstige betriebliche Aufwendungen		350 000,00
Betriebsergebnis		**1 600 000,00**
5. Zinsen und ähnliche Erträge	100 000,00	
6. Zinsen und ähnliche Aufwendungen	130 000,00	
Finanzergebnis		**– 30 000,00**
7. **Ergebnis der gewöhnlichen Geschäftstätigkeit**		**1 570 000,00**
8. Steuern vom Einkommen und vom Ertrag	220 000,00	
9. sonstige Steuern	150 000,00	– 370 000,00
10. **Jahresüberschuss**		**1 200 000,00**

Abschluss des GuV-Kontos und Erstellung der Gewinn- und Verlustrechnung in Kapitalgesellschaften:

Abschluss des GuV-Kontos bei Kapitalgesellschaften: Kapitalgesellschaften ermitteln wie Einzelunternehmen und Personengesellschaften ihren Erfolg auf dem Konto **„8020 Gewinn und Verlust“** durch Gegenüberstellung der Aufwendungen und Erträge.

Der **Gewinn** der Kapitalgesellschaften wird als **Jahresüberschuss**, der **Verlust** als **Jahresfehlbetrag** bezeichnet.

Beim Abschluss des GuV-Kontos der Kapitalgesellschaften ergeben sich wegen der besonderen Haftungsverhältnisse Unterschiede zum Einzelunternehmen.

Bd. 1

So muss das Haftungskapital der Kapitalgesellschaft, in der **Aktiengesellschaft** (AG) das **Grundkapital**, in der **Gesellschaft mit beschränkter Haftung** (GmbH) das **Stammkapital**, getrennt ausgewiesen werden. Dies geschieht auf dem Konto **„3000 Gezeichnetes Kapital“**.

Eine Erhöhung des im Handelsregister eingetragenen Grundkapitals der AG ist nur durch Beschluss der Hauptversammlung, eine Erhöhung des Stammkapitals in der GmbH nur durch Beschluss der Gesellschafterversammlung möglich. Daher ist es **nicht statthaft**, das **Gewinn- und Verlustkonto** über das Konto **„3000 Gezeichnetes Kapital“ abzuschließen**.

Der Saldo des Kontos „8020 Gewinn und Verlust“ ist daher über das passive Bestandskonto **„3400 Jahresüberschuss/-fehlbetrag“** abzuschließen. Dieses Konto wird dann zum Jahresabschluss über das Konto „8010 Schlussbilanzkonto“ abgeschlossen. Das **Jahresergebnis** erscheint somit **in der Bilanz** der Kapitalgesellschaften.

Nach dem Gliederungsschema gemäß § 266 HGB ist der Jahresüberschuss bzw. Jahresfehlbetrag dann als Unterposition des Gliederungspunktes „A. Eigenkapital“ getrennt vom gezeichneten Kapital, dem Haftungskapital, auszuweisen.

Abschluss des GuV-Kontos

Einzelunternehmen

- **Erträge > Aufwendungen = Gewinn**
  8020 GuV an 3000 Eigenkapital
- **Erträge < Aufwendungen = Verlust**
  3000 Eigenkapital an 8020 GuV

Aktiva	Bilanz	Passiva
		A. Eigenkapital

Kapitalgesellschaften

- **Erträge > Aufwendungen = Jahresüberschuss**
  8020 GuV an 3400 Jahresüberschuss
  3400 Jahresüberschuss an 8010 SBK
- **Erträge < Aufwendungen = Jahresfehlbetrag**
  3400 Jahresfehlbetrag an 8020 GuV
  8010 SBK an 3400 Jahresfehlbetrag

Aktiva	Bilanz	Passiva
		A. Eigenkapital I. Gez. Kapital II. Jahresüberschuss/ Jahresfehlbetrag

▲ Anhang

Gleichrangiger Bestandteil des Jahresabschlusses der Kapitalgesellschaften ist neben Bilanz und Gewinn- und Verlustrechnung der Anhang. Seine Hauptaufgabe ist es, Angaben in der Bilanz und GuV-Rechnung insgesamt und zu Einzelpositionen zu erläutern.

Die Inhalte des Anhangs sind in den §§ 284–288 HGB festgelegt:

Allgemeine Angaben zur Darstellung, Bilanzierung und Bewertung

Beispiele

- Abweichungen vom Gliederungsschema
- Änderung und Begründung von Bewertungsmethoden
- Nicht mit dem Vorjahr vergleichbare Beträge

Angaben und Erläuterungen zu Einzelpositionen der Bilanz

Beispiele

- Entwicklung der einzelnen Positionen des Anlagevermögens im Anlagenspiegel (vgl. S. 237)

- Abschreibungen des Geschäftsjahres, insbesondere außerplanmäßige
- Einstellungen in freie Rücklagen
- Verbindlichkeitenspiegel (vgl. S. 240)

Angaben und Erläuterungen zur Gewinn- und Verlustrechnung

Beispiele
- Aufgliederung der Umsätze nach Märkten und Tätigkeitsbereichen
- Erläuterung der außerordentlichen Aufwendungen und Erträge

Sonstige Angaben

Bd. 1

Beispiele
- Angaben zu Haftungsverhältnissen (Pfandrechte und sonstige Sicherheiten – Eventualverbindlichkeiten)
- durchschnittliche Beschäftigtenzahl
- Namen des Geschäftsführungsorgans und der Mitglieder des Aufsichtsrates

Mit diesen Angaben soll der Einblick in die tatsächliche Vermögens-, Finanz- und Ertragslage verbessert werden.

▲ Lagebericht

Der Lagebericht gemäß § 289 HGB ergänzt den Jahresabschluss durch Informationen über Geschäftsverlauf, Stand und Entwicklung des Unternehmens, insbesondere durch solche, die die künftige Vermögens-, Finanz- und Ertragslage beeinflussen:

Beispiele
- Marktstellung
- Auftragslage
- Beschäftigungsgrad
- Kapazitätserweiterungen
- Besondere Forschungsfelder
- Ausbildung (z. B. Schwerpunkte der Ausbildung, Zahl der Auszubildenden)
- Umstellung, Erweiterung (Einengung) des Produktions- oder Absatzprogrammes
- Entwicklung von Kosten, Erlösen, Rentabilität, Produktivität, Liquidität
- Besondere Ereignisse zwischen dem Ende des Geschäftsjahres und der Abschlusserstellung
- Voraussichtliche Entwicklung des Unternehmens

▲ Prüfung und Offenlegung (Publizitätspflicht) des Jahresabschlusses

Die **Vermögens- und Ertragslage** von Kapitalgesellschaften ist von großem Interesse insbesondere für
- die Kapitalgeber – Aktionäre, GmbH-Gesellschafter – sowie
- die Gläubiger, denen als Haftungskapital das Gesellschaftsvermögen zur Verfügung steht.

Kapitalgeber und Gläubiger wollen informiert werden über
- die wirtschaftliche Lage und ihre Entwicklung,
- die Leistung der Geschäftsführung,
- Planungsvorhaben, wie Produktionsprogrammgestaltung, Erschließung neuer Märkte, Forschung und Entwicklung.

Zur Information und zum Schutz dieser Personenkreise verpflichtet der Gesetzgeber die Kapitalgesellschaften zur **Veröffentlichung (Publizitätspflicht)** des Jahresabschlusses und des Lageberichtes **im Unternehmensregister** sowie zur **Einreichung beim** zuständigen **Handelsregister**.

Vorher müssen Jahresabschluss und Lagebericht durch unabhängige Abschlussprüfer geprüft werden. Kleine Kapitalgesellschaften (vgl. § 267 HGB) unterliegen nicht der Pflicht zur Prüfung.

Prüfungsbericht:

Der **Abschlussprüfer** hat einen **Prüfungsbericht** (§ 321 HGB) zu erstellen

- über Art, Umfang und Ergebnis der Prüfung,
- die Beurteilung der Lage des Unternehmens durch die gesetzlichen Vertreter, insbesondere zum Fortbestand und zur künftigen Entwicklung,
- die bei der Prüfung festgestellten Unrichtigkeiten oder Verstöße gegen gesetzliche Vorschriften,
- die Tatsachen, die den Bestand des Unternehmens gefährden oder seine Entwicklung wesentlich beeinträchtigen können.

Er stellt fest, ob die Buchführung, der Jahresabschluss und der Lagebericht den gesetzlichen Vorschriften und/oder den Bestimmungen der Satzung/des Gesellschaftsvertrags und den GoB entsprechen und ein den tatsächlichen Verhältnissen entsprechendes Bild der Vermögens-, Finanz- und Ertragslage vermitteln.

Er muss eventuell **Beanstandungen** begründen, die zur **Einschränkung** oder zum **Versagen** des **Bestätigungsvermerks** führen.

Der Abschlussprüfer hat den Prüfungsbericht in einem Bestätigungsvermerk zusammenzufassen, zu unterzeichnen und den gesetzlichen Vertretern des Unternehmens vorzulegen.

Offenlegung:

Die gesetzlichen Vertreter von Kapitalgesellschaften haben den Jahresabschluss, den Lagebericht und den Beschluss über die Verwendung des Jahresüberschusses oder Jahresfehlbetrages beim Betreiber des elektronischen Bundesanzeigers zwecks Veröffentlichung elektronisch einzureichen.

Unterzeichnung des Jahresabschlusses:

Die Mitglieder des Vorstands bei der AG bzw. die Geschäftsführer bei der GmbH haben den **Jahresabschluss unter Angabe des Datums zu unterzeichnen**.

Bei **Einzelunternehmen und Personengesellschaften** müssen der Einzelunternehmer bzw. die persönlich haftenden Gesellschafter (OHG-Gesellschafter, Komplementäre der KG) persönlich unterzeichnen.

Der Jahresabschluss und der Lagebericht sind **zehn Jahre** aufzubewahren.

Aufgaben und Ziele vom Rechnungswesen und Jahresabschluss

Bilanz	■ in **Kontenform** ■ nach dem **Gliederungsschema** gemäß § 266 Abs. 2 und 3 HGB ■ **Kleine Kapitalgesellschaften** brauchen nur eine verkürzte Bilanz aufzustellen, in die nur die mit Großbuchstaben und römischen Ziffern bezeichneten Posten aufgenommen werden. ■ **Große und mittelgroße Kapitalgesellschaften müssen folgende besondere Anforderungen an die Dokumentation des Vermögens und des Kapitals** erfüllen: – Darstellung der Entwicklung des Anlagevermögens im Anlagenspiegel – Angabe der Forderungen mit einer Restlaufzeit von mehr als einem Jahr – vertiefte Gliederung des Eigenkapitals: Gezeichnetes Kapital, Rücklagen, Gewinn- oder Verlustvortrag, Jahresüberschuss/-fehlbetrag (oder Bilanzgewinn/-verlust) – Angaben von Restlaufzeiten und gegebenen Sicherheiten für Verbindlichkeiten ■ Gliederung der Rücklagen

Rücklagen

Offene Rücklagen
= in der Bilanz ausgewiesene Rücklagen

gesetzliche

5 % des um einen Verlustvortrag geminderten Jahresüberschusses, bis die gesetzliche Gewinnrücklage und die Kapitalrücklage zusammen 10 % des Grundkapitals erreichen (§ 150 Abs. 2 AktG)

freie

nach der Satzung vorgesehene oder nach freiem Ermessen des Vorstandes zu bildende Rücklagen aus dem Jahresüberschuss, nach Abzug des Verlustvortrages und der gesetzlichen Gewinnrücklagen

Stille Rücklagen
= nicht in der Bilanz sichtbare Rücklagen

Sie entstehen durch
- Unterbewertung der Aktiva (zulässige überhöhte Abschreibungen),
- Überbewertung der Schulden (zu hoch geschätzte Rückstellungen).

1. Gewinnrücklagen werden aus dem Jahresüberschuss gebildet.
2. Gesetzliche und freie Rücklagen sind getrennt in der Bilanz ausgewiesen.

Gewinn- und Verlustrechnung	
	■ in **Staffelform** ■ nach dem **Gliederungsschema** gemäß § 275 HGB ■ Zusammenfassung der Aufwands- und Ertragsarten nach **Erfolgsquellen** ■ **Kleine Kapitalgesellschaften** dürfen die Posten Umsatzerlöse, sonstige betriebliche Erträge und Materialaufwand zum **Rohergebnis** zusammenfassen. ■ Ausweis des Gewinnes in der Bilanz als **Jahresüberschuss**, des Verlustes als Jahresfehlbetrag, getrennt vom **gezeichneten Kapital**, dem Haftungskapital

Abschluss des GuV-Kontos

Einzelunternehmen

Der Gewinn oder Verlust wird mit dem Eigenkapital verrechnet. In der Bilanz erscheint das veränderte Eigenkapital.

Aktiva	Bilanz Passiva
	A. Eigenkapital

Kapitalgesellschaften

Der Jahresüberschuss oder -fehlbetrag wird getrennt vom gezeichneten Kapital unter der Position Eigenkapital in der Bilanz ausgewiesen, weil das gezeichnete Kapital, auf das die Haftung beschränkt ist, für Außenstehende erkennbar bleiben muss.

Aktiva	Bilanz Passiva
	A. Eigenkapital I. gez. Kapital II. Kapitalrücklage III. Gewinnrücklage IV. Jahresüberschuss/Jahresfehlbetrag

Anhang	▪ gleichrangiger Bestandteil des Jahresabschlusses neben Bilanz und Gewinn- und Verlustrechnung ▪ Erläuterungen zur Bilanz und GuV-Rechnung insgesamt und zu Einzelpositionen
Lagebericht	▪ ergänzt den Jahresabschluss ▪ informiert über Stand und Entwicklung des Unternehmens ▪ informiert über Ereignisse und Maßnahmen, die die künftige Vermögens-, Finanz- und Ertragslage beeinflussen.

- **Kapitalmarktorientierte Unternehmen müssen** den Jahresabschluss um eine **Kapitalflussrechnung** und eine **Eigenkapitalveränderungsrechnung** erweitern.
  Zudem **können** sie den Jahresabschluss um eine **Segmentberichterstattung** erweitern (**Wahlrecht**).
- Mit der Dividendenpolitik werden die Ziele der Dividendenkontinuität aus optischen Gründen oder der ertragsabhängigen Festlegung verfolgt.
- Jahresabschluss und Lagebericht der großen und mittelgroßen Kapitalgesellschaften sind von unabhängigen Abschlussprüfern zu prüfen, vom gesetzlichen Vertreter offenzulegen und zehn Jahre aufzubewahren.

1 Erstellen Sie aufgrund der folgenden Kontensalden die Bilanz einer kleinen Kapitalgesellschaft gemäß den Gliederungsvorschriften des § 266 HGB (vgl. S. 237).

Konto	Kontenbezeichnung	Soll	Haben
0510	Bebaute Grundstücke	432 000,00	
0530	Betriebsgebäude	890 000,00	
0700	Technische Anlagen und Maschinen	675 000,00	
0810	Werkstätteneinrichtung	152 500,00	
0830	Lager- und Transporteinrichtungen	181 000,00	
0840	Fuhrpark	253 000,00	
0860	Büromaschinen	86 500,00	
2000	Rohstoffe	93 500,00	
2020	Hilfsstoffe	12 500,00	
2030	Betriebsstoffe	37 500,00	
2400	Forderungen a. LL.	87 500,00	
2800	Bankguthaben	229 550,00	
2880	Kasse	3 250,00	
3000	Gezeichnetes Kapital		1 880 000,00
3400	Jahresüberschuss/Jahresfehlbetrag		165 000,00
4100	Anleihen/Hypothekendarlehen		800 000,00
4200	Verbindlichkeiten gegenüber Kreditinstituten		107 000,00
4400	Verbindlichkeiten a. LL.		150 200,00
4800	Umsatzsteuer		31 600,00
		3 133 800,00	3 133 800,00

2 Erstellen Sie für eine kleine Kapitalgesellschaft (GmbH – Industrieunternehmen) die Bilanz unter Beachtung des Gliederungsschemas auf S. 237.

Nr.	Kontenbezeichnung	Soll	Haben
0500	Unbebaute Grundstücke	155 000,00	
0510	Bebaute Grundstücke	465 000,00	
0700	Technische Anlagen und Maschinen	868 000,00	
0830	Lager- und Transporteinrichtungen	124 000,00	
0840	Fuhrpark	62 000,00	
0860	Geschäftsausstattung	93 000,00	
1600	Darlehensforderungen	108 500,00	
2000	Rohstoffe	217 000,00	
2020	Hilfsstoffe	74 400,00	
2030	Betriebsstoffe	18 600,00	
2100	Unfertige Erzeugnisse	55 800,00	
2200	Fertige Erzeugnisse	161 200,00	
2400	Forderungen a. LL.	372 000,00	
2690	Übrige sonstige Forderungen	24 800,00	
2800	Guthaben bei Kreditinstituten	238 700,00	
2880	Kasse	12 400,00	
2900	Aktive Jahresabgrenzung	49 600,00	
3000	Gezeichnetes Kapital		1 400 000,00
3200	Gewinnrücklagen		170 000,00
3400	Jahresüberschuss/Jahresfehlbetrag		350 000,00
3800	Steuerrückstellungen		70 000,00
3900	Sonstige Rückstellungen		28 000,00
4250	Langfristige Verbindlichkeiten gegenüber Kreditinstituten		750 000,00
4400	Verbindlichkeiten a. LL.		148 200,00
4800	Umsatzsteuer		95 000,00
4840	Verbindlichkeiten gegenüber Sozialversicherung		67 000,00
4890	Übrige sonstige Verbindlichkeiten		14 000,00
4900	Passive Rechnungsabgrenzung		7 800,00
		3 100 000,00	3 100 000,00

3 Eine Aktiengesellschaft (Industrieunternehmen) legt vor Verteilung des Jahresergebnisses der Hauptversammlung folgende Bilanz (Bilanzauszug) vor:

Aktiva	Bilanz der GmbH zum 31. Dezember ..	Haben
	A. Eigenkapital	
	I. Gezeichnetes Kapital	6 200 000,00
	II. Kapitalrücklagen	180 000,00
	III. Gewinnrücklagen	120 000,00
	IV. Gewinnvortrag	15 000,00
	V. Jahresüberschuss	1 550 000,00

Die Hauptversammlung hat folgenden Beschluss zur Gewinnverwendung getroffen:

1. Einstellung in die gesetzliche Gewinnrücklage: 5 % gemäß § 150 Abs. 2 AktG.
2. Einstellung in „andere Gewinnrücklagen“: 20 % des verbleibenden Jahresüberschusses.
3. An die Aktionäre sind 18,5 % Dividende auszuschütten.
4. Der Rest des Jahresüberschusses ist als Gewinnvortrag zu übernehmen.

a) Berechnen Sie die Einstellungen in die Gewinnrücklagen, die auszuschüttende Dividende und den verbleibenden neuen Gewinnvortrag.

b) Richten Sie die Konten „3200 Gewinnrücklagen“, „3300 Ergebnisverwendung/Gewinnvortrag“, „3400 Jahresüberschuss“ und „4870 Verbindlichkeiten gegenüber Gesellschaftern“ ein und buchen Sie die obigen Beschlüsse der Hauptversammlung über die Gewinnverwendung.

4 Erstellen Sie für eine kleine Kapitalgesellschaft (AG) die Gewinn- und Verlustrechnung in Staffelform gemäß dem Gliederungsschema auf S. 242.

Nr.	Kontenbezeichnung	Soll	Haben
5000	Umsatzerlöse für eigene Erzeugnisse		4620000,00
5200	Bestandsveränderungen an unfertigen und fertigen Erzeugnissen	69300,00	
5400	Mieterträge		150000,00
5460	Erträge aus dem Abgang von Gegenständen des AV und UV		35000,00
5490	Periodenfremde Erträge		18000,00
5710	Zinserträge		17000,00
6000	Aufwendungen für Rohstoffe	982000,00	
6020	Aufwendungen für Hilfsstoffe	478000,00	
6040	Verpackungsmaterial	125000,00	
6050	Energie	148700,00	
6140	Frachten und Fremdlager	45600,00	
6160	Fremdinstandsetzung	98000,00	
6200	Löhne	970000,00	
6300	Gehälter	475000,00	
6400	Arbeitgeberanteil zur Sozialversicherung	231200,00	
6420	Beiträge zur Berufsgenossenschaft	27000,00	
6520	Abschreibungen auf Sachanlagen	720000,00	
6800	Büromaterial	78000,00	
6820	Postentgelte/Telekommunikation	1200,00	
6870	Werbung	145000,00	
6900	Versicherungsbeiträge	38000,00	
6960	Verluste aus dem Abgang von Vermögensgegenständen	152000,00	
7000	Gewerbesteuer	135000,00	
7030	Kraftfahrzeugsteuer	25000,00	
7510	Zinsaufwendungen	101000,00	
7710	Körperschaftsteuer	95000,00	
		5140000,00	4840000,00

5 Der Vorstand einer AG will den Jahresabschluss unter teilweiser Verwendung des Jahresüberschusses aufstellen. Daher sollen 5 % des Jahresüberschusses den gesetzlichen Rücklagen und 30 % des verbleibenden Jahresüberschusses den „anderen Gewinnrücklagen“ zugewiesen werden. Der restliche Gewinn ist als Bilanzgewinn auszuweisen.

	Soll €	Haben €
Gezeichnetes Kapital (Grundkapital)		1200000,00
Gesetzliche Gewinnrücklage		45000,00
Andere Gewinnrücklage		30000,00
Gewinn- und Verlustkonto	1550000,00	1790000,00

a) Berechnen Sie den Jahresüberschuss.

b) Berechnen Sie die Einstellung

ba) in die gesetzliche Gewinnrücklage,

bb) in die anderen Gewinnrücklagen.

c) Stellen Sie gem. § 266 HGB in einem Auszug der AG-Bilanz das Eigenkapital der Aktiengesellschaft dar.

d) Grenzen Sie den Begriff Rücklagen gegenüber dem Begriff Rückstellungen ab.

2 Bewertung nach Handelsrecht

2.1 Bewertungsprobleme und Bewertungsgrundsätze

Zur Vorbereitung des Jahresabschlusses wird in der Bürodesign GmbH Inventur gemacht. Frau König und Herr Stein haben bereits alle Aufnahmelisten gesammelt und mit der Bewertung der Vermögensteile und der Schulden begonnen.

Bei manchen Wertansätzen sind sie sich nicht einig: Den erwarteten Gewinn möchte Herr Stein verstecken und daher das Vermögen möglichst niedrig bewerten. Frau König möchte jedoch einige Vermögensteile, die als Sicherheiten für beantragte Kredite infrage kommen, möglichst hoch bewerten.

- Versuchen Sie, Argumente für beide Auffassungen zu finden.
- Stellen Sie die Auswirkungen beider Bewertungsauffassungen an folgenden Beispielen dar:
  1. Ein Grundstück, das vor zwei Jahren für 40 000,00 € gekauft wurde, hat am Bilanzstichtag einen geschätzten Verkehrswert von 60 000,00 €.
  2. Zu Beginn des Geschäftsjahres wurde eine Furnieranlage für 300 000,00 € angeschafft. Die betriebsgewöhnliche Nutzungsdauer beträgt zehn Jahre.

Bewertungsprobleme

Im Rahmen der Inventur muss der Kaufmann zur Aufstellung des Inventars und der Bilanz Vermögen und Schulden bewerten. **Bewerten** heißt entscheiden, mit welchen Geldwerten die einzelnen Vermögensteile und Schulden zu inventarisieren oder zu bilanzieren sind. **Schwierigkeiten bereitet die Bewertung** vor allem bei solchen Wirtschaftsgütern,

- die Preisschwankungen unterliegen (Rohstoffe),
- die Wertminderungen (Anlagevermögen wird abgenutzt) erleiden oder
- die aufgrund gesetzlich eingeräumter Wahlrechte unterschiedlich hoch angesetzt (selbst geschaffene immaterielle Vermögenswerte) werden können.

Die festgelegten Werte gehen in den **Jahresabschluss** ein. Er besteht aus Bilanz, GuV-Rechnung und Anhang. Mit diesen Bestandteilen des Jahresabschlusses sollen der Unternehmer selbst und außenstehende Dritte (Kapitalgeber, Finanzverwaltung, Belegschaft u. a.) über

die Vermögenslage	die Ertragslage	die Finanzlage

informiert werden. Daher ist zu beachten, dass ein den tatsächlichen Verhältnissen entsprechendes Bild vermittelt und eine zu hohe oder zu niedrige Bewertung vermieden wird.

Zu hohe Bewertung des Vermögens und zu **niedrige Bewertung der Schulden** können die Gläubiger und Kapitalgeber zu falschen Entscheidungen veranlassen. Umgekehrt ist zu beachten, dass eine **zu niedrige Bewertung des Vermögens** und **eine zu hohe Bewertung der Schulden** wegen des geringeren steuerpflichtigen Gewinns gegen die Interessen der Finanzverwaltung verstoßen.

Bewertungsentscheidungen müssen daher im Rahmen handels- und steuerrechtlicher Vorschriften erfolgen.

Bewertungsvorschriften

Handelsrechtlich	Steuerrechtlich
Die grundlegenden Vorschriften sind im 3. Buch des HGB (Handelsbücher) enthalten.	Grundlegende Vorschriften finden sich im **Einkommensteuergesetz**.
Sie gelten für **alle** Kaufleute, die Vermögen und Erfolg ermitteln müssen.	Sie gelten für alle, die nach steuerrechtlichen Vorschriften **Bücher führen** oder **Aufzeichnungen machen** müssen.
Sie dienen dem **Gläubigerschutz**, weil Vermögen und Schulden möglichst vorsichtig (wichtiger Grundsatz) bewertet werden müssen.	Sie sollen bewirken, dass der Gewinn als **Steuerbemessungsgrundlage** nach einheitlichen Grundsätzen ermittelt wird. Damit dienen sie der gerechten Besteuerung (vgl. S. 230f.).

Bilanz nach Handelsrecht = Handelsbilanz

Bilanz nach Steuerrecht = Steuerbilanz

Die Wertansätze in der Handelsbilanz sind grundsätzlich auch für die Steuerbilanz maßgeblich.

Maßgeblichkeitsgrundsatz

Nur zwingende Vorschriften des Steuerrechts führen zu Abweichungen von Handels- und Steuerbilanz

Bewertungsgrundsätze

Allgemeine Bewertungsgrundsätze:

Im § 252 Abs. 1 HGB ist ein Katalog von allgemeinen Bewertungsgrundsätzen ausgewiesen:

Allgemeine Bewertungsgrundsätze nach § 252 Abs. 1 HGB					
Bilanzidentität	Fortführung der Unternehmenstätigkeit (Going Concern)	Einzelbewertungsprinzip	– Vorsichtsprinzip – Realisationsprinzip – Imparitätsprinzip	Periodenabgrenzung	Bewertungsstetigkeit
Abweichungen sind nur in begründeten Ausnahmefällen zulässig (§ 252 Abs. 2 HGB).					

- **Bilanzidentität (Bilanzgleichheit):** Die Eröffnungsbilanz eines Geschäftsjahres muss als **Ganzes** und in den **einzelnen Positionen** und Werten mit der Schlussbilanz des vorangegangenen Geschäftsjahres übereinstimmen.
- **Fortführung der Unternehmenstätigkeit** (Going Concern): Bei der Bewertung ist von der **Fortführung** der Unternehmenstätigkeit auszugehen, nicht von der Veräußerung des Wirtschaftsgutes oder von der Auflösung des Unternehmens.
- **Einzelbewertung:** Jedes Wirtschaftsgut und jede Schuld ist grundsätzlich einzeln zu bewerten. Aus diesem Grundsatz leitet sich ein **Saldierungsverbot** ab.

  Beispiel Forderungen und Verbindlichkeiten dürfen nicht miteinander verrechnet werden. Dadurch würden Vermögens- und Finanzlage verfälscht.

  Der Gesetzgeber hat unter bestimmten Bedingungen davon abweichende Bewertungsvereinfachungsverfahren zugelassen (vgl. § 240 Abs. 3 und 4 HGB).

- **Vorsichtsprinzip, Gläubigerschutzprinzip:** Es sind alle vorhersehbaren Risiken und Verluste im Jahresabschluss zu berücksichtigen, um einen zu hohen Vermögens- und einen zu niedrigen Schuldenausweis zu vermeiden. Demnach **dürfen** Gewinne infolge von Wertsteigerungen nur berücksichtigt werden, wenn sie am Abschlusstag realisiert sind **(Realisationsprinzip)**.

  Beispiel Das Grundstück mit dem Anschaffungswert von 40 000,00 € und einem Verkehrswert von 60 000,00 € darf nicht mit 60 000,00 € angesetzt werden, weil 20 000,00 € Wertsteigerung nicht realisiert sind. Die Realisierung erfolgt erst durch den Verkauf des Grundstücks.

  Drohende Wertverluste müssen dagegen berücksichtigt werden, obwohl sie noch nicht eingetreten sind. Wegen der unterschiedlichen Behandlung nicht realisierter Gewinne und Verluste spricht man auch vom **Imparitätsprinzip** (Imparität = Ungleichheit).

  Die Beachtung des **Vorsichtsprinzips** verhindert, dass Vermögen und Gewinn zu hoch ausgewiesen werden. Unangemessene Besteuerung und Gewinnausschüttung werden verhindert. Die Haftungssubstanz gegenüber den Gläubigern wird realistisch dargestellt. Das Vorsichtsprinzip findet seinen Ausdruck in speziellen Vorschriften zur Bewertung des Vermögens und der Schulden (vgl. S. 256).

- **Periodenabgrenzung:** Aufwendungen und Erträge des Geschäftsjahres sind unabhängig von den Zeitpunkten der entsprechenden Zahlungen im Jahresabschluss zu berücksichtigen.

- **Bewertungsstetigkeit (Kontinuität):** Die auf den vorhergehenden Jahresabschluss angewandten Bewertungsmethoden sollen beibehalten werden. Mit diesem Grundsatz soll der Übergang zu anderen Bewertungsmethoden aus bilanztaktischen Erwägungen verhindert und die Vergleichbarkeit der Jahresabschlüsse gesichert werden.

  Beispiel Die einmal gewählte Abschreibungsmethode für ein Anlagegut muss beibehalten werden.

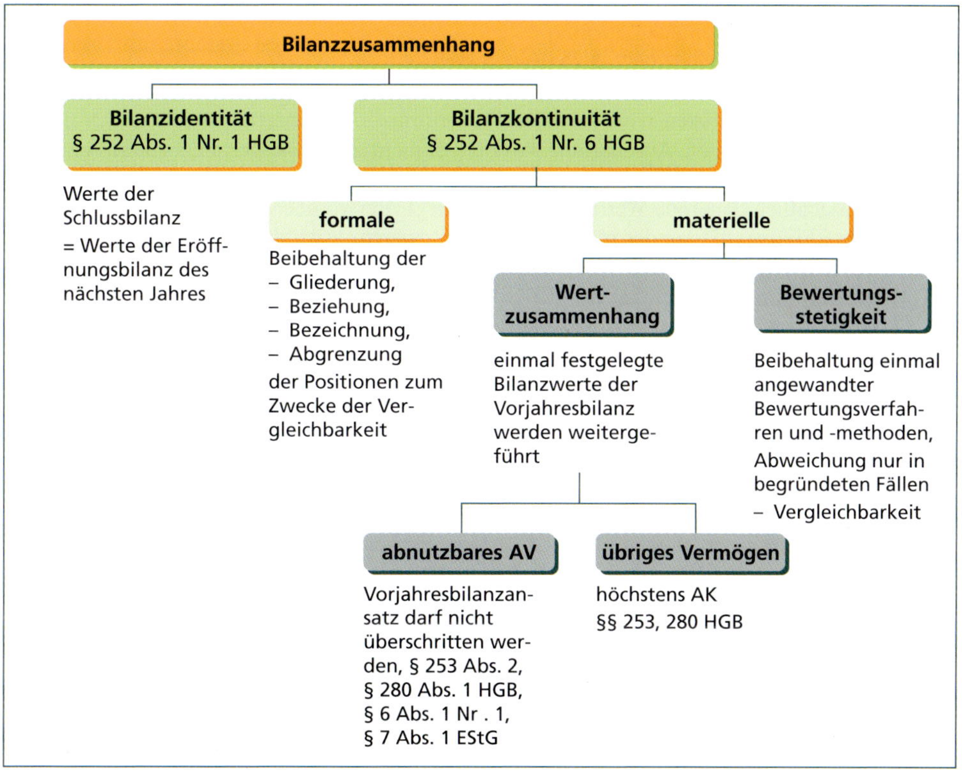

Besondere Bewertungsgrundsätze für Vermögen und Schulden:

Neben den allgemeinen Bewertungsgrundsätzen, die für alle Kaufleute gelten, werden in § 253 HGB Bewertungsgrundsätze für das Vermögen und die Schulden konkretisiert, die alle Ausdruck des **Vorsichts-** und **Gläubigerschutzprinzips** sind.

- **Anschaffungskostenprinzip:** Vermögensgegenstände sind höchstens mit ihren Anschaffungskosten anzusetzen. Die Anschaffungskosten bilden die **Wertobergrenze**, auch wenn am Bilanzstichtag der Wert über den Anschaffungskosten liegt (§ 253 Abs. 1 HGB) (vgl. S. 259f.).

  Unter **Anschaffungskosten** ist der Wert zu verstehen, den ein Betrieb aufwenden muss, um ein Wirtschaftsgut zu beschaffen und – bei Gütern des Anlagevermögens – um es in einen betriebsbereiten Zustand zu versetzen (§ 255 Abs. 1 HGB).

  Beispiel Der Anschaffungswert einer im November gekauften Tischlerplatte betrug 48,00 €. Am Bilanzstichtag beträgt der Marktpreis 54,00 €. Der Wertansatz im Inventar und in der Bilanz muss zum Anschaffungswert von 48,00 € erfolgen. 6,00 € stellen nicht realisierte Gewinne dar, die nicht ausgewiesen werden dürfen.

  Bei **selbst erstellten Gütern** (unfertige und fertige Erzeugnisse, Anlagen und Werkzeuge) bilden die **Herstellungskosten** (gem. § 255 Abs. 2 HGB) die entsprechende **Wertobergrenze** (vgl. S. 260ff.).

- **Niederstwertprinzip**
  - **Umlaufvermögen:** Liegt der Tageswert (Börsen- oder Marktpreis) zum Bilanzstichtag unter dem Anschaffungswert oder dem vorherigen Wertansatz in der Bilanz, liegen auszuweisende nicht realisierte Verluste vor. Demnach muss das Vermögen zum niedrigeren Wert ausgewiesen werden (strenges Niederstwertprinzip). Das strenge Niederstwertprinzip gilt nur für Gegenstände des Umlaufvermögens (vgl. S. 274ff.).

    Beispiel

Anschaffungswert einer Tischlerplatte	48,00 €
Niedrigerer Wert zum Bilanzstichtag	38,00 €
Wertansatz in der Bilanz gem. § 253 Abs. 3 HGB	38,00 €

  - **Anlagevermögen:**
    Beim **Anlagevermögen** wird das Niederstwertprinzip gemildert (vgl. S. 259 ff.), indem der niedrigere Wert als die Anschaffungskosten (bei nicht abnutzbaren Anlagegütern) bzw. als die fortgeführten AK (bei abnutzbaren Anlagegütern) nur dann angesetzt werden muss, wenn eine voraussichtlich dauernde Wertminderung vorliegt. Bei vorübergehender Wertminderung darf **nur bei Finanzanlagen** der niedrigere Wert (**Bewertungswahlrecht**) angesetzt werden.
    Entfällt der Grund für die Wertminderung, so gilt ein generelles **Wertaufholungsgebot/Zuschreibungsgebot** (§ 253 Abs. 5 HGB), bei einer Zuschreibung ist aber das Anschaffungskostenprinzip in jedem Fall zu beachten.
    Bei abnutzbaren Anlagegütern bilden die **fortgeführten HStK die Wertobergrenze** für die Zuschreibung.

    Beispiel Außenplanmäßige AfA

Anschaffungswert einer Maschine bei 10-jähriger ND und linearer AfA	500 000,00 €
Fortgeführte Anschaffungskosten (vorläufiger Buchwert) zum Bilanzstichtag	3350000,00 €
Niedrigerer Wert zum Bilanzstichtag 3 wegen eines erheblichen Nachfragerückgangs bei den mit der Maschine produzierten Produkten	250 000,00 €
Außerplanmäßige AfA nach dem 3. Nutzungsjahr	100 000,00 €
Bilanzansatz bei erwarteter dauerhafter Werteinbuße	250000,00 €

- **Höchstwertprinzip:** Das Höchstwertprinzip gilt bei der Bewertung von Verbindlichkeiten. Wie beim Niederstwertprinzip gilt auch hier das Imparitätsprinzip (vgl. S. 256). Drohende Verluste und ungewisse Verbindlichkeiten müssen ausgewiesen werden.

Bewertung nach Handels- und Steuerrecht

2.1 Bewertungsgrundsätze

Allgemeine Bewertungsgrundsätze

- Bilanzidentität
- Unternehmensfortführung (Going Concern)
- Einzelbewertung
- Vorsicht
  - Realisationsprinzip
  - Imparitätsprinzip
- Periodenabgrenzung
- Bewertungsstetigkeit

Besondere Bewertungsgrundsätze für Vermögen und Schulden

- Anschaffungskostenprinzip für das Vermögen (Anschaffungskosten als Wertobergrenze)
- strenges Niederstwertprinzip für das Umlaufvermögen
- gemildertes Niederstwertprinzip für das Anlagevermögen
- Höchstwertprinzip für die Schulden

- **Realisations-, Anschaffungskosten-, Niederstwertprinzip** und **Höchstwertprinzip** sind Ausdruck **kaufmännischer Vorsicht**.
- Zielsetzungen der Bewertung sind Gläubigerschutz, Vermeidung zu hoher Gewinnausschüttung und -versteuerung und Erhaltung der Haftungssubstanz.
- Bei selbst erstellten Gütern (unfertige und fertige Erzeugnisse, Anlagen und Werkzeuge) bilden die **Herstellungskosten** die entsprechende **Wertobergrenze**.
- Beim **Sachanlagevermögen** werden die fortgeführten **Anschaffungskosten** angesetzt. Ein **niedrigerer Wert muss** angesetzt werden, wenn eine **voraussichtliche dauernde Wertminderung** vorliegt.
- Für **Finanzanlagen** gilt: **Bei vorübergehender Wertminderung darf** der **niedrigere Wert** angesetzt werden (**Bewertungswahlrecht**).
- Entfällt der Grund für die außerplanmäßige Abschreibung, so gilt ein generelles **Wertaufholungs-/Zuschreibungsgebot**. Dabei bilden die **fortgeführten Anschaffungs-/Herstellungskosten** die **Wertobergrenze**.

1 Erläutern Sie „strenges Niederstwertprinzip", „gemildertes Niederstwertprinzip" und „Höchstwertprinzip".

2 „Vorsichtige Bewertung entspricht dem Gläubigerschutzprinzip". Erläutern Sie diese Aussage am Beispiel der Grundstücksbewertung.

3 Erläutern Sie die Bewertungsprinzipien
a) Realisationsprinzip,
b) Imparitätsprinzip,
c) Anschaffungskostenprinzip.

4 Erklären Sie an einem Beispiel das „Prinzip der Bewertungsstetigkeit" und geben Sie Gründe für seine Befolgung an.

5 Erläutern Sie die Auswirkung unterschiedlicher Bewertungen
a) auf die Darstellung der Vermögenslage,
b) auf die Darstellung der Ertragslage
am Beispiel des Anlagevermögens und der Rückstellungen.

6 Stellen Sie Ziele der Rechnungslegung nach HGB dar.

2.2 Bedeutung, Gliederung und Bewertung des Anlagevermögens

Silvia Land wurde bei der Inventur in die Bewertungsfragen einbezogen. „Das ist aber komisch", sagt sie an Frau König gerichtet, „das Grundstück, auf dem unsere Betriebsgebäude stehen, unser Parkplatz liegt, steht mit 12 000,00 € zu Buch." „Na und?", reagiert Frau König. „Aber das sind doch, wie der Auszug des Grundbuchamtes bestätigt, 20 000 m²" meint Silvia.

„Das ist richtig, aber das Grundstück wurde schon 1949, kurz nach der Währungsreform, gekauft und damals konnte man solche Grundstücke für 1,00 DM pro m² haben", antwortet Frau König. „Aber heute kostet hier das Bauland 120,00 € pro m².

- Erläutern Sie die Aussage zum Wert des Grundstücks.
- Erläutern Sie die Bewertung von Grundstücken nach HGB.
- Nehmen Sie Stellung zum Informationswert der Bilanz, bezogen auf die Position „Bebaute Grundstücke".
- Erarbeiten Sie die Bewertung abnutzbarer Anlagegüter.

▲ Wirtschaftliche Bedeutung des Anlagevermögens

Die Bewertung des Anlagevermögens gehört zu den wichtigsten Feldern der Geschäfts- und Bilanzpolitik eines Unternehmens. Dies hängt einerseits mit der Bedeutung des Anlagevermögens für das Unternehmen und für Gläubiger (z. B. als Sicherheit), andererseits mit den Risiken und den Kosten, die mit dem Anlagevermögen verbunden sind, zusammen. Nicht zuletzt wird über die Bewertung des Anlagevermögens ein großer Gestaltungsrahmen des Jahresergebnisses verständlich. Betriebswirtschaftlich bildet das Anlagevermögen die **Grundlage der Betriebsbereitschaft**. Wegen der langfristigen Kapitalbindung sollte es langfristig finanziert werden. Das Anlagevermögen verursacht fixe Kosten (Abschreibungen, Wartung u. a.), das hier gebundene Kapital ist wegen der Veralterung und technischen Überholung einem besonderen Risiko ausgesetzt. Investitionen ins Anlagevermögen sind mit größter Sorgfalt zu prüfen, da das Kapital bei veränderter Marktsituation nur schwer freizusetzen ist.

▲ Abgrenzung zum Umlaufvermögen

Unter dem **Anlagevermögen** sind gem. § 247 Abs. 2 HGB die Vermögensgegenstände auszuweisen, die dazu **bestimmt** sind, dem Geschäftsbetrieb **dauernd** zu dienen. „Dauernd" bedeutet in diesem Zusammenhang die Absicht einer **mehrmaligen Nutzung** des Wirtschaftsgutes. In dieser Zweckbestimmung, mehrmals benutzt zu werden, liegt die Abgrenzung zum **Umlaufvermögen**, das dem Geschäftsbetrieb nur einmal dient und dabei

- **verbraucht** (Roh-, Hilfs- und Betriebsstoffe),
- **veräußert** (fertige Erzeugnisse, Handelswaren) oder
- **verwertet** (Forderungen, Bankguthaben, Bargeld)

wird.

Beispiel Ein Autohändler hat 40 neue Pkw eines bestimmten Typs gekauft. Er bestimmt, dass ein Pkw Vorführwagen für die nächsten drei Monate sein soll. In dieser Zeit wird er zum Anlagevermögen gerechnet. Die übrigen 39 Pkw sollen verkauft werden. Sie zählen zum Umlaufvermögen.

▲ Gliederung des Anlagevermögens

Nach § 266 HGB fordert der Gesetzgeber für den Ausweis in der Bilanz folgende Gliederung des Anlagevermögens:

A. Anlagevermögen

I. Immaterielle Vermögensgegenstände

1. Selbst geschaffene gewerbliche Schutzrechte und ähnliche Rechte und Werte.
2. Entgeltlich erworbene Konzessionen, gewerbliche Schutzrechte und ähnliche Rechte und Werte sowie Lizenzen an solchen Rechten und Werten
3. Geschäfts- oder Firmenwert
4. geleistete Anzahlungen

II. Sachanlagen

1. Grundstücke, grundstücksgleiche Rechte und Bauten einschl. der Bauten auf fremden Grundstücken
2. technische Anlagen und Maschinen
3. andere Anlagen, Betriebs- und Geschäftsausstattung
4. geleistete Anzahlungen und Anlagen im Bau

III. Finanzanlagen

1. Anteile an verbundenen Unternehmen
2. Ausleihungen an verbundene Unternehmen
3. Beteiligungen
4. Ausleihungen an Unternehmen, mit denen ein Beteiligungsverhältnis besteht
5. Wertpapiere des Anlagevermögens
6. sonstige Ausleihungen

Für Zwecke der Bewertung ist folgende weiter gehende Gliederung der Sachanlagen von Bedeutung:

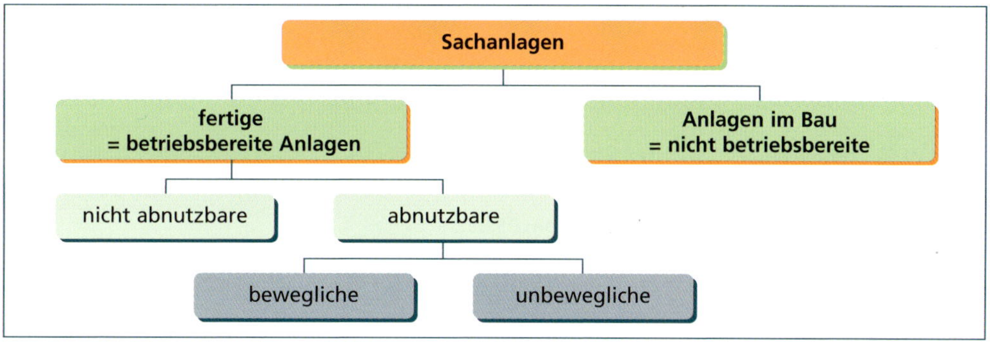

Beispiele

Nicht abnutzbare Sachanlagen:	Grundstücke
Abnutzbare bewegliche Sachanlagen:	Maschinen, Fahrzeuge, Büromöbel, Computer
Abnutzbare unbewegliche Sachanlagen:	Gebäude

Bewertung des Anlagevermögens

Wirtschaftsgüter des Anlagevermögens sind nach HGB höchstens zu **Anschaffungs-** oder **Herstellungskosten** zu bewerten.

Anschaffungskosten:

Anschaffungskosten sind nach § 255 Abs. 1 HGB die Aufwendungen, die geleistet werden, um einen Vermögensgegenstand zu **erwerben** und ihn in einen **betriebsbereiten Zustand zu versetzen**, soweit sie dem Vermögensgegenstand einzeln zugeordnet werden können (Einzelkosten).

Zu den Anschaffungskosten gehören auch die **Nebenkosten** sowie die **nachträglichen Anschaffungskosten**. Anschaffungskostenpreisminderungen sind abzusetzen:

- **Kaufpreis: Ausgangsgröße** für die Ermittlung der Anschaffungskosten ist der Kaufpreis, der aufgrund der Eingangsrechnung zu zahlen ist.
- **Anschaffungsnebenkosten** entstehen teilweise **im Zusammenhang** mit dem Erwerb, wie z.B. Eingangsfrachten, Rollgelder, Transportversicherung, Zoll, Vermittlungsprovision, Entladekosten, und teilweise **nach dem Erwerb**, um die Anlage in einen betriebsbereiten Zustand zu versetzen,

wie z. B. Fundamentierungs- oder Montagekosten, Kosten der Anschlüsse, der Genehmigung und Abnahme (z. B. TÜV) durch Behörden. **Anschaffungspreisminderungen** wie Rabatte, Boni oder Skonti sind von dem Anschaffungspreis abzusetzen:

Kaufpreis	Listenpreis ohne Umsatzsteuer
– Anschaffungspreisminderungen	Rabatte, Boni, Skonti
+ Anschaffungsnebenkosten	Fracht, Rollgelder, Transportversicherung, Zoll, Vermittlungsgebühren, Notar-, Gerichts-, Registerkosten, Grunderwerbsteuer
+ nachträgliche Anschaffungskosten	Fundamentierungs-, Montage-, Anschluss-, Abnahmekosten, Anlieger- und Erschließungsbeiträge
= Anschaffungskosten	zu aktivierender Wert

– **Finanzierungskosten:** Wird zur Beschaffung des Anlagegutes ein Kredit aufgenommen, so sind die dadurch anfallenden Finanzierungskosten (Zinsen) **keine Anschaffungskosten** des Anlagegutes, sondern Geldbeschaffungskosten.

– **Umsatzsteuer:** Die bei der Anschaffung des Anlagegutes bezahlte Umsatzsteuer ist als abzugsfähige Vorsteuer ebenfalls **kein Bestandteil der Anschaffungskosten** des Anlagegutes.

Beispiel Bei der Anschaffung einer Produktionsanlage fielen folgende Belege an:

ER 07 vom 02.01.20.. der Fa. Henk & Co.:	
Listenpreis	213 917,52 €
– 4 % Sonderrabatt	8 556,70 €
	205 360,82 €
+ 19 % Umsatzsteuer	39 018,56 €
	244 379,38 €
ER 14 der Spedition TraPo GmbH/BA 04 vom 05.01.20..:	
Fracht für Anlieferung der Transportanlage	800,00 €
+ 19 % Umsatzsteuer	152,00 €
	952,00 €
BA vom 15.01.20..: Banküberweisung an Henk & Co. für ER 07 nach Abzug von 3 % Skonto (244 379,38 – 7 331,38)	237 048,00 €
Ermittlung der Anschaffungskosten der Produktionsanlage:	
Listenpreis	213 917,52 €
– 4 % Sonderrabatt	8 556,70 €
	205 360,82 €
– 3 % Skonto	6 160,82 €
	199 200,00 €
+ Fracht	800,00 €
Anschaffungskosten	**200 000,00 €**

Herstellungskosten:

Wurde die Anlage im eigenen Unternehmen hergestellt, sind entsprechend alle **Kosten der Herstellung** anzusetzen, bis die Anlage für den vorgesehenen Zweck in betriebsbereitem Zustand ist.

- Die **Herstellungskosten** sind in § 255 Abs. 2 Satz 1 HGB definiert. Es sind die Aufwendungen, die durch den **Verbrauch von Gütern** und die **Inanspruchnahme von Diensten**
  - für die **Herstellung** eines Vermögensgegenstandes,
  - seine **Erweiterung** oder
  - eine über seinen ursprünglichen Zustand hinausgehende wesentliche Verbesserung entstehen.

- **Bestandteile der Herstellungskosten:**
  - **Fertigungsmaterial (Materialeinzelkosten):** Hierzu zählen die unmittelbar für die Erzeugnisse verbrauchten und den Erzeugnissen zurechenbaren Roh-, Hilfs- und Betriebsstoffe sowie eingebaute selbst erstellte oder fremdbezogene Fertigteile.
  - **Fertigungslöhne (Fertigungseinzelkosten):** Sie umfassen alle bei der Fertigung anfallenden Bruttolöhne, soweit eine direkte Zurechnung möglich ist. Dazu zählen auch die gesetzlichen, tariflichen und vertraglichen Nebenleistungen (z. B. Arbeitgeberanteil zur Sozialversicherung, Unfallversicherung, vermögenswirksame Leistungen des Arbeitgebers) und die Zuschläge für Sonderleistungen, die sich auf die Fertigungslöhne beziehen (z. B. Akkordzuschläge).
  - **Sondereinzelkosten der Fertigung**, wie z. B. auftragsbezogene Lizenzgebühren, Modelle oder Sonderwerkzeuge, sind ebenfalls Pflichtbestandteil der Herstellungskosten. Material-, Fertigungseinzelkosten und Sondereinzelkosten der Fertigung bilden die Untergrenze der handelsrechtlichen Herstellungskosten.
  - **Notwendige Materialgemeinkosten:** Kosten der Einkaufsabteilung, der Warenannahme, der Material- und Rechnungsprüfung, der Lagerung, der Materialverwaltung und -ausgabe.
  - **Notwendige Fertigungsgemeinkosten:** Kosten der Lagerung, der Prüfung des Fertigungsmaterials, der Fertigungsvorbereitung, der Betriebsleitung, der Werkzeuglagerung, des Lohnbüros, des durch die Fertigung bedingten Werteverzehrs des Anlagevermögens.

Bei den Herstellungskosten besteht eine **Aktivierungspflicht** für die Materialkosten, die Fertigungskosten und die Sonderkosten der Fertigung sowie für die Materialgemeinkosten, die Fertigungsgemeinkosten und die anteiligen Abschreibungen.

Wahlweise dürfen zusätzlich angemessene Teile der allgemeinen Verwaltungskosten sowie die Aufwendungen für soziale Einrichtungen, für freiwillige soziale Leistungen und für die betriebliche Altersvorsorge aktiviert werden, sofern sie auf den Herstellungszeitraum entfallen und diesem zuzurechnen sind.

Ein **weiteres Aktivierungswahlrecht** besteht zudem für Fremdkapitalzinsen, wenn das Fremdkapital zur Finanzierung der Herstellung eines Vermögensgegenstandes verwendet wird und die dafür zu zahlenden Zinsen auf den Produktionszeitraum entfallen (§ 255 Abs. 3 HGB).

Ein **Aktivierungsverbot** besteht für **Forschungs-** und **Vertriebskosten**. Diese dürfen nicht in die Herstellungskosten einbezogen werden.

Schema zur Berechnung der Herstellungskosten (HStK) nach § 255 HGB		
Pflichtbestandteile produktbezogener HStK	Materialeinzelkosten + Fertigungseinzelkosten + Sondereinzelkosten der Fertigung + notw. Materialgemeinkosten + notw. Fertigungsgemeinkosten + notw. Werteverzehr (Abschreibungen) des AV	**Aktivierungspflicht**
	= Wertuntergrenze der HStK	
Wahlbestandteile angemessener zeitraumbezogener HStK	+ Kosten der allgemeinen Verwaltung + Aufwendungen für soziale Einrichtungen des Betriebes, freiwillige soziale Leistungen + Aufwendungen der betrieblichen Altersversorgung + Zinsen zur Finanzierung der Herstellung eines Vermögensgegenstandes	**Aktivierungswahlrecht**
	= Wertobergrenze	
Keine Bestandteile der HStK	– Vertriebskosten – Forschungskosten – Zinsen für Fremdkapital	**Aktivierungsverbot**

Es empfiehlt sich, zur schnellen Zuordnung der Herstellungskosten in Anlehnung an das Berechnungsschema in jedem Betrieb einen entsprechenden Kontenplan anzulegen.

Beispiel

Bestandteile \ Rechtsgrundlage	HGB nach § 255	Beispiele
Einzelkosten Materialeinzelkosten + Fertigungseinzelkosten + Sondereinzelkosten der Fertigung	 Pflicht Pflicht Pflicht	 – Roh-, Hilfs- und Betriebsstoffverbrauch zu Anschaffungskosten – Fertigungslöhne – Entwurf, Modelle, Spezialwerkzeuge, Lizenzgebühren, Entwicklungs-, Versuchs-, Konstruktionskosten im Rahmen des Auftrags
notwendige Gemeinkosten + angemessene Teile der Materialgemeinkosten + angemessene Teile der Fertigungsgemeinkosten + **Werteverzehr des Anlagevermögens** (Abschreibungen – Fertigungsbereich)	 Pflicht Pflicht Pflicht	– Werkstofflagerhaltung, -transport und -prüfung – Fertigungsvorbereitung und -kontrolle – Werkzeuglagerung und -verwaltung – Betriebsleitung, Raumkosten, Sachversicherung – Unfallverhütungseinrichtungen in der Fertigung – Lohnabrechnung für den Fertigungsbereich – lineare planmäßige Abschreibung (nicht Sonderabschreibungen, erhöhte Abschreibung) } **nicht Leerkosten**
= **Wertuntergrenze**		
+ angemessene Teile der Kosten der allgemeinen Verwaltung	Wahlrecht	– Aufwendungen für die Geschäftsleitung – Einkauf und Materialeingang – Personalbüro – Ausbildung – Rechnungswesen – Betriebsrat – Feuerwehr, Werkschutz – Gewerbesteuer
+ angemessene Teile der Aufwendungen für soziale Einrichtungen + angemessene Teile der freiwilligen sozialen Leistungen + angemessene Teile der freiw. betriebl. Altersversorgung	Wahlrecht	– Sport- und Freizeiteinrichtungen – Aufwendungen für Kantine, Essen – Jubiläumsgeschenke – freiwillige Weihnachtszuwendungen – freiwillige Beteiligungen am Betriebsergebnis – Zuführungen zu Pensionsrückstellungen – Beiträge zu Direktversicherungen – Zuwendungen an Pensions- und Unterstützungskassen
+ Zinsen für Fremdkapital, das zur Finanzierung der Herstellung des Vermögensgegenstandes verwendet wird	Wahlrecht	– Das Kapital muss zur Finanzierung der Herstellung des Vermögensgegenstandes verwendet werden. – Die Zinsen dürfen nur auf den Zeitraum der Herstellung entfallen.
= **Wertobergrenze**		
Einkommensteuer, Körperschaftsteuer, Umsatzsteuer, kalkulatorische Kosten	Verbot Verbot	– keine Betriebsausgabe – durchlaufende Posten, keine Aufwendungen, keine Betriebsausgaben
Vertriebskosten	Verbot	– Werbekosten – Verkaufsbüro – Vertrieb – Erzeugnislager
Forschungskosten	Verbot	– vgl. S. 269

Beispiel

Die Herstellung einer Kleinserie Regalsystem, Wikinger 204/2, verursachte bisher folgende Kosten:

Fertigungsmaterial	40 000,00 €
Fertigungslöhne	30 000,00 €
Materialgemeinkosten	55 000,00 €
Sondereinzelkosten der Fertigung (Entwicklung, Lizenzgebühren)	3 000,00 €
Fertigungsgemeinkosten	32 000,00 €
Kosten der allgemeinen Verwaltung	15 000,00 €

Wertuntergrenze	Herstellungskosten gem. § 252 Abs. 2 HGB	Wertobergrenze
40 000,00	Fertigungsmaterial	40 000,00
30 000,00	Fertigungslöhne	30 000,00
3 000,00	Sondereinzelkosten d. F.	3 000,00
55 000,00	Materialgemeinkosten	55 000,00
32 000,00	Fertigungsgemeinkosten	32 000,00
0,00	Verwaltungsgemeinkosten	15 000,00
160 000,00 ←	**Wahlrecht**	→ 175 000,00

Die Entscheidung, welche Kosten in die Herstellungskosten einbezogen werden, beeinflusst den Inhalt

- der **GuV-Rechnung**: Bestandsmehrungen, Abschreibungen
- der **Bilanz**: Wert der Vorräte, der innerbetrieblichen Eigenleistungen und Wert des Eigenkapitals

- **Abgrenzung des Erhaltungsaufwandes vom Herstellungsaufwand:**
  Erhaltungsaufwand (steuerliche Bezeichnung für Instandhaltung, Instandsetzung, Unterhaltung) liegt vor, wenn regelmäßig wiederkehrende Aufwendungen in ungefähr gleicher Höhe dazu dienen, ein **Wirtschaftsgut in ordnungsgemäßem Zustand zu halten, ohne die Wesensart des Gutes zu verändern**, um die Substanz und die Verwendungs- und Nutzungsmöglichkeit innerhalb der betriebsgewöhnlichen Nutzungsdauer zu erhalten oder wiederherzustellen (Ausbesserungsarbeiten, Reinigungen, Einbau von Ersatzteilen, Verschönerungsarbeiten).

  Herstellungsaufwand liegt vor, wenn durch den Aufwand
  - die **Substanz** des Wirtschaftsgutes vermehrt wird oder
  - die **Wesensart**, insbesondere seine **Nutzungsmöglichkeit,** wesentlich **verändert** wird.

Beispiele sind Generalüberholungen, An- und Umbauten von Gebäuden und damit zusammenhängende Aufwendungen, Einbau einer Sammelheizung u. Ä., nicht jedoch Modernisierungsaufwand, soweit ein öffentliches Interesse besteht. So ist beispielsweise der Aufwand zum Anschluss eines älteren Gebäudes an das gemeindliche Kanalnetz als Erhaltungsaufwand zu betrachten, obwohl eine Werterhöhung und eine Verbesserung damit verbunden sind.

Im Gegensatz zum Erhaltungsaufwand ist der Herstellungsaufwand zu aktivieren. Das kann geschehen durch Sammlung der Aufwendungen unter der Position „Im Bau befindliche Anlagen", die zum Zwecke der Aktivierung nach Abschluss der Arbeiten auf ein entsprechendes Anlagekonto übernommen und über die Restnutzungsdauer abgeschrieben werden.

▲ Bewertung des abnutzbaren Anlagevermögens

Die Wirtschaftsgüter des Anlagevermögens, deren Nutzung zeitlich begrenzt ist, sind bei der Anschaffung oder Herstellung mit ihren Anschaffungs- oder Herstellungskosten zu erfassen. Zum Bilanzstichtag sind sie dann wegen ihrer Abnutzung neu zu bewerten und um **planmäßige Abschreibungen** zu mindern.

Abschreibungsplan:

Der Grundsatz der Planmäßigkeit beinhaltet nicht, dass für jeden Gegenstand des abnutzbaren Anlagevermögens ein Plan aufgestellt werden muss, aus dem die Abschreibungsbeträge der einzelnen Nutzungsjahre hervorzugehen haben; es genügt vielmehr, die folgenden Daten und Merkmale festzuhalten, aus denen sich die künftige Abschreibung zwangsläufig ergibt:

- Tag der Anschaffung oder Herstellung,
- Höhe der Anschaffungs- oder Herstellungskosten,
- voraussichtliche betriebsgewöhnliche Nutzungsdauer bzw. geschätzte Gesamtleistung,
- gewählte Abschreibungsmethode,
- etwaiger Schrottwert.

Daraus lassen sich dann **Abschreibungsquote** und **Buchwert** jeweils errechnen. Zur kontinuierlichen Befolgung des Plans werden vorstehende Merkmale für jeden einzelnen Gegenstand in einer Anlagendatei festgehalten, in deren Kopf technische Daten einzutragen sind, wie Hersteller, Fabriknummer, Standort im Betrieb, Leistungskennziffern u. a. Die Angabe eines Schrottwertes ist dann notwendig, wenn das Gut nach Abschreibung noch einen verhältnismäßig großen Veräußerungswert hat, wie es bei Anlagen von größerem Gewicht und bei solchen aus wertvollem Metall der Fall ist.

Gesichtspunkte für die Wahl der Abschreibungsmethode planmäßiger Abschreibungen:

Im Rahmen der Unternehmenssteuerreform hat der Gesetzgeber ab dem 01.01.2008 die Abschreibungsmethoden auf die **lineare** (§ 7 Abs. 1, S. 1–4 EStG) und die **Leistungsabschreibung** (§ 7 Abs. 1, S. 5 EStG) reduziert. In der Finanzkrise im Jahre 2008 hatte der Gesetzgeber die geometrisch-degressive Abschreibung im Rahmen des Konjunkturprogramms ab dem 01.01.2009 für zwei Jahre für Wirtschaftsgüter zugelassen, die nach dem 31.12.2008 angeschafft wurden. Ziel war es, Anreize für neue Investitionen und neue Arbeitsplätze zu schaffen und die schwächelnde rezessive Konjunktur wieder zu beleben.

- **Lineare Abschreibung**
  Die **lineare Abschreibung** unterstellt eine gleichmäßige Nutzung des Anlagegutes über die Jahre der Nutzung. Sie berücksichtigt weder höhere Wertverluste aufgrund der technischen Entwicklung noch aufgrund von Beschäftigungsschwankungen.

- **Abschreibung nach Maßgabe der Leistung**
  Diese Methode passt sich Beschäftigungsschwankungen an, beachtet jedoch andere Abschreibungsursachen nicht. Bei gleichmäßiger Beschäftigung stimmt sie mit der linearen Abschreibung überein. Steuerrechtlich ist sie nur zulässig, wenn die jährliche Leistungsabgabe nachgewiesen werden kann (z. B. durch Zähler, Bücher).

- **Geometrisch-degressive Abschreibung**
  Sie beachtet die höhere Wertminderung in den ersten Nutzungsjahren aufgrund des technischen Fortschritts. Der besondere Anreiz für ihre Anwendung besteht darin, dass in den ersten Nutzungsjahren durch die höheren Abschreibungsbeträge Gewinn verdeckt und vor Versteuerung und Ausschüttung bewahrt wird.

Außerplanmäßige Abschreibung:

Neben den planmäßigen Abschreibungen **können (Bewertungswahlrecht) außerplanmäßige Abschreibungen** vorgenommen werden, um Wirtschaftsgüter (abnutzbare und nicht abnutzbare) mit einem eventuell **niedrigeren Wert** anzusetzen, der ihnen am Bilanzstichtag beizulegen ist. Solche **müssen** vorgenommen werden, wenn am Abschlussstichtag mit einer **voraussichtlich dauernden Wertminderung** zu rechnen ist.

Außerplanmäßige Abschreibungen sind nach **Handelsrecht** (§ 253 Abs. 2 HGB) bei allen Gegenständen des Anlagevermögens zwingend,

- wenn dem Wirtschaftsgut zum Bilanzstichtag **dauerhaft** ein niedrigerer Wert beizulegen ist als der Wert, der sich aus Anschaffungs- oder Herstellungskosten abzüglich planmäßiger Abschreibungen ergibt (§ 253 Abs. 2 Satz 3 HGB). Bei vorübergehender Wertminderung besteht ein Wahlrecht, allerdings nur bei Finanzanlagen (gemildertes Niederstwertprinzip).

Die außerplanmäßige Abschreibung wird neben der planmäßigen vorgenommen. Nach Durchführung der außerplanmäßigen Abschreibung ist der Abschreibungsplan zu ändern, wobei folgende Möglichkeiten bestehen:

- Der Restwert wird auf die ungekürzte Nutzungsdauer verteilt.
- Der Restwert wird für die künftige planmäßige AfA über eine verkürzte Nutzungsdauer verteilt.

Beispiel Anschaffungskosten einer Anlage 100000,00 €. Nutzungsdauer: zehn Jahre, lineare Abschreibung, niederer Wert am Ende des fünften Jahres: 24000,00 €. Der Restwert ist zu verteilen: im ersten Fall auf die Restlaufzeit, im zweiten Fall auf die verkürzte Nutzungsdauer von insgesamt acht Jahren.

	Planmäßige Abschreibung		Außerplanmäßige Abschreibung		Gesamtabschreibung		Buchwert	
Jahre	1	2	1	2	1	2	1	2
1–4	40000,00	40000,00	0,00	0,00	40000,00	40000,00	60000,00	60000,00
5	10000,00	10000,00	26000,00	26000,00	36000,00	36000,00	24000,00	24000,00
6	4800,00	8000,00	0,00	0,00	4800,00	8000,00	19200,00	16000,00
7	4800,00	8000,00	0,00	0,00	4800,00	8000,00	14400,00	8000,00
8	4800,00	8000,00	0,00	0,00	4800,00	8000,00	9600,00	0,00
9	4800,00	0,00	0,00	0,00	4800,00	0,00	4800,00	0,00
10	4800,00	0,0	0,00	0,00	4800,00	0,00	0,00	0,00

- **Zuschreibungen/Wertaufholungsgebot/Wertbeibehaltungswahlrecht**
  Fallen die Gründe für den niedrigeren Wertansatz fort, besteht gemäß § 253 Abs. 5 HGB die Pflicht zur Rückgängigmachung der außerplanmäßigen Abschreibung unter Berücksichtigung der planmäßigen Abschreibungen, die inzwischen hätten vorgenommen werden müssen **(Wertaufholungsgebot, Zuschreibungsgebot)**. Mit dem Zuschreibungs- oder Wertaufholungsgebot will der Gesetzgeber die Möglichkeiten einer bilanzpolitischen Verwendung stiller Reserven einschränken.

- **Nachträgliche Änderung des Abschreibungsplanes**
  Stellt sich heraus, dass die planmäßige Abschreibung zu einer wesentlichen Verfälschung der Vermögens- und Ertragsdokumentation führt, muss der Abschreibungsplan korrigiert werden.
  Als mögliche Korrekturen kommen in Betracht:
  - Änderung der Nutzungsdauerschätzung,
  - Änderung der Abschreibungsmethode,
  - Änderung der Bezugsgröße nach außerplanmäßiger Abschreibung bzw. Teilwertabschreibung und außergewöhnlicher Abschreibung,
  - Änderung der Bezugsgröße bei Zuschreibung von nachträglichem Herstellungsaufwand.

- **Änderung der Nutzungsdauerschätzung**
  Stellt sich im Laufe der Nutzung heraus, dass die geschätzte Nutzungsdauer nicht erreicht wird, ist für die neu geschätzte restliche Nutzungsdauer ein neuer Abschreibungsplan aufzustellen. Darin ist der Buchwert der Anlage (= noch nicht abgeschriebene Anschaffungs- oder Herstellungskosten) auf die neu festgelegte Nutzungsdauer zu verteilen. Eine Nachholung der Abschreibung für vergangene Rechnungsperioden ist nur als außerplanmäßige Abschreibung nach § 253 Abs. 2 HGB möglich, wenn am Bilanzstichtag ein niedriger Wert bekannt ist.

Beispiel Anschaffung einer Maschine 50 000,00 €; Nutzungsdauer zehn Jahre, lineare Abschreibung. Im Laufe des fünften Jahres wird nur noch eine restliche Nutzungsdauer von drei Jahren geschätzt.

Anschaffungskosten	50 000,00 €	
Abschreibung	20 000,00 €	(4 Jahre zu 5 000,00)
Buchwert	30 000,00 €	: 3
= Künftige Abschreibung p. a.	10 000,00 €	

- **Änderung der Abschreibungsmethode**
  Der Grundsatz der **Bewertungskontinuität** verbietet grundsätzlich einen Wechsel der Abschreibungsmethoden.

- **Änderung der Bezugsgröße**
  Durch eine außerplanmäßige Abschreibung wird ein Teil der Anschaffungs- oder Herstellungskosten zusätzlich zur planmäßigen Abschreibung abgesetzt. Eine Korrektur des Abschreibungsplanes ist so vorzunehmen, dass nur noch von dem verminderten Betrag abgeschrieben wird, der sich durch die außerplanmäßige Abschreibung ergibt.

  Beispiel Anschaffungskosten einer Maschine 20 000,00 €, Nutzungsdauer zehn Jahre, lineare Abschreibung.
  Am Ende des fünften Jahres erfolgt neben der planmäßigen eine außerplanmäßige Abschreibung von 3 000,00 €.

Anschaffungskosten	20 000,00 €
– Abschreibungen in den ersten 4 Jahren	8 000,00 €
– planmäßige AfA im 5. Jahr	2 000,00 €
– außerplanmäßige Abschreibung im 5. Jahr	3 000,00 €
Buchwert	7 000,00 €
Künftige Abschreibung : 5 =	1 400,00 €

Entsprechend ist zu verfahren, wenn außerplanmäßige Abschreibungen durch Zuschreibungen rückgängig gemacht werden oder infolge anderer Ursachen die Abschreibungsgrundlage verändert wird.

Bewertung des Anlagevermögens nach § 253 HGB			
	Abnutzbare Güter des Anlagevermögens mit zeitlich begrenzter Nutzungsdauer		**Nicht abnutzbare Güter des Anlagevermögens mit zeitlich unbegrenzter Nutzungsdauer**
Ausgangswert	Anschaffungskosten bzw. Herstellungskosten		Anschaffungskosten
– planmäßige Abschreibung	Gebot (§ 253 Abs. 1 HGB)		Verbot (§ 253 Abs. 1 HGB)
– außerplanmäßige Abschreibung	Gebot (§ 253 Abs. 3 HGB)	Voraussichtlich dauernde Wertminderung	Gebot (§ 253 Abs. 2 HGB)
	Wahlrecht (§ 253 Abs. 3 HGB Satz 4 bei Finanzanlagen)	Voraussichtlich nicht dauernde Wertminderung	Wahlrecht (§ 253 Abs. 3 HGB) bei Finanzanlagen
+ Zuschreibung (maximal bis zu den fortgeführten AK/HStK)	Gebot (§ 253 Abs. 5 HGB)		Gebot (§ 253 Abs. 5 HGB)
= Buchwert			

Zeitpunkt der Abschreibung:

Planmäßige Abschreibungen sind in den einzelnen Jahren der Nutzung entsprechend der Abschreibungsmethode vorzunehmen. Bei der Berechnung des Absetzungsbetrages ist in der Regel vom Anschaffungs- oder Herstellungsdatum auszugehen. Im Jahre der Anschaffung sind Abschreibungsbeträge grundsätzlich zeitanteilig (monatlich) zu berechnen:

Im Jahre des Ausscheidens eines Anlagegutes wird die Abschreibung zeitanteilig angesetzt (Abschn. 42 Abs. 6 EStR, Abs. 10 EStR).

Danach **vermindert** sich im Jahr der Anschaffung oder Herstellung des Wirtschaftsgutes der auf ein Jahr entfallende AfA-Betrag um jeweils ein Zwölftel für jeden vollen Monat, der dem Monat der Anschaffung oder Herstellung vorangeht. Die AfA darf also nur vom Monat der Anschaffung oder Herstellung an vorgenommen werden.

Beispiel Anschaffung eines Pkw am 28.05.20..

Anschaffungswert 28 200,00 €, betriebsgewöhnliche Nutzungsdauer: sechs Jahre, lineare Abschreibung

AfA-Betrag im Anschaffungsjahr: $\frac{AW \cdot (12 - X)}{ND \cdot 12} = \frac{28\,200{,}00 \cdot (12 - 4)}{6 \cdot 12} = 3\,133{,}33$ €

X = volle Monate vor dem Monat der Anschaffung

Besondere Bewertungsprobleme im Anlagevermögen

Immaterielle Wirtschaftsgüter (vgl. S. 259):

- **Entgeltlich erworbene immaterielle Wirtschaftsgüter**
  Der Definition des Anlagevermögens gemäß wird unterstellt, dass immaterielle Wirtschaftsgüter des Anlagevermögens langfristig im Unternehmen genutzt werden.
  Ein für die Bilanzierung relevanter Wert zeigt sich erst bei **entgeltlichem Erwerb**. Soweit sind sie dann auch belegmäßig zu aktivieren. Sie sollten aber auch dann wegen der Ungewissheit ihrer Nutzungsdauer über einen Zeitraum von drei bis fünf Jahren linear abgeschrieben werden. Wurde die Nutzungsdauer vertraglich vereinbart, ist die Vertragsdauer entscheidend für die Bemessung der Abschreibung.

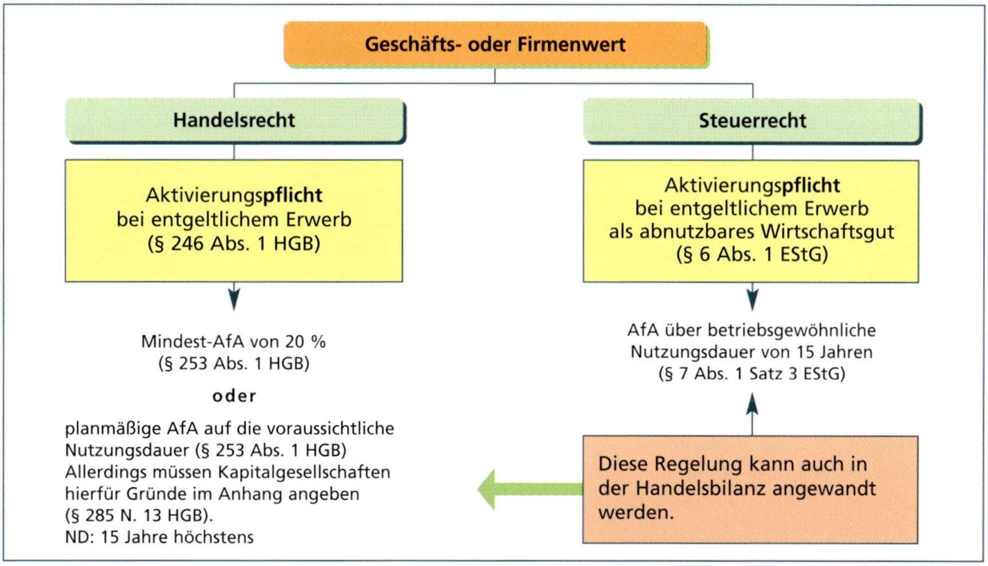

- **Geschäfts- oder Firmenwert**
  Nach Handels- und Steuerrecht besteht Aktivierungspflicht für den **derivativen Geschäfts-** oder **Firmenwert** (Unterschiedsbetrag zwischen Kaufpreis des Unternehmens und der Vermögensgegenstände abzüglich der Schulden).

  Gemäß § 253 Abs. 3 Satz 1, 2 HGB ist er planmäßig über eine Nutzungsdauer von fünf Jahren abzuschreiben.

  Kapitalgesellschaften müssen die Annahme einer längeren betrieblichen Nutzungsdauer von mehr als fünf Jahren im Anhang rechtfertigen (§ 285 Zi. 13 HGB).

  Steuerrechtlich ist der Geschäfts- oder Firmenwert über eine vom Gesetzgeber unterstellte Nutzungsdauer von 15 Jahren linear abzuschreiben (§ 7 Abs. 1 Satz 3 EStG). Eine Abschreibung auf den niedrigeren Teilwert ist möglich.

- **Selbst geschaffene immaterielle Vermögensgegenstände des Anlagevermögens** wie Software, Patente, Lizenzen und Know-how, die besonders innovativ sind, können den Wert von Unternehmen erheblich steigern. Für die dafür angefallenen Entwicklungskosten wird den betroffenen Unternehmen ein handelsrechtliches **Aktivierungswahlrecht** (§ 248 Abs. 2 HGB) eingeräumt.

Ansatz immaterieller Vermögenswerte

erworben

- **Aktivierungspflicht** zu Anschaffungskosten i. S. von § 255 Abs. 1 HGB, auch des entgeltlich erworbenen Geschäfts- oder Firmenwertes
- Planmäßige Abschreibung über die geschätzte Nutzungsdauer und/oder außerplanmäßige Abschreibung auf den niedrigeren Wert bei voraussichtlich dauernder Wertminderung
- Eine spätere Wertaufholung, wenn die Gründe für eine außerplanmäßige Abschreibung entfallen, wird durch den Gesetzgeber (§ 253 Abs. 5 HGB) ausdrücklich ausgeschlossen.

selbst geschaffen

- **Aktivierungswahlrecht** gem. § 248 Abs. 2 HGB
- Ansatz zu Herstellungskosten, die bei der **Entwicklung** entstehen und bestimmten selbstständig verwertbaren immateriellen Vermögensgegenständen zugerechnet werden können
- Planmäßige Abschreibung über die Nutzungsdauer des Vermögensgegenstandes, **ausgenommen** Marken, Buchtitel, Verlagsrechte, Kundenlisten u. Ä. und der originäre Geschäfts- oder Firmenwert
- Forschungskosten dürfen nicht in die HStK einbezogen werden (§ 255 Abs. 2 a HGB).
- Gesonderter Ausweis in einem eigenen Bilanzposten

Marken, Drucktitel, Verlagsrechte, Kundenlisten oder vergleichbare immaterielle Vermögensgegenstände des Anlagevermögens dürfen nicht angesetzt werden (vgl. § 248 Abs. 2 HGB).

Die so geschaffenen immateriellen Vermögensgegenstände des Anlagevermögens sind mit den Herstellungskosten (§ 255 Abs. 2a HGB) zu bewerten (vgl. S. 256 f.). Grundvoraussetzung dafür ist eine „Produktreife", die die Einzelverwertung (Veräußerung, Anwendung oder Nutzungsüberlassung) des Vermögensgegenstandes ermöglicht (z. B. durch Bau eines Prototyps, der erfolgreiche Tests bestanden hat). Die Kosten für die Forschung dürfen hingegen nicht aktiviert werden. Sie können einem bestimmten Vermögensgegenstand nicht einzeln zugerechnet werden und sind somit nicht getrennt verwertbar. Es sind Aufwendungen für die allgemeine Unternehmensführung.

Für die Kostenrechnung des Industrieunternehmens bedeutet dies, dass bei einer Inanspruchnahme des Aktivierungswahlrechts die Forschungs- und Entwicklungskosten zwingend voneinander getrennt werden müssen. Gelingt dies nicht, so ist eine Aktivierung selbst geschaffener immaterieller Vermögensgegenstände nicht erlaubt.

Prüfschritte für den Ansatz selbst geschaffener immaterieller Vermögensgegenstände (VG) des Anlagevermögens:

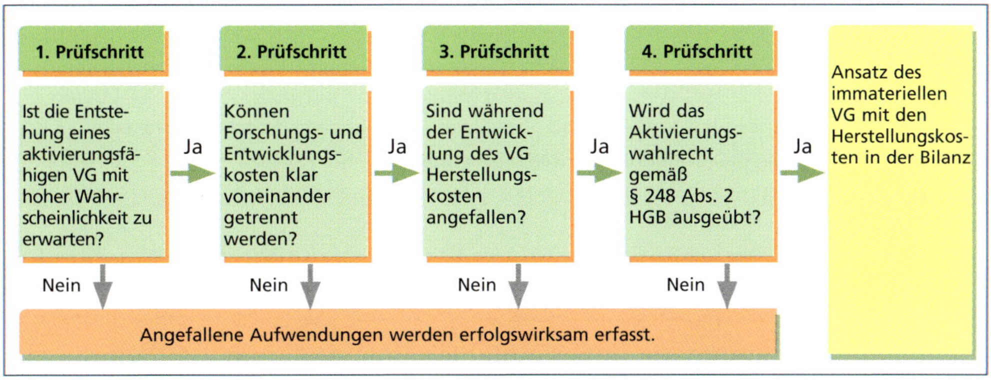

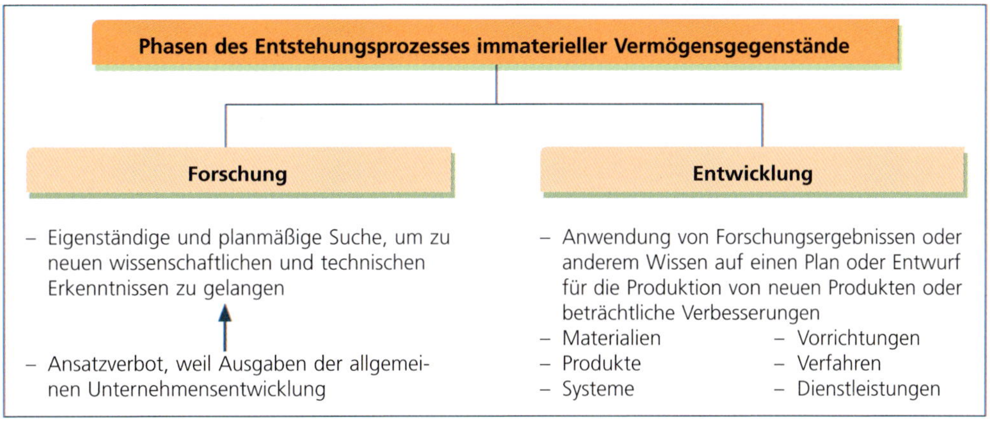

Beispiel
Die Bürodesign GmbH hat ein Verfahren für eine elastische Kunststoffbeschichtung entwickelt, das ihr am 20. Mai 2015 patentiert wurde.

Forschungskosten in den Jahren 2010 – 2012	450 000,00 €
Entwicklungskosten in den Jahren 2013–20.05.2015	380 000,00 €
Entwicklungskosten seit dem 20.05.2015	160 000,00 €

Die **Forschungskosten** dienen der allgemeinen Unternehmensentwicklung. Sie können einem bestimmten Vermögenswert nicht eindeutig zugeordnet werden. Sie sind in den Jahren der Entstehung als Aufwand zu erfassen. Eine Aktivierung in der Bilanz ist ausgeschlossen.

Die **Entwicklungskosten** dürfen erst vom Zeitpunkt der Patentierung aktiviert werden, weil erst von diesem Zeitpunkt an ein wirtschaftlicher Nutzen aus dem originären Vermögenswert, z. B. durch wirtschaftliche Nutzung im eigenen Unternehmen oder durch Verkauf, gezogen werden kann.

Im Beispiel besteht somit Ende 2015 ein Aktivierungsgebot von 160 000,00 €

Einmal aktivierte selbst geschaffene immaterielle Vermögensgegenstände des Anlagevermögens sind nach der Fertigstellung der Entwicklung planmäßig und – bei voraussichtlich dauerhafter Wertminderung – auch außerplanmäßig abzuschreiben.

Im Ergebnis führt die Aktivierung immaterieller Vermögensgegenstände zu einer Eigenkapitalerhöhung und zu einer Umwandlung bislang stiller Wertreserven in ausgewiesene Vermögenswerte. Zudem wird das GuV-Konto weniger belastet und der bilanzielle Gewinn fällt höher aus.

▲ Geringwertige Wirtschaftsgüter des Anlagevermögens (GwG):

Ab 2010 sind **drei Kategorien** zu unterscheiden, für die der Gesetzgeber eine Bewertungs- und Verwaltungsvereinfachung anstrebt.

(1) GwG, deren AK oder HStK **150,00 €** nicht übersteigen, **können** im Jahr der Anschaffung/Herstellung in voller Höhe als Aufwand angesetzt werden **oder** mit ihren AK/HStK aktiviert und dann über ihre betriebsgewöhnliche Nutzungsdauer abgeschrieben werden (**Wahlrecht**).

(2) GwG mit AK/HStK über **150,00 € bis 410,00 € können** nach § 6 Abs. 2 Satz 1 EStG sofort als Aufwand erfasst werden oder aktiviert und über ihre betriebsgewöhnliche Nutzungsdauer abgeschrieben werden (**Wahlrecht**).

Voraussetzung für eine Sofortabsetzung ist, dass die GwG unter Angabe des Tages der Anschaffung/Herstellung mit ihren AK/HStK in einem besonderen, laufend zu führenden Verzeichnis erfasst werden.

(3) Alternativ zu (2) **können alle GwG** mit AK/HStK über 150,00 € bis 1 000,00 € in einem **Sammelpool** erfasst und über die **Nutzungsdauer von fünf Jahren abgeschrieben** werden.

Entscheidet sich ein Unternehmen für die Möglichkeit (3), **muss** es alle in diesem Wirtschaftsjahr angeschafften GwG in diesem Wertebereich in dem **Sammelpool** erfassen. Ein Nebeneinander der Alternativen (2) und (3) ist nicht zulässig.

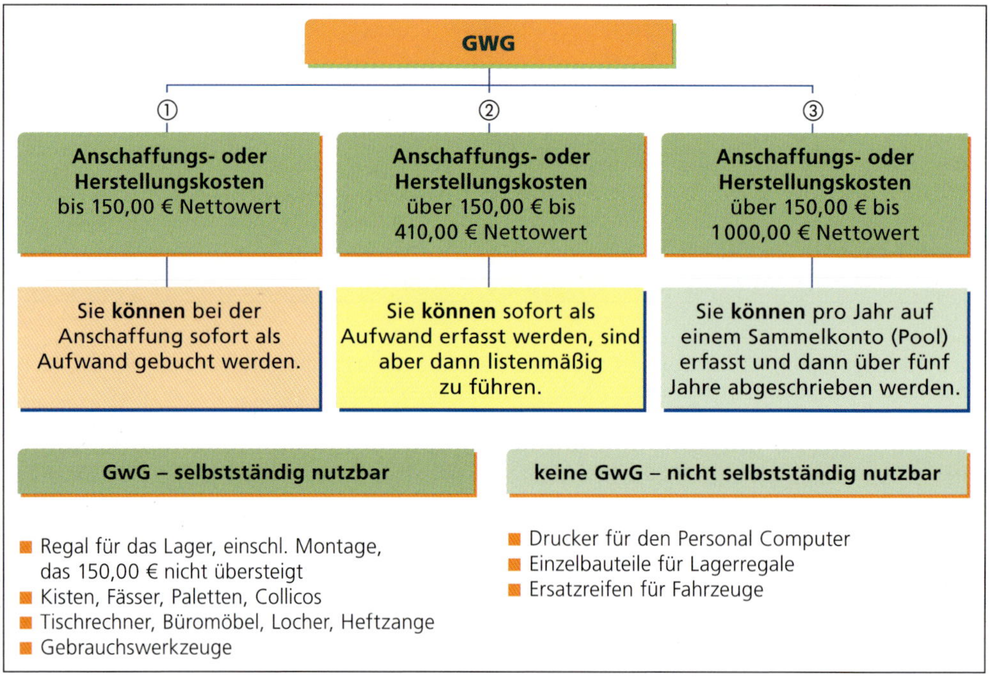

Beispiel Bildung und Abschreibung eines GwG-Pools im Geschäftsjahr 01

Datum	GWG	Anschaffungskosten in €	Abgang
25.01.	1 Schreibtischstuhl	580,00	
28.03.	1 Laptop	998,00	
26.06.	1 Schreibtischlampe	248,00	
05.09.	1 Regal	776,00	
14.11.	1 externe Festplatte	348,00	
31.12.	Pool	2 950,00	
31.12.	AfA 01 : 20 %	590,00	
	Buchwert 1	2 360,00	

Buchung zum 31.12.01

Abschreibung auf Sachanlagen 590,00 an GWG 01 590,00

Nach § 6 Abs. 2 a EStG bleiben die Abschreibungen auf einen Jahrespool unverändert, auch wenn während der Nutzungsdauer von fünf Jahren einzelne Wirtschaftsgüter entnommen oder veräußert werden. Außer der Zugangserfassung sind keine weiteren Aufzeichnungen und keine Einzelbewertungen der GWG mehr erforderlich. Mit dieser Vorschrift ist somit eine erhebliche Vereinfachung der jährlichen Inventur verbunden.

Bedeutung der Abschreibung

Die Abschreibung ist für das Unternehmen ein bedeutendes Instrument der **Bilanzpolitik** und **Finanzierung**, für den Staat ein wichtiges Instrument der **Wirtschaftspolitik**.

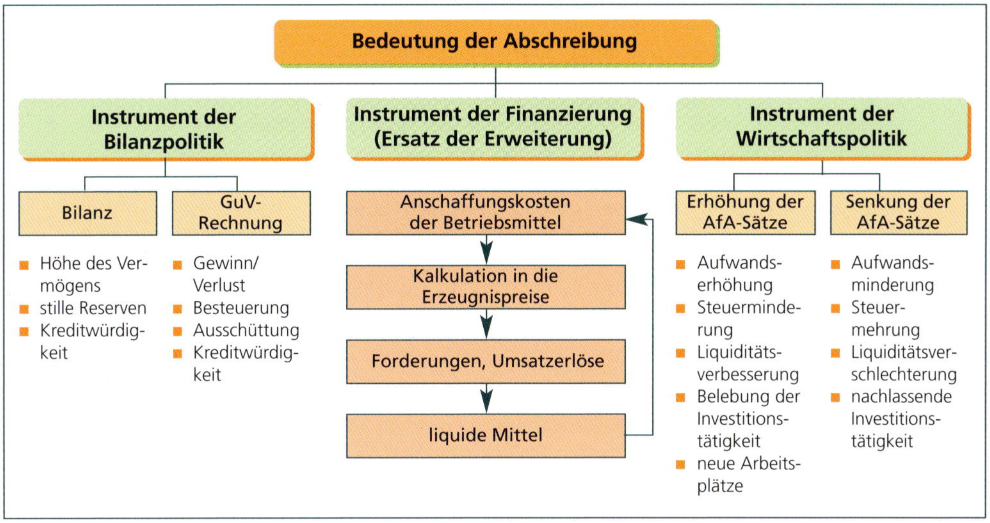

POL

VWL

Bedeutung, Gliederung und Bewertung des Anlagevermögens

- **Bedeutung des Anlagevermögens**
  - Grundlage der Betriebsbereitschaft
  - Das AV dient dem Unternehmen dauernd i.S. von mehrmals.
  - langfristige Kapitalbindung, die kurzfristig notwendige Umstellungen erschwert (Risiko)
  - verursacht hohe fixe Kosten
- **Gliederung des Anlagevermögens**
  - immaterielle Vermögensgegenstände
  - Sachanlagen: nicht abnutzbare und abnutzbare bewegliche und unbewegliche
  - Finanzanlagen

- **Bewertung des Anlagevermögens**
  - **abnutzbares AV**
    Anschaffungskosten (AK)
    – planmäßige Abschreibung
    = **Fortgeführte AK**
- Die Höhe planmäßiger Abschreibungen ist abhängig von der betriebsgewöhnlichen Nutzungsdauer und von der Abschreibungsmethode.
  - lineare Abschreibung
  - Abschreibung nach Maßgabe der Leistung
  - **nicht abnutzbares AV**
    Anschaffungskosten
    Abschreibung auf den niedrigeren Wert zwingend (siehe abnutzbares AV)
  - Für **immaterielle Wirtschaftsgüter** des AV müssen bei entgeltlichem Erwerb die Anschaffungskosten angesetzt werden.
  - Für selbst geschaffene immaterielle Vermögensgegenstände des AV, wie Software, Patente, Lizenzen und Know-how, räumt der Gesetzgeber ein **Aktivierungswahlrecht** zu Herstellkosten (= **Entwicklungskosten**) ein. Voraussetzung dafür ist, dass sie getrennt von den Forschungskosten ermittelt werden können.
- **Geringwertige Wirtschaftsgüter des Anlagevermögens:**
  (1) GwG, deren AK oder HStK **150,00 €** nicht übersteigen, **können** im Jahr der Anschaffung/Herstellung in voller Höhe als Aufwand angesetzt werden **oder** mit ihren AK/HStK aktiviert und dann über ihre betriebsgewöhnliche Nutzungsdauer abgeschrieben werden (**Wahlrecht**).
  (2) GwG mit AK/HStK über **150,00 € bis 410,00 € können** nach § 6 Abs. 2 Satz 1 EStG sofort als Aufwand erfasst werden oder aktiviert und über ihre betriebsgewöhnliche Nutzungsdauer abgeschrieben werden (**Wahlrecht**).
  Voraussetzung für eine Sofortabsetzung ist, dass die GwG unter Angabe des Tages der Anschaffung/Herstellung mit ihren AK/HStK in einem besonderen, laufend zu führenden **Verzeichnis** erfasst werden.
  (3) Alternativ zu (2) **können alle GwG** mit AK/HStK **über 150,00 € bis 1 000,00 €** in einem **Sammelpool** erfasst und über die **Nutzungsdauer von fünf Jahren abgeschrieben** werden.

  Entscheidet sich ein Unternehmen für die Möglichkeit (3), **muss** es alle in diesem Wirtschaftsjahr angeschafften GwG in diesem Wertebereich in dem **Sammelpool** erfassen. Ein Nebeneinander der Alternativen (2) und (3) ist nicht zulässig.

1 Ein Grundstück, das Anfang des Geschäftsjahres für 200 000,00 € gekauft wurde, ist zum Bilanzstichtag zu bewerten.

a) Erläutern Sie die Bewertung, wenn der Tageswert zum 31.12. mit
aa) 180 000,00 €, ab) 230 000,00 €
beziffert und die Wertentwicklung nur als vorübergehend bezeichnet wird.

b) Erläutern Sie die Bewertung, wenn die Entwicklung als dauerhaft einzuschätzen ist.

2 Kauf eines bebauten Grundstücks für 400 000,00 € einschließlich 100 000,00 € für Grund und Boden gegen Zahlung durch Banküberweisung. Die Grunderwerbsteuer von 6,5 %, die Maklergebühren in Höhe von 3 000,00 €, die Auflassungsgebühren (Grundbucheintragung) in Höhe von 600,00 € sowie die einmalig anfallenden Anschlussgebühren für das Grundstück in Höhe von 2 400,00 € wurden bar bezahlt. Zum Zwecke des Kaufs wurde mit einer Laufzeit von zehn Jahren ein Darlehen über 250 000,00 € bei der Bank aufgenommen. Die Bank belastet den Käufer mit 2 000,00 € einmaligen Bearbeitungsgebühren.

Ermitteln Sie die Anschaffungskosten a) des Grundstücks, b) des Gebäudes.

3 Kauf einer Spezialmaschine ab Werk, Listenpreis 200 000,00 € abzüglich 5 % Sonderrabatt, Transportkosten 2 800,00 €, Fundamentierungskosten eines Schraubsockels 2 200,00 €, Montage 2 000,00 €. Zur Skontoausnutzung von 4 % auf den Bruttorechnungsbetrag einschließlich 19 % Umsatzsteuer überzieht der Betrieb das Bankkonto. Dabei entstehen Finanzierungskosten (Zinsen, Überziehungsprovision) in Höhe von 700,00 €.

Berechnen Sie
a) die Anschaffungskosten, b) den Betrag, der insgesamt vom Bankkonto abgebucht wird.

4 Die Bürodesign GmbH kaufte zu Beginn des Geschäftsjahres eine automatische Langlochbohrmaschine zum Preis von 24000,00 € zuzüglich 19 % Umsatzsteuer. Die betriebsgewöhnliche Nutzungsdauer für eine solche Maschine beträgt sechs Jahre. Die Büromöbelfabrik kann begründet nachweisen, dass zum Ende des Jahres der Teilwert dieser Maschine nur 15000,00 € beträgt, weil dieser Maschinentyp sehr unwirtschaftlich arbeitet. Geben Sie an, mit welchem Wert oder mit welchen Werten diese Langlochbohrmaschine zum Ende des Geschäftsjahres ausgewiesen werden könnte.

2.3 Bedeutung, Gliederung und Bewertung des Umlaufvermögens

Silvia Land sitzt über der Bewertung von 465 Schreinerplatten 2000 mm x 4000 mm x 30 mm in der Inventurliste. Dazu zieht sie die letzte ER vom Lieferer „Vereinigte Spanplatten AG" heran.

Rechnung

Ihre Bestellung	vom	Kunden-Nr.	Rechnungs-Nr.	Rechnungstag
020578	19.06. ..	53427	1742	19.06. ..

Artikel-Nr.	Artikelbezeichnung	Menge in St.	Einzelpreis €	Gesamtpreis €
329	Schreinerplatten 2000 x 4000 x 30 mm	2000	88,00	176000,00
	– 8 % Mengenrabatt			14080,00
				161920,00
	+ Fracht			1080,00
				163000,00
	+ 19 % Umsatzsteuer			30970,00
				193970,00

Zahlung: binnen 10 Tagen abzüglich 2 % Skonto
binnen 30 Tagen netto Kasse

Zahlungsvermerk: Banküberweisung abzüglich 2 % Skonto: 3879,40

190090,60

- Ermitteln Sie den Inventurwert.
- Erläutern Sie die Bewertung von Werkstoffen zum Bilanzstichtag, wenn die Anschaffungskosten seit dem Beschaffungszeitpunkt
  a) gesunken sind,
  b) gestiegen sind.

▲ Bedeutung des Umlaufvermögens

§ 247 Abs. 1 HGB fordert für den Ausweis des Vermögens in der Bilanz eine Gliederung in Anlage- und Umlaufvermögen. Diese Unterscheidung ist wichtig für Zwecke der Bewertung, aber auch für die Beurteilung der Vermögens- und Finanzlage.

Im Unterschied zum Anlagevermögen unterliegt das Umlaufvermögen ständigen Veränderungen durch Beschaffungs-, Produktions-, Absatz- und Zahlungsvorgänge. Allen hier ausgewiesenen

Vermögensteilen ist gemeinsam, dass sie durch einen einmaligen Vorgang verbraucht, veräußert oder verwertet werden. Im Unterschied zum Anlagevermögen bindet es das investierte Kapital nur kurzfristig. Über den Verkauf der Erzeugnisse wird das hier und im Anlagevermögen gebundene Kapital wieder freigesetzt und zudem ein Gewinn erzielt oder zumindest angestrebt. Es ist der eigentliche Gewinnträger und die wichtigste Quelle der Selbstfinanzierung. Über den Verkauf der Erzeugnisse wird der Wert der eingesetzten Produktionsfaktoren wieder freigesetzt und dazu der kalkulierte Gewinn erwirtschaftet.

Gliederung des Umlaufvermögens

Folgende Übersicht zeigt die Gliederung des UV nach § 266 HGB.

Umlaufvermögen

I. Vorräte	II. Forderungen und sonstige Vermögensgegenstände	III. Wertpapiere	IV. Kassenbestand, Bundesbankguthaben, Guthaben bei Kreditinstituten
1. Roh-, Hilfs- und Betriebsstoffe 2. Unfertige Erzeugnisse, unfertige Leistungen 3. Fertige Erzeugnisse und Waren 4. geleistete Anzahlungen	1. Forderungen a. LL. 2. Forderungen gegen verbundene Unternehmen 3. Forderungen gegen Unternehmen, mit denen ein Beteiligungsverhältnis besteht 4. sonstige Vermögensgegenstände	1. Anteile an verbundenen Unternehmen 2. sonstige Wertpapiere	

Bewertung des Umlaufvermögens:

Grundsätzlich bilden die **Anschaffungskosten** aus Gründen der Vorsicht die **Wertobergrenze** für die Bilanzierung des Umlaufvermögens (§ 253 HGB). Liegt der Tageswert jedoch am Bilanzstichtag unter den Anschaffungskosten, ist der niedere Wertansatz gemäß § 253 Abs. 3 HGB zwingend **(strenges Niederstwertprinzip)**.

Bewertung des Umlaufvermögens nach HGB		
Ausgangswert	Anschaffungskosten/Herstellungskosten § 253 Abs. 1 Satz 1 HGB	Vermögensgegenstände, die dazu bestimmt sind, dem Betrieb nicht dauernd zu dienen
– außerplanmäßige Abschreibung	Gebot: § 253 Abs. 4 Satz 1 HGB	von einem Börsen- oder Marktpreis abgeleiteter niedriger Wert
	Gebot: § 253 Abs. 4 Satz 2 HGB	niedrigerer beizulegender Wert
+ Zuschreibung	Gebot: § 253 Abs. 5 HGB	Maximal bis zu den AK/HStK, wenn der Grund für die außerplanmäßige Abschreibung entfallen ist
= Buchwert		

Beispiel Für die Bürodesign GmbH werden 50 Eimer Lacke à 20 kg zum Anschaffungswert von 120,00 €/Eimer eingekauft. Der Lieferer hat in seiner Preisliste, die am Bilanzstichtag gilt, den Preis je Eimer auf 132,00 € erhöht. Die Bürodesign GmbH muss bei der Bewertung den Preis von 120,00 € zugrunde legen.

▲ Bewertung der Vorräte:

Die Vorräte sind, was ihre Wertmaßstäbe betrifft, in fremdbezogene und vom eigenen Betrieb hergestellte Vorräte zu unterteilen.

Ausgangswert für die Bewertung sind grundsätzlich
- **bei fremdbezogenen Vorräten die Anschaffungskosten,**
- **bei hergestellten Vorräten die Herstellungskosten (vgl. S. 260ff.).**

Grundsätzlich bilden die Anschaffungs- oder Herstellungskosten aus Gründen der Vorsicht die Wertobergrenze für die Bilanzierung der Vorräte (§ 253 HGB).

Liegt jedoch am Bilanzstichtag der Börsen- oder Marktpreis bzw. der den Gegenständen beizulegende Wert unter den Anschaffungs- oder Herstellungskosten, ist handelsrechtlich ein niedrigerer Wertansatz gem. § 253 Abs. 3 HGB zwingend **(strenges Niederstwertprinzip)**. Nach Steuerrecht ist der niedrigere Teilwert anzusetzen (§ 6 Abs. 1 Nr. 2 EStG).

Bei Wertsteigerungen ist eine Wertaufholung bis zu den Anschaffungs- oder Herstellungskosten zwingend (§ 253 Abs. 5 Satz 1 HGB).

- **Einzelbewertung:** Grundsätzlich gilt auch für die Bewertung der Vorräte der Grundsatz der **Einzelbewertung** (§ 252 HGB, § 6 Abs. 1 EStG).
- **Bewertungsvereinfachungsverfahren:** Besonders bei der Bewertung der Vorräte am Bilanzstichtag lassen sich die Anschaffungskosten oft nur schwer individuell feststellen.

Gründe dafür sind

- Einkauf von verschiedenen Rohstoff-, Hilfsstoff-, Betriebsstoff- und Warenposten **zu verschiedenen Zeitpunkten und zu verschiedenen Anschaffungskosten,**
- **gemischte Lagerung der verschiedenen Sendungen gleichartiger Vorräte.**

Eine Einzelbewertung würde in diesem Falle oft zu einem Missverhältnis zwischen Arbeitsaufwand und Erfolg an Bewertungsgenauigkeit führen. Der Gesetzgeber gestattet daher **bei gleichartigen Gütern** die Durchbrechung des Grundsatzes der Einzelbewertung, indem er verschiedene Schätzverfahren zulässt, aus denen zwei dargestellt werden:

1. Durchschnittsmethode

Gewogener Durchschnitt (Periodische Durchschnittsbewertung): Hiernach wird in der einfachsten Form aus dem Anfangsbestand und den Zugängen während des Geschäftsjahres ein **gewogener Durchschnittswert** ermittelt (§ 240 Abs. 4 HGB).

Beispiel

Eingänge			Ausgänge	
01.01.	800 kg zu je 7,50 € =	6000,00 €	15.03.	400 kg
15.06.	500 kg zu je 6,30 € =	3150,00 €	02.10.	600 kg
15.11.	900 kg zu je 6,40 € =	5760,00 €	12.12.	500 kg
	2200 kg	14910,00 €		1500 kg

Bestand am 31.12. = 700 kg

$$\text{Durchschnittspreis} = \frac{\text{Wert des Anfangsbestandes und der Zugänge}}{\text{Menge aus Anfangsbestand + Zugänge}}$$

Durchschnittspreis = $\frac{14910}{2200}$ = 6,777 € je kg

Wertansatz des Vorratspostens: 700 · 6,777 = 4743,90 €

Gleitender gewogener Durchschnitt (Periodische Durchschnittsbewertung): Genauer als diese globale Berechnung des Durchschnittswertes ist die der Errechnung des gewogenen Durchschnittes nach jedem Zugang, zu dem dann jeder Abgang bis zum nächsten Zugang bewertet wird **(gleitender Durchschnitt)**. Die Durchschnittsbewertung ist bei gleichartigen Gütern zulässig (§ 240 Abs. 4 HGB), bei denen die Anschaffungskosten wegen schwankender Einstandspreise im Laufe des Geschäftsjahres im Einzelnen nicht mehr einwandfrei feststellbar sind.

Beispiel (Zahlen vgl. Beispiel S. 275)

01.01.	Anfangsbestand	800 kg zu je 7,50 € = 6000,00 €	
15.03.	Ausgang	400 kg zu je 7,50 € = 3000,00 €	
	Bestand	400 kg zu je 7,50 € = 3000,00 €	
15.06.	Zugang	500 kg zu je 6,30 € = 3150,00 €	
	Bestand	900 kg zu je 6,833 € = 6150,00 €	
02.10.	Ausgang	600 kg zu je 6,833 € = 4100,00 €	(Aufrundung)
	Bestand	300 kg zu je 6,833 € = 2050,00 €	
15.11.	Zugang	900 kg zu je 6,40 € = 5760,00 €	
	Bestand	1200 kg zu je 6,508 € = 7810,00 €	
12.12.	Ausgang	500 kg zu je 6,508 € = 3254,00 €	
31.12.	Bestand	700 kg zu je 6,508 € = 4556,00 €	

Beim Vergleich der beiden Formen der Durchschnittsbewertung wird deutlich sichtbar, dass bei der letzten Form die Anschaffungskosten der zuletzt bezogenen Waren den Durchschnittswert wesentlich beeinflussen. Somit ist der gewogene Durchschnittswert aktueller. Der Inventurwert kann auf diese Weise unmittelbar aus der Lagerdatei ermittelt werden. Der Durchschnittswert kommt wegen des strengen Niederstwertprinzips nur zum Ansatz, wenn der Tageswert darüber liegt. Sonst ist der Tageswert für die Bilanzierung entscheidend. Die Differenz ist dann abzuschreiben. Gegen die Durchschnittsmethode bestehen handels- und steuerrechtlich keine Bedenken.

2. Bewertung mit fiktiven Verbrauchsfolgen

Nach § 256 HGB kann für den **Wertansatz gleichartiger Gegenstände des Vorratsvermögens** – soweit es den GoB entspricht – unterstellt werden, dass die zuerst oder dass die zuletzt angeschafften oder hergestellten Gegenstände zuerst verbraucht oder veräußert werden.

Mit dieser Bestimmung sind zwei Verfahren zur Ermittlung der Anschaffungs- oder Herstellungskosten gesetzlich verankert worden, bei denen

- gleichartige Güter gruppenweise zusammengefasst werden können,
- eine bestimmte Folge des Verbrauchs oder der Veräußerung unterstellt werden kann, wobei die fiktive Verbrauchsfolge nicht mit der tatsächlichen Folge übereinzustimmen braucht.

Gleichartigkeit liegt vor, wenn es sich
1. um die gleiche Vorratsgattung und annähernde Preisgleichheit der Güter,
2. um funktionsgleiche Güter mit annähernder Preisgleichheit handelt.

Nach der unterstellten Verbrauchsfolge sind das Lifo-, Fifo- und Hifo-Verfahren zu unterscheiden. Das Hifo-Verfahren ist jedoch handels- und steuerrechtlich nicht erlaubt.

Lifo-Verfahren (last in – first out)

Dieses Verfahren unterstellt, dass die zuletzt angeschafften oder hergestellten Gegenstände zuerst verbraucht oder veräußert worden sind. Mit dieser Fiktion wird gleichzeitig angenommen, dass die am Bilanzstichtag vorhandenen Vorräte aus den ersten Einkäufen stammen.

Bei der Berechnung sind das **Permanente Lifo** und das **Perioden-Lifo** zu unterscheiden:
Permanentes Lifo: Materialverbrauch und -bestände werden fortlaufend während der ganzen Rechnungsperiode erfasst und bewertet.

Beispiel (Zahlen dazu vgl. Beispiel zur Durchschnittsmethode S. 275)

01.01.	Anfangsbestand	800 kg zu je 7,50 €	
15.03.	Ausgang	400 kg zu je 7,50 €	Bestand 400 kg zu je 7,50 €
15.06.	Zugang	500 kg zu je 6,30 €	
02.10.	Ausgang	500 kg zu je 6,30 €	
		100 kg zu je 7,50 €	Bestand 300 kg zu je 7,50 €
15.11.	Zugang	900 kg zu je 6,40 €	
12.12.	Ausgang	500 kg zu je 6,40 €	Bestand 700 kg

Dieser Bestand ist wie folgt zu bewerten:

300 kg zu je 7,50 € = 2 250,00 €
400 kg zu je 6,40 € = 2 560,00 €

700 kg zu je 6,87 € = 4 810,00 €

Perioden-Lifo: Bei diesem in der Praxis üblicheren Verfahren wird der Endbestand lediglich mit dem Anfangsbestand verglichen. Im Laufe des Geschäftsjahres werden nur die Zugänge (Menge und Preis) chronologisch erfasst, nicht der Verbrauch. Dieser ergibt sich aus dem Vergleich von Soll- und Istbestand.

Beispiel (siehe oben)

		Menge in kg	Preis je Einheit in €	Wert insgesamt in €
01.01.	Anfangsbestand	800	7,50	6 000,00
15.06.	Zugang	500	6,30	3 150,00
15.11.	Zugang	900	6,40	5 760,00
31.12.	Sollbestand	2 200		14 910,00
31.12.	Istbestand	700	7,50	5 250,00
	Verbrauch	1 500	(900 · 6,40 + 500 · 6,30 + 100 · 7,50) =	9 660,00

Hier wird deutlich sichtbar, dass **bei fallenden Preisen** die Bestände am Bilanzstichtag mit höheren Werten angesetzt werden, als die Wiederbeschaffungskosten an diesem Tage sind. Eine Korrektur ist notwendig, weil der Ausweis nicht realisierter Gewinne **(Scheingewinne)** nicht erlaubt ist.

Bei steigenden Preisen dagegen werden die alten Bestände mit Werten ausgewiesen, die unter dem Börsen- oder Marktpreis (Wiederbeschaffungspreis) des Bilanzstichtages liegen. Das führt zu einer niedrigeren Bewertung des Bestandes und zu einer höheren Bewertung des Materialverbrauchs. Es entstehen **stille Reserven**.

Fifo-Verfahren (first in – first out)

Dieses Verfahren legt die Annahme zugrunde, dass die zuerst angeschafften oder hergestellten Vorräte auch zuerst verbraucht oder veräußert worden sind und dass die Endbestände am Bilanzstichtag jeweils aus den letzten Zugängen stammen.

Beispiel (Zahlen dazu vgl. Beispiel zur Durchschnittsmethode S. 275)

01.01.	Anfangsbestand	800 kg zu je 7,50 €	
15.03.	Ausgang	400 kg zu je 7,50 €	Bestand 400 kg zu je 7,50 €
15.06.	Zugang	500 kg zu je 6,30 €	
02.10.	Ausgang	400 kg zu je 7,50 €	
		200 kg zu je 6,30 €	Bestand 300 kg zu je 6,30 €
15.11.	Zugang	900 kg zu je 6,40 €	
12.12.	Ausgang	300 kg zu je 6,30 €	
		200 kg zu je 6,40 €	Bestand 700 kg zu je 6,40 €
		700 kg zu je 6,40 €	= 4480,00 €

Bei sinkenden Preisen ist dieses Verfahren sehr zweckmäßig, weil die vorhandenen Bestände mit Anschaffungswerten ausgewiesen werden, die den Wiederbeschaffungskosten des Bilanzstichtages in der Regel entsprechen. Zudem ist, da Abgänge und Verbrauch mit den effektiven Werten belastet werden, die **Substanzerhaltung** gesicherter.

Steigende Preise dagegen bewirken in diesem Fall den Ausweis des Bestandes mit Werten, die über den Durchschnittswerten des Abrechnungszeitraumes liegen. Somit ist auch der auszuweisende Gewinn höher **(Scheingewinn)**.

Zulässigkeit der Bewertungsverfahren mit fiktiver Verbrauchsfolge

Nach dem Wortlaut des § 256 HGB stehen handelsrechtliche Vorschriften dem Lifo- und Fifo-Verfahren nicht entgegen.

Steuerrechtlich ist nur die **Lifo-Methode zulässig**, soweit sie nicht gegen das Niederstwertprinzip verstößt.

▲ Bewertung des übrigen Umlaufvermögens:

Zu dem übrigen Umlaufvermögen gehören u. a. Forderungen a. LL., Wertpapiere des Umlaufvermögens.

Ihre Bewertung, die grundsätzlich auch für die Vorräte gilt, geht aus folgender Übersicht hervor:

Bewertung des Umlaufvermögens in der Bilanz nach Handelsrecht (§ 253 HGB)
Anschaffungs- oder Herstellungskosten
AK oder HK > Tageswert Ansatz des niedrigeren Wertes (strenges Niederstwertprinzip)
Tageswert > vorheriger Bilanzansatz Zuschreibung des Wertes bis zum Tageswert, höchstens bis zu den AK oder HK möglich (Bewertungswahlrecht), jedoch bei Kapitalgesellschaften nach § 280 HGB zwingend.

- **Bewertung von Wertpapieren:** Bei der Bewertung der Wertpapiere des Umlaufvermögens ist das strenge Niederstwertprinzip zu beachten. Die Anschaffungskosten bilden die Wertobergrenze. Liegt der Kurs am Bilanzstichtag über dem Anschaffungskurs, ist zum Anschaffungskurs zu bewerten. Ist der Kurs jedoch zum Bilanzstichtag unter den Anschaffungskurs gefallen, ist der niedrigere Wert anzusetzen.

Beispiel

Anschaffungskosten einer Aktie	120,00 €
Kurs am Bilanzstichtag	114,00 €
Wertansatz in der Bilanz	114,00 €

Liegt der Kurswert am Bilanzstichtag des folgenden Geschäftsjahres bei 125,00 €, können Einzelunternehmen und Personengesellschaften den niedrigeren Wert beibehalten oder einen höheren Wert, höchstens jedoch die Anschaffungskosten, ansetzen. Kapitalgesellschaften unterliegen nach Handelsrecht dem Wertaufholungsgebot und müssen den Wert von 120,00 € ansetzen.

- **Bewertung der Forderungen a. LL.: Forderungen sind Ansprüche auf Geldleistungen,** die der Unternehmer als Gläubiger aus Vertragsverhältnissen (z. B. Kaufvertrag, Werkvertrag, Werklieferungsvertrag) gegenüber seinen Kunden (Schuldner) besitzt.

Forderungen sind nach § 253 HGB und § 6 Abs. 1 EStG grundsätzlich mit den **Anschaffungskosten** zu erfassen. Diese stimmen mit dem in der Ausgangsrechnung genannten Betrag **(Nennwert)** überein. Nachträglich gewährte **Nachlässe** an den Kunden (Rabatte, Skonti, Gutschriften) mindern diesen Nennwert. Ebenso ist es denkbar, dass die Forderungen dem Nennwert nicht mehr entsprechen, wenn beispielsweise aufgrund einer verschlechterten Vermögenslage des Schuldners Zahlungen in der Höhe der ursprünglichen Forderung nicht mehr erwartet werden können. Daher wird es erforderlich, die Forderungen ständig hinsichtlich ihrer **Bonität** (Güte) zu überprüfen, um sie **zum Bilanzstichtag** auch mit ihrem wahrscheinlichen Wert (niedrigerer Wert) ansetzen zu können.

Einzelbewertung: Kann der Unternehmer aufgrund ihm vorliegender Informationen (Mahnverfahren, Eröffnung von Insolvenzverfahren) annehmen, dass eine bestimmte Forderung nicht mehr in vollem Umfang beglichen wird, ist diese Forderung mit dem niedrigeren wahrscheinlichen Wert anzusetzen **(strenges Niederstwertprinzip)** und der erwartete Ausfall entsprechend abzuschreiben.

Zur besseren Übersicht sollte eine solche **zweifelhafte Forderung** von den übrigen wahrscheinlich einwandfreien Forderungen getrennt werden.

Beispiel Frau König hat erfahren, dass über das Vermögen des Kunden Klaus Klein e. K., an den eine Forderung in Höhe von 23 800,00 € einschl. 19 % Umsatzsteuer besteht, das Insolvenzverfahren eröffnet wurde.

Umbuchung

2470 Zweifelhafte Forderungen	23 800,00	an	2400 Forderungen a. LL.	23 800,00

Eine Besonderheit der Bewertung der Forderungen ergibt sich durch die darin enthaltene Umsatzsteuer: Da der Unternehmer nach § 17 Abs. 2 UStG bei einem Forderungsausfall die darauf entrichtete Umsatzsteuer zurückerhält, wird die Bewertungskorrektur nur vom Nettobetrag der Forderung ermittelt. Das Ausfallrisiko bezieht sich also nur auf diesen Nettobetrag. Der niedrigere Wert wird grundsätzlich im Wege der **Einzelbewertung** ermittelt. Dabei wird jede einzelne Forderung daraufhin untersucht, ob zum Bilanzstichtag wertmindernde Umstände (spezielles Ausfallrisiko) vorliegen.

Direkte Abschreibung zweifelhafter Forderungen

Ist damit zu rechnen, dass eine zweifelhafte Forderung **ganz ausfällt** (z. B. bei Einstellung des Insolvenzverfahrens mangels Masse), dann ist diese **uneinbringliche Forderung** abzuschreiben (§ 252 f. HGB) und damit auszubuchen.

Beispiel

Schreiben des Insolvenzverwalters: Das Insolvenzverfahren gegen Klaus Klein e.K. wird mangels Masse eingestellt:

Buchung:

6950 Abschreibungen auf Forderungen	20 000,00			
4800 Umsatzsteuer	3 800,00	an	2470 Zweifelhafte Forderungen	23 800,00

S	2470 Zweifelhafte Forderungen		H
2400	23 800,00	6950, 4800	23 800,00

S	6950 Abschreibungen auf Forderungen		H
2470	20 000,00		

S	4800 Umsatzsteuer		H
2470	3 800,00		

Die **Abschreibung der uneinbringlichen Forderungen** bedeutet umsatzsteuerrechtlich, dass auch das Entgelt uneinbringlich geworden ist. Weil die Entgeltminderung in diesem Falle feststeht, muss nach § 17 Abs. 2 UStG die Umsatzsteuer entsprechend berichtigt werden **(Umsatzsteuerberichtigung)**. Die Umsatzsteuer kann daher für den Unternehmer nie Verlust verursachen und darf somit nicht zum Bestandteil des Abschreibungsaufwandes werden.

- Die uneinbringliche Forderung wird mit ihrem Nettowert direkt abgeschrieben (6950).
- Die in der Forderung enthaltene Umsatzsteuer ist gleichzeitig in voller Höhe zu berichtigen.

Einzelwertberichtigungen (indirekte Abschreibung) zweifelhafter Forderungen

Bei den übrigen zweifelhaften Forderungen muss der Unternehmer zum Bilanzstichtag den in der Bilanz anzusetzenden niedrigeren Wert schätzen. Der damit geschätzte Ausfall (spezielles Kreditrisiko) ist abzuschreiben. Es ist eine Einzelbewertung dieser Forderungen erforderlich[1], durch die sich der zum Bilanzstichtag auszuweisende **niedrigere Wert** ergibt. Weil der **Forderungsausfall nicht exakt feststeht**, ist es für die Praxis wichtig, den Anspruch auf die **ursprüngliche Forderung** und den **vermutlichen Nettoforderungsverlust** aus den Buchführungsunterlagen zu ersehen.

Darum wird der geschätzte Forderungsausfall nicht direkt von dem Forderungskonto abgeschrieben, sondern dem passiven Bestandskonto **„3670 Einzelwertberichtigung zu Forderungen"** gutgeschrieben. Dieses Konto wird wie das Konto **„2470 Zweifelhafte Forderungen"** über das Schlussbilanzkonto abgeschlossen. Dadurch werden im Schlussbilanzkonto den ursprünglichen zweifelhaften Forderungen auf Konto „2470 Zweifelhafte Forderungen" die vermutlichen Forderungsverluste bzw. Abschreibungen auf dem Konto „3670 Einzelwertberichtigung zu Forderungen" als Wertkorrektur gegenübergestellt.

Beispiel Über das Vermögen des Kunden Peter Allefelder e.K. wurde am 28.11... das Insolvenzverfahren eröffnet. Unsere Forderung beträgt 59 500,00 € einschließlich 19 % Umsatzsteuer. Zum Jahresabschluss wird die Insolvenzquote nach Angaben des Insolvenzverwalters auf 10 % geschätzt.

Buchung am 28.11. ...:

2470 Zweifelhafte Forderungen	59 500,00	an	2400 Forderungen a. LL.	59 500,00

Buchung des geschätzten Forderungsverlustes zum 31.12. ...:

6950 Abschreibungen auf Forderungen	45 000,00	an	3670 Einzelwertberichtigung zu Forderungen (EWB)	45 000,00

[1] *Bei kleineren Forderungen ist es durchaus üblich, wegen gemeinsamer spezieller Risiken pauschal ermittelte Abschläge vorzunehmen (z.B. eingetretene Abwertungsverluste bei mehreren kleinen Auslandsforderungen) und abzuschreiben.*

Abschlussbuchungen:

8020 Gewinn und Verlust	45 000,00	an	6950 Abschreibungen auf Forderungen	45 000,00
8010 Schlussbilanzkonto	59 500,00	an	2470 Zweifelhafte Forderungen	59 500,00
3670 Einzelwertberichtigung zu Forderungen	45 000,00	an	8010 Schlussbilanzkonto	45 000,00

S	8010 Schlussbilanzkonto		H
2470 Zweifelhafte Forderungen	59 500,00	3670 Einzelwertberichtigung zu Forderungen	45 000,00

Pauschalwertberichtigung zu Forderungen wegen des allgemeinen Kreditrisikos

Obwohl Hinweise für eine niedrigere Bewertung anderer Forderungen nicht vorliegen, muss erfahrungsgemäß auch dort wegen des allgemeinen Kreditrisikos (Ausfallrisiko wegen Konjunkturschwankung, Abwertung, Enteignung) mit Forderungsausfällen gerechnet werden. In diesen Fällen gestattet der Gesetzgeber, die Risiken von Forderungsausfällen pauschal nach einem langfristigen betrieblichen Erfahrungssatz zu ermitteln.

Beispiel Der Forderungsbestand der Bürodesign GmbH beträgt zum 31.12. des Geschäftsjahres einschl. 19 % Umsatzsteuer 285 600,00 €. Darin ist die einzelwertberichtigte Forderung an den Kunden Peter Allefelder e. K. in Höhe von 59 500,00 € enthalten. Bei den übrigen Forderungen wird aufgrund der betrieblichen Erfahrungswerte mit einem Ausfallrisiko von 4 % gerechnet.

Bilanzansatz der Forderungen

		€
	Forderungen zum 31.12.	285 600,00
–	einzelwertberichtigte Forderungen	59 500,00
	Pauschal zu berichtigende Forderungen	226 100,00
–	4 % Ausfallrisiko von 190 000,00 (Nettowert der Forderungen)	7 600,00
	pauschalwertberichtigte Forderungen	218 500,00

Darstellung der Forderungen in der Bilanz: In **Einzelunternehmen** und **Personengesellschaften** können in der Bilanz zur Erzielung einer größeren Bilanzklarheit auf der Aktivseite die Positionen **„Forderungen a. LL."** und **„Zweifelhafte Forderungen a. LL."** mit ihren Nennwerten (Anschaffungskosten) ausgewiesen werden.

Auf der **Passivseite** werden bei niedrigerer Bewertung der Forderungen die Positionen **„Einzelwertberichtigung zu Forderungen"** und **„Pauschalwertberichtigung zu Forderungen"** als **Korrekturposten** gegenübergestellt.

Ausweismöglichkeit der Forderungen a. LL. in Einzelunternehmen und Personengesellschaften:

Aktiva	Bilanz des Einzelunternehmens und der Personengesellschaft		Passiva
Forderungen a. LL.	226 100,00	Pauschalwertberichtigung zu Forderungen	7 600,00
Zweifelhafte Forderungen	59 500,00	Einzelwertberichtigung zu Forderungen	45 000,00

Wegen dieser Vorschrift für den Ausweis der Forderungen in der Bilanz der Kapitalgesellschaft sieht der Kontenrahmen für diese Unternehmensformen **Unterkonten der Forderungskonten zur Erfassung der Wertberichtigungen** zu Forderungen vor:

2401 Einzelwertberichtigung zu Forderungen

2402 Pauschalwertberichtigung zu Forderungen

Bedeutung, Gliederung und Bewertung des Umlaufvermögens

- **Bedeutung des Umlaufvermögens**
  - Gewinnträger, Schuldendeckungspotenzial
  - i.d.R. kurzfristige Kapitalbindung
- **Gliederung des Umlaufvermögens**
  - Vorräte: Werkstoffe, unfertige und fertige Erzeugnisse, Waren, geleistete Anzahlungen
  - Forderungen und sonstige Vermögensgegenstände
  - Wertpapiere des Umlaufvermögens
  - Kassenbestand, Bundesbankguthaben, Guthaben bei Kreditinstituten
- **Bewertung des Umlaufvermögens**
  - Anschaffungs- oder Herstellungskosten
  - niedriger Wert, wenn der Tageswert niedriger ist **(strenges Niederstwertprinzip)**
  - Liegt der Tageswert über dem vorherigen Bilanzansatz, ist eine Zuschreibung bis zum Tageswert (höchstens bis zu den AK) zwingend.
- **Bewertungsvereinfachungsverfahren**
  - **Durchschnittsbewertung**
    - gewogener Durchschnitt
    - gleitender gewogener Durchschnitt
  - **Verbrauchsfolgeverfahren**
    - Lifo-Verfahren
    - Fifo-Verfahren
    - Hifo-Verfahren (handels- und steuerrechtlich nicht erlaubt)
  - **Bewertung von Forderungen**
    Abschreibung des **geschätzten Ausfalls vom Nettowert**
    Umsatzsteuerkorrektur, wenn der Ausfall feststeht.

1 Wegen angekündigter Preissteigerungen wurden am 3. Juli d.J. zwei Rohstoffposten gekauft:

	Listenpreis	Rabatt	Skonto binnen 10 Tagen	Anschaffungsnebenkosten
Posten I	60 000,00 €	10 %	2 %	1 200,00 € bar
Posten II	40 000,00 €	12,5 %	3 %	400,00 € bar

a) Berechnen Sie den Wert, mit dem die Posten am 3. Juli d. J. aktiviert wurden, und bilden Sie die Buchungssätze bei Zielkauf + 19 % USt und bei späterer Zahlung durch Banküberweisung.

b) Ermitteln Sie den Wert, mit dem die Rohstoffe am 31. Dezember d. J. zu bilanzieren sind, wenn die Wiederbeschaffungskosten für Rohstoff I auf 62 000,00 € gestiegen und für Rohstoff II unerwartet auf 33 000,00 € gefallen sind.

2 Ein Industriebetrieb bezieht 10 000 kg eines Rohstoffes zum Listenpreis von 420,00 € je 100 kg. Es werden ihm 10 % Mengenrabatt und 2 % Skonto vom Warenwert gewährt. Die Bezugskosten betragen je 100 kg 4,80 €.

Berechnen Sie unter Berücksichtigung von 19 % Umsatzsteuer

a) die Anschaffungskosten der Rohstoffsendung,

b) den Überweisungsbetrag bei Skontoausnutzung.

3 Eine Autofabrik bezieht 12 000 kg Lack, Listenpreis 6,00 € je kg, Rabatt 15 %, Skonto 3 %, Fracht 542,00 €, Versicherung 8‰ des Rechnungspreises, Umsatzsteuer 19 %. Berechnen Sie die Anschaffungskosten der Sendung.

4 Ein Unternehmen hat im letzten Geschäftsjahr folgende Einkäufe getätigt:

Rohstoffgruppe A	Hilfsstoffgruppe B
12.10. 500 kg zu je 4,50 €	19.10. 800 kg zu je 2,20 €
08.11. 900 kg zu je 4,00 €	07.11. 300 kg zu je 2,50 €
07.12. 600 kg zu je 3,00 €	09.12. 400 kg zu je 3,00 €

Folgende Abgänge sind ermittelt worden:

Rohstoffgruppe A	Hilfsstoffgruppe B
15.10. 300 kg	20.10. 600 kg
15.11. 700 kg	25.11. 400 kg

a) Ermitteln Sie die Werte für den Bestand der Rohstoffgruppe A nach dem gleitenden gewogenen Durchschnitt und dem Lifo-Verfahren und nehmen Sie dazu Stellung.

b) Ermitteln Sie die Werte für den Bestand der Hilfsstoffgruppe B nach dem gleitenden gewogenen Durchschnitt und dem Fifo-Verfahren und nehmen Sie dazu Stellung.

5 Am 15.11... wurde auf Antrag des Gläubigers Exakt GmbH, Köln, gegen seinen Kunden Birr-Kaufzentrale GmbH, Köln, beim dortigen Amtsgericht die Eröffnung des Insolvenzverfahrens beantragt. Der Eröffnungsantrag wurde jedoch vom Gericht mangels Masse abgewiesen. Die bereits Ende November .. zweifelhaft geschriebene Forderung über 8 000,00 € zuzüglich 1 520,00 € (19 %) Umsatzsteuer wurde mit der Abweisung des Eröffnungsantrages uneinbringlich. Nach § 253 HGB sind uneinbringliche Forderungen abzuschreiben. Die Abschreibung soll durchgeführt werden. Außerdem ist zu prüfen, ob die Korrektur der Umsatzsteuer nach § 17 UStG durchgeführt werden kann.
Führen Sie die Bewertung durch.

6 Eine Möbelfabrik kauft 2 000 Stück Spanplatten zu je 68,00 € Listenpreis (netto) + 19 % Umsatzsteuer. Der Lieferer gewährt 12,5 % Mengenrabatt und 2 % Skonto. Die Bezugskosten betragen 1 380,00 € zuzüglich 19 % Umsatzsteuer.

a) Ermitteln Sie den Wert, mit dem die einzelne Spanplatte zum Jahresabschluss zu bewerten ist.

b) Berechnen Sie den Wert, der anzusetzen ist, wenn der Anschaffungswert zum 31.12.
   ba) auf 56,00 € gefallen ist,
   bb) auf 62,00 € gestiegen ist.

7 Die Rohstoffe A und B sind

a) nach dem gewogenen Durchschnitt,

b) nach dem gleitenden gewogenen Durchschnitt,

c) nach dem Fifo-Verfahren,

d) nach dem Perioden-Lifo-Verfahren

zu bewerten.

Rohstoff A					Rohstoff B				
Datum	**Zugang**	**AK je Einheit**	**Abgang**	**Bestand**	**Datum**	**Zugang**	**AK je Einheit**	**Abgang**	**Bestand**
01.01.		7,00		4200	01.01.		32,00		650
15.02.			1500		03.02.			380	
26.03.	6000	8,00			27.03.	500	33,00		
04.04.			3000		09.04.			220	
09.05.			3400		17.05.			360	
26.06.	6000	9,00			18.06.	500	34,00		
27.07.			4500		29.07.			490	
28.08.	8000	8,50			25.08.	700	33,50		
24.09.			5000		26.09.			350	
27.10.			4000		13.10.			400	
27.11.	8000	8,70			16.11.	800	32,00		
10.12.			6800		18.12.			400	
31.12.				4000	31.12.				550
Marktpreis am 31.12.: 8,60 €					Marktpreis am 31.12.: 33,50 €				

8 Ein Posten Rohstoffe wurde zu verschiedenen Preisen angeschafft, aber nicht getrennt gelagert:

Datum des Einkaufs	Stückzahl	Preis je Stück in €
01.03.	2 000	4,00
14.06.	4 000	5,60
18.08.	3 000	5,00
20.12.	11 000	6,20

Endbestand lt. Inventur: 7108 Stück

a) Errechnen Sie den Wert des Rohstoffpostens
   aa) nach dem Lifo-Verfahren,
   ab) nach dem Fifo-Verfahren,
   ac) nach dem gewogenen Durchschnitt.

b) Ermitteln Sie den Wert, zu dem der Posten zu inventarisieren ist.

9 Kontenplan: 2400, 2470, 6950, 8010, 8020

	9	10
10 Forderungsbestand am 01.09. ...	238 000,00	285 600,00
Geschäftsfälle:		
1. Am 15.09. ... wurde über das Vermögen eines Kunden das Insolvenzverfahren eröffnet. Unsere Forderung beträgt einschl. 19 % USt	28 560,00	29 750,00
2. Zum 31.12... ist die Forderung zu bewerten. Es wird mit einer Insolvenzquote gerechnet von	10 %	18 %

a) Führen Sie die Buchungen zum 15.09. und 31.12. durch.
b) Schließen Sie die Konten 2400, 2470 und 6950 unter Angabe der Gegenkonten ab.

11 Bilden Sie für die folgenden Fälle 1. bis 4. jeweils die Buchungssätze bei Insolvenzanmeldung und bei Zahlungseingang.

Kontenplan: 2470, 2800, 4800, 6950

	Forderungsbestand		Insolvenzanmeldung von Kunden		Zahlungseingang lt. BA	
	Datum	€	Datum	Unsere Forderung in €	Datum	€
1.	16.04.	238 000,00	17.04.	16 898,00	25.08.	3 379,60
2.	17.05.	178 500,00	20.05.	13 685,00	09.08.	Einstellung des Verfahrens mangels Masse
3.	18.06.	95 200,00	21.06.	5 355,00	11.10.	1 178,10
4.	19.07.	47 600,00	22.07.	1 951,60	12.12.	273,23

2.4 Bedeutung und Gliederung des Eigenkapitals

Zwischen den Gesellschaftern der Bürodesign GmbH ist ein Streit entstanden über die Verwendung des Jahresüberschusses in Höhe von 600 000,00 €. Herr Stein will ihn einbehalten: „Ich denke da an die neue Rohrbiegeanlage, die uns fast 1 Mio. € kosten wird. Außerdem können wir damit das Bild unserer Bilanz etwas verschönern." „Und was haben wir davon?", meint Frau Friedrich. „Ich denke auch ein wenig an meine Familie: außerdem erhöhen wir ohne Not nur unsere Haftungsbasis."

- Beurteilen Sie die beiden Auffassungen kritisch.
- Erläutern Sie Verwendungsmöglichkeiten von Gewinnen und zeigen Sie jeweils die Auswirkung in der Bilanz auf.

Eigenkapital und Fremdkapital

Die Passivseite der Bilanz weist Höhe und Herkunft des Kapitals aus, das in den Posten der Aktivseite seine Verwendung gefunden hat. Nach den Finanzierungsquellen sind Eigen- und Fremdkapital zu unterscheiden.

Der **Eigenkapitalanteil** besagt,
- in welchem Umfang der Unternehmer oder Gesellschafter sich selbst an der Finanzierung des Unternehmens und dem damit verbundenen Risiko beteiligt hat,
- wie hoch der Anteil des Haftungs- oder Garantiekapitals ist.

Je höher der Eigenkapitalanteil ist, desto größer sind die finanzielle Stabilität und die Kreditwürdigkeit und desto geringer ist die Abhängigkeit des Unternehmens vom Kapitalmarkt und von Gläubigern. Allerdings sind zur ausgewogenen Beurteilung der Kreditwürdigkeit auch Kennziffern zur Ertragskraft heranzuziehen, da die beste Eigenkapitalbasis bei negativer Ertragslage schnell verbraucht ist.

Bei Einzelunternehmen oder Personengesellschaften mit persönlich haftenden Gesellschaftern ist zu beachten, dass sie über das in der Bilanz ausgewiesene Eigenkapital hinaus mit ihrem Privatvermögen haften, das also zur Kreditbeurteilung mit heranzuziehen ist.

Der **Fremdkapitalanteil** am Gesamtkapital oder sein prozentuales Verhältnis zum Eigenkapital wird von Kreditgebern und Gläubigern beobachtet, weil sie die Anspannung erahnen lassen, die durch das Fremdkapital hervorgerufen wird. Besondere Nachteile des Fremdkapitals sind die regelmäßigen Liquiditätsbelastungen durch Zins- und Rückzahlungen ohne Bezug zur Ertragslage.

Aus der Sicht von Gläubigern wird ein hoher Eigenkapitalanteil positiv beurteilt. Vor allem im Falle von Verlusten wird in ihm ein Polster gesehen. Haftungsgründe und steuerliche Gesichtspunkte (Gewerbesteuer, Gesellschaftsteuer, Körperschaftsteuer) sind die Ursache für die zunehmende Finanzierung mit Gesellschafterdarlehen, also mit Fremdkapital. Diese Tendenz wird zusätzlich verstärkt durch die positive Wirkung des Fremdkapitals auf die Eigenkapitalrentabilität, solange der Fremdkapitalzinssatz unter der Eigenkapitalrentabilität liegt (vgl. Kapitel 3.2, S. 329 ff.). Deshalb verwundert der hohe Fremdkapitalanteil von über 70 % im Durchschnitt der bundesdeutschen Betriebe nicht.

Bilanzierung des Eigenkapitals bei Einzelunternehmen und Personengesellschaften

Das Eigenkapital ist je nach Rechtsform in verschiedenen Positionen gegliedert darzustellen. Das hat seinen Grund darin, dass durch die Darstellung der Kapitalverhältnisse auf der Passivseite zugleich die Haftungsverhältnisse und die Herkunft des Kapitals (Mittelherkunft) dokumentiert werden sollen. Daraus lässt sich bei einigen Gesellschaftsformen der Ausweis eines **konstanten Teils des Eigenkapitals** (Grundkapital bei der AG, Stammkapital bei der GmbH, Einlagen der Kommanditisten in der KG) und eines **variablen Teils** (Rücklagen bei den Kapitalgesellschaften, Vollhafterkapital der Kommanditgesellschaften) ableiten.

Davon unterscheidet sich die Kapitaldarstellung der Einzelunternehmen und der vollhaftenden Gesellschafter in der OHG und KG. Die Position „Rücklagen" entfällt. Gewinne (soweit nicht ausgeschüttet) bzw. Verluste werden dort mit den Kapitaleinlagen des Einzelunternehmers bzw. der Vollhafter der Personengesellschaften anteilig verrechnet. Das Eigenkapital ist hier also insgesamt variabel.

Für diese Unternehmensformen ist das Eigenkapital gemäß § 247 Abs. 1 HGB zu bilanzieren. Dieser fordert den gesonderten Ausweis des Eigenkapitals mit hinreichender Gliederung. Handelsrechtlich reicht es damit vollständig aus, das variable Eigenkapital der Einzelunternehmen in einer Summe auszuweisen. Gleiches gilt für den Ausweis des Eigenkapitals in der OHG, das durch Auflistung der Kapitalien aller Gesellschafter untergliedert werden kann. Im Unterschied dazu muss das Eigenkapital der KG in das variable Vollhafterkapital der Komplementäre und das konstante Teilhafterkapital der Kommanditisten unterteilt werden.

Beispiel 1

A	Bilanz des Einzelunternehmens P
	A. Eigenkapital

Beispiel 2

A	Bilanz der OHG P
	A. Eigenkapital I. Kapital Gesellschafter A II. Kapital Gesellschafter B usw.

Beispiel 3

A	Bilanz der KG P
	A. Eigenkapital I. Vollhafterkapital 1. Komplementär A 2. Komplementär B II. Teilhafterkapital 1. Kommanditist X 2. Kommanditist Y

Soweit Kommanditisten Einlagen noch nicht erbracht haben, sind diese als ausstehende Beträge gesondert auszuweisen; in dieser Höhe besteht noch eine Zahlungspflicht der Kommanditisten. Falls der Kommanditist Verluste zu tragen hat, können diese mit der eingezahlten Kommanditeinlage offen verrechnet werden. Stehen gebliebene Gewinnanteile der Kommanditisten werden üblicherweise auf sogenannten „Kapitalkonten II" (Verbindlichkeiten) gesondert ausgewiesen. So sind Kapitalzahlungen und Haftungsbeträge der Kommanditisten ersichtlich.

▲ Gliederung des Eigenkapitals der Kapitalgesellschaften

Nach § 266 Abs. 3 HGB ist das Eigenkapital der Kapitalgesellschaften auf der Passivseite der Bilanz folgendermaßen zu gliedern:	**A. Eigenkapital** I. Gezeichnetes Kapital II. Kapitalrücklage III. Gewinnrücklagen 1. gesetzliche Rücklage 2. Rücklage für eigene Anteile 3. satzungsmäßige Rücklagen 4. andere Gewinnrücklagen IV. Gewinnvortrag/Verlustvortrag V. Jahresüberschuss/Jahresfehlbetrag

▲ Gezeichnetes Kapital:

Mit dem gezeichneten Kapital ist das **Grundkapital der AG** bzw. das **Stammkapital der GmbH** gemeint. Das im Handelsregister eingetragene Gezeichnete Kapital repräsentiert die Summe der Nennbeträge aller durch die Gesellschaft ausgegebenen Anteile (Aktien, GmbH-Anteile), zu deren Einzahlung die Gesellschafter gegenüber der Kapitalgesellschaft verpflichtet sind. Es repräsentiert das **Haftungskapital** der Gesellschaft gegenüber den Gläubigern, das auch dann in seiner vollen Höhe auszuweisen ist, wenn es noch nicht ganz eingezahlt ist.

Die nicht eingeforderten ausstehenden Einlagen müssen von dem Posten „Gezeichnetes Kapital" offen abgesetzt werden. In diesem Fall ist der verbleibende Betrag als Posten „Eingefordertes Kapital" in der Hauptspalte der Passivseite auszuweisen. Dazu ist der eingeforderte, aber noch nicht eingezahlte Betrag unter den Forderungen gesondert auszuweisen und entsprechend zu bezeichnen.

Beispiel **Alternative 2 gem. § 272 Abs. 1 HGB**

A		Bilanz (Auszug)		P
A. Anlagevermögen	1 000 000,00	**A. Eigenkapital**		
B. Umlaufvermögen		I. Gezeichnetes Kapital		
I. Vorräte	650 000,00		3 000 000,00	
II. Forderungen und sonstige Vermögensgegenstände		– Nicht eingeforderte ausstehende Einlagen		
....			600 000,00	
4. Eingefordertes noch nicht eingezahltes Kapital	450 000,00	= Eingefordertes Kapital		2 400 000,00
III. Flüssige Mittel	300 000,00			

Rücklagen (vgl. S. 202 ff.):

Rücklagen sind zusätzliches Eigenkapital. Zu unterscheiden sind **offene** und **stille** Rücklagen.

- **Offene Rücklagen** sind auf der Passivseite der Bilanz vom starren „Gezeichneten Kapital", dem Nominalkapital, als zusätzlich ausgewiesenes Eigenkapital zu unterscheiden. Der Gesetzgeber hat sie nach ihrer Herkunft unterteilt in Kapital- und Gewinnrücklagen (siehe unten).

  Beide werden gebildet, um
  - die Haftungsbasis zu verbessern,
  - die Betriebsbereitschaft auch in strukturellen Krisen zu erhalten,
  - Verluste ausgleichen zu können, ohne dass das feste Nominalkapital angegriffen wird,
  - zukünftige außergewöhnliche Belastungen, die durch notwendige Erneuerungen oder Umstellungen hervorgerufen werden, finanzieren zu können.

Kapitalrücklagen: Nach der Herkunft handelt es sich um **Zuzahlungen der Gesellschafter** gem. § 272 HGB zum Erwerb von Anteilen, Schuldverschreibungen für Wandlungs- und Optionsrechte über den Nennwert hinaus (Agio oder Aufgeld) und Zuzahlungen für die Gewährung von Vorzugsrechten. Die Mittel kommen also von den Gesellschaftern (Eigenfinanzierung als Außenfinanzierung).

Gewinnrücklagen: Gewinnrücklagen werden aus dem Ergebnis des Geschäftsjahres oder früherer Jahre gebildet (§ 272 Abs. 3 HGB). Dieses Kapital wurde also vom Unternehmen selbst erwirtschaftet und zur Stärkung der Eigenkapitalbasis einbehalten. Es liegt ein klassischer Fall der **Selbstfinanzierung** vor. § 266 Abs. 3 HGB sieht eine Unterteilung der Gewinnrücklagen in gesetzliche Rücklagen, Rücklagen für eigene Anteile, satzungsmäßige Rücklagen und andere Gewinnrücklagen vor.

- **Gesetzliche Rücklagen:** Die Bildung einer gesetzlichen Rücklage ist nur für Aktiengesellschaften (§ 150 AktG) und Kommanditgesellschaften auf Aktien (§ 278 Abs. 3 i. V. mit § 150 AktG) vorgeschrieben. Gemäß § 150 Abs. 2 AktG ist der zwanzigste Teil des um einen Verlustvortrag aus dem Vorjahr geminderten Jahresüberschusses in die gesetzliche Rücklage einzustellen, bis diese zusammen mit den Kapitalrücklagen den zehnten oder den in der Satzung bestimmten höheren Teil des Grundkapitals erreichen.

  Die Verwendung der gesetzlichen Gewinnrücklage und der Kapitalrücklagen unterliegt den strengen gesetzlichen Bestimmungen des § 150 Abs. 3 AktG:

  (3) Übersteigen die gesetzliche Rücklage und die Kapitalrücklagen nach § 272 Abs. 2 Nr. 1 bis 3 des Handelsgesetzbuchs zusammen nicht den zehnten oder den in der Satzung bestimmten höheren Teil des Grundkapitals, so dürfen sie nur verwandt werden

  1. zum Ausgleich eines Jahresfehlbetrags, soweit er nicht durch einen Gewinnvortrag aus dem Vorjahr gedeckt ist und nicht durch Auflösung anderer Gewinnrücklagen ausgeglichen werden kann;

  2. zum Ausgleich eines Verlustvortrags aus dem Vorjahr, soweit er nicht durch einen Jahresüberschuss gedeckt ist und nicht durch Auflösung anderer Gewinnrücklagen ausgeglichen werden kann.

  (4) Übersteigen die gesetzliche Rücklage und die Kapitalrücklagen nach § 272 Abs. 2 Nr. 1 bis 3 des Handelsgesetzbuchs zusammen den zehnten oder den in der Satzung bestimmten höheren Teil des Grundkapitals, so darf der übersteigende Betrag verwandt werden

1. zum Ausgleich eines Jahresfehlbetrags, soweit er nicht durch einen Gewinnvortrag aus dem Vorjahr gedeckt ist;
2. zum Ausgleich eines Verlustvortrags aus dem Vorjahr, soweit er nicht durch einen Jahresüberschuss gedeckt ist;
3. zur Kapitalerhöhung aus Gesellschaftsmitteln nach den §§ 207 bis 220 AktG.

Die Verwendung nach den Nummern 1 und 2 ist nicht zulässig, wenn gleichzeitig Gewinnrücklagen zur Gewinnausschüttung aufgelöst werden.

- **Rücklagen für eigene Anteile:** Es handelt sich um eine Sonderform der gesetzlichen Rücklage in Höhe der eigenen Anteile auf der Aktivseite. Sie ist aus dem Jahresüberschuss oder aus dem Bestand an frei verfügbaren Gewinnrücklagen zu bilden. Sie darf nur aufgelöst werden, wenn und soweit die eigenen Anteile ausgegeben, veräußert oder eingezogen werden oder soweit die eigenen Anteile wegen Anwendung des Niederstwertprinzips niedriger bewertet werden.
- **Satzungsmäßige Rücklagen:** Gesellschaftsvertrag, Satzung oder Statut der Gesellschaft können die verantwortlichen Organe der Gesellschaft verpflichten,
  - **zweckgebundene Rücklagen** für langfristig regelmäßig anstehende Aufgaben zu bilden, wie für betriebliche Rationalisierungen, Modernisierungen und Erweiterungen, oder
  - **zweckfreie Rücklagen** aus dem Jahresüberschuss zu bilden.
- **Andere Gewinnrücklagen:** Von den Organen der Kapitalgesellschaften können gem. § 58 AktG aus dem Jahresüberschuss bis zu 50 % des Jahresüberschusses in andere Gewinnrücklagen eingestellt werden. Außerdem können Vorstand und Aufsichtsrat Wertaufholungen gem. § 280 HGB beim Anlage- und Umlaufvermögen in „andere Gewinnrücklagen" einstellen.

- **Stille Rücklagen,** auch **stille Reserven** genannt, sind nicht aus der Bilanz ersichtlich. Sie entstehen
  - **durch Unterbewertung der Aktiva:** durch zu hohe Abschreibung des Anlagevermögens durch Ausnutzung von Bewertungswahlrechten bei der Bewertung von geringwertigen Wirtschaftsgütern des AV,
  - **durch Überbewertung von Schulden:** durch Überbewertung von Rückstellungen und Verbindlichkeiten.

Beispiel Ein abnutzbarer Gegenstand des Anlagevermögens mit einem Anschaffungswert von 360 000,00 € und einer Nutzungsdauer von zehn Jahren hat am Ende des vierten Geschäftsjahres einen Buchwert von 218 000,00 €. Der Teilwert ist zu diesem Zeitpunkt 160 000,00 €. Der Gegenstand muss mit diesem niedrigeren Wert bewertet werden, wenn die Wertminderung dauernder Natur ist.

Sollte am Ende des nächsten Geschäftsjahres der Teilwert auf 190 000,00 € steigen, dann ist eine entsprechende Zuschreibung vorzunehmen, höchstens jedoch bis zu den fortgeführten Anschaffungskosten.

Mit dem Zuschreibungs- oder Wertaufholungsgebot will der Gesetzgeber die Möglichkeiten einer bilanzpolitischen Verwendung stiller Reserven einschränken.

Die Auflösung stiller Reserven erfolgt durch Veräußerung von unterbewerteten Vermögensgegenständen (Realisierung), Zuschreibungen oder durch Auflösung von Rückstellungen, wenn der Grund für ihre Bildung entfallen ist.

Bilanzpolitisch haben **stille Rücklagen** große Bedeutung, weil mit ihrer Bildung oder Auflösung das Jahresergebnis beeinflusst, ja reguliert werden kann.

Ihre Bildung kommt somit einer Gewinnverschleierung, ihre Auflösung einer Gewinnvortäuschung oder Verlustverschleierung gleich. Aktionäre und Gläubiger können dadurch zu falschen Schlüssen verleitet werden. So kann beispielsweise bei Auflösung die Rentabilität zu günstig beurteilt werden. Dieser Zusammenhang ist insbesondere bei Fragen nach der Kreditwürdigkeit zu beachten. Ebenfalls werden die Vergleichsgrundlagen für Vergleiche durch verschieden hohe Bildung und Auflösung stiller Rücklagen von Jahr zu Jahr verfälscht. Zu verneinen sind sie grundsätzlich, wenn Fehldispositionen gegenüber Aktionären und Gläubigern verschleiert werden sollen. Im Sinne einer vorsichtigen Unternehmenspolitik sind sie auf lange Sicht jedoch zu bejahen.

Allerdings sind in diesem Sinne bei Kapitalgesellschaften auch die Bildung und Auflösung offener, insbesondere „anderer Rücklagen“ möglich.

Jahresüberschuss/-fehlbetrag, Gewinn-/Verlustvortrag, Bilanzgewinn/-verlust:

Das Bilanzgliederungsschema (§ 266 HGB) geht davon aus, dass die Bilanz **vor Gewinnverwendung** aufgestellt wird. Nach § 268 Abs. 1 HGB kann die Aufstellung wahlweise **vor** oder **nach teilweiser** oder **nach vollständiger** Gewinnwendung aufgestellt werden.

Wird die Bilanz nach teilweiser Gewinnverwendung aufgestellt, tritt an die Stelle der Positionen „Gewinnvortrag/Verlustvortrag“ und „Jahresüberschuss/Jahresfehlbetrag“ die Position „Bilanzgewinn/Bilanzverlust“.

Beispiel Eine AG mit einem Grundkapital von 20 000 000,00 €, einer Kapitalrücklage von 1 600 000,00 €, gesetzlichen Gewinnrücklagen in Höhe von 300 000,00 € und anderen Gewinnrücklagen von 2 500 000,00 € sowie einem Gewinnvortrag von 34 000,00 erzielte im Abschlussjahr einen Jahresüberschuss von 1 800 000,00 €, der wie folgt verteilt wird:
1. 5 % des Jahresüberschusses werden in die gesetzliche Rücklage eingestellt.
2. 200 000,00 € sind den anderen Gewinnrücklagen zuzuführen.

1. Aufstellung der Bilanz vor der Verwendung des Jahresüberschusses:

Aktiva	Bilanz	Passiva
	A. Eigenkapital	
	I. Gezeichnetes Kapital	20 000 000,00
	II. Kapitalrücklage	1 400 000,00
	III. Gewinnrücklagen	
	1. gesetzliche Rücklage	300 000,00
	2. Rücklagen für eigene Anteile	–
	3. satzungsmäßige Rücklagen	–
	4. andere Gewinnrücklagen	2 500 000,00
	IV. Gewinnvortrag	34 000,00
	V. Jahresüberschuss	1 800 000,00

2. Aufstellung der Bilanz nach teilweiser Verwendung des Jahresüberschusses:

Aktiva	Bilanz	Passiva
	A. Eigenkapital	
	I. Gezeichnetes Kapital	20 000 000,00
	II. Kapitalrücklage	1 400 000,00
	III. Gewinnrücklagen	
	1. gesetzliche Rücklage	390 000,00
	2. Rücklagen für eigene Anteile	–
	3. satzungsmäßige Rücklagen	–
	4. andere Gewinnrücklagen	2 700 000,00
	IV. Bilanzgewinn	1 544 000,00

Bewertung des Eigenkapitals

Das Eigenkapital ergibt sich als Restgröße aus der Subtraktion der Gesamtschulden vom Gesamtvermögen. Bewertungsentscheidungen zum Vermögen und zu den Schulden fließen über das Ergebnis kumuliert in das Eigenkapital ein. Eine besondere Bewertung der Eigenkapitalpositionen findet nicht statt.

Bedeutung und Gliederung des Eigenkapitals

- Die Passivseite der Bilanz weist Höhe und Herkunft des Kapitals auf, gegliedert in Eigenkapital und Schulden.
- Das Eigenkapital, Differenz von Vermögen und Schulden, steht dem Unternehmen dauernd, d.h. zur langfristigen Finanzierung zur Verfügung.
- Es ist Haftungs- und Garantiekapital.
- Es wird gespeist durch Zahlungen der Eigentümer bzw. Gesellschafter als Außenfinanzierung (Grundkapital, Stammkapital) oder aus einbehaltenen Gewinnen (Rücklagen – Eigenfinanzierung als Innenfinanzierung).
- Bestehen Haftungsbeschränkungen für Teile des Eigenkapitals, müssen diese grundsätzlich konstanten Teile (Haftungskapital) getrennt von den beweglichen Teilen ausgewiesen werden.
  - **Konstante Teile des Eigenkapitals:**
    Teilhafterkapital in der KG
    gezeichnetes Kapital (Grundkapital der AG, Stammkapital der GmbH)
  - **bewegliche Teile des Eigenkapitals:**
    Vollhafterkapital in Einzelunternehmen und Personengesellschaften
    Rücklagen in Kapitalgesellschaften
- **Rücklagen:** Der Gesetzgeber unterscheidet offene und stille Rücklagen.
  - **Offene Rücklagen** werden nach der Herkunft der Mittel getrennt ausgewiesen.
    Kapitalrücklagen: Zuzahlungen über den Nennwert von Anteilen hinaus (Agio)
    Gewinnrücklagen: aus dem Gewinn gespeiste Rücklagen:
    - gesetzliche Rücklage
    - Rücklagen für eigene Anteile
    - satzungsmäßige Rücklagen
    - andere Gewinnrücklagen
  - **Stille Rücklagen (Stille Reserven)** werden nicht offen ausgewiesen.
    Sie entstehen durch Unterbewertung des Vermögens bzw. Überbewertung der Schulden.
- Der **Jahresüberschuss** wird in Kapitalgesellschaften als gesonderte Eigenkapitalposition vor jeglicher Verteilung dargestellt.
  Um die Zugehörigkeit zu erkennen, muss in diesem Fall ein **Gewinnverwendungsvorschlag** aus dem Anhang hervorgehen.
  Nach teilweiser Gewinnverwendung durch Einstellung in Gewinnrücklagen wird der Rest unter der Bezeichnung **Bilanzgewinn** ausgewiesen.
  Nach kompletter Gewinnverteilung (Rücklagenbildung und/oder Ausschüttung) erscheint ein möglicher Gewinnrest als **„Gewinnvortrag"**.

1 Stellen Sie Eigenkapital und Fremdkapital gegenüber.

2 Erläutern Sie den Ausweis des Eigenkapitals in folgenden Rechtsformen des Unternehmens:
a) Einzelunternehmen
b) Offene Handelsgesellschaft
c) Kommanditgesellschaft
d) Gesellschaft mit beschränkter Haftung
e) Aktiengesellschaft

3 Erklären Sie stille Rücklagen an Bespielen.

4 Vergleichen Sie Kapital- und Gewinnrücklagen.

5 Grenzen Sie Jahresüberschuss, Bilanzgewinn und Gewinnvortrag gegeneinander ab.

6 Eine Aktiengesellschaft (Industrieunternehmen) legt vor Verteilung des Jahresergebnisses der Hauptversammlung folgende Bilanz (Bilanzauszug) vor:

Aktiva	Bilanz der GmbH zum 31.12. . .	Haben
	A. Eigenkapital:	
	I. Gezeichnetes Kapital	6 200 000,00
	II. Kapitalrücklagen	180 000,00
	III. gesetzl. Gewinnrücklagen	120 000,00
	IV. Gewinnvortrag	15 000,00
	V. Jahresüberschuss	1 550 000,00

Die Hauptversammlung hat folgenden Beschluss zur Gewinnverwendung getroffen:

1. Einstellung in die gesetzliche Gewinnrücklage: 5 % gem. § 150 Abs. 2 AktG.
2. Einstellung in „andere Gewinnrücklagen": 20 % des verbleibenden Jahresüberschusses.
3. An die Aktionäre sind 18,5 % Dividende auszuschütten.
4. Der Rest des Jahresüberschusses ist als Gewinnvortrag zu übernehmen.

a) Berechnen Sie die Einstellungen in die Gewinnrücklagen, die auszuschüttende Dividende und den verbleibenden neuen Gewinnvortrag.

b) Stellen Sie das Eigenkapital nach der Gewinnverteilung in einem Bilanzauszug dar.

2.5 Rückstellungen – Bildung, Gliederung, Auflösung, Bewertung und buchhalterische Erfassung

Aufgrund der Betriebsprüfung durch das Finanzamt muss die Bürodesign GmbH mit einer Gewerbesteuernachzahlung rechnen. Herr Stein weist Frau König an, diese Tatsache bei der Erstellung des Jahresabschlusses zu berücksichtigen.

Silvia Land wird in die Überlegungen einbezogen. Sie hat aber große Probleme:

- Es liegt kein Beleg vor.
- Höhe und/oder Fälligkeit stehen nicht fest.
- Erläutern Sie die Auswirkung auf den Jahresabschluss, wenn die Gewerbesteuernachzahlung in keiner Weise berücksichtigt wird.
- Begründen Sie, ob dieser Vorgang überhaupt schon erfasst werden muss.
- Erläutern Sie den Unterschied von Verbindlichkeiten und Rückstellungen.
- Bilden Sie die erforderlichen Buchungssätze bei der Bildung und bei der Auflösung von Rückstellungen.

Abgrenzung von Rückstellungen und Rücklagen

Bei den Rückstellungen handelt es sich um Verbindlichkeiten für Aufwendungen, deren Entstehungsgrund zwar festliegt und dem abgelaufenen Jahr zugerechnet werden muss, deren **Höhe und/oder Fälligkeit** aber **noch nicht** bekannt ist und nur geschätzt werden kann.

Sie sind also nicht Wert-, sondern Erfolgsberichtigungen, gewissermaßen nichts anderes als vorweggenommene Aufwendungen oder Verluste. Auch ihre Aufgabe ist es, einen Aufwand dem Rechnungsabschnitt zu belasten, in dem er entstanden ist, wobei wahrscheinliche oder mögliche Verluste als echte angesehen werden.

Das aus dem Grundsatz der Vorsicht bei der Bilanzierung abgeleitete Imparitätsprinzip verlangt, dass insbesondere alle ungünstigen Ereignisse – selbst wenn sie nur schätzbar, aber immerhin doch bereits vorauszusehen sind – bei der Aufstellung des Jahresabschlusses zu berücksichtigen sind.

Dabei sind die Rückstellungen im Grunde Bestandteile des Fremdkapitals. Und hierin unterscheiden sie sich von den „Rücklagen", die ihrem Wesen nach Teile des Eigenkapitals sind. Man bezeichnet daher die Rückstellungen als **Verpflichtungsreserven**, während die Rücklagen als **Verfügungsreserven** angesprochen werden. Während die Gegenposten der Rückstellungen in der Gewinn- und Verlustrechnung erscheinen, werden die Rücklagen aus dem ausgewiesenen Gewinn gebildet und dienen damit zur Bindung von Gewinnanteilen.

Von den Verbindlichkeiten unterscheiden sich Rückstellungen dadurch, dass sie zwar dem Grunde nach ebenfalls Schulden sind, die entweder bereits entstanden sind oder mit großer Wahrscheinlichkeit entstehen werden, jedoch können ihre Höhe und ihre Fälligkeit am Bilanzstichtag noch nicht festgestellt werden.

Bildung von Rückstellungen

Zum Zwecke einer **periodengerechten** und **vorsichtigen Erfolgsermittlung müssen** für die genannten Aufwendungen Beträge geschätzt und unter Berücksichtigung zukünftiger Preis- und Kostensteigerungen als **Verbindlichkeiten in Form von Rückstellungen** auf der Passivseite der Bilanz ausgewiesen werden.

Nach § 249 Abs. 1 Satz 1 und 2 HGB **müssen (Passivierungspflicht)** Rückstellungen gebildet werden für

- **ungewisse Verbindlichkeiten** (Pensionsverpflichtungen, Garantieverpflichtungen, zu erwartende Steuernachveranlagungen und Prozesskosten, Jahresabschlusskosten),
- **drohende Verluste aus schwebenden Geschäften** (z. B. Preisrückgang bei einer zum Festpreis bestellten, am Bilanzstichtag noch nicht gelieferten Ware),
- **unterlassene Aufwendungen für Instandhaltung,** die in den ersten drei Monaten des folgenden Geschäftsjahres nachgeholt werden, oder Abraumbeseitigung, die im folgenden Geschäftsjahr nachgeholt wird,
- **Sachmängelhaftungen,** die ohne rechtliche Verpflichtung erbracht werden (Kulanzleistungen).

Nach § 249 Abs. 2 HGB **dürfen** Rückstellungen für andere als die genannten Zwecke **nicht gebildet werden**. Diese Vorschrift richtet sich gegen die Bildung von Rückstellungen für Aufwendungen, die dem abgelaufenen oder einem früheren Geschäftsjahr zuzuordnen sind und zu einem späteren unbestimmten Zeitpunkt erfüllt werden sollen. Ein **Passivierungsverbot** ist damit zu begründen, dass

- keine echte Außenverpflichtung vorliegt,
- lediglich eine Korrektur der Ertragslage erfolgt und
- eine periodengerechte Zuordnung unwahrscheinlich ist.

Beispiele Aufwendungen für die Entsorgung von Lösungsmitteln, Aufwendungen für Großreparaturen an Gebäuden, für Generalüberholungen von Maschinen

Die Bildung von Rückstellungen nach Handels- und Steuerrecht geht aus folgender Übersicht hervor:

	Rückstellungsgründe	Handelsrecht	Steuerrecht
1	**Ungewisse Verbindlichkeiten**	**Rückstellungspflicht gemäß**	**Rückstellungspflicht gemäß**
	– Steuerrückstellungen – Garantierückstellungen – Prozesskostenrückstellungen – Rückstellungen für Jahresabschlusskosten	§ 249 Abs. 1 Satz 1 HGB	§ 5 Abs. 1 EStG
	– Pensionsrückstellungen	§ 249 Abs. 1 HGB	§§ 5 Abs. 1, 6a EStG
	– Rückstellungen für Patentverletzungen	§ 249 Abs. 1 HGB	§ 5 Abs. 1 EStG
2	Drohende Verluste aus schwebenden Geschäften	§ 249 Abs. 1 HGB	§ 5 Abs. 1 EStG
3	Unterlassene Instandhaltungen, die innerhalb der ersten drei Monate des nächsten Geschäftsjahres nachgeholt werden	§ 249 Abs. 1 HGB	§ 5 Abs. 1 EStG
4	Unterlassene Abraumbeseitigung, die im folgenden Geschäftsjahr nachgeholt wird	§ 249 Abs. 1 Satz 2 HGB	§ 5 Abs. 1 EStG
5	Sachmängelhaftung ohne rechtliche Verpflichtung (Kulanzleistungen)	§ 249 Abs. 1 Satz 2 HGB	§ 5 Abs. 1 EStG

Gliederung der Rückstellungen gemäß § 266 HGB

Während kleine Kapitalgesellschaften die Rückstellungen ungegliedert ausweisen dürfen, müssen große und mittelgroße Kapitalgesellschaften sie gemäß § 266 Abs. 3 HGB unterteilen in

- Rückstellungen für Pensionen und ähnliche Verpflichtungen,
- Steuerrückstellungen und
- sonstige Rückstellungen.

Auflösung von Rückstellungen

Durch den ungewissen Schuldcharakter der Rückstellungen aber ist es bedingt, dass trotz des grundlegenden Unterschiedes zwischen Rückstellungen und Rücklagen eine Rückstellung, die z. B. übervorsichtig angesetzt worden ist, in voller Höhe oder im Umfange des überhöhten Rückstellungsanteils sozusagen eine stille bzw. versteckte Rücklage enthält (siehe oben).

Unter gewissen Voraussetzungen kann sie allerdings in der Höhe des für den Rückstellungszweck nicht verfügten Teilbetrages zur „offenen Rücklage" werden, z. B. durch den unerwartet günstigen Ausgang eines bereits verloren gegebenen Prozesses. In diesem Falle ist der Rückstellungsbetrag in der nicht in Anspruch genommenen Höhe aufzulösen und als „Ertrag" der Erfolgsrechnung des laufenden Jahres wieder zuzuführen. Die **bewusste Bildung stiller Reserven** unter den Verbindlichkeiten ist **nicht statthaft**.

Die Rückstellung ist aufzulösen, wenn sie ihren Zweck erfüllt hat, im vorliegenden Beispiel also nach Beendigung des Prozesses, wenn feststeht, welcher Betrag zu zahlen ist.

▲ Die Bewertung der Rückstellungen

Die Höhe der Rückstellungen muss geschätzt werden.

Wegen der Unsicherheit bei der Bemessung besteht

- die **Gefahr der Unterbewertung** (zu niedriger Ansatz der Rückstellung, der zu Scheingewinnen führt und wegen zu hoher Steuerzahlung und Ausschüttung zu Liquiditätsverlusten führen kann),
- die **Möglichkeit der Überbewertung** (Bildung stiller Reserven durch zu hohen Ansatz der Rückstellung).

Die Rückstellungen sind in der Höhe des nach kaufmännischer Beurteilung **notwendigen Erfüllungsbetrages** anzusetzen. Der Verweis auf den Erfüllungsbetrag impliziert, dass künftige **Preis-** und **Kostensteigerungen** bei der Bewertung von Rückstellungen zu berücksichtigen sind.

Zudem gilt ein **Abzinsungsgebot** für Rückstellungen mit einer Laufzeit von mehr als einem Jahr. Die Abzinsung erfolgt mithilfe der von der Deutschen Bundesbank dargestellten Durchschnittszinssätze der letzten sieben Jahre, bei Rückstellungen für Pensionen mithilfe der Durchschnittszinssätze der jeweils letzten 15 Jahre.

Zur Ermittlung der jährlichen **Zuführungsbeträge** in die Rückstellungen ist folgendermaßen vorzugehen:

MATH

Schätzung des Erfüllungsbetrages nach den voraussichtlichen Preis- und Kostenverhältnissen → **Berechnung des Barwertes** des künftigen Erfüllungsbetrages zum jeweiligen Bilanzstichtag unter Verwendung des von der Bundesbank veröffentlichten Zinssatzes → **Ermittlung des zeitanteiligen Erfüllungsbetrages** und **Differenzbetrages** zum Stand der Rückstellung per Ende des Vorjahres

Beispiel Die Bürodesign GmbH bildet eine Pensionsrückstellung mit einem geschätzten Erfüllungsbetrag in 20 Jahren von 10 Mio. €. Für die Berechnung des Barwertes legt sie den von der Deutschen Bundesbank festgesetzten Durchschnittssatz von 6 % über die Laufzeit von 20 Jahren als konstante Größe zugrunde.

10 Mio. €	auf **20 Jahre**	bei **6 % Zinssatz**				
1. Jahr	Barwert (20 J.)	=	3 118.050,00	⇒ (1/20)	⇒	155 902,50
2. Jahr	Barwert (19 J.)	=	3 305.130,00	⇒ (1/19)	⇒	173 954,21
3. Jahr	Barwert (18 J.)	=	3 503.440,00	⇒ (1/18)	⇒	194 635,56

1. Jahr	10 Mio. €	Barwert 3 118 050,00 €	Einstellung 3 118 050,00 €
2. Jahr		Barwert 3 305 130,00 €	Anpassung 187 080,00 €

Steuerrechtlich gelten für die Bewertung der Rückstellungen folgende Grundsätze (§ 6 Abs. 1 Nr. 3a EStG):

- Bei der Bildung von Rückstellungen sind Erfahrungen für gleichartige Verpflichtungen aus der Vergangenheit zu beachten.
- Bei Sachleistungsverpflichtungen sind die Einzelkosten und angemessene Teile der notwendigen Gemeinkosten zu berücksichtigen.

- Künftige mit der Erfüllung von Verpflichtungen verbundene Vorteile sind bereits bei der Bewertung von Rückstellungen wertmindernd zu berücksichtigen.
- Durch den gesamten Betrieb verursachte Verpflichtungen (z. B. Verpflichtung zur Rekultivierung im Braunkohlebergbau) sind zeitanteilig in gleichen Raten anzusammeln (Ansammlungsrückstellungen).
- Verpflichtungen zur Stilllegung eines Kernkraftwerkes sind ab dem Zeitpunkt der erstmaligen Nutzung bis zum Zeitpunkt des Beginns der Stilllegung zeitanteilig in gleichen Raten anzusammeln.
- Alle Verpflichtungen, ausgenommen solche mit einer Laufzeit unter zwölf Monaten am Bilanzstichtag, sind mit 5,5 % abzuzinsen, sofern die zugrunde liegenden Verbindlichkeiten einen Zinsanteil enthalten.

Bilanzpolitische Bedeutung der Rückstellungen

Große Teile der Rückstellungen werden besonders zukunftsbezogen gebildet, wie z. B. die Pensionsrückstellungen und ein großer Teil der Aufwandsrückstellungen. Daraus ergeben sich besonders große Ungewissheiten für die Einschätzung ihrer Höhe. Dieser Gesichtspunkt bietet natürlich zahlreiche Möglichkeiten für bilanzpolitische Gestaltungen.

Der Kaufmann soll einerseits echte Risiken einer späteren Inanspruchnahme berücksichtigen und sein Vermögen zum Schutz der Gläubiger nicht zu optimistisch ausweisen, andererseits wird er aber nur selten die Ausgabe, für die er die Rückstellung bildet, exakt einschätzen können. Es kann sogar der äußerste Fall eintreten, dass später überhaupt keine Ausgabe anfällt.

Beispiel Wegen des Prozessrisikos in einem Rechtsstreit mit einem Kunden wurde eine Rückstellung in Höhe von 18 000,00 € gebildet. Der Prozess wurde gewonnen.

Schon an diesem Beispiel zeigt sich, dass Rückstellungen eine Gewinnverdeckung und Steuerstundung hervorrufen können. Die Liquidität wird deshalb und wegen der erst späteren Ausschüttung verbessert. Je langfristiger die Rückstellungen sind, wie z. B. die Pensionsrückstellungen, desto größer ist der Finanzierungseffekt.

Rückstellungen in der Buchführung

Bildung von Rückstellungen:

Rückstellungen sind Verbindlichkeiten für Aufwendungen, deren Höhe und/oder Fälligkeit am Bilanzstichtag noch nicht feststehen.

Die Höhe einer Rückstellung muss **geschätzt** werden. Wegen der Unsicherheit bei der Bemessung besteht

- die **Gefahr der Unterbewertung** (zu niedriger Ansatz der Rückstellung),
- die **Möglichkeit der Überbewertung** (Bildung stiller Reserven durch zu hohen Ansatz der Rückstellung).

Bei der Bildung der Rückstellung wird der geschätzte Betrag als Aufwand erfasst und dem entsprechenden Rückstellungskonto im Haben gutgeschrieben. In Anlehnung an § 266 HGB sind für den Ausweis der Rückstellungen im Kontenrahmen drei Konten vorgesehen:

3700 Pensionsrückstellungen
3800 Steuerrückstellungen
3900 Sonstige Rückstellungen

Beispiel Frau König hat aufgrund ihrer Schätzungen folgenden Beleg über erwartete Gewerbesteuernachzahlung erstellt:

Buchungsbeleg-Nr. 37653 BÜRODESIGN GMBH

Datum	Buchungstext	SOLL		HABEN	
		Konto	€	Konto	€
31.12. ..	Die Gewerbesteuerabschlusszahlung für das Geschäftsjahr .. wird auf 8 000,00 € geschätzt.	7 000	8 000,00	3 800	8 000,00

Ausgestellt: 22.12. .. Kluge — Genehmigt: 31.12. .. Klaus Stein — Gebucht: 15.01. .. S. 736/3 K

Buchung zum Bilanzstichtag:

7000	Gewerbesteuer	8 000,00	an	3800 Steuerrückstellungen	8 000,00
8020	GuV	8 000,00	an	7000 Gewerbesteuer	8 000,00
3800	Steuerrückstellungen	8 000,00	an	8010 SBK	8 000,00

S	3800 Steuerrückstellungen		H
8100	8 000,00	7000	8 000,00

S	7000 Gewerbesteuer		H
3800	8 000,00	8020	8 000,00

S	8010 SBK		H
		3800	8 000,00

S	8020 GuV		H
7000	8 000,00		

Auflösung von Rückstellungen:

Eine Rückstellung ist aufzulösen, wenn **der Grund für ihre Bildung weggefallen ist** und damit der angenommene Aufwand und die geschätzte Schuld nicht entstehen (§ 249 Abs. 3 HGB).

Die Auflösung der Rückstellung macht in den folgenden Fällen **erfolgswirksame Korrekturbuchungen** notwendig.

Zahlungsverpflichtung > Rückstellung	Zahlungsverpflichtung < Rückstellung
Buchung des bisher nicht erfassten Aufwandes	Buchung eines Ertrages aus der Auflösung von Rückstellungen

Beispiel Am 10. Februar des folgenden Geschäftsjahres geht ein Steuerbescheid über 7 500,00 vom Steueramt der Stadt Köln ein.

Der Betrag wird sofort an die Stadtkasse durch Bank überwiesen.

Buchung:

3800	Steuerrückstellungen	8 000,00	an	2800 Bank	7 500,00
			an	5490 Periodenfremde Erträge	500,00

Ist die **Zahlung höher** (z. B. 9 000,00 €) **als die gebildete Rückstellung** (8 000,00 €), ergibt sich folgende Buchung:

3800	Steuerrückstellungen	8 000,00			
6990	Periodenfremde Aufwendungen	1 000,00	an	2800 Bank	9 000,00

Rückstellungen

- Rückstellungen sind Verbindlichkeiten, die im Gegensatz zu den anderen ausgewiesenen Verbindlichkeiten der **Höhe** und/oder **Fälligkeit** nach am Bilanzstichtag noch **nicht feststehen**; sie werden daher geschätzt.
- Sie **müssen** gebildet werden **(Passivierungspflicht)** für
  - ungewisse Verbindlichkeiten,
  - drohende Verluste aus schwebenden Geschäften,
  - unterlassene Aufwendungen für Instandhaltung, die innerhalb der ersten drei Monate des folgenden Geschäftsjahres bzw. im folgenden Geschäftsjahr nachgeholt werden,
  - Sachmängelhaftungen, die ohne rechtliche Verpflichtungen erbracht werden (Kulanz).
- Rückstellungen sind in der Höhe des nach kaufmännischer Beurteilung notwendigen Erfüllungsbetrags unter Einbeziehung etwaiger Preis- und Kostensteigerungen anzusetzen. Rückstellungen mit einer Laufzeit über einem Jahr sind mit ihrem Barwert auszuweisen und daher entsprechend abzuzinsen (Abzinsungsgebot).
- Rückstellungen sind ertragswirksam aufzulösen, wenn sie nicht in Anspruch genommen werden.

1 Bilden Sie die Buchungssätze zu den folgenden Geschäftsfällen der Bürodesign GmbH; dabei ist die jeweilige Wirkung auf den Jahresabschluss zu erläutern.

1. Der Kunde „Klassic GmbH" hat am 15. Dezember des Geschäftsjahres einen erheblichen Mangel an gelieferten Büromöbeln gemeldet. Die Bürodesign GmbH schätzt die im folgenden Geschäftsjahr zu übernehmenden Instandsetzungsaufwendungen für diese Schäden auf ca. 17 000,00 €. Am 17. März des folgenden Geschäftsjahres trat der Garantiefall ein. Die Rechnung eines beauftragten Unternehmens zur Durchführung der Reparatur belief sich auf 16 200,00 € zuzüglich 19 % Umsatzsteuer. Sie wurde sofort per Banküberweisung bezahlt.
   Bilden Sie die Buchungssätze zum 31. Dezember des Geschäftsjahres und nach sofortigem Ausgleich der Eingangsrechnung über die Instandleistung inkl. Umsatzsteuer im folgenden Geschäftsjahr.
2. Zum 31. Dezember wurde festgestellt, dass dringende Reparaturarbeiten am Lagergebäude nicht durchgeführt worden sind. Nach den vorliegenden Kostenvoranschlägen werden die Aufwendungen wahrscheinlich ca. 34 000,00 € betragen. Die Instandsetzungsarbeiten sollen im Monat Februar des folgenden Geschäftsjahres durchgeführt werden. Nach Erledigung der Reparaturarbeiten im Februar wurde die Rechnung über 32 000,00 € zuzüglich 19 % Umsatzsteuer sofort per Banküberweisung beglichen.
   Bilden Sie die Buchungssätze zum 31. Dezember und bei Zahlung der Rechnung im Februar des folgenden Geschäftsjahres.
3. Wegen einer strittigen Vertragsabwicklung mit einem Lieferer befindet sich die Bürodesign GmbH zum Ende des Geschäftsjahres in einem Rechtsstreit mit diesem Lieferer. Da der Ausgang des Prozesses ungewiss ist, können eventuell Rechtskosten in Höhe von 15 000,00 € entstehen. Im Juni des folgenden Geschäftsjahres lag die Abrechnung für den Prozess vor:

Gerichtskosten		4 000,00 €
Rechtsanwaltskosten	10 000,00 €	
+19 % Umsatzsteuer	1 900,00 €	11 900,00 €

   Die Zahlung der Rechnung erfolgte per Banküberweisung.

   Bilden Sie die Buchungssätze am 31. Dezember und bei Bezahlung der Rechnungen im Juli des folgenden Jahres.
4. Die Gewerbesteuerabschlusszahlung für das laufende Jahr wird zum 31. Dezember auf 80 000,00 € geschätzt. Laut Gewerbesteuerbescheid vom 18. März des folgenden Geschäftsjahres beträgt die restliche Gewerbesteuer 82 000,00 €. Die Zahlung der restlichen Gewerbesteuer für das vergangene Geschäftsjahr erfolgte per Banküberweisung.

   Bilden Sie die Buchungssätze zum 31. Dezember und bei Bezahlung per Banküberweisung am 18. März des folgenden Jahres.

2 Ein Maschinenhersteller bildet am 31. Dezember für eine einem Kunden gegenüber eingegangene Garantieverpflichtung aufgrund einer verkauften Maschine eine Rückstellung von 2500,00 €. Der Kunde musste im neuen Geschäftsjahr einen Mangel an der Maschine durch Reparatur beseitigen lassen. Die quittierte Rechnung über die durchgeführte Maschinenreparatur überreicht er dem Maschinenhersteller am 4. Februar mit der Bitte um Erstattung:

Maschinenreparatur, netto	2800,00 €	
+19 % Umsatzsteuer	532,00 €	3332,00 €

a) Bilden Sie den Buchungssatz zur Bildung der Rückstellung.
b) Bilden Sie den Buchungssatz zum Abschluss des Kontos Rückstellungen.
c) Bilden Sie den Buchungssatz, wenn dem Kunden am 4. Februar wegen der Maschinenreparatur eine Gutschrift zugeschickt wird.

3 Bilden Sie die Buchungssätze zu folgenden Geschäftsfällen:

4 **Geschäftsfälle:**

	3	4
	€	€
1. a) Aufgrund einer Buch- und Betriebsprüfung durch das Finanzamt ist für das abzuschließende Geschäftsjahr mit einer Gewerbesteuernachzahlung zu rechnen	6000,00	10000,00
b) Wie ist am 24. März zu buchen, wenn der Nachveranlagungsbescheid über … lautet und durch Banküberweisung bezahlt wird?	7500,00	9000,00
2. a) Für die noch zu erwartende Jahresabschlusszahlung an die Berufsgenossenschaft wegen der Unfallversicherung wird am 31. Dezember eine Rückstellung gebildet über	5000,00	3500,00
b) Aufgrund der Jahresabschlussrechnung der Berufsgenossenschaft vom 29. Januar werden für das vergangene Geschäftsjahr als Beitrag zur Berufsgenossenschaft durch die Bank überwiesen	4500,00	4500,00
3. a) Für einen schwebenden Rechtsstreit, der sich zu unseren Ungunsten entwickelt hat, wird am 31. Dezember eine Rückstellung gebildet von	15000,00	12000,00
b) Wie ist zu buchen, wenn wir am 27. April des folgenden Geschäftsjahres an die Gerichtskasse und an den Prozessgegner durch Banküberweisung zahlen	13000,00	13000,00
4. a) Für eine verkaufte Maschine, für die wir eine einjährige Garantieverpflichtung eingegangen sind, wird eine Rückstellung gebildet von	3000,00	5000,00
b) **zu Aufgabe 3:** Der Käufer hat innerhalb der Garantiefrist keine Ansprüche an uns gestellt. Wie ist am Ende des folgenden Geschäftsjahres zu buchen?		
zu Aufgabe 4: Der Käufer hat uns aufgrund der Garantieverpflichtung in Anspruch genommen und für durchgeführte Nachbesserungsarbeiten Rechnung erteilt		3200,00
+ 19 % Umsatzsteuer		608,00
Den Rechnungsbetrag haben wir per Banküberweisung beglichen		3808,00

5 Für einen laufenden Prozess werden die Gerichtskosten auf 5 800,00 € geschätzt.

a) Buchen Sie am 31. Dezember (Bilanzstichtag).

b) Bilden Sie den Buchungssatz, wenn die Prozesskosten
1. 5800,00 €, 2. 6300,00 €, 3. 5100,00 €
+ 19 % USt betragen und sofort per Banküberweisung beglichen werden.

2.6 Verbindlichkeiten, ihre Gliederung und Bewertung sowie ihre Abgrenzung zu den Rückstellungen und Eventualverbindlichkeiten

Die Bürodesign GmbH hat am 21. November eine Rechnung für eine gelieferte Spritzanlage über 750000,00 USD erhalten.

Briefkurs am 21.11.: 1 EUR = 1,35 USD, Ziel 90 Tage

Briefkurs am 31.12. (Bilanzstichtag): 1 EUR = 1,30 USD

Silvia Land sitzt an der Bewertung der Verbindlichkeiten lt. Buchinventur.

- Berechnen Sie den Wert in Euro, mit dem die Verbindlichkeit zum 21.11. passiviert wurde.
- Erläutern Sie, welches Problem für die Bewertung der Verbindlichkeit zum 31.12. entsteht.

Gliederung der Verbindlichkeiten

Es sind alle am Bilanzstichtag dem Grunde, der Höhe und Fälligkeit nach feststehende Schulden darzustellen (§ 246 Abs. 1 HGB). Vom Gesetzgeber werden sie in § 266 Abs. 3 HGB alle unter den **Bilanzgliederungspunkt C. Verbindlichkeiten angeordnet** und nach Finanzierungsquellen geordnet:

1. Anleihen, davon konvertibel;
2. Verbindlichkeiten gegenüber Kreditinstituten;
3. erhaltene Anzahlungen auf Bestellungen;
4. Verbindlichkeiten aus Lieferungen und Leistungen;
5. ...
6. Verbindlichkeiten gegenüber verbundenen Unternehmen;
7. Verbindlichkeiten gegenüber Unternehmen, mit denen ein Beteiligungsverhältnis besteht;
8. sonstige Verbindlichkeiten, davon aus Steuern, davon im Rahmen der sozialen Sicherheit.

Diese Gliederung ist von großen und mittelgroßen Kapitalgesellschaften zu beachten. Kleine Kapitalgesellschaften dürfen ihre Verbindlichkeiten grundsätzlich in einem Betrag zusammengefasst ausweisen (§ 266 Abs. 1 Satz 3 HGB).

Bei jedem gesondert ausgewiesenen Posten ist der Betrag der Verbindlichkeiten mit einer Restlaufzeit bis zu einem Jahr sowie der Verbindlichkeiten mit einer Restlaufzeit von mehr als fünf Jahren gesondert zu vermerken (§§ 268 Abs. 5 Satz 1, 285 Nr. 1 HGB). Außerdem ist dort zu jedem Posten der Gesamtbetrag der Verbindlichkeiten anzugeben, der durch Pfandrechte oder ähnliche Rechte gesichert ist, und zwar unter Angabe der Art und Form der Sicherheiten (§ 285 Nr. 1 b HGB).

Für die Gliederung der Verbindlichkeiten nach Restlaufzeiten und für die Zuordnung gegebener Sicherheiten wird die Form des Verbindlichkeitsspiegels im Anhang gewählt.

Beispiel eines Verbindlichkeitsspiegels

Art der Verbindlichkeit	Gesamtbetrag €	davon mit einer Restlaufzeit von bis 1 Jahr €	1–5 Jahren €	über 5 Jahren €	gesicherte Beträge €	Art der Sicherheit
gegenüber Kreditinstitut	360 000,00	210 000,00	30 000,00	120 000,00	150 000,00	Grundpfandrechte
aus Lieferungen und Leistungen	240 000,00	210 000,00	30 000,00		–	–
gegenüber verbundenen Unternehmen	120 000,00	60 000,00	60 000,00		60 000,00	Sicherungsabtretung von Forderungen
gegenüber Gesellschaftern	90 000,00		90 000,00		90 000,00	Grundpfandrechte
sonstige Verbindlichkeiten	90 000,00	90 000,00				
Summe	900 000,00	570 000,00	210 000,00	120 000,00	300 000,00	

Angaben zur Bilanz (Gesamtbetrag) – Angaben lt. Anhang (bis 1 Jahr) – durch **Saldierung** zu ermitteln (1–5 Jahren) – Angaben aus dem Anhang oder der Bilanz (über 5 Jahren, gesicherte Beträge, Art der Sicherheit)

Bei kleinen und mittelgroßen Kapitalgesellschaften sind diese Angaben nur für den Gesamtbetrag der Verbindlichkeiten erforderlich.

Mit diesen Angaben wird ein gewonnener Einblick in die Fälligkeitsstruktur der Verbindlichkeiten, in das als Sicherheit in Anspruch genommene Vermögen und somit in die Liquidität und Finanzlage gewährt.

Bewertung der Verbindlichkeiten

Handelsrechtlich ist die Bewertung der Verbindlichkeiten in § 253 Abs. 1 HGB geregelt. Danach sind sie grundsätzlich mit ihrem **Erfüllungsbetrag** zu bilanzieren, der laut Rechnung oder Vertrag bei Erfüllung in der gesetzlich oder vertraglich vorgesehenen Art aufzubringen ist.

Dies gilt vor allem für Verbindlichkeiten aufgrund von Warenlieferungen und Leistungen, Bankverbindlichkeiten, Lohn- und Gehaltsverbindlichkeiten, Steuerverpflichtungen und ähnliche Verpflichtungen, die keinen Darlehenscharakter tragen. Zusätzlich aufzubringende Beträge bei Nichtbeachtung festgelegter Bedingungen wie Säumniszuschläge und Verzugszinsen verändern den Rückzahlungsbetrag nicht. Auch darf der Betrag nicht um Liefererskonti gekürzt werden, die voraussichtlich in Anspruch genommen werden **(Realisationsprinzip)**.

Ist der Ausgabebetrag (Betrag, der dem Schuldner zugeflossen ist) niedriger als der Rückzahlungsbetrag, so **darf** der Unterschied unter die aktive Rechnungsabgrenzung aufgenommen werden (§ 250 Abs. 3 HGB). Das trifft häufig bei Darlehen und Anleihen zu, bei deren Aufnahme meist ein **Damnum** (**Abgeld, Disagio**) oder gelegentlich ein **Rückzahlungsagio** vereinbart wird. Im ersten Fall ist der Nennbetrag, im zweiten Fall der um das Agio erhöhte Nennbetrag als **Rückzahlungsbetrag** anzusetzen unabhängig davon, ob eine aktive Rechnungsabgrenzung gebildet wurde.

Ein aktiviertes Disagio ist durch planmäßige Abschreibungen (Zinsen u. ä. Aufwendungen) zu tilgen, die auf die gesamte Laufzeit des Darlehens verteilt werden dürfen.

Bewertung von Fremdwährungsverbindlichkeiten

Die Verbindlichkeiten in einer Währung, die nicht zum Europäischen Währungssystem gehört, sind am Bilanzstichtag dem **Höchstwertprinzip** gemäß zu bewerten, sofern sie eine Restlaufzeit von mehr als einem Jahr haben. Liegt der Kurs der ausländischen Währung am Bilanzstichtag unter dem Anschaffungskurs, darf die Verbindlichkeit wegen des **Realisationsprinzips** nicht abgewertet werden. Liegt der Kurs der ausländischen Währung am Bilanzstichtag aber über dem Anschaffungskurs, so ist dem **Imparitätsprinzip** folgend der höhere Erfüllungsbetrag zum jeweiligen Devisenkassamittelkurs am Bilanzstichtag anzusetzen (§ 252 Abs. 1 Nr. 4 und 256 a Satz 1 HGB).

Beispiel Ein deutsches Unternehmen hat von einem US-Unternehmen eine Lizenz gekauft. Es steht noch eine Restzahlung von 40 000,00 USD aus, die zu Beginn des übernächsten Jahres fällig ist. 1,00 EUR = 1,45 USD beträgt der Kurs im Augenblick.

a) Devisenkassamittelkurs für den USD am 31.12. (Bilanzstichtag): 1,00 EUR = 1,40 USD. Da Verbindlichkeiten gemäß § 253 Abs. 1 Satz 2 HGB mit ihrem Erfüllungsbetrag anzusetzen sind, muss aus Vorsichtsgründen am 31.12. zum Devisenkassamittelkurs von 1,40 USD bewertet werden. In der Bilanz wird daher die Verbindlichkeit mit 28 571,43 EUR ausgewiesen (Höchstwertprinzip).

b) Devisenkassamittelkurs für den USD am 31.12. (Bilanzstichtag): 1 EUR = 1,48 USD
In diesem Falle ist der Erfüllungsbetrag kleiner als der Nennbetrag der Verbindlichkeit (27 586,21 EUR zu 27 027,03 EUR). Da gemäß § 252 Abs. 1 Nr. 4 HGB Gewinne nur zu berücksichtigen sind, wenn sie zum Abschlussstichtag realisiert sind, darf der sich rechnerisch ergebende Gewinn noch nicht berücksichtigt werden. In der Bilanz sind die Verbindlichkeiten mit 27 586,21 EUR auszuweisen (**Realisationsprinzip**).

Fremdwährungsverbindlichkeiten mit einer Restlaufzeit von einem Jahr und weniger sind dagegen immer zum Devisenkassamittelkurs am Bilanzstichtag zu bewerten.

Bewertung von Währungsverbindlichkeiten nach § 256 a HGB

Restlaufzeit von einem Jahr und weniger
zum Devisenkassamittelkurs am Bilanzstichtag

Restlaufzeit von mehr als einem Jahr
zum Devisenkassamittelkurs am Bilanzstichtag unter Beachtung der Höchstwert-, Realisations- und Imparitätsprinzipien

Als Devisenkassamittelkurs dient z. B. der EZB-Referenzkurs. Der Devisenkassamittelkurs kann aber auch selbst berechnet werden als Mittelkurs zwischen Briefkurs (Kurs der Bank für den Ankauf von Devisen) und Geldkurs (Kurs der Bank für den Verkauf von Devisen), also:

Devisenkassamittelkurs = (Briefkurs + Geldkurs) : 2.

▲ Eventualverbindlichkeiten

Eventualverbindlichkeiten sind eingegangene **Haftungsverhältnisse**, aus denen Zahlungsverpflichtungen entstehen können, also aufschiebend bedingte Verbindlichkeiten. Auf den ersten Blick machen viele Bilanzen häufig einen durchaus günstigen Eindruck, wenn man mit diesem ersten Blick lediglich das Reinvermögen erfasst. Das Bild verschlechtert sich u. U. aber schon sehr bald und zusehends, wenn man in die Betrachtung auch Eventualverbindlichkeiten einbezieht und näher untersucht. Nicht selten wird man dann feststellen, dass Gewährleistungszusagen und sonstige Garantieverpflichtungen in gewissem Umfang ebenso vorliegen wie übernommene Bürgschaften. Es handelt sich hierbei um Arten von Verbindlichkeiten, selbst wenn – wie bei der Bürgschaft – eine Rückgriffsforderung vorliegt. Ohne annähernde Kenntnis der erwähnten Eventualverpflichtungen ist aber eine ausreichende Beurteilung der Vermögenslage eines Unternehmens kaum denkbar. Übernommene Bürgschaften z. B. enthalten insofern ein Risiko, als im Falle der Zahlungsunfähigkeit des Hauptschuldners eine echte Verbindlichkeit des Bürgen entsteht. Die eigene Rückgriffsforderung an den Hauptschuldner ist dann meistens wertlos.

Im Falle beabsichtigter Kreditaufnahme messen die (kreditgewährenden) Kreditinstitute bei der Prüfung des eingereichten Kreditstatus gerade diesen schwebenden Verbindlichkeiten eine besondere Bedeutung zu. Aus diesen und ähnlichen Gründen erklärt sich das Gebot gemäß § 251 AktG, bestimmte Eventualverbindlichkeiten zu vermerken, sofern nicht bereits eine Passivierung erfolgte:
1. Verbindlichkeiten aus Bürgschaften, Verbindlichkeiten aus Gewährleistungsverträgen
2. Haftung aus der Bestellung von Sicherheiten für **fremde** Verbindlichkeiten

Der Gesetzgeber gestattet den Ausweis der Eventualverbindlichkeiten in einer Summe unter der Bilanz. Dabei sind Eventualverbindlichkeiten gegenüber verbundenen Unternehmen jeweils gesondert zu vermerken.

Ist mit einer Inanspruchnahme aus einer der vorgenannten Eventualverbindlichkeiten zu rechnen, so muss eine Passivierung als Verbindlichkeit oder Rückstellung erfolgen. In diesen Fällen entfällt die Vermerkpflicht.

Verbindlichkeiten	Rückstellungen	Eventualverbindlichkeiten
aufgrund zweiseitiger verpflichtender Rechtsgeschäfte, bei denen die Leistung des Vertragspartners erbracht ist. Es sind Verpflichtungen, die dem Grunde, der Höhe und der Fälligkeit nach feststehen.	Verbindlichkeiten aufgrund von Aufwendungen, die dem abgelaufenen oder früheren Rechnungsjahren zuzuordnen sind, deren Höhe und/oder Fälligkeit nicht genau feststehen.	aufschiebend bedingte Verbindlichkeiten aufgrund der am Bilanzstichtag bestehenden Rechtsbeziehungen (Haftungsverhältnisse)
Die Bedingung, von der die Wirksamkeit des Schuldverhältnisses abhängt, ist – eingetreten, – also sicher.	Die Bedingung, von der die Wirksamkeit des Schuldverhältnisses abhängt, ist – noch nicht eingetreten, – aber wahrscheinlich.	Die Bedingung, von der die Wirksamkeit des Schuldverhältnisses abhängt, ist – nicht eingetreten und – nicht wahrscheinlich.

Verbindlichkeiten, ihre Gliederung und Bewertung sowie ihre Abgrenzung zu den Rückstellungen und Eventualverbindlichkeiten

- **Gliederung der Verbindlichkeiten**
  - Verbindlichkeiten werden in § 266 Abs. 3 HGB gegliedert nach Finanzierungsquellen.
  - Nach §§ 268 Abs. 5 Satz 1 und 285 Nr. 1 HGB sind zu jedem einzelnen Posten anzugeben:
    - Gesamtbetrag mit einer Restlaufzeit bis zu einem Jahr
    - Gesamtbetrag mit einer Restlaufzeit von mehr als fünf Jahren
    - Gesamtbetrag der gesicherten Beträge sowie Art und Form der Sicherheit
- **Bewertung der Verbindlichkeiten**
  - **Anschaffungswert** (AK), Nennwert
  - Liegt der **Erfüllungsbetrag** am Bilanzstichtag über den AK, ist der höhere Wert anzusetzen **(Höchstwertprinzip, Zuschreibungsgebot)**. Kurzfristige Fremdwährungsverbindlichkeiten mit einer **Restlaufzeit von einem Jahr und weniger** sind zum Devisenkassamittelkurs zu bewerten. Fremdwährungsverbindlichkeiten mit einer **Restlaufzeit von mehr als einem Jahr** sind zum Devisenkassamittelkurs zum Bilanzstichtag anzusetzen, allerdings unter Beachtung der allgemeinen Bewertungsprinzipien (Höchstwert-, Realisations- und Imparitätsprinzip).

- Verbindlichkeiten, die am Bilanzstichtag der **Höhe** und/oder **Fälligkeit** nach noch **nicht feststehen**, sind als **Rückstellungen** auszuweisen. Ihre Höhe wird nach dem Grundsatz vernünftiger kaufmännischer Beurteilung geschätzt.
- **Eventualverbindlichkeiten** sind aufschiebend bedingte Verbindlichkeiten aufgrund der am Bilanzstichtag bestehenden **Haftungsverhältnisse**
  • aus Bürgschaften,
  • aus Sachmängelhaftungsverträgen,
  • aus der Bestellung von Sicherheiten für fremde Verbindlichkeiten.
  Sie sind in einer Summe unter der Bilanz oder im Anhang anzugeben.

1 Arbeiten Sie mit einem Mitschüler zusammen und erläutern Sie
a) den Aufbau eines Verbindlichkeitenspiegels,
b) die allgemeinen Informationen, die ein Verbindlichkeitenspiegel liefert,
c) drei besondere Informationen, die der Verbindlichkeitenspiegel auf S. 300 liefert.

2 Grenzen Sie Verbindlichkeiten, Rückstellungen und Eventualverbindlichkeiten gegeneinander ab.

3 Erläutern Sie die unterschiedlichen Bewertungsvorschriften für Fremdwährungsverbindlichkeiten
a) mit einer Restlaufzeitzeit von einem Jahr oder weniger,
b) mit einer Restlaufzeit von mehr als einem Jahr.

4 Die GreenTec GmbH hat viele Lieferanten in verschiedenen Teilen der Welt und erhält ständig Rechnungen in ausländischer Währung, die am Bilanzstichtag in Euro zu bewerten sind.
GreenTec erhielt Anfang Dezember eine Lieferung optischer Geräte von einem japanischen Lieferanten zum Rechnungsbetrag von 270 000,00 Yen. Der Devisenkassamittelkurs zum Zeitpunkt des Rechnungseingangs betrug 1,00 EUR = 130,00 Yen. Am Bilanzstichtag betrug der Devisenkassamittelkurs 1,00 EUR = 132,00 Yen.
Berechnen Sie den Betrag, zu dem diese Verbindlichkeit am Bilanzstichtag bewertet werden muss, und begründen Sie Ihre Entscheidung.

5 GreenTec hat vorige Woche in Kanada ein Patent zum Preis von 1 000 000,00 CAD gekauft und zur Hälfte bereits bezahlt zu einem Kurs von 1 EUR = 1,35 CAD.
Laut Vertrag ist der Restbetrag in Höhe 500 000,00 CAD in zwei Jahren fällig.
Begründen Sie anhand konkreter Zahlen, wie diese Verbindlichkeit am Bilanzstichtag zu bewerten ist, wenn der Devisenkassamittelkurs am Bilanzstichtag
a) 1 EUR = 1,38 CAD, b) 1 EUR = 1,29 CAD beträgt.

6 Erläutern Sie an Beispielen das Höchst- und Niederstwertprinzip und zeigen Sie deren Auswirkungen auf
a) das Jahresergebnis, b) die Bilanz.

2.7 Posten der Rechnungsabgrenzung

Am 28. August 20.. wurden für die Feuerversicherungsprämie für Geschäftsgebäude und Inventar der Bürodesign GmbH für die Zeit vom 1. September des laufenden Geschäftsjahres bis zum 31. August des nächsten Jahres durch Banküberweisung bezahlt: 3 600,00 €.

Frau König hat den Geschäftsfall mit dem Buchungssatz erfasst:

6900 Versicherungsbeiträge	3 600,00	an	2800 Bank	3 600,00

Beim Jahresabschluss wurde dieser Aufwand in Höhe von 3 600,00 € in das GuV-Konto übernommen. Bei einer Betriebsprüfung durch die Finanzverwaltung wird diese Buchung beanstandet.

- Suchen Sie nach Gründen, warum diese Buchung beanstandet wurde.
- Bilden Sie den erforderlichen Korrekturbuchungssatz.

Zweck der Rechnungsabgrenzung

Aufgabe der Rechnungsabgrenzungsposten ist es, Aufwendungen und Erträge der einzelnen Rechnungsperioden verursachungsgemäß zuzuordnen, um den Erfolg (Gewinn oder Verlust) einer Rechnungsperiode zu ermitteln.

Ein Zuordnungsproblem entsteht immer dann, wenn Zahlungsvorgänge, also Ausgaben oder Einnahmen, in der Abrechnungsperiode für einen Aufwand oder Ertrag in einer folgenden Rechnungsperiode getätigt wurden, d. h., wenn eine Vorauszahlung auf eine in der folgenden Rechnungsperiode zu erbringende Leistung erfolgt (vgl. §§ 250 und 252 Abs. 1 Zi. 5 HGB).

Bilanzstichtag

Altes Geschäftsjahr	Neues Geschäftsjahr	
Ausgabe	Aufwand	aktive PRA
Einnahme	Ertrag	passive PRA
Vorauszahlungen	Leistung	

Vorauszahlungen	Leistung
Mietzahlung im Dezember	Nutzung oder Bereitstellung der Räume im Januar
Zahlung von Versicherungsprämien im September für ein Jahr	Inanspruchnahme des Versicherungsschutzes teilweise im alten, teilweise im neuen Jahr
Pachtzahlung im Dezember für das folgende Jahr	Nutzung des Grundstücks im nächsten Jahr
Zahlung des Januarabonnements für eine Fachzeitschrift im Dezember	Lieferung der Fachzeitschrift im Januar

Posten der Rechnungsabgrenzung in der Buchführung

Während des Geschäftsjahres fallen gelegentlich **Zahlungen für Aufwendungen** oder Erträge an, die ganz oder teilweise dem folgenden Geschäftsjahr zuzurechnen sind. In diesen Fällen sind die Aufwendungen und Erträge anteilig auf die Jahre zu verteilen, in denen sie entstanden sind (**periodengerechte Erfolgsermittlung**).

Ausgaben oder **Einnahmen im laufenden Geschäftsjahr**, die für **Aufwendungen** oder **Erträge nach dem Bilanzstichtag** getätigt werden, sind als Posten der Rechnungsabgrenzung zu erfassen. Zu unterscheiden sind **aktive und passive Rechnungsabgrenzungsposten**, die von allen Kaufleuten gesondert in der Bilanz auszuweisen sind (§§ 247, 266 HGB).

§ 250 Abs. 1 HGB: Als Rechnungsabgrenzungsposten sind auf der Aktivseite Ausgaben vor dem Abschlussstichtag auszuweisen, soweit sie Aufwand für eine bestimmte Zeit nach diesem Tag darstellen.

Auf der Passivseite sind als Rechnungsabgrenzungsposten Einnahmen vor dem Abschlussstichtag auszuweisen, soweit sie Ertrag für eine bestimmte Zeit nach diesem Tag darstellen.

Aktive Rechnungsabgrenzung (ARA)

Wird im laufenden Geschäftsjahr eine **Ausgabe für einen Aufwand des folgenden Geschäftsjahres** getätigt, dann darf sich diese Ausgabe nicht auf den Erfolg des laufenden Geschäftsjahres auswirken. Sie ist als Aufwand erst im folgenden Jahr zu erfassen. Bis zu diesem Zeitpunkt wird sie daher in der Bilanz auf dem aktiven Bestandskonto **„2900 Aktive Rechnungsabgrenzung"** (ARA) gespeichert. Diese zeitliche Abgrenzung des Aufwandes wird als vorbereitende Abschlussbuchung durchgeführt.

Beispiel Die Feuerversicherungsprämie für das Geschäftsgebäude (siehe Handlungssituation) betrifft den Aufwand zweier Geschäftsjahre. Zum Zwecke einer periodengerechten Erfolgsermittlung ist der Geschäftsfall so zu buchen, dass im alten Jahr nur 1 200,00 € (Versicherungsprämie für vier Monate) **erfolgswirksam** werden. Die Versicherungsprämie für die acht Monate des neuen Geschäftsjahres, also **2 400,00 €**, darf erst im folgenden Geschäftsjahr erfolgswirksam werden.

Das Konto **„2900 Aktive Rechnungsabgrenzung" führt** den Betrag von 2 400,00 € **ins neue Geschäftsjahr hinüber** und **grenzt** somit den **Aufwand des alten Geschäftsjahres** vom **Aufwand des neuen Geschäftsjahres** ab.

Buchungen im alten Geschäftsjahr	Buchungen im neuen Geschäftsjahr
28.08.: Zahlung durch Banküberweisung 6900 Versicherungsbeiträge an 2800 Bank 3 600,00 € **31.12.: zeitliche Abgrenzung** 2900 ARA an Versicherungsbeiträge 2 400,00 € **31.12.: Abschlussbuchung** 8020 GuV an 6900 Versicherungsbeiträge 1 200,00 € 8010 Schlussbilanzkonto an 2900 ARA 2 400,00 €	**02.01.: Eröffnung** 2900 ARA an 8000 EBK 2 400,00 € **02.01.: Auflösung der aktiven Rechnungsabgrenzung** 6900 Versicherungsbeiträge an 2900 ARA 2 400,00 €

Kontenmäßige Darstellung der Buchungen im alten Geschäftsjahr:

S	6900 Versicherungsbeiträge		H
2800	3 600,00	2900	2 400,00
		8020	1 200,00
	3 600,00		3 600,00

S	2900 ARA		H
6900	2 400,00	8010	2 400,00

S	8020 Gewinn und Verlust		H
6900	1 200,00		

S	8010 Schlussbilanzkonto		H
2900	2 400,00		

Kontenmäßige Darstellung der Buchungen im neuen Geschäftsjahr:

S	2900 ARA		H
8000	2 400,00	6900	2 400,00

S	6900 Versicherungsbeiträge		H
2900	2 400,00		

▲ Passive Rechnungsabgrenzung (PRA)

Wenn das Unternehmen im Laufe des Geschäftsjahres eine **Einnahme für einen Ertrag des folgenden Geschäftsjahres** erzielt, darf diese Einnahme den Erfolg des laufenden Geschäftsjahres nicht beeinflussen. Bis zu ihrer Erfassung als Ertrag wird sie daher auf dem passiven Bestandskonto **„4900 Passive Rechnungsabgrenzung“** (PRA) gespeichert.

Beispiel Am 2. Juni des laufenden Geschäftsjahres hat ein Mieter eines Lagerraumes seine laut Vertrag im Voraus zu zahlende Miete für die Zeit vom 1. Juni bis zum 30. Mai d. f. J. in Höhe von 30 000,00 € durch Banküberweisung bezahlt.

Das Konto **„4900 Passive Rechnungsabgrenzung“** führt den Betrag von 12 500,00 € ins neue Geschäftsjahr hinüber und **grenzt** somit den **Ertrag** des alten Geschäftsjahres vom Ertrag des neuen Geschäftsjahres **ab**.

Buchungen im alten Geschäftsjahr		Buchungen im neuen Geschäftsjahr	
02.06.: Zahlung bar		**02.01.: Eröffnung**	
2800 Bank		8000 EBK	
an 5400 Mieterträge	30 000,00 €	an 4900 PRA	12 500,00 €
31.12.: zeitliche Abgrenzung		**02.01.: Auflösung der Abgrenzung**	
5400 Mieterträge		4900 PRA	
an 4900 PRA	12 500,00 €	an 5400 Mieterträge	12 500,00 €
31.12.: Abschlussbuchung			
5400 Mieterträge			
an 8020 GuV	17 500,00 €		
4900 PRA			
an 8010 SBK	12 500,00 €		

Kontenmäßige Darstellung der Buchungen im alten Geschäftsjahr:

S 5400 Mieterträge H

4900	12 500,00	2800	30 000,00
8020	17 500,00		
	30 000,00		30 000,00

S 4900 PRA H

8010	12 500,00	5400	12 500,00

S 8020 Gewinn und Verlust H

		5400	17 500,00

S 8010 Schlussbilanzkonto H

		4900	12 500,00

Kontenmäßige Darstellung der Buchungen im neuen Geschäftsjahr:

S 5400 Mieterträge H

		4900	12 500,00

S 4900 PRA H

5400	12 500,00	8000	12 500,00

Es ist durchaus üblich, die **Rechnungsabgrenzung direkt** bei der Erfassung der Ausgabe oder Einnahme vorzunehmen.

Posten der Rechnungsabgrenzung

Rechnungsabgrenzungsposten

Rechnungsabgrenzungsposten der Aktivseite (ARA)

- Ausgaben vor dem Bilanzstichtag, die Aufwendungen für die Zeit nach dem Bilanzstichtag darstellen.
- Leistungsforderungen

Rechnungsabgrenzungsposten der Passivseite (PRA)

- Einnahmen vor dem Bilanzstichtag, die Erträge für die Zeit nach dem Bilanzstichtag darstellen.
- Leistungsverbindlichkeiten

1 Die Kraftfahrzeugsteuer für zehn Reisendenfahrzeuge in Höhe von insgesamt 2610,00 € wurde am 1. September ... für die Zeit vom 1. September ... bis zum 31. August des folgenden Jahres per Banküberweisung an das Finanzamt bezahlt. Ein Geschäftsjahr dauert vom 1. Januar bis zum 31. Dezember eines Jahres.

a) Buchung bei Zahlung am 1. September ..
b) Buchung der zeitlichen Abgrenzung zum 31. Dezember ..
c) Buchung nach der Eröffnung der Bestandskonten im neuen Geschäftsjahr
d) Beurteilen Sie die Auswirkungen einer unterlassenen Rechnungsabgrenzung im vorliegenden Fall.

2 Am 24. Oktober ... wird die Miete von insgesamt 5400,00 € für einen gemieteten Ausstellungsraum für die Zeit vom 1. November bis 31. Januar des folgenden Jahres im Voraus mit Banküberweisung bezahlt.

a) Buchung am 24. Oktober per Banküberweisung.
b) Buchung der zeitlichen Abgrenzung zum 31. Dezember
c) Buchung nach der Eröffnung der Bestandskonten im neuen Geschäftsjahr
d) Begründen Sie die Notwendigkeit der Buchung zum Ende des Geschäftsjahres.
e) Geben Sie den Buchungssatz für den Fall an, dass die zeitliche Abgrenzung bereits bei Buchung der Zahlung vorgenommen worden wäre.
f) Erläutern Sie die Auswirkung einer unterlassenen Rechnungsabgrenzung im vorliegenden Fall.

3 Am 1. Dezember geht die Garagenmiete über insgesamt 240,00 € für die Monate Dezember, Januar und Februar per Banküberweisung ein.

1. Bilden Sie die Buchungssätze und stellen Sie die Buchungen auf Konten dar:
   a) bei Erfassung der Einnahme,
   b) beim Jahresabschluss,
   c) bei Wiedereröffnung im neuen Jahr.
2. Bilden Sie den Buchungssatz, wenn die Abgrenzung sofort am 1. Dezember vorgenommen wird.

4 Prüfen Sie die Richtigkeit folgender Aussagen, indem Sie Ihre Entscheidung begründen. Es wird unterstellt, dass vor Buchung der zeitlichen Abgrenzung ein Unternehmensgewinn vorlag.

a) Aktive Rechnungsabgrenzungsposten speichern Aufwendungen des folgenden Geschäftsjahres.
b) Die Buchung der aktiven Rechnungsabgrenzungsposten führt zur Vermögensmehrung und zur Mehrung des Unternehmensgewinns.
c) Würde eine notwendige passive Rechnungsabgrenzung nicht vorgenommen, dann ergäbe sich ein zu hoher Unternehmensgewinn.
d) Im Voraus erhaltene Miete führt zur Notwendigkeit einer aktiven Rechnungsabgrenzung.
e) Mit der Buchung „ARA an Aufwandskonten" sind die für das kommende Geschäftsjahr im Voraus gezahlten Aufwendungen abzugrenzen.

5 Kontenplan: 2600, 2800, 2850, 2880, 2900, 4900, 5400, 6700, 6810, 6900, 7030, 8010, 8020

Anfangsbestände:

	€		€
2800 Bank	16 000,00	2880 Kasse	1 640,00

Geschäftsfälle:

	€
1. **BA vom 25.07.:** Banküberweisung der Jahresprämie für Gebäudefeuer- und Gebäudehaftpflichtversicherung für den Versicherungszeitraum 01.08. bis 31.07.	480,00
2. **BA vom 29.07.:** Banküberweisung der Halbjahresmiete für vermietete Geschäftsräume für die Zeit vom 01.08. bis 31.01.	2 400,00
3. **BA vom 26.10.:** Banküberweisung der Kraftfahrzeugsteuer für den Geschäftswagen für die Zeit vom 01.11. bis 30.04.	240,00
4. **KB vom 01.12.:** Barzahlung der Miete für eine gemietete Garage für die Monate Dezember bis einschließlich Februar	210,00
5. **BA vom 27.12.:** Banküberweisung der Bezugskosten für eine Fachzeitschrift für das 1. Quartal des folgenden Geschäftsjahres einschließlich 7 % Umsatzsteuer	64,20

6 Einige Sachkonten eines Unternehmens weisen zum Jahresabschluss folgende Werte aus:

	Soll €	Haben €
2900 Aktive Rechnungsabgrenzung	1 500,00	1 500,00
4900 Passive Rechnungsabgrenzung	940,00	940,00
5400 Mieterträge		5 200,00
6900 Versicherungsbeiträge	2 400,00	
7030 Kfz-Steuer	1 420,00	
7510 Zinsaufwendungen	1 200,00	

Abschlussangaben:

Führen Sie aufgrund folgender Informationen die zeitlichen Abgrenzungen durch und erläutern Sie die jeweilige Wirkung auf das Unternehmensergebnis.

1. Für einen vermieteten Geschäftsraum wurde die Halbjahresmiete in Höhe von 2 400,00 € für die Zeit vom 1. August bis 31. Januar vertragsgemäß im Voraus gezahlt.
2. Die Gebäudefeuerversicherungsprämie in Höhe von 360,00 € war am 28. August für den Versicherungszeitraum vom 1. September bis 31. August an die Versicherung überwiesen worden.
3. Am 30. September wurden die Halbjahreszinsen in Höhe von 1 200,00 € für eine Darlehensschuld im Voraus bezahlt.
4. Die Kfz-Steuer über 120,00 € wurde am 30. November für die Zeit vom 1. Dezember bis 28. Februar bezahlt.

Stellen Sie die Salden der obigen Konten nach Durchführung der Abgrenzungen in einer Saldenliste zusammen.

7 Bilden Sie die Buchungssätze

a) bei Zahlung,

b) beim Jahresabschluss zum 31. Dezember,

c) nach Konteneröffnung im neuen Jahr.

1. Banküberweisung der Kfz-Versicherungsprämie am 31. August für die Zeit vom 1. September bis zum 31. August: 1 650,00 €
2. Für eine vermietete Garage geht die Januarmiete bereits am 28. Dezember auf Bankkonto ein: 80,00 €
3. Für eine am 1. November gemietete Anlage wurde die Leasingrate für das erste Vierteljahr beim Vertragsabschluss per Banküberweisung gezahlt: 4 800,00 €
4. Am 28. April wird die Kfz-Steuer für einen Lkw für die Zeit vom 1. Mai bis zum 30. April durch Banküberweisung gezahlt: 4 500,00 €
5. Die im Voraus zu zahlende Jahresmiete für vermietete Büroräume geht am 30. April auf Bankkonto ein: 21 600,00 €

2.8 Sonstige Verbindlichkeiten und sonstige Forderungen

Am 31. Dezember stellt Frau König fest, dass der Bürodesign GmbH verschiedene Güter und Dienstleistungen geliefert wurden, wie z. B. Strom, für die die Bezahlung teilweise erst im folgenden Geschäftsjahr fällig wird und erbracht werden muss (= Geldverbindlichkeiten). Umgekehrt hat die Bürodesign GmbH im Abrechnungsjahr verschiedene Leistungen erbracht, für die die Zahlung durch die Schuldner am 31. Dezember noch offensteht.

Frau König zweifelt, ob sie mit der Erfassung dieser Fälle zur Vorlage eines Zahlungsbeleges im neuen Geschäftsjahr warten kann.

- Begründen Sie die Notwendigkeit der Erfassung zum 31. Dezember.
- Stellen Sie den Unterschied dieses Falles zu den passiven Posten der Rechnungsabgrenzung dar.

▲ Sonstige Verbindlichkeiten

Vielfach liegen am Bilanzstichtag **Aufwendungen** vor, **für die noch keine Zahlungen vorgenommen wurden**. Um eine periodengerechte Erfolgsermittlung sicherzustellen, muss der Aufwand am Bilanzstichtag für das alte Geschäftsjahr erfasst werden. Dies geschieht im Rahmen der vorbereitenden Abschlussbuchungen.

Beispiel Am 1. September wurde ein Darlehen aufgenommen, für das am 31. August des folgenden Geschäftsjahres 600,00 € Zinsen zu zahlen sind.

Bis zum 31. Dezember (Bilanzstichtag) sind 200,00 € Zinsaufwendungen entstanden, die in der Gewinn- und Verlustrechnung des alten Geschäftsjahres zu berücksichtigen sind. Bis zum Tag der Zahlung sind die noch offenstehenden Ausgaben als **Sonstige Verbindlichkeiten** auszuweisen.

Buchungen im alten Geschäftsjahr		Buchungen im neuen Geschäftsjahr	
31.12.: vorbereitende Abschlussbuchung		**02.01.: Eröffnung**	
7510 Zinsaufwendungen		8000 EBK	
an 4890 Übrige sonstige Verbindlichkeiten	200,00 €	an 4890 Übrige sonstige Verbindlichkeiten	200,00 €
31.12.: Abschlussbuchungen		**31.10.: Zahlung durch Banküberweisung**	
8020 Gewinn und Verlust		4890 Übrige sonstige Verbindlichkeiten	200,00 €
an 7510 Zinsaufwendungen	200,00 €	7510 Zinsaufwendungen	400,00 €
4890 Übrige sonstige Verbindlichkeiten	200,00 €	an 2800 Bank	600,00 €
an 8010 SBK	200,00 €		

▲ Sonstige Forderungen

Erträge des abzuschließenden Geschäftsjahres, die noch nicht vereinnahmt wurden, müssen wegen der periodengerechten Erfolgsermittlung als Ertrag des abgelaufenen Geschäftsjahres **erfasst werden**. Dies geschieht durch eine vorbereitende Abschlussbuchung.

Beispiel Für ein Darlehen über 40 000,00 €, das die Bürodesign GmbH einem Kunden am 31. Juli gewährt hat, sind die Zinsen (9 %) jeweils jährlich nachträglich zu zahlen. Die Zahlung der Zinsen erfolgt also am 1. August des folgenden Jahres durch Banküberweisung.

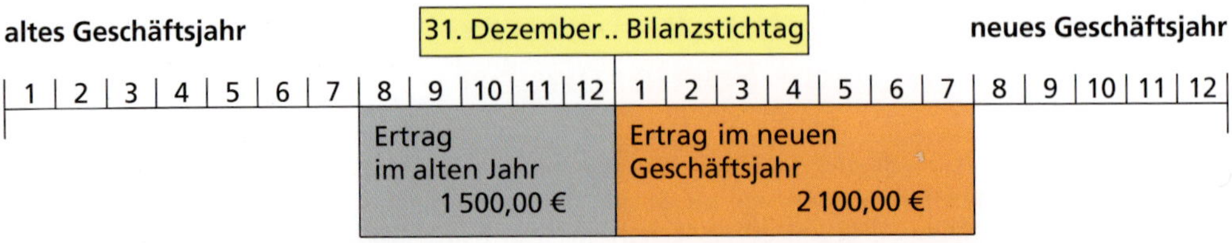

Buchungen im alten Geschäftsjahr		Buchungen im neuen Geschäftsjahr	
31.12.: vorbereitende Abschlussbuchung		**02.01.: Eröffnung**	
2690 Übrige sonstige Forderungen		2690 Übrige sonstige Forderungen	
an 5710 Zinserträge	1 500,00 €	an 8000 EBK	1 500,00 €
31.12.: Abschlussbuchungen		**02.05.: Banküberweisung der Zinsen**	
5710 Zinserträge		2800 Bank	3 600,00 €
an 8020 Gewinn und Verlust	1 500,00 €	an 2690 Übrige sonstige Forderungen	1 500,00 €
8010 SBK		an 5710 Zinserträge	2 100,00 €
an 2690 Übrige sonstige Forderungen	1 500,00 €		

Wesentlicher Unterschied der Sonstigen Forderungen und Sonstigen Verbindlichkeiten zu den Posten der Rechnungsabgrenzung besteht in der Auswirkung auf die Liquidität in der Zukunft. In den Fällen der Posten der Rechnungsabgrenzung trat die Liquiditätsänderung durch Einnahmen oder Ausgaben im alten Jahr ein. In den Fällen der Sonstigen Forderungen und Sonstigen Verbindlichkeiten tritt diese Liquiditätsänderung erst im folgenden Jahr ein:

Altes Jahr 31.12. Neues Jahr		Ausweis in der Bilanz
Ausgabe	Aufwand	Aktive Rechnungsabgrenzung (ARA)
Einnahme	Ertrag	Passive Rechnungsabgrenzung (PRA)
Aufwand	Ausgabe	Sonstige Verbindlichkeiten
Ertrag	Einnahme	Sonstige Forderungen

- Beide dienen der zeitlichen Rechnungsabgrenzung der Aufwendungen und Erträge und der periodengerechten Erfolgsermittlung.
- Aufwendungen und Erträge werden den Zeiträumen zugeordnet, die sie wirtschaftlich verursacht haben.

Sonstige Verbindlichkeiten und sonstige Forderungen

Sonstige Verbindlichkeiten

- Am Bilanzstichtag noch nicht erfolgte Ausgaben für einen genau feststehenden Aufwand des abgelaufenen Geschäftsjahres
- Geldverbindlichkeiten, die nach dem Bilanzstichtag zu Ausgaben führen

Sonstige Forderungen

- Am Bilanzstichtag noch nicht erfolgte Einnahmen für einen Ertrag aus dem abgelaufenen Geschäftsjahr
- Geldforderungen, die nach dem Bilanzstichtag zu Einnahmen führen

1 Für ein Darlehen über 12 000,00 €, das einem Kunden gewährt wurde, sind 8 % Zinsen vertragsgemäß halbjährlich nachträglich zu zahlen, und zwar am 30. April und 31. Oktober

a) Bilden Sie die Buchungssätze
   aa) zum 31. Dezember (Bilanzstichtag),
   ab) zum 1. Januar bei Eröffnung der Konten,
   ac) zum 30. April bei Banküberweisung der Zinsen.

b) Begründen Sie die Buchung zum 31. Dezember.

2 Beim Jahresabschluss wurde festgestellt, dass die Dezembermiete in Höhe von 850,00 € für einen gemieteten Lagerraum versehentlich noch nicht bezahlt worden ist.
Bilden Sie die Buchungssätze am 31. Dezember und wenn am 2. Januar die rückständige Dezembermiete zusammen mit der Januarmiete durch die Bank überwiesen wird.

3 Am 31. Dezember steht die Rechnung der Stadtwerke für Stromverbrauch im Monat Dezember noch aus. Aufgrund der Zählerablesung hat der Industriebetrieb einen Verbrauch von 680,00 € ermittelt.
Bilden Sie die Buchungssätze am 31. Dezember und bei Abbuchung des Rechnungsbetrages über 1309,00 € einschließlich 19 % Umsatzsteuer am 20. Januar.

4

1. Die Bürodesign GmbH hat einem Kunden ein kurzfristiges Darlehen von 36 000,00 € zu 9 % p. a. gewährt. Die Zinsen sind vertragsgemäß halbjährlich nachträglich zu zahlen, und zwar jeweils am 1. April für den Darlehenszeitraum vom 30. September bis 31. März und am 1. Oktober für den Zeitraum vom 31. März bis 30. September.
   Bilden Sie die Buchungssätze am 31. Dezember und am 31. März bei Eingang der Zinszahlung durch Banküberweisung.
2. Die Miete für einen von der Bürodesign GmbH gemieteten Lagerraum beträgt monatlich 2 500,00 €. Beim Jahresabschluss der Bürodesign GmbH wird festgestellt, dass die Dezembermiete versehentlich noch nicht bezahlt worden ist.
   a) Begründen Sie, welche Buchung noch mit Datum vom 31. Dezember vorgenommen werden muss.
   b) Bilden Sie den Buchungssatz, wenn am 5. Januar die rückständige Dezembermiete zusammen mit der Januarmiete durch die Bank überwiesen wird.
3. Die Rechnung der Stadtwerke für den Stromverbrauch für Dezember steht noch aus. Aufgrund der Ablesung an den Zählern vom 31. Dezember haben wir einen Betrag von 7 800,00 € ermittelt.
   Bilden Sie die Buchungssätze am 31. Dezember und wenn die Rechnung der Stadtwerke in Höhe von 13 200,00 € zuzüglich 2508,00 € Umsatzsteuer am 23. Januar eingeht und sofort mit Banküberweisung bezahlt wird.
4. Die am 15. November fällige Gewerbesteuerschuld der Bürodesign GmbH in Höhe von 5000,00 € wurde vom Stadtsteueramt auf Antrag bis zum 15. Februar gestundet.
   Bilden Sie die Buchungssätze am 31. Dezember und wenn die rückständige Steuerschuld am 13. Februar durch Banküberweisung beglichen wird.
5. Für ein vermitteltes Geschäft stehen der Bürodesign GmbH 1 500,00 € Provision zu. Hierfür wurde folgende Lastschriftanzeige erteilt:

Nettoprovision	1 500,00 €
+ 19 % Umsatzsteuer.	285,00 €
. . . .	1 785,00 €

   Bilden Sie die Buchungssätze am 31. Dezember und wenn am 16. Januar der in Rechnung gestellte Betrag durch Banküberweisung bezahlt wird.

5 Ein Kunde erhielt am 1. April ... ein Darlehen in Höhe von 80000,00 € zu dem günstigen Zinssatz von 6 % p. a. Die Zinsen sind jedoch halbjährlich im Voraus zahlbar am 1. Oktober und am 1. April eines jeden Jahres. Die letzte Zinszahlung für die Zeit vom 30. September bis zum 31. März des folgenden Geschäftsjahres erfolgte per Banküberweisung in Höhe von 2400,00 € am 1. Oktober des Geschäftsjahres.

a) Buchung der Zinszahlung am 1. Oktober des Geschäftsjahres

b) Buchung der zeitlichen Abgrenzung zum 31.12. ...

c) Buchung nach der Eröffnung der Bestandskonten im neuen Geschäftsjahr.

d) Erläutern Sie, wie sich die Buchung der zeitlichen Abgrenzung auf das Unternehmensergebnis auswirkt.

6 Die Miete für einen gemieteten Lagerraum beträgt monatlich 2500,00 €. Beim Jahresabschluss wird festgestellt, dass die Dezembermiete versehentlich noch nicht bezahlt wurde.

a) Erklären Sie, welche Buchung noch mit Datum vom 31. Dezember vorgenommen werden muss.

b) Bilden Sie den Buchungssatz, wenn die rückständige Dezembermiete am 5. Januar zusammen mit der Januarmiete durch die Bank überwiesen wird.

7 Die Rechnung der Stadtwerke für den Stromverbrauch für Dezember steht noch aus. Aufgrund der Ablesung an den Zählern am 31. Dezember wird ein Betrag von 8200,00 € ermittelt.
Bilden Sie die Buchungssätze am 31. Dezember und wenn am 23. Januar die Rechnung der Stadtwerke in Höhe von 12600,00 € zuzüglich 2394,00 € Umsatzsteuer eingeht und sofort mit Banküberweisung bezahlt wird.

8 Geben Sie die Buchungssätze zum Geschäftsjahresende an für eine

a) Sonstige Forderung,

b) Sonstige Verbindlichkeit,

c) Aktive Rechnungsabgrenzung,

d) Passive Rechnungsabgrenzung.

Benutzen Sie zur Formulierung des Buchungssatzes folgende Konten:
2690 Sonstige Forderungen
4890 Sonstige Verbindlichkeiten
5400 Mieterträge
2900 Aktive Rechnungsabgrenzung
4900 Passive Rechnungsabgrenzung
6700 Mieten

9 a) Stellen Sie die Unterschiede
aa) der aktiven und passiven Posten der Rechnungsabgrenzung,
ab) der sonstigen Forderungen und sonstigen Verbindlichkeiten und
ac) der Rückstellungen
in einer Übersicht dar.

b) Bilden Sie zu allen fünf Inhalten einen Geschäftsfall und stellen Sie jeweils die Behandlung in der Finanzbuchhaltung dar.

10 Prüfen Sie, ob die folgenden noch zu buchenden Geschäftsfälle des Geschäftsjahres ein vorläufiges positives Unternehmensergebnis erhöhen, vermindern oder unbeeinflusst lassen:

a) **BA vom 10.12.:** Die einbehaltenen Lohn- und Kirchensteuern für den Monat November des Geschäftsjahres werden überwiesen.

b) **BA vom 14.12.:** Der Vorsteuerüberhang des Monats November wird durch das Finanzamt überwiesen.

c) **31.12.:** Am 01.11. wurden die jährlich im Voraus zahlbaren Gebäudefeuerversicherungsprämien für die Verwaltungsgebäude von uns bezahlt.

d) **31.12.:** Am 01.12. hatte ein Mieter die Miete für eine bei uns gemietete Garage für drei Monate im Voraus bezahlt.

3 Analyse und Kritik des Jahresabschlusses

3.1 Auswertung der Bilanz

Die Bürodesign GmbH hat einen Kredit über 200 000,00 € zur Finanzierung eines Erweiterungsbaus bei der Sparkasse KölnBonn beantragt. Auf Verlangen des Kreditsachbearbeiters hat Herr Stein dem Antrag die nachstehenden Bilanzen der beiden letzten Geschäftsjahre beigefügt:

A — Bilanzen der Bürodesign GmbH — P

	Berichtsjahr	Vorjahr		Berichtsjahr	Vorjahr
A. Anlagevermögen			**A. Eigenkapital**		
I. Sachanlagen			I. Gezeichnetes Kapital	600 000,00	600 000,00
1. Grundstücke, Gebäude	325 000,00	300 000,00	II. Gewinnrücklagen	156 093,25	50 000,00
2. Maschinen	285 000,00	200 000,00	III. Jahresüberschuss/-fehlbetrag	– 6 093,25	206 250,00[2]
3. Werkzeuge	14 500,00	17 500,00	**B. Rückstellungen**[3]		
4. Fuhrpark	138 000,00	160 000,00	1. Pensionsrückstellungen	125 000,00	100 000,00
5. Geschäftsausstattung	95 000,00	105 000,00	2. Steuerrückstellungen	22 500,00	25 000,00
B. Umlaufvermögen			3. Sonstige Rückstellungen	30 000,00	17 500,00
I. Vorräte			**C. Verbindlichkeiten**		
1. Roh-, Hilfs- u. Betriebsstoffe	137 500,00	186 000,00	1. Verbindlichkeiten gegenüber Kreditinstituten[4]	236 500,00	66 500,00
2. Unfertige Erzeugnisse	11 275,00	6 500,00	2. Verbindlichkeiten a. LL.	137 500,00	100 000,00
3. Fertige Erzeugnisse	99 100,00	14 000,00	3. Sonstige Verbindlichkeiten	42 500,00	27 500,00
II. Forderungen			**D. Passive Rechnungsabgrenzung**	6 000,00	7 250,00
Forderungen a. LL.	111 625,00	105 500,00			
Übrigen sonst. Forderungen	9 000,00	17 500,00			
III. Liquide Mittel	113 000,00	82 500,00			
C. Aktive Rechnungsabgrenzung[1]	11 000,00	5 500,00			
	1 350 000,00	1 200 000,00		1 350 000,00	1 200 000,00

- Stellen Sie Gründe zusammen, weshalb der Kreditsachbearbeiter die Vorlage der beiden letzten Bilanzen verlangt hat.
- Überprüfen Sie, ob Sie nach Auswertung dieser Bilanzen den beantragten Kredit bewilligen würden.

▲ Notwendigkeit der Auswertung

Mit der Erstellung des Jahresabschlusses ist die Aufgabe des kaufmännischen Rechnungswesens nicht erfüllt. Vielmehr will der Unternehmer über eine kritische Analyse der Zahlen der Buchführung und der Kosten- und Leistungsrechnung seine Marktstellung erkennen und Daten zur Unternehmenssteuerung gewinnen.

---

[1] *werden den kurzfristigen Forderungen zugerechnet*

[2] *106 093,25 € werden den Gewinnrücklagen zugeführt, der Rest ist den kurzfristigen Verbindlichkeiten zuzuführen.*

[3] *Pensionsrückstellungen sind den langfristigen, Steuerrückstellungen, Sonstige Rückstellungen und Passive Rechnungsabgrenzungsposten den kurzfristigen Verbindlichkeiten zuzurechnen.*

[4] *Davon mit einer Laufzeit über fünf Jahre: 200 000,00 € (im Vorjahr 50 000,00 €). Ansonsten handelt es sich wie bei den Verbindlichkeiten a. LL. und Sonstigen Verbindlichkeiten um kurzfristige Verbindlichkeiten.*

Diese Daten dienen

- der richtigen Beurteilung und systematischen Kontrolle der Geschäftsentwicklung,
- der Ergänzung betriebswirtschaftlicher Daten bei Verbesserungs- und Anpassungsmaßnahmen,
- der Planungsvorbereitung künftiger Investitionen,
- der Begründung künftiger Marketingkonzeptionen.

Die Ergebnisse sind jedoch nicht nur für die Geschäftsleitung von außerordentlicher Bedeutung, sondern auch für Außenstehende. So versuchen die Gläubiger, z. B. Lieferer und Geldgeber, Institute und Verbände, aus den veröffentlichten bzw. vorgelegten Bilanzen Einblick in ein Unternehmen zu gewinnen

- bei Kreditwürdigkeitsprüfungen,
- vor einer Beteiligung,
- bei steuerlichen Betriebsprüfungen,
- bei Marktbeobachtungen, -forschungen und -beurteilungen.

In diesem Zusammenhang wird u. a. untersucht,

- ob der Betrieb über genügend Haftungskapital verfügt,
- ob die flüssigen Mittel reichen, kurzfristige Schulden zu tilgen,
- ob die Ertragslage eine Beteiligung sinnvoll erscheinen lässt,
- ob der richtige steuerliche Gewinn dokumentiert wurde.

Die nachstehende Übersicht zeigt, dass die Interessengruppen unterschiedliche Ziele verfolgen und dementsprechend unterschiedliche Schwerpunkte der Beobachtung setzen:

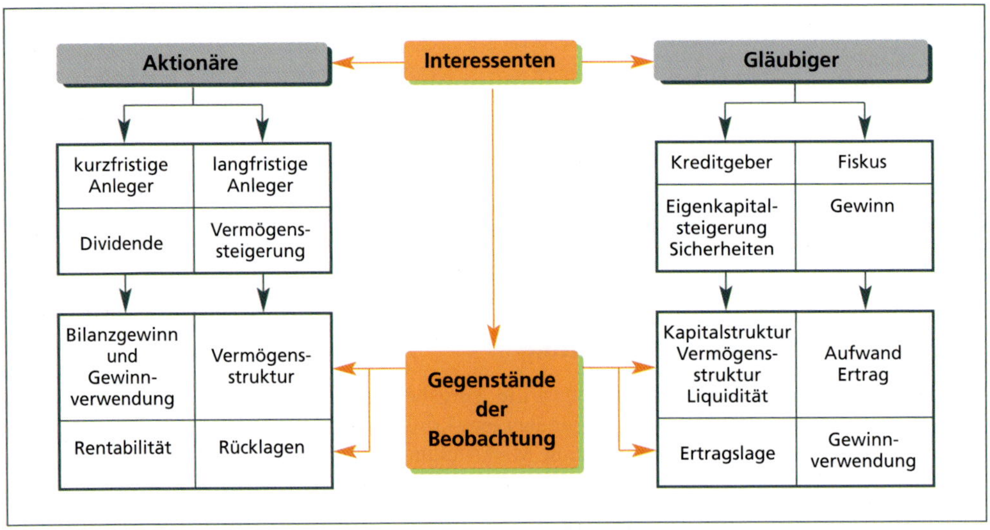

Es gilt also, Teilbereiche des Unternehmens oder das Gesamtunternehmen kritisch zu analysieren und zu beurteilen. Die Auswertungsunterlagen dürfen daher keine Zahlen enthalten, die über die wirkliche Vermögens- oder Erfolgslage des Unternehmens hinwegtäuschen.

Methoden der Auswertung

Einzelanalyse:

Es wird der Jahresabschluss **einer** Rechnungsperiode untersucht. Die Ergebnisse werden nicht mit früheren Rechnungsperioden oder anderen Betrieben verglichen. Die Analyse lässt keine Aussagen über Entwicklung und Marktstellung der Unternehmung zu.

Zeitvergleich:

Die Ergebnisse einzelner Rechnungsabschnitte (Monat, Quartal, Jahr) werden miteinander verglichen. Dadurch können Entwicklungstendenzen erkannt werden.

Beispiele Umsatz-, Kostenarten-, Erfolgs-, Eigen- und Fremdkapitalentwicklung und Entwicklung des Vermögens, der Kosten und Umsätze in den letzten fünf Jahren in der Büromöbelindustrie

Betriebs- oder Branchenvergleich:

Die Ergebnisse des ausgewerteten Betriebes werden mit Durchschnittswerten der Branche oder Kennzahlen gleichartiger Betriebe verglichen. Hierbei ist zu beachten, dass Größe, Organisation und Tätigkeitsbereiche der Vergleichsbetriebe möglichst übereinstimmen. Mithilfe von Betriebs- und Branchenvergleichen kann die Marktstellung sichtbar gemacht werden.

Beispiele Umsatzanteil am Gesamtmarkt, Kostenstruktur, Liquiditätslage, Eigenkapitalanteil im Vergleich zu konkurrierenden Unternehmungen

Soll-Ist-Vergleich:

Geplante Werte werden mit realisierten Werten verglichen, um Art und Höhe der Abweichungen festzustellen. Es soll kontrolliert werden, ob getroffene Entscheidungen sinnvoll waren und zielgerecht ausgeführt wurden. Diese Ergebnisse bilden die Ansätze für die Ursachenforschung solcher Abweichungen, um korrigierte Plangrößen vorgeben zu können. Daher sollen Soll-Ist-Vergleiche in möglichst kurzen Abständen vorgenommen werden, um Chancen und Risiken rechtzeitig zu erkennen.

Beispiele

- Vergleich des Absatzplanes mit dem erreichten Absatz, um auf die negative Entwicklung einzelner Produkte reagieren zu können (Förderung, Produkteliminierung).
- Vergleich der Kostenvorgaben für die Kostenstellen mit den Istkosten lt. Kostenstellenrechnung, um rechtzeitig Kostenexplosionen zu erkennen und Maßnahmen der Gegensteuerung einzuleiten (Verfahrensänderungen, Einsparungen bei Beschaffungen, Umbesetzungen).

Bilanzauswertung und -kritik

Strukturierung der Bilanz:

Für Zwecke der Auswertung muss die veröffentlichte Bilanz aufbereitet und strukturiert werden. Dabei werden gleichartige Positionen zusammengefasst, um die Aussagekraft der Bilanz zu erhöhen:

Kapitalbindung	Vermögensstruktur — Bilanzstruktur	Kapitalstruktur	Kapitalüberlassung
langfristig	**I. Anlagevermögen (AV)** **1. Immaterielle Anlagen** (Firmenwerte, Patente, Lizenzen, Software)	**I. Eigenkapital** **1. Gezeichnetes Kapital** (Grundkapital der AG, Stammkapital der GmbH)	**langfristig**
	2. Sachanlagen (Grundstücke, Gebäude, Maschinen, Betriebs- und Geschäftsausstattung, Fuhrpark) **3. Finanzanlagen** (Beteiligungen, Wertpapiere des AV, langfristige Forderungen)	**2. Rücklagen** (Kapitalrücklagen, gesetzliche und freie Gewinnrücklagen) **3. Gewinnvortrag** (eventueller Verlustvortrag wird subtrahiert) **4. Jahresüberschuss**[1] (Jahresfehlbetrag wird subtrahiert)	
mittel- bis kurzfristig	**II. Umlaufvermögen (UV)** **1. Vorräte** (Stoffbestände, Fremdbauteile, Unfertige und Fertige Erzeugnisse, Handelswaren, Anzahlungen auf Vorräte)	**II. Schulden / Fremdkapital** **1. Langfristige Schulden** (Pensionsrückstellungen, Verbindlichkeiten mit einer Restlaufzeit von mehr als fünf Jahren)	**langfristig**
	2. Kurzfristige Forderungen (Forderungen a. LL., Wertpapiere des UV, Sonstige kurzfristige Forderungen, Aktive Posten der Rechnungsabgrenzung)	**2. Mittelfristige Schulden** (Verbindlichkeiten mit einer Restlaufzeit von mehr als einem bis fünf Jahre)	**mittelfristig**
kurzfristig	**3. Liquide Mittel** (Kasse, Bank)	**3. Kurzfristige Schulden** (Verbindlichkeiten mit einer Restlaufzeit bis zu einem Jahr, wie Steuerrückstellungen, Sonstige Rückstellungen, Verbindlichkeiten a. LL., Verbindlichkeiten aus Steuern, abzuführende Sozialversicherungsbeiträge, Sonstige Verbindlichkeiten, Passive Posten der Rechnungsabgrenzung)	**kurzfristig**

▲ Statistische Aufbereitung des Jahresabschlusses:

Die absoluten Zahlen sind in Verhältniszahlen (Prozentsätze) zur Bilanzsumme (= 100 %) umzurechnen, um die Vergleichbarkeit der Werte im Jahresabschluss zu verbessern.

Dadurch lassen sich neben der Bedeutung einzelner Kapitalquellen und Verwendungsformen Veränderungen (Trends) vom Berichtsjahr gegenüber dem Vorjahr schneller erkennen. Ein ausgewiesener Jahresüberschuss lässt nicht erkennen, ob er im Unternehmen einbehalten und somit Eigenkapital ist oder ausgeschüttet wird und dem kurzfristigen Fremdkapital zuzurechnen ist. Informationen hierzu gehen aus dem Gewinnverwendungsvorschlag hervor, der dem veröffentlichten Abschluss beizufügen ist.

[1] *Häufig tritt in Bilanzen anstelle der Positionen Gewinn-/Verlustvortrag und Jahresüberschuss/-fehlbetrag die Position Bilanzgewinn/-verlust auf. Diese Position tritt dann auf, wenn der Jahresabschluss nach teilweiser Verwendung des Jahresüberschusses (Einstellung in die Rücklagen) aufgestellt wurde. Es muss aus Vorsichtsgründen davon ausgegangen werden, dass dieser Bilanzgewinn ausgeschüttet wird und somit dem Fremdkapital zuzurechnen ist.*

Beispiel Aufbereitung der Bilanzen der Bürodesign GmbH

	Berichtsjahr		Vorjahr		Veränderungen	
	€	%	€	%	€	%
Vermögensstruktur **I. Anlagevermögen** 1. Sachanlagen	857 500,00	63,5	782 500,00	65,2	+ 75 000,00	+ 9,6
Summe Anlagevermögen	857 500,00	63,5	782 500,00	65,2	+ 75 000,00	+ 9,6
II. Umlaufvermögen 1. Vorräte	247 875,00	18,4	206 500,00	17,2	+ 41 375,00	+ 20,0
2. Kurzfristige Forderungen	131 625,00	9,7	128 500,00	10,7	+ 3 125,00	+ 2,4
3. Liquide Mittel	113 000,00	8,4	82 500,00	6,9	+ 30 500,00	+ 37,0
Summe Umlaufvermögen	492 500,00	36,5	417 500,00	34,8	+ 75 000,00	+ 18,0
Summe Vermögen	1 350 000,00	100,00	1 200 000,00	100,0	+ 150 000,00	+ 12,5
Kapitalstruktur I. Eigenkapital	750 000,00	55,6	756 093,25	63,0	– 6 093,25	+ 0,1
II. Langfristige Schulden	325 000,00	24,1	150 000,00	12,5	+ 175 000,00	+ 116,7
Summe langfristiges Kapital	1 075 000,00	79,7	906 093,25	75,5	+ 168 906,75	+ 18,6
III. Kurzfristige Schulden	275 000,00	20,4	293 906,75	24,5	– 18 906,75	– 6,4
Summe Schulden	600 000,00	44,4	443 906,75	37,0	+ 156 093,25	+ 35,2
Summe Kapital	1 350 000,00	100,0	1 200 000,00	100,0	+ 150 000,00	+ 12,5

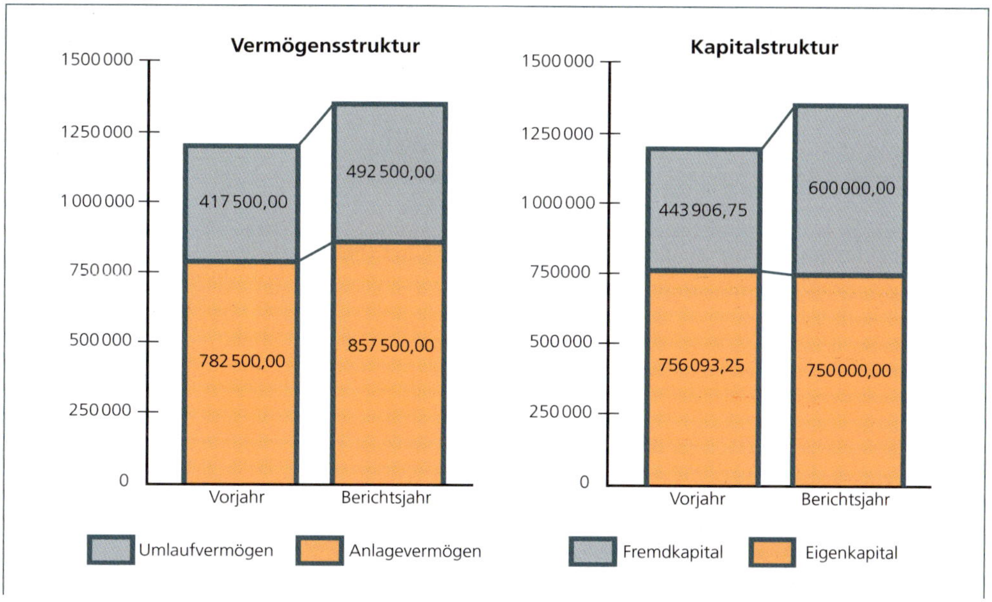

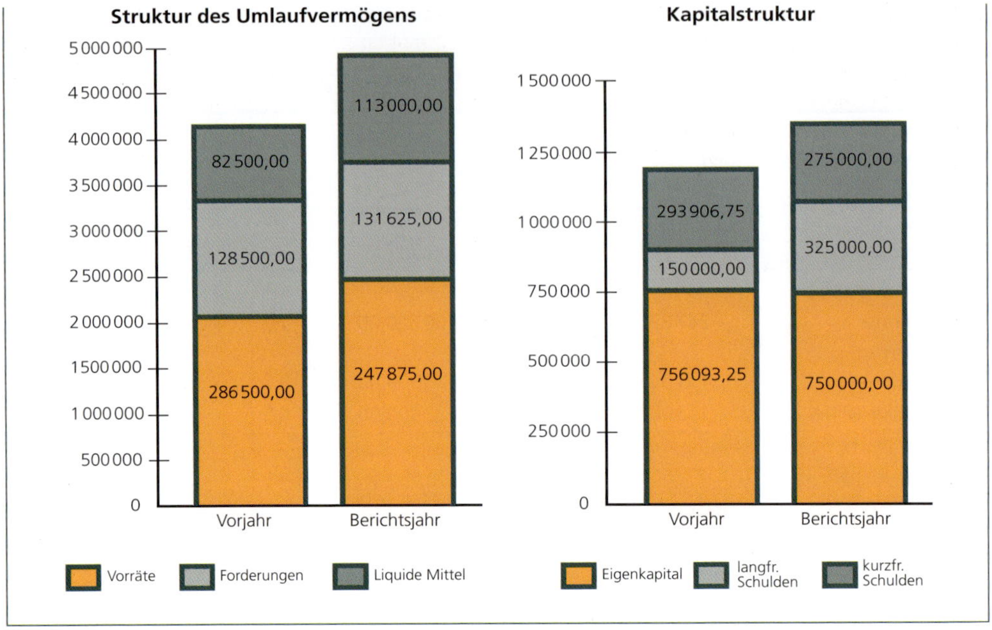

Auswertung der aufbereiteten Bilanz mithilfe von Bilanzkennzahlen

Vermögensaufbau (Konstitution – Aktivseite):

Der Vermögensaufbau geht bereits weitgehend aus den aufbereiteten Bilanzen hervor. Die hier angegebenen Prozentsätze stellen **Intensitätskennziffern** oder **Quoten** dar, die den jeweiligen Anteil des Postens am Gesamtvermögen ausdrücken.

Beispiel

	Berichtsjahr	Vorjahr
Anlagevermögensintensität $= \frac{\text{Anlagevermögen} \cdot 100}{\text{Gesamtvermögen}}$	$\frac{857500 \cdot 100}{1350000} = 63{,}5\%$	$\frac{782500 \cdot 100}{1200000} = 65{,}2\%$
Umlaufvermögensintensität $= \frac{\text{Umlaufvermögen} \cdot 100}{\text{Gesamtvermögen}}$	$\frac{492500 \cdot 100}{1350000} = 36{,}5\%$	$\frac{417500 \cdot 100}{1200000} = 34{,}8\%$

Der **Anteil des Anlagevermögens** am Gesamtvermögen ist um 1,7 Prozentpunkte geringfügig gefallen, obwohl absolut der gleiche Betrag jeweils in Anlage- und Umlaufvermögen investiert wurde.

Die **Umlaufvermögensintensität** hat entsprechend um 1,7 Prozentpunkte zugenommen. Aus der Funktion des Umlaufvermögens heraus **(Gewinnträger)** ist das grundsätzlich positiv zu beurteilen. Bei näherer Betrachtung der einzelnen Posten, die sich verändert haben, liegt die Hauptursache in einer Bestandsmehrung der fertigen Erzeugnisse. Dies kann natürlich negativ mit Absatzschwierigkeiten gedeutet werden.

Allgemeine Aussagen zur Vermögensstruktur:

- Die **Vermögensstruktur** ist in erster Linie abhängig von der Art und Zielsetzung des Betriebes. So haben Unternehmen des Großhandels in der Regel ein großes Umlaufvermögen, während Betriebe der Grundstoffindustrie sehr anlageintensiv sind. Daneben schlagen sich Fertigungsverfahren, Mechanisierungs- und Automatisierungsgrad, Absatzorganisation u. a. im Verhältnis von Anlage- zu Umlaufvermögen nieder.

- Das **Anlagevermögen** bildet zwar die Grundlage der Betriebsbereitschaft, verursacht aber immer gleich bleibend hohe fixe Kosten. Dies wirkt sich bei rückläufiger Beschäftigung in Krisenzeiten des Betriebes oder bei unerwarteter technischer oder wirtschaftlicher Überholung der Anlagen wegen geringer Anpassungsfähigkeit anlageintensiver Betriebe besonders negativ aus. Daher ist mit dem Anlagevermögen ein großes Risiko verbunden. Die Angaben der Bilanz werden durch den Anlagespiegel ergänzt.

  Aus der **Zunahme des Anlagevermögens** können folgende betriebswirtschaftliche Aussagen abgeleitet werden:
  - verstärkte langfristige Kapitalbindung
  - Zunahme fixer Kosten (Abschreibungen, Wartungen, Zinsen)
  - Verbesserung des technischen Standes der Betriebsmittel (Mechanisierung)
  - Kapazitätserweiterung (Nettoinvestition), die gleichzeitig wegen der verstärkten langfristigen Kapitalbindung erhöhtes Risiko bedeuten kann

Ursachen dieser Entwicklung können z.B. in einer verbesserten Marktstellung (Umsatzsteigerung) oder in der Entwicklung neuer Erzeugnisse (Produktinnovation), aber auch in Rationalisierungsmaßnahmen (Modernisierung der Fertigungsstruktur) begründet sein.

Eine **Abnahme des Anlagevermögens** kann zurückzuführen sein auf:
- pessimistische Zukunftserwartungen wegen rückläufiger Aufträge
- unterlassene Ersatzinvestitionen wegen fehlender liquider Mittel, verschlechterter Kreditwürdigkeit u.a.
- Anpassung der Betriebsmittel an die Nachfrage durch Stilllegung von Anlagen

- Das **Umlaufvermögen** ist der eigentliche Gewinnträger. Durch Verkauf der produzierten Güter fließen in die Unternehmung Geldwerte zurück, die zum Zwecke der Wiederbeschaffung, Rationalisierung und Erweiterung eingesetzt werden können.

Kapitalaufbau (Finanzierung – Passivseite):

Die Passivseite erteilt wichtige Informationen über die Finanzierung eines Unternehmens. Sie gibt Auskunft über die Herkunft des Kapitals durch den getrennten Ausweis von **Eigen-** und **Fremdkapital** (Schulden).

Durch die Unterteilung des Eigenkapitals erfährt der Bilanzleser, ob die Eigenmittel von außen (Außenfinanzierung als Beteiligungsfinanzierung) oder aus dem Unternehmen (Eigenfinanzierung als Innenfinanzierung durch Gewinne) erwirtschaftet wurden.

Die Hinweise zu den Restlaufzeiten der Verbindlichkeiten in der Bilanz oder im Anhang, wie sie in den §§ 268 und 285 HGB für Kapitalgesellschaften gefordert sind, informieren über die Überlassungsfristen des Fremdkapitals. Dadurch lassen sich die Verbindlichkeiten in aufbereiteten Bilanzen in langfristige, mittelfristige und kurzfristige gliedern. Entsprechend dieser Gliederung der Kapitalien nach Überlassungsfristen können auch für die Passivseite der Bilanz Intensitätskennziffern berechnet werden.

Beispiel

EDV

	Berichtsjahr	Vorjahr
Eigenkapitalintensität (Eigenkapitalquote) $= \frac{\text{Eigenkapital} \cdot 100}{\text{Gesamtkapital}}$	$\frac{750\,000{,}00 \cdot 100}{1\,350\,000{,}00} = 55{,}6\,\%$	$\frac{756\,093{,}25 \cdot 100}{1\,200\,000{,}00} = 63\,\%$
Fremdkapitalintensität (Anspannungskoeffizient) $= \frac{\text{Fremdkapital} \cdot 100}{\text{Gesamtkapital}}$	$\frac{600\,000{,}00 \cdot 100}{1\,350\,000{,}00} = 44{,}4\,\%$	$\frac{443\,906{,}75 \cdot 100}{1\,200\,000{,}00} = 37\,\%$

EDV

	Berichtsjahr	Vorjahr
Bilanzkurs in € = $\frac{\text{Eigenkapital}}{\text{Gezeichnetes Kapital}}$	$\frac{750\,000{,}00}{600\,000{,}00}$ = 1,25 €	$\frac{756\,093{,}25}{600\,000{,}00}$ = 1,26 €
Bilanzkurs in % = $\frac{\text{Eigenkapital} \cdot 100}{\text{Gezeichnetes Kapital}}$	$\frac{750\,000{,}00 \cdot 100}{600\,000{,}00}$ = 125,00 %	$\frac{756\,093{,}25 \cdot 100}{600\,000{,}00}$ = 126,02 %

Die **Eigenkapitalquote** hat sich um 7,4 Prozentpunkte verschlechtert. Für diese Entwicklung ist sicher auch das schlechte Jahresergebnis im Berichtsjahr verantwortlich. Es ist auch auf verstärkte Fremdfinanzierung durch Aufnahme langfristiger Kredite zurückzuführen (Steigerung um 7,4 %), wie die aufbereiteten Bilanzen zeigen.

Die **Fremdkapitalintensität** ist wegen verstärkter Kreditaufnahme um 7,4 Prozentpunkte gestiegen. Sie ist jedoch im Verhältnis zu den deutschen Industriebetrieben (fast 80 %) noch als günstig zu bezeichnen.

Der **Bilanzkurs** drückt das Verhältnis zwischen bilanzmäßigem Eigenkapital und gezeichnetem Kapital aus. Im Beispiel ist er um einen Prozentpunkt auf 125,00 % gesunken. Das besagt, dass auf einen Anteil von 100,00 € eine Substanz von 125,00 € entfällt.

Aussagen zur Eigenkapitalintenstität oder -quote: Die **Eigenkapitalintensität oder -quote** besagt,

- in welchem Umfang sich der Unternehmer selbst bzw. die Gesellschafter an der Finanzierung des Unternehmens und dem damit verbundenen Risiko beteiligen,
- wie hoch der Anteil des Haftungs- oder Garantiekapitals ist.

Je höher der Eigenkapitalanteil ist, desto größer ist die finanzielle Stabilität wegen der unbegrenzten Überlassungsfristen. Entsprechend wird die Abhängigkeit der Unternehmung von Gläubigern mit zunehmendem Eigenkapital verringert. Andererseits ist jedoch zu beachten, dass mit der Aufnahme neuer Gesellschafter zum Zwecke der Eigenfinanzierung die Rechte und damit die Aktionsfähigkeit der bisherigen Geschäftsführer eingeschränkt werden können. Darüber hinaus sagt die Eigenkapitalquote etwas über die Kreditwürdigkeit des Unternehmens aus, weil sie den Anteil des Haftungskapitals angibt.

Aussagen zur Fremdkapitalintensität oder zum Anspannungskoeffizienten: Die **Fremdkapitalintensität** oder der **Anspannungskoeffizient** gibt Auskunft über die Kapitalanspannung, die durch das Fremdkapital hervorgerufen wird. Besondere Nachteile des Fremdkapitals sind die regelmäßigen Liquiditätsbelastungen durch Zins- und Rückzahlungen ohne Bezug zur Ertragslage.

Je höher diese Quote ist, desto stärker wird die Dispositionsfähigkeit über Vermögensteile eingeschränkt, weil Vermögensteile an die Gläubiger als Sicherheiten verpfändet oder übereignet werden mussten. Mit der Abnahme der anzubietenden Sicherheiten verschlechtert sich folglich die Kreditwürdigkeit.

Aussagen zum Bilanzkurs: Die Entwicklung ist auf die Einstellung in die Rücklagen zurückzuführen. Für Bilanzleser wird erkennbar, dass die Entwicklung auf einer verbesserten Ertragslage beruht, was eine verbesserte Marktstellung vermuten lässt, verbunden mit positiverer Einschätzung des Produktnamens und des produktions- und absatzpolitischen Know-hows.

Eine negative Entwicklung ist auf eine Verschlechterung der Ertragslage zurückzuführen. Im Vergleich zum Börsenkurs wird deutlich, ob und wieweit aus der Bilanz nicht sichtbare Faktoren (stille Reserven, Goodwill) den Wert des Unternehmens verändern.

Vielfach werden statt der beiden Intensitätskennzahlen andere Kennzahlen gewählt, die Ähnliches aussagen:

EDV

Beispiel

		Berichtsjahr	Vorjahr
Intensität der kurzfristigen Schulden (Finanzielle Beweglichkeit)	$= \frac{\text{Kurzfristige Verbindlichkeiten} \cdot 100}{\text{Gesamtkapital}}$	$\frac{275\,000{,}00 \cdot 100}{1\,350\,000{,}00} = 20{,}4\ \%$	$\frac{293\,906{,}75 \cdot 100}{1\,200\,000{,}00} = 24{,}5\ \%$
Finanzierung (Fremdkapital-deckung)	$= \frac{\text{Eigenkapital} \cdot 100}{\text{Fremdkapital}}$	$\frac{750\,000{,}00 \cdot 100}{600\,000{,}00} = 125\ \%$	$\frac{756\,093{,}25 \cdot 100}{443\,906{,}75} = 170{,}3\ \%$
Verschuldungs-koeffizient	$= \frac{\text{Fremdkapital} \cdot 100}{\text{Eigenkapital}}$	$\frac{600\,000{,}00 \cdot 100}{750\,000{,}00} = 80\ \%$	$\frac{443\,906{,}75 \cdot 100}{756\,093{,}25} = 58{,}7\ \%$

Wegen der zunehmenden langfristigen Finanzierung wurde die Anspannung der Liquidität durch die kurzfristigen Schulden geringfügig abgebaut (im Beispiel 4,1 Prozentpunkte). Die Finanzierung oder **Fremdkapitaldeckung** hat sich um 45,3 Prozentpunkte verschlechtert, was auf die stark angestiegene Fremdfinanzierung zurückzuführen ist. Dennoch deutet ein Überhang von 25 % einen Spielraum weiterer Kreditwürdigkeit an. Der Verschuldungskoeffizient hat um 21,3 Prozentpunkte abgenommen.

Intensität der kurzfristigen Schulden: Der Anteil kurzfristiger Schulden am Gesamtkapital sagt etwas über die Anspannung der Liquidität der Unternehmung durch laufende Kapitalrückzahlungen und über das Finanzierungsrisiko wegen der kurzfristigen Überlassungsfristen aus.

Die **Gegenüberstellung von Fremdkapital und Eigenkapital** vermittelt einen Einblick in die Art der Finanzierung eines Unternehmens. Sie kann als Fremdkapitaldeckung oder als Verschuldungskoeffizient dargestellt werden.

Finanzierung oder Fremdkapitaldeckung: Sie sagt etwas über die Deckung und damit Sicherheit des Fremdkapitals aus.

Der **Verschuldungskoeffizient** bestätigt die Aussagen der Fremdkapitaldeckung. Daraus kann ein verstärkter Schuldendienst (Tilgungen und Zinszahlungen) abgeleitet werden, was ebenfalls mit einer zunehmenden Belastung der Liquidität gleichzusetzen ist. Dies ist jedoch nicht zwingend, weil der Verschuldungskoeffizient die Fristigkeit des Fremdkapitals nicht in die Analyse einbezieht.

▲ Die Kapitalanlage (Investierung):

Bei Investitionen hat der Unternehmer darauf zu achten, dass das zur Finanzierung benötigte Kapital für die Dauer der Bindung im Vermögen bereitstehen muss. **Kapitalüberlassungsfristen** sollen mit **Kapitalbindungsfristen** übereinstimmen (**goldene Finanzierungsregel**). Dieser Grundsatz, dass Kapitalbindungs- und -überlassungsfristen übereinstimmen, wird vor allem für die Finanzierung des Anlagevermögens gefordert (**goldene Bilanzregel**; vgl. S. 211).

Beispiel

EDV

		Berichtsjahr	Vorjahr
Anlagen-deckung I	$= \frac{\text{Eigenkapital} \cdot 100}{\text{Anlagevermögen}}$	$\frac{750\,000{,}00 \cdot 100}{857\,500{,}00} = 87{,}5\ \%$	$\frac{756\,093{,}25 \cdot 100}{782\,500{,}00} = 96{,}6\ \%$
Anlagen-deckung II	$= \frac{(\text{Eigenkapital} + \text{langfr. Fremdkap.}) \cdot 100}{\text{Anlagevermögen}}$	$\frac{1\,075\,000{,}00 \cdot 100}{857\,500{,}00} = 125{,}4\ \%$	$\frac{906\,093{,}25 \cdot 100}{782\,500{,}00} = 115{,}8\%$

Die Verschlechterung der **Anlagendeckung I** um 9,1 Prozentpunkte deutet eindeutig darauf hin, dass die Investition in das Anlagevermögen fremdfinanziert wurde.

Im Durchschnitt liegt die **Anlagendeckung II** in den deutschen Industriebetrieben erheblich darüber (150 %). Dies ist deshalb sinnvoll, weil zur Erhaltung der Betriebsbereitschaft neben dem Anlagevermögen Teile des Umlaufvermögens (eiserne Bestände) langfristig finanziert werden müssen. Im Beispiel hat sie sich um 9,6 Prozentpunkte verbessert. Dies ist in erster Linie durch eine langfristige Fremdfinanzierung hervorgerufen worden, die über den Bedarf für die Anlagevermögensinvestition hinausgeht.

Anlagendeckung I: Die Kennziffer **Anlagendeckung I** zeigt, ob das Anlagevermögen, das dem Unternehmen auf lange Sicht dienen soll, auch mit Mitteln finanziert wurde, die dem Unternehmen dauernd zur Verfügung stehen.

Das Anlagevermögen bildet die Grundlage der Betriebsbereitschaft. Da der Verzehr des Anlagevermögens und damit der Rückfluss dieser Wertminderungen über die Erlöse sich über mehrere Jahre erstreckt, ist eine **langfristige Finanzierung** existenznotwendig für das Unternehmen. Dies gilt noch verstärkt für Krisenzeiten, in denen die Belastungen durch Fremdkapital (Tilgung und Zinsen) wegen verringerter Gewinne erhebliche Schwierigkeiten bereiten. Durch die langfristige Finanzierung wird sichergestellt, dass in Krisenzeiten keine Anlagen verkauft werden müssen, um fälligen Zahlungsverpflichtungen nachzukommen.

Anlagendeckung II: Es ist weder notwendig noch zweckmäßig, Anlagevermögen ausschließlich mit Eigenkapital zu finanzieren. Auch **langfristiges Fremdkapital** kann zu seiner Finanzierung wegen der langfristigen Tilgung (kleine Raten) herangezogen werden.

▲ Liquidität (Zahlungsbereitschaft):

Liquidität ist die Fähigkeit der Unternehmung, ihren Verbindlichkeiten fristgemäß nachzukommen. Ist die Unternehmung dazu in der Lage, befindet sie sich im **finanziellen Gleichgewicht**. Sie wird als liquide bezeichnet. Ist die Zahlungsbereitschaft größer als der Zahlungsmittelbedarf, liegt **Überliquidität** vor.

Da das im Anlagevermögen investierte Kapital grundsätzlich langfristig gebunden bleibt, müssen fällige Schulden aus dem Umlaufvermögen getilgt werden. Unpünktliche Erfüllung der Zahlungsverpflichtungen kann zum Verlust der Kreditwürdigkeit führen. Anhaltende **Zahlungsunfähigkeit** führt sogar zur Insolvenz. Daher sollte ein Unternehmen immer in der Lage sein, seinen Verpflichtungen nachzukommen. Das ist langfristig nur möglich, wenn liquide Mittel einer bestimmten Fristigkeit mit entsprechenden Fälligkeiten der Verbindlichkeiten übereinstimmen.

Wie die mangelhafte Liquidität bringt auch eine Überliquidität wirtschaftliche Nachteile mit sich, nämlich Zinsverlust und damit Minderung der Rentabilität. Zur Beurteilung der Liquidität sind den Verbindlichkeiten (Zahlungsverpflichtungen) die liquiden Mittel gegenüberzustellen. Nach den Kriterien „Flüssigkeit und Fälligkeit" werden liquide Mittel und Verbindlichkeiten 1., 2. und 3. Ordnung unterschieden (vgl. S. 316) und in einzelnen Liquiditätskennziffern berücksichtigt.

Beispiel

EDV

	Berichtsjahr	Vorjahr
Liquidität 1. Grades (Barliquidität) $= \frac{\text{Liquide Mittel} \cdot 100}{\text{Kurzfristige Schulden}}$	$\frac{113\,000{,}00 \cdot 100}{275\,000{,}00} = 41{,}1\,\%$	$\frac{82\,500{,}00 \cdot 100}{293\,906{,}75} = 28{,}1\,\%$
Liquidität 2. Grades (Einzugsbedingte Liquidität) $= \frac{(\text{Liquide Mittel + kurzfr. Forderungen}) \cdot 100}{\text{Kurzfristige Schulden}}$	$\frac{(113\,000{,}00 + 131\,625{,}00) \cdot 100}{275\,000{,}00} = 89\,\%$	$\frac{(82\,500{,}00 + 128\,500{,}00) \cdot 100}{293\,906{,}75} = 71{,}8\,\%$

		Berichtsjahr	Vorjahr
Liquidität 3. Grades (Absatz-bedingte Liquidität)	$= \frac{\text{Umlaufvermögen} \cdot 100}{\text{Kurzfristige Schulden}}$	$\frac{492\,500{,}00 \cdot 100}{275\,000{,}00} = 179\,\%$	$\frac{417\,500{,}00 \cdot 100}{293\,906{,}75} = 142{,}1\,\%$

Alle **Liquiditätskennzahlen** haben sich verbessert. Die Barliquidität von 41,1 % besagt, dass von 100,00 € kurzfristigen Schulden bei sofortiger Fälligkeit nur 41,10 € getilgt werden können. Das deutet zwar gegenüber dem Vorjahr auf eine starke Verbesserung, aber immer noch auf eine große Gefährdung der Liquidität hin. Diese Aussage wird ebenfalls belegt durch die Liquidität 2. Grades, die mindestens 100 % betragen sollte.

Die Liquiditätskennziffern sollten mit Vorsicht beurteilt werden. Sie gelten nur für den Bilanzstichtag und geben somit einen Status an, der sich schnell ändern kann. Aussagen für die nächste Zukunft können nur bei Kenntnis der Fälligkeitsdaten der Verbindlichkeiten einerseits, der Einkaufsdispositionen, der Liquidierbarkeit der Posten des Umlaufvermögens, der Umsatzentwicklung, der Marktlage und Zahlungsgepflogenheiten der Kunden andererseits gemacht werden.

Eine im Zeitvergleich rückläufige Tendenz der Liquidität kann auf Fehldispositionen oder aber auch auf die Verwendung aller liquiden Reserven zur Finanzierung von Anlagen und Vorräten, beispielsweise zum Zwecke der Betriebserweiterung und Umsatzsteigerung, zurückzuführen sein. Parallel zur Liquidität sind also die Entwicklung anderer Bilanzposten und der Kapitalfluss zu betrachten.

▲ Liquiditätsstatus in Staffelform:

Es handelt sich um eine Gegenüberstellung von Vermögens- und Schuldenteilen, aufgegliedert nach Fristen, in denen sie voraussichtlich zu Einnahmen bzw. zu Ausgaben führen. Diese auf die künftige Zahlungsbereitschaft gerichtete Rechnung soll kurz-, mittel- und langfristige Unter- oder Überdeckung der Schulden durch vorhandene Mittel erkennen lassen.

Beispiel

EDV

	Berichtsjahr	Vorjahr
Liquide Mittel – Kurzfristige Verbindlichkeiten	113 000,00 275 000,00	82 500,00 293 906,75
Unterdeckung/Überdeckung + Kurzfristige Forderungen	– 162 000,00 131 625,00	– 211 406,75 128 500,00
Unterdeckung/Überdeckung + Vorräte	– 30 375,00 247 875,00	– 82 906,75 206 500,00
Unterdeckung/Überdeckung	217 500,00	123 593,25

Der Liquiditätsstatus des Beispiels zeigt, dass selbst durch die Heranziehung der kurzfristigen Forderungen eine Tilgung der kurzfristigen Verbindlichkeiten nicht zu erreichen ist. Das deutet auf einen Liquiditätsengpass über eine längere Dauer hin. Eine auf das finanzielle Gleichgewicht ausgerichtete Unternehmenspolitik muss daher um eine Umschuldung der kurzfristigen in langfristige Verbindlichkeiten bzw. um eine verstärkte Kreditbeschaffung bemüht sein. Ein zusätzlicher Schutz gegen drohende Zahlungsunfähigkeit wäre die Einrichtung einer detaillierten **Finanzplanung** (vgl. S. 212).

▲ Deckungsrechnung:

Zur Darstellung der Beziehungen zwischen Kapitalüberlassungs- und Kapitalbindungsfristen ist die **Deckungsrechnung** besonders geeignet:

Beispiel

	Berichtsjahr	Vorjahr
Eigenkapital – Anlagevermögen	102 272,00 144 136,00	93 016,00 127 782,00
Eigenkapitalunterdeckung/-überdeckung + Langfristiges Fremdkapital	– 41 864,00 102 414,00	– 34 766,00 99 301,00
Unter-/Überdeckung des langfristigen Fremdkapitals + Kurz- und mittelfristiges Fremdkapital	60 550,00 189 291,00	64 535,00 223 576,00
= Umlaufvermögen + Anlagevermögen	249 841,00 144 136,00	288 111,00 127 782,00
= Bilanzsumme	393 977,00	415 893,00

Wegen der unterschiedlich langen Kapitalbindungsfristen im Anlage- und Umlaufvermögen ergeben sich unterschiedlich hohe Risiken von Finanzmitteln in den einzelnen Investitionsformen. Das Investitionsrisiko ist bei langfristiger Bindung im Anlagevermögen grundsätzlich größer als bei kurzfristiger im Umlaufvermögen, weil letzteres die investierten Finanzmittel in kürzerer Frist wieder freisetzt. Aus diesen Überlegungen heraus wird eine **Fristenkongruenz** zwischen Bereitstellung von **Finanzmitteln (Passiva)** und ihrer **Investitionsdauer im Vermögen (Aktiva)** gefordert **(goldene Bilanzregel)**. Danach sollen die Finanzierungsregeln lauten:

langfristig gebundenes Vermögen	mit	langfristig bereitgestelltem Kapital	kurzfristig gebundenes Vermögen	mit	kurzfristig bereitgestelltem Kapital

Die Deckungsrechnung des Beispiels gibt Aufschluss über die Ausgewogenheit der Finanzierung. Sie zeigt auf einen Blick,

(1) dass das **Eigenkapital** mit unbegrenzter Überlassungsfrist das **Anlagevermögen** mit langfristiger Kapitalbindungsfrist nicht deckt,

(2) dass das Eigenkapital mit dem langfristigen Fremdkapital zusammen bereits eine **Überdeckung** des langfristigen Kapitalbedarfs erreicht, sodass

(3) noch Kapital mit langfristiger Überlassungsfrist für eine adäquate Finanzierung im Umlaufvermögen (z. B. in eisernen Beständen) bereitsteht.

Auswertung der Bilanz

- **Notwendigkeit**
  - Kontrolle und Beurteilung der Geschäftsgebarung
  - Beurteilung der Kreditwürdigkeit durch Fremdkapitalgeber
  - Kontrolle des steuerpflichtigen Gewinns
- **Methoden der Auswertung**
  - Einzelanalyse
  - Zeitvergleich
  - Betriebsvergleich
  - Soll-Ist-Vergleich
- **Gegenstand der Kritik**
  - Formelle und materielle Kritik
  - Teil- und Gesamtkritik
  - Interne und externe Kritik
- **Auswertung der Bilanz**

Vermögensaufbau	Kapitalanlage
– Anlagevermögensintensität – Umlaufvermögensintensität	– Anlagendeckung I – Anlagendeckung II
Kapitalaufbau – Eigenkapitalintensität (Eigenkapitalquote) – Fremdkapitalintensität (Anspannungskoeffizient) – Finanzierung (Fremdkapitaldeckung) – Verschuldungskoeffizient	**Liquidität** – Liquidität 1. Grades (Barliquidität) – Liquidität 2. Grades (einzugsbedingte Liquidität) – Liquidität 3. Grades (absatzbedingte Liquidität) – Liquiditätsstatus

1 Erklären Sie folgende Bilanzpositionen einer Kapitalgesellschaft

a) Immaterielles Anlagevermögen
b) Forderungen a. LL.
c) Aktiver Rechnungsabgrenzungsposten
d) Gezeichnetes Kapital
e) Jahresüberschuss
f) Sonstige Rückstellungen
g) Sonstige Verbindlichkeiten
h) Passive Rechnungsabgrenzungsposten
i) Eigenkapital
j) Verlustvortrag
k) Unfertige Erzeugnisse

2 Zwei Möbelfabriken, deren Kapazitäten weitgehend übereinstimmen, erzielen auf ihren Absatzmärkten gleich hohe Umsätze bei fast gleichartigem Produktionsprogramm. Sie sollen die Bilanzen (in Mio. €) dieser beiden Betriebe aufbereiten und auswerten.

Aktiva — Bilanzen der Möbelfabriken A-AG und B-AG zum 31. Dezember .. — Passiva

	A-AG	B-AG		A-AG	B-AG
A. Anlagevermögen			**A. Eigenkapital**		
1. Grundstücke, Gebäude	350	320	I. Gezeichnetes Kapital	600	600
2. Maschinen	420	750	II. Gewinnrücklagen	30	270
3. Geschäftsausstattung	140	130	III. Jahresüberschuss	60	150
B. Umlaufvermögen			**B. Rückstellungen**		
I. Vorräte			1. Steuerrückstellungen	20	25
1. Roh-, Hilfs-, Betriebsstoffe	215	108	2. Sonstige Rückstellungen	15	5
2. Unfertige Erzeugnisse	85	20	**C. Verbindlichkeiten**		
3. Fertige Erzeugnisse	90	10	1. Bankverbindlichkeiten		
II. Forderungen			a) mit einer Restlaufzeit über 5 Jahren	400	228
1. Forderungen a. LL.	80	42	b) mit einer Restlaufzeit von mehr als 1 bis 5 Jahren	130	50
2. Sonstige Forderungen	12	8	c) mit einer Restlaufzeit von bis zu 1 Jahr	70	30
IV. Kasse, Bankguthaben	5	10	2. Verbindlichkeiten a. LL.	57	28
C. Rechnungsabgrenzung	3	2	3. Sonstige Verbindlichkeiten	13	10
			D. Rechnungsabgrenzungsposten	5	4
	1 400	1 400		1 400	1 400

a) Stellen Sie nach dem Beispiel S. 317 die aufbereiteten Bilanzen zusammen. Es ist davon auszugehen, dass jeweils die Hälfte des Jahresüberschusses an die Aktionäre ausgeschüttet werden soll.

b) Bestimmen Sie die Anlagevermögensintensität und die Umlaufvermögensintensität beider Unternehmen und vergleichen Sie die beiden Unternehmen miteinander.

c) Bestimmen Sie im Rahmen der Analyse des Kapitalaufbaus beider Unternehmen
 ca) die Eigenkapitalquote,
 cb) den Anspannungskoeffizient,
 cc) die Intensität der kurzfristigen Schulden,
 cd) die Finanzierung,
 ce) den Verschuldungskoeffizienten.
 Beurteilen Sie den Kapitalaufbau beider Unternehmen.

d) Berechnen Sie für beide Unternehmen die Anlagendeckung I und Anlagendeckung II zur Beurteilung der Investierung.

e) Berechnen Sie für beide Unternehmen
 ea) Barliquidität,
 eb) Liquidität 2. Grades,
 ec) Liquidität 3. Grades.
 ed) Stellen Sie den Liquiditätsstatus auf. Beurteilen Sie aufgrund der Kennziffern und des Liquiditätsstatus die Liquidität der Kapitalgesellschaften.

3 a) Die Dreherei erhielt eine neue Drehbank im Werte von 360 000,00 €. Ihre Anschaffung wurde mit einem Drei-Monatsakzept finanziert. Beurteilen Sie diese Entscheidung.

b) Der Deckungsgrad des Anlagevermögens durch langfristiges Kapital entwickelt sich auf 110 % gegenüber 75 % des Vorjahres. Die Unternehmung war aus einer Einzelunternehmung in eine KG umgewandelt worden. Prüfen Sie, ob die Veränderung der Kennziffer durch diesen Vorgang beeinflusst worden sein kann.

4 a) Erklären Sie, warum die aus der Bilanz errechnete Zahlungsbereitschaft mit Vorsicht zu behandeln ist.

b) Beschreiben Sie, welche Angaben Sie haben müssten, um ein genaueres Bild über die Liquidität zu erhalten.

c) Schlagen Sie Maßnahmen vor, durch die die Liquidität verbessert werden kann.

5 a) In Industriebetrieben bilden Rohstoffe oft den größten Posten innerhalb des Umlaufvermögens. Erklären Sie diesen Sachverhalt.

b) Erläutern Sie, was Ihnen die Bilanz über die Art des Betriebessagt.

c) Beschreiben Sie, welche Probleme die Umstellung des Produktionsprogrammes für den anlagenintensiven Betrieb mit sich bringt.

d) Erläutern Sie, welche besonderen Vorteile diesbezüglich der arbeitsintensivere Betrieb hat.

6 Sie werden beauftragt, die unten stehenden Bilanzen eines Industriebetriebes auszuwerten (in €):

Aktiva	1	2	Passiva	1	2
I. Anlagevermögen			**I. Eigenkapital**	270 000,00	350 000,00
1. Grundstücke	20 000,00	20 000,00	**II. Fremdkapital**		
2. Gebäude	25 000,00	24 000,00	1. Hypothekenschulden	40 000,00	40 000,00
3. Maschinen	60 000,00	55 000,00	2. Darlehensschulden	120 000,00	120 000,00
4. Fuhrpark	15 000,00	120 000,00	3. Verbindlichkeiten a. LL.	170 000,00	190 000,00
5. Geschäftsausstattung	30 000,00	26 000,00			
II. Umlaufvermögen					
1. Vorräte	209 700,00	280 300,00			
2. Forderungen a. LL.	140 600,00	96 100,00			
3. Kasse	9 300,00	6 200,00			
4. Bank	90 400,00	72 400,00			
	600 000,00	700 000,00		600 000,00	700 000,00

Ermitteln Sie dabei für beide Jahre folgende Kennzahlen:

a) zum Vermögensaufbau
- aa) Anlagevermögensintensität
- ab) Umlaufvermögensintensität

b) zur Finanzierung
- ba) Eigenkapitalintensität
- bb) Fremdkapitalintensität
- bc) Intensität der kurzfristigen Schulden
- bd) Finanzierung
- be) Verschuldungskoeffizient

c) zur Anlagendeckung
- ca) Anlagendeckung I
- cb) Anlagendeckung II

d) zur Liquidität
- da) Liquidität 1. Grades
- db) Liquidität 2. Grades
- dc) Liquidität 3. Grades
- dd) Liquiditätsstatus

Beurteilen Sie die Entwicklung des Unternehmens anhand der Kennzahlen in einem Bericht zur Bilanz.

7 a) Stellen Sie nach folgenden Angaben (Werte in T€) eine Bilanz nach den Gliederungsvorschriften des § 266 HGB auf:

Roh-, Hilfs- und Betriebsstoffe	220
Beteiligungen	300
Betriebs- und Geschäftsausstattung	200
Forderungen a. LL.	25
Erhaltene Kundenanzahlungen	10
Wertpapiere des Anlagevermögens	20
Sonstige Vermögensgegenstände	25
Pensionsrückstellungen	110
Anzahlungen an Rohstofflieferer	30
Passive Rechnungsabgrenzungsposten	8
Aktive Rechnungsabgrenzungsposten	3
Fuhrpark	375
Maschinen	675
Unfertige und Fertige Erzeugnisse	80
Verbindlichkeiten a. LL.	140
Grundstücke und Gebäude	1100
Bankguthaben	180
Sonstige kurzfristige Verbindlichkeiten	30
Darlehensschulden mit einer Restlaufzeit über 5 Jahre	150
Andere Rückstellungen	80
Anleihen über 5 Jahre	435
Eigenkapital	2270

b) Die Bilanz ist unter Beachtung folgender Angaben zu bereinigen und nach dem Schema S. 317 zu gliedern:
Die „andere Rückstellungen“ sind im Gegensatz zu den Pensionsrückstellungen dem kurzfristigen Fremdkapital zuzurechnen.

c) Ermitteln Sie folgende Bilanzkennzahlen:
   ca) Anlagevermögensintensität
   cb) Umlaufvermögensintensität
   cc) Eigenkapitalintensität
   cd) Fremdkapitalintensität
   ce) Intensität der kurzfristigen Schulden
   cf) Verschuldungskoeffizient
   cg) Anlagendeckung I
   ch) Anlagendeckung II
   ci) Liquidität 1. Grades
   cj) Liquidität 2. Grades
d) Stellen Sie den Liquiditätsstatus auf.
e) Beurteilen Sie die einzelnen Kennzahlen.

8 Bereiten Sie einen Bericht an die Geschäftsleitung vor, in dem Sie auf die folgenden Fragestellungen eingehen:
a) Warum kann die Finanzierung in unserem Beispiel auf S. 319 ff. als gut bezeichnet werden?
b) Wie kann das Verhältnis Eigenkapital : Fremdkapital noch verbessert werden?
c) Wodurch kann eine Verschlechterung eintreten?
d) Wie beurteilen Sie das Verhältnis von Eigenkapital : Fremdkapital = 3 : 4?
e) Die Kennziffer über den Vermögensaufbau änderte sich gegenüber dem Vorjahr von 35 % auf 48 % bei etwa gleich bleibendem Umlaufvermögen. Worin liegen die Ursachen?

3.2 Auswertung der Gewinn- und Verlustrechnung

Der Kreditsachbearbeiter (vgl. S. 313) hat Herrn Stein gebeten, die Gewinn- und Verlustrechnung der beiden letzten Jahre zur Einsicht nachzureichen.

Gewinn- und Verlustrechnung der Bürodesign GmbH

	Berichtsjahr	**Vorjahr**
Umsatzerlöse	3 198 385,00	3 113 050,00
+ Erhöhung des Bestandes an Unfertigen und Fertigen Erzeugnissen	88 875,00	–
+ Sonstige betriebliche Erträge	54 000,00	67 000,00
	3 341 260,00	3 180 050,00
– Materialaufwand einschließlich Aufwendungen für bezogene Leistungen	2 156 015,75	1 895 100,00
– Personalaufwand	842 500,00	858 450,00
– Abschreibungen	63 000,00	60 000,00
– Sonstige betriebliche Aufwendungen	223 125,00	124 650,00
	56 619,25	241 850,00
– Zinsen u. a. Aufwendungen	22 105,00	5 100,00
= Ergebnis der gewöhnlichen Geschäftstätigkeit	34 514,25	236 750,00
– Steuern	40 607,50	30 500,00
= Jahresüberschuss/-fehlbetrag	– 6 093,25	206 250,00

- Stellen Sie fest, weshalb er zusätzlich zu den Bilanzen noch die beiden Gewinn- und Verlustrechnungen verlangt und welche weiteren Informationen der Kreditsachbearbeiter hieraus für die Kreditgewährung entnehmen kann.

▲ Aufbereitung der Gewinn- und Verlustrechnung

Die Einbeziehung der Erfolgsrechnung in die Betriebsanalyse ermöglicht genauere Aussagen über die **Aufwands- und Ertragsstruktur** und damit über die Ertragskraft und ihre Bestimmungsfaktoren. Im Vergleich mit früheren GuV-Rechnungen und in Verbindung mit den Bilanzdaten können zusätzlich Kennziffern zur Entwicklung des Unternehmens gewonnen werden. Wie bei der Bilanzanalyse muss der Ermittlung von Kennzahlen eine entsprechende Aufbereitung vorausgehen. In den aufbereiteten GuV-Rechnungen werden die Anteile (Intensitätskennziffern) der Erfolgsquellen am Gesamtertrag (= 100 %) dargestellt (vgl. S. 328 f.).

Beispiel Diese Kennzahlen zeigen, dass sich die Struktur der Aufwendungen und Erträge nur unwesentlich verändert hat, sieht man einmal von den Bestandsveränderungen, dem Materialaufwand und insbesondere den sonstigen betrieblichen Aufwendungen ab. In der Kosten- und Leistungsrechnung wurde analysiert, dass diese Veränderungen in erster Linie betriebsfremde und betrieblich außerordentliche Ursachen haben. Externe Beobachter können das allerdings nicht erkennen. Der starke Anstieg der Zinsaufwendungen ist auf eine bedeutende Fremdkapitalaufnahme zurückzuführen (Bilanz S. 317 und 321). Ansonsten haben sich die Aufwendungen des Berichtsjahres in nahezu gleichem Verhältnis wie die Erträge vermehrt. Allein der Personalaufwand konnte um 1,9 Prozentpunkte abgebaut werden. Dies kann auf Rationalisierungsmaßnahmen zurückzuführen sein, bei denen menschliche Arbeitskraft durch Betriebsmittel ersetzt wurde.

Aufbereitete Gewinn- und Verlustrechnung der Bürodesign GmbH

Struktur der GuV-Rechnung	Berichtsjahr		Vorjahr		Veränderungen	
	€	%	€	%	€	%
Umsatzerlöse	3 198 385,00	95,7	3 113 050,00	97,9	+ 85 335,00	+ 2,7
Bestandsmehrungen	88 875,00	2,7	–	–	+ 88 875,00	∞
Sonstige betriebliche Erträge	54 000,00	1,6	67 000,00	2,1	– 13 000,00	– 19,4
Betriebliche Erträge	3 341 260,00	100,0	3 180 050,00	100,0	+ 161 210,00	+ 5,1
Materialaufwand	2 156 015,75	64,5	1 895 100,00	59,6	+ 260 915,75	+ 13,8
Personalaufwand	842 500,00	25,2	858 450,00	27,0	– 15 950,00	– 1,9
Abschreibungen	63 000,00	1,9	60 000,00	1,9	+ 3 000,00	+ 5,0
Sonstige betriebliche Aufwendungen	223125,00	6,7	124 650,00	3,9	+ 98 475,00	+ 79,0
Betriebliche Aufwendungen	3 284 640,75	98,3	2 938 200,00	92,4	+ 346 440,75	+ 11,8
Betriebsergebnis	56 619,25	1,7	241 850,00	7,6	– 185 230,75	– 76,6
Zinsen u. ä. Aufwendungen	22 105,00	0,7	5 100,00	0,2	+ 17 005,00	+ 333,4
Ergebnis der gewöhnlichen Geschäftstätigkeit	34 514,25	1,0	236 750,00	7,4	– 202 235,75	– 85,4
Steuern	40 607,50	1,2	30 500,00	1,0	+ 10 107,50	+ 33,1
Jahresüberschuss/-fehlbetrag	– 6 093,25	– 0,2	206 250,00	6,5	– 212 343,25	– 103,0

▲ Beurteilung der betrieblichen Aufwendungen und Erträge

Unternehmer und Außenstehende beobachten besonders die betrieblichen Aufwendungen und Erträge und deren Entwicklung, weil von diesen langfristig die Existenz und Beurteilung einer Unternehmung abhängig ist. In diesem Zusammenhang werden die wichtigsten Aufwendungen und Erträge des Betriebes als Anteile der gesamten betrieblichen Aufwendungen und Erträge ausgedrückt.

Beispiel

Ertragsintensitäten	Berichtsjahr	Vorjahr
Umsatzintensität $= \frac{\text{Umsatzerlöse} \cdot 100}{\text{Betriebliche Erträge}}$	$\frac{3\,198\,385{,}00 \cdot 100}{3\,341\,260{,}00} = 95{,}7\ \%$	$\frac{3\,113\,050{,}00 \cdot 100}{3\,180\,050{,}00} = 97{,}9\ \%$

Von 100,00 € Ertrag sind im Berichtsjahr 95,70 € betriebliche **Umsatzerlöse**.

Aufwandsintensität	Berichtsjahr	Vorjahr
Materialaufwandsintensität $= \frac{\text{Materialaufwand} \cdot 100}{\text{Betriebl. Aufwendungen}}$	$\frac{2\,156\,015{,}75 \cdot 100}{3\,284\,640{,}75} = 65{,}6\ \%$	$\frac{1\,895\,100{,}00 \cdot 100}{2\,938\,200{,}00} = 64{,}5\ \%$

Aufwandsintensität	Berichtsjahr	Vorjahr
Personalaufwandsintensität $= \frac{\text{Personalaufwand} \cdot 100}{\text{Betriebl. Aufwendungen}}$	$\frac{842\,500{,}00 \cdot 100}{3\,284\,640{,}75} = 25{,}6\ \%$	$\frac{858\,450{,}00 \cdot 100}{2\,938\,200} = 29{,}2\ \%$
Abschreibungsintensität $= \frac{\text{Abschreibungen} \cdot 100}{\text{Betriebl. Aufwendungen}}$	$\frac{113\,000{,}00 \cdot 100}{3\,284\,640{,}75} = 1{,}9\ \%$	$\frac{60\,000{,}00 \cdot 100}{2\,938\,200{,}00} = 2{,}0\ \%$

Die Aufwandsintensitäten drücken den Anteil des Verzehrs der wesentlichen Produktionsfaktoren aus, die zur Erzielung der Umsatzerlöse notwendig waren. Je nach Bedeutung der Produktionsfaktoren werden Industriebetriebe eingeteilt in:

- materialintensive Betriebe bei überwiegender Materialintensität
- lohnintensive Betriebe bei überwiegender Personalaufwandsintensität
- anlageintensive Betriebe bei überwiegender Abschreibungsintensität

Rentabilität:

Unter Rentabilität wird das prozentuale Verhältnis des Gewinnes (positiv) oder Verlustes (negativ) zum eingesetzten Kapital oder zum erzielten Umsatz verstanden. Entsprechend ist die **Kapitalrentabilität** von der **Umsatzrentabilität** zu unterscheiden.

- **Die Kapitalrentabilität:**
  - **Rentabilität des Eigenkapitals (Unternehmerrentabilität):** Sie wird durch das prozentuale Verhältnis des Jahresüberschusses zum Eigenkapital ausgedrückt. Bei der Berechnung wird in der Praxis teilweise das Anfangskapital, teilweise das Endkapital und teilweise das durchschnittliche Eigenkapital zugrunde gelegt. Da das durchschnittliche Kapital das während des Geschäftsjahres eingesetzte Kapital zur Gewinnerzielung am besten repräsentiert, wird es in den folgenden Rentabilitätskennziffern angesetzt.

$$\text{Eigenkapitalrentabilität (Unternehmerrentabilität)} = \frac{\text{Jahresüberschuss} \cdot 100}{\text{Durchschnittliches Eigenkapital}}$$

Beispiel

	Berichtsjahr	Vorjahr
Jahresüberschuss/-fehlbetrag	– 6 093,25	206 250,00
Eigenkapital – Anfangsbestand – Endbestand	756 093,25 750 000,00	680 000,00[1] 756 093,25
– Durchschnitt	1 506 093,25 : 2 = 753 046,63	1 436 093,25 : 2 = 718 046,63
Eigenkapitalrentabilität	$\frac{-6\,093{,}25 \cdot 100}{753\,046{,}63} = -0{,}8\,\%$	$\frac{206\,250{,}00 \cdot 100}{718\,046{,}63} = 28{,}7\,\%$

Bei der Beurteilung der Eigenkapitalrentabilität in Einzelunternehmen und Personengesellschaften ist zu berücksichtigen, dass der Gewinn folgende Faktoren enthält:
- Unternehmerlohn
- Verzinsung des Eigenkapitals
- Risikoprämie für das allgemeine Unternehmerwagnis

[1] *Bestand aus der Vorjahresbilanz*

Da der Vorstand der AG und der Geschäftsführer der GmbH Gehälter beziehen, die als Aufwand erfasst werden, setzt sich der Jahresüberschuss der Kapitalgesellschaften zusammen aus
- Verzinsung des Eigenkapitals,
- Risikoprämie.

Beispiel Unterstellt man im obigen Beispiel einen landesüblichen Zinssatz für langfristig gebundenes Kapital von 6 %, verbleibt beispielsweise im Vorjahr eine Risikoprämie von 22,7 % (28,7 – 6). Geringe Eigenkapitalrentabilität und Risikoprämie, die auch auf eine niedrige Ausschüttung schließen lassen, können dazu führen, dass Gesellschafter ihre Anteile veräußern. Dadurch könnten sich negative Auswirkungen auf den Börsenkurs von Aktiengesellschaften und damit auf Möglichkeiten künftiger Kapitalbeschaffung ergeben. Unter Berücksichtigung der Risikoprämie sollte die Eigenkapitalrentabilität über dem landesüblichen Zinssatz für langfristiges Kapital liegen.

- **Rentabilität des Gesamtkapitals (Unternehmungsrentabilität):** Hierbei wird der mit dem Gesamtkapital erzielte Reinertrag (Jahresüberschuss + gezahlte Fremdkapitalzinsen) dem durchschnittlichen Gesamtkapital gegenübergestellt:

$$\text{Gesamtkapitalrentabilität (Unternehmungsrentabilität)} = \frac{(\text{Jahresüberschuss} + \text{Fremdkapitalzinsen}) \cdot 100}{\text{Durchschnittliches Gesamtkapital}}$$

Beispiel

	Berichtsjahr	**Vorjahr**
Jahresüberschuss/-fehlbetrag	– 6 093,25	206 250,00
Fremdkapitalzinsen	22 105,00	5 100,00
Gesamtkapital – Anfangsbestand	1 200 000,00	1 175 000,00 [1]
– Endbestand	1 350 000,00	1 200 000,00
	Berichtsjahr	**Vorjahr**
– Durchschnitt	2 550 000,00 : 2 = 1 275 000,00	2 375 000,00 : 2 = 1 187 500,00
Gesamtkapitalrentabilität	$\frac{(-6\,093,25 + 22\,105,00) \cdot 100}{1\,275\,000,00} = 1,3\,\%$	$\frac{(206\,250,00 + 5\,100,00) \cdot 100}{1\,187\,500,00} = 17,8\,\%$

Mit der Gesamtkapitalrentabilität kann nachgewiesen werden, ob der Einsatz des Fremdkapitals sich gelohnt hat. Liegt sie über dem landesüblichen Zinssatz, kann die Eigenkapitalrentabilität durch fremdfinanzierte Investitionen verbessert werden (**Leverage-Effekt**, vgl. S. 216). Umgekehrt tritt eine Minderung der Eigenkapitalrentabilität ein, wenn der Zinssatz für Fremdkapital die Gesamtkapitalrentabilität übersteigt.

Beispiel Leverage-Effekt

	Beispiel 1	**Beispiel 2**
Bedingungen	Konstanter und steigender Fremdkapitaleinsatz vermindert die EK-Rentabilität 1. Konstantes Verhältnis von Eigenkapital : Fremdkapital 2. Gleich bleibende Gesamtkapitalrentabilität 3. Steigender Fremdkapitalzinssatz	Steigende Fremdfinanzierung verbessert die EK-Rentabilität 1. Zunahme des Fremdkapitals 2. Konstanter Fremdkapitalzinssatz 3. Konstante Gesamtkapitalrentabilität

[1] *Bestand aus der Vorjahresbilanz*

	Beispiel 1				Beispiel 2			
Folgen	1. Steigende Fremdkapitalzinsen mindern die EK-Rentabilität 2. Übersteigt der Zinssatz für Fremdkapital die Gesamtkapitalrentabilität, fällt die EK-Rentabilität darunter				Jede weitere Fremdfinanzierung erhöht die EK-Rentabilität			
Eigenkapital	500,00	500,00	500,00	500,00	500,00	500,00	500,00	500,00
Fremdkapital	200,00	200,00	200,00	200,00	200,00	300,00	400,00	500,00
Gesamtkapitalertrag	70,00	70,00	70,00	70,00	70,00	80,00	90,00	100,00
Gesamtkapitalrentabilität	10 %	10 %	10 %	10 %	10 %	10 %	10 %	10 %
Fremdkapitalzinssatz	6 %	8 %	10 %	12 %	8 %	8 %	8 %	8 %
Fremdkapitalzinsen	12	16	20	24	16	24	32	40
Ertragsanteil des Eigenkapitals (Gewinn)	58	54	50	46	54	56	58	60
Eigenkapitalrentabilität	11,6 %	10,8 %	10 %	9,2 %	10,8 %	11,2 %	11,6 %	12 %

- **Umsatzrentabilität:** Die Umsatzrentabilität gibt den prozentualen Anteil des Betriebsgewinns (bereinigter Jahresüberschuss) am Umsatzerlös an. Das Betriebsergebnis kann jedoch bei externen Analysen nur annähernd berechnet werden:

Beispiel

EDV

	Berichtsjahr	Vorjahr
Jahresüberschuss	– 6 093,25	206 250,00
– Sonstige betriebliche Erträge[1]	– 54 000,00	67 000,00
– Erträge aus Finanzanlagen	–	–
+ Aufwendungen aus Finanzanlagen	22 105,00	5 100,00
– Außerordentliche Erträge	–	–
+ Außerordentliche Aufwendungen	–	–
Bereinigter Jahresüberschuss	– 37 988,25	144 350,00
Umsatzrentabilität $= \frac{\text{Bereinigter Jahresüberschuss} \cdot 100}{\text{Umsatzerlöse}}$	$\frac{-37\,988{,}25 \cdot 100}{3\,198\,385{,}00} = -1{,}2\,\%$	$\frac{144\,350{,}00 \cdot 100}{3\,113\,050{,}00} = 4{,}6\,\%$

Die Umsatzrentabilität drückt den Gewinnanteil je 100,00 € Umsatzerlös aus, der für Ausschüttungen oder Investitionen im Unternehmen verwendet werden kann. Das Ergebnis im Beispiel liegt im Berichtsjahr weit unter dem Durchschnitt der deutschen Industriebetriebe (etwa 3 %). Für die stark gefallenen Rentabilitätskennziffern können externe Betrachter nur die Haupteinflussgrößen des Gewinns, nämlich gestiegene **Kosten** einerseits oder gesunkene **Umsatzerlöse** andererseits, verantwortlich machen. In der Abgrenzungsrechnung der Bürodesign GmbH zur KLR wurde jedoch festgestellt, dass die negative Ergebnisentwicklung in erster Linie auf betrieblich außerordentliche Vorgänge zurückzuführen ist. Für das Berichtsjahr wurde dort ein Betriebsgewinn von 129 531,25 € ermittelt, was einer Umsatzrentabilität von 4,0 % entspricht.

Finanzorientierte Analyse der Ertragslage mithilfe des Cashflows:

Cashflow bedeutet in wörtlicher Übersetzung **Zahlungs- oder Kassenfluss** (cash = Kasse, flow = Fluss, Strömung). Es ist aber ein **„Kassenüberschuss“** bzw. **„finanzwirtschaftlicher Überschuss“** gemeint, der über die reine Aufwandsdeckung hinausreicht und somit zunächst im Unternehmen bleibt

[1] *Ein entsprechender Anteil betriebsfremder Aufwendungen an den sonstigen betrieblichen Aufwendungen kann bei externer Analyse nicht ermittelt werden.*

und zur Finanzierung von Investitionen, zur Rückzahlung von Verbindlichkeiten und zur Ausschüttung von Gewinnen zur Verfügung steht. Neben der Ertragslage wird mit dieser Kennzahl in erster Linie der **Selbstfinanzierungsspielraum** aufgezeigt.

Ausgangsgröße für die Berechnung des Cashflows ist der Jahresüberschuss. Der Jahresüberschuss ist um alle Aufwendungen des Berichtsjahres zu erhöhen, die im selben Jahr nicht ausgabewirksam waren und somit dem Unternehmen für spätere Finanzierungszwecke (Anlagenkäufe, Pensionszahlungen) zur Verfügung stehen.

Beispiele Abschreibungen auf Anlagen, Einstellung in langfristige Rückstellungen (Pensionsrückstellungen)

Der Cashflow gibt gegenüber dem Gewinn einen Einblick in die Selbstfinanzierung, indem er aufzeigt, welche Mittel dem Unternehmen durch Gewinn, Abschreibungen und langfristige Rückstellungsbildung für Investitionen, Schuldentilgungen und Ausschüttungen in dem Abrechnungsjahr zugeflossen sind. Das prozentuale Verhältnis von Cashflow zum Umsatz drückt den Anteil der so über die Umsatzerlöse zugeflossenen Mittel aus. Diese Zahl gibt somit wichtige Hinweise auf künftige Finanzplanungen. Möglichen Kapitalgebern gibt sie zusätzliche Informationen über die Fähigkeit des Unternehmens, aus eigener Kraft Kredite zurückzuzahlen (Kreditwürdigkeit). Der Cashflow kann ebenfalls als Prozentsatz zu den Investitionen, den Schulden und dem Nominalkapital (Gezeichnetes Kapital) ausgedrückt werden. Mithilfe dieser Kennzahl können Aussagen zum Innenfinanzierungs-, Kreditspielraum und zur Ausschüttungsfähigkeit gemacht werden.

Beispiele

Berechnung des Cashflows vom Jahresüberschuss	**Berichtsjahr**	**Vorjahr**
Jahresüberschuss/-fehlbetrag + Abschreibungen auf Anlagen + Erhöhung der langfr. Rückstellungen	– 6 093,25 + 63 000,00 + 25 000,00	206 250,00 60 000,00 20 000,00[1]
Cashflow	81 906,75	286 250,00
Cashflow-Umsatzrate $= \frac{\text{Cashflow} \cdot 100}{\text{Umsatzerlöse}}$	$\frac{81\,906{,}75 \cdot 100}{3\,198\,385{,}00} = 2{,}6\,\%$	$\frac{286\,250{,}00 \cdot 100}{3\,113\,050{,}00} = 9{,}2\,\%$

Das Ergebnis sagt aus, dass von 100,00 € Umsatzerlösen etwa 2,60 € (Vorjahr 9,20 €) für Finanzierungszwecke zur Verfügung stehen[2].

▲ Umschlagskennzahlen:

Umschlagskennziffern werden durch Gegenüberstellung des Umsatzes und einzelner Posten der Bilanz errechnet. Mit ihrer Hilfe wird die Höhe einzelner Bestände kritisch beleuchtet. Besonders aussagekräftig sind der **Lagerumschlag**, der **Umschlag der Forderungen, der Verbindlichkeiten** und des **Kapitals**, weil sie in besonderem Maße Risiko, Kapitalbindung und Liquidität sowie Rentabilität und Wirtschaftlichkeit mitbestimmen. Zur genauen Ermittlung der Kennziffern, vor allem aber zur Ausschaltung von Zufallsergebnissen, wird von durchschnittlichen Beständen ausgegangen.

- **Umschlag der Vorräte:** Die Unterhaltung von Lägern ist notwendig, um die Produktions- und Absatzbereitschaft zu gewährleisten. Andererseits sind mit der Vorratsbildung eine Kapitalbindung und ein Beständerisiko verbunden. Zu hohe Lagerbestände belasten die Liquidität, verursachen Kosten (Zinsen, Schwund, Verderb) und vermindern damit die Rentabilität. Zu niedrige Lagerbestände

[1] *Erhöhung gegenüber dem vorangegangenen Geschäftsjahr*

[2] *Bei externer Analyse können grobe Ungenauigkeiten entstehen, weil der im Cashflow enthaltene Jahresüberschuss nicht um betriebsfremde und außerordentliche Erträge bereinigt wurde.*

gefährden Produktions- und Absatzbereitschaft und führen zu Kosten wegen fehlender Materialien (Produktionsunterbrechung) und Erzeugnisse (Umsatzeinbuße, Konventionalstrafen).

Dadurch ist der Unternehmer zur ständigen Kontrolle der Lagerbestände gezwungen. Sein Ziel muss es sein, mit dem geringsten Einsatz an Kapital Produktion und Absatz reibungslos zu gewährleisten. In diesem Zusammenhang ist die Beobachtung

- des Lagerbestandes wegen der Höhe der Kapitalbindung und
- der Umschlagshäufigkeit und Lagerdauer wegen der Dauer der Kapitalbindung mithilfe der Lagerkennzahlen anzustreben.

Beispiel

	Berichtsjahr	**Vorjahr**
Durchschnittlicher Materiallagerbestand = $\frac{\text{Anfangsbestand + Endbestand}}{2}$	$\frac{137\,500{,}00 + 186\,000{,}00}{2}$ = 161 750,00 €	$\frac{186\,000{,}00 + 200\,000{,}00^{1}}{2}$ = 193 000,00 €
Umschlagshäufigkeit der Materialien = $\frac{\text{Materialeinsatz}}{\text{Durchschnittlicher Lagerbestand an Materialien}}$	$\frac{2\,156\,015{,}75}{161\,750{,}00}$ = 13,3-mal	$\frac{1\,895\,100{,}00}{193\,000{,}00}$ = 9,8-mal
Durchschnittliche Lagerdauer der Materialien = $\frac{360}{\text{Umschlagshäufigkeit}}$	$\frac{360}{13{,}3}$ = 27,1 Tage	$\frac{360}{9{,}8}$ = 36,7 Tage

Die Bürodesign GmbH hat wesentliche Verbesserungen in der Materiallagerhaltung erzielt: Senkung des durchschnittlichen Materialbestandes, Beschleunigung des Umschlags und Verkürzung der Lagerdauer. Dadurch wurden Kapital- und Lagerkosten abgebaut, also positive Maßnahmen zur Gewinn-, Wirtschaftlichkeits- und Rentabilitätsverbesserung eingeleitet.

- **Umschlag der Forderungen a. LL.:** Mithilfe der durchschnittlichen Debitorenlaufzeit wird im Vergleich mit den Zahlungsbedingungen erkennbar, ob die Kunden im Durchschnitt termingerecht zahlen. Wird die angebotene Frist wesentlich überschritten, wird die eigene Liquidität belastet. Es sind dann verstärkte Maßnahmen zum Einzug der Forderungen (Mahnverfahren, Einschaltung von Inkassoinstituten) und zur Beeinflussung des Zahlungsverhaltens der Kunden (Konditionenpolitik, Vertreterbesuche) notwendig.

- Je schlechter die Umschlagshäufigkeit bzw. je länger die Debitorenlaufzeit,
  - desto größer wird der Bedarf an zusätzlichem Kapital,
  - desto höher sind die zu kalkulierenden Zins- und Wagniskosten,
  - desto schlechter wird die Wirtschaftlichkeit und Wettbewerbsfähigkeit.

  Die Umschlagskennzahlen der Forderungen sind nur bei interner Analyse exakt zu ermitteln.

Beispiel

Kennzahlen der Forderungen	**Berichtsjahr**	**Vorjahr**
Durchschnittlicher Forderungsbestand = $\frac{\text{Anfangsbestand + Endbestand}}{2}$	$\frac{111\,625{,}00 + 105\,500{,}00}{2}$ = 108 562,50 €	$\frac{105\,500{,}00 + 98\,500{,}00^{2}}{2}$ = 102 000,00 €
Debitorenumschlag = $\frac{\text{Umsatzerlöse}}{\text{Durchschnittlicher Forderungsbestand}}$	$\frac{3\,198\,385{,}00}{108\,562{,}50}$ = 29,5-mal	$\frac{3\,113\,050{,}00}{102\,000{,}00}$ = 30,5-mal

[1] *Angaben aus dem vorhergehenden Geschäftsjahr*
[2] *Bestand des vorangegangenen Jahres*

Kennzahlen der Forderungen	Berichtsjahr	Vorjahr
Debitorenlaufzeit $= \frac{360}{\text{Debitorenumschlag}}$	$\frac{360}{29{,}5} = 12{,}2$ Tage	$\frac{360}{30{,}5} = 11{,}8$ Tage

Die Kennzahlen zeigen, dass die Konditionenpolitik der Bürodesign GmbH schon gewirkt hat (binnen zehn Tagen abzüglich 3 % Skonto, binnen 30 Tagen netto). Die Skontofrist von zehn Tagen wird im Durchschnitt nur um zwei Tage überschritten.

Diese Rechnung wird dadurch verfälscht, dass in dem Forderungsbestand die Umsatzsteuer enthalten ist, in den Umsatzerlösen jedoch nicht. Also müssten diese Zahlen bereinigt werden.

Bei interner Analyse werden zur Ermittlung der Debitorenumschlagshäufigkeit die Kreditverkäufe lt. Forderungskonto dem durchschnittlichen Forderungsbestand gegenübergestellt.

- **Umschlag der Verbindlichkeiten a.LL.:** Der Durchschnittsbestand an Verbindlichkeiten gibt an, wie hoch der beanspruchte Liefererkredit im Laufe des Jahres ist. Kreditorenumschlagshäufigkeit und -laufzeit sollten möglichst mit der Debitorenumschlagshäufigkeit und -laufzeit übereinstimmen, um den Kapitalbedarf von außen zu minimieren.

  Je höher dieser Liefererkredit ist,
  - desto höher ist der Aufwand für den Materialeinsatz wegen der nicht in Anspruch genommenen Skonti,
  - desto größer ist die Gefahr zusätzlicher Aufwendungen durch Verzugszinsen,
  - desto größer ist der Einfluss der Lieferanten,
  - desto größer wird die Gefahr der Liquiditätsanspannung und Zahlungsunfähigkeit.

Beispiel

Kennzahlen der Verbindlichkeiten	Berichtsjahr	Vorjahr
Durchschnittlicher Kreditorenbestand $= \frac{\text{Anfangsbestand + Endbestand}}{2}$	$\frac{137\,500{,}00 + 100\,000{,}00}{2}$ = 118 750,00 €	$\frac{100\,000{,}00 + 110\,000{,}00}{2}$[1] = 105 000,00 €
Kreditorenumschlag $= \frac{\text{Materialeinsatz}}{\text{Durchschnittlicher Kreditorenbestand}}$[1]	$\frac{2\,156\,015{,}75}{118\,750{,}00}$ = 18,2-mal	$\frac{1\,895\,100{,}00}{105\,000{,}00}$ = 18-mal
Kreditorenlaufzeit $= \frac{360}{\text{Kreditorenumschlag}}$	$\frac{360}{18{,}2} = 19{,}8$ Tage	$\frac{360}{18} = 20$ Tage

Die Kreditorenlaufzeit im Beispiel hat sich nicht verändert. Ursachen dafür sind
- die Zahlungsbedingungen der Lieferer,
- Zahlungsmoral bzw. -fähigkeit der Bürodesign GmbH gegenüber den Lieferern,
- ausreichend Kapitalquellen für Investitionen.

Daraus kann abgeleitet werden, dass sich
- die Kreditwürdigkeit nicht verändert hat,
- die eingeräumten Zahlungsbedingungen nicht verschlechtert haben.

- **Umschlag des Kapitals:** Das im Unternehmen investierte Gesamtkapital wird überwiegend benötigt, um über Beschaffung, Produktion und Absatz die Umsatzerlöse zu erzielen. Mit den Umsatzerlösen fließt das eingesetzte Kapital wieder in das Unternehmen zurück. Dadurch stehen Mittel bereit, um die eingesetzten Produktionsfaktoren zu ersetzen und – wegen der im Umsatz enthaltenen Gewinne – Erweiterungsinvestitionen und Schuldentilgungen zu finanzieren.

---
[2] *Bei interner Analyse Kreditkäufe lt. Verbindlichkeitskonto*

EDV

Je häufiger dieser Umschlag sich vollzieht, desto schneller fließt das Kapital zurück, desto höher wird die Rentabilität, desto besser wird die Liquidität, desto geringer wird der zusätzliche Kapitalbedarf.

Beispiel

	Berichtsjahr	Vorjahr
Durchschnittlicher Kapitalbestand = $\frac{\text{Anfangsbestand + Endbestand}}{2}$	$\frac{1\,350\,000{,}00 + 1\,200\,000{,}00}{2}$ = 1 275 000,00 €	$\frac{1\,175\,000{,}00 + 1\,200\,000{,}00}{2}$ = 1 187 500,00 €
Umschlagshäufigkeit des Gesamtbestandes = $\frac{\text{Umsatzerlöse}}{\text{Durchschnittlicher Kapitalbestandes}}$	$\frac{3\,198\,385{,}00}{1\,275\,000{,}00}$ = 2,5-mal	$\frac{3\,113\,050{,}00}{1\,187\,500{,}00}$ = 2,6-mal
Kapitalumschlagsdauer = $\frac{360}{\text{Kapitalumschlagshäufigkeit}}$	$\frac{360}{2{,}5}$ = 144 Tage	$\frac{360}{2{,}6}$ = 138,5 Tage

Die Umschlagsdauer des Gesamtkapitals hat sich um sechs Tage verlängert. Dies schlägt sich im Beispiel auch in der verschlechterten Gesamtkapitalrentabilität nieder (von 17,8 % auf 1,3 %).

Return-on-Investment(ROI)-Analyse

Beim Return-on-Investment handelt sich um eine erweiterte Form der Gesamtkapitalrentabilität, indem die Umschlagshäufigkeit des investierten Kapitals (Gesamtkapital) einbezogen wird. Diese Kennziffer ist geeignet, Beziehungen zwischen Gewinn, Umsatz und Kapitaleinsatz festzustellen. Sie erklärt, ob eine Veränderung der Gesamtkapitalrentabilität auf eine Veränderung der Umsatzrentabilität oder auf eine Veränderung des Kapitalumschlags zurückzuführen ist.

Umschlag des Gesamtkapitals:

Das im Unternehmen investierte Gesamtkapital wird überwiegend benötigt, um über Beschaffung, Produktion und Absatz die Umsatzerlöse zu erzielen. Mit den Umsatzerlösen fließt das eingesetzte Kapital wieder in das Unternehmen zurück. Dadurch stehen Mittel bereit, um die eingesetzten Produktionsfaktoren zu ersetzen und – wegen der im Umsatz enthaltenen Gewinne – Erweiterungsinvestitionen und Schuldentilgungen zu finanzieren. Je häufiger dieser Umschlag sich vollzieht, desto schneller fließt das Kapital zurück, desto höher wird die Rentabilität, desto besser wird die Liquidität, desto geringer wird der zusätzliche Kapitalbedarf.

$$\text{Umschlagshäufigkeit (UH) Gesamtkapital} = \frac{\text{Umsatzerlöse}}{\varnothing\ \text{Kapitalbestand}}$$

$$\text{Umschlagsdauer (UD) Gesamtkapital} = \frac{360}{\text{UH}}$$

Beispiel

	Berichtsjahr in €	Vorjahr in €
Umsatzerlöse	3 198 385,00	3 113 050,00
Ø Gesamtkapital	1 275 000,00	1 187 500,00
UH Gesamtkapital	2,5-mal	2,6-mal
UD Gesamtkapital	144 Tage	138 Tage

Die Umschlagshäufigkeit und die Umschlagsdauer haben sich wesentlich verschlechtert.

Berechnung des ROI mithilfe der Du-Pont-Formel:

Der Return-on-Investment spiegelt den Rückfluss des investierten Gesamtkapitals, die Gesamtkapitalrentabilität und das Verhältnis zwischen Umsatz, erzieltem Ergebnis und investiertem Kapital wider. Zudem kann mit seiner Hilfe verdeutlicht werden, ob Veränderungen besonders auf den Kapitalumschlag oder die Umsatzrentabilität zurückzuführen sind.

Return-on-Investment (ROI) als Kennzahlensystem:

Schon um 1930 wurden vom amerikanischen Chemieunternehmen Du Pont die Zusammenhänge zwischen Umsatzrentabilität und Kapitalumschlag und deren Einflussgrößen entwickelt. Die Zusammenhänge wurden in einem pyramidal aufgebauten Kennzahlensystem dargestellt.

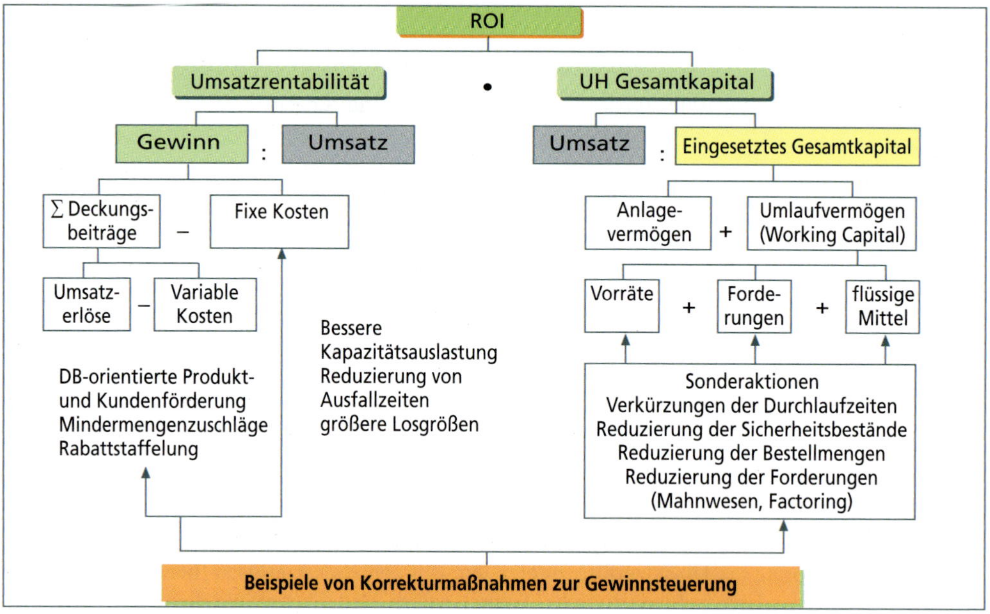

Beispiel Berechnung des ROI in der Bürodesign GmbH (vgl. S. 329 ff. und 335)

	Berichtsjahr	Vorjahr
Umsatzrentabilität =	$\frac{-37\,988{,}25 \cdot 100}{3\,198\,385{,}00} = -1{,}2\ \%$	$\frac{144\,350{,}00 \cdot 100}{3\,113\,050{,}00} = 4{,}64\ \%$
UH Gesamtkapital =	$\frac{3\,198\,385{,}00}{1\,275\,000{,}00} = 2{,}5$	$\frac{3\,113\,050{,}00}{1\,187\,500{,}00} = 2{,}6$
ROI =	$-1{,}2 \cdot 2{,}5 = -3{,}0\ \%$	$4{,}64 \cdot 2{,}6 = 12{,}1\ \%$

Der ROI lässt Wechselbeziehungen zwischen Gewinn, Umsatz und Gesamtkapital erkennen:

- Abnehmende Gewinne bei gleich bleibendem oder steigendem Umsatz verringern die Umsatzrentabilität. Dieser Nachteil kann durch eine höhere Umschlagshäufigkeit des eingesetzten Kapitals ausgeglichen werden.
- Steigende Gewinne bei rückläufigen Umsätzen verbessern die Umsatzrentabilität. Bei gleich bleibender Umschlagshäufigkeit des eingesetzten Kapitals kann Kapital für andere Zwecke freigesetzt werden.

Durch logische Zuordnung der Einflussgrößen des ROI können Steuerungshebel für die Produktionsprogramm-, Fertigungsverfahrens-, Investitions-, Personal- und Finanzplanung konkretisiert werden.

EBIT/EBITDA

EBIT (Earnings before Interest and Taxes):

Es handelt sich um eine Erfolgsgröße in der Gewinn- und Verlustrechnung ohne Berücksichtigung von Zinsen und Steuern. Damit wird eine bessere Vergleichbarkeit der Leistung der Geschäftsführung und des Managements in Konzern-Tochterunternehmen herbeigeführt, weil der Einfluss der unterschiedlichen Fremdkapitalausstattung und der unterschiedlichen Steuerhoheiten aufgrund des Standortes damit neutralisiert wird. Es handelt sich also um ein modifiziertes **„Ergebnis der gewöhnlichen Geschäftstätigkeit“**, aus dem die Einflüsse von Zinsen und Steuern herausgerechnet werden. Diese werden von der Konzernleitung zentral gesteuert, sodass eine Verantwortung vom Management der Tochterunternehmen nicht vertretbar ist.

EBITDA (Earnings before Interest, Taxes, Depreciation and Amortisation):

Es handelt sich um eine Erfolgsgröße, in der neben Zinsen und Steuern noch die Abschreibungen und sonstige Periodisierungen unberücksichtigt bleiben. Dadurch wird der Erfolgsvergleich von Konzernunternehmen mit unterschiedlicher Fremdkapitalausstattung in unterschiedlichen Steuerhoheitsgebieten, in denen Periodisierungsvorgänge nach konzernspezifischen Vorgaben und Regelungen durchzuführen sind, verbessert.

EBIT und EBITDA können als Zwischenergebnisse in der Gewinn- und Verlustrechnung ausgewiesen oder – vom Jahresüberschuss/-fehlbetrag ausgehend – durch Herausrechnen der jeweiligen Einflussgrößen ermittelt werden.

Beispiel 1 (vgl. S. 327); Zahlen in €

	Berichtsjahr	Vorjahr
Umsatzerlöse	3 198 385,00	3 113 050,00
+ Erhöhung des Bestandes an Unfertigen und Fertigen Erzeugnissen	88 875,00	–
+ sonstige betriebliche Erträge	54 000,00	67 000,00
	3 341 260,00	3 180 050,00
– Materialaufwand einschl. Aufwendungen für bezogene Leistungen	2 156 015,75	1 895 100,00
– Personalaufwand	842 500,00	858 450,00
– Abschreibungen	63 000,00	60 000,00
– sonstige betriebliche Aufwendungen	223 125,00	124 650,00
EBIT	56 619,25	241 850,00
+ Abschreibungen	63 000,00	60 000,00
EBITDA	119 619,25	301 850,00

Beispiel 2

	Berichtsjahr	Vorjahr
Jahresüberschuss/-fehlbetrag	- 6 093,25	206 250,00
+ Steuern	40 607,75	30 500,00
+ Zinsen u. ä. Aufwendungen	22 105,00	5 100,00
EBIT	56 619,25	241 850,00
+ Abschreibungen	63 000,00	60 000,00
EBITDA	119 619,25	301 850,00

Stakeholder-Value und Shareholder-Value als Unternehmensphilosophie

Stakeholder-Value:

Der Stakeholder-Gedanke geht davon aus, dass eine **Vielzahl von Interessentengruppen** an einer Unternehmung die Zielsetzung der Unternehmung und ihrer Leitung bestimmt bzw. beeinflusst.

Schon die unterschiedlichen Interessen innerhalb der Belegschaft eines Unternehmens, bezogen auf Arbeitszeit, Arbeitsplatz, Entgelt usw., zwingen die Unternehmensleitung, diese individuellen Ziele mit den betrieblichen in Einklang zu bringen.

Nicht minder stark ist der Einfluss einer großen Gruppe von Interessenten am Betrieb von außen. Neben den **Interessen der Eigentümer** (Aktionäre, Gesellschafter) sind hier die des **Managements** (Geschäftsleitung), der **Gläubiger** und **Kreditgeber, Lieferer, Kunden** und **Verbraucher, Konkurrenten, Arbeitgeber-** und **Arbeitnehmervertretungen**, der **politischen Zielgruppen** bis hin zu den Interessen der **Kommunen, Länder** und des **Fiskus** zu nennen.

Die pluralistischen Interessen sind in die betrieblichen Zielsetzungen einzubeziehen, um Konflikte im verwobenen Netz „Umfeld“ zu vermeiden.

Das bedeutet, dass nicht der Gewinn bzw. die Gewinnsteigerung und -verteilung an erster Stelle der Shareholder-Interessen stehen, sondern die langfristige Wertsteigerung des Unternehmens, was sich in steigenden Kursen der Aktien niederschlagen soll.

Shareholder-Value:

Der Shareholder-Value-Ansatz rückt die **Interessen der Eigentümer/Aktionäre/Gesellschafter** in den Mittelpunkt der Betrachtung. Ihr Hauptinteresse besteht am Wert des Unternehmens, d.h. am zukünftigen Eigenkapital (= Vermögen – Schulden), also dem Wert, auf den die Eigentümer in Zukunft Anspruch haben.

Shareholder-Value-Analyse:

Die **Shareholder-Value-Analyse** ist ein von Alfred Rappaport entwickeltes Werkzeug zur Bewertung der ganzen Unternehmung, einzelner Investitionen oder Unternehmensstrategien. **„Shareholder-Value“** bezeichnet den **Wert eines Unternehmens für die Kapitaleigner**, d.h. den Wert, den Investoren dem Unternehmen beimessen.

Gemeint ist eine zukunftsbezogene Wertgröße, die an der Fähigkeit gemessen wird, mit dem eingesetzten Kapital (Eigen- und Fremdkapital) einen optimalen Kapitalrückfluss zu erwirtschaften und diesen von Jahr zu Jahr zu steigern.

Mit den Kapitalrückflüssen sind künftige Dividenden-, Zins-, Kapitalrückzahlungen, übertragene Gratisaktien, eingeräumte Bezugsrechte und Kurssteigerungen gemeint. Sie werden als **„freie Cashflows“** (free cashflows) bezeichnet, die nicht im Anlage- und Umlaufvermögen des Unternehmens investiert wurden. Shareholder-Value wird durch **Diskontierung** dieser künftigen **freien Cashflows** ermittelt und drückt den **Zeitwert der künftigen Kapitalrückflüsse** aus.

Der Shareholder-Value ist natürlich besser geeignet, künftige Renditen der Eigentümer und Investoren zu messen als der Gewinn, der durch das Rechnungswesen für vergangene Rechnungsperioden ermittelt wurde.

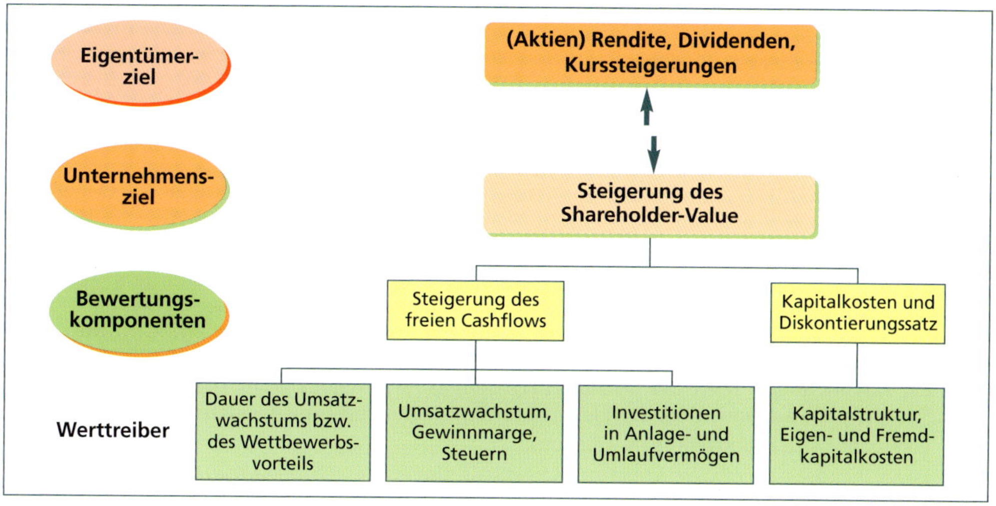

Quelle: J. Erichsen, Shareholder-Value-Analyse – Eine Methode zur externen und internen Unternehmens- und Strategiebewertung, in: Haufe PdR, Gruppe 1, S. 602

Aus dem Schaubild gehen die wichtigsten Einflussgrößen (Werttreiber) der Wertsteigerung hervor. Begründet wird die Zielsetzung des Shareholder-Value einmal mit der Risikoübernahme der Kapitaleigner, zum anderen mit dem Wettbewerb an internationalen Kapitalmärkten, das Kapital in Verwendungen mit höchster Rendite zu investieren.

■ Berechnung der freien Cashflows

Die freien Cashflows lassen sich je nach Informationen aus dem internen und/oder externen Rechnungswesen auf zwei unterschiedlichen Wegen errechnen:

Umsatzkostenverfahren internes Rechnungswe-sen	**Gesamtkostenverfahren**
Umsatzerlöse + andere betriebliche Erträge – betriebliche Aufwendungen lt. KLR – Materialkosten – Fertigungskosten – Verwaltungskosten – Vertriebskosten	Jahresüberschuss lt. GuV-Rechnung + Finanzergebnis + Abschreibungen/Ersatzinvestitionen + andere nicht ausgabewirksame Aufwendungen
EBIT (earning before interest and taxes)	
– Steuern + Abschreibungen/Ersatzinvestitionen + andere nicht ausgabewirksame Aufwendungen (Bildung von langfristigen Rückstellungen)	
= Operating-Cashflow	Operating-Cashflow
– Erweiterungsinvestitionen	– Erweiterungsinvestitionen
= Netto-Cashflow	= Netto-Cashflow
– Zinszahlungen	– Zinszahlungen
Free Cashflow	Free Cashflow

- **Maßnahmen zur Verbesserung des Shareholder-Value**
  - **Kurzfristige externe Berichterstattung:** Zur Einschätzung des Shareholder-Value muss die externe Berichterstattung in kurzen Zeitabständen (Monate, Quartale) Informationen zur Vermögens-, Gewinn-, Cashflow-Entwicklung veröffentlichen, möglichst mit Segmentberichterstattung. Über Wertschaffungsaktivitäten und -potenziale ist regelmäßig zu berichten.
  - **Konzentration auf das operative Geschäft:** Im operativen Geschäft liegt die Quelle des Images einer Unternehmung, gleichzeitig ist hierin die verlässliche Quelle des Cashflows zu sehen. Daher muss das externe Reporting regelmäßig über Vergrößerung des Marktanteils, neue Märkte, Produktveränderungen mit Kosteneinsparungen, Kundenbindung durch Target Costing, Verbesserung der Auftragslage, Verkauf bestimmter Geschäftsbereiche usw. berichten.
  - **Ständige Überprüfung und Optimierung der Finanzstruktur:** Instrumente hierzu bieten die Veränderungen der Kapitalstruktur, z. B. durch Fremdfinanzierung (Leverage-Effekt; vgl. S. 330 f.), Börsennotierung, Dividendenpolitik, Maßnahmen zur Kapitalfreisetzung (Verkauf von nicht betriebsnotwendigen Anlagen).
  - **Regelmäßiges Reporting über die finanzwirtschaftlichen Werttreiber:** Das Controlling hat die Aufgabe, definierte finanzwirtschaftliche Ziele, beispielsweise einen angestrebten ROI von 15 % (vgl. S. 335 f.), in Werttreiber bis auf die unterste Ebene aufzulösen und daraus Ziele und Vorgaben in Budgets abzuleiten – eine wichtige Grundlage für die Feststellung von Abweichungen und deren Ursachen.

Auswertung der Gewinn- und Verlustrechnung

- Bei der Analyse der Gewinn- und Verlustrechnung werden Einblicke in die Aufwands- und Ertragsstruktur und die Bestimmungsfaktoren des Erfolges gewonnen:
  - Anteile einzelner Aufwandsarten an den Gesamtaufwendungen (= Aufwandsintensitäten)
  - Anteile einzelner Ertragsarten an den Gesamterträgen (= Ertragsintensitäten)
- **Rentabilitätskennziffern**
  - $\text{Eigenkapitalrentabilität} = \frac{\text{Jahresüberschuss} \cdot 100}{\text{Durchschnittliches Eigenkapital}}$
  - $\text{Gesamtkapitalrentabilität} = \frac{(\text{Jahresüberschuss} + \text{Fremdkapitalzinsen}) \cdot 100}{\text{Durchschnittliches Gesamtkapital}}$
  - $\text{Umsatzrentabilität} = \frac{\text{Bereinigter Jahresüberschuss} \cdot 100}{\text{Umsatzerlöse}}$
- **Cashflow:** Jahresüberschuss/-fehlbetrag + Abschreibungen auf Anlagen + Erhöhung langfristiger Rückstellungen
- **Cashflow-Umsatzrate:** $\frac{\text{Cashflow} \cdot 100}{\text{Umsatzerlöse}}$
- **Umschlagskennzahlen**
  - $\text{UH der Materialien} = \frac{\text{Materialeinsatz}}{\text{Durchschnittlicher Lagerbestand}}$
  - $\text{Debitorenumschlag} = \frac{\text{Umsatzerlöse}}{\text{Durchschnittlicher Forderungsbestand}}$
  - $\text{Kreditorenumschlag} = \frac{\text{Materialeinsatz}}{\text{Durchschnittlicher Kreditorenbestand}}$
  - $\text{UH des Gesamtkapitals} = \frac{\text{Umsatzerlöse}}{\text{Durchschnittliches Gesamtkapital}}$
- **Return-on-Investment (ROI)** = Umsatzrentabilität · UH Gesamtkapital
- **EBIT (Earnings before Interest and Taxes)** = Ergebnis vor Finanzergebnis und Steuern

- **EBITDA (Earnings before Interest, Taxes, Depreciation and Amortisation)** = Ergebnis vor Finanzergebnis, Steuern, Abschreibungen und sonstigen Periodisierungen.

Stakeholder-Value und Shareholder-Value als Unternehmensphilosophie

- **Stakeholder**

= Alle Interessengruppen an einem Unternehmen:
  - Aktionäre/Gesellschafter/Eigentümer,
  - Gläubiger/Kreditgeber, Lieferer, Kunden,
  - Mitarbeiter/Belegschaft, Management,
  - Konkurrenten, Fiskus, Gebietskörperschaften,
  - Gewerkschaften, Gesellschaft/Bürger

↓

Wegen der recht unterschiedlichen Interessen der Stakeholder muss das Zielsystem der Unternehmung gut aufeinander abgestimmt sein.

- **Shareholder**

= Interessenten am finanziellen Wert des Eigenkapitals für die Eigentümer, also die Interessenten am entscheidungsorientierten Ertragswert des Eigenkapitals.

↓

Kern der Eigentümerinteressen bildet der Wert, den das Eigenkapital in Zukunft verkörpert (Shareholder-Value), also der Wert, auf den die Eigentümer in Zukunft Anspruch haben.

Unternehmensstrategien, die sich am Shareholder-Value ausrichten, werden als **wertorientierte Unternehmensführung** bezeichnet.

Unternehmensziel ist die Steigerung des Unternehmenswertes für die Eigentümer (Aktionäre, Gesellschafter, Eigentümer).

1 a) Erstellen Sie für die Betriebe I und II (Eisengießereien) aufgrund der Angaben der Finanzbuchhaltung die Gewinn- und Verlustrechnung in Kontenform und in Staffelform gemäß § 275 HGB.

b) Berechnen Sie für die Betriebe I und II folgende Vergleichszahlen:

ba) den Anteil der Materialaufwendungen, Personalaufwendungen und der Abschreibungen an den Gesamtaufwendungen,

bb) den Anteil der Materialaufwendungen, Personalaufwendungen, Abschreibungen und des Gewinnes am Umsatz.

c) Erklären Sie, welche Folgerung sich aufgrund der Intensitätsziffern der beiden Betriebe hinsichtlich der Wirtschaftlichkeit der Anlagen ergibt.

d) Berechnen Sie für beide Betriebe das EBIT und das EBITDA.

Aufwendungen und Erträge		Betrieb I €	Betrieb II €
50	Umsatzerlöse	12 825 000,00	11 192 500,00
57	Sonstige Zinsen und ähnliche Erträge	111 000,00	20 000,00
6000	Aufwand für Rohstoffe	3 528 000,00	2 661 000,00
6020	Aufwand für Hilfsstoffe	411 600,00	359 500,00
6050	Aufwand für Energie	646 800,00	635 500,00
61	Aufwendungen für bezogene Leistungen	352 800,00	300 000,00
62	Löhne	2 822 400,00	1 845 000,00
63	Gehälter	1 176 000,00	723 125,00
64	Soziale Abgaben	1 411 200,00	844 375,00
65	Abschreibungen	588 000,00	975 000,00
68	Aufwendungen für Kommunikation	470 400,00	927 000,00
69	Aufwendungen für Beiträge und Sonstiges	235 200,00	335 500,00
70	Betriebliche Steuern	90 600,00	80 000,00
75	Zinsen und ähnliche Aufwendungen	12 000,00	115 000,00
77	Steuern vom Einkommen und Ertrag	15 000,00	5 000,00

2 Ein Betrieb der chemischen Industrie hatte in den beiden letzten Jahren folgende Aufwendungen und Erträge in Mio. €:

Aufwands- bzw. Ertragsarten	Vorjahr	Berichtsjahr
Umsatzerlöse	1 200	1 500
Aufwendungen für Roh-, Hilfs- und Betriebsstoffe	400	500
Personalaufwendungen	100	120
Abschreibungen	320	400
Steuern	20	25
Aufwendungen für Rechte und Dienste	10	15
Aufwendungen für Kommunikation	150	140

a) Ermitteln Sie die Intensitätskennziffern der einzelnen Aufwandsarten.

b) Erläutern Sie die Aufwandsstruktur der beiden Jahre und ihre Veränderung.

c) Nennen Sie Gründe für die Aufwandsstrukturveränderung, bezogen auf die einzelnen Aufwandsarten.

d) Erläutern Sie, welchen Einfluss eine Steigerung der Material- und Personalaufwendungen von jeweils 10 % im kommenden Jahr hätte, wenn alle anderen Aufwandsarten gleich bleiben, und berechnen Sie, um wie viel Euro und Prozent sich die Gesamtaufwendungen gegenüber dem Berichtsjahr erhöhen würden.

e) Berechnen Sie, um wie viel Prozent sich der Umsatz bei der angenommenen Aufwandserhöhung (Aufgabe d) im kommenden Jahr gegenüber dem Berichtsjahr steigern müsste, wenn der Gewinn des Berichtsjahres erreicht werden soll.

f) Ermitteln Sie für beide Jahre das EBIT und das EBITDA.

3 Ein Unternehmen der chemischen Industrie hatte im Vorjahr und im Berichtsjahr folgende Aufwendungen und Erträge in Mio. €:

	Vorjahr	Berichtsjahr
Materialaufwand	410	515
Personalaufwand	228	120
Abschreibungen	280	380
Sonstige betriebliche Aufwendungen	150	140
Steuern	60	45
Umsatzerlöse	1 200	1 500

a) Ermitteln Sie die Intensitätskennziffern der einzelnen Aufwandsarten an den Umsatzerlösen.

b) Erläutern Sie die Aufwandsstruktur der beiden Jahre und ihre Veränderungen.

c) Nennen Sie Gründe für die Kostenstrukturänderung, bezogen auf die einzelnen Kostenarten.

4 Die Bürodesign GmbH hat eine Furnieranlage für 600 000,00 € angeschafft. Die betriebsgewöhnliche Nutzungsdauer beträgt zehn Jahre. Für die Bewertung ist die Abschreibungsmethode festzulegen.

a) Zeigen Sie die Auswirkung dieser Entscheidung unter Berücksichtigung einer zunehmenden Auslastung während der Nutzungsdauer
   - aa) auf die Darstellung der Vermögenslage in der Bilanz und
   - ab) auf die Darstellung der Ertragslage in der GuV-Rechnung am Beispiel
     1. der linearen und
     2. der Abschreibung nach Maßgabe der Leistung auf.

b) Erläutern Sie die Auswirkung dieser Entscheidung auf
   - ba) Besteuerung,
   - bb) Liquidität,
   - bc) Anlagendeckung,
   - bd) Rentabilität,
   - be) Wirtschaftlichkeit,
   - bf) Cashflow.

c) Treffen Sie eine begründete Wahl der Abschreibungsmethode im Hinblick auf
   - ca) eine Kreditaufnahme im nächsten Jahr,
   - cb) erwartete hohe Gewinne in den nächsten drei Jahren.

5 Zur Beurteilung der Rentabilitäts- und Cashflow-Entwicklung legt ein Industriebetrieb folgende Werte der letzten vier Jahre vor:

	1	2	3	4
Durchschnittliches Eigenkapital in T€	8 000	8 200	8 800	9 000
Durchschnittliches Fremdkapital in T€	4 000	4 000	6 000	8 000
Jahresüberschuss in T€	800	1 000	1 100	720
Durchschnittlicher Fremdkapitalzinssatz in %	6	6	7	7
Umsatz in T€	20 000	32 800	40 000	45 000
Abschreibungen auf Anlagen in T€	800	900	1 000	1 600
Zuführungen zu den Pensionsrückstellungen in T€	150	180	200	220

a) Errechnen Sie für die vier Jahre
- aa) den Zinsaufwand für das Fremdkapital,
- ab) den Ertrag des Gesamtkapitals,
- ac) die Eigenkapitalrentabilität,
- ad) die Gesamtkapitalrentabilität,
- ae) die Umsatzrentabilität,
- af) die Kapitalumschlagshäufigkeit (Kapitalsumme = durchschnittlicher Kapitaleinsatz),
- ag) den Cashflow,
- ah) die Cashflow-Umsatzrate,
- ai) den ROI.

b) Erläutern Sie die Entwicklung der Kennzahlen.

6 a) Errechnen Sie aus folgenden Angaben (in Mio. €) für die letzten beiden Jahren eines Industriebetriebes
- aa) die Eigenkapitalrentabilität,
- ab) die Gesamtkapitalrentabilität,
- ac) die Umsatzrentabilität,
- ad) die Cashflow-Eigenkapitalrentabilität,
- ae) die Cashflow-Umsatzrate,
- af) den ROI.

	1	2
Gewinn	18	12
Abschreibungen	20	18
Einstellung in die langfristigen Rückstellungen	6	6
Fremdkapitalzinsen	12	15
Durchschnittliches Eigenkapital	180	180
Durchschnittliches Fremdkapital	120	180
Umsatz	500	600

b) Geben Sie Gründe für die wesentlichen Veränderungen an.

7 Ermitteln Sie aus nachstehenden Konten bei interner Analyse

a) den durchschnittlichen Bestand, die Umschlagshäufigkeit und die durchschnittliche Lagerdauer der Rohstoffe,

b) den durchschnittlichen Debitorenbestand, den Debitorenumschlag und die durchschnittliche Debitorenlaufzeit,

c) den durchschnittlichen Kreditorenbestand, den Kreditorenumschlag und die durchschnittliche Kreditorenlaufzeit.

S — 2400 Forderungen a. LL. — H

S			H
8000	63 000,00	2800, 2880	775 000,00
5000, 4800	769 000,00	8010	57 000,00
	832 000,00		832 000,00

S — 4400 Verbindlichkeiten a. LL. — H

S			H
2800, 2880	549 000,00	8000	85 000,00
8010	94 000,00	2000, 2600	558 000,00
	643 000,00		643 000,00

S — 2000 Rohstoffe — H

S			H
800	43 800,00	8010	40 900,00

S — 6000 Aufwendungen für Rohstoffe — H

S			H
4400	357 425,00	4400	1 250,00

S — 6001 Bezugskosten/Rohstoffe — H

S			H
2800, 2880	5 300,00		

S — 6002 Nachlässe/Rohstoffe — H

S			H
		4400	1 800,00

8 Die Bilanzen sowie GuV-Rechnungen (in T€) der Maschinenfabrik Construkta AG sind aufzubereiten, zu analysieren und zu beurteilen:

Bilanzen der Maschinenfabrik
Aktiva Construkta AG zum 31. Dezember .. und zum 31. Dezember .. Passiva

	Berichtsjahr	**Vorjahr**		**Berichtsjahr**	**Vorjahr**
A. Anlagevermögen			A. Eigenkapital		
1. Grundstücke, Gebäude	900	750	I. Gezeichnetes Kapital	800	800
2. Maschinen	700	600	II. Gewinnrücklagen	90	50
3. Geschäftsausstattung	200	180	III. Jahresüberschuss	200	120
B. Umlaufvermögen			B. Rückstellungen		
I. Vorräte			1. Pensionsrückstellungen	290	250
1. Roh-, Hilfs-, Betriebsstoffe	150	171	2. Sonstige Rückstellungen	40	50
2. Unfertige Erzeugnisse	20	30	C. Verbindlichkeiten		
3. Fertige Erzeugnisse	40	70	1. Anleihen mit einer		
II. Forderungen			Restlaufzeit über 5 Jahre	400	340
1. Forderungen a. LL.	57	68	2. Bankverbindlichkeiten mit		
2. Sonstige Forderungen	13	14	einer Restlaufzeit von mehr		
III. Kasse			als einem bis 5 Jahren	180	170
Bankguthaben	12	10	3. Verbindlichk. a. LL.	84	102
C. Rechnungsabgrenzung	8	7	4. Sonstige Verbindlichkeiten	16	18
	2 100	1 900		2 100	1 900

Gewinn- und Verlustrechnungen der Construkta AG	**Berichtsjahr T€**	**Vorjahr T€**
Umsatzerlöse	1 800	1 500
Bestandsmehrung an Unfertigen und Fertigen Erzeugnissen	5	10
Sonstige betriebliche Erträge	15	12
	1 820	1 522
Materialaufwand	300	230
Personalaufwand	540	490
Abschreibungen	350	300
Sonstige betriebliche Aufwendungen	338	321
	292	181
Sonstige Zinsen und ähnliche Erträge	2	1
Zinsen und ähnliche Aufwendungen	14	12
Ergebnis der gewöhnlichen Geschäftstätigkeit	280	170
außerordentliche Erträge	–	–
außergewöhnliche Aufwendungen	–	–
außerordentliches Ergebnis	–	–
Ergebnis vor Steuern	280	170
Steuern vom Einkommen und Ertrag	80	50
Jahresüberschuss	200	120

a) Stellen Sie nach dem Beispiel S. 317 die aufbereiteten Bilanzen zusammen. Es ist davon auszugehen, dass jeweils die Hälfte des Jahresüberschusses an die Aktionäre ausgeschüttet werden soll.

b) Stellen Sie nach dem Beispiel S. 328 die aufbereiteten Gewinn- und Verlustrechnungen zusammen.

c) Bestimmen Sie die Anlagevermögensintensität und die Umlaufvermögensintensität für das Berichtsjahr und das Vorjahr und erläutern Sie die Entwicklung, die sich in beiden Intensitätskennziffern zeigt.

d) Bestimmen Sie im Rahmen der Analyse des Kapitalaufbaus für das Berichtsjahr und das Vorjahr die Gliederungszahlen:
da) die Eigenkapitalquote,
db) den Anspannungskoeffizienten,

dc) Intensität der kurzfristigen Schulden,
dd) die Finanzierung,
de) den Verschuldungskoeffizienten.
Beurteilen Sie den Kapitalaufbau.

e) Berechnen Sie für das Berichtsjahr und das Vorjahr die Anlagendeckung I und II zur Beurteilung der Investierung.

f) Berechnen Sie die Beziehungszahlen zur Beurteilung der Liquidität für das Berichtsjahr und das Vorjahr:
fa) Barliquidität,
fb) Liquidität 2. Grades,
fc) Liquidität 3. Grades.
Stellen Sie den Liquiditätsstatus auf. Beurteilen Sie aufgrund der Kennziffern und des Liquiditätsstatus die Liquidität der AG.

g) Untersuchen Sie anhand des Aufbereitungsschemas für die Gewinn- und Verlustrechnungen die Anteile der Erfolgsquellen am Gesamtertrag und die Anteile der Aufwendungen am Gesamtertrag und weisen Sie auf starke Abweichungen hin.

h) Ermitteln Sie das EBIT und das EBITDA.

i) Bestimmen Sie anhand des Aufbereitungsschemas für die Gewinn- und Verlustrechnungen folgende Intensitätskennziffern:
ia) Umsatzintensität,
ib) Materialaufwandsintensität,
ic) Personalaufwandsintensität,
id) Abschreibungsintensität.

j) Berechnen Sie zwecks Analyse der Rentabilität für das Berichtsjahr und das Vorjahr folgende Kennziffern:
ja) Eigenkapitalrentabilität (der Anfangsbestand des Eigenkapitals der Vorjahresbilanz betrug 850 T€),
jb) Gesamtkapitalrentabilität (der Anfangsbestand des Gesamtkapitals der Vorjahresbilanz betrug 1 800 T€),
jc) Umsatzrentabilität,
jd) den ROI für das Berichtsjahr,
je) Cashflow (der Anfangsbestand der langfristigen Rückstellungen der Vorjahresbilanz betrug 200 T€) und die Cashflow-Umsatzrate.
Beurteilen Sie die ermittelten Kennziffern.

9 Erläutern Sie die Inhalte
a) der Bilanz,
b) der GuV-Rechnung,
c) des Anhangs,
d) des Lageberichts.

10 „Wertorientierte Unternehmensführung dient auch dem Schutz vor feindlicher Übernahme durch Konkurrenten."
Erläutern Sie diese These.

11 Stellen Sie Stakeholder-Value und Shareholder-Value gegenüber.

12 Erläutern Sie
a) vier Werttreiber des Shareholder-Value,
b) vier Maßnahmen zur Verbesserung des Shareholder-Value.

13 Beurteilen Sie die Steigerung des Shareholder-Value als Ziel der Unternehmensleitung
a) bezogen auf die Shareholder,
b) bezogen auf die Stakeholder.

3.3 Erfassung vergangener Zahlungsströme

Vor der Entscheidung über die Gewährung eines Kredits stellt der Kreditsachbearbeiter eine Übersicht auf, aus der alle Veränderungen des Vermögens und Kapitals hervorgehen.

- Stellen Sie eine solche Übersicht mithilfe des folgenden Sachinhaltes zusammen.

Bewegungsbilanz

Mithilfe oben dargestellter Kennzahlen der Bilanzanalyse werden die Strukturen der Bilanz und der GuV-Rechnung zu einem **bestimmten Zeitpunkt** beurteilt. Durch Zeitvergleiche kann die Entwicklung einzelner Positionen und Positionsgruppen beobachtet werden.

Im Unterschied zu dieser **Zeitpunktbetrachtung** werden mithilfe der **Bewegungsbilanz** die Bilanzpostenänderungen **(Zahlungsströme)** innerhalb einer Rechnungsperiode verdeutlicht und damit Informationen über die **Herkunft** und die **Verwendung von Finanzmitteln** gewonnen.

Dabei wird zu allen Positionen der Bilanz des Berichtsjahres die Differenz zur gleichen Position des Vorjahres errechnet.

Die Differenzen werden unter den Gesichtspunkten der **Mittelherkunft** und **Mittelverwendung** gegenübergestellt.

Dadurch wird verdeutlicht,

- welche Mittel dem Unternehmen zugeflossen sind, z. B. Einzahlungen durch Kreditaufnahmen, Verkäufe von Anlagen,
- woher diese Mittel kamen (z. B. Eigen- oder Fremdfinanzierung, Innen- oder Außenfinanzierung),
- wofür die Mittel Verwendung fanden, z. B. zur Finanzierung von Anlagen oder Tilgung von Schulden.

Die Bewegungsbilanz erteilt Auskunft über den Verbleib und die Herkunft der Mittel in einer Unternehmung. Sie deckt

- einerseits Finanzierungsvorgänge,
- andererseits Investitionen

des letzten Geschäftsjahres auf.

Möglichkeiten der Mittelherkunft und Mittelverwendung werden in folgender Übersicht aufgezeigt und an Beispielen verdeutlicht (vgl. S. 347).

Aussagen der Bewegungsbilanz

Mittelherkunft: Es wurden Mittel (Kapital) in Höhe von 458 093,25 € aufgebracht. Passivmehrungen und Aktivminderungen decken auf, woher diese Mittel stammen:

Passivmehrung: 143 593,25 € wurden über Gewinne und Rückstellungen selbstfinanziert, 222500,00 € fremdfinanziert.

Aktivminderung: 92 000,00 € wurden durch Mittelfreisetzung aufgebracht, nämlich durch Veräußerung und Abbau von Vermögensgegenständen.

Mittelverwendung: Die Mittel wurden teilweise (242 000,00 €) im Vermögen investiert, davon zum Teil im Anlagevermögen (110 000,00 €), wie die **Aktivmehrungen** verdeutlichen. Die Passiva minderten sich um 216 093,25 €. Dabei wurden allerdings nur 2 500,00 € zur Tilgung von Schulden (Steuerrückstellungen) eingesetzt. Der überwiegende Teil der Passivminderung ist auf die um 216 093,25 € verschlechterte Ertragslage gegenüber dem Vorjahr zurückzuführen (206 250,00 + 6 093,25).

Mittelverwendung	Bilanz / Mittelherkunft
Kapitalverwendung – durch Investitionen (Aktivmehrungen) – durch Kapitalrückzahlungen (Passivminderungen)	**Kapitalzufluss** – durch Fremd- und Eigenfinanzierung (Passivmehrung) – durch Mittelfreisetzung (Aktivminderung)
I. Aktivmehrungen – Investitionen im Anlagevermögen – Investitionen im Umlaufvermögen	**I. Passivmehrungen** ■ **Eigenkapitalmehrungen** – durch Einlage bzw. Einzahlung (Eigenfinanzierung als Außenfinanzierung) – durch Gewinn (Eigenfinanzierung als Innenfinanzierung) ■ **Fremdkapitalmehrung** – Kreditfinanzierung (Außenfinanzierung) – Innenfinanzierung (Bildung von Rückstellungen)
II. Passivminderungen Sie zeigen einen Kapitalabfluss an: – **Eigenkapitalminderung** = Entnahmen oder Auszahlungen an Eigenkapitalgeber – **Fremdkapitalminderung** = Schuldentilgung	**II. Aktivminderungen** Sie zeigen die Mittelherkunft durch Mittelfreisetzung an: – Veräußerung von Anlagevermögensteilen – Abbau von Vorräten und liquiden Mitteln

Beispiel Bewegungsbilanz in € aufgrund der Bilanzen des Beispiels S. 313

Mittelverwendung — Bewegungsbilanz — Mittelherkunft

Mittelverwendung		
I. Aktivmehrung		
Grundstück, Gebäude	25 000,00	
Maschinen	85 000,00	110 000,00
Unfertige Erzeugnisse	4 775,00	
Fertige Erzeugnisse	85 100,00	
Forderungen a. LL.	6 125,00	
Liquide Mittel	30 500,00	126 500,00
Aktive Posten der Rechnungsabgrenzung	5 500,00	5 500,00
		242 000,00
II. Passivminderung		
Jahresüberschuss	212 343,25	
Steuerrückstellungen	2 500,00	
Passive Posten der Rechnungsabgrenzung	1 250,00	216 093,25
		458 093,25

Mittelherkunft		
I. Passivmehrung		
Gewinnrücklagen	106 093,25	106 093,25
Pensionsrückstellungen	25 000,00	
Sonstige Rückstellungen	12 500,00	37 500,00
Verbindlichkeiten gegenüber Kreditinstituten	170 000,00	
Verbindlichkeiten a. LL.	37 500,00	
Sonstige Verbindlichkeiten	15 000,00	222 500,00
		366 093,25
II. Aktivminderung		
Werkzeuge	3 000,00	
Fuhrpark	22 000,00	
Geschäftsausstattung	10 000,00	35 000,00
Roh-, Hilfs- und Betriebsstoffe	48 500,00	
Übrige sonstige Forderungen	8 500,00	57 000,00
		92 000,00
		458 093,25

▲ Finanzierung aus Abschreibungen und Anlagenabgängen

Die Aussagefähigkeit der Bewegungsbilanz kann erheblich verbessert werden, wenn man die Bewegungen im **Anlagevermögen brutto** darstellt.

Auf der Seite der **Mittelverwendung** werden dann die **gesamten Zugänge des Anlagevermögens** (Bruttoinvestitionen), auf der Seite der **Mittelherkunft** die Abschreibungen und Abgänge als Finanzierungsquellen durch Mittelfreisetzung dargestellt.

Mittelverwendung	Bewegungsbilanz Mittelherkunft
Investitionen, brutto	Abgänge von Anlagen Abschreibungen auf Anlagen

Bd. 1

Die entsprechenden Angaben hierzu gehen aus dem für Kapitalgesellschaften vorgeschriebenen **Anlagenspiegel** (§ 268 Abs. 2 HGB) hervor.

Beispiel Anlagenspiegel (in €) zur Bilanz des Berichtsjahres zum Beispiel S. 313

Anlagevermögen	Anschaffungskosten	Zugänge	Abgänge	Umbuchungen	Zuschreibungen	Abschreibungen insgesamt	Abschreibungen des Jahres	Buchwert zum 31.12.	Buchwert des Vorjahres
Sachanlagen									
1. Grundstücke, Gebäude	400 000,00	35 000,00	–	–	–	110 000,00	10 000,00	325 000,00	300 000,00
2. Maschinen	370 000,00	100 000,00	–	–	–	185 000,00	15 000,00	285 000,00	200 000,00
3. Werkzeuge	30 000,00	2 500,00	5 000,00	–	–	13 000,00	3 000,00	14 500,00	17 500,00
4. Fuhrpark	240 000,00	60 000,00	50 000,00	–	–	112 000,00	20 000,00	138 000,00	160 000,00
5. Geschäftsausstattung	250 000,00	5 000,00	–	–	–	160 000,00	15 000,00	95 000,00	105 000,00
	1 290 000,00	202 500,00	55 000,00	–	–	580 000,00	63 000,00	857 500,00	782 500,00

Gegenüberstellung (in €) von Bruttoinvestitionen und Finanzierung aus Abschreibungen in der Bewegungsbilanz (Auszug):

Mittelverwendung		Bewegungsbilanz Mittelherkunft	
I. Aktivmehrungen		**Finanzierung**	
Grundstücke, Gebäude	35 000,00	1. aus Abschreibungen	63 000,00
Maschinen	100 000,00	2. aus Abgängen	55 000,00
Werkzeuge	2 500,00		
Fuhrpark	60 000,00		
Geschäftsausstattung	5 000,00		
= Bruttoinvestition	202 500,00		118 000,00

Mittels Abschreibungen – im Beispiel 63 000,00 € – werden die Anschaffungskosten der Sachanlagen über die Preise der verkauften Erzeugnisse hereingeholt. Wie durch den Verkauf von Anlagen (Anlagenabgänge) werden Teile des gebundenen Kapitals freigesetzt. Abschreibungen und Anlagenabgänge sind also Formen der Innenfinanzierung (vgl. S. 201 ff.).

Werden die Bruttoinvestitionen den Abschreibungen und Anlagenabgängen gegenübergestellt, wird sichtbar, welcher Anteil der Investitionen aus Abschreibungen und Anlagenabgängen finanziert wurde:

$$\text{Finanzierung aus Abschreibungen und Anlagenabgängen} = \frac{(\text{Abschreibungen} + \text{Anlagenabgänge} \cdot 100)}{\text{Bruttoinvestition}} \quad \frac{(63\,000{,}00 + 55\,000{,}00) \cdot 100}{202\,500{,}00} = 58{,}3\ \%$$

58,3 % der Bruttoinvestition von 202 500,00 € wurden durch Kapitalfreisetzung über Abschreibungen und Anlagenabgänge finanziert.

Erfassung vergangener Zahlungsströme

- **Bewegungsbilanz**
  - Gegenüberstellung der Bilanzpostenänderungen unter den Gesichtspunkten der **Mittelherkunft** und **Mittelverwendung**
  - Sie verdeutlicht
    welche Mittel der Unternehmung zugeflossen sind,
    woher diese Mittel kamen,
    wofür die Mittel Verwendung fanden.

Mittelverwendung	Mittelherkunft
Aktivmehrungen – Investitionen im AV – Investitionen im UV **Passivminderungen** – Eigenkapitalminderungen durch Entnahmen oder Auszahlungen – Fremdkapitalminderungen durch Schuldentilgung	**Passivmehrungen** – Eigenkapitalmehrungen durch Einlagen, Gewinn – Fremdkapitalmehrungen durch Kreditaufnahmen, durch Bildung von Rückstellungen **Aktivminderungen** – Veräußerung von Vermögensteilen – Abbau von Vorräten und liquiden Mitteln

- Die Bewegungsbilanz kann erweitert werden durch **Ausweis der Bruttoinvestition** unter den Aktivmehrungen und durch **Ausweis der Anlagenabgänge und Abschreibungen auf Anlagen** unter den Aktivminderungen. Dadurch wird die Bewegungsbilanz zu einer wichtigen Informationsquelle über die Innenfinanzierung von Anlageninvestitionen.

1 Entwickeln Sie aus folgenden vereinfachten Bilanzen die Bewegungsbilanz nach dem Musterbeispiel S. 347.

Bilanzen in Mio. €

	Vorjahr	Berichtsjahr		Vorjahr	Berichtsjahr
Sachanlagen	350	450	Gezeichnetes Kapital	250	300
Finanzanlagen	20	50	Rücklagen	60	80
Vorräte	120	90	Bilanzgewinn	25	35
Forderungen	100	120	Rückstellungen	80	100
Liquide Mittel	30	40	Verbindlichkeiten gegenüber Kreditinstituten über 5 Jahre	80	130
			Verbindlichkeiten a. LL.	85	76
			Sonstige Verbindlichkeiten	40	29
	620	750		620	750

a) Geben Sie an, welche Bilanzpositionen sich verändert haben.

b) Nennen Sie Gründe, die zu der Veränderung geführt haben können.

c) Erläutern Sie die Auswirkungen der Änderungen auf die Vermögens- und Kapitalstruktur.

2 Stellen Sie aus folgenden vereinfachten Bilanzen die Bewegungsbilanz auf (Werte in Mio. €):

	Vorjahr	Berichtsjahr		Vorjahr	Berichtsjahr
Sachanlagen	1 200	1 400	Eigenkapital	1 200	1 200
Finanzanlagen	240	140	Langfristige Schulden	750	1 040
Vorräte	440	630	Kurzfristige Schulden	450	560
Forderungen	280	420			
Liquide Mittel	240	210			
	2 400	2 800		2 400	2 800

a) Geben Sie an, welche Bilanzpositionen sich verändert haben.

b) Nennen Sie Gründe, die zu der Veränderung geführt haben können.

c) Erläutern Sie die Auswirkungen der Änderungen auf die Vermögens- und Kapitalstruktur.

3 Aus folgenden Bilanzen (in T€) eines Industriebetriebes ist die Bewegungsbilanz abzuleiten:

Bilanzposten	Vorjahr	Berichtsjahr	Veränderungen
A. Aktiva			
I. Anlagevermögen			
Verwaltungsgebäude	170	210	+ 40
Fabrikgebäude	320	450	+ 130
Unbebaute Grundstücke	29	12	– 17
Maschinen	400	580	+ 180
Betriebs- und Geschäftsausstattung	35	40	+ 5
II. Umlaufvermögen			
Roh-, Hilfs- und Betriebsstoffe	190	153	– 37
Unfertige Erzeugnisse	44	69	+ 25
Fertige Erzeugnisse	60	48	– 12
Forderungen a. LL.	225	280	+ 55
Kasse	16	6	– 10
Bank	62	23	– 39
	1 551	1 871	
B. Passiva			
I. Eigenkapital	1 000	1 100	+ 100
II. Fremdkapital			
Hypothekenschulden	185	185	–
Darlehensschulden	150	300	+ 150
Rückstellungen	30	40	+ 10
Verbindlichkeiten a. LL.	186	246	+ 60
	1 551	1 871	

a) Geben Sie an, welche Bilanzpositionen sich verändert haben.

b) Nennen Sie Gründe, die zu der Veränderung geführt haben können.

c) Erläutern Sie die Auswirkungen der Änderungen auf die Vermögens- und Kapitalstruktur.

Wiederholungsaufgaben zu „Jahresabschluss, Bilanzanalyse und Bilanzkritik"

1 Eine Maschinenfabrik hatte bei der Materialart „Sechskantschrauben" folgende Bestandsbewegungen:

Anfangsbestand	40 000 Stück zu 13,00 € je 100 Stück
Lagerzugang	25 000 Stück zu 13,20 € je 100 Stück
Lagerabgang	12 000 Stück
Lagerzugang	20 000 Stück zu 13,50 € je 100 Stück
Lagerabgang	30 000 Stück
Endbestand 31.12. ...	?

a) Berechnen Sie den Wert des Endbestandes
- aa) bei Anwendung des Lifo-Verfahrens,
- ab) bei Anwendung des Fifo-Verfahrens,
- ac) bei Anwendung der gleitenden Durchschnittsmethode und nehmen Sie in einem Kurzreferat Stellung zu den folgenden Fragen.

b) Welches Verfahren ist steuerrechtlich zulässig?

c) Welche Wertansätze wären handelsrechtlich „zulässig"?

d) Bei welchem Wertansatz würde der Erfolg am geringsten ausgewiesen?

e) In welchem Falle decken sich die Ergebnisse des Hifo- und des Lifo-Verfahrens?

2 Zum 31. Dezember (Bilanzstichtag) wird mit 5400,00 € Steuerberatungskosten gerechnet. Am 18. Februar des folgenden Geschäftsjahres geht die Rechnung des Steuerberaters ein. Sie lautet über 5200,00 € + 19 % USt.

Bilden Sie die Buchungssätze

a) zum 31. Dezember,

b) zum 1. Januar zur Eröffnung,

c) zum 18. Februar.

3 In der Finanzbuchhaltung einer Industrieunternehmung sind folgende Geschäftsfälle zu erfassen:
Konten: 2400, 2470, 4800, 5490, 6950, 8000, 8010, 8020.

Geschäftsfälle:	€
1. Im **Oktober des Geschäftsjahres** (01.01. bis 31.12.) wird das Insolvenzverfahren gegen den Kunden Gerber e. K. eröffnet. Die Forderung gegenüber dem Kunden beträgt einschl. 19 % Umsatzsteuer	29155,00
2. Im **November des Geschäftsjahres** beantragt der Kunde Dinkel e. K. die Eröffnung des Insolvenzverfahrens. Die Forderung gegenüber dem Kunden beträgt einschl. 19 % Umsatzsteuer	42840,00
3. Zum **31.12. des Geschäftsjahres** sind beide Forderungen zu bewerten. Beim Kunden Gerber e. K. ist mit einer Insolvenzquote von 15 %, beim Kunden Dinkel e. K. von 48 % zu rechnen.	

a) Buchen Sie die Geschäftsfälle.

b) Führen Sie die Bewertung der beiden Forderungen zum 31.12. des Geschäftsjahres durch. Geben Sie die dazu erforderlichen Buchungen an und berechnen Sie die Buchwerte der beiden Forderungen. Geben Sie außerdem die Buchungssätze zum Abschluss der Konten 2470 und 6950 an.

4 Folgende vereinfachte Bilanzen in Mio. € eines Industriebetriebes sind auszuwerten:

	Vorjahr	**Berichtsjahr**		**Vorjahr**	**Berichtsjahr**
Sachanlagen	600	700	Eigenkapital	600	600
Finanzanlagen	120	70	Langfristiges Fremdkapital	375	520
Anlagevermögen	720	770	Kurzfristiges Fremdkapital	225	280
Vorräte	220	315			
Forderungen	140	210			
Liquide Mittel	120	105			
Umlaufvermögen	480	630			
Vermögen	1200	1400	Kapital	1200	1400

a) Nennen Sie Bilanzposten, die in den einzelnen Vermögens- und Kapitalgruppen enthalten sind.

b) Ermitteln Sie die Intensitätskennziffern der einzelnen Vermögens- und Kapitalgruppen.

c) Ermitteln Sie die prozentualen Veränderungen der Einzelgruppen und geben Sie die Ursachen und Folgen an.

d) Ermitteln Sie den Verschuldungskoeffizienten, die Anlagendeckung I und II und die Liquidität 1., 2. und 3. Grades.

e) Stellen Sie den Liquiditätsstatus in Staffelform auf.

5 Erläutern Sie folgende Bilanzpositionen einer Kapitalgesellschaft unter Finanzierungsaspekten:

a) Eigenkapital

b) Rücklagen

c) Rückstellungen

d) Verbindlichkeiten

e) Sachanlagen

f) Vorräte

g) Finanzanlagen

6 Aus folgenden aufbereiteten Bilanzen in Mio. € ist eine Bewegungsbilanz unter Einbeziehung der Bruttoinvestitionen im Anlagevermögen aufzustellen. Beschreiben Sie die Quellen, aus denen das Unternehmen seinen Finanzierungsbedarf deckt.

A Bilanzen P

	Vorjahr	Zugänge	Abgänge	Abschreibungen	Berichtsjahr		Vorjahr	Berichtsjahr
Sachanlagen	500	110	10	50	550	Gezeichnetes Kapital	400	400
Finanzanlagen	100		20		80	Gewinnrücklagen	50	60
Vorräte	350				380	Bilanzgewinn	60	80
Forderungen	180				170	Pensionsrückstellungen	80	85
Flüssige Mittel	110				70	Langfrist. Fremdmittel	450	405
						Kurzfrist. Fremdmittel	200	220
	1 240				1 250		1 240	1 250

7 a) Stellen Sie die Unterschiede
- aa) der aktiven und passiven Posten der Rechnungsabgrenzung,
- ab) der sonstigen Forderungen und sonstigen Verbindlichkeiten und
- ac) der Rückstellungen in einer Übersicht dar.

b) Bilden Sie zu allen fünf Inhalten einen Geschäftsfall und stellen Sie jeweils die Behandlung in der Finanzbuchhaltung dar.

8 Erstellen Sie für eine kleine Kapitalgesellschaft (GmbH) die Gewinn- und Verlustrechnung in Staffelform gemäß dem Gliederungsschema auf S. 242:

Nr.	Kontenbezeichnung	Soll	Haben
5000	Umsatzerlöse für eigene Erzeugnisse		3 200 000,00
5200	Bestandsveränderungen an unfertigen und fertigen Erzeugnissen	48 000,00	
5400	Mieterträge		70 000,00
5460	Erträge aus dem Abgang von Gegenständen des AV und UV		45 000,00
5710	Zinserträge		12 000,00
6000	Aufwendungen für Rohstoffe	461 000,00	
6020	Aufwendungen für Hilfsstoffe	135 000,00	
6050	Energie	27 000,00	
6140	Frachten und Fremdlager	33 000,00	
6200	Löhne	570 000,00	
6300	Gehälter	160 000,00	
6400	Arbeitgeberanteil zur Sozialversicherung	116 800,00	
6490	Aufwendungen für Unterstützung	20 200,00	
6520	Abschreibungen auf Sachanlagen	275 000,00	
6710	Leasing	128 000,00	
6770	Rechts- und Beratungskosten	32 000,00	
6800	Büromaterial	52 000,00	
6880	Spenden	1 500,00	
6900	Versicherungsbeiträge	18 000,00	
6960	Verluste aus dem Abgang von Vermögensgegenständen	47 000,00	
7000	Gewerbesteuer	79 000,00	
7020	Grundsteuer	8 500,00	
7510	Zinsaufwendungen	17 000,00	
7710	Körperschaftsteuer	98 000,00	
		2 327 000,00	3 327 000,00

9 a) Erläutern Sie die Bestandteile des Jahresabschlusses in Einzelunternehmen und in Kapitalgesellschaften.
b) Stellen Sie wesentliche Inhalte und Dokumentationsaufgaben der Bilanz, der GuV-Rechnung, des Anhanges und des Lageberichtes zusammen.

Fallstudie „Unternehmungsbeurteilung anhand des Jahresabschlusses"

Handlungssituation: Als Absolvent(in) des Wirtschaftsgymnasiums haben Sie sich bei der BRANUGA AG (Braun Nahrungs- und Genussmittel) um eine ausgeschriebene Stelle in der Abteilung Rechnungswesen beworben. Ihr neuer Arbeitgeber möchte wissen, ob Sie auch in der Lage sind, Jahresabschlüsse zu analysieren. Deshalb gibt Ihnen die Abteilungsleiterin die Jahresabschlüsse der letzten beiden Jahre und bittet Sie, eine Analyse durchzuführen:

Bilanzen der BRANUGA AG

Aktiva in T€	Vorjahr	Berichtsjahr	Passiva in T€	Vorjahr	Berichtsjahr
A. Anlagevermögen			A. Eigenkapital		
I. Immaterielle Vermögenswerte	210	160	I. Gezeichnetes Kapital	8420	8420
II. Sachanlagen			II. Kapitalrücklage		
			III. Gewinnrücklagen		
1. Grundstücke	3693	3757	1. gesetzliche Rücklagen	842	842
2. Maschinen	8132	7980	2. weitere Rücklagen	4192	965
3. BuG	1561	1399	IV. Gewinn- bzw.		
III. Finanzanlagen	1718	1695	Verlustvortrag	572	534
B. Umlaufvermögen			V. Jahresfehlbetrag/	3189	–
I. Vorräte			Jahresüberschuss	–	2329
1. Roh-, Hilfs-, Betriebsstoffe	5537	4628	B. Rückstellungen 1. Pensionsrückstellungen	6635	7340
2. Unfertige Erzeugnisse	10822	13495	2. Sonstige Rückstellungen	2227	2650
3. Fertige Erzeugnisse	4205	4572	C. Verbindlichkeiten		
II. Forderungen a. LL.	11902	17688	1. Verb. gegenüber		
III. Kasse, Bank	586	848	Kreditin.	21213	24211
C. Rechnungsabgrenzungs-			2. Verb. a. LL.	7284	7113
posten	135	185	3. Sonstige Verbindl.	1449	3071
	48501	56407		48501	56407

Anmerkungen: *a) Es wurden keine Dividenden ausgeschüttet.*
b) In den Verbindlichkeiten gegenüber Kreditinstituten sind enthalten:

	Vorjahr	Berichtsjahr
Laufzeit ein bis fünf Jahre:	*2660*	*1990*
Laufzeit über fünf Jahre:	*9805*	*8061*

c) Die sonstigen Rückstellungen sind kurzfristiger Natur.

Aufbereitete GuV-Rechnung:

BRANUGA AG	Vorjahr		Berichtsjahr	
	T€	%	T€	%
1. Umsatzerlöse	67116,4	94,4	85073,4	92,8
2. BVÄ	1530,8	2,2	2909,7	3,2
3. Aktivierte Eigenleistungen	206,7	0,3	341,4	0,4

BRANUGA AG	Vorjahr		Berichtsjahr	
	T€	%	T€	%
4. Sonstige betriebliche Erträge	1342,2	1,9	2252,2	2,4
Betriebliche Erträge	70196,1	98,8	90576,7	98,8
5. Materialaufwand	41146,3	57,9	51765,4	56,4
6. Personalaufwand	22521,9	31,7	25568,0	27,9
7. Abschreibungen	2876,3	4,1	2291,9	2,5
8. Sonstige betriebliche Aufwendungen	5283,8	7,4	6938	7,6
Betriebliche Aufwendungen	71828,3	101,1	86563,3	94,4
Betriebsergebnis	– 1632,2	– 2,3	4013,4	4,4
9. Erträge aus Beteiligungen und Wertpapieren	759,9	1,1	787,4	0,9
10. Zinsen und ähnliche Erträge	110,5	0,2	357,7	0,4
11. Zinsen und ähnliche Aufwendungen	1516,5	2,1	1760,5	1,9
Finanzergebnis	– 646,1	– 0,9	– 615,4	– 0,7
12. Ergebnis der gewöhnlichen Geschäftstätigkeit	– 2278,3	– 3,2	3398	3,7
13. Außerordentliche Erträge	–	–	–	–
14. Außerordentliche Aufwendungen	4,6	0,01	104,7	0,1
15. Außerordentliches Ergebnis	– 4,6	– 0,01	– 104,7	– 0,1
16. Steuern von Einkommen und Ertrag	865,1	1,2	921,4	1,0
17. Sonstige Steuern	41	0,1	42,9	0,1
18. Jahresüberschuss/Jahresfehlbetrag	– 3189	– 4,5	2329	2,5
Gesamtertrag:	71066		91722	
Gesamtaufwand:	74255		89393	

Arbeitsaufträge

1 Werten Sie die bereits aufbereitete GuV-Rechnung der BRANUGA AG zum Jahresabschluss aus.

2 Beurteilen Sie die Situation des Unternehmens anhand geeigneter Kennziffern zum Jahresabschluss. (Hinweise: Anfangsbestand Eigenkapital im Vorjahr: 12880000,00 €
Anfangsbestand Gesamtkapital im Vorjahr: 50731000,00 €
Anfangsbestand Pensionsrückstellungen im Vorjahr: 6225000,00 €)

3 Erstellen Sie die Bewegungsbilanz und erläutern Sie Ihr Ergebnis.

4 Stellen Sie dar, welche weiteren Informationen für eine fundierte Analyse des Jahresabschlusses nötig wären.

5 Fassen Sie in einem kurzen Bericht die Entwicklung der BRANUGA AG zusammen und machen Sie begründete Vorschläge, wie die Situation des Unternehmens noch weiter zu verbessern wäre.

13.2

Kursthema: Veränderungsprozesse im Unternehmen

1 Beeinflussung der Unternehmensplanung durch außerbetriebliche Faktoren

2 Konsequenzen für die Unternehmensplanung und -steuerung

1 Beeinflussung der Unternehmensplanung durch außerbetriebliche Faktoren

1.1 Unternehmensplanung im Konjunkturaufschwung oder Konjunkturabschwung und Planungsprobleme multinationaler Konzerne

„Na endlich!" Erleichtert legt Herr Stein den Monatsbericht der Deutschen Bundesbank aus der Hand: „Hören Sie sich das an, Frau Friedrich: Nach einer Befragung des Ifo-Instituts ist die Stimmung in der deutschen Wirtschaft umgeschlagen und kann jetzt als verhalten optimistisch bezeichnet werden." „Und was haben unsere leeren Auftragsbücher mit der Stimmung in der deutschen Wirtschaft zu tun?", erwidert Frau Friedrich überrascht. „Die Konjunktur zieht wieder an!" Frau Friedrich ist skeptisch. „Die Stimmung in der deutschen Wirtschaft wird uns mit Sicherheit keine Aufträge nach Büromöbeln einbringen."

- Stellen Sie fest, welcher Zusammenhang zwischen der Stimmung und Erwartung der Wirtschaftssubjekte und dem Konjunkturverlauf besteht.
- Erläutern Sie, anhand welcher Merkmale noch Aussagen über den Konjunkturverlauf gemacht werden können.
- Erläutern Sie, welche Folgen der erwartete Konjunkturaufschwung für die Unternehmensplanung der Bürodesign GmbH hat.

VWL

▲ Unternehmensplanung im Konjunkturaufschwung oder Konjunkturabschwung

Die wirtschaftliche Entwicklung der hoch industrialisierten Volkswirtschaften vollzieht sich nicht gleichmäßig. Sie ist durch ein regelmäßiges **Auf und Ab** der wirtschaftlichen Aktivität gekennzeichnet. Es wechseln Zeiten lebhafter wirtschaftlicher Aktivität mit Zeiten nachlassender Produktion und Konsumtätigkeit.

Der **Wachstumstrend** ist die langfristige Tendenz der wirtschaftlichen Entwicklung. Er wird durch die langfristige Zunahme des realen Bruttosozial- oder Bruttoinlandsproduktes ausgedrückt.

▲ Arten von Wirtschaftsschwankungen:

Anhand der unterschiedlichen Ursachen kann man verschiedene Arten von Wirtschaftsschwankungen unterscheiden.

Saisonale Schwankungen: Damit wird ein jahreszeitliches Auf und Ab im Wirtschaftsleben bezeichnet. Sie haben ihre Ursache im Wechsel der Jahreszeiten oder in den Gewohnheiten der Konsumenten.

Beispiele

- Die Zahl der Übernachtungen durch Touristen an Nord- und Ostsee nimmt in den Wintermonaten ab.
- Im Weihnachtsgeschäft steigen die Umsätze im Einzelhandel.

Saisonale Schwankungen dauern meist nur wenige Wochen oder Monate. Da sie vorhersehbar sind, können sich die Unternehmen durch gezielte Maßnahmen auf sie einstellen.

Beispiele

- Die Ferienorte an Nord- und Ostsee bieten in der Vor- und Nachsaison Übernachtungen zu Sonderpreisen an.

- Durch gezielte Sonderaktionen schon im Oktober und November versucht der Einzelhandel die Spitzenbelastung an den vier Wochenenden vor Weihnachten zu vermeiden.

Konjunkturelle Schwankungen: Dies sind mittelfristige Schwankungen der wirtschaftlichen Aktivität, die mehrere Jahre dauern und mithilfe der Veränderungsrate des realen Bruttoinlandsproduktes gemessen werden. Das Auf und Ab der wirtschaftlichen Entwicklung von einem Tiefstand bis zum nächsten Tiefstand bezeichnet man als Konjunkturzyklus. Er wird in **vier Phasen** unterteilt: VWL

- Im **Tiefstand (Depression)** sind die Produktionskapazitäten unausgelastet, es kommt zu hoher Arbeitslosigkeit. Lohnerhöhungen und Preissteigerungen fallen gering aus und die Zinsen sind niedrig. Die Wirtschaftssubjekte haben wenig Vertrauen in die Entwicklung der Wirtschaft. Nimmt das Bruttoinlandsprodukt real ab, bezeichnet man den Tiefstand als **Rezession**, handelt es sich um eine tief greifende Krise, spricht man von einer **Depression**. VWL
- Im **Aufschwung (Expansion)** kommt es zu einem langsamen Anstieg der Produktion. Arbeitskräfte werden eingestellt und durch die steigenden Einkommen kommt es zu einem Anstieg der gesamtwirtschaftlichen Nachfrage. Da die zusätzliche Nachfrage durch eine bessere Auslastung der Kapazitäten befriedigt werden kann, steigen die Preise zunächst noch nicht. Auch die Löhne steigen nur langsam, da zunächst die Arbeitslosigkeit abgebaut wird und durch das stabile Preisniveau keine inflationsbedingten Lohnsteigerungen erforderlich sind. Das Vertrauen in die Wirtschaft wächst und Unternehmen und Haushalte sehen optimistisch in die Zukunft.
- In der **Hochkonjunktur (Boom)** sind die Produktionskapazitäten voll ausgelastet. Kurzfristig kommt es zu Überbeschäftigung. Die Gewerkschaften betreiben eine expansive Lohnpolitik und das Lohnniveau steigt. Durch die Zunahme der gesamtwirtschaftlichen Nachfrage und die Steigerung der Kosten kommt es zu steigenden Preisen und damit zur Inflation. Gelingt es den Unternehmen nicht, die gestiegenen Kosten über die Preise abzuwälzen, kommt es zu Gewinneinbußen und in der Folge zu einem Rückgang der Nachfrage nach Investitionsgütern. Die wirtschaftliche Stimmung wird skeptisch.
- Im **Abschwung (Rezession)** kommt es zu einem sich verstärkenden Rückgang der wirtschaftlichen Aktivität. Durch den Rückgang der Investitionsgüternachfrage kommt es in diesem Bereich zu Produktionseinschränkungen und Arbeitslosigkeit. Die Einkommen der privaten Haushalte nehmen ab. Dadurch kommt es zu einem Rückgang der Konsumgüternachfrage und auch in diesem Bereich zu Produktionseinschränkungen und Entlassungen. Die Gewinne schrumpfen, die Zuwachsraten der Löhne werden geringer und auch die Preissteigerung nimmt ab. Die Wirtschaftssubjekte sehen pessimistisch in die Zukunft.

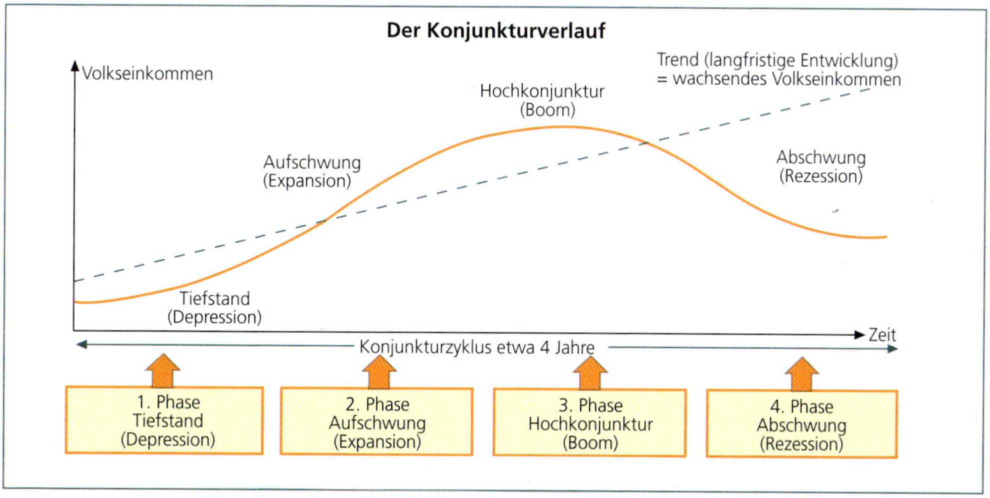

In welcher Phase der Konjunktur sich die Wirtschaft jeweils befindet, versucht man mithilfe der **Konjunkturindikatoren** zu beschreiben. Hierbei handelt es sich um volkswirtschaftlich aussagefähige Größen, die eine möglichst zuverlässige Beschreibung des gegenwärtigen Konjunkturzustandes **(Konjunkturdiagnose)** und Aussagen über die zukünftige wirtschaftliche Entwicklung **(Konjunkturprognose)** ermöglichen.

Beispiele Investitionsgüternachfrage, Konsumgüternachfrage, Kapazitätsauslastung, Preisniveau, Beschäftigung, Entwicklung der Löhne, Zinsentwicklung, Stimmung und Erwartungen der Wirtschaftssubjekte

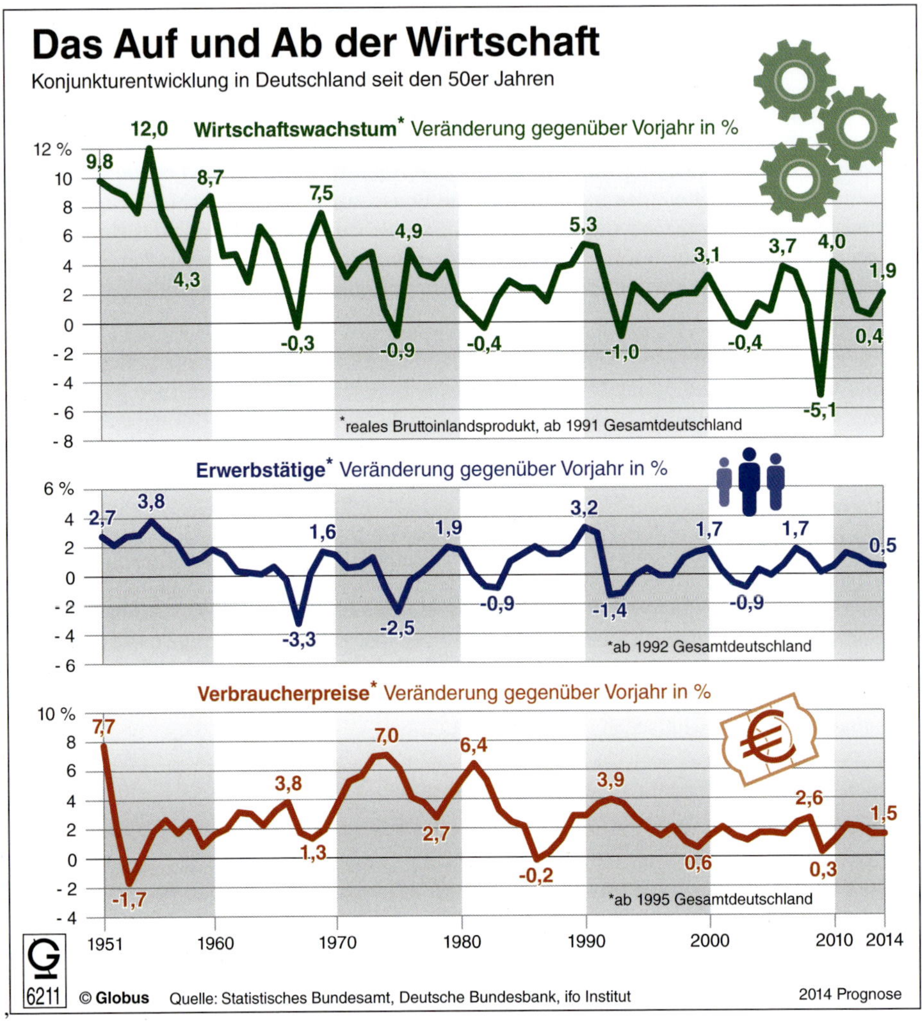

Ursachen von Konjunkturschwankungen:

Über die Ursachen von Konjunkturschwankungen gibt es eine Fülle von Theorien. Fast alle gehen jedoch von einer Störung des **gesamtwirtschaftlichen Gleichgewichts** aus. Das gesamtwirtschaftliche Gleichgewicht gilt als erreicht, wenn die gesamtwirtschaftliche Nachfrage gleich dem gesamtwirtschaftlichen Angebot ist und Vollbeschäftigung herrscht.

Planungsprobleme multinationaler Konzerne

Der Gesetzgeber unterscheidet Gleichordnungs- und Unterordnungskonzerne.

Um einen **Gleichordnungskonzern** handelt es sich, wenn rechtlich selbstständige Unternehmen, ohne dass ein Unternehmen von dem anderen abhängig ist, unter einheitlicher Leitung zusammengefasst sind.

Ein **Unterordnungskonzern** besteht, wenn ein herrschendes und ein oder mehrere abhängige Unternehmen unter der einheitlichen Leitung des herrschenden Unternehmens zusammengefasst sind.

Multinationale Konzerne sind in einer Vielzahl von Ländern tätig und unterliegen neben den unterschiedlichen Marktgegebenheiten und Rechtssystemen den jeweiligen konjunkturellen Rahmenbedingungen der einzelnen Volkswirtschaften. So kann es trotz der zunehmend globalen Auswirkungen der Konjunktur möglich sein, dass ein Konzern in Märkten gegenläufiger Konjunkturphasen tätig ist. Da die Unternehmensplanung auf die unterschiedlichen Konjunkturzyklen reagieren muss, ist eine einheitliche Planung nicht mehr möglich.

Beispiel Ein multinationaler Konzern ist in Asien und Europa tätig. Die Volkswirtschaft in Asien befindet sich in einer Rezession, in Europa befindet sie sich in der Phase des Aufschwungs. Produktionsprogramm und Kommunikationspolitik müssen auf die unterschiedlichen Konjunkturzyklen abgestimmt werden.

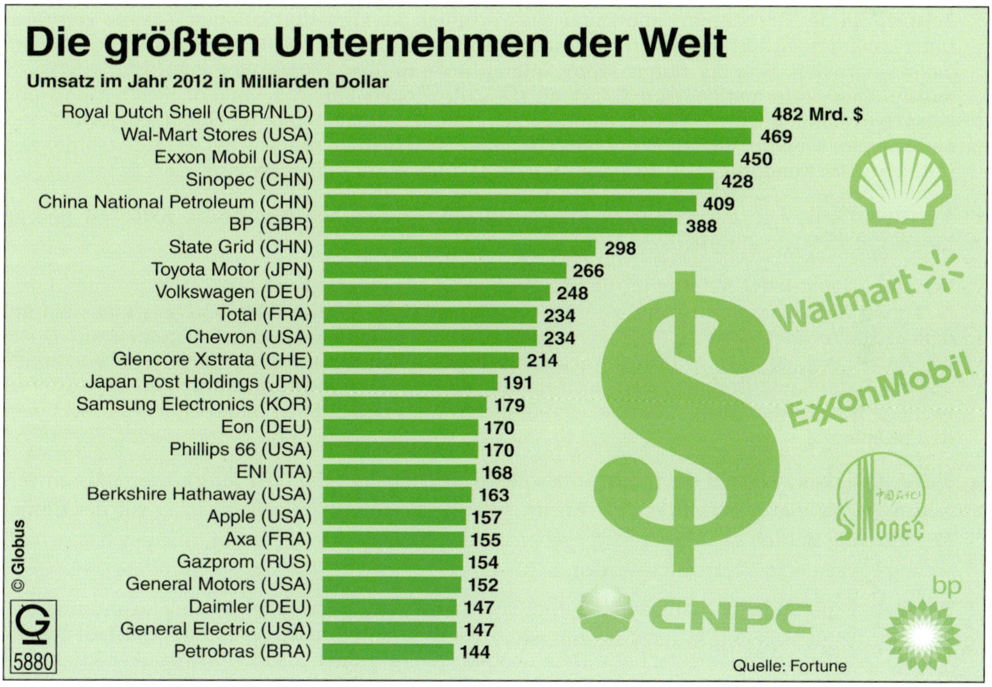

Globalisierter Wettbewerb

Globalisierung (vgl. S. 373) der Wirtschaft bedeutet, dass der Wettbewerb globaler und intensiver wird. Ländergrenzen spielen bei der Entwicklung von großen Unternehmen keine Rolle mehr. Großkonzerne sind heutzutage in zahlreichen Ländern tätig.

Beispiele Daimler, Bayer, VW, General Electric

VWL

Hinter der Globalisierung verbergen sich neue Trends wirtschaftlich-technischer Entwicklungen:

- **globalisierter Strukturwandel** (Vertiefung der internationalen Arbeitsteilung, vgl. S. 374)
- **globalisierte** Finanzmärkte (weltweites Einsetzen von Ersparnissen in Investitionen)
- **globalisierte** Tertialisierung (weltweites Wachstum auf dem Markt der Dienstleistungen)

Eine wichtige Rolle beim globalisierten Strukturwandel spielen besonders die zunehmende Vernetzung der Weltwirtschaft, der technische Fortschritt (z. B. durch die Nutzung des **Internets**) und der Abbau von Handelshemmnissen. Rund um das Internet als Schlüsselmedium der Informationsgesellschaft verschmelzen bislang getrennte Technologien, Medien und Services zu einer Branche mit großen Wachstumschancen (z. B. **E-Commerce**). In diesem Zusammenhang gewinnen die Gewinnung, Verarbeitung und Speicherung von **Informationen** zunehmend an Bedeutung. **Informationen** sind immaterielle Güter und beinhalten zweckbestimmtes Wissen. Sie sind von großer Bedeutung für jede Art von Entscheidungsfindung. Ohne Informationen ist menschliches Handeln undenkbar. Je schneller gute Informationen vorliegen, desto schneller können richtige Entscheidungen getroffen werden.

Informationen müssen bestimmten Anforderungen genügen:

- **Aktualität:** Die Informationen müssen stets auf den neuesten Stand gebracht werden.

  Beispiel In der Bürodesign GmbH sind alle wichtigen Kundeninformationen in einer zentralen Datenbank gespeichert. Heute erfuhr der für den Kunden Klassik 2000 GmbH zuständige Außendienstmitarbeiter, dass der Kunde seinen letzten Auftrag über 120 500,00 € kurzfristig stornieren musste. Diese Information wird sofort an die betroffenen Bereiche Verkauf, Beschaffung und Finanzbuchhaltung weitergeleitet, damit die dort bereits eingeleiteten Aktivitäten eingestellt werden können. Sie wird auch direkt in die Datenbank eingegeben, sodass jeder Mitarbeiter, der den Datensatz des Kunden Klassik 2000 GmbH aufruft, über diese Änderung informiert ist.

- **Verfügbarkeit:** Die Informationen müssen für alle betroffenen Mitarbeiter **jederzeit** und an **jedem** Arbeitsplatz abrufbar sein.

  Beispiel Damit jeder Mitarbeiter der Bürodesign GmbH jederzeit mit allen erforderlichen Informationen versorgt werden kann, wurden die einzelnen PC-Arbeitsplätze untereinander und mit dem Zentralrechner vernetzt. Auf diesem Zentralrechner ist auch die Datenbank gespeichert. Durch die Vernetzung hat jeder Mitarbeiter jederzeit direkten Zugriff auf die benötigten Informationen aus der Datenbank. Dadurch, dass auch die einzelnen PCs miteinander verbunden sind, können wichtige Nachrichten auch direkt auf den Bildschirm des betroffenen Mitarbeiters geschickt werden (Mailing).

- **Zuverlässigkeit:** Sowohl die Informationsquelle als auch der Inhalt der Information müssen vertrauenswürdig und glaubwürdig sein. Ebenso gilt dies für Informationen, die innerhalb des Betriebes oder vom Betrieb an Dritte weitergegeben werden. Daher dürfen keine Informationen ungeprüft weitergegeben oder verarbeitet werden.

  Beispiel In der Abteilung Absatz der Bürodesign GmbH geht der Anruf eines Außendienstmitarbeiters ein. Dieser teilt mit, er habe gerade durch Zufall erfahren, dass der Kunde Karlstadt AG ein Insolvenzverfahren angemeldet habe. Deshalb solle man sofort den letzten Auftrag über 80 000,00 € stornieren. Nach Beendigung des Gespräches bittet Herr Stam, der Abteilungsleiter Absatz, Frau König, die Gruppenleiterin Rechnungswesen, die Bonität des Kunden Karlstadt AG zu überprüfen und hierzu weitere Informationen einzuholen. Es stellt sich heraus, dass es sich bei der „Information" lediglich um ein Gerücht gehandelt hat. Glücklicherweise wurde der Auftrag nicht storniert.

- **Wirtschaftlichkeit:** Hier geht es um die Frage, wie die Informationsbeschaffung und -verarbeitung möglichst kostengünstig bewältigt werden können. Informationen können intern oder extern beschafft werden, die Verarbeitung kann manuell oder durch moderne Kommunikationslösungen erfolgen. Welche dieser Möglichkeiten jeweils gewählt wird, richtet sich nach dem verfolgten Ziel, der zur Verfügung stehenden Zeit, der gewünschten Zuverlässigkeit der Informationen und den Kosten.

Beispiel Der Bürodesign GmbH liegt die Bestellung des Kunden Klaus Arnold e. K., Büromöbeleinzelhandel, über 12 000,00 € vor. Mit diesem Kunden wurden bisher nur drei Bestellungen im Gesamtwert von 35 000,00 € abgewickelt. Bevor dieser Auftrag angenommen wird, sollen auf internen und externen Wegen weitere Informationen über diesen Kunden beschafft werden. Der Außendienst wird angewiesen, nähere Erkundigungen einzuziehen, und bei der SCHUFA wird eine Bankauskunft über den Kunden Klaus Arnold angefordert. Beide Informationen sind durchweg positiv und der Auftrag wird angenommen.

Unternehmungsplanung im Konjunkturaufschwung oder Konjunkturabschwung und Planungsprobleme multinationaler Konzerne

- **Wachstumstrend:** langfristige Tendenz der wirtschaftlichen Entwicklung
- **saisonale Schwankungen:** Ursache sind der Wechsel der Jahreszeiten oder die Gewohnheiten der Konsumenten.
- **konjunkturelle Schwankungen:** Sie verlaufen in den **Phasen** Tiefstand → Aufschwung → Hochkonjunktur → Abschwung.
- **Ursache** von Konjunkturschwankungen sind Störungen des gesamtwirtschaftlichen Gleichgewichts.
- Ein **Konzern** ist ein Zusammenschluss rechtlich selbstständiger Unternehmen, die wirtschaftlich einer Leitung unterstellt werden.

1 Beschreiben Sie mithilfe aktueller Informationen aus dem Wirtschaftsteil der Tageszeitung die derzeitige konjunkturelle Situation in der Bundesrepublik Deutschland.

2 Erläutern Sie, wie eine Volkswirtschaft aus der Hochkonjunktur in den Abschwung übergeht.

3 Beschreiben Sie anhand weiterer Beispiele Ursachen für saisonale Wirtschaftsschwankungen und machen Sie Vorschläge, wie die Unternehmen darauf reagieren können.

4 Die Zinsentwicklung ist ein wichtiger Konjunkturindikator. Beschreiben Sie die Zinsentwicklung durch alle Phasen der Konjunktur.

5 Erläutern Sie anhand eines Beispiels die Probleme, die sich für ein multinationales Unternehmen aus unterschiedlichen Phasen der Konjunktur in nationalen Märkten ergeben können.

1.2 Unternehmensplanung und technologischer Fortschritt

Auf einer Fachtagung der Büromöbelindustrie zum Thema „Die Büromöbelindustrie im 3. Jahrtausend" hält der Geschäftsführer der Bürodesign GmbH, Herr Stein, einen Vortrag. Unter anderem trägt er folgende Zitate vor:

„Veränderung ist die einzige Konstante in einem Unternehmen!"

„Stillstand ist Rückschritt!"

„Wenn ein Unternehmen aufhört sich weiterzuentwickeln, ist das der erste Schritt zum Insolvenzverwalter!"

- Nehmen Sie zu diesen Thesen von Herrn Stein Stellung.
- Überprüfen Sie, welche Konsequenzen sich aus den technologischen Entwicklungen für die Unternehmensplanungen der Bürodesign GmbH ergeben.

Veränderungsprozesse im Unternehmen

Diese drei Aussagen beschreiben einen Sachverhalt, der besagt, dass **Veränderungsprozesse in Unternehmen** keine außergewöhnlichen Situationen sind. Zum einen werden Veränderungen in Unternehmen durch **systeminterne Anlässe** angeregt, z. B. wenn finanzwirtschaftliche Entscheidungen auch zu Veränderungen der Organisationsstruktur führen (Outsourcing, Aufkauf von Unternehmen usw.). Andererseits werden häufig Veränderungen durch **systemexterne Anlässe** in das Unternehmen „hineingetragen". Insbesondere bewirken Veränderungen des Umsystems eines Unternehmens z. T. nachhaltige Umstrukturierungen des Unternehmens, z. B. Wachstumsschübe, Konsolidierungen, Umstellungen von Produktionsverfahren, Veränderungen von Absatzstrategien, neue Gesetze zum Umweltschutz usw.

Zur Reduzierung des Energiebedarfs und der Umweltemissionen findet man bereits jetzt eine Reihe gesetzlicher Vorgaben. So werden die Hausbesitzer verpflichtet, ältere Heizungen auf energiesparende und umweltfreundliche Heizungsanlagen umzustellen. Wer sein Haus verkaufen möchte, muss in Zukunft einen Energiepass für dieses Haus vorweisen. Die Elektrizitätshersteller müssen Emissionsrechte erwerben, die sie zu einer Verringerung von Emissionen veranlassen sollen. Was für die Haushalte und die Elektrizitätswirtschaft gilt, sucht man in vielen Industriebetrieben aber oft vergeblich.

Unternehmen und Umsystem

Ein Unternehmen als System ist somit eingebettet in ein **Umsystem** und steht mit anderen Systemen in Beziehungen (Zulieferer, Kunden, Finanziers, Dienstleistern, Konkurrenz usw.). Das gesamte Umsystem ist **dynamisch in seinem Verhalten**, d. h., dass im Zeitablauf die Regelungen der Beziehungen und seiner Bedingungen nicht konstant sind. Unternehmen müssen auf die Veränderungstendenzen reagieren, um zu überleben. Sie befinden sich daher selbst stets in einem **permanenten Wandelungsprozess**, der Rückwirkungen auf die Beziehungen zum Umsystem haben kann.

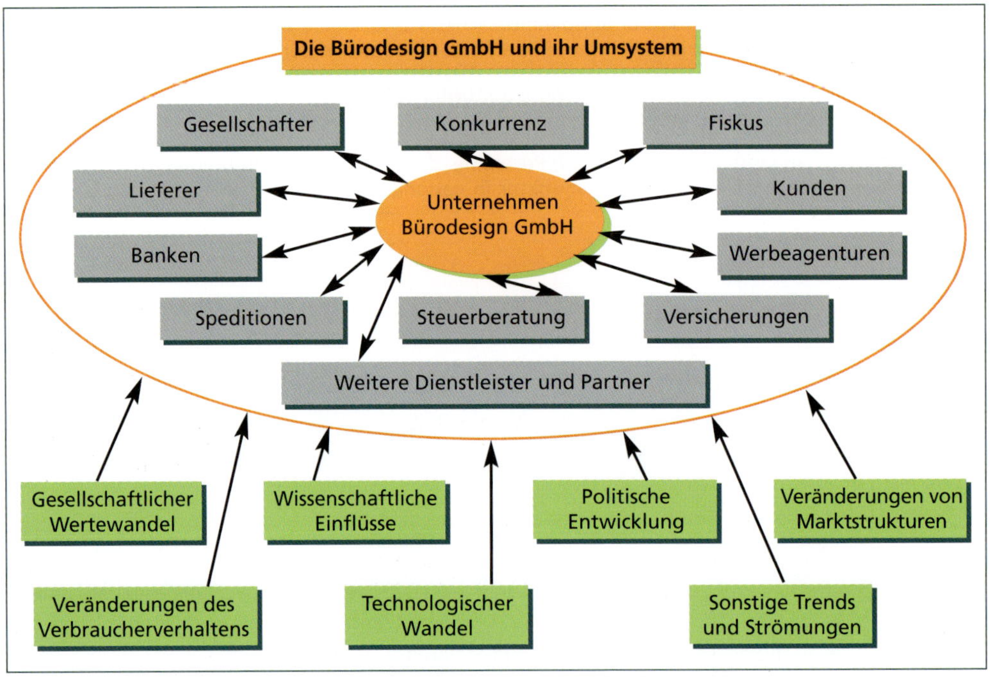

Auf das gesamte System, in das eine Unternehmung eingebunden ist, wirken zahlreiche **Einflussfaktoren**. Hierzu zählen insbesondere politische, gesellschaftliche, volkswirtschaftliche und technologische

Entwicklungen, Tendenzen und Trends. Diese Entwicklungen können sich gegenseitig verstärken und begünstigen, voneinander völlig unabhängig sein oder zueinander im Gegensatz stehen, sodass für ein Unternehmen ggf. Dilemma-Situationen entstehen können, worin aus verschiedenen „schlechten" Alternativen die beste auszuwählen ist.

Beispiele

- **Veränderungen von Marktstrukturen:** Vom Verkäufermarkt zum Käufermarkt, von regionalen Märkten zu internationalen Märkten, zunehmender Konkurrenz- und Innovationsdruck (auch aus dem Ausland), zunehmende Kundenorientierung und -personalisierung usw.
- **Wissenschaftliche Entwicklungen:** Trend zu interdisziplinären Ansätzen, Paradigmenwechsel in BWL von der institutionalisierten BWL (Bank-, Handel-, Industrie-BWL) über funktionsorientierte BWL (Absatz-, Personal-, Finanz-, Beschaffungswirtschaft) zur Prozessorientierung (unter Einbeziehung von Informations- und Kommunikationstechnologie, z. B. SAP)
- **Politische Entwicklungen:** Europäisierung, Globalisierung, Tendenzen der Deregulierung, ökologisches Bewusstsein usw.
- **Technologischer Wandel:** Trends zur Automatisierung, Computerisierung, Konvergenz von Produkten und Problemlösungen, fallende Preise für Hardware bei steigenden Leistungen, Vernetzungen usw.
- **Veränderungen in der Arbeitswelt:** Neue Arbeitsstrukturen (Tele-Arbeit, Verzahnung von Arbeit und Weiterbildung), virtuelle Kooperationen (Workgroups, Workflow), virtuelle Unternehmen usw.

▲ Dimensionen der Unternehmensplanung

Ein Unternehmen ist also vor dem Hintergrund der **Existenzerhaltung** gezwungen, einerseits diese Entwicklungen zu erkennen, permanent zu beobachten sowie zu antizipieren und andererseits konkrete Schlussfolgerungen und zielorientierte Maßnahmen für sich abzuleiten und umzusetzen. Hier setzt die Unternehmensplanung ein, die sowohl systeminterne als auch systemexterne Variablen einbeziehen muss.

Begriffliche Abgrenzung von Planung	**Planung** ist ein willensbildender, informationsverarbeitender, prinzipiell systematisierter Entscheidungsprozess mit dem Ziel, Handlungsspielräume problemorientiert einzugrenzen und zu strukturieren.
Merkmale der Planung	– Zukunftsbezogenheit: Aktivität in der Gegenwart, durch Mangel an Informationen ist Bezug auf Zukunft ungewiss – Abstraktion und Rationalität: Planung ist abstrakt und zielgerichtet, Planung ist eine sachlogisch systematisch-methodische Folge von Denkschritten – Prozesscharakter: Planung ist mehrstufig = Abfolge von Phasen (Problemstellung, Informationssammlung, Entwicklung von Lösungen, Bewertung von Lösungen, Entscheidung für eine Lösung, Festlegung und Veranlassung von Maßnahmen zur Realisierung, Kontrolle) – Gestaltungscharakter: Umsetzung von Veränderungen in zielgerichtete Prozesse – Informationscharakter: Versorgung von Entscheidungsträgern mit Informationen
Ziele und Funktionen von Planung	– Optimierungs- und Sicherungsfunktion (Zielerreichung, Risikohandling, Ressourcennutzung) – Koordinierungs- und Integrationsfunktion (Nutzung von Synergieeffekten) – Anpassungs- und Flexibilitätsfunktion (Erhöhung des Reaktionsvermögens und Schaffung von Alternativenräumen) – Innovations- und Kreativitätsfunktion (Routine versus Suche neuer Problemlösungen) – Leistung- und Motivationsfunktion (Planungsvorgaben als Leistungsanreiz)
Planungsobjekte	– Kernprozesse im Unternehmen (Wertschöpfungsprozesse) – Hilfsprozesse im Unternehmen (Supportprozesse)
Planungsträger	– Top-, Middle-, Lower-Management (mit unterschiedlichen Verantwortungsstufen) – Controller – Task-Force-Gruppen – Externe Berater

Planungs-instrumente	– Analytische Instrumente (z. B. Kennzahlensystem) – Prognostische Instrumente (z. B. Simulationen, Trendverfahren) – Heuristische Instrumente (z. B. Kreativitätswerkzeuge) – Bewertungs- und Entscheidungsinstrumente (z. B. Portfoliomethode)
Planungszeit-räume	– Strategische Planung (langfristig, ca. 5–7 Jahre) – Taktische Planung (mittelfristig, ca. 1 Jahr) – Operative Planung (kurzfristig, auf Ausführung fixiert)
Planungskon-text, Planungs-bedingungen	– Interne Bedingungen (Stärken, Schwächen, Kompetenzen des Unternehmens, Unternehmenskultur usw.) – Externe Bedingungen (regionale, nationale und internationale Marktsituation, soziokulturelle und gesellschaftliche Einflüsse, politische Entwicklungen, technologische Entwicklungen usw.)

▲ Technologische Entwicklungen und Basisinnovationen

VWL

Eine nützliche Entscheidungshilfe zur Prognostizierung langfristiger Trends geht auf die Theorie von Nikolai Kondratieff (1926) zurück. Seine Theorie der „langen Wellen" bzw. der **„Kondratieff-Zyklen"**[1] besagt, dass wirtschaftliche Entwicklungen nicht nur durch das Auftreten kurzer und mittlerer Konjunkturschwankungen gekennzeichnet sind, sondern dass auch langfristige Phasen von Aufschwung und Rezession gleichmäßig wiederkehrend auftreten.

Konstellation von Kondratieff-Zyklen

	1. Zyklus	2. Zyklus	3. Zyklus	4. Zyklus	5. Zyklus
Konstellations-prägung	1825 Dampf-maschine 1793–1847	1873 Eisenbahn, Schifffahrt, Stahl 1847–1893	1913 Elektrizität, Chemie 1893–1939	1966 Auto, Erdöl, Elektronik 1939–1989	2015 Information, Wissen Ökologie 1989–20XX
1. Fundamentale Bedürfnisse	Die Arbeit erleichtern	Ressourcen weltweit ver-fügbar machen	Urbanität lebenswert gestalten	Individualität und Mobilität fördern	Probleme für die Mitwelt lösen
2. Flächende-ckende Netze	Handelsnetze	Verkehrsnetze	Energienetze	Kommunika-tionsnetze	Netzwerk des Wissens
3. Prägende neue Applikationen	Maschinen	Lokomotive, Bahnhöfe	Beleuchtung, Kino	Telefon, Auto, TV, Computer, Raketen	Immaterielle Waren, Informations-anlagen, Datenbanken
4. Prägende Technologien	Dampf	Stahl	Elektrizität	Elektronik	Multimedia, Datenautobahn
5. Synergie-Applikationen	Konsumgüter	Schifffahrt	Chemie, Aluminium	Erdölprodukte (Kunststoffe)	Ökologische Problem-lösungen
6. Technologie-Synergien	Mechanik	Großantriebe	Großanlagen	Waffensysteme	Sicherheits-, Umwelt-technologie

[1] *Quelle: Nefiodow, Leo A.: Der sechste Kondratieff, 6. überarb. Auflage, Rhein-Sieg-Verlag, Sankt Augustin 2006*

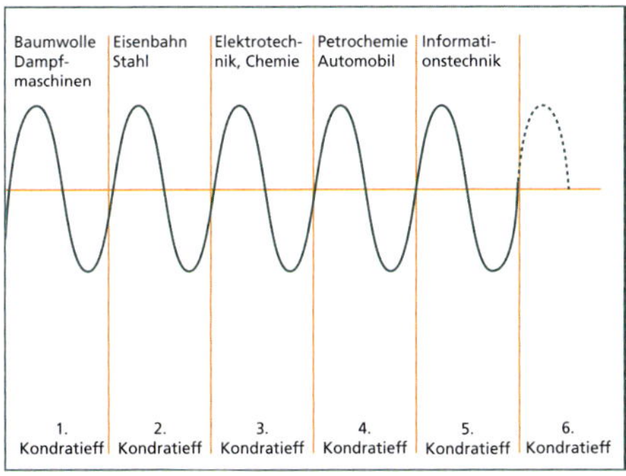

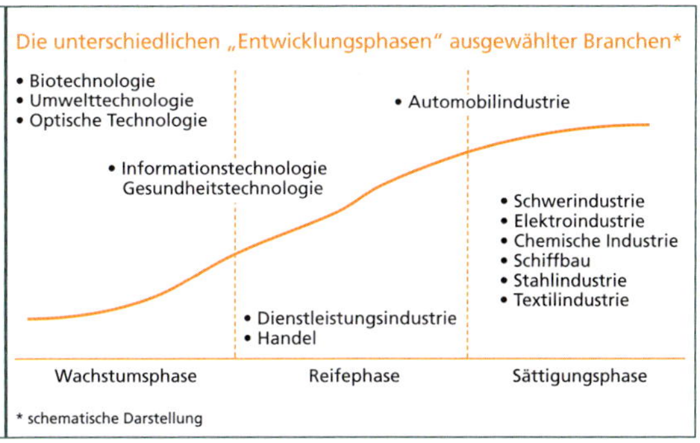

Untersucht man auf der Basis der Kondratieff-Theorie die Entwicklungsphasen einzelner Technologien, kann man näherungsweise ermitteln, welche Wirtschaftszweige die Zukunft prägen können.

Beispiele

Informations-technologie	Medienkonvergenz, d. h., Informations- und Kommunikationsmedien (TV, Internet, Unterhaltungselektronik, UMTS, PC-Technik) wachsen zusammen und bieten z. B. mit E-Commerce ein enormes Wachstumspotenzial
Biotechnologie, Gesundheits-technologie	Arzneimittelforschung, Bio- und Genverfahren zur Bekämpfung von Symptomen und Ursachen von Krankheiten (Bioinformatik, Biomedizin, Gentechnologie, computergesteuerte Diagnosen und Therapien)
Umwelttechnologie	Umweltverträgliche Produktionsverfahren werden weiterentwickelt, alternative Energiequellen erschlossen
Optische Technologien	Verlustfreie, sichere und schnelle Datenübertragung durch Glasfasernetze, optische Lasersensoren für Mess- und Analyseanwendungen

Diese Zukunftstrends bilden zurzeit die Basis für die Anlagenstruktur von globalen Aktienfonds.

Der Boom im fünften Kondratieff-Zyklus scheint in Europa, den USA und Japan überschritten. Es deutet sich an, dass sich die Zyklen verkürzen und die Zukunft allein mit der Informationstechnologie nicht mehr zu bezwingen sein wird. Offenbar stehen wir am Beginn eines neuen und damit des **sechsten Kondratieff-Zyklus**, in dem als Basisinnovation die „psychosoziale Gesundheit" zu stehen scheint.

Unterschiede zwischen fünftem und sechsten Kondratieff-Zyklus

5. Zyklus	6. Zyklus
– Zentrale Rolle von Informatik und Informationstechnik	– Zentrale Rolle der psychosozialen Kompetenz
– Rationalisierung gut strukturierter Arbeitsabläufe	– Rationalisierung wenig/unscharf strukturierter Arbeitsabläufe
– Computergestützter Umgang mit sicherem Expertenwissen	– Computergestützter Umgang mit ungenauem/unscharfem Wissen
– Optimierung von Energie- und Informationsflüssen zwischen Mensch und Maschine	– Optimierung von Informationsflüssen im und zwischen Menschen
– Vorherrschendes Entweder-Oder-Verhalten	– Sowohl-als-auch-Verhalten setzt sich durch

▲ Konsequenzen für die Unternehmensplanung

Durch den zunehmenden, bewussten Umgang mit den Auswirkungen und Merkmalen des sechsten Kondratieff werden die zwischenmenschlichen Faktoren wesentlich an Bedeutung gewinnen. Durch die wachsende Produktivität können neue Märkte erschlossen werden. Dieses Wachstum wird in den

Basisinnovationen des sechsten Kondratieff stattfinden. Gegen Ende des fünften Kondratieff wird man vermehrt große Produktivitätsreserven feststellen. Diese schlummern vorwiegend im psychosozialen Bereich. Psychosoziale Phänomene bilden inzwischen eine erhebliche Barriere für die Fortentwicklung von Wirtschaft und Gesellschaft. Ihr destruktives Potenzial hat in den letzten Jahren stetig zugenommen.

Beispiele

Gewalt, Kriminalität, Drogen	– Kriminalität: Kosten weltweit mehr als 1 000 Mrd. US-$ pro Jahr. Jeder vierte Millionenbrand wird gelegt. Jeder vierte Deutsche betrügt seine Versicherung. Jeder 50. US-Amerikaner saß Mitte der 90er-Jahre im Gefängnis (ein Gefangener in den USA kostet jährlich ungefähr gleich viel, wie jemanden an die Harvarduniversität zu schicken). – Drogen: mehr als 800 Mrd. US-$ pro Jahr Umsatz – Schmiergelder und Korruption verursachen 4 % der Wirtschaftskosten – Alkoholmissbrauch (Umsatz in den USA mehr als 600 Mrd. US-$ pro Jahr, d. h., mehr, als für Forschung ausgegeben wird)
Umweltzerstörung	– Jährliche Zerstörung entspricht ca. 10 % des Weltsozialproduktes (ca. 2 800 Mrd. US-$) – Verschwendung: 80 % aller fertigen Produkte werden nach einmaligem Gebrauch fortgeworfen, jährlich Vergeudung ca. 2 500 Mrd. US-$
Ausgaben für Militär, innere und private Sicherheit	– Militärausgaben ca. 1 000 Mrd. US-$ pro Jahr – Polizei, Gerichte, Gefängnisse ca. 1 200 Mrd. US-$ pro Jahr – Kosten durch Bürgerkriege
Soziale Kosten (Streiks, Arbeitslosigkeit)	– Streiks: über 5 Mio. Streiktage weltweit pro Jahr – Arbeitslosigkeit: Kosten von mehr als 300 Mrd. US-$ pro Jahr – Zerfall der Familien: In Deutschland wird jede 3. Ehe geschieden
Gesundheitsschäden	– Mindestens 25 % der Patienten, die einen Arzt aufsuchen, leiden vorwiegend an psychischen Störungen – Psychische Störungen: Angst und ähnliche Neurosen kosten weltweit mehr als 1 000 Mrd. US-$ pro Jahr – Krankheitskosten verursacht durch schlechtes Wasser, Schlafstörungen, Rauchen, Medikamentenmissbrauch etc.
Sonstige unnötige Verluste/Kosten	– Niedrige Produktivität, fehlender Leistungswettbewerb, Fehlentwicklungen, z. B. falsche Ernährung, kosten in Deutschland rund 50 Mrd. € pro Jahr – Informationsdefizite (Patentwesen, ca. 50 % der F+E-Ausgaben, ca. 300 Mrd. US-$ pro Jahr – Verkehr: Staukosten weltweit über 1000 Mrd. US-$ pro Jahr – Umsatz mit Glücksspielen 800 Mrd. US-$ pro Jahr

Quelle: Nefiodow, Leo A.: Der sechste Kondratieff, 6. überarb. Auflage, Rhein-Sieg-Verlag, Sankt Augustin 2006

Durch eine bessere psychische Gesundheit könnten riesige Einsparungen erreicht und jene Ressourcen freigesetzt werden, die für die **Erschließung neuer Märkte** benötigt werden. Wie aus der obigen Aufzählung hervorgeht, würden schon 5 % weniger Destruktivität mehrere hundert Milliarden US-Dollar freisetzen und dadurch einen **Konjunkturschub auslösen, der Millionen neuer Arbeitsplätze schaffen könnte**. Im sechsten Kondratieff wird deshalb die Nachfrage nach psychosozialer Gesundheit sowohl einen großen neuen Markt hervorbringen wie auch die Rolle eines Katalysators für andere Märkte übernehmen. Die **Technik wird dabei eine wichtige, unterstützende Rolle** spielen. Die Hardware wird nicht mehr der bestimmende Faktor sein, sondern es werden sogenannte **weiche Innovationen** – soziale, psychische und geistige – die für einen Langzyklus notwendigen Impulse bringen.

Alle Unternehmen werden auf die Entwicklungen des sechsten Kondratieff unmittelbar reagieren müssen. Es schlummern **Produktivitätsreserven**, nämlich dort, wo es um wenig strukturierte Arbeitsabläufe und um den Umgang mit ungenauem und paradoxem Wissen geht. Die Erschließung dieser Potenziale werden im fünften Kondratieff geschaffen (z. B. durch die Erforschung unscharfer Logiken und die Sensibilisierung für die Bedeutung psychischer Phänomene).

Unternehmensplanung zum Zwecke der Existenzerhaltung von Unternehmen führt somit zwangsläufig zu einer Anerkennung von globalen Trends und zur Konstruktion von Visionen, die zu marktgängigen Gütern umzuwandeln sind. Dabei ist unternehmerische Verantwortung unter Beachtung ethisch-moralischer Aspekte gefragt.

Unternehmensplanung und technologischer Fortschritt

- Veränderungsprozesse in Unternehmen geschehen durch interne (z. B. Ausscheiden eines Gesellschafters) oder externe (z. B. Veränderung von Marktstrukturen) Anlässe.
- Unternehmen sind eingebettet in ein dynamisches Umsystem und stehen in permanenten Beziehungen z. B. zu Lieferern, Kunden, Finanzgebern usw.
- Zur Existenzerhaltung sind Unternehmen gezwungen, Entwicklungen zu beobachten und zu antizipieren, um Maßnahmen zur Unternehmensplanung einzuleiten und zu kontrollieren.
- Technologische Entwicklungen und Basisinnovationen beeinflussen die Unternehmensplanung.
- Kondratieff-Zyklen beschreiben langfristige Phasen von Aufschwung und Rezession. Für die Unternehmensplanung ist bedeutend, dass die Basisinnovationen des sechsten Kondratieffs im psychosozialen Bereich liegen, somit neue Märkte in diesem Bereich zu erwarten sind.

1 Der zunehmende Anteil von Mitarbeitern, die Telearbeit wünschen, führt dazu, dass auch die Bürodesign GmbH darüber nachdenkt, entsprechende Konzepte zu planen. Sie sind beauftragt, ein Exposé für die sachlichen Hintergründe zu erstellen.

a) Führen Sie zur Telearbeit eine Internet-Recherche durch und erstellen Sie eine Checkliste für Formen, Kosten sowie Vor- und Nachteile der Telearbeit für Arbeitgeber und Arbeitnehmer. EDV

b) Arbeiten Sie heraus, welche Konsequenzen eine Entscheidung für die Einführung von Telearbeit für die Unternehmensplanung abzusehen sind.

c) Klären Sie ab, welche Dimensionen der Unternehmensplanung bei diesem Vorhaben zu berücksichtigen sind.

2 Vergegenwärtigen Sie sich die Theorie von Kondratieff (vgl. S. 364).

a) Leiten Sie für die Bürodesign GmbH ab, welche Konsequenzen sich langfristig für die Existenzsicherung des Unternehmens ergeben, wenn der Boom des fünften Zyklus in den nächsten Jahren seinem Ende zugeht.

b) Beschreiben Sie, welche Marktpotenziale sich mit konkreten Neuentwicklungen (Produkte, Dienstleistungen, Bundles usw.) für die Bürodesign GmbH ergeben können, und entwerfen entsprechende Szenarien, z. B. „Das Büro im Jahre 2025“ oder „Der arbeitende Mensch in 25 Jahren“. Seien Sie hierbei kreativ und fantasieren Sie ruhig! Dokumentieren Sie Ihre Ergebnisse in Plakaten, Websites oder ähnlichen Präsentationen.

3 Nehmen Sie kritisch Stellung zu folgender Aussage und berücksichtigen Sie dabei die Beachtung von externen Einflussfaktoren bei der Unternehmensplanung: „Während in Europa und den USA darüber nachgedacht wird, wie neue Produkte gewinnbringend vermarktet werden können, sind in großen Teilen der Welt noch nicht einmal die Grundbedürfnisse befriedigt.“

1.3 Möglichkeiten und Grenzen staatlicher Einflussnahme auf die Unternehmensplanung

Die Auszubildende Sylvia Land und ihr Vater sitzen beim Frühstück. Herr Land hat den Wirtschaftsteil der Tageszeitung aufgeschlagen und liest seiner Tochter vor:

„Talfahrt der Industrie hält an. Der Anteil des sekundären Sektors an der Erwirtschaftung des Bruttoinlandsproduktes ist seit 1980 um knapp 10 % zurückgegangen. Der tertiäre Sektor konnte im gleichen Zeitraum um gut 10 % zulegen. Heißt das, du musst dir Gedanken um deine Stelle machen?", fragt Herr Land sorgenvoll.

„Nein, nein", antwortet Sylvia, „zunächst einmal hat die Bürodesign GmbH ein starkes Standbein im tertiären Sektor und dann ist da auch noch die Bundesregierung, die im Rahmen der Strukturpolitik regelnd eingreift!"

- Erläutern Sie die Bereiche der Strukturpolitik.
- Stellen Sie mögliche Maßnahmen der Strukturpolitik dar, die Einfluss auf die Unternehmensplanung der Bürodesign GmbH haben könnten.

POL

Anliegen der Strukturpolitik ist es, gezielt in die Bereiche des Wirtschaftsgeschehens einzugreifen, bei denen es durch den Strukturwandel von Wirtschaft und Gesellschaft zu Ungleichgewichten gekommen ist oder kommen könnte.

VWL

Teilbereiche staatlicher Strukturpolitik sind die Infrastrukturpolitik, die Umweltpolitik, die sektorale und die regionale Strukturpolitik.

▲ Infrastrukturpolitik

Die Infrastruktur einer Region, d.h. die Gesamtheit aller öffentlichen/halböffentlichen Investitionen und Institutionen, ist eine wesentliche Standortentscheidung für die Unternehmen. Die Infrastruktur beinhaltet im Einzelnen:

- die **institutionelle Ausstattung**, z.B. die Rechtsordnung, Verwaltung, Berufsordnung,
- die **materielle Ausstattung**, z.B. Verkehrswesen, Energie, Telekommunikation,
- die **personelle Ausstattung**, z.B. die Qualifikation der Arbeitnehmer, die Motivation, die Gesundheit usw.

Beispiel Das Land Nordrhein-Westfalen richtet EU-Geschäftsstellen bei den Bezirksregierungen ein, die Unternehmen über Fördermöglichkeiten der EU beraten (institutionelle Ausstattung), es schließt eine Lücke in der Autobahn A 31, die die Fahrzeiten für Lkws der Bürodesign GmbH nach Norddeutschland um eine Stunde verkürzt (materielle Ausstattung), und es errichtet ein neues Berufsschulzentrum in Essen, das bei der Ausstattung in der IT-Technik auf dem letzten Stand ist (personelle Ausstattung).

▲ Umweltpolitik

Art. 20a GG: „Der Staat schützt in Verantwortung für die künftigen Generationen die natürlichen Lebensgrundlagen im Rahmen der verfassungsmäßigen Ordnung durch die Gesetzgebung und nach Maßgabe von Gesetz und Recht durch die vollziehende Gewalt der Rechtsprechung."

Unsere Umwelt wird durch Luftverschmutzung, Bodenverseuchung, Wasserverunreinigung und Lärm belastet.

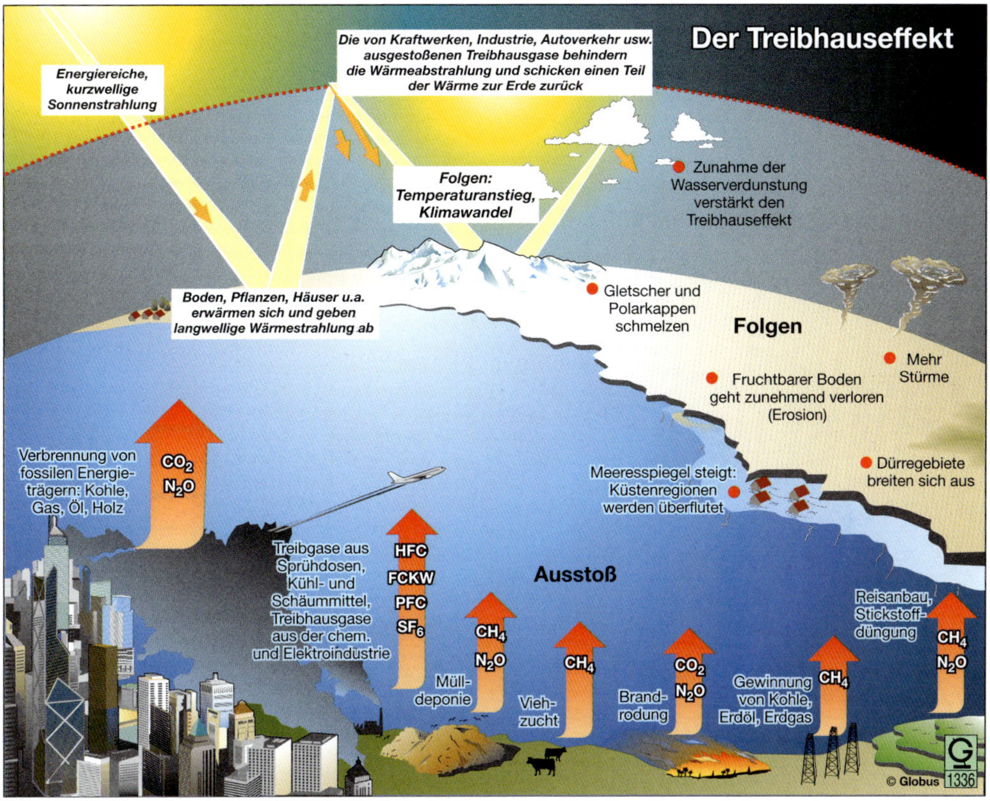

Die **Luftverschmutzung** erfolgt im Wesentlichen durch folgende Stoffe:

- **Kohlendioxid,** das bei der Verbrennung fossiler Stoffe (Kohle, Öl) entsteht und zum sogenannten Treibhauseffekt führt,
- **Kohlenmonoxid,** das bei der unvollständigen Verbrennung in Motoren und Feuerungsanlagen entsteht,
- **Stickstoffoxide,** die bei der Verbrennung in Kraftwerken, Flugzeugturbinen und Automotoren entstehen und zum sogenannten **sauren Regen** führen,
- **Schwefeloxid,** das bei der Verbrennung von Braunkohle entsteht.

Die **Wasserverunreinigung** erfolgt im Wesentlichen durch die Einleitung von Abwässern in die Gewässer, die übermäßige Düngung mit Gülle oder Kunstdünger und den sauren Regen.

Die **Bodenverseuchung** hängt eng mit der Luftverschmutzung zusammen, da die in die Luft abgegebenen Schadstoffe mit dem Regen wieder zur Erde zurückkehren. Darüber hinaus wird der Boden auch unmittelbar durch Überdüngung und Pestizide belastet.

Die **Lärmbelästigung** ist Folge der Technisierung und der hohen Bevölkerungsdichte in Europa.

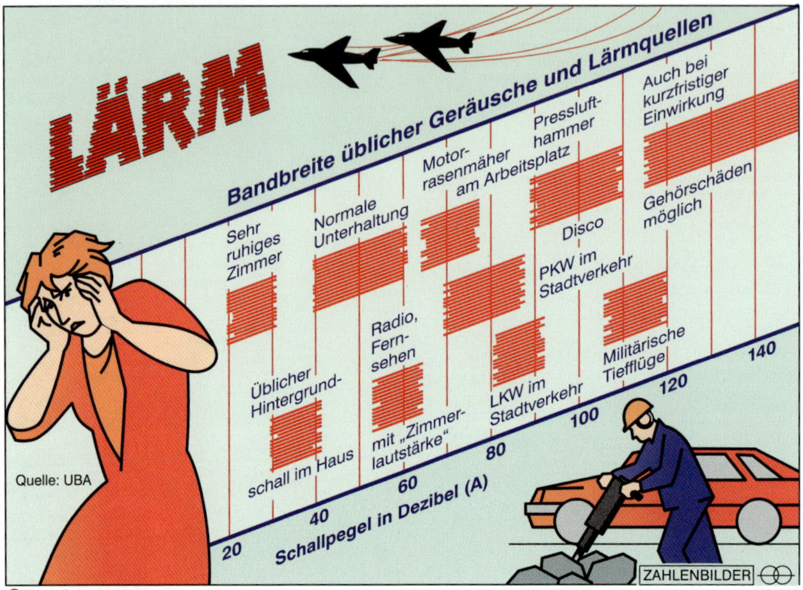

© Erich Schmidt Verlag 126 710

Instrumente der Umweltpolitik sind:

- Erlass von Gesetzen, Verordnungen und technischen Vorschriften,

  Beispiel Abfallbeseitigungsgesetz, Umwelthaftungsgesetz, Verpackungsverordnung, Bundes-Immissionsschutzgesetz, Kreislaufwirtschaftsgesetz

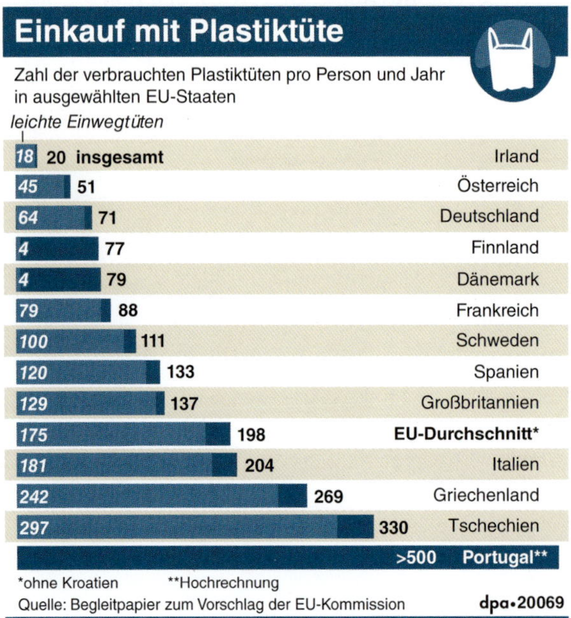

- Verbot bestimmter Produkte oder Produktionsverfahren,

  Beispiel Regelungen zur Reduzierung des FCKW-Ausstoßes
- Erlass von Auflagen,

  Beispiel Die Stadt Essen erhebt ein Zwangspfand für Einweggeschirr bei öffentlichen Veranstaltungen.
- wirtschaftliche Belastung oder Entlastung in Form von Steuern oder Subventionen.

  Beispiel Die Installation von Solaranlagen wird durch Subventionen gefördert. In der Folge kommt es zu einer deutlichen Zunahme der Kapazitäten.

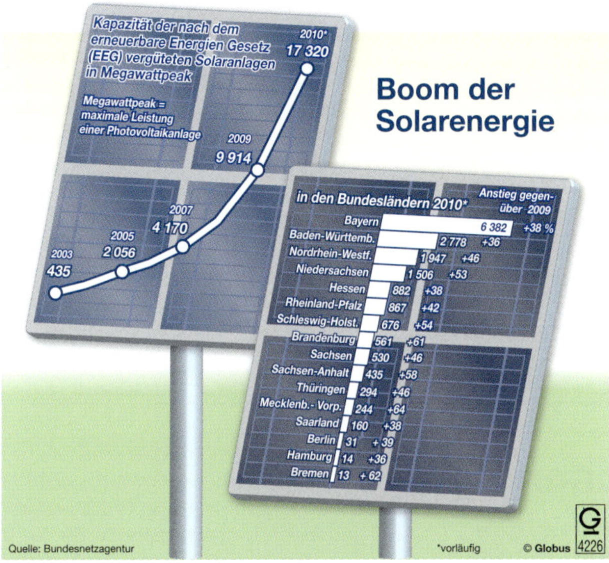

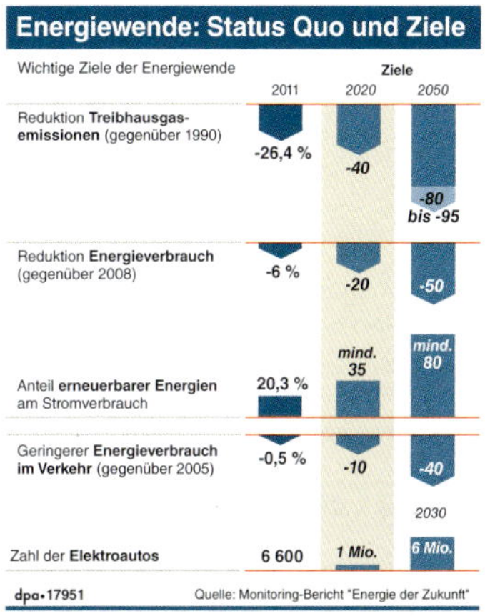

Die in Deutschland installierten Solaranlagen erreichten 2010 eine Kapazität von insgesamt etwa 17 320 Megawattpeak (MWp). Im Vergleich zum Vorjahr (9 914 MWp) hat sich die Menge des in die Netze eingespeisten Sonnenstroms um rund 75 % erhöht. Die damit erzeugte Menge Strom entspricht ungefähr der Jahresleistung eines Atomkraftwerks. Seit 2003 ist die Kapazität der Photovoltaikanlagen in Deutschland auf etwa das Vierzigfache gestiegen. Spitzenreiter bei der Solarenergie ist Bayern mit 6 382 Megawattpeak Sonnenstromleistung. Die nördlichen Bundesländer konnten im vergangenen Jahr bei der Installation neuer Solarenergieanlagen etwas aufholen.

Quelle: dpa Infografik, Begleittext zu Grafik 4226 „Boom der Solarenergie" (Stand: 2011)

Sektorale Strukturpolitik

Im Rahmen der sektoralen Strukturpolitik werden **Wirtschaftszweige** oder ganze **Wirtschaftssektoren** unterstützt.

Beispiel Förderung des Steinkohlebergbaus und der Landwirtschaft

Das Problem der sektoralen Strukturpolitik besteht darin, dass hier die Gesetze des Marktes außer Kraft gesetzt werden und nicht mehr wettbewerbsfähige Branchen künstlich am Leben gehalten werden.

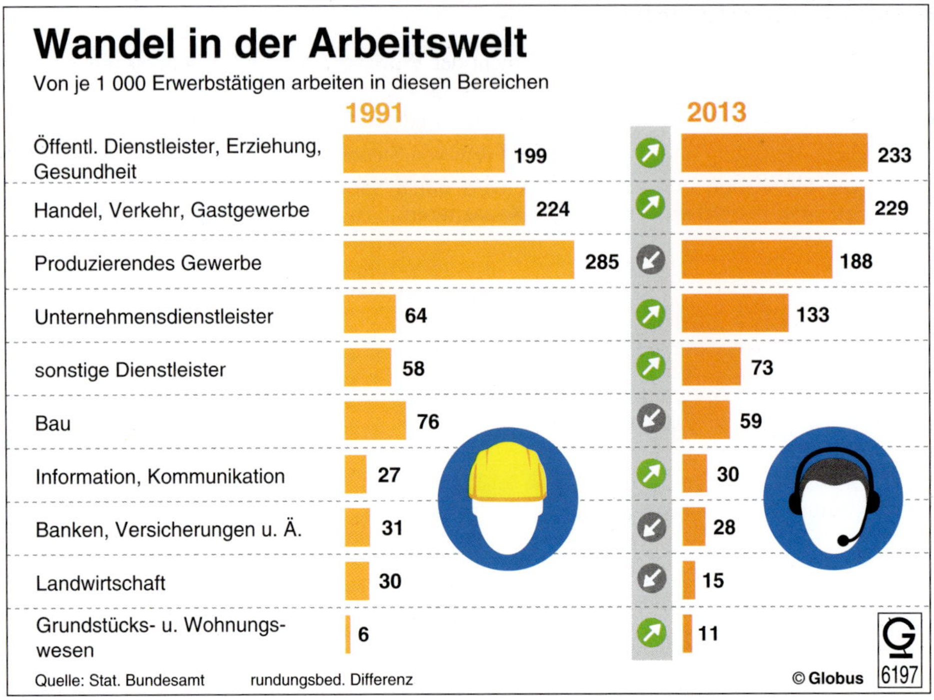

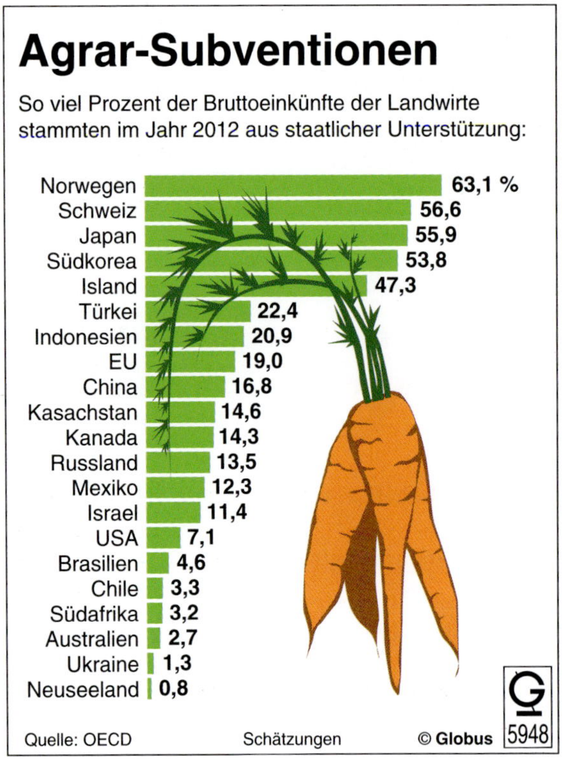

Ein Industrieland im klassischen Sinne ist Deutschland schon lange nicht mehr. Der Trend geht in Richtung Dienstleistungsgesellschaft, denn bereits 74 % der Erwerbstätigen arbeiten im Dienstleistungssektor. Dieser Bereich umfasst Handel, Banken und Versicherungen, aber auch die Gastronomie, Friseure und Pflegedienste, um nur einige der Branchen zu nennen, die Dienstleistungen für Verbraucher und Unternehmen anbieten. Service-Unternehmen sind arbeitsintensiv, deshalb sehen Experten in diesem Bereich das größte Job-Potenzial. Industriearbeitsplätze hingegen verschwinden. Von 1991 bis heute sank der Anteil des produzierenden Gewerbes (Industrie, Bergbau, Energiewirtschaft) von 29 % auf unter 19 %. Und auch in der Landwirtschaft gibt es immer weniger Jobs, denn die erheblich gestiegene Produktivität, beispielsweise durch den vermehrten Einsatz von Maschinen, macht es möglich, dass immer weniger Bauern die Bevölkerung mit Nahrungsmitteln versorgen.

Quelle: dpa Infografik, Begleittext zu Grafik 6197 „Wandel in der Arbeitswelt" (Stand: 2014)

▲ Regionale Strukturpolitik

Nach Art. 72 Absatz 2 GG hat der Bund die Pflicht der **Wahrung der Einheitlichkeit der Lebensverhältnisse** über das Gebiet eines Bundeslandes hinaus, d.h., er hat die Aufgabe, regionalen Unterschieden, die durch die Wirtschaftsstruktur der Region, natürliche Standortnachteile oder Infrastrukturnachteile entstanden sind, durch Maßnahmen der Strukturpolitik abzuhelfen. Dies kann z.B. durch öffentliche Investitionen oder die Förderung von privatwirtschaftlichen Investitionen geschehen.

Beispiel Das Land Nordrhein-Westfalen fördert den Bau eines Technologieparks in Köln.

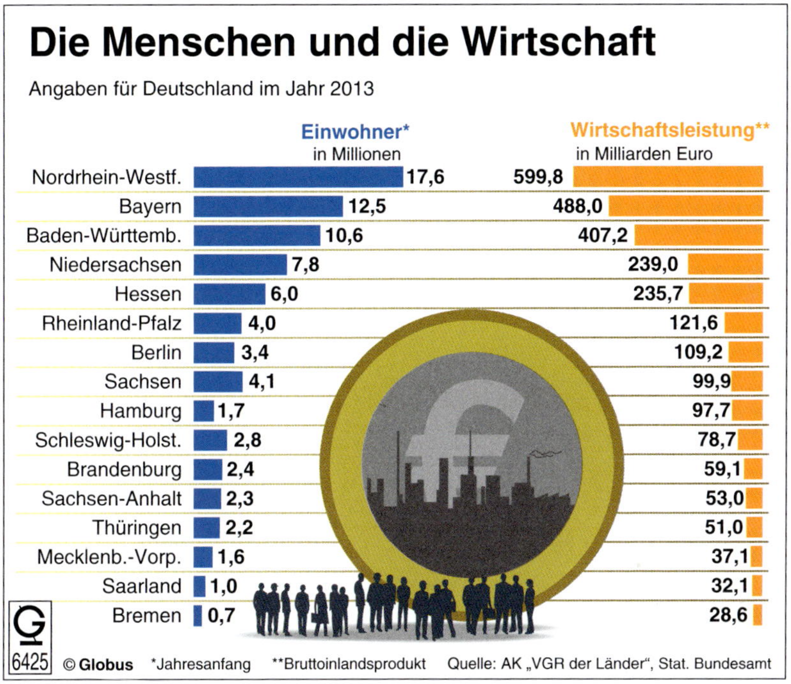

NRW, Bayern, Baden-Württemberg

Rund 82 Mio. Einwohner und eine Wirtschaftsleistung von 2499 Mrd. € – das sind die Eckdaten Deutschlands für das Jahr 2010. Größte Länder waren sowohl nach der Einwohnerzahl als auch nach der Wirtschaftskraft (Bruttoinlandsprodukt) Nordrhein-Westfalen, Bayern und Baden-Württemberg. Ein ganz anderes Bild ergibt sich, wenn man die Wirtschaftsleistung je Einwohner betrachtet. Dann nämlich liegt der Stadtstaat Hamburg an der Spitze (49638,00 €), gefolgt von Bremen (42046,00 €) und Hessen (37101,00 €). Globus

Statistische Angaben: Statistisches Bundesamt, AK „VGR der Länder“; Grafik: Caterine Bollinger, Redaktion: Wolfgang Fink

Möglichkeiten und Grenzen staatlicher Einflussnahme auf die Unternehmensführung

- **Infrastrukturpolitik**
  - Förderung der institutionellen, materiellen oder personellen Ausstattung
- **Umweltpolitik**
  - Schutz der Natur vor nachteiligen Einwirkungen
  - Beseitigung bereits eingetretener Umweltschäden

- **Sektorale Strukturpolitik**
  - Förderung ganzer Wirtschaftszweige oder -sektoren
- **Regionale Strukturpolitik**
  - Unterstützung ganzer Regionen mit dem Ziel der Einheitlichkeit der Lebensverhältnisse

1 Erläutern Sie die Aufgaben des Staates im Rahmen der Strukturpolitik.

2 Stellen Sie die Instrumente der Umweltpolitik dar. Nennen Sie Beispiele, bei denen Maßnahmen der Umweltpolitik in Ihren Betrieben wirksam werden.

3 Die Abbildung zur regionalen Strukturpolitik zeigt regionale Unterschiede in Deutschland. Stellen Sie Ursachen für diese Unterschiede dar.

4 Seit dem 1. April 1999 werden Ökosteuern erhoben und in fünfjährlichen Schritten erhöht, um den Verbrauch an Energie zu verteuern. Gleichzeitig sollen über eine Senkung der Beiträge zur Rentenversicherung die Lohnnebenkosten verringert und damit der Produktionsfaktor Arbeit verbilligt werden. Erläutern Sie, welches politische Konzept sich hinter diesen Plänen verbirgt und welche Maßnahmen der Strukturpolitik hier ineinandergreifen.

5 Erläutern Sie den Steuerungsmechanismus durch Subventionen anhand der Abbildungen zu den Agrarsubventionen (vgl. S. 373).

2 Konsequenzen für die Unternehmensplanung und -steuerung

2.1 Globalisierung – Ursachen und Phänomene des wirtschaftlichen und sozialen Wandels

VWL

In der Mittagspause lässt Herr Müller, Abteilungsleiter der Produktion in der Bürodesign GmbH, den folgenden Artikel des Generalanzeigers mit folgendem Kommentar rundgehen: „Wie bei uns, die beteiligen auch die ganze Welt an ihren Aufträgen."

Globalisierung per Luftfracht

Globalisierung am Köln/Bonner Flughafen: In Gelsenkirchen produzierte Stahltrossen, transportiert auf niederländischen Tiefladern, wurden gestern in die weltgrößte Frachtmaschine, die ukrainische Antonov 235, verladen, um via Libyen und Nigeria nach Namibia geflogen zu werden, damit sie einen in Korea für den britischen Ölkonzern BP gebauten Tanker in einem Off-Shore-Verladeterminal vor der angolanischen Küste in seiner Position halten.

Quelle: General-Anzeiger, 10.01.2007

„Wahrscheinlich können sie die Einzelleistungen billiger erbringen", kommentiert die Auszubildende Renate Becker.

„Aber uns gehen diese Arbeitsplätze verloren", bemerkt der Auszubildende Hark Blech mit bissigem Unterton.

„Das ist nur zum Teil richtig und deshalb auch nur die halbe Wahrheit über die Globalisierung", reagiert Herr Müller.

- Erarbeiten Sie eine Definition für die „Globalisierung".
- Erläutern Sie Notwendigkeit und Möglichkeiten der weltweiten Kooperation der Bürodesign GmbH.
- Leiten Sie Auswirkungen für die an der Kooperation beteiligten Länder und Unternehmen ab.
- Erläutern Sie Ursachen und Folgen der Globalisierung.

VWL

▲ Globalisierung

Mit diesem Sammelbegriff werden die wachsenden weltweiten Verflechtungen zwischen Staaten, Staatengemeinschaften, Gesellschaften, Kulturen und Volkswirtschaften umschrieben. Historische Grenzen bestehen nur noch auf den Landkarten. Über die nationalen Grenzen hinaus werden die Produktionsfaktoren an Standorte mit komparativen Vorteilen, begünstigt durch die Modernisierung von Kommunikations- und Transportwegen, die mikroelektronische Revolution der letzten Jahre sowie die weltweit zunehmende neoliberale Wirtschaftspolitik. Den Menschen in den Betrieben werden höhere berufliche Flexibilität und Mobilität, Sprach- und Kulturkenntnis, Konkurrenzbewusstsein und Belastbarkeit abverlangt. Kern der Globalisierung ist die Ausweitung internationaler **Arbeitsteilung**. Dabei bilden sich weltweite Märkte heraus, auf denen Waren und Dienstleitungen gehandelt, Investitionen getätigt, Technologien übertragen und Informationen ausgetauscht werden. Internationale Arbeitsteilung ermöglicht es den einzelnen Ländern, ihre unterschiedlichen Stärken auszuspielen und dadurch Einkommensgewinne zu erzielen. So werden Entwicklungsländer durch die Globalisierung in die Lage versetzt, sich auf die Herstellung arbeitsintensiver Produkte, wie z. B. Bekleidungserzeugnisse, zu spezialisieren, dabei die Löhne zu erhöhen und die Einkommensverteilung zu verbessern. In der Tat haben Länder, die sich wirtschaftlich geöffnet haben, ein erkennbares Wachstum erreicht und die Armut reduziert.

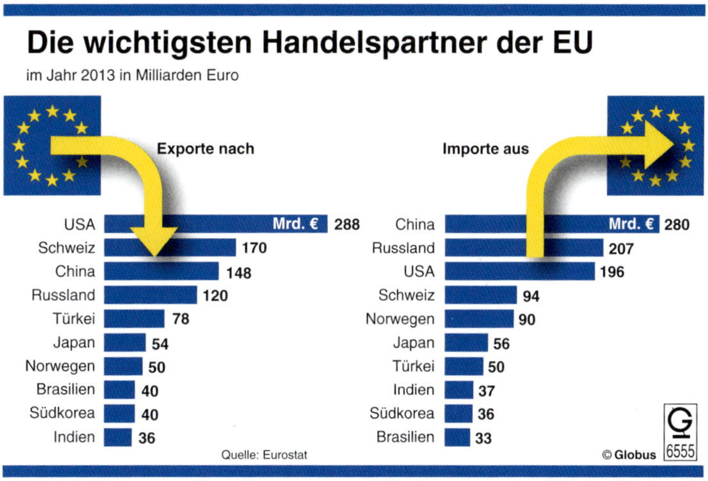

▲ Globale und regionale Wirtschaftsabkommen als Voraussetzung der Internationalisierung

Das Ausmaß der Globalisierung ist auf die rapiden Verbesserungen der weltwirtschaftlichen Rahmenbedingungen seit dem Zweiten Weltkrieg zurückzuführen, auf **globale** und **regionale Wirtschaftsabkommen** (Wirtschaftsabkommen des GATT und der WTO).

VWL

▲ GATT und WTO:

Hauptziel war eine Liberalisierung des Handels, der Weg dorthin führte über den schrittweisen Abbau von Handelsbarrieren durch Zoll- und Devisenabkommen der Mitgliedstaaten.

Untereinander wurde das **„Meistbegünstigungsprinzip“** vereinbart, das die Mitgliedstaaten verpflichtete, Dritten gegenüber eingeräumte Zollpräferenzen auch allen Mitgliedern zu gewähren.

Sonderorganisation der UN: 23 Staaten	**1948: GATT** (General Agreement on Tarifs and Trade)	Meistbegünstigungsprinzip ▪ Zollsenkung ▪ Devisenpolitik ▪ Entwicklungspolitik ▪ Zollpräferenzen für Entwicklungsländer
	↓ abgelöst durch ↓	
154 Mitglieder 90 % des Welthandels	**1965: WTO** (World Trade Organization)	Abbau von Handelsrestriktionen für Dienstleistungen Anerkennung von Patenten (Schutz des geistigen Eigentums) für Chemie- und Pharmaprodukte Nahrungsmittel Entscheidungen über Handelsstreitigkeiten zwischen Mitgliedern

▲ Regionale Wirtschaftsblöcke:

Auch wenn es scheint, dass Zusammenschlüsse von Ländern in Freihandelszonen oder Zollunionen oder gemeinsamen Märkten zur Vereinbarung einer gemeinsamen Wirtschaftspolitik dem Meistbegünstigungsprinzip von GATT und WTO zuwiderläuft, sind durch sie Schritte von Ländern zur gemeinsamen Wirtschafts- und Gesellschaftspolitik eingeleitet worden.

VWL

Regionale Wirtschaftsblöcke/Kooperation

↓

- Gefahr für das Meistbegünstigungsprinzip
- Einräumung von gegenseitigen Vorteilen der Mitglieder
- gemeinsame Handelspolitik gegenüber Drittländern

Freihandelszonen	**Zollunion**	**Gemeinsamer Markt**
Zwei oder mehrere Länder vereinbaren – Senkung oder Abschaffung tarifärer und nicht tarifärer Handelsbarrieren untereinander – Sie sind frei, Dritten gegenüber eine individuelle Handelspolitik zu betreiben	Mitglieder vereinbaren neben bestehenden Vereinbarungen gemeinsame Außenzölle ASEAN-Länder Brunei, Indonesien, Malaysia, Philippinen, Singapur, Thailand, Vietnam	Mitglieder einer Zollunion vereinbaren eine Kooperation in allen Bereichen der wirtschaftlichen Beziehungen Europäische Gemeinschaft für Kohle & Stahl

↓
1994: NAFTA: North American Free Trade
↘ USA, Kanada, Mexiko
↓
Israel
EFTA: European Free Trade Area
↘ Island, Liechtenstein, Norwegen, Schweiz

1994: MERCOSUR-Länder: Mercado Comun en el America del Sur
↘ Argentinien, Brasilien, Chile, Paraguay, Uruguay

↓
Montanunion
↓
1957: EWG (römische Verträge)
↓
1968: Zollunion
↓
1978: Europäische Gemeinschaft (EG)
↓
1992: EG wird zur EU
↓
- freier Verkehr von
  - Personen
  - Waren
  - Dienstleistungen
  - Kapital

Befürworter sehen in der Globalisierung Chancen des Zusammenwachsens der Völker, Chancen des wirtschaftlichen und sozialen Ausgleichs, wenn betriebliche Funktionen aus privilegierten Hightech-Ländern mit hohen Lohnkosten in arme Niedriglohnländer verlegt werden, eine weltweite Arbeitsteilung erfolgt. Hauptakteure der Globalisierung sind weltweit tätige multinationale Unternehmen (Multis, Global Players).

Kritiker der Globalisierung verweisen auf die zunehmenden ökonomischen und sozialen Krisen in den Industrieländern infolge der wesentlich billigeren Angebote an Produktion, Dienstleistungen und Arbeitskräften.

Kennzeichnend für die Globalisierung ist, dass die Produktion in Standorte mit vergleichbar niedrigeren Kosten abwandert, und zwar nicht nur für jedes Endprodukt, sondern für Einzelteile und Baugruppen.

Beispiel Der Prozess der Globalisierung erhöht damit den Wettbewerbsdruck zwischen den einzelnen Unternehmen und verringert die Stabilität und Sicherheit der Arbeitsplätze.

Globalisierung

- Unternehmen können ihre Wertschöpfungskette weltweit (global) aufspalten und steuern.
- Sie können sie ganz oder in Teilen optimieren, indem sie Standortvorteile (für Beschaffung, Absatz, Arbeit) und besondere Kernkompetenzen (für die Produktion, Forschung und Entwicklung) nutzen: Global Sourcing bzw. Global Outsourcing.
- Arbeits- und kostenintensive Prozesse werden aus Hoch- in Niedriglohnländer verlagert.
- Zunehmende Mobilität der Produktionsfaktoren „Kapital" und „technologisches Wissen"
- Unternehmen agieren grenzüberschreitend in den Wirtschaftsräumen der Welt.
- Es entstehen mit den weltweiten Netzwerken mit funktionalen Schwerpunkten (Aufteilung der Unternehmensfunktionen) und den virtuellen Unternehmen neue Unternehmensformen.
- Zunehmende Verzahnung und Abhängigkeit von Volkswirtschaften untereinander
- Weltweite Anpassung von Lebensformen und Konsumentenverhalten, forciert durch Medien- und Informationsnetze
- Die Bedeutung von Nationalstaaten in bisheriger Prägung geht zurück.
- Haushalte können Güter aus allen Ländern der Erde konsumieren.
- Besondere Probleme der Volkswirtschaft sind,
  - vorhandene mobile Produktionsfaktoren zu halten (besonders hochqualifizierte Arbeit) oder anzuwerben,
  - Konkurrenz aus Billiglohnländern abzuwehren,
  - Kooperationen mit anderen Volkswirtschaften zu verstärken,
  - Verlust nationaler wirtschaftspolitischer Macht zugunsten regionaler Zusammenschlüsse und Integrationsformen (z. B. EU).

- Zusammenwachsen von Güter-, Finanz-, Kapital- und Arbeitsmärkten
  - Zunehmender Kapitalbedarf
  - Nutzung der Angebote internationaler Kapitalmärkte

Globalisierung und Sozialstaat

Die Globalisierung bringt eine Intensivierung der außenwirtschaftlichen Beziehungen mit sich.

Finanzmärkte: Anleger von Finanzkapital drängen in die besten Anlagemöglichkeiten, während Sachkapital nach wie vor noch immobil ist.

Arbeitsmärkte: Nur wenige Hochqualifizierte können ihren Arbeitsplatz weltweit frei aussuchen.

Wirtschaftspolitik/Rahmenbedingungen: Löhne und Sozialstandards müssen sich dem wesentlich niedrigeren Weltmarktniveau anpassen. Geringqualifizierte Arbeitskräfte werden wegen des zunehmenden Außenhandels immer weniger benötigt, weil die komparativen Vorteile der alten Industrieländer bei humankapital- und technologieintensiven Produkten liegen. Dadurch weitet sich die Produktion in diesen Branchen relativ zur Produktion in den arbeitsintensiven Branchen aus. Daher steigt in den Hightech-Ländern aufgrund der Globalisierung die Nachfrage nach Hochqualifizierten.

Verstärkt wird die Strukturverschiebung der Arbeitsnachfrage durch den technischen Fortschritt: Geringqualifizierte werden eher ersetzt als Hochqualifizierte. Dadurch wird das Umverteilungssystem des Sozialstaates durch Globalisierung und technischen Fortschritt stärker gefordert.

Globalisierung wird im Wesentlichen durch zwei Kräfte vorangetrieben:

Senkung der Transaktionskosten	Liberalisierung
– Transportaufwendungen – Kommunikations- und Informationskosten, die mit der Geschäftsanbahnung und -abwicklung verbunden sind – Weltweite Vernetzung der Güter-, Arbeits- und Kapitalmärkte	– Erleichterung des Handels mit Waren, Dienstleistungen und Kapital – Deregulierung bisher staatlich geschützter Bereiche, wie Wasser- und Energieversorgung, Post und Telekommunikation

↓

- Mehr an wirtschaftlichen Freiheitschancen
- Mehr an Risiko und an Eigenverantwortung
- Zunehmende Möglichkeiten, Lebensentwürfe zu individualisieren
- Trennung von Forschungs-, Entwicklungs-, Planungs-, Kontroll-, Verwaltungsarbeiten von Produktion und Absatz möglich
- Vergabe der Produktion an günstigste Standorte auf der ganzen Welt
- Kostenvorteile können an Kunden weitergegeben werden (Wettbewerbsvorteile)

Globalisierungsfalle

In den alten Industrieländern, die sich für die Globalisierung geöffnet haben, fallen die Löhne aufgrund des Arbeitsangebotes der Niedriglohnländer für einfache Arbeit. Umgekehrt steigen die Löhne für qualifizierte Arbeit. Überdies steigen die Kapitaleinkommen in diesen kapitalreicheren Ländern tendenziell stärker als die Arbeitseinkommen. Hieraus erwachsen dem Sozialstaat große soziale Spannungen, die nur schwer zu eliminieren sind, weil eine stärkere Besteuerung höherer Arbeitseinkommen und der Kapitaleinkommen zwecks Umverteilung zur Abwanderung hochqualifizierter Arbeitskräfte und zur Kapitalflucht in andere Länder führt.

So sind neben den Chancen der Globalisierung auch diese Risiken und vor allem solche durch das weltweite Produktionswachstum bedingt zu sehen:

Positive Auswirkungen	Negative Auswirkungen
– internationale Arbeitsteilung – Produktion nutzt Kostenvorteile der Standorte auf der ganzen Welt – niedrige Angebotspreise der hier produzierten Waren weltweiter Wettbewerb zwischen den globalen Unternehmen (Global Players) • Qualitätsverbesserung • Innovation • Kapital wandert an Orte mit der höchsten Rendite • Schaffung von Arbeitsplätzen und Industrieansiedlungen in Billiglohnländern	– **weltweite Zunahme** von • Warentransport • Produktionsbetrieben • Energieverbrauch • Umweltverschmutzung – **klimatische Veränderungen:** Temperaturanstieg, Stürme und Orkane mit negativen Folgen: Abschmelzen der Polar- und Hochgebirgsgletscher, Überschwemmungen, Bodenerosion, Wüstenbildung, Katastrophen – **verstärkter Wettbewerb für die alten Industrieländer** • Absatzschwierigkeiten • Arbeitslosigkeit

▲ Konsequenzen für das Operations- und Supply-Chain-Management im Logistikprozess

Mit der Internationalisierung betrieblicher Funktionen werden Teile der Wertschöpfungskette über die ganze Welt verteilt. Dem **Operationsmanagement** obliegen die Aufgaben, den Logistikprozess, verteilt auf verschiedene Standorte vom Input bis zum Output zu planen, zu organisieren, zu steuern und zu kontrollieren und den Prozess der Wertschöpfung ständig zu optimieren.

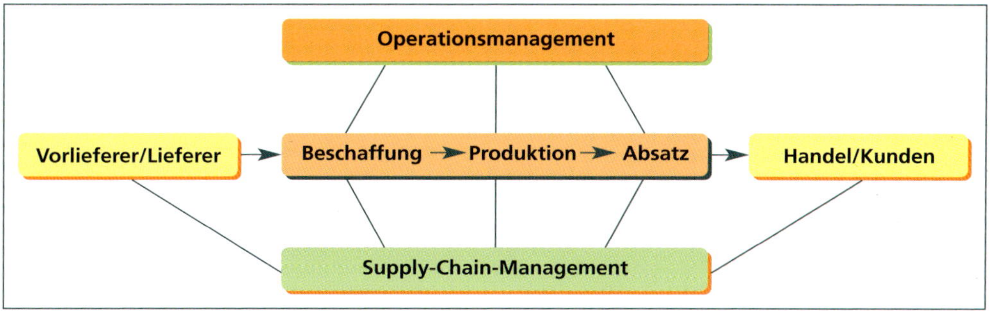

Das **Supply-Chain-Management** bezieht Lieferer und deren Vorlieferer und Kunden (Handel und Konsumenten) weltweit in diesen Prozess mit ein.

Beispiele von Kernfragen des Operationsmanagements und Supply-Chain-Managements

- Welche Funktionen sollen ins Ausland verlagert werden?
- Welche Länder kommen als Standorte für bestimmte Kompetenzen infrage?
- Welcher Standort weist die günstigsten Voraussetzungen auf aufgrund der
  - politischen Rahmenbedingungen,
  - Einflüsse von Religion und Kultur,
  - technischen Entwicklung,
  - Infrastruktur,
  - vorhandenen Rohstoffe,
  - Ausbildungsqualität der Menschen.
- Welche Zulieferer kommen infrage und wo haben diese ihre Standorte?
- Wohin soll der Absatz der Produkte erfolgen?
- Wer soll die Einzelstandorte erschließen und bearbeiten?
- Kommen die Mitarbeiter (leitende und ausführende) aus dem Heimatland oder aus dem Gastland?
- Sind die infrage kommenden Länder ausreichend vernetzt?
- Besteht ein Marketinggesamtkonzept?

▲ Gesichtspunkte für die Wahl von Auslandsstandorten

Mit zunehmendem Wachstum der Konzerne an den Standorten der alten Industrieländer kommt es schon seit den 60er-Jahren des 20. Jahrhunderts zur Marktsättigung bei zahlreichen Produkten und zur rapiden Zunahme der Exporte. Auf der Suche nach neuen Beschaffungs- und Absatzmärkten werden neue Marktpotenziale (Arbeitskräfte, Rohstoffe, Standorte, Finanzressourcen) entdeckt, die mit zunehmender Liberalisierung und Öffnung zunächst von den Großunternehmen, mittlerweile aber auch von vielen Mittel- und Kleinunternehmen durch Verlagerung und weltweite Streuung von Teilen der Wertschöpfungskette genutzt werden. Wirtschaftliche Gesichtspunkte für die Verlagerung gehen aus folgender Übersicht hervor:

Gesichtspunkte für die Wahl von Auslandsstandorten

Absatz	Beschaffung	Personal	Kosten	Produktion	geringe staatliche Auflagen
Nähe zu neuen Kunden Erschließung neuer Märkte	▪ Angebot notwendiger und preiswerterer Rohstoffe ▪ Energie	qualifiziertes Arbeitskräftepotenzial	▪ niedrigere Löhne und Gehälter ▪ steuerfinanziertes Sozialsystem ▪ Umweltkosten	▪ Nähe zu Forschungseinrichtungen ▪ Billiglohnländer	▪ Arbeitsschutz ▪ Umweltschutz ▪ Steuern ▪ Abgaben

Den wirtschaftlichen Aspekten, die für eine Wahl von Auslandsstandorten sprechen, sind jedoch zahlreiche Risiken gegenüberzustellen:

Risiken einer Standortverlagerung ins Ausland

wirtschaftliche	rechtliche	politische	kulturelle	Infrastruktur
▪ Art des Wirtschaftssystems ▪ Geldpolitik und Fiskalpolitik ▪ ökonomische Stabilität ▪ Organisation der Kapitalmärkte ▪ Kapitalbindung ▪ Know-how-Verlust (Kopien) ▪ Eintrittsförderung (Subvention) ▪ Qualitätsprobleme ▪ verfügbare Produktionsfaktoren	▪ anderes Rechtssystem ▪ Vorgaben für Produktgestaltung, Produktionsverfahren ▪ Vorgaben für die Rechnungslegung ▪ Eigentumsschutz	▪ politische Lage ▪ politisches System ▪ politische Stabilität ▪ rechtliche Spielregeln ▪ Außenpolitik ▪ Flexibilität der Rechtsnormen und rechtliche Veränderungen ▪ wirtschaftliche Rahmenbedingungen ▪ Eintrittshindernisse ▪ Vorschriften für internationale Geschäftstätigkeit ▪ Zugehörigkeit zu internationalen Organisationen ▪ Im-/Exportbeschränkungen ▪ Investitionsbeschränkungen ▪ Gewinntransfermöglichkeiten ▪ Devisenkontrollen	▪ Sprache ▪ Religion ▪ Sitten ▪ Tradition ▪ Einstellung zu Autorität ▪ Kooperationsbereitschaft ▪ Einstellung zum Leistungsprinzip ▪ Klassenstruktur und Mobilität ▪ Einstellung zu materiellem Erfolg ▪ Einstellung zur Wissenschaft ▪ Einstellung zu Risiko und Wandel ▪ Einstellung gegenüber Ausländern ▪ Art und Ausmaß des Nationalismus	▪ Ausbildungssystem ▪ Allgemeines Ausbildungsniveau ▪ Fach- und Hochschulausbildung ▪ Einstellung gegenüber Bildung ▪ lokale Berufsanforderungen ▪ Verkehrserschließung ▪ Kommunikationsmöglichkeiten ▪ Logistikprobleme

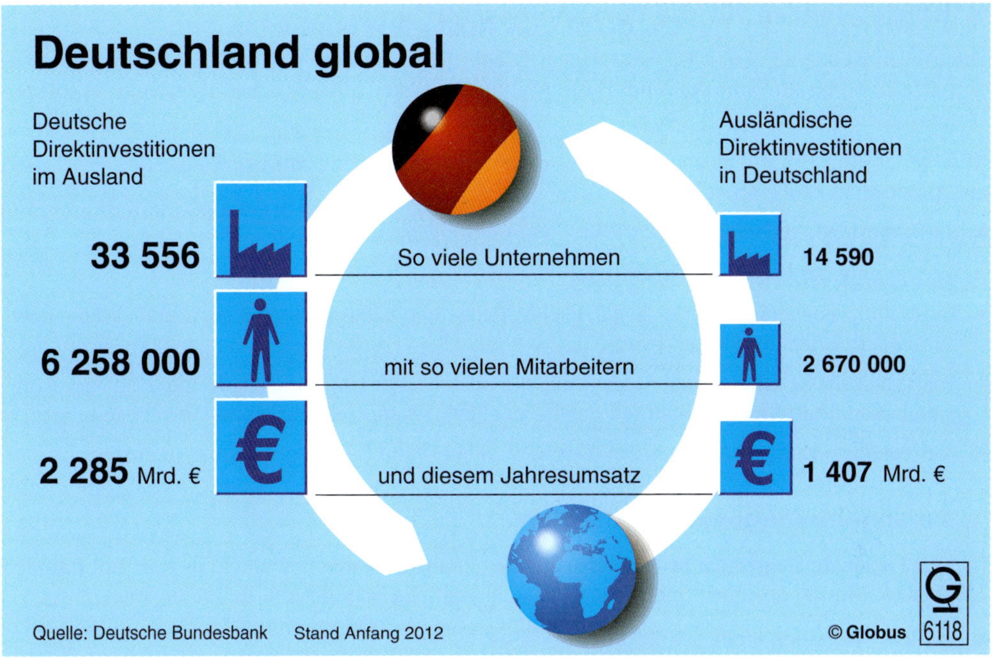

▲ Marketingeintrittsstrategien und -bearbeitung

Einer mit hohen Investitionskosten und großem Risiko verbundenen Verlagerung von Unternehmen an andere Standorte sind vielfach eine Reihe von risikoärmeren Markteintrittsstrategien vorgelagert, wie folgende Übersicht zeigt:

Markteintritts- und Marktbearbeitungsstrategien

RISIKO			
hoch	alle Funktionen Produktion Vertrieb	**Tochtergesellschaft (Neugründung/ Akquisition)**	Vorteile: Arbeitsplätze vor Ort, Kaufkraft Nachteile: große Direktinvestition hohes Risiko
	Joint Venture strategische Beteiligung strategische Allianz	**Kooperationen**	Vorteile: Kapitalbeteiligung des Gastlandes Kooperation ohne Kapitalbeteiligung mit Unternehmen des Gastlandes
	Masterfranchising Lizenz Indirekter Export	**Bearbeitung durch Dritte**	Vorteile: Marktnähe durch Dritte Durchsetzung vom Marktkonzept
gering	Direkter Export	**Vertrieb durch Muttergesellschaft**	Vorteil: geringes Risiko Nachteil: Marktferne

gering – Ressourcenbeanspruchung – hoch

Quelle: Meier, Harald (Hrsg.): Einführung in das internationale Management: Internationalisierung und Globalisierung, internationale Unternehmensführung, interkulturelle Kommunikation, Verlag Neue Wirtschafts-Briefe, 2004

Konsequenzen für die Personalbeschaffung

Die großen Konzerne, wie z.B. Volkswagen, Bosch, Höchst, Bayer, Siemens, BMW, erzielen ihre Umsätze zu 60 bis 80 % im Ausland. Folge ist, dass der Anteil ausländischer Mitarbeiter in solchen Unternehmen wächst.

Mitarbeiter aller Unternehmensbereiche werden daher zunehmend mit interkulturellen Einflüssen am Arbeitsplatz konfrontiert, hervorgerufen

- durch Auslandsentsendungen von Fach- und Führungspersonal durch
- Verlagerung der Produktion in Billiglohnländer,
- Einstellung hochqualifizierter ausländischer Fach- und Führungskräfte zur Entwicklung interkulturell zusammengesetzter Teams,
- konzerneigene Schulungen zur Vermittlung der Sprache, zur Unterstützung fremdsprachiger Kommunikation, Einführung in kulturell unterschiedliche Sitten, Gebräuche und Wertvorstellungen,
- Auseinandersetzung mit Fragen des Vertrags-, Steuer- und Sozialversicherungsrechts.

Personalmanagementstrategien:

Für das Personalmanagement bedeutet das ein weit komplexeres Aufgabenfeld in zum Teil fremden Umfeldern. Mit der gezielten Suche nach Personal geht eine individuelle Betreuung einher.

Besondere Aufgaben sind:

- Vergütungsregelungen im internationalen Vergleich
- Betreuung ausländischer Mitarbeiter und ihrer Familien
- Vorbereitung von Auslandsentsendungen
- Schulung der Personalmanager
- Kontrolle der extremen Risiken und Kosten
- Entwicklung besonderer Stellenprofile
- besondere Beschaffungsstrategien für das Heimat- und das Gastland
- Vermittlung interkulturellen Kompetenzen (Fremdsprachen-Training), interkulturelle Workshops und Projekte, Erfahrungsaufenthalte für Entsendungen und Eingliederungen
- strategischer Aufbau der Personalführung und -entwicklung in Zusammenarbeit mit Arbeitnehmerorganisationen der Herkunftsländer
- Kooperation mit international orientierten Hochschulen
- Erfahrungsaustausch und -auswertung mit Rückkehrern von Auslandsaufenthalten

Personalbeschaffungsstrategien:

In internationalen Stellenanzeigen werden wie in nationalen zuerst die erwarteten Fachkenntnisse und -erfahrungen sowie notwendige Branchen- und Marktkenntnisse umschrieben. Daneben werden Schlüsselqualifikationen und persönliche Eigenschaften/Anforderungen herausgestellt, die bei gleichwertigen Fachkenntnissen und -erfahrungen entscheidend für die Mitarbeiterauswahl und -einstellung sein können:

Persönliche Eigenschaften/Anforderungen:

- Alter
- körperliche Fitness und physische Belastbarkeit (Klima)

- psychische Belastbarkeit (politische und kulturelle Spannungen)
- religiöse oder politische Hindernisse
- kulturelle Beziehungen/Bindungen
- familiäre Bindungen
- Auslandsmotivation (eigene und die der Familie)
- Einfühlungsvermögen
- Anpassungsbereitschaft
- geistige Beweglichkeit
- Toleranz
- Selbstständigkeit

Schlüsselqualifikationen:

- Kenntnis der Landessprache
- Kommunikationsfähigkeit in der Landessprache
- Mitarbeiterführung
- spezielle Landeserfahrungen
- Beherrschung von Projektmethoden, Projekterfahrungen
- Erfahrungen in interkulturellen Teams

Nicht zuletzt ist die Frage wichtig, ob Stellen von Bewerbern aus dem Heimatland oder aus dem Gastland besetzt werden sollen, hängen doch hiervon Kosten, Ansehen im Gastland, Kenntnis und Durchsetzung von Strategien des Unternehmens u. v. a. m. ab.

Konsequenzen für die Rechnungslegung und Bilanzierung:

- Aus der **Globalisierung, Internationalisierung** und weltweiten Verflechtung der Unternehmen in Konzernen, die den **Zugang zu internationalen Kapitalmärkten** (Börsen) anstreben,
- aus der steigenden **Konkurrenz um Risikokapital** (Venture Capital),
- nicht zuletzt aus den gestiegenen **Informationsbedürfnissen der Kapitalgeber** und **Investoren**

resultiert der Zwang, die Rechnungslegung anhand von internationalen Standards vergleichbar zu gestalten. Aus den Inhalten muss der Leser zu vergleichbaren Aussagen für Investitionsentscheidungen gelangen.

Verstärkt wird dieser Prozess durch die informationswirtschaftliche **globale Vernetzung**. Durch Internet, Intranet und Extranet wachsen die lokalen Märkte zu globalen Märkten zusammen. Unternehmen und Kapitalmärkte folgen diesem Trend in einen weltweiten virtuellen Kapitalmarkt. Dadurch treffen die sehr unterschiedlichen Rechnungslegungssysteme mit teilweise gegensätzlichen Zielsetzungen aufeinander und die Anpassung des Rechnungswesens an international anerkannte Standards sowie die Übernahme des im angloamerikanischen Raum verbreiteten Shareholder-Value-Konzepts für die Beurteilung der Performance der Unternehmen werden notwendig.

Der Zwang zur Orientierung der Rechnungslegung an internationalen Standards wird aus bundesdeutscher Sicht durch den Vorwurf verstärkt, der Jahresabschluss nach HGB entspreche dem Informationsbedürfnis der Investoren und Kreditgeber nicht in ausreichendem Maße. Insbesondere wegen der Orientierung am **Vorsichtsprinzip** würde das Vermögen unter seinem realen Wert ausgewiesen. Es entstünden **„stille Reserven“**. Vermögen und Eigenkapital würden nicht zeitnah dargestellt. Außerdem würde nicht der periodengerechte Erfolg ausgewiesen.

1998 hat der bundesdeutsche Gesetzgeber hierauf mit der Verabschiedung des **Kapitalaufnahmeerleichterungsgesetzes** reagiert, mit dem er deutschen Konzernen die Möglichkeit einräumte, statt des HGB-Abschlusses einen Konzernabschluss nach international anerkannten Rechnungsvorschriften einzureichen:

Im Jahr 2010 hat der Gesetzgeber inhaltliche Angleichungen der HGB-Regelungen an IFRS-Regelungen (International Financial Reporting Standards) vorgenommen, um das international verlorene Vertrauen in die Abbildung der Jahresabschlüsse nach HGB wiederherzustellen.

Ziele dieser Angleichung waren:

- Verbesserung der Vergleichbarkeit von Abschlüssen
- Zugang zu internationalen Kapitalmärkten
- Orientierung an den Informationsbedürfnissen der Shareholder
- Verbesserung der Informationen für Kreditgeber
- Neutralisierung typischer Merkmale des Handelsrechts
  - Neutralisierung typischer Merkmale des Handelsrechts
  - Reduzierung von Bewertungs- und Darstellungswahlrechten, um einerseits individuelle bilanzpolitische Maßnahmen auszuschließen und andererseits die Vergleichbarkeit der Jahresabschlüsse für Kapitalgeber und Investoren zu verbessern und das auf Finanzierungs- und Investitionsentscheidungen basierende Risiko einzuschränken.
  - Entkoppelung von der handelsrechtlichen und steuerrechtlichen Gewinnermittlung
  - periodengerechte Erfolgsermittlung mit zeitnaher und vorausschauender Bewertung und Bilanzierung
  - Veröffentlichung von Zusatzinformationen, die eine verlässliche Interpretation des Erfolges auch in Richtung Zukunft erlauben

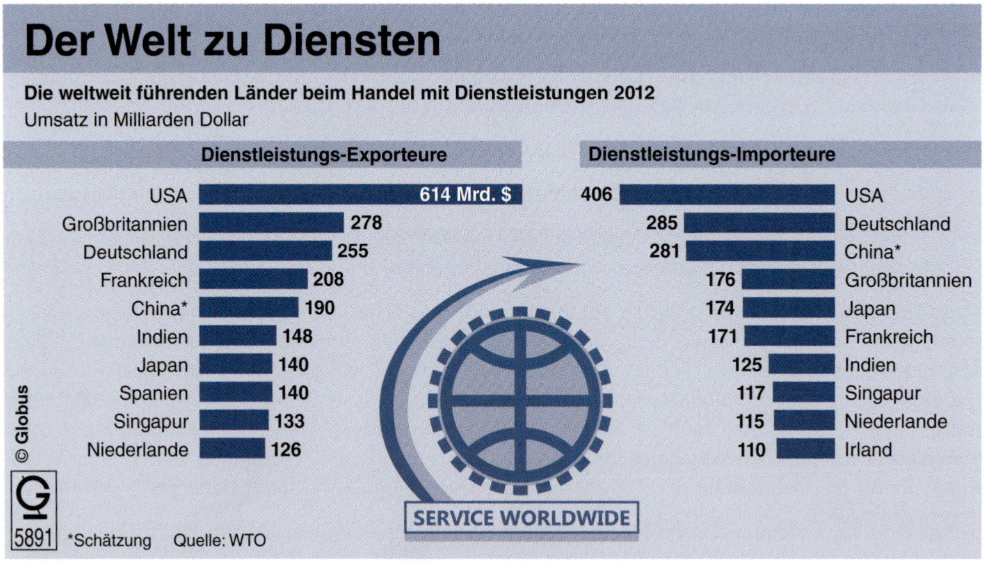

Beherrschendes Prinzip bleibt auch weiterhin das **Gläubigerschutzprinzip** im Verbund mit einer vorsichtigen Bewertung. Ausdruck des Vorsichtsprinzips sind das **Niederstwertprinzip** für den Vermögensausweis und das **Höchstwertprinzip** für den **Schuldenausweis**.

Globalisierung – Ursachen und Phänomene des wirtschaftlichen und sozialen Wandels

Globalisierungsursachen

- wachsende Abhängigkeit von Märkten und Produktion in verschiedenen Ländern
- Prozess der Marktöffnung für Waren, Dienstleistungen und Kapital

Politische

- Zusammenbruch der Planwirtschaft in den MOE-Ländern
- An die Stelle der Konkurrenz zweier Gesellschaftsideologien *tritt* ein weltweiter Kampf um wirtschaftliche Marktanteile
- Öffnung der bevölkerungsstarken Reformländer SO-Asiens einschl. China und Indien
- Liberalisierung der Güter- und Kapitalmärkte und Abbau von Schutzwällen
  - globale Abkommen
  - regionale Wirtschaftsblöcke
- An die Stelle der Konkurrenz zweier Gesellschaftsideologien *tritt* ein weltweiter Kampf um wirtschaftliche Marktanteile
- Abbau von „Schutzwällen" um einzelstaatliche Volkswirtschaften
  - Zölle
  - Importbeschränkungen
- Abbau staatlicher Vorschriften im Inneren

Ökonomische

- In wenigen Jahren treten mehr als 3 Mrd. Menschen als Anbieter und Nachfrager auf dem Weltmarkt auf:
  - verbesserte Einkommensbildung
  - explodierende Nachfrage
- sinkende Transaktions- und Transportkosten
- Annäherung von Dienstleistungs- und Produktionsstandorten
- Wettbewerber aus Schwellenländern in der Automobilindustrie, Elektrotechnik und Chemie
- Kapitalfluss an Orte
  - mit größerer Produktivität (Investition) an neuen Produktionsstandorten
  - mit größeren Renditen (Kapitalmärkten)

Technologische

- verbesserte Kommunikations- und Informationstechnologie
- Verkürzung der Transportzeiten und sinkende Transportkosten
- Vernetzung von Finanz-, Beschaffungs- und Absatzmärkten
- Innovationen in der
  - Mikroelektronik
  - Telekommunikation
- Optoelektronik[1]
- Vereinheitlichung technischer Normen

Auswirkungen der Globalisierung

Arbeitswelt

- Produktion in Billiglohnländern
  - mit geringen umweltpolitischen Auflagen
  - mit schwachen sozialen Sicherungssystemen
- Gefährdung von Arbeitsplätzen für einfache Arbeit
- Forderung eines höheren Ausbildungsniveaus im Wettbewerb mit der Arbeitnehmerschaft anderer Länder, insbesondere die Beherrschung von Informations- und Kommunikationstechnologien

Standortkonkurrenz

Verlagerung des Produktionsstandortes in lohngünstigere Länder

- mit niedrigeren Sozialstandards
- mit weniger umweltpolitischen Vorschriften
- mit arbeitsrechtlichen Regelungen
- in Steueroasen
- in Länder
  - mit Marktwirtschaft
  - mit rechtsstaatlicher Ordnung
  - mit liberaler Außenwirtschaftspolitik

Globale Lösungen länderindividueller Probleme

- Vereinbarungen und Kooperation mit internationalen Organisationen
  - Klimaschutz
  - Sozialdumping
  - Fluchtursachen
- Kulturelle Bedingungen
  - Kommunikationssprache
  - Lebensstil
  - Wertesystem/Religion
  - Bevorzugung kultureller Eigenständigkeit
  - ethnische Abgrenzung
- Universale Werte
  - Universalität von Menschenrechten
    - ↘ physische Unversehrtheit
    - ↘ freie Entfaltungsmöglichkeiten
    - ↘ ungehinderte Praktizierung religiöser Überzeugung

[1] *Methoden zur Gewinnung, Übertragung und Speicherung von Informationen*

Auswirkungen der Globalisierung auf die Unternehmen

Standort
- Rohstoffe
- Transportkosten
- Qualifikation des Arbeitskräfteangebots

Faktoranforderungen
Einsatzverhältnis der Produktionsfaktoren
- Arbeit
- Kapital
- Wissen

Möglichkeiten der Arbeitsteilung im Produktionsprozess
Zerlegbarkeit der Wertschöpfungskette

Fertigungsverfahren
große Stückzahlen zur Senkung der Ø-Kosten pro Stück

Produkteigenschaften
- Homogenitätsgrad
- Austauschbarkeit
- Nachahmbarkeit
- Veraltensgeschwindigkeit

Wettbewerbsbedingungen
- Bestreitbarkeit der Märkte
- technologische Zutrittsschranken
- ökonomische Barrieren

STAAT
als Regulierer, Eigentümer, Auftrags- oder Subventionsgeber mit besonderen politischen, strategischen, strukturellen und sozialen Interessen

Globalisierung und Wirtschaftspolitik

Wettbewerbspolitik
- Internationale Regelung
  - für den Subventionswettlauf
  - für Unternehmenszusammenschlüsse
  - für strategische Allianzen
- Förderung der Geldwertstabilität
  - Geldmengenziele
  - Inflationsziele
  - Wechselkursvereinbarungen
- Schaffung neuer Arbeitsplätze durch Innovationen und Innovationsbereitschaft
  - Umsetzung von Wissen in neue Technologien
  - Anstrengungen in Aus- und Weiterbildung
  - Mehr Flexibilität am Arbeitsplatz

Förderung der Forschungs- und Technologiepolitik
- Schaffung von weltweiten konkurrenzfähigen Kompetenzzentren
- Kooperation zwischen Wissenschaft und Wirtschaft, um den Transfer von Forschungsergebnissen in Produkte zu beschleunigen.
- Schaffung von Rahmenbedingungen und Förderung der gesellschaftlichen Akzeptanz von ausländischen Investitionen in Forschungszentren
- Entwicklung einer Infrastruktur für moderne Kommunikation

Entwicklung neuer wissensbasierter Technologien
- hochwertigere Ausbildung
  - in Problemlösungen denken
  - Abstraktion – Systemdenken
  - Experimentieren – Teamfähigkeit
- Verstärkung des Studienwettbewerbs
  - Verkürzung des Studiums
  - mehr Autonomie von Schulen und Hochschulen
  - Wettbewerb zwischen den Bildungseinrichtungen
  - verstärkte Forschung und Entwicklung von zukunftsträchtigen Technologiefeldern
    - ↘ Nanotechnologie
    - ↘ Gentechnologie
    - ↘ Biotechnologie
    - ↘ Mikrosystematik
    - ↘ Luft- und Raumfahrt
    - ↘ Nachrichten- und Computertechnik
    - ↘ Logistik
    - ↘ Automatisierung
    - ↘ Werkstofftechnik

Finanz- und Steuerpolitik
- Abbau von Budgetdefiziten
- Reduzierung der Steuerlast
- Konzentration der Ausgaben verstärkt auf investive Bereiche, die zu einer Steigerung der Produktivität standortgebundener Produktionsfaktoren führen, wie
  z. B. Bildung, Forschung und Infrastruktur
- wachstumsfreundliche Ausgestaltung des Steuer- und Abgabensystems
  - international konkurrenzfähige Steuersätze

Verlagerung der Besteuerung von der Einkommenserzielung auf die Einkommensverwendung

Sozialpolitik
Reduzierung der Staatstätigkeit
- Minderung der Arbeitskosten
- Minderung der Unternehmensbesteuerung
- Das Verhältnis von Solidarität und Eigenverantwortung in der sozialen Sicherung ist neu auszutarieren
  - Einschränkung der Absicherung auf elementare persönliche und familiäre Risiken
  - Entwicklung neuer Formen privater Absicherung
  - Mehr Eigenverantwortung in der sozialen Sicherung

Tarifpolitik
- andere Formen der Entgeltfindung
- Senkung der Lohnnebenkosten
- größere Flexibilität am Arbeitsmarkt
- Anreize schaffen, auch niedrig bezahlte Arbeit anzunehmen, statt die sozialen Sicherungssysteme zu beanspruchen
- Anpassung an globale Lohnstrukturen

Auswirkung der Globalisierung und Internationalisierung auf die betrieblichen Funktionen

Beschaffung/ Materialwirtschaft	Produktion/Logistik	Absatz	Rechnungswesen/ Buchführung
- günstige Beschaffungspreise - Aushandeln langfristiger Lieferverträge mit festen Mengen-, Preis- und Qualitätszusagen	- Diversifizierung des Fertigungsprogramms - Auftrags- oder Lizenzfertigung in Drittländern - Bündelung und Konzentration an Standorten mit niedrigsten Vergleichskosten - Entwicklung von Logistikfunktionen an den Produktionsstandorten in weltweit verstreuten Absatzmärkten	- wegen unterschiedlicher Konsumgewohnheiten lassen sich viele Produkte nur begrenzt international vermarkten - Produktname, mit dem sich die Nachfrage identifizieren kann - Differenzierung der Kommunikationsstrategien - international zentrale Werbethemen und -motive müssen wegen der produkt-, medien- und verbraucherbezogenen Unterschiede modifiziert werden - Preisdifferenzierung - Standardisierung des Vertriebs über vertragsgebundenes Franchising oder Vertragshändlersystem	- Jahresabschluss nach dem entsprechenden Länderrecht oder nach US-GAAP bzw. nach IAS - länderkonforme Belege

Investition Auslastung	Finanzierung Liquiditätssicherung	Steuern Gebühren	Kostenrechnung

- Direktinvestition
- Beteiligungsfinanzierung
- Unsicherheitsfaktoren im Investitionsland
- Einfluss des Wechselkurses auf die Rentabilität
	- Konzerninterne Außenfinanzierung (z. B. durch Finanzierungsgesellschaft)
	- Konzernexterne Außenfinanzierung
	  – z. B. staatliches oder privates Eigenkapital im Investitionsland (joint venture)
	  – Fremdkapital (Staat oder Finanzmärkte)
		- Doppelbesteuerungsabkommen
		- Verschieben von Gewinnen in Niedrigsteuerländer
			- Verteilung der Produktionsfunktion auf Billiglohnländer mit unterschiedlicher Spezialisierung
			- XX der Beschaffungsfunktion
			- Zentralisierung oder Dezentralisierung der KLR
			- Vereinheitlichung des KLR-Systems

Controlling/Revision	Informatik/DV	Organisation	Personalpolitik

- Zentralisierung, Dezentralisierung
- Funktionscontrolling (Produktion, Marketing, Beschaffung)
- Divisionscontrolling (Produktgruppen)
- Vereinheitlichung des Controllinginstrumentariums (Sprache, Richtlinien, Maßstäbe u. a.), um eine Vergleichbarkeit zu erreichen
- Systemprüfung zur Überprüfung
  – des Unternehmenswertes
  – der Unternehmenseffizienz des Managements
	- Kommunikationsfähigkeit untereinander
	- Abstimmung der Hard- und Software
		- Komplexe Organisationsstruktur
		- Matrixorganisation
		- Tensororganisation
		- Verknüpfung von regionalen, geschäftsbereichsspezifischen und funktionalen Abläufen
			- Einstellung der Mitarbeiter auf regions- und kulturgebundene Abläufe und Verhaltensweisen
			- Beherrschung von Fremdsprachen
			- eventuelle Einbeziehung der Familien (Umzug, Schulen, Kinderbetreuung)
			- Schulung des Entsandten
			  – Know-how
			  – Managementfähigkeiten
			- Heranbildung einheimischer Führungskräfte

1 Vor der Entsendung in die unternehmenseigene Produktionsniederlassung in Indien soll der Produktmanager Werner Klein an einem speziellen interkulturellen Führungsseminar teilnehmen.
a) Erläutern Sie die Ziele aus der Sicht der Unternehmensleitung.
b) Entwerfen Sie ein Konzept für dieses Führungsseminar.

2 Prüfen Sie folgende Thesen zu „Globalisierung und Wirtschaftswachstum" im Zusammenhang auf Richtigkeit. Begründen Sie Ihre Aussagen:

Thesen: Globalisierung und Wirtschaftswachstum

Länder besinnen sich ihrer Stärken und bieten spezielle Güter und Dienstleistungen an, die sie vergleichsweise am günstigsten herstellen können (komparative Vorteile).
Folgen sind internationale Arbeitsteilung und Handel unter den Staaten der Welt.

↓

Dadurch kommt es zu einer Verbesserung der Konsumversorgung, weil die Handel treibenden Länder nicht mehr das konsumieren müssen, was sie produzieren.

↓

Durch eine internationale Arbeitsteilung an Standorten mit vergleichbar geringeren Kosten können die weltweit vorhandenen Ressourcen effizienter genutzt und die Weltproduktion insgesamt gesteigert werden.

↓

Beide Effekte steigern die Konsumversorgung kurzfristig; ein dauerhafter Wachstumsprozess ist nicht zwingend damit verbunden.

↓

Außenhandel führt dann zu langfristigen Wachstumseffekten, wenn durch den Handel
- eine internationale Verbreitung von bestehendem Wissen und Wettbewerb,
- Synergieeffekte bei der Schaffung von neuem Wissen

verbunden sind.

↓

Umgekehrt führt eine unzureichende Diffusion von neuem Wissen dazu, dass die Abstände zwischen ärmeren und reicheren Ländern immer größer werden.

↓

Konsequenzen der Wirtschaftspolitik:
Ein Land, das seinen Wohlstand steigern möchte, sollte die Mehrung seines Wissenskapitals zu einem Kernziel seiner nationalen Wirtschaftspolitik machen:
- Zugang zu bestehendem ausländischem Wissen
- schnelle Verbreitung dieses Wissens im Inland

3 „Freihandel: das Prinzip des Stärkeren." Erläutern Sie nachstehende Karte der „Welthandelsströme" unter dem Gesichtspunkt vorstehender Aussage.

4 Suchen Sie aus Tageszeitungen oder im Internet internationale Stellenanzeigen heraus und stellen Sie einen Katalog der darin geforderten Anforderungen zusammen.

5 Global tätige Unternehmen müssen vielfach ihre Produkte den jeweiligen Konsumgewohnheiten und Kulturen anpassen. Sie müssen dadurch große wirtschaftliche Nachteile in Kauf nehmen. Erläutern Sie diese Aussagen an Beispielen.

6 Stellen Sie Argumente der Befürworter und Gegner der Globalisierung gegenüber.

7 Erläutern Sie Auswirkungen der Globalisierung in der Bundesrepublik Deutschland
a) auf die Unternehmen am Beispiel einzelner Funktionsbereiche,
b) auf einzelne Wirtschaftszweige, c) auf die Gesamtwirtschaft.

2.2 Unternehmensplanung und -steuerung im „alternativen" Unternehmen

Bei der Feier zur Verleihung des Deutschen Umweltpreises der Deutschen Bundesstiftung Umwelt an die Bürodesign GmbH für das vorbildliche Umweltkonzept sagte Herr Stein: „Wir versuchen uns so zu verhalten, dass wir der Erde möglichst nicht mehr entnehmen, als nachwächst. Wir wollen das Erbe, das wir übernahmen, so pfleglich behandeln, dass wir vor unseren Kindern bestehen können. Das ist weiter nichts als selbstverständliche Vorsorge für die Zukunft."

- Erläutern Sie dieses Zitat.
- Leiten Sie daraus einen Grundsatzkatalog für ökologisches Handeln ab.
- Zeigen Sie Möglichkeiten der praktischen Umsetzung des Grundsatzkatalogs in der Bürodesign GmbH auf.

Der Anspruch an eine **dauerhafte und tragfähige Unternehmensentwicklung**, die mit allen Ressourcen verantwortlich haushält, umfasst für ein modernes Unternehmen ökonomische, ökologische, soziale und kulturelle Dimensionen. Nur wenn diese Bereiche in einem ausgewogenen Maße zusammenspielen, kann sich ein Unternehmen für die Gesellschaft „nachhaltig" entwickeln. Als Teil der Gesellschaft sollte ein solches Unternehmen ein hohes Eigeninteresse daran haben, dass es auch der Umwelt, den Mitarbeitern, den Kunden, dem regionalen Umfeld und dem Markt „gut geht".

Beispiel Die Bürodesign GmbH hat folgende **Grundsätze in ihrer Unternehmensphilosophie** verankert:

- „Wenn Kaufkraft und Kundenbindung im Markt stimmen, dann lassen sich die eigenen Produkte auf Dauer absetzen.
- Wenn das nachbarschaftliche Verhältnis durch Offenheit und Fairness geprägt ist, werden sich bei geplanten Veränderungen, wie etwa Erweiterungsgebäuden, Nachbarn und Kommune wohlwollend und kooperativ verhalten.
- Wenn Stolz und Identifikation die Unternehmenskultur prägen, erbringen motivierte und engagierte Mitarbeiter auch die geforderten Spitzenleistungen zur Sicherung der unternehmerischen Unabhängigkeit und des Standortes.
- Wenn im Verhalten eines Unternehmens deutlich wird, dass es in erster Linie den Menschen dient, dann kann auch das Geld für Investitionen verdient werden, um wegweisende Innovationen zu entwickeln und zu kommunizieren."

In einem Markt, in dem das Angebot bei Weitem die Nachfrage übertrifft, wird auf Dauer nur dasjenige Unternehmen überleben, das nicht nur durch seine Produkte wettbewerbsfähig ist, sondern das auch die Zustimmung und Sympathie der Menschen innerhalb und außerhalb des Unternehmens gewinnen kann.

VWL

POL

Insbesondere dem **Umweltschutz** und dem **Umweltschutz-Controlling** kommt in diesem Zusammenhang bei verantwortungsbewussten Unternehmen in der heutigen Zeit eine besondere Bedeutung zu.

▲ Notwendigkeit eines Umweltschutz-Controllings (Öko-Controlling)

„Umweltschutz" gehört zu den wichtigsten Anliegen unserer Gesellschaft. Zunehmend bevorzugen Verbraucher und Wiederverwender Produkte, die umweltverträglich sind oder die nach umweltscho-

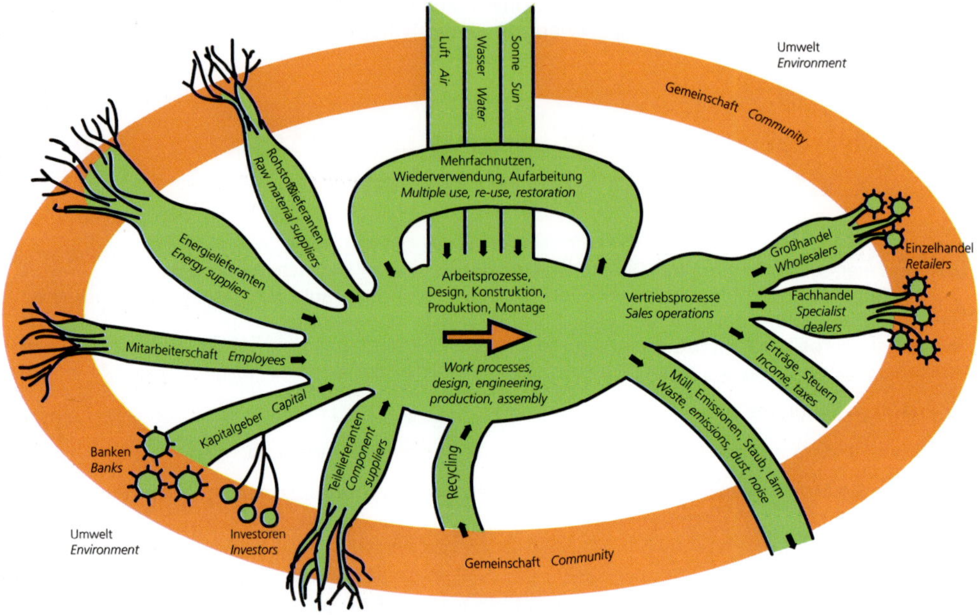

nenden Verfahren hergestellt wurden. Durch Verwicklung in Umweltskandale können Unternehmen einen verheerenden Imageverlust erleiden. Durch **Gesetze** und **Verordnungen** werden Eingriffe und Auflagen des Staates wie Umweltabgaben für schädliche Produkte oder Herstellungsverfahren, Umweltsteuern, Produktions- und Abfallauflagen, Verbote bestimmter Inhaltsstoffe und Produktionstechniken, Verbot oder Besteuerung von bestimmten Verpackungsstoffen geregelt, sodass dem Umweltschutz im Jahresabschluss ein immer breiterer Raum eingeräumt wird:

Gesetze	Verordnungen
– Abfallbeseitigungsgesetz – Abwasserabgabegesetz – Bundesemissionsschutzgesetz – Bundesnaturschutzgesetz – Bundeswaldgesetz – Gesetz über die Vermeidung und Entsorgung von Abfällen – Gesetz zur Bekämpfung der Umweltkriminalität – Straßengesetze der Länder – Waschmittelgesetz	– Abfallbestimmungsverordnung – Abfallnachweisverordnung – Abfallbeförderungsverordnung – Verordnung über Betriebsbeauftragten für Abfall – Verpackungsverordnung

▲ Aufgaben des Umweltschutz-Controllings

Um das gute Firmenimage und den Marktanteil nicht zu gefährden, müssen die Unternehmen versuchen, ökonomische Zielsetzungen mit ökologischen zu verbinden:

Ökonomische Ziele ↔	Ökologische Ziele
▪ Gewinn ▪ Wirtschaftlichkeit ▪ Rentabilität ▪ Produktivität	▪ Materialeinsparung, Recycling ▪ Umweltverträglichkeit des Materials und der Produkte ▪ Energieeinsparung ▪ Sicherung der Luft-, Wasser- und Bodenqualität ▪ kontrollierte Entsorgung ▪ umweltfreundliche Verpackung ▪ umweltfreundlicher Transport ▪ umweltorientierte Mitarbeiterschulung

In diesem Zusammenhang werden die Forderungen nach einem Rechnungswesen immer lauter, das Informationen über Umweltbelastungen und -entlastungen liefert und insbesondere folgende Aufgaben erfüllt:

- **Verhinderungen von Umweltbelastungen durch Beachtung des Umweltrechts**
  Im Rechnungswesen ist ein Controller damit zu beauftragen, das Umweltrecht zu verfolgen, insbesondere darauf zu achten, dass die Rechtsvorschriften eingehalten werden, damit dem Unternehmen keine Finanz- und Imageschäden entstehen.
- **Erkennen von Umweltrisiken**
  Umweltrisiken, die sich aus der Verwendung bestimmter Roh-, Hilfs- und Betriebsstoffe oder sich durch die Anwendung bestimmter Fertigungsverfahren ergeben, müssen möglichst früh erkannt werden (Frühwarnsystem), damit Gegenmaßnahmen eingeleitet werden.
- **Entwickeln von Maßnahmen zur Bewältigung von Umweltrisiken**
  Die Unternehmungen müssen rechtzeitig Maßnahmen einleiten, gefährliche Werkstoffe zu ersetzen, Schadstoffanteile zu senken, Versicherungen abzuschließen, um die Haftung weitgehend auszuschließen.
- **Vornahme von Umweltverträglichkeitsprüfungen**
  Solche sind empfehlenswert bei Anschaffungen von Anlagen, bei Änderungen der Produktionsverfahren, bei Substitution von Werkstoffen.

Im Einzelnen übernimmt das **Umweltschutz-Controlling** dabei folgende Aufgaben:

- Aufstellung von Ökozielen und Grundsätzen für alle Betriebsbereiche von der Produktentwicklung bis einschließlich Transport zum Kunden
- Formulierung von Öko-Richtlinien für die Umsetzung der Ökogrundsätze in allen Betriebsbereichen
- Erfassung aller Stoff- und Energieströme mithilfe von Betriebs-, Prozess-, Produkt- und Substanzbilanzen
- Ableitung von Kennzahlen aus den Betriebs-, Prozess-, Produkt- und Substanzbilanzen sowie deren Auswertung
- Darstellung aller Öko-Risiken durch Energie- und Materialverbrauch in der Fertigung, beim Transport, bei der Lagerung und bei der Entsorgung

- Ermittlung, Darstellung und Analyse der Umweltschutzkosten
- Unterstützung der Öffentlichkeitsarbeit durch Umweltberichte, eventuell auch zur Öko-Auditierung nach ISO 14001 ff. und nach EU-Verordnung

Dabei muss betont werden, dass Umwelt-Controlling über die Sammlung und Aufbereitung von Daten mit dem Ziel der Mengeneinsparung und Emissionsreduzierung hinausgehen muss.

Umwelt-Controlling muss der wechselseitigen Kommunikation von Unternehmen und Mitarbeitern und der Gesellschaft dienen. Es wird zum strategischen Erfolgsinstrument, wenn es über die quantitativen Zahlen hinaus qualitative Zielsetzungen vermittelt. Konkret bedeutet dies, dass es neben der Datenanalyse der Umsetzung der oben formulierten Öko-Grundsätze innerhalb und außerhalb des Unternehmens dient.

Bd. 1

▲ Grundsatzkatalog für ökologisches Handeln

Wie stark ein Produkt die Umwelt belastet und welcher Nutzen durch das Produkt entsteht, wird bereits in der Entwicklungsphase festgelegt.

Beispiel Die Bürodesign GmbH hat für die Design- und Entwicklungsphase ein System von Grundsätzen umweltgerechten Wirtschaftens festgelegt.

Neben der **Langlebigkeit** des zu entwickelnden Produkts werden

- ein **ökologisch verträglicher Materialeinsatz**,
- ein **sparsamer Umgang mit Rohstoffen** und **Energie**,
- die **Vermeidung von Produktionsemission** und
- die **Rückführung der Materialien** in den Stoffkreislauf

angestrebt.

Beispiel Die Bürodesign GmbH hat dazu für alle Phasen, die die Produkte durchlaufen, folgende Grundsätze vorbedacht:

Phasen der Produkte	Ökologische Grundsätze
Gestaltung	langfristig gültig, funktionsgerecht, funktionserklärend
Materialien	wieder verwendbar, weiterverwertbar, sortenrein und gekennzeichnet, geringe Anzahl, nachwachsend, schwermetallfrei, energie- und ressourcensparend, emissionsarm
Konstruktion	lösbare Verbindungen, Langlebigkeit, Aufwandsminimierung, Aktualisierungs-/Reparaturfähigkeit
Produktion	emissionsarm, geringe Arbeitsteilung, regional
Verpackung	platzsparend beim Transport, wenig Verpackung, Mehrwegverpackung, nachwachsend
Gebrauch und Werbung	unschädlich, emissionsfrei, selbsterklärend/selbstverständlich, wirtschaftlich, wartungs- und reparaturfreundlich
Entsorgung	Rückführung, Wiederverwendung, Weiterverwertung, sachgerechte Entsorgung

▲ Öko-Richtlinien zur Umsetzung der Öko-Grundsätze:

Will man diese Grundsätze im Unternehmen umsetzen, müssen Öko-Richtlinien für alle Unternehmensbereiche im weitesten Sinne erarbeitet werden: von der Produktentwicklung über Zulieferer, Handelspartner, ökologisches Controlling der Produktionsprozesse, Verpackung und Transport bis hin zu Reparaturleistungen, Wiederverwendung, Weiterverwertung und fachgerechter Entsorgung.

Beispiel Die Bürodesign GmbH hat Öko-Richtlinien für die Bereiche Produktentwicklung, Produktion und Produktverantwortung entwickelt:

Produktentwicklung	Produktion	Produktverantwortung
– Vorgaben für Design, Konstruktion Engineering – Einbeziehung der Produktion vor- und nachgelagerter Bereiche	– Abfallwirtschaftskonzept – Substitution von Gefahrstoffen – Reduktion von Lösemitteln – Energieeffizienz	– Service und Wartung – Rücknahme – Recycling – Verwertung – Entsorgung

Öko-Management:

Damit das Umwelt-Controlling diese Aufgaben erfüllen kann, muss es auf einem Informationssystem aufbauen, das alle Unternehmensbereiche umfasst.

Beispiel In der Bürodesign GmbH wurden vier Arbeitskreise gebildet, in denen Mitarbeiter aus nahezu allen Unternehmensbereichen an der Erstellung eines Problem- und Lösungskatalogs mitarbeiteten. Dadurch wurde die Ökologisierung als gemeinsame Aufgabe akzeptiert und ein breiter Konsens sichergestellt:

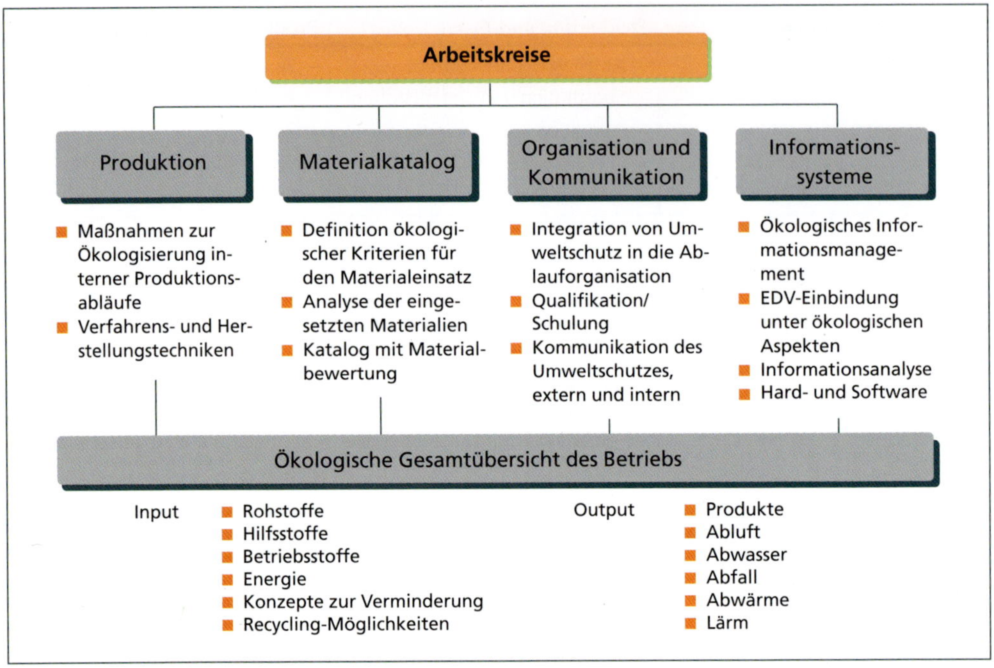

Bd. 1

Die Koordination der Aufgaben des Öko-Controllings in den verschiedenen Unternehmensbereichen kann einer besonderen **„Umweltschutzabteilung“** oder dem **Betriebs-Controlling** oder einem speziellen **Öko-Controller** zugewiesen werden. Neben solchen zentralen Funktionsbereichen empfiehlt sich auch die Übertragung der Umweltverantwortung auf einzelne Mitarbeiter in den Prozessabschnitten von der Produktentwicklung bis zur Entsorgung.

Darüber hinaus verlangen verschiedene Umweltschutzgesetze und -verordnungen die Bestellung von **Umweltschutzbeauftragten**, deren Einbettung in die Aufbau- und Ablauforganisation und deren Aufgabenbeschreibung.

Beispiel In der Bürodesign GmbH wurde Sven Braun zum Umweltbeauftragten ernannt. Er führt regelmäßig Schulungen zur Förderung des Umweltbewusstseins der Mitarbeiter durch.

▲ Öko-Bilanz:

Darunter versteht man ein betriebliches Informationssystem zur Abbildung und Bewertung der ökologischen Wirkungen der Unternehmungsaktivitäten.

interne Aufgabe	externe Aufgabe
Sie dient der ökologischen Entwicklung umweltverträglicher Produkte und Produktionsverfahren sowie der Steuerung und Kontrolle.	Sie dient der Imagepflege bei Kunden, Lieferern, Kreditgebern und in der Öffentlichkeit.

Bestandteile der Öko-Bilanz sind Stoff- und Energiebilanzen, Produkt-, Prozess- und Substanzbilanzen.

- **Stoff- und Energiebilanz des Betriebs (Betriebsbilanz):** In ihr wird die gesamte Abnahme der Bestände in Form der Roh-, Hilfs- und Betriebsstoffe und bezogenen Fertigteile bzw. ihr Einsatz und der Energieverbrauch in der Fertigung (= Input) dem Output in Form der Produkte, des Abfalls, der Abwässer, der Abluft und des Lärms gegenübergestellt.

Für die systematische Erfassung aller Inputs und Outputs wird von Wirtschaftsforschungsinstituten – insbesondere dem Institut für ökologische Wirtschaftsforschung (IÖW) in Berlin – in Zusammenarbeit mit Verbänden, nationalen Einrichtungen für Umweltschutz und Betrieben in Anlehnung an die Finanzbuchhaltung ein sogenannter **Öko-Kontenrahmen** entwickelt.

Er ist wie die Öko-Bilanz aufgebaut und enthält auf der linken Seite (Input) eine Gliederung der betrieblichen Umwelteinwirkungen nach Anlagegütern, Stoffen und Energien und auf der rechten Seite eine Gliederung des Outputs nach Produkten, Abfällen und Emissionen.

Beispiel Öko-Kontenrahmen[1]

Input		Output	
3	**Liegenschaften**	**3**	**Produkte**
3.1	Boden	3.1	Halberzeugnisse
3.2	Gebäude	3.2	Fertigprodukte
4	**Anlagegüter**	**4**	**Abgänge**
4.1	technische Anlagen	4.1	Liegenschaften
4.2	elektronische Kommunikation	4.2	Anlagen
4.3	Einrichtungen		
4.4	Fuhrpark		
5	**Umlaufgüter**	**5**	**Abfälle**
5.1	Rohstoffe	5.1	Wertstoffe
5.2	Halb- und Fertigwaren	5.2	Reststoffe
5.3	Hilfsstoffe	5.3	Sonderabfälle
5.4	Betriebsstoffe		
6	**Wasser**	**6**	**Abwasser**
6.1	Trinkwasser	6.1	Menge
6.2	Brauchwasser	6.2	Belastung
6.3	Regenwasser		
7	**Luft**	**7**	**Abluft**
7.1	Menge	7.1	Menge
7.2	Belastung	7.2	Belastung
8	**Energie**	**8**	**Energieabgabe**
8.1	Strom	8.1	Strom
8.2	Heizöl	8.2	Heizenergie
8.3	Erdgas	8.3	Restenergie (Wärme/Licht/Lärm)
8.4	Ferndampf		
8.5	Treibstoffe		

Je nach betriebsindividuellem Informationsbedarf können diese Positionen dieses Öko-Kontenrahmens weiter untergliedert werden.

Beispiele von Inputs aus der Öko-Bilanz der Bürodesign GmbH:

5405	**Betriebsstoffe, diverse**		**1 562,24 kg**
540501	Schmierstoffe, Öle	150 St.	185,60 kg
5405010000	LANGZEITFETT BAMUT 100	13 St.	172,50
5405010001	NÄHMASCHINENÖL ADLER	0 kg	13,10
5405010002	Bohröl BS EP 50		
540502	**Betriebsstoffe, diverse**	308 St.	**1 376,64 kg**
5405020000	SILICON-DICHTUNGSMASSE	25 St.	160,16
5405020001	SILICON-DICHTUNGSMASSE	773 St.	9,44
5405020002	TESAKREPP Nr. T 1304	1 488 St.	77,34
5405020003	TESAKREPP	1 488 St.	312,50

[1] *Quelle: Umweltökonomie, Franz-Joachim Ludolph, Haan-Gruiten, Verlag Europa Lehrmittel, 1998, S. 161*

5405020004	PAPIERBECHER	3531 St.	40,11
5405020005	PAPIERBECHER	6,1 kg	35,31
5405020006	SCHWEISSDRAHT	38 St.	6,10 5405020007
SCHWEISSDRAHT	740 St.	595,08	
5405020008	Flachkrepp-Papierkleber	0 kg	140,60
5405020009	Darus L 482	0 kg	
5405020010	Trennmittel		

Beispiel Tiefengliederung im betriebsindividuellen Kontenrahmen der Bürodesign GmbH:

Input		**Output**	
1	**Werkstoffe**	3	**Produkte**
1.1	**Rohstoffe**	3.1	**Selbsterstellte Produkte**
1.1.1	Eisenmetalle	3.1.1	Stühle
1.1.1.1	Stahlrohrgestelle	3.1.2	Tische usw.
1.1.1.2	Stahlrohrgestell, Zubehör usw.	3.2	**Ersatzteile**
1.1.2	NE-Metalle	3.3	**Handelswaren**
1.1.2.1	Zink-Druckguss	4	**Emissionen**
1.1.2.2	Alu-Strangpressprofile	4.1	**Abfälle**
1.1.2.3	Alu-Gussteile	4.1.1	Entsorgung
1.1.3	Kunststoffe	4.1.1.1	Siedlungsabfälle
1.1.3.1	PA	4.1.1.1.1	Mischhausmüll
1.1.3.2	PA und GF usw.	4.1.1.1.2	Baustellenabfälle
1.1.4	Gummi	4.1.1.2	Sonderabfall
1.1.4.1	Naturkautschuk	4.1.1.2.1	Leuchtstoffröhren
1.1.4.2	Butadien-Kautschuk	4.1.1.2.2	Behältnisse verschmutzt
1.1.4.3	Styrol-Butadien-Kautschuk	4.1.1.2.3	Flugasche, Stäube
1.1.5	Holz	4.1.1.2.4	Lackschlamm
1.1.5.1	Massivholzteile	4.1.1.2.5	Pulverabfall
1.1.5.2	Sperrholzplatten	4.1.1.2.6	Batterien
1.1.5.3	Span- und Tischlerplatten usw.	4.1.1.2.7	Ölfilter
1.1.6	Glas und Stein	4.1.2	Weiterverarbeitung
1.1.6.1	Glasplatten	4.1.2.1	Altstoffhandel
1.1.6.2	Marmorteile	4.1.2.1.1	Altglas
1.1.6.3	Kunststeine	4.1.2.1.2	Lederreste
1.1.7	Bezugsmaterialien	4.1.2.1.3	Metallschrott
1.1.7.1	Bezugsmaterialien Dralon	4.1.2.1.4	Altöl
1.1.7.2	Bezugsmaterialien Wolle usw.	4.1.2.1.5	Papier und Pappe
1.1.8	Diverses	4.1.2.1.6	Stoffreste
1.1.8.1	Polsterzubehör	4.1.2.1.7	PVC
1.1.8.2	Gurte	4.1.2.1.8	PE-Folien
1.2	**Hilfsstoffe (kg)**	4.1.2.1.9	PU-Schäume
1.2.1	Lacke	4.1.2.1.10	PP
1.2.2	Grund	4.1.2.1.11	Ölhaltige Putzlappen
1.2.3	Härter	4.1.2.1.12	Organische Abfälle
1.2.4	Decklacke	4.1.2.2	Herstellrücknahme (kg)
1.2.5	Beizen	4.1.2.2.1	Verdünnung
1.2.6	Sonstige Beschichtungsmittel	4.1.2.2.2	Aluminiumreste
1.2.7	Spraylacke	4.1.2.2.3	Patronen von Kopierern/Druckern
1.2.8	Epoxy-Poly-Pulverlacke	4.1.3	Thermische Verwertung
1.2.9	Lösemittel	4.1.3.1	extern
1.2.10	Kleber	4.1.3.1.1	Holzreste, Späne
1.2.11	Sonstiges	4.1.3.1.2	Stäube aus der Produktion
1.2.11.1	Produktverpackungen		
1.2.11.2	Transportverpackungen		

Alle Inputs und Outputs sollen möglichst in Kilogramm angegeben werden, was teilweise aufwendige Umrechnungen notwendig macht.

Beispiel Auszug aus der Ökobilanz der Bürodesign GmbH: Output

Art	Jahresmenge (kg)	Entsorgung
Siedlungsabfälle	**219 700**	Müllverbrennungsanlage Köln
Bauschutt	**12 600**	Bauschuttdeponie
Sondermüll	**18 229**	
Eisenbehältnisse mit Reststoffen	1 650	Sondermülldeponie
Lackschlämme	6 520	Sondermülldeponie
Asche, Stäube	6 569	Sondermülldeponie
Leuchtstoffröhren	177	Sondermülldeponie
Lösemittelgemische	440	Sondermülldeponie
Altlacke	200	Sondermülldeponie
Feinchemikalien	140	Sondermülldeponie
Leim und Kleber	83	Sondermülldeponie
Bohr- und Schleifmittelemissionen	800	Sondermülldeponie
Altöl	1 530	Sondermülldeponie
Ölfilter	120	Sondermülldeponie
Siedlungsabfälle	**219 700**	Müllverbrennungsanlage Köln
Bauschutt	**12 600**	Bauschuttdeponie
Sondermüll	**18 229**	
Eisenbehältnisse mit Reststoffen	1 650	Sondermülldeponie
Lackschlämme	6 520	Sondermülldeponie
Asche, Stäube	6 569	Sondermülldeponie
Leuchtstoffröhren	177	Sondermülldeponie
Lösemittelgemische	440	Sondermülldeponie
Altlacke	200	Sondermülldeponie
Feinchemikalien	140	Sondermülldeponie
Leim und Kleber	83	Sondermülldeponie
Bohr- und Schleifmittelemissionen	800	Sondermülldeponie
Altöl	1 530	Sondermülldeponie
Ölfilter	120	Sondermülldeponie
Thermische Verwertung	**58 660**	
Holzreste	43 660	Heizkraftwerk → Wärmeerzeugung
Holzspäne	15 000	Heizkraftwerk → Wärmeerzeugung
Recycling	**124 065**	
Eisenschrott	45 000	Altmetallhandel → Metallhütte
Aluminiumschrott	870	Altmetallhandel → Aluminiumhütte
„Grüner-Punkt"-Abfälle	60	Duales System → Downcycling
Glas	750	Sammelcontainer → Glashütte
Stoffreste und Polstervliese	8 170	Externe Sortierung nach Qualitäten: Schurwolle und Kammgarn → neue Garne Mischqualitäten und Synthetik → Dämmplatten, Hartfilze
Lederreste	4 300	Verarbeitungsbetriebe → Kleinlederwaren
PVC-Teile und -Reste	1 344	Externes Recycling → Regranulat für neue Produkte
PE-Folie	11 470	Externes Recycling → neue Folien
PUR-Schaumteile	1 176	Externe Verwertung durch Zerhäckseln → Dämmplatten, Kissenfüllungen usw.
Polypropylen (Sitzschalen Picto)	–	Externes Recycling → Regranulat für neue Produkte
Polypropylen (Sitzschalen FS)	–	Rücknahme durch Hersteller → Wiedereinbringung in dessen Produktion
Kartonagen und Papier	50 870	Altpapierhandel → Kartonagen- und Papierfabriken
Büromaterialabfälle	25	„Grüne Box" → Sortierung und externes

Tonerkartuschen, Farbbänder		Recycling
Tintenstrahldruckerpatronen	–	Rücknahme durch Lieferer → Wiederbefüllung
Reißverschlussspulen	30	Rücknahme durch Lieferer → Wiederverwendung
Organische Abfälle	–	Kompostierung und gärtnerische Nutzung bei der Bürodesign GmbH

- **Öko-Prozessbilanzen:** Zwecks Analyse der Stoff- und Energiebilanz werden In- und Outputs den betriebsspezifischen Teilprozessen oder Produktionsschritten des Produktionsverfahrens zugeordnet, wie der Sägerei, Fräserei, Lackiererei, Polsterei, Montage u. a.

Beispiel Inputs und Outputs in der Sägerei in der Bürodesign GmbH

Inputs	Sägerei Outputs
Massivholzteile	Massivholzbeine für Tische, Stühle usw.
Sperrholzteile	Tischplatten
Spanplatten	Stuhlsitze
Tischlerplatten	Holzreste
Energie	Späne
Schmieröl	Staub
	Lärm
	Altöl

- **Produktbilanzen:** Sie erfassen die gesamten Stoffe- und Energieinputs eines Produktes, bezogen auf seinen gesamten Lebenszyklus, also von der Produktentwicklung und Rohstoffgewinnung über die Produktion, den Transport und den Gebrauch bis einschließlich Entsorgung. Mit Produktbilanzen lässt sich die Umweltverträglichkeit von Produkten vergleichen, die mit alternativen Roh- und Hilfsstoffen hergestellt werden, dadurch einen unterschiedlichen Lebenszyklus nehmen, sich in der Reparaturanfälligkeit unterscheiden, aber auch in der Entsorgung.

Beispiel Die Bürodesign GmbH hat für die Produktion des neuen Konferenztischsystems Contas Leichtbauplatten mit Plattenkernen aus Sandwich-Pappwaben vorgesehen, die aus Recycling-Papier gefertigt werden. Sie können also problemlos entsorgt werden. Zudem werden mit der erheblichen Massen- und Gewichtsreduktion Vorteile beim Transport erreicht.

Produktbilanzen sollten in Zukunft wichtige Erkenntnisse erschließen, Alternativen zur Befriedigung von Konsumentenbedürfnissen mit ihren ökologischen und wirtschaftlichen Folgen zu entwickeln.

Beispiele
Heizungsbau: Öl-, Gas-, Elektro-, Nachtspeicherheizung, Fernwärme
Autoindustrie: Benzin, Gas, Wasserstoff, Benzol
Verpackungsindustrie: Einweg, Mehrweg, Kunststoff, Glas, Holz, Pappe

- **Substanzbilanz:** In ihr werden einerseits dauerhafte betriebliche Umweltnutzungen durch Liegenschaften (Boden und Gebäude) und Anlagen (betriebstechnische, elektronische, Fuhrpark u. a.), andererseits die daraus resultierenden Risiken und Eingriffe des Standortes in die Umwelt wie z. B. Risiken und die dauerhafte Beeinträchtigung des Bodens und des Grundwassers, Flächennutzung (Parkplätze, Lagerflächen, Transportwege), Bebauung und Landschaftseinschnitte dargestellt.

▲ Umweltaspekte im Jahresabschluss

Der handelsrechtliche Jahresabschluss sieht keine Hinweise auf die Umwelteinwirkungen der Unternehmung vor: Allerdings sind Hinweise in der Bilanz und in der GuV-Rechnung denkbar.

Beispiele

– Der gesonderte Ausweis von Anlagen, die dem Umweltschutz dienen,

- Rückstellungen für ungewisse Verbindlichkeiten aus Maßnahmen zur Bewältigung von Umweltrisiken,
- Erlöse aus dem Verkauf von Abfällen,
- außerordentliche Aufwendungen aufgrund von Entsorgungsmaßnahmen wegen gesetzlicher Vorschriften.

Gemäß § 289 HGB bietet sich der Lagebericht an, Hinweise auf Belastungen und Entlastungen durch Umweltschutzmaßnahmen aufzuzeigen.

Beispiele

- Umfang und Art von Investitionen zum Umweltschutz (Filter, Kläranlagen, Verbrennungsanlagen)
- Stilllegung von Produktionsstätten wegen behördlicher Auflagen
- Verlagerung von Produktionsstätten wegen verschärfter Umweltbedingungen ins Ausland

Diese Hinweise werden zunehmend zu **Sozialbilanzen** erweitert, in denen Arbeitnehmer und interessierte Öffentlichkeit über die gesellschaftsbezogenen Leistungen der Unternehmung und deren Kosten informiert werden.

Unternehmensplanung und -steuerung

- **Notwendigkeit eines Umweltschutzcontrollings wegen:**
  - verstärkter Nachfrage nach umweltverträglichen Produkten
  - zahlreicher Gesetze und Verordnungen
  - Verantwortung gegenüber der Umwelt und den nachfolgenden Generationen
- **Aufgaben des Umweltschutzcontrollings**
  - Verbindung ökologischer mit ökonomischen Zielsetzungen
  - Verhinderung von Umweltbelastungen durch Beachtung des Umweltrechts
  - Erkennen von Umweltrisiken
  - Entwickeln von Maßnahmen zur Bewältigung von Umweltrisiken
  - Vornahme von Umweltverträglichkeitsprüfungen
  - Entwickeln eines Grundsatzkatalogs für ökologisches Handeln
  - Entwickeln von Öko-Richtlinien zur Umsetzung der Öko-Grundsätze für alle Unternehmungsbereiche
- **Öko-Management**
  - Umweltschutzabteilung
  - Öko-Controller
  - Öko-Mitarbeiter in allen Betriebsbereichen und Prozessabschnitten
  - Umweltschutzbeauftragte
- **Öko-Bilanz**
  - Abbildung aller ökologisch relevanter Inputs (Stoffe, Energie, Anlagen) und Outputs (Produkte, Abfälle, Emissionen) in Anlehnung an einen Öko-Kontenrahmen
  - Bestandteile sind Stoff- und Energiebilanz, Prozessbilanzen, Produktbilanzen und Substanzbilanz
  - Struktur der Öko-Bilanz:

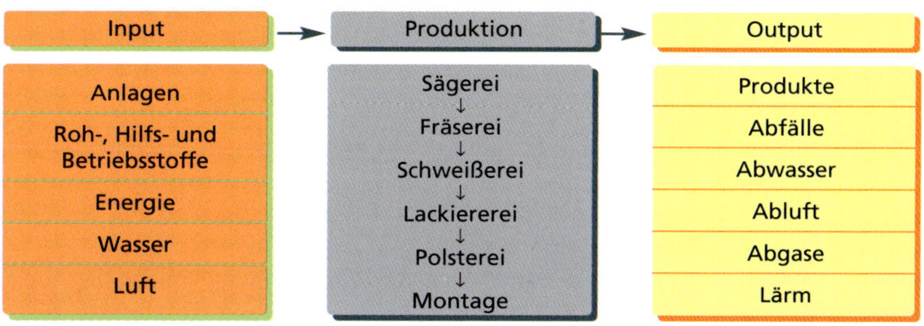

- **Umweltaspekte im Jahresabschluss**
  - Hinweise im Anhang auf umweltrelevante Investitionen, Stilllegungen, Aufwendungen und Erträge
  - Hinweise im Lagebericht
- *** Gesetze zur Umweltvorsorge:** Gesetz über die Umweltverträglichkeitsprüfung, Bundes-Immissionsschutzgesetz
- **Umwelt- und Sozialzeichen**
  - **Blauer Engel:** Förderung von Waren mit besseren Umwelteigenschaften
  - **Europäisches Umweltzeichen:** Förderung umweltfreundlicher Produkte und Dienstleistungen in Europa
  - **Textilkennzeichnung:** Bescheinigung, dass Ware keine gesundheitlich bedenklichen Schadstoffe enthält
  - **Stiftung Warentest:** Vergleich von Produkten unterschiedlicher Hersteller
  - **Staatliches Biosiegel:** Kennzeichnung von Lebensmitteln, die nach den gültigen EU-Rechtsvorschriften für den ökologischen Landbau erzeugt, produziert und kontrolliert werden
  - **Sozialzeichen:** Kennzeichen, die gesellschaftliches Engagement von Unternehmen und ihre Verantwortung für die Interessen von Entwicklungsländern herausstellen

1 Begründen Sie, warum sich alle Industrieunternehmen verstärkt mit ökologischen Fragen auseinander setzen müssen.

2 Formulieren Sie für einen Automobilhersteller in Anlehnung an den Grundsatzkatalog der Bürodesign GmbH (vgl. S. 392)

a) Grundsätze für ökologisches Handeln in einzelnen Funktionsbereichen und Prozessabschnitten,
b) Öko-Richtlinien zur Umsetzung der formulierten Grundsätze.

3 Erläutern Sie die Aufgaben des Öko-Controllers.

4 In der Bürodesign GmbH wird bei einigen Sitzmöbelprogrammen das Polstermöbelmaterial Polyurethan (PUR) durch Gummikokos ersetzt, ein Material, das auf Fasern basiert, die bei der Kokosnussernte anfallen und mit der Latexmilch des Gummibaums verklebt werden.
Zudem werden Polsterauflagen aus Schafwoll-Vlies statt aus Schaumgummi eingesetzt.

a) Begründen Sie diese Maßnahmen aus ökologischer Sicht.
b) Formulieren Sie Argumente für den Vertrieb, diese Maßnahmen zu Kunden hin überzeugend zu vertreten.

5 In der Bürodesign GmbH fallen u. a. folgende Abfälle an:

a) Restteile von Stahlrohr und -profilen
b) Reste von Aluminiumrohr und -profilen
c) Polypropylen (PP)/Kunststoffverschnitt
d) Polsterstoffreste aus Schurwolle und Kammgarnen
e) Polyurethanschaum (PUR)
f) von Kunden zurückgegebene Altmodelle mit einwandfreien Bauteilen

Zeigen Sie für die einzelnen Abfälle sinnvolle Wege einer ökologischen Entsorgung auf.

6 Erläutern Sie den Aufbau und den Inhalt der Öko-Bilanz am Beispiel der Stoff- und Energie-Teilbilanz.

7 Bisher sind Öko-Bilanzen im Rahmen des Jahresabschlusses nicht vorgeschrieben.

a) Begründen Sie, warum diese bisher nicht in den Vorschriften zur Rechnungslegung vorgeschrieben sind.
b) Erläutern Sie, weshalb Unternehmen dennoch zunehmend Hinweise zur Sozial- und Ökobilanz in den Jahresabschluss (Anhang und Lagebericht) aufnehmen.

8 Stellen Sie die Planungsprobleme in der alternativen Unternehmung anhand der Abbildung auf S. 390 und des Textes des Kapitels in einem Referat dar.

2.3 Konzentrationsprozesse

Herr Stam, der Abteilungsleiter „Absatz", hat gerade mit der Geschäftsführung über den Kauf von zwei neuen Lieferwagen für die Bürodesign GmbH gesprochen. Dabei war unter anderem auch ein Modell von VW im Gespräch. Deshalb liest er mit großem Interesse den folgenden alten Leitartikel in seiner Tageszeitung:

Volkswagen auf dem Weg an die Weltspitze[1]

Zukauf: Einstieg bei Suzuki öffnet dem Autokonzern auch den indischen Markt

Wolfsburg/Tokio Volkswagen steigt auf dem Weg an die Weltspitze bei dem japanischen Autobauer Suzuki ein und stärkt damit seine Position im Zukunftsmarkt Asien. „Gemeinsam werden wir unsere Wachstumschancen maximieren", sagte VW-Vorstandschef Martin Winterkorn bei der Verkündung des Einstiegs beim japanischen Autobauer Suzuki in Tokio. Der Wolfsburger Konzern will von der Kompetenz der Japaner beim Bau günstiger Kleinwagen und der starken Marktstellung in Schwellenländern wie Indien profitieren. Zudem versprechen sich beide technologische Vorteile von der Allianz. Europas größter Autobauer Volkswagen übernimmt 19,9 Prozent beim japanischen Konzern Suzuki. Für die Beteiligung zahlt VW 1,7 Milliarden Euro.

Beide Unternehmen hätten eine „enge und langfristige strategische Partnerschaft" vereinbart, teilte Volkswagen mit. Japans viertgrößter Autobauer wird bis zur Hälfte des erhaltenen Kaufpreises in VW-Aktien investieren.

Bei Analysten stieß das Geschäft auf Zustimmung. Viele Branchenkenner gehen aber davon aus, dass VW-Aufsichtsratschef Ferdinand Piëch mit Suzuki noch Größeres vorhat. Piëch hatte vor kurzem Spekulationen befeuert, dass er gerne zwölf Marken unter dem Dach des Volkswagen-Konzerns vereinen würde. Erst am Montag hatte VW für 3,9 Milliarden Euro knapp die Hälfte des Sportwagengeschäfts von Porsche übernommen. Porsche soll als zehnte Marke in den Konzern integriert werden, mit Suzuki und dem Lastwagenbauer MAN, an dem VW interessiert ist, wäre dann das Dutzend im Konzern voll. (...)

Quelle: Oehler, Klaus-Dieter: Volkswagen auf dem Weg an die Weltspitze, in: Rhein-Sieg-Anzeiger vom 10.12.2009, Seite 1

- Beschreiben Sie die Struktur des VW-Konzerns.
- Erläutern Sie, welche Vorteile VW in der Zusammenarbeit mit Suzuki sieht.

---

[1] *Anm. des Autors: Die Zusammenarbeit zwischen VW und Suzuki ist inzwischen wieder beendet.*

Seit vielen Jahren ist sowohl national als auch vor allem international zu beobachten, dass sich Unternehmen vermehrt zusammenschließen. Dadurch entstehen immer größere Unternehmen mit immer größerer wirtschaftlicher Macht.

Einerseits schließen sich Unternehmen freiwillig zusammen, weil sie sich davon versprechen, auf dem Markt erfolgreicher zu sein, indem sie sogenannte **Synergieeffekte** nutzen. Dies sind positive Wirkungen, die von einem Unternehmenszusammenschluss ausgehen.

Beispiel Die Bürodesign GmbH schließt sich mit der Möbelfabrik Bernd Schmitz OHG zusammen, die ausschließlich Schulmöbel herstellt. Beide können jetzt bei den Holzlieferanten größere Mengen bestellen und dadurch höhere Rabatte aushandeln. Da beide eine Einkaufsabteilung haben, können sie auch Kosten sparen, indem sie eine der beiden Abteilungen schließen und die andere den zentralen Einkauf für beide Unternehmen übernimmt.

Andererseits laufen Unternehmen Gefahr, vor allem wenn sie auf dem Markt weniger erfolgreich sind, gegen ihren Willen von erfolgreichen Unternehmen aufgekauft zu werden. In diesem Fall liegt eine unfreiwillige bzw. feindliche Übernahme vor.

Beispiel Die Megaphone AG zeigt starkes Interesse an der Übernahme der Handy AG, eines Herstellers von Mobiltelefonen. An der Börse hat die Megaphone AG im Laufe der letzten Wochen 35 % der Handy AG Aktien gekauft und hat den übrigen Aktionären in großen Zeitungsanzeigen angeboten, ihnen für den Verkauf ihrer Aktien einen Aufschlag von 10 % auf den derzeitigen Börsenkurs zu zahlen. Es ist das Ziel der Megaphone AG, mehr als 50 % der Handy-AG-Aktien zu erwerben, um über die Mehrheit in der Hauptversammlung die Personal- und Geschäftspolitik der Handy AG bestimmen zu können.

▲ Ursachen und Auswirkungen der Konzentrationsprozesse

VWL

Durch derartige Konzentrationsprozesse verändert sich die **Marktform**, da sich die Zahl der Nachfrager bzw. Anbieter verringert. Die Zahl oligopolistischer bzw. monopolistischer Märkte nimmt zu und damit erhöht sich die Gefahr, dass der Wettbewerb durch marktbeherrschende Unternehmen beeinträchtigt wird.

Die zusammengeschlossenen Unternehmen erhalten mehr **Macht** auf den Märkten, auf denen sie tätig sind. Bei einer gewissen Größenordnung nimmt auch in politischer Hinsicht die Macht zu, da diese Unternehmen wichtige Arbeitgeber und Steuerzahler darstellen. Großunternehmen haben zudem Vorteile im Bereich der **Finanzierung**. Dies gilt für die Außenfinanzierung, da es für sie leichter als für kleine Unternehmen ist, sich Geld auf den Kapitalmärkten zu beschaffen. Es gilt aber auch für die Innenfinanzierung (vgl. S. 158, 201).

Es entstehen **Kostenvorteile** durch die Zusammenarbeit in Bereichen wie

- Einkauf (z.B. erhöhte Rabatte durch gemeinsamen Einkauf),
- Verkauf (z.B. Schaffung eines gemeinsamen Vertriebssystems, Ausnutzen der marktbeherrschenden Stellung gegenüber Konkurrenten und Kunden),
- Produktion (z.B. Rationalisierung durch Nutzung einheitlicher Einzelteile für die verschiedenen Endprodukte, Senkung der Fixkostenbelastung pro Stück durch höhere Produktionszahlen),
- Forschung und Entwicklung (z.B. Schaffung einer zentralen Abteilung für Forschung und Entwicklung, gemeinsame Nutzung der Forschungsergebnisse in den einzelnen Unternehmen des Unternehmenszusammenschlusses).

Da die beteiligten Unternehmen häufig auf verschiedenen Produktionsstufen bzw. Märkten tätig sind, kommt es zu einer **Risikominderung**, da einerseits Einkaufs- und Verkaufswege gesichert werden können und man andererseits nicht von der Entwicklung auf einem bestimmten Markt bzw. von der wirtschaftlichen Entwicklung eines Landes abhängig ist. Dies gilt vor allem auch für Unternehmenszusammenschlüsse auf internationaler Ebene (multinationale Unternehmen, Global Player).

Richtungen der Konzentration

Eine **horizontale Konzentration** liegt vor, wenn sich Unternehmen zusammenschließen, die auf demselben Markt bzw. in derselben Branche tätig sind. Dadurch kann die Zahl der Konkurrenten verringert werden und es bieten sich Vorteile durch Zusammenarbeit, z. B. im Einkauf, in der Produktion, im Verkauf und bei der Finanzierung.

Beispiel Die Bürodesign GmbH übernimmt die Paul Nagel GmbH, einen Büromöbelhersteller in Münster.

Eine **vertikale Konzentration** erfolgt dadurch, dass sich die beteiligten Unternehmen auf verschiedenen Produktionsstufen befinden. Auf diese Weise können Kosten gespart werden und Einkaufs- bzw. Verkaufswege gesichert werden.

Beispiel Die Bürodesign GmbH schließt sich mit einem Sägewerk und einem Möbeleinzelhändler, der fünf Filialen unterhält, zusammen. So sichert sich die Bürodesign GmbH eine günstige Bezugsquelle für ihre Rohstoffe und einen sicheren Vertriebsweg für einen Teil ihrer Produkte.

Wenn sich die beteiligten Unternehmen auf verschiedenen Märkten und Produktionsstufen befinden, liegt eine **diagonale (konglomerate) Konzentration** vor. Das Ziel von derartigen Unternehmenszusammenschlüssen ist es z. B., das Risiko zu verringern, das dadurch entsteht, dass sich ein Unternehmen zu stark auf einen bestimmten Markt konzentriert.

Beispiel Die Pharma AG schließt sich zusammen mit der Allgäuer Fruchtsäfte AG und der Young Fashion GmbH, die in ganz Deutschland Textilgeschäfte mit modischer Kleidung für junge Leute unter 30 Jahre betreibt. Sollte es z. B. durch die Gesundheitsreform zu Umsatzrückgängen in der Arzneimittelbranche kommen, so könnten diese durch Umsatzsteigerungen in der Getränke- und/oder Textilbranche aufgefangen werden.

Formen der Konzentration

VWL

Der Zusammenschluss von Unternehmen erfolgt in den meisten Fällen durch Kapitalbeteiligungen in Form einer Konzernbildung bzw. einer Fusion. Je nach Höhe der Kapitalbeteiligung ergeben sich unterschiedliche Einflussmöglichkeiten:

Höhe der Kapitalbeteiligung	Einflussmöglichkeit
über 25%	**Sperrminorität:** Satzungsänderungen können verhindert werden.
über 50%	**Mehrheitsbeteiligung:** Die Geschäftspolitik kann entscheidend beeinflusst werden. (Aufgrund der Stimmenmehrheit in der Hauptversammlung kann die Wahl des Aufsichtsrats maßgeblich beeinflusst werden, der wiederum für die Besetzung des Vorstands verantwortlich ist.)
über 75%	**qualifizierte Mehrheitsbeteiligung:** Satzungsänderungen können durchgesetzt werden.

Bd. 1

Konzern

In einem Konzern schließen sich Unternehmen unter einer einheitlichen wirtschaftlichen Leitung zusammen. Die beteiligten Unternehmen bleiben rechtlich selbstständig, das heißt, sie sind weiterhin selbst für die Geschäftsführung und Vertretung verantwortlich.

Tauschen Unternehmen gegenseitig Kapitalanteile aus, entstehen Schwestergesellschaften und man spricht von einem **Gleichordnungskonzern**. Die beteiligten Unternehmen stimmen ihre Geschäftspolitik aufeinander ab.

Ein Konzernunternehmen (Muttergesellschaft) hat mehr als 50 % des Grund- oder Stammkapitals anderer Konzernunternehmen (Tochtergesellschaften) erworben und bestimmt die Geschäftspolitik dieser Unternehmen. Es entsteht ein **Unterordnungskonzern**.

Übertragen die beteiligten Unternehmen ihre Kapitalanteile an eine Dachgesellschaft und erhalten im Gegenzug Anteile an dieser, entsteht eine **Holding**. Diese bestimmt die strategische Geschäftspolitik des Konzerns.

Beispiel Die Food AG hält 80 % der Aktien der Eifeler Milch AG und 76 % der Aktien der Brau AG. Die Food AG bestimmt die Geschäftspolitik der Tochtergesellschaften, Eifeler Milch AG und Brau AG, indem sie z. B. die Produktpolitik und die Produktionsziele vorgibt. Die Tochtergesellschaften bleiben aber rechtlich selbstständig. Es entsteht ein Unterordnungskonzern.

Fusion

Bei einer Fusion verlieren Unternehmen ihre wirtschaftliche und rechtliche Selbstständigkeit. Sie verschmelzen zu einem Unternehmen.

Fusionen entstehen entweder durch **Aufnahme**, indem ein bisher selbstständiges Unternehmen von einem anderen vollständig aufgenommen wird, oder durch **Neugründung**, indem die einzelnen Unternehmen sich auflösen und ein neues Unternehmen gründen.

Beispiel Um ihre Wettbewerbsfähigkeit zu verbessern, beschließen die Westdeutsche Versicherungen AG und die Kölner Sachversicherungs AG, sich zu einem gemeinsamen Unternehmen zusammenzuschließen. Beide Unternehmen verlieren ihre wirtschaftliche und rechtliche Selbstständigkeit und es entsteht die Vereinigte Versicherungs AG.

Multinationale Unternehmen

Mit der rasant fortschreitenden Globalisierung haben auch die Konzentrationsprozesse auf internationaler Ebene stark zugenommen, was vermehrt zur Bildung multinationaler Unternehmen, sogenannter „Global Player", geführt hat, die heute den größten Teil der internationalen Handelsströme abwickeln.

Während im Jahre 1990 35 000 Unternehmen multinational tätig waren, waren es 2008 bereits 82 000 Unternehmen – meistens über Kapitalbeteiligungen. Dabei kann das Unternehmen eine eigene Tochtergesellschaft gründen oder sich an bestehenden Unternehmen beteiligen, sie übernehmen oder mit ihnen fusionieren.

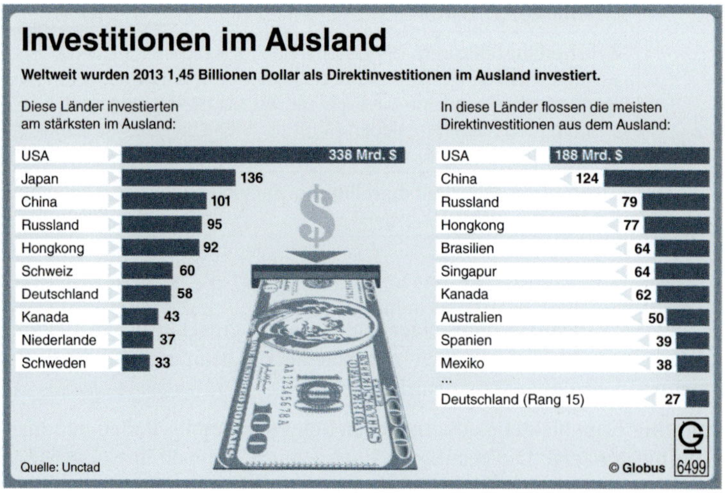

Grenzüberschreitende Beteiligungen am Kapital oder an Stimmrechten einer Unternehmung von 10 % oder mehr bezeichnet man als **Direktinvestitionen** (vgl. S. 125, 383). Insbesondere seit Mitte der 90er-Jahre ist eine starke Zunahme der weltweiten Direktinvestitionen zu verzeichnen.

In den 70er Jahren lagen die Direkt-investitionen weltweit im Durchschnitt bei 24 Mrd. US-$ pro Jahr, in den 90er Jahren schon bei 404 MRD. US-$ im Jahr. Zwischen 2000 und 2006 waren es bereits 918 Mrd. US-$ pro Jahr im Durchschnitt.

Im Jahr 2007 erreichten die Direktinvestitionen mit 1 970,9 Mrd. US-$ einen Höhepunkt, sanken jedoch infolge der Finanzkrise auf 1 185,0 Mrd. US-$ im Jahr 2009. Bis 2011 stiegen sie dann wieder auf 1 508,6 Mrd. US-$.

Während das Kapital früher vor allem in die Industrieländer floss und aus den Industrieländern kam, flossen 2011 etwa genau so viele Direktinvestitionen in die Industrieländer wie in die Schwellen- und Entwicklungsländer, vor allem in Asien. Dabei spielt China eine immer größere Rolle.

Gründe für die Bildung multinationaler Unternehmen

Neben den bereits genannten Ursachen der Konzentrationsprozesse (vgl. S. 402) gelten für die Bildung multinationaler Unternehmen besondere Gründe vor dem Hintergrund der Globalisierung.

Ein Grund ist die **Erschließung neuer Absatzmärkte**. Dies gilt vor allem für den asiatischen Markt. Indien und China bilden z. B. für die Automobilindustrie aufgrund ihrer hohen Bevölkerungszahl und ihrer Wachstumsprognosen wichtige Absatzmärkte in den kommenden Jahren. Durch verbundene Unternehmen in diesen Ländern ist man näher am Kunden und dadurch können Vertrieb und Kundendienst verbessert werden. Durch die Produktion vor Ort können mögliche Importbeschränkungen umgangen werden.

Gründe für die Bildung multinationaler Unternehmen liegen auch auf Seite der Beschaffung.

Einerseits kann durch Direktinvestitionen in bestimmten Ländern Asiens, Afrikas oder Lateinamerikas der **Zugang zu Rohstoffen** verbessert und gesichert werden. Dies gilt auch für den Zugang zu neuen Wissensquellen, die durch den Erwerb von Unternehmen in anderen Ländern erschlossen werden können.

Andererseits entstehen **Standortvorteile**, wenn man die Produktion oder Teile der Produktion in andere Länder verlegt, da dort oft deutlich geringere Lohn- und Lohnnebenkosten anfallen und andere rechtliche Rahmenbedingungen herrschen, z. B. hinsichtlich der vorgegebenen Umweltstandards und der Arbeitnehmerrechte.

In diesem Zusammenhang spielen auch **steuerliche Vorteile** eine wichtige Rolle, da international ein Steuergefälle existiert, denn in einigen Ländern werden z. B. Unternehmensgewinne niedriger besteuert als in anderen.

Da die Verlagerung der Produktion, die Erschließung neuer Rohstoffvorkommen und die Realisierung von Großprojekten mit sehr hohen Kosten verbunden sind, bedarf es einer erhöhten **Finanzkraft**, die bei multinationalen Unternehmen eher vorhanden ist als bei kleineren nationalen Unternehmen.

Ein weiterer Grund ist die **Risikominimierung** durch Direktinvestitionen in krisensicheren Regionen. Da die konjunkturelle Entwicklung in einzelnen Ländern unterschiedlich verläuft, wird das Risiko des Gesamtunternehmens vermindert und der Gewinn stabiler.

Multinationale Unternehmen in der Kritik

Multinationale Unternehmen erhalten aufgrund ihrer Größe eine besondere Marktmacht und damit auch eine große politische Macht. Die Finanzkraft der größten multinationalen Unternehmen übersteigt die Finanzkraft ganzer Staaten. Damit besteht die Gefahr, dass z. B. Entwicklungsländer in die Abhängigkeit großer Konzerne geraten, deren Direktinvestitionen unter Umständen größer sind als die Entwicklungshilfe, die diese Länder erhalten. Dies wiederum kann dazu führen, dass diese Unternehmen Einfluss nehmen auf die Politik einzelner Länder und ihre Macht missbrauchen. So beschreibt z. B. Greenpeace, dass Länder wie z. B. Nigeria in die Abhängigkeit großer Ölkonzerne geraten, was dann häufig auf Kosten der Umwelt und der ortsansässigen Bevölkerung geschieht.

Ferner wird kritisiert, dass multinationale Unternehmen kleinere lokale Anbieter in den Entwicklungsländern verdrängen und die geringen Löhne und Sozialstandards sowie die geringen bzw. fehlenden Umweltauflagen der Entwicklungsländer ausnutzen. Kritiker werfen diesen Unternehmen vor, dass sie nur an ihren Renditen interessiert seien. Eine Anhebung z. B. der Löhne und/oder Sozialstandards in einem Entwicklungsland und damit die Verteuerung der Produktion würde dazu führen, dass die Unternehmen abwandern, um ihre Produktion in noch kostengünstigere Länder zu verlagern.

Gegner dieses Standpunkts weisen jedoch darauf hin, dass das Engagement multinationaler Unternehmen zu einem höheren Lohnniveau und besseren Arbeitsbedingungen in den Entwicklungsländern geführt habe. Darüber hinaus wird argumentiert, dass aufgrund der zunehmenden Globalisierung und des damit verbundenen globalen Wettbewerbs nur so langfristig auch eine Sicherung der Arbeitsplätze in den Industrieländern gewährleistet ist.

▲ Strategische Allianzen

Viele Unternehmen streben statt großer Fusionen Kooperationen mit anderen Unternehmen an.

Beispiel: Im Jahre 1997 gründete Lufthansa zusammen mit vier anderen Fluggesellschaften unter dem Namen „Star Alliance" eine der erfolgreichsten strategischen Allianzen. Mittlerweile sind an dieser Allianz 27 Fluggesellschaften beteiligt, sodass Kunden in 181 Ländern die Vorteile dieser Zusammenarbeit nutzen können, wie z. B.:
- ein Angebot von täglich mehr als 21 000 Flügen zu 1 160 Flughäfen;
- die Flugpläne der einzelnen Fluggesellschaften sind aufeinander abgestimmt, was die Gesamtreisedauer verkürzt durch geringere Wartezeiten beim Umsteigen;
- die gesammelten Meilen bei einem Star-Alliance-Mitglied werden im Rahmen eines Vielfliegerprogramms im gesamten Netzwerk anerkannt;
- die einzelnen Fluggesellschaften reduzieren ihre Kosten, z. B. durch gemeinsame Check-in-Schalter, und damit ihre Preise.

Eine **strategische Allianz** ist
- ein verbindlicher Zusammenschluss
- zweier oder mehrerer Unternehmen (immer häufiger direkte Wettbewerber)
- für eine gemeinsame Leistungserstellung
- zur Stärkung der Wettbewerbsposition.

Kennzeichnend für strategische Allianzen ist darüber hinaus:
- sie sind einseitig aufkündbar,
- es ist eine weniger hierarchische, eine eher gleichberechtigte Beziehung,
- die angeschlossenen Unternehmen bleiben rechtlich selbstständig,
- die angeschlossenen Unternehmen verlieren ihre wirtschaftliche Selbstständigkeit im Bereich bzw. in den Bereichen der Zusammenarbeit (die Mehrzahl der Allianzen heute umfasst mehr als einen betrieblichen Bereich),
- die Zusammenarbeit ist unter Umständen zeitlich begrenzt.

Strategische Allianzen können – wie auch Konzerne – sowohl horizontal, vertikal als auch diagonal ausgerichtet sein.

90 % aller strategischen Allianzen haben entweder die Form einer Kooperation auf vertraglicher Basis, eines Gemeinschaftsunternehmens (international: Joint Venture) oder einer wechselseitigen Minderheitsbeteiligung.

Eine **Kooperation** liegt vor, wenn zwei oder mehrere rechtlich und wirtschaftlich selbstständige Unternehmen freiwillig auf vertraglicher Grundlage zusammenarbeiten – zeitlich befristet für ein einzelnes Projekt z.B. im Baugewerbe oder längerfristig.

Sie geben damit einen Teil ihrer wirtschaftlichen Selbstständigkeit auf.

Bei einem **Gemeinschaftsunternehmen**, international auch **Joint Venture** genannt, gründen zwei oder mehrere rechtlich und wirtschaftlich selbstständige Unternehmen gemeinsam ein rechtlich selbstständiges Unternehmen, das unter der gemeinsamen Leitung der beteiligten Unternehmen steht und Aufgaben ausführt, die im gemeinsamen Interesse liegen. Sie geben damit einen Teil ihrer wirtschaftlichen Selbstständigkeit auf.

Eine **einseitige Minderheitsbeteiligung** entsteht, wenn sich ein Unternehmen an einem anderen Unternehmen mit weniger als 25 % beteiligt. In diesem Fall ist die Bindung der Unternehmen höher als bei einem Gemeinschaftsunternehmen und erst recht als bei einer Kooperation.

Konzentrationsprozesse

- Unter dem Begriff **„Konzentrationsprozess"** versteht man die zunehmende Zahl von Unternehmenszusammenschlüssen zu immer größeren Unternehmen mit immer größerer wirtschaftlicher Macht.
- Unternehmenszusammenschlüsse können **freiwillig** und **unfreiwillig** (feindlich) erfolgen.
- Konzentrationsprozesse führen zu:
  - einer **Veränderung der Marktform,**
  - einem **Machtzuwachs** in wirtschaftlicher und politischer Hinsicht,
  - **verbesserten Finanzierungsmöglichkeiten,**
  - **Kostenvorteilen,**
  - **Risikominderung.**
- **Richtungen** der Konzentration: horizontal, vertikal, diagonal (Konglomerat)
- **Formen** der Konzentration:
  - Konzern (Gleichordnungskonzern, Unterordnungskonzern, Holding),
  - Fusion (Aufnahme, Neugründung)
- **Direktinvestitionen:** grenzüberschreitende Beteiligungen am Kapital oder an Stimmrechten einer Unternehmung von 10 % oder mehr.
- **Gründe** für die Bildung multinationaler Unternehmen:
  - Erschließung neuer Absatzmärkte,
  - Zugang zu Rohstoffen,
  - Standortvorteile,
  - steuerliche Vorteile,
  - erhöhte Finanzkraft,
  - Risikominimierung.

1 Definieren Sie den Begriff „Synergieeffekte".

2 Die Haustechnik AG ist ein deutsches Unternehmen, das Haushaltsgeräte (Waschmaschinen, Trockner, Kühlschränke) herstellt, und hat ein Konkurrenzunternehmen übernommen, die DHG AG (Deutsche Haushaltsgeräte AG).

Beurteilen Sie, welche Vorteile sich dadurch für die Haustechnik AG ergeben. Überprüfen Sie, ob dieser Unternehmenszusammenschluss auch negative Auswirkungen haben kann.

3 Das Bundeskartellamt hat in Deutschland die Aufgabe, die Funktionsfähigkeit des Wettbewerbs zu überwachen und Wettbewerbsbeschränkungen zu verhindern. Grundlage dafür ist das Gesetz gegen Wettbewerbsbeschränkungen (GWB).

Erstellen Sie einen Bericht zum Thema: „Fusionskontrolle durch das Bundeskartellamt".

4 Erklären Sie die verschiedenen Richtungen der Konzentration am Beispiel einer Brauerei.

5 Erläutern Sie den Unterschied zwischen Konzern und Fusion.

6 Werten Sie die Schaubilder zum Thema „Direktinvestitionen" auf den Seiten 125 und 381 aus.

7 Weisen Sie nach, dass die Wirtschaftskraft großer multinationaler Unternehmen (vgl. S. 361) die Wirtschaftskraft ganzer Volkswirtschaften übersteigt.

8 Arbeiten Sie aus dem folgenden Text die Auswirkungen multinationaler Unternehmen auf die Entwicklungsländer heraus.

Auswirkungen auf die Empfängerländer

Für Entwicklungsländer können die Firmennetzwerke große Wachstumschancen bedeuten, da über solche Kanäle enorme Wissensströme laufen und das Know-how der ausländischen Tochtergesellschaften auf die Wirtschaft des Gastgeberlandes überspringen kann (Spillover-Effekt). Ermöglicht wird der Technologietransfer durch die dramatischen Fortschritte in der Informations- und Kommunikationstechnik. Zugleich haben die Unternehmen in den Aufnahmeländern Südostasiens oder Lateinamerikas meist eine hohe Lernbereitschaft der heimischen Bevölkerung vorgefunden.

Obwohl multinationale Unternehmen in vielen Branchen, etwa in der Elektronik-, Nahrungsmittel-, Glas- und Kunststoffindustrie, in Entwicklungsländern vor allem die Niedriglohnkomponenten ihrer Erzeugnisse herstellen, bieten sie dort doch zahlreiche und im Vergleich zur heimischen Wirtschaft gut bezahlte, gesicherte und mit sozialen Leistungen verbundene Arbeitsplätze.

Alles in allem ist die Tätigkeit multinationaler Unternehmen in Entwicklungsländern damit eine gute Grundlage für deren weltwirtschaftlichen Aufholprozess. Mit zunehmendem Entwicklungsstand eines Landes emanzipieren sich zudem immer mehr heimische Firmen und übernehmen als Lizenznehmer oder Kooperationspartner Produktions- oder Dienstleistungsfunktionen vom ursprünglichen Direktinvestor.

Die positiven Impulse für Beschäftigung und Einkommen vor Ort haben bewirkt, dass multinationale Unternehmen von den Ländern der Dritten Welt als Direktinvestoren umworben werden. Allerdings gibt es in Industrieländern Unternehmen, etwa in der chemischen Industrie und in der Metallerzeugung, die einen hohen Verbrauch an Umweltressourcen haben und niedrige Umweltstandards in Entwicklungsländern nutzen, um Investitionskosten zu sparen. Auch gibt es Investoren, die sich undemokratischer und die Menschenrechte missachtender Regime bedienen, um billige Arbeitskräfte besser ausbeuten zu können.

Die Verletzung von Umwelt- und Sozialstandards ist allerdings keine zwingende Begleiterscheinung der Expansion multinationaler Unternehmen. Empirische Studien zeigen eher ein gegenteiliges Bild. Staaten mit einem relativ niedrigen Niveau sozialer Regelwerke erhalten danach nur geringe Investitionszuströme, während Länder, in denen relativ hohe Sozialstandards vorherrschen, auch aus diesem Grunde stärkere Zugänge verzeichnen.

Multinationale Unternehmen, die im Heimatland angesichts strenger Auflagen bereits Erfahrungen im betrieblichen Umweltschutz gesammelt haben, transferieren außerdem in beträchtlichem Umfang „saubere" Technologien und umwelttechnisches Know-how in Entwicklungsländer. Umweltstandards wie die Norm ISO 14001, mit der Betriebe zertifiziert werden, die ihre Prozesse umweltschonend ausgerichtet haben (zum Beispiel in der Abfallentsorgung), finden auch in Entwicklungsländern mit hohen Direktinvestitionen vermehrt Akzeptanz.

Quelle: Koopmann, Georg/Franzmeyer, Fritz: Weltwirtschaft und internationale Arbeitsteilung, in: Globalisierung, Informationen zur politischen Bildung Nr. 280, 3. Quartal 2003, S. 21

2.4 Antizipation zukünftiger gesetzlicher und technologischer Bedingungen

Herr Wilke leitet den Metallbereich bei der Bürodesign GmbH und hat seit einigen Tagen schlechte Laune. Er benötigt den Mitarbeiter Schmitz dringend für zusätzliche Schweißarbeiten, kann ihn jedoch nicht einsetzen, weil Herr Schmitz seit einem Jahr nicht mehr geschweißt hat und deshalb die Schweißerprüfung wiederholen soll. Für Wilke ist diese Regelung untragbar. Sein Mitarbeiter Schmitz hätte nach einer gewissen Einübung die traditionellen Arbeitsvorgänge wieder voll im Griff. Nach seiner Meinung wäre es viel sinnvoller, den Mitarbeiter Schmitz zu einem Lehrgang über die mögliche Anwendung von Hochdioden-Laser beim Schweißen zu schicken. Dies sei doch eine Schlüsseltechnik der Zukunft.

- Stellen Sie fest, welche Inhalte und Grenzen in Zukunft die staatliche Regulierung haben sollte.
- Informieren Sie sich über sogenannte Schlüsseltechnologien.

Die Entwicklung der gesetzlichen Rahmenbedingungen

Die gesetzlichen Rahmenbedingungen erfordern einen Spagat zwischen wirtschaftlicher Notwendigkeit und bürokratischen Hemmnissen. Notwendig sind zum Beispiel Bedingungen, die der allgemeinen Sicherheit, der Würde und Entfaltung des Einzelnen, dem Schutz des Eigentums und der Umwelt sowie dem Wettbewerb dienen. Man sollte jedoch nicht glauben, alles regeln zu müssen und zu können. Dieser Hang der Gesetzgeber führte in vielen Bereichen zu einer unzumutbaren bürokratischen Belastung, die sowohl den Einzelnen als auch die Industrieunternehmen trifft. Die für die Gesetzgebung Verantwortlichen versprechen, hier in Zukunft Abhilfe zu schaffen.

Beispiel So wurde für viele handwerkliche Tätigkeiten der Meisterzwang abgeschafft und auf sicherheitsrelevante Bereiche reduziert.

- **Tendenzen im Inland** Zur Reduzierung des Energiebedarfs und der Umweltemissionen findet man bereits jetzt eine Reihe gesetzlicher Vorgaben. So werden die Hausbesitzer verpflichtet, ältere Heizungen auf energiesparende und umweltfreundliche Heizungsanlagen umzustellen. Wer sein Haus verkaufen möchte, muss in Zukunft einen Energiepass für dieses Haus vorweisen. Die Elektrizitätshersteller müssen Emissionsrechte erwerben, die sie zu einer Verringerung von Emissionen veranlassen sollen. Was für die Haushalte und die Elektrizitätswirtschaft gilt, sucht man in vielen Industriebereichen vergeblich. Einen Energiepass, der bescheinigt, dass eine Maschine oder ein Fertigungsablauf alle Möglichkeiten der Energieeinsparung nutzt, gibt es noch nicht. Ein Grund ist sicherlich darin zu finden, dass die gewerblichen Unternehmen sich bisher nur auf freiwilliger Basis für ein Umweltmanagement entscheiden können. Es ist jedoch abzusehen, dass in Zukunft eine Verlängerung der Betriebserlaubnis für Unternehmen, deren Umweltemissionen einen bestimmten Grenzwert erreichen, von der Zertifizierung eines Öko-Management-Systems abhängig gemacht wird.

  Beispiel Deutschland hat zugesagt, den Ausstoß klimaschädlicher Gase wie Kohlendioxid bis zum Jahr 2012 um 21 % gegenüber 1990 zu senken. Derzeit liegt Deutschland bei knapp 19 %. Um das zugesagte Ziel zu erreichen, wurde die Elektrizitätswirtschaft verpflichtet, ihren Anteil um 15 % zu mindern. Die Industrie wird mit einem Beitrag von 1,25 % weitgehend verschont.

Die Ansprüche der Industrie an den Gesetzgeber beziehen sich vor allem auf das Bedürfnis nach einer größeren Sicherheit. Dies betrifft das Eigentum an Sachen und Rechten sowie die Verlässlichkeit auf die gesetzlichen Rahmenbedingungen. Ein Problem für viele Industrieunternehmen ist die zunehmende Wirtschaftskriminalität. Kaum ist ein neues Produkt auf dem Markt, schon wird es von anderen Unternehmen kopiert. Korruption, Abrechnungsmanipulationen, das Imitieren und Kopieren von Produkten verursachen jährlich Schäden in Milliardenhöhe. Bisher existieren wenige Strategien für ein unternehmensinternes Risikomanagement. In den USA besteht für solche Fälle nicht nur eine persönliche Haftung der Betroffenen, sondern je nach Verschuldungsgrad und Schwere auch eine Organhaftung des Unternehmens. Auch unsere Gesetzgebung wird sich langfristig zu schärferen Maßnahmen bekennen müssen.

Ein Investitionshemmnis bildet die ständige Veränderung von gesetzlichen Rahmenbedingungen. Manches, was gestern noch galt, gilt heute schon nicht mehr. Da sich viele Investitionen nur langfristig amortisieren, muss auch eine langfristige Planung des Staates erfolgen.

Beispiele Die Verlängerung der Nutzungsdauer bei Abschreibungen, die Abschaffung von Steuererleichterungen für Biodiesel, ständige Veränderungen bei der Berechnung der Kfz-Steuer, Abbau der Subventionen für Windkraftanlagen

- **Tendenzen in der EU** Mit der Ratifizierung des „Vertrags über die Europäische Union" haben die Mitgliedsstaaten in einigen Bereichen ihr nationales Recht dem europäischen unterstellt. Dies gilt besonders für die Bereiche Gesundheit, Sicherheit, Umweltschutz und Verbraucherschutz.

  Beispiel So müssen Hersteller oder Importeure aus einem Drittland für jede Maschine, jedes Sicherheitsbauteil oder Ausrüstungsbauteil und für jede „nicht selbstständig funktionsfähige" Maschine mit einer formellen schriftlichen Erklärung die Einhaltung der EU-Sicherheitsvorschriften bescheinigen. Für die Anbringung des CE-Zeichens ist der letzte Zusammenbauer verantwortlich. Er muss auch ggf. den zugelassenen Gutachter mit der Überprüfung bestellen. Das CE-Zeichen bestätigt somit die Einhaltung von europäisch harmonisierten Sicherheitsvorschriften.

  Während die Harmonisierung der Sicherheitsvorschriften und die Erklärungspflicht zur Konformität bei Maschinen und Geräten sich weitgehend durchgesetzt haben und im nationalen Recht, zum Beispiel im EMV-Gesetz (elektromagnetische Verträglichkeit), verankert wurden, stecken viele andere Bereiche, die für die Sicherheit eine gewisse Rolle spielen, noch in den Anfängen. Es ist zu erwarten, dass die Harmonisierung von Sicherheitsvorschriften zunehmend auf alle Bereiche ausgedehnt wird, die sicherheitsrelevant sind. Dies würde auch dem Verbraucherschutz dienen. Bei vielen Produkten muss sich der Verbraucher zunächst kundig machen, ob sie für den vorgesehenen Zweck wirklich geeignet sind oder nicht.

  Beispiel Häufig veranlassen erst traurige Ereignisse wie der Einsturz von Brücken und Hallen zu einer Harmonisierung baurechtlicher Vorschriften, die allein in Deutschland unterschiedlich je nach Bundesland geregelt sind.

▲ Schwerpunkte bei der technologischen Entwicklung

▲ Die Weiterentwicklung von Antriebsquellen:

- **Erdgasantrieb** Bisher gilt für Erdgasantriebe ein Steuerprivileg bis 2020. Zur Reduzierung der Umweltbelastung ist mit einer steigenden Nachfrage zu rechnen. So beträgt in Italien der Bestand an Erdgasautos das Zehnfache im Vergleich zu Deutschland.

  Beispiele Diese Entwicklung versuchen viele Unternehmen zu nutzen. VW hat den Touran „Eco-Fuel" entwickelt, der nach eigenen Angaben eine Reichweite von 300 km im Gasbetrieb erzielt. Mercedes bietet den Smart „fortwocng" (compressed natural gas) an. Ford präsentiert den Focus CNG, dessen im Fahrzeugboden integrierte Zusatztanks ebenfalls eine Reichweite von 300 km ermöglichen sollen.

- **Brennstoffzellentechnik** Der Wasserstoffantrieb ist das ökologische Antriebskonzept der Zukunft. Die Vorteile liegen in der unbegrenzten Verfügbarkeit der Energie, in der 100%igen Abgasfreiheit und der sehr geringen Lärmemission. Zudem wird ein weitaus höherer Wirkungsgrad im Vergleich zu den herkömmlichen Antriebstechniken erreicht. Die Bundesregierung will in den nächsten zehn Jahren eine halbe Milliarde Euro in die Weiterentwicklung der Wasser- und Brennstoffzellentechnologie investieren. Man rechnet damit, dass bis zum Jahr 2020 bei der Wasser- und Brennstoffzellentechnik der Eintritt in die Massenproduktion möglich ist.

Beispiele Mercedes hat nach Auskunft des Vertriebschefs bereits rund 100 Brennstoffzellen-Busse in Betrieb. Die Berliner Verkehrsbetriebe erproben erstmalig die Anwendung eines mit flüssigem Wasserstoff angetriebenen Brennstoffzellenbusses im regulären innerstädtischen Personennahverkehr.

- **Ionenantrieb** Ionenantriebe werden bisher nur in der Raumfahrt genutzt. Ionisierte, d. h. elektrisch geladene Xenoatome werden in einem elektrischen Feld beschleunigt, das von zwei Elektroden, die unter hoher Spannung stehen, erzeugt wird. Die relativ schweren Atome werden mit einer Geschwindigkeit von ca. 30 km/Sekunde nach hinten ausgestoßen und treiben auf diese Weise das Raumschiff an. Der Vorteil dieses Antriebs besteht darin, dass relativ kleine Mengen an Treibstoff für viele Wochen und Monate reichen. Gleichzeitig erzielt man eine weitaus höhere Endgeschwindigkeit, als dies mit einem konventionellen chemischen Antrieb möglich ist.

Beispiele „Deep Space 1" startete bereits 1998 als erste Sonde der Nasa mit einem Ionenantrieb. Mit 81,5 kg Xenon bestückt erreichte die Sonde eine Endgeschwindigkeit von 16000 km/h und konnte über 20 Monate ununterbrochen arbeiten. Im Jahr 2005 setzte die japanische Sonde Hayabusa mit Ionenantrieb und autonomer Navigation neue Maßstäbe.

Schlüsseltechnologien:

Schlüsseltechnologien sind solche Technologien, deren Ergebnisse eine breite industrielle Anwendung versprechen. Sie unterstützen flexible konfigurierbare Maschinen und Produktionssysteme, verkürzen Prozessabläufe und erleichtern die Orientierung der Prozessgestaltung an Zielen wie „kein Abfall, kein Wärmeverlust, keine Liegezeit, keine Fehler". Zu den Schlüsseltechnologien zählen besonders die Mikrosystemtechnik, die Nanotechnologie und die optischen Technologien.

- **Mikrosystemtechnik** Weltweit wird die Mikrosystemtechnik als Schlüsseltechnologie des 21. Jahrhunderts angesehen. Sie spielt in Deutschland eine ähnlich zentrale Rolle wie die Automobilindustrie. 680000 Arbeitsplätze sind direkt mit der Mikrosystemtechnik verbunden. Mithilfe der Mikrosystemtechnik ist es möglich, Produkte durch die Verwendung neuer Komponenten noch kleiner, leistungsfähiger, zuverlässiger und preiswerter zu gestalten. Die Mikrosystemtechnik erreicht dies durch eine Integration von mikromechanischen, mikroelektrischen und mikroakustischen Funktionen.

Beispiele Mithilfe der Mikrosystemtechnik konnten Bewegungsabläufe von Robotern erheblich verbessert werden. So wurde der erste sich selbst vervielfältigende Roboter entwickelt. Künftige Marssonden könnten sich selbst reparieren.

- **Nanotechnologie** Statt „immer höher, immer weiter" lautet ihr Motto „immer kleiner, immer schneller". Der Durchmesser eines menschlichen Haares ist rund 50000-mal größer als ein Nanoteilchen. Während die Mikroelektronik noch eine Ebene, die 1000-mal kleiner als ein Millimeter ist, beherrscht, erreicht die Nanotechnologie eine Ebene, die noch einmal um den Faktor 1000 kleiner ist. Ein Nanometer ist der millionste Teil eines Millimeters. Nano bedeutet im Griechischen Zwerg. Die Nanotechnologie erschließt somit die Welt der kleinen Dinge. Sehr beliebt ist die Nanotechnologie bei der Oberflächenbehandlung. Der chemische Vorteil besteht darin, dass die Oberfläche keine Adhäsion aufweist, vergleichbar mit einer Teflonpfanne. Der physikalische Vorteil ergibt sich durch die Erzielung einer Oberflächenstruktur, die aus vielen kleinen spitzen Hügeln besteht, die ein Benetzen der Oberfläche nicht möglich machen. Dieses Phänomen findet man in der Natur bei Fettpflanzen, z. B. bei der Lotuspflanze. Man spricht deshalb von einem Lotuseffekt. Mithilfe dieses Effekts kann man eine Selbstreinigung von Werkstoffen erreichen.

Beispiele So werden die Ergebnisse der Nanotechnologie bereits bei der Herstellung von Waschbecken, Badewannen, Jalousien und Farben für die Außenwände einer Hausfassade genutzt. Im Versuchsstadium befindet sich die Nanotechnologie im medizinischen Bereich. Zur Heilung von Hirntumoren wird der Patient in ein großes Magnetfeld gesetzt, das Schwingungen und Vibrationen der kleinen magnetischen Partikel verursacht. Da diese Partikel vorher mithilfe der Nanotechnologie mit einer organischen Hülle versehen wurden, ist gewährleistet, dass sie ausschließlich an Tumorzellen andocken und von gesunden Zellen fernbleiben. Über Vibrationen, die zu einer Reibungs- und Temperaturerhöhung führen, wirken sie nur an den Krebszellen.

Der Einfluss der Nanotechnologie auf die Entwicklung und den Bau von Prozessoren ist kaum abzuschätzen. Aktuelle Prozessoren können schon heute 100 Millionen Transistoren auf dem Prozessorplättchen tragen, und dies bei einer Strukturbreite von 130 Nanometer. Auch die Chipverdrahtungen erfolgen mit Kupferleitungen im Nanobereich. Experten schätzen, dass in naher Zukunft bis zu 400 Millionen Transistoren auf einen Chip gebracht werden können. Bis zum Jahr 2020 sollen Prozessoren bereitstehen, die parallel mehr als eine Milliarde Rechenschritte pro Sekunde ausführen können. Hier bewahrheitet sich eine Aussage der Firma Integrated Electronics (Intel) aus dem Jahr 1965, die besagt, dass Computer ihre Leistung alle 18 bis 24 Monate verdoppeln.

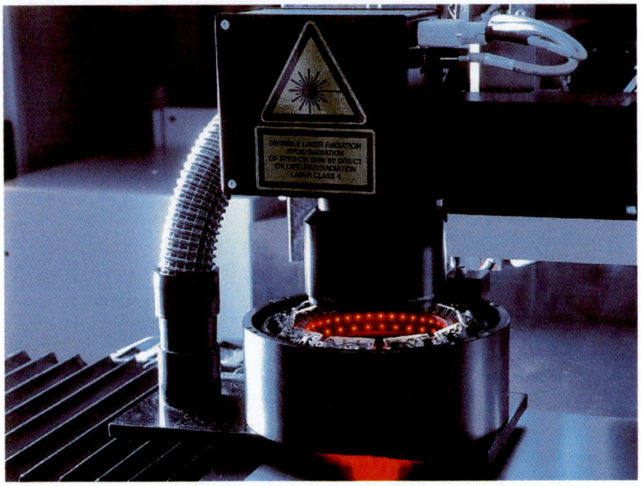

- **Lasertechnologie** Laser spielen ebenfalls eine Schlüsselrolle in modernen Produktionsprozessen. Sie wirken auf Distanz, lassen sich gut steuern und nutzen nicht ab. Durch den Einsatz von Lasern lassen sich Produkte verbessern und Rohstoffe sparen. Im Automobil-, Schiffs- und Flugzeugbau werden die Lasertechniken verstärkt eingesetzt, um Schweißverbindungen zu verbessern oder Bearbeitungsgeschwindigkeiten zu erhöhen.

Hochleistungs-Diodenlaser
Eine neue Entwicklung ist der Hochleistungs-Diodenlaser. Er besteht aus kleinen Halbleiter-Bauelementen, in denen direkt das Licht erzeugt wird. Dies ermöglicht es, die Laserquelle an die gewünschte Anwendung anzupassen, z. B. durch die Anordnung der Bauelemente in einer Linie oder als Ring. Hochleistungs-Diodenlaser werden zunehmend beim Schweißen von unterschiedlichen Karosseriebauteilen eingesetzt. In der Forschung bemüht man sich um neue Anwendungsmöglichkeiten bei der Trocknung von Farben, bei der Gestaltung von Displays oder der Entwicklung eines hochbrillanten Laserfernsehens.

Beispiel Mithilfe eines Hochleistungs-Diodenlasers könnten auf einem „Head-up"-Display auf der Windschutzscheibe mögliche Gefahren auf der Fahrbahn angezeigt werden.

Femtosesekunden-Laser Die Femtonik befasst sich mit Prozessen und Vorgängen im Zeitbereich von Femtosesekunden. Dies entspricht einer billiardstel Sekunde. Die Anwendungsgebiete für Laserimpulse von dieser kurzen Dauer sind sehr unterschiedlich. Durch die äußerst kurzen Impulse kann gewährleistet werden, dass Materialien berührungs- und zerstörungsfrei analysiert und bearbeitet werden können. Der Femtosesekunden-Laser sendet extrem kurze Lichtblitze. Dies hat den Vorteil, dass keine von Wärme beeinflusste Zone in der Umgebung der bearbeiteten Stelle entsteht. Es gibt keine Spannungen und Risse in dieser Umgebung, es entstehen keine Bearbeitungsrückstände.

Beispiele Die Einspritzdüsen der kommenden Generation für Dieselfahrzeuge sollen nur noch mit Femtosesekunden-Lasern gebohrt werden. Gleichzeitig plant man, die Zylinderwände von Motoren durch den Einsatz eines Femtosesekunden-Lasers mit einer Mikrostruktur auszustatten, sodass selbst bei höherer Leistung weniger Schadstoffe entstehen. Eine große Bedeutung wird die Femtonik auch für die Medizin gewinnen. Mithilfe eines Femtosesekunden-Lasers können Gehirnoperationen zukünftig ohne eine Schädigung des umliegenden Gewebes durchgeführt werden. Ähnliches gilt für die Hornhautchirurgie oder die zahnärztliche Behandlung.

Antizipation zukünftiger gesetzlicher und technologischer Bedingungen

↙	↘
größere Freiheiten z. B. durch den Abbau von Investitionsbarrieren	sparsamer z. B. durch die Brennstoffzellentechnik
weniger Bürokratie	kleiner z. B. durch die Mikrosystemtechnologie, Nanotechnologie
größerer Schutz – für den Verbraucher – für die Unternehmen	schneller z. B. durch optische Technologien (Lasertechnik)

1 Bewegen Sie den/die Leiter/-in Ihres Leistungskurses zu einer Betriebsbesichtigung. Formulieren Sie hierbei Fragen zu den Wünschen des Betriebsinhabers an die Gesetzgebung. Lassen Sie sich während der Betriebsbesichtigung den Einsatz der Mikrosystemtechnik erklären.

2 Testen Sie ein Nanopflegemittel an einem Fahrzeug oder an den Fensterscheiben Ihres Elternhauses.

3 Untersuchen Sie Ihr Smartphone nach dem Einsatz von mikrosystemtechnischen Elementen.

4 Erstellen Sie ein Referat zu neuen Technologien des laufenden Jahres mithilfe des Internets.

Bildquellenverzeichnis

akg-images/RIA Nowosti: S. 364

Bergmoser + Höller Verlag AG, Aachen: S. 170, 370

dpa Infografik GmbH, Hamburg: S. 50, 120, 124, 125, 127, 128, 179, 358, 359, 369, 371, 372, 373, 375, 381, 384, 388, 393, 404

dpa Picture-Alliance GmbH, Frankfurt: S. 50, 370, 401

Generalanzeiger, Bonn: S. 374

MEV Verlag GmbH, Augsburg: S. 7, 412

Morszeck, Dieter, Köln: S. 120

Fotolia Deutschland GmbH, Berlin: S. 8 (Andreas Reimann), 12 (Robert Mizerek), 37 (Oleg Dubas), 94 (Paylessimages), 122, 355 (Franz Pfluegl), 138 (Phototom), 156 (thepoeticimage), 226 (DWP)

Wilkhahn, Bad Münder: S. 10, 20, 44

Sachwortverzeichnis

A
ABC-Kundenanalyse 26
Absatzcontrolling 107
Absatzplan 134
Absatzwege 81
Abschreibung 267, 271
Abschreibungen 263, 348
Abschreibung nach Maßgabe der Leistung 264
Abschreibungsintensität 329
Abschreibungsplan 264
Abschwung 357
Abzahlungsdarlehenstilgungsplan 162
ADL-Matrix 47
After-Sales-Management 100
After-Sales-Prozesse 100
Agio 187
Aktie 189
Aktien 189
aktive Rechnungsabgrenzung (ARA) 305
Aktivmehrungen 347
Aktivminderungen 347
alte Aktien 189
alternative Unternehmung 389
Amortisationsvergleichsrechnung 143
Analyse und Kritik des Jahresabschlusses 313
andere Gewinnrücklagen 239
Angebotsfunktion 65
Anhang 246
Anlageinvestitionen 125
Anlagenabgänge 348
Anlagendeckung 322
Anlagengitter 237
Anlagenspiegel 237, 348
Anlagevermögen 256, 258, 271, 319
Anlagevermögensintensität 318
Anleihen 163
Annuität 161
Annuitätendarlehenstilgungsplan 161
Anschaffungskosten 256, 259
Anschaffungskostenprinzip 256
Anschaffungsnebenkosten 259
Anschaffungspreisminderungen 260
Anschaffungswert 229
Anspannungskoeffizienten 320
Arbeitsteilung 375
Arten von Wirtschaftsschwankungen 356
Aufbereitung der Gewinn- und Verlustrechnung 327
Aufbereitung des Jahresabschlusses 316
Auflösung von Rückstellungen 206, 293, 296
Aufschwung 357
Aufwandsintensität 328
Aufwandsstruktur 327
Ausfallbürgschaft 171
Außenfinanzierung 158
außerordentliches Ergebnis 243
außerplanmäßige Abschreibung 264
Auswertung der Bilanz 313, 324
Auswertung der Gewinn- und Verlustrechnung 327, 340

B
Banker's Rule 215
Banner 89
Barwert 144
bedingte Kapitalerhöhung 194
Beförderungskosten 76
Befragung 38
Belegschaftsaktien 190
Beobachtung 40
Berichtigungsaktien 190
Beschwerdemanagement 106
Bestandteile des Jahresabschlusses 232
Beteiligungsfinanzierung 185, 186
Beteiligungsrechte 126
Betriebsergebnis 243, 245
Betriebs- oder Branchenvergleich 315
Bewegungsbilanz 346, 349
Bewertung der Forderungen 279
Bewertung der Rückstellungen 294
Bewertung der Verbindlichkeiten 300
Bewertung der Vorräte 275
Bewertung des Anlagevermögens 259
Bewertung des Umlaufvermögens 274
Bewertung mit fiktiven Verbrauchsfolgen 276
Bewertung nach Handelsrecht 253
Bewertung nach Handels- und Steuerrecht 257
Bewertungsgrundsätze 254
Bewertungskontinuität 266
Bewertungsprobleme 253
Bewertungsstetigkeit 255
Bewertungsvereinfachungsverfahren 275
Bewertungsvorschriften 254
Bewertung von Wertpapieren 279
Bezugskurs 191
Bezugsrecht 192
Bezugsrechte 192
Bilanzanalyse 226
Bilanzauswertung 315
Bilanzgewinn 202, 239, 289
Bilanzgleichheit 254
Bilanzgliederung 241
Bilanzidentität 254
Bilanzierung 231, 383
Bilanzierung des Eigenkapitals 285
Bilanzkennzahlen 318
Bilanzkontinuität 231
Bilanzkritik 226, 315
Bilanzkurs 196, 320
Bilanz nach § 266 HGB 241
bilanzpolitische Bedeutung der Rückstellungen 295
Bilanzschema einer kleinen Kapitalgesellschaft 237
Bilanzstruktur 316
Bilanzverlust 289
Blankokredit 169
Bodenverseuchung 370
Book-Building-Verfahren 194
Boom 357
Börse 187

Börsenkurs 191, 320
Boston Consulting Group 46
Break-even-Point-Analyse 57
Briefgrundschuld 177
Bruttoinvestitionen 128, 348
Buchgrundschuld 177
bungsintensität 329
Bürgschaftskredit 169

C
Cashflow 331
Cashflow-Umsatzrate 332
Conjoint-Measurement 62
Corporate Identity 96
CRM 23
Crossmedia 90
Customer-Lifetime-Ansatz 27
Customer-Loyalities-Index 26
Customer-Relationship-Management 23, 101
Customer-Satisfaction-Index 26

D
Damnum 162
Darlehenskredit 161
Darstellungsstetigkeit 231
Debitorenlaufzeit 334
Debitorenumschlag 333
Deckungsrechnung 323
Depression 357
Desinvestition 123
Devisenkassamittelkurs 301
direkte Konkurrenz 30
direkter Absatz 81
direktes Leasing 180
Disagio 162
Dispositionskredit 165
Distributionspolitik 80
Diversifizierungsinvestitionen 123
Dividende 190
Dividendenpolitik 203
Drifting Costs 61
durchschnittliche Lagerdauer der Materialien 333
durchschnittlicher Forderungsbestand 333
durchschnittlicher Kreditorenbestand 334
durchschnittlicher Materiallagerbestand 333
Durchschnittsmethode 275
dynamische Methoden der Investitionsrechnung 144

E
EBIT 337
EBITDA 337
Effektivzinssatz 162
Effektivzinssätze 162
Eigenfinanzierung 158
Eigenkapital 237, 285, 290, 321
Eigenkapitalintensität 319
Eigenkapitalquote 320
Eigenkapitalrentabilität 329
Einlagenfinanzierung 185
Einzelanalyse 315
Einzelbewertung 254, 275, 279
Einzelkosten 57
Einzelunternehmen 232
Einzelwertberichtigungen 280
E-Mail-Advertising 90
Ergebnis der gewöhnlichen Geschäftstätigkeit 243, 245
Ergebnis vor Steuern 243
Erhaltungsaufwand 263
Erhebungsmethoden 38
Ersatzinvestitionen 123, 127
Erstinvestitionen 126
Ertragsintensitäten 328
Ertragsstruktur 327
Eventualverbindlichkeiten 299, 301, 302
Expansion 357
Experiment 41

F
Factory-Outlets 81
Fest-/Fälligkeitsdarlehenstilgungsplan 161
Fifo-Verfahren 278
Financial-Leasing 180
Finanzcontrolling 209
Finanzergebnis 243, 245
Finanzierung 76, 157, 319, 321, 348
Finanzierung aus Abschreibungen 205, 348
Finanzierung aus Abschreibungen und Anlagenabgängen 348
Finanzierung aus Rückstellungen 206
Finanzierung durch Kapitalfreisetzung 205
Finanzierungsarten 158
Finanzierungskennzahlen 212
Finanzierungskosten 260
Finanzierungsplan 217
Finanzierungsregeln 210
Finanzierungsziele 210
Finanzinvestitionen 126
Finanzmanagement 209
Finanzplan 212
Finanzplanung 209, 323
Forderungen 237
Forderungsrechte 126
Fortführung der Unternehmenstätigkeit 254
Fragebogen 39
Franchising 82
freie Cashflows 338
Freiverkehr 188
Fremdfinanzierung 159, 169
Fremdkapital 158, 285, 321
Fremdkapitaldeckung 321
Fremdkapitalintensität 320
Full-pay-out-Leasing 180

G
GATT 376
gebundene Namensaktie 190
Gemeinkosten 57
genehmigte Kapitalerhöhung 195
General Standard 188

geringwertige Wirtschaftsgüter des Anlagevermögens 270
Gesamtkapitalrentabilität 330
Gesamtkosten 57
gesamtschuldnerische Bürgschaft 170
Gesetz gegen den unlauteren Wettbewerb 92
gesetzliche Rücklage 202, 239
Gewinngrenze 70
Gewinnlinse 70
Gewinnmaximum 70
Gewinnrücklagen 202, 239
Gewinnschwelle 70
Gewinnthesaurierung 202
Gewinn- und Verlustrechnung 242, 327
Gewinnvergleichsrechnung: 142
Gewinnvortrag 203, 239, 289
Gewinnvortrag für neues Geschäftsjahr 203
gewogener Durchschnitt 275
gezeichnetes Kapital 238, 246, 286
Gläubigerschutzprinzip 229
Gleichordnungskonzern 359
gleitender gewogener Durchschnitt 276
Gliederung der Rückstellungen 293
Gliederung der Verbindlichkeiten 299
Gliederung des Anlagevermögens 258
Globalisierung 359, 374, 375, 385
Globalisierungsfalle 378
Globalisierungsursachen 385
Going Concern 254
goldene Bankregel 211
goldene Bilanzregel 211, 321
goldene Finanzierungsregel 211, 321
Goodwill 320
Grundbuch 174
Grundnutzen 53
Grundpfandrechte 174
Grundsatz der Vollständigkeit 231
Grundsätze ordnungsmäßiger Buchführung 231
Grundschuld 176

H

Handelsbilanz 227
Handelsvertreter 83
Händlerpromotion 94
Herstellungsaufwand 263
Herstellungskosten 256, 259, 260
Hochkonjunktur 357
Hochpreispolitik 72
Höchstwertprinzip 229, 256, 301
Human Capital 127
Humanvermögen 127
Hypothek 176

I

immaterielle Investitionen 126
immaterielle Wirtschaftsgüter 267
Immobilien-Leasing 182
Imparitätsprinzip 255, 301
indirekte Konkurrenz 30
indirekter Absatz 82
indirektes Leasing 180
Industrieobligationen 163
Informationen 360
Infrastrukturpolitik 368
Innenfinanzierung 158, 201
Instrumente der Marktforschung 37
Intensität der kurzfristigen Schulden 321
Intensitätskennziffern 318
Interner-Zinssatz-Methode 146
Interstitials 89
Investierung 321
Investition 123
Investitionsanregung 131
Investitionsentscheidungsprozess 130
Investitionsplan 134
Investitionsplanung 130, 209
Investitionsrechnung 136

J

Jahresabschluss 226, 233, 248, 253
Jahresabschluss nach Handelsrecht 227
Jahresfehlbetrag 243, 289
Jahresüberschuss 239, 243, 245, 289
Joint Venture 381, 387
junge Aktien 189

K

Kalkulationszinssatz 144
Kapitalanlage 321
Kapitalaufbau 319
Kapitalbedarf 214
Kapitalbeschaffung 158
Kapitalbindung 316
Kapitalbindungsfristen 321
Kapitalerhöhung aus Gesellschaftsmitteln 195
Kapitalgesellschaften 233
Kapitalrentabilität 329
Kapitalrücklagen 239
Kapitalstruktur 215, 316
Kapitalüberlassung 316
Kapitalüberlassungsfristen 321
Kapitalverwendung 158
Kapitalwertmethode 146
Käufermarkt 17
Kaufmotive 22
Kaufverhalten 23
Kennzahlensystem 336
Kennzahlenvergleiche 33
Key-Buying-Factors 24
Klarheit 231
kleine Kapitalgesellschaften 237
Kommunikationspolitik 85
Konditionenpolitik 75
Kondratieff-Zyklen 364
Konjunkturabschwung 356
Konjunkturaufschwung 356
Konjunkturdiagnose 358
konjunkturelle Schwankungen 357
Konjunkturindikatoren 358
Konjunkturprognose 358

Konkurrenz 30
konkurrenzorientierte Preisbildung 63
Kontinuität 255
Kontokorrentkredit 165
Kostenaufspaltung 63
kostenorientierte Preisbildung 56
Kostenvergleichsrechnung 137
Kredite 159
Kreditlimit 165
Kreditorenlaufzeit 334
Kreditorenumschlag 334
Kreditvertrag 159
Kreditwürdigkeitsprüfung 159, 160
Kunde 22
Kundenansprüche 22
Kundenanzahlungen 167
Kundenbindung 26, 102
Kundendeckungsbeitragsrechnung 27
Kundendienst 78
Kundenerwartungen 21
Kundeninformationssystem 23
Kundenorientierung 14, 26
Kunden-Portfolio 27
Kundenstrukturen 24
Kundenwert 26
Kundenzufriedenheit 26
kurzfristige Finanzierung 165

L
Lagebericht 233, 247
Lagerumschlag 332
langfristige Fremdfinanzierung 161
Lärmbelästigung 370
Leasing 179
Leasinggeber 179
Leasingnehmer 179
Leasingverträge 180
Leverage-Effekt 216, 330
Lieferantenkredit 167
Lieferbedingungen 76
Lieferzeit 76
Lifo-Verfahren 277
lineare Abschreibung 264
Liquidität 322
Liquiditätsstatus 323
Lohmann-Ruchti-Effekt 206
Luftverschmutzung 369

M
Markengesetz 49
Markenpiraterie 49
Markenpolitik 47
Markenschutz 49
Markenstrategien 48
Marketingeintrittsstrategien 381
Marketinginstrumente 43
Marketingkonzeption 14
Marketing-Mix 20, 43
Marketingplan 134
Marketingplanung 18
Marketingstrategien 19
Marktabschöpfungspolitik 72
Marktanalyse 36
Marktanteil 33, 34
Marktbeobachtung 36
Marktdurchdringung 19
Marktdurchdringungspolitik 73
Marktformen 17
Marktforschung 36
Marktforschung im Internet 41
Marktforschungsgebiete 37
Marktkommunikation 14
Marktkräfte 17
Marktpotenzial 33, 34
Marktprognose 36
Marktsituation 13
Marktvolumen 33, 34
Marktwachstum 35
Materialaufwandsintensität 328
Merchandising 94
Methoden der Auswertung 315
Mischkalkulation 73
mittelgroße Kapitalgesellschaften 235
Mittelherkunft 346
Mittelverwendung 346
Mobilien-Leasing 182
multinationale Konzerne 356, 359

N
Nachfragefunktion 65
nachfrageorientierte Preisbildung 60
Nachhaltigkeit von Investitionen 128
Nennwert 189
Nennwertaktien 190
Nettoinvestitionen 127
Newcomer 30
Newsletter-Advertising 90
Nichtkunden 28
Niederstwertprinzip 229, 256, 274
Niedrigpreispolitik 72
Nominalzinssatz 162
Non-pay-out-Leasing 180

O
offene Rücklagen 238
Offenlegung 247
Öffentlichkeitsarbeit 95
Öko-Bilanz 394, 399
Öko-Controlling 390
Öko-Kontenrahmen 395
Öko-Management 393, 399
Öko-Prozessbilanzen 398
Öko-Richtlinien 392
Onlinevertrieb 81
Operating-Leasing: 180
operatives Controlling 110
ordentliche Kapitalerhöhung 190

P

Panel 41
passive Rechnungsabgrenzung 306
Passivmehrungen 347
Passivminderungen 347
Pauschalwertberichtigung 281
Pay-off-Methode 143
Penetrationspolitik 73
Periodenabgrenzung 255
periodische Durchschnittsbewertung 275
Personalaufwandsintensität 329
Personalbeschaffung 382
Personalbeschaffungsstrategien 382
Personalkredite 169
Personal-Leasing 182
Personalmanagementstrategien 382
Personengesellschaften 232
planmäßige Abschreibungen 263
Portfolioanalyse 44, 46
Posten der Rechnungsabgrenzung 303, 307
Preisabsatzfunktion 65
Preisbildung auf oligopolistischen Märkten 67
Preisbildung auf polypolistischen Märkten 68
Preisbildung in monopolistischen Märkten 69
Preisdifferenzierung 60
Preiselastizitäten 70
Preisfindung 58
Preispolitik 56
Preisstrategien 72
Preisuntergrenzen 59
Premiumpolitik 72
Primärerhebung 37
Prime Standard 187
Product-Placement 88
Produktbilanzen 398
Produktdifferenzierung 50, 51
Produktdiversifikation 51
Produktelimination 50
Produktgruppen 50
Produktinnovation 50
Produktionsplan 134
Produktlebenszyklus 44
Produktnischen 54
Produktnutzen 53
Produktpolitik 44
Produktprogramm 50
Produktvariation 50
Promotionspolitik 72
Prüfung 247
psychologische Preisfestsetzung 73
Public Relations 95
Publizitätspflicht 247

R

Rabatte 76
Rangreihenverfahren 132
Ratentilgungsdarlehen 162
Rationalisierungsinvestitionen 123
Realisationsprinzip 255, 300
Realkredite 173
rechnerischer Wert des Bezugsrechtes 193
Rechnungslegung 383
Recht der Einrede der Vorausklage 171
Refinanzierung 205
regionale Strukturpolitik 373
regionale Wirtschaftsblöcke 376
reiner Personalkredit 169
Reinvestitionen 127
Reisende 81
Reklamationsmanagement 106
Rentabilität 329
Rentabilitätskennziffern 212
Rentabilitätsvergleichsrechnung 142
Return-on-Investment (ROI) 335
Revolving-Leasing 182
Rezession 357
Rohergebnis 242, 245
ROI Du-Pont-Formel 336
Rücklagen 238, 248, 287, 291
Rückstellungen 206, 291, 292, 297, 302

S

Sachanlagen 259
Sachinvestitionen 125
Saldierungsverbot 254
Sale-and-lease-back-Leasing 182
Salespromotion 93
satzungsmäßige Rücklagen 239
Scheingewinne 277
Schuldverschreibungen 163
Scoring-Modell 27
sektorale Strukturpolitik 371
Sekundärerhebung 37
Selbstfinanzierung 202
selbstschuldnerische Bürgschaft 171
Service 78
Servicepolitik 75
Shareholder-Value 338, 341
Sicherheiten 169
Sicherungsinvestitionen 123
Sicherungsübereignungskredit 173
Skimmingpolitik 72
Skonto 77
Soll-Ist-Vergleich 315
sonstige Forderungen 309
sonstige Verbindlichkeiten 309
Sozialbilanzen 399
Sozialstaat 378
Sponsoring 96
Stakeholder-Value 338, 341
Stammaktien 189
Stärken-Schwächen-Profile 32
statische Methoden der Investitionsrechnung 137
Steuerbilanz 230
stille Reserven 320
stille Rücklagen 240
Strategie der Anpassung 19
Strategie der Differenzierung 19
Strategie der Markterschließung 19
Strategie der Marktsegmentierung 19
strategische Allianzen 406
strategisches Controlling 109

strenges Niederstwertprinzip 256, 274, 279
Streugebiet 88
Streukreis 87
Streuzeit 88
Struktur der Gewinn- und Verlustrechnung 243
Strukturpolitik 368
Strukturwandel 368
Stückaktien 190
Stückkosten 57
Stufenwertzahlverfahren 132
Subskription 194
Substanzbilanz 398
Supply-Chain-Management 379
SWOT-Analyse 31

T
Tageswert 229
Target-Costing 61
Target Price 61
technologische Entwicklungen 364
technologischer Fortschritt 361
Teilamortisationsverträge 180
Test 41
Tracking 41

U
Überbewertung 295
Überliquidität 322
Übersichtlichkeit 231
UH Gesamtkapital 336
Umfinanzierung 204
Umlaufvermögen 258, 273, 282, 319
Umlaufvermögensintensität 318
Umsatzintensität 328
Umsatzrentabilität 329, 331, 336
Umsatzsteuer 260
Umschlag der Forderungen 332
Umschlag der Verbindlichkeiten a.LL 334
Umschlag der Vorräte 332
Umschlag des Gesamtkapitals 335
Umschlag des Kapitals 334
Umschlagsdauer (UD) Gesamtkapital 335
Umschlagshäufigkeit der Materialien 333
Umschlagshäufigkeit (UH) Gesamtkapital 335
Umschlagskennzahlen 332
Umstrukturierung 123
Umweltaspekte im Jahresabschluss 398
Umweltpolitik 368
Umweltschutz 390
Umweltschutz-Controlling 390, 399
Unterbewertung 295
Unternehmensplanung 356, 399
Unternehmenssteuerung 399
Unternehmerrentabilität 329
Unternehmungsrentabilität 330
Unterordnungskonzern 359
Unterzeichnung des Jahresabschlusses 248
unvollkommener Markt 66

V
Verbindlichkeiten 299, 302
Verbindlichkeitenspiegel 240
Verbindlichkeitsspiegel 299
Verbraucherpromotion 95
Verkäufermarkt 17
Verkaufsförderung 93
Verkaufspromotion 93
Verlustvortrag 239, 289
Vermögensaufbau 318
Vermögensstruktur 316, 318
Verschuldungskoeffizient 321
verstärkter Personalkredit 169
Vertragshändler 82
vinkulierte Namensaktie 190
Vollamortisationsverträge 180
vollkommener Markt 64
Vorratsinvestitionen 126
Vorsichtsprinzip, Gläubigerschutzprinzip 255
Vorzugsaktien 189

W
Wahl von Auslandsstandorten 380
Wandelschuldverschreibungen 163
Wasserverunreinigung 369
Webpromotion 90
Werbeagentur 91
Werbebotschaft 87
Werbebudget 89
Werbeerfolgskontrolle 91
Werbeintensität 89
Werbemittel 88
Werbeplan 87
Werbeträger 88
Werbung 86
Wertaufholungsgebot 265
Wertbeibehaltungswahlrecht 265
Wertpapierbörsen 187
Wettbewerbsorientierung 14
Wettbewerbssituation 29
Wirtschaftsauskunfteien 159
WTO 376

Z
Zahlungsbedingungen 77
Zahlungsbereitschaft 322
Zahlungsströme 214, 346, 349
Zahlungsunfähigkeit 322
Zahlungsziel 77
Zeitvergleich 315
Ziele der Handelsbilanz 230
Ziele der Werbung 86
Ziele von Investitionen 123
Zusatznutzen 53
Zuschreibungen 265
Zwangsvollstreckungsklausel 177